大学物理学

主　编　吴明阳　冯学超
副主编　吴　杰　蒋逢春　陈　靖
　　　　李俊玉　王世卓　翟学珍

DAXUE WULIXUE

中国教育出版传媒集团
高等教育出版社·北京

内容提要

本书是以教育部高等学校物理学与天文学教学指导委员会编制的《理工科类大学物理课程教学基本要求》(2010 年版)为依据,结合应用型本科高校的教学要求和特点编写而成的。本书内容包含了力学、电磁学、振动与波动(含波动光学)、热学和近代物理学五大部分,注重物理概念的严谨性和理论体系的完整性,强调物理量的表示及物理原理的应用,加强了物理学与高等数学的联系。同时,书中的一些重点、难点知识做成了基于信息技术的数字资源,学生可通过扫描书中的二维码学习。

本书可作为高等学校理工科非物理学类专业大学物理课程的教材或参考书。

图书在版编目(CIP)数据

大学物理学 / 吴明阳,冯学超主编. --北京:高等教育出版社,2022.9

ISBN 978-7-04-058860-6

Ⅰ.①大… Ⅱ.①吴… ②冯… Ⅲ.①物理学-高等学校-教材 Ⅳ.①O4

中国版本图书馆 CIP 数据核字(2022)第 106044 号

DAXUE WULIXUE

策划编辑 张海雁　责任编辑 张海雁　封面设计 张 楠　版式设计 童 丹
责任绘图 黄云燕　责任校对 马鑫蕊　责任印制 耿 轩

出版发行 高等教育出版社
社 址 北京市西城区德外大街 4 号
邮政编码 100120
印 刷 三河市宏图印务有限公司
开 本 787mm×1092mm 1/16
印 张 23.75
字 数 570 千字
购书热线 010-58581118
咨询电话 400-810-0598
网 址 http://www.hep.edu.cn
http://www.hep.com.cn
网上订购 http://www.hepmall.com.cn
http://www.hepmall.com
http://www.hepmall.cn
版 次 2022 年 9 月第 1 版
印 次 2022 年 9 月第 1 次印刷
定 价 50.00 元

物 料 号 58860-00

前　言

物理学经历了数百年的发展，人们于19世纪末建立起了系统的经典物理学的理论框架，于20世纪上半叶建立起了相对论、量子力学、量子场论等近代物理学理论。之后的时间里，物理学依然显示出勃勃生机，在理论研究和工程技术上均有重大发现和突破，并产生了众多新生分支学科、交叉学科和技术学科。物理学作为自然科学的基础，涉及了很多的科学思维方式和科学研究方法，学习物理学对科学精神的培养及专业课程的学习发挥着重要的作用。

随着信息技术的飞速发展以及新工科建设需求的日益广泛，大学物理学在教学模式和学习方式上与时俱进，已取得了诸多成效。然而，当前大学物理课程的教学依然面临很多问题和挑战，例如在信息渠道、学生兴趣和就业方向等多元化的背景下，如何保留经典物理内容结构的完整性和逻辑性；如何系统地建立一套发现问题、描述问题、分析和解决问题的思想和方法；如何充分利用现代教育技术更全面地展示物理学的发展成果，以适应现在大学生的认知习惯。

针对以上问题，编者结合多年来教授大学物理课程所积累的讲义，同时借鉴已出版的同类教材，重新整合了大学物理学的教学内容，使本书呈现出了一个概念清晰严谨、逻辑合理、条理分明、结构完整的理论体系，并将知识传授和能力培养融为一体，以培养学生用理性思维看待物质世界和崇尚科学的价值取向，使本书具有了一些鲜明特色。本书的特色如下。

1. 结合教学实际，体现"以学生为中心"的教育理念。本书的编写力求文字简洁准确，内容详略得当，重点突出。全书可读性、指导性强，能准确把握每个章节的重点、难点。本书将配套的电子教案、教学视频等教学资源以二维码的形式嵌入教材，使学生随时随地可以利用碎片化的时间进行自学，满足了学生个性化的学习需求。

2. 契合最新教育理念，注重知识传授与能力培养。本书强调物理学理论的数学表达，强化数学在分析和解决物理问题中的应用，为学生解决复杂的工程问题打下坚实的基础。在此基础上，本书优化了物理知识体系，突出物理内涵，加大物理课程的广度和深度，提高学生学业的挑战度，使学生在学习物理知识的过程中，不断提高科学思维的能力和素质。例如，注意到大学物理中几乎所有的矢量及许多标量均是位矢的函数，本书将位置矢量及其表示作为切入点，并充分利用矢量代数知识，使相关物理概念及定律的描述与讨论、相关物理问题的分析与解决得到了极大的简化。

3. 正确理解并能定量表示相关物理量，熟悉并能正确应用相关物理定律解决问题，是一个科技工作者最基础的能力。特别是，对注重物理知识应用的理工科专业的学生来说，正确表示相关物理量是学好物理学的首要且最重要的任务。掌握各物理量的数理属性和时空关系，明了物理量与参考系之间的关系，对正确理解和运用物理概念起着决定性作用，故本书对所涉及的物理概念均给出严格而完整的定义及其数理特性，并由此理顺了许多概念之间的逻辑关系。例如，本书通过力的运动学效应对相互作用力进行了严格定义，并由此自然地得到了惯性参考系的概念和牛顿运动定律，理顺了力和惯性参考系之间的逻辑关系，使得牛顿运动定律的讲述更加自然和严谨；通过考察单一力做功与参考系之间的关系，对保守力的概念作了必要的修正；加强了因果关系的教学，强调了特殊坐标系的应用，使得对称性原理的表述和应用更加自然和严谨。

本书由郑州轻工业大学物理与电子工程学院大学物理教学部的教师共同编写而成，其中第 1 章由吴明阳负责编写；第 2、第 3、第 4 章由冯学超负责编写；第 5、第 6 章由吴杰负责编写；第 7、第 8 章由李俊玉负责编写；第 9、第 10 章由翟学珍负责编写；第 11、第 12 章由陈靖负责编写；第 13、第 14 章由王世卓负责编写。吴明阳和冯学超负责全书的修改和定稿工作，蒋逢春负责配套电子教案的编写工作，冯学超和蒋逢春还负责全部微课及教学视频的整理工作。

由于编者水平有限，书中疏漏和不足之处在所难免，敬请使用本书的教师和学生批评指正。

编　者

2022 年 3 月

目　录

第 1 章
绪论

1.1　科学与物理学

一、科学及其意义

对自然界的好奇，是人类与生俱来的本能。德国哲学家康德说过："世界上有两件事情能够深深地震撼人们的心灵，一件是我们心中崇高的道德准则，另一件是我们头顶上灿烂的星空。"对星空的思考引发了人们对自然的探究。

视频：绪论

在文明之初，各个学科没有分化，统称为自然哲学。泰勒斯、德谟克利特、亚里士多德、柏拉图等哲学家，为唯物主义和唯心主义哲学的开创作出了贡献。16世纪，伽利略将科学的研究方法——实验法和逻辑推理法引入科学研究，为西方科学的飞速发展奠定了基础。在欧洲文艺复兴后的几个世纪里，科学逐渐发展成为一门真正的学问，建立起不同的学科分类，并且人们开始系统地研究自然界的事物、现象及其相互关系。具有较高科学素养的研究人员，对于混沌的、无序的感知素材进行种种序化，用数学工具建立了简单、和谐的宇宙图像，获得了自然界演化、物质运动所遵循的客观规律。通过对以往认知的否定和修订，知识不断更迭，并最终推动了人类对世界由点到线、由线到面的认识。虽然人类对自然的认知还有一定局限性，但人类观察自然，并在高层次上抽象思考自然的能力，终将推动科学的持续发展。

自然科学知识常需要实验验证，但我们必须明白，我们几乎从来不说我们的实验"证明"了某个科学理论，而只是说"支持"某个科学理论，对现有的科学知识我们应有一个科学的态度。这些科学知识来之不易，值得尊重，但不管有多少实验验证，它们依然有可能是部分错误的，或者是有一定条件才能近似成立的。从科学发展历程上看，科学是一个不断了解自然，认识世界，发现问题，寻找规律，追求真理的过程。科学知识常常被否定或部分否定，现阶段成立的结论，后期可能被证明是错误的，即科学知识的特征就是不断地被更新和修正。实际上，伴随着科学视野的拓宽、工程技术的进步，许多神秘的领域被涉猎，奇妙的现象被揭示，科学已发生了质的飞越，科学家开始从本元上解释和理解各种现象，这是更高级智慧的体现。

人们在学习知识的过程中会形成各种相应的物质观、时空观、世界观和价值观以及思维模式，固定的思维模式可能成为产生突破性创新成果的障碍，这是需要避免的。实际上，科学的态度是认真而谦虚的、严谨而宽容的，是一种有尊重但不迷信的实事求是的态度；科学的方法既有分析又有综合，既讲推演又有假设，追寻到的规律和法则主要是为了能更好、更深层次、更合理、更自洽和自然地解释和理解各种自然现象。从这个意义上讲，绝大部分的科学知识都是唯象理论。从根本上讲，科学就是相信各种自然现象都能够被理解（有逻辑的非随意解释），自然界的各种现象背后一定存有相应的因果规律，这无疑也是一种信仰，一种精神，但绝不是对科学知识的迷信，科学的不断进步正是由少数坚守科学精神、坚持科学态度的科学家通过不断的努力和艰辛的工作得以（部分）否定先前的理论而完成的。

然而不幸的是，现代科学知识越来越深奥，变得越来越难以理解，已逐渐远离普通民众的视野。当然这也告诉我们，世界绝对不是早期科学认识的那么简单，它深邃无比，难以理解。也正因为如此，尽管今天的基础科学，特别是近代物理学，已极大地改变了部分人的物质观、时空观、世界观，但大多数普通民众的世界观实际上依旧是早期物理学形成的那种僵化的机械唯物世界观。

二、几个科学概念

为便于理解，也为了方便在随后的内容中将有关知识上升到一定的高度，我们有必要对科学上一些较常用和基本的概念作简单介绍。一般地，科学由研究对象、其活动的区域和活动时所遵循的规律组成。常见的概念作如下的介绍。

1. 系统和外界

研究对象常称为**系统**，如某个质点、某个刚体、某箱气体、某个器官、某个人甚至整个宇宙。现有大部分的分支学科均以粒子组成的物质系统为研究对象，几乎只有物理学才涉及场这种奇妙的东西。每个系统都有其存在的形式，并具有一定的特征，我们常利用这些特征对它们进行标识。某个时刻，系统会处于某个状态之中，系统的状态或自发地、或因外界的作用而变化。所谓的**外界**是指与系统有相互作用的环境，它与系统活动于同一个舞台，即活动在所谓的同一个时空中。

2. 系统的状态及对外界的响应

系统某些状态的改变常与相应的外界的某种作用有关，我们常将系统的某些状态随外界作用的改变称为（系统对外界作用的）**响应**，根据响应特性，我们对系统进行如下分类。

（1）稳定系统

对许多简单系统而言，系统若处于不随时间变化的稳定状态，此时整个系统可用有限个物理量进行状态描述，而且，这些物理量随时间的变化可解析表示。即系统在很短的时间内的变化是很小的，同样地，当外界的作用有微小变化时，系统的反应也会产生相应微小的变化。当系统处于这种状态时，它对外界作用的响应也是稳定的。

（2）临界状态

此时的系统处于不稳定的状态，系统状态虽然也可用有限个状态量进行描述，但此时它们随时间的变化是不稳定的，随时会发生不可预测的、不可逆转的变化，系统对外界作用的响应有时也是不稳定的。

（3）混沌状态

此时的系统处于一种貌似完全无序之状态，已不可能用有限个状态量进行描述，系统对外界作用的响应也常是不确定的、不可预言的。

一个系统在某时刻有其自身的特性和状态，但要完备精确地测定和描述这些状态，一般是很困难的，即便是对处于稳定状态的简单系统。例如微观世界较简单的系统，如一个电子，要精确地测定其状态是不可能的。因为测量本质上就是一种作用，它自然地会改变被测对象的状态，而在宏观层面上讲，这种作用可以变得很小而被忽略，对处于稳定状态的简单系统而言，这种没有影响的测定和描述是可以实现的。

三、科学性与可重复性

科学知识常以通过理性地分析和整合感性经验及实验现象的途径来获得。科学是实事求是的，科学性应该等同于真实性。然而真实性的度量却存在着相当的困难，它需要可重复性，这实际上要求感性材料具有精确可重复性，同时要求系统的特性和状态以及与外界的相互作用可完全重复制备，这从微观层面上讲是绝不可能的，即便是宏观层面也是非常困难的。但若系统是简单的，又处于稳定状态且响应也是稳定的，则系统及环境的微小的毫厘差异不会导致现象或结果太大的不同。此时从宏观角度来讲，我们可以说某个现象或实验结果具有可重复性，而事实上仅是进行了相似性的重复而已。对于一般的复杂系统而言，事物的发展和变化，具有决定性和偶然性两个因素，很难对其进行精确地重复。其实，整个自然科学体系中的绝大部分理论都是对一些简单事物的肤浅的唯象描述，都是在对事物进行粗粒化或约化表述，少有能触及到世界的本元、宇宙的真相。因此，尽管科学是十分严谨的，但务必要求一定的宽容性。

四、物理学简介

什么是物理学？顾名思义，它是物质世界存在及其演化道理之学说。物质世界的存在多姿多彩，它们的演化也复杂繁多，上述的定义无疑太过宽广了。与其他学科相比，物理学更着重于探究自然界最根本的客观实在和物质世界最普遍而基本的自然法则，从此意义上讲，物理学是其他自然科学的基础，它的终极探究与哲学最基本的问题相近。

早期的物理学，是人类对自然界哲学思考的产物，称为自然哲学，牛顿划时代的著作《自然哲学的数学原理》就是一个明证。但有意思的是，早期的物理学对物质世界的认识是相当粗糙肤浅的，根本无法正确回答涉及的哲学问题，"自然哲学"的称谓实际上名不符实。

随着实验仪器及数学理论的应用和发展，物理学开始成为一门数理严密的实验科学，并与很难进行实验验证的哲学分家。17 世纪，牛顿在伽利略、开普勒等人工作的基础上，建立了完整的经典力学理论，这可以说是现代意义下的物理学的开端。随着研究范围的扩展及细化，天文学、化学、地质学等其他自然学科从物理学中分化出来。从 18 世纪到 19 世纪，在大量实验基础上，并结合经典力学，卡诺、开尔文、焦耳、克劳修斯、麦克斯韦、玻耳兹曼等建立了热学理论；库仑、安培、高斯、法拉第、麦克斯韦、赫兹、托马斯-杨、菲涅耳等建立了电磁学理论和光学理论。至此，经典物理学理论体系的大厦巍然耸立，它是我们本书的主要学习内容，也是整个物理学的基础。

然而在 19 世纪末，一系列与经典物理学的预言极不相容的实验事实相继出现，经典物理学大厦的基础动摇了。在这些新实验事实的基础上，20 世纪初，爱因斯坦独自创立了相对论，普朗克、爱因斯坦、玻尔、德布罗意、海森伯、薛定谔、狄拉克、泡利等众多科学家共同努力，创立了量子力学，它们共同奠定了近代物理学的理论基础。在本书中，由于内容限制，我们只能对此作一个简单介绍，系统的学习需要专业教材。

随着相对论和量子力学的建立，物理学从经典走向近代，步入了一个崭新的发展阶段，开辟了近代科学的新纪元。特别是第二次世界大战以来的半个多世纪中，许多分支学科雨后春笋般地纷纷问世，如原子物理、原子核物理、量子统计、量子场论、凝聚态物理、等离子体物理等，这些学科对我们进一步了解自然，创造新技术具有重要意义。原来的各分支学科也都有了自己的新的前沿，如在光学领域中出现了量子光学、非线性光学、激光光谱学等。所有这些分支学科可以说都是在相对论和量子力学的指导与影响下发展起来的。另一方面，随着整个自然科学技术的发展，物理学与其他学科之间的相互渗透，又形成了一系列边缘、交叉学科，它们都取得了长足的进步，诸如化学物理、生物物理、大气物理、海洋物理、地球物理、天体物理、量子化学、量子生物学等。数学对物理学的发展，当然是起了重要作用的，反过来，物理学特别是近代物理学也有力地促进了近代数学的发展。

历经三百多年的蓬勃发展，今天的物理学已有了长足的进步，它对世界的认识也发生了翻天覆地的变化，并能对许多哲学问题进行研讨了，今天的物理学真的有点“自然哲学”的味道了。

物理学是一切自然科学的基础，这可以从以下三个方面来说明。

（1）物理学所研究的各种粒子和场，构成了分子、蛋白质、细胞、器官、生物体、陆地、海洋和大气等一切人造的和天然的物质，从这个意义上讲，物理学是研究这些系统的其他学科的基础。再者，其他学科中物质的运动都包含了最基本的各种物理运动。

（2）这些学科无一例外地把物理学创造的科学语言和基本概念作为自身的最基本语言和概念。

（3）任何自然科学的理论都不能与物理学发现的自然规律相抵触，而且当一门学科发展到精确水平时，都需要一整套物理科学方法来支持，如地球物理、量子化学、量子生物学等。

其实，近代物理学以及包含在其中的新观念、新思想和新方法在许多方面已经变成了人类有史以来认识和改造世界的最强有力的工具。它教会人们如何从直觉的见解上升为科学的思辨，并使人们认识到要更好地认识和驾驭宏观，必须要了解和掌握微观。正是有了近代物理学的新思想、新概念和新方法，其他自然科学才得以迅速发展。同时物理学为各类学科创造了最先进的观察和测量仪器。

作为与自然界结合得最为成功的一门精确科学，物理学有着科学最一般的特征。首先它是一个不断了解自然、认识世界、发现问题、寻找规律、追求真理的过程；它通过简化、抽象等手段来概念化，进而去定量描述现象，是表达问题、组织知识、形成理论、运用知识、寻找答案的一套方法。将这套方法应用到哪里，哪里就是物理学的新分支。因此，物理学是一门理论和实验高度结合的精确科学，它是教育体制和每个进步社会的一个重要组成部分，是每一个理工科专业大学生知识体系中的重要组成部分。从某种角度讲，一个工程师真正意义上的成就大小可能取决于他对物理方法和原理的熟悉程度以及将这些方法和原理应用到他自己工作中的熟练程度。

物理学的发展，一方面为人类社会创造现代物质文明发挥着重要作用，另一方面也将对人类的精神文明产生深远影响。当然，物理学的发展是一把双刃剑，它带给人类的也不全是光明，它在为创造人类的幸福提供了前所未有的无限能力的同时，也使人类掌握了可以毁灭地球上一切生命的能力。因此，物理学有必要与人文社会科学结合起来，以解决当今世界和平与发展的迫切课题。

1.2 矢量代数、坐标系及其应用简介

如果将物理学比作一门语言，那么其中的各种物理量和物理定律就是这门语言的专用词汇和专用语法。事实上，其他学科无一例外地都把物理学创造的各种物理量和发现的物理定

律作为自身学科中最基本的概念(词汇)和法则(语法)。正因为如此,熟悉并能正确表示相关物理量、理解并能正确应用相关物理定律来讨论并解决问题成为一个科学工作者最为基础的能力,特别是对应用物理知识的理工科学生来说,正确表示相关物理量是学好物理学的首要任务。

视频:物理量

物理学是一门逻辑严谨、数理严密的实验科学,每个物理量或物理概念的引入都有严格的可操作定义,所有物理量的定量表示都只有在建立了足够多的标准后才有可能。没有一定的数学知识和数理能力,我们很难能清晰理解和表示各种物理量,自然也难以理解相关的各种物理公式的真正内涵,也就无法正确地描述各种物理现象、分析和解决各种物理问题。为此我们先介绍相关的数理基础知识。本书涉及的数理工具主要有矢量代数和微积分知识,这些知识也常是其他课程的数学基础。通过本书的学习,我们将有效地提高学生理解和掌握这些重要的数学工具的能力。由于这部分知识内容比较丰富,学生可以先学习一部分,待到后面的物理内容需要相关数理知识时,可再回头来学习有关数学知识,也可参阅相关数学手册和参考资料。

首先学习的是矢量代数知识。在物理学中,按有无方向性,可将物理量分为两大类,一类是标量,另一类为矢量,许多重要的物理量都是矢量,而所谓的标量常常是这些矢量的大小、或某个方向上的分量,或是它们的标积。可以这样讲,在物理学中,矢量是基础,标量是应用。矢量表示法是数理科学中最为普遍、最为有效的方法之一。因此,熟悉矢量的描述及各种相关运算,是我们学好物理学的首要任务。

一、标量和矢量

1. 标量

只有大小的物理量称为标量,如时间、路程、温度、功、电流等。在给定它们的标准后,即选定好单位后,它们的大小就可以用一个数乘以标准(单位)来表示,构成了所谓的标量物理量的大小。但实际上,对可正可负的标量而言,我们还必须先规定好其为正值时的条件。譬如当用 $I(S)\equiv \mathrm{d}q(S)/\mathrm{d}t$ 来定义流过某曲面 S 上的电流时,电流的正负将完全由 $\mathrm{d}q(S)$ 的正负来决定,那么什么情况下 $\mathrm{d}t$ 时间内流过曲面 S 上的电荷量 $\mathrm{d}q(S)$ 为正呢?这需要事先定义好才行,有兴趣的同学可自己琢磨琢磨。

2. 矢量

有些物理量除了大小外,还必须指明其方向,这种具有大小和方向两个要素,且在它们加减运算时遵循平行四边形法则的物理量称为矢量,如位移、速度、加速度、力、角动量、电场强度等。一个矢量物理量书写时常用一个上方带箭头(或半箭头)的字母表示,如 $\vec{a}$、$\vec{F}$、$\vec{E}$ 等。在印刷体中,它们常用黑体字母表示,如 $\boldsymbol{a}$、$\boldsymbol{F}$ 等。

为形象(几何)地描述矢量,我们需要引入相应的矢量空间,如力矢量空间、加速度矢量空间等。有了这些矢量空间,相应的力和加速度矢量就可用这些空间中的一个有向线段来表示,这个线段的长度就是其大小,线段的指向表明其方向,这种表示方法称为矢量的图示法。但我们必须明白,这些矢量空间仅是为方便而引入的,它与我们的三维空间不同,并非真实的。即在真实三维空间中,这些矢量是不可见的,只有当表示它们的矢量空间与我们真实空间相同时,它们才是可见的。但幸运的是,这些矢量物理量的方向与我们真实三维空间的方向是相同的，两者可以互相表示。

真实三维空间中的一个有向线段就是一个直观的矢量，如图 1-1 所示，A 为始点，B 为终点，则这个矢量 $\boldsymbol{r}$ 可记作$\overrightarrow{AB}$，即 $\boldsymbol{r}=\overrightarrow{AB}$，这种表示方法称为端点法，在矢量的合成时特别清晰有效。矢量 $\boldsymbol{r}$ 的大小称为模，常用$|\boldsymbol{r}|$或字母 r 表示，如图 1-1 所示，它的模 $r=|\boldsymbol{r}|$就是这个矢量的长度，可以用单位“米”来度量。

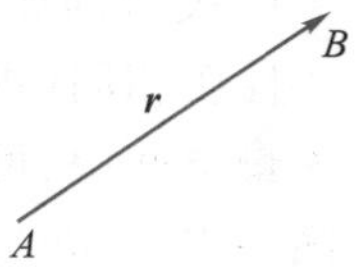

图 1-1

在物理学中，严格地讲，绝大多数的物理量都是真实时空的函数，即它们实际上是被赋值于某个时空域上的。例如我们熟知的力矢量 $\boldsymbol{F}$，除了大小、方向外，它还有第三个要素——作用点，这实际上是说，在某时刻这个力矢量是被赋值于这个点上的，即力矢量在空间中是不能随意移动的，这种在某个时空点上赋值的矢量称为束缚矢量。从数学角度上讲，力的三要素中的大小、方向两要素是表述力的值域特征的，而它的作用点要素是用来表征它的定义域的，即该矢量是空间位置点的函数，如果空间各位置点可用一个位置矢量 $\boldsymbol{r}$ 表示，则应有 $\boldsymbol{F}=\boldsymbol{F}(\boldsymbol{r})$。束缚矢量严格讲是不能进行平移操作的，只有在仅仅考察其大小和方向两要素情况下，力矢量才能进行平移，平移操作不会改变矢量的大小和方向两要素。能够平移且不改变其所有特征（要素）的矢量称为自由矢量。

一般地，一个矢量物理量的大小和方向均有可能随时空发生变化，若一个矢量的方向恒定不变，则称其为定向矢量；若一个矢量的大小恒定不变，则称其为定长矢量；模恒等于 1（纯数，没有单位）的定长矢量称为方向矢量，可以用来标定方向；若一个矢量的大小和方向都不随时空发生变化，则称其为恒定矢量。对束缚矢量而言，束缚点不随时间变化的矢量称为定点矢量；如矢量的方向总是指向某个中心，则称为向心（有心）矢量。这些特殊矢量为一般矢量的表示及相关运算提供了许多方便。

3. 标量与矢量的直乘

当用一个标量 k 乘以一个矢量 $\boldsymbol{A}$ 时，我们就得到了另一个矢量 $\boldsymbol{B}$，即 $\boldsymbol{B}=k\boldsymbol{A}$，这种运算称为标量 k 与矢量 $\boldsymbol{A}$ 的**直乘（积）**，它是一个新矢量。新矢量 $\boldsymbol{B}$ 的模为$|\boldsymbol{B}|=|k||\boldsymbol{A}|$。可见，当 $k=-1$（纯数）时，则有 $\boldsymbol{B}=-\boldsymbol{A}$，其大小与 $\boldsymbol{A}$ 相同，方向与 $\boldsymbol{A}$ 相反，称为 $\boldsymbol{A}$ 的负矢量。当非零标量 k 的倒数乘以一个矢量 $\boldsymbol{A}$ 时，则称为矢量 $\boldsymbol{A}$ 除以标量 k，会得到另一个矢量 $\boldsymbol{C}$。矢量 $\boldsymbol{A}$ 的模$|\boldsymbol{A}|$自然是个标量（算术量），则矢量 $\boldsymbol{A}$ 除以其模可得另一个矢量：

$$\boldsymbol{e}_A=\frac{\boldsymbol{A}}{|\boldsymbol{A}|}=\frac{\boldsymbol{A}}{A} \tag{1-1}$$

明显地，$|\boldsymbol{e}_A|=\dfrac{|\boldsymbol{A}|}{|\boldsymbol{A}|}=1$，故 $\boldsymbol{e}_A$ 是一个方向矢量，它的方向与矢量 $\boldsymbol{A}$ 相同，即它的方向可以表示矢量 $\boldsymbol{A}$ 的方向。式(1-1)两边同乘以$|\boldsymbol{A}|$可得

$$\boldsymbol{A}=A\boldsymbol{e}_A \tag{1-2}$$

即任意矢量总可以表示为其大小（模，有量纲）与方向矢量的直乘（直积），由此也可知：任何矢量都有大小和方向两个要素。

需要注意的是，与矢量相同，绝大多数的标量物理量也是束缚的，对束缚的矢量和标量而言，只有同一束缚点的矢量和标量才能相乘，乘积（新矢量）当然也是束缚的。

二、矢量间的运算

1. 矢量的加法和减法

性质相同（即单位相同，更确切地说是量纲相同）的两个矢量 $\boldsymbol{A}$ 和 $\boldsymbol{B}$（同类矢量）处于同一个矢量空间中，可以进行合成（相加）运算，合成时遵循平行四边形法则。将两矢量的始端移至同一点，以两矢量为邻边作平行四边形，从两矢量始端点 O 引出该平行四边形的对角线矢量 $\boldsymbol{C}$，如图 1-2 所示，则矢量 $\boldsymbol{C}$ 称为矢量 $\boldsymbol{A}$ 和 $\boldsymbol{B}$ 的（矢量）和，矢量 $\boldsymbol{C}$ 也称为矢量 $\boldsymbol{A}$ 和 $\boldsymbol{B}$ 的合（和）矢量，可写作为

$$\boldsymbol{C}=\boldsymbol{A}+\boldsymbol{B} \tag{1-3}$$

这种求和法则称为平行四边形法则，它适用于自由矢量。一般地，对束缚矢量而言，只有同一束缚点的同类矢量才能如此相加，不同束缚点的两矢量是不能进行真正意义上的合成的，但在不考虑束缚点的情况下，即在仅仅考察束缚矢量的大小和方向两要素的情况下，也可以进行如此合成。

另一种等效的合成法则是将一个矢量的始点移至另一个矢量的终点，如图 1-3 所示，如果用端点法表示矢量，则式（1-3）变为

$$\overrightarrow{OQ}=\overrightarrow{OP}+\overrightarrow{PQ} \tag{1-4}$$

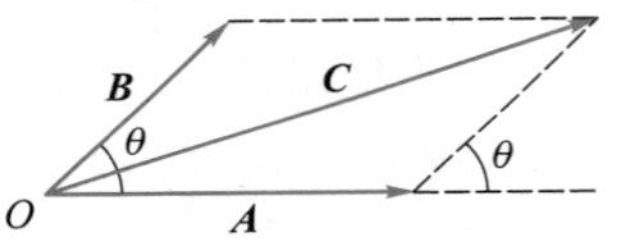

图 1-2

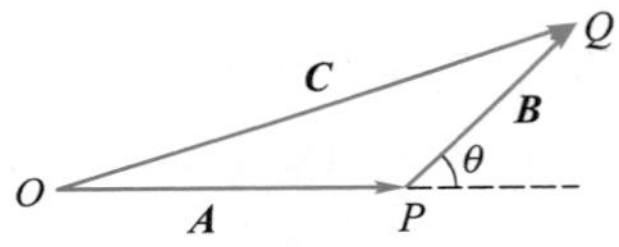

图 1-3

这种方法称为三角形法则（对两矢量而言），清晰而方便，中间的字母 P 出现两次，一次始端，另一次终端，合成时正好抵消。不论是用平行四边形法则还是三角形法则，它们都清楚地表明

$$\boldsymbol{A}+\boldsymbol{B}=\boldsymbol{B}+\boldsymbol{A}$$

即矢量的加法满足交换律。我们可以通过三角运算，如利用三角形的正弦定律和余弦定律，方便地求出合矢量的大小和方向（矢量之间的夹角）。

在图 1-2 中，当两矢量大小相等时，合矢量的方向总在两矢量的角平分线上，但其大小与它们之间的夹角 θ 有关，当夹角为 π 的奇数倍时，两矢量方向相反，合矢量为零；当夹角为 π 的偶数倍时，两矢量方向相同，合矢量大小最大。

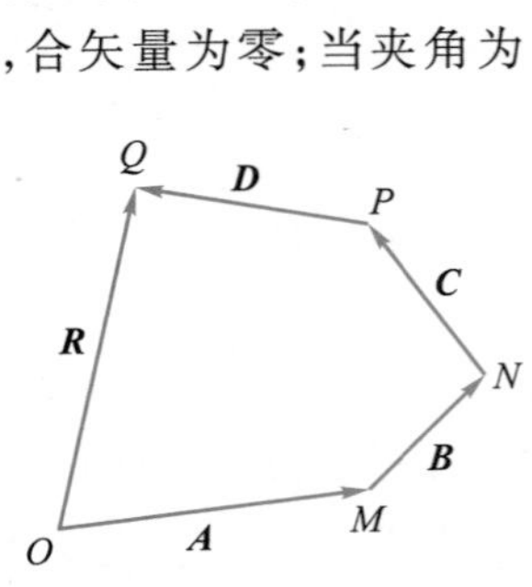

图 1-4

对于两个以上的多个矢量相加，原则上可以逐次采用平行四边形法则或三角形法则进行操作，先求其中两个矢量的合矢量，然后将此合矢量与第三个矢量相加求得三个矢量的合矢量，……，依次类推，就可以求得多个矢量的合矢量。当用端点法表示矢量时，它们的合成可用三角形法则，如图 1-4 所示，欲求四个矢量 $\boldsymbol{A}$、$\boldsymbol{B}$、$\boldsymbol{C}$、$\boldsymbol{D}$ 的和，可以从矢量 $\boldsymbol{A}$ 出发，首尾相接地依次画出 $\boldsymbol{B}$、$\boldsymbol{C}$、$\boldsymbol{D}$ 三个矢量，然后再由第一个矢量 $\boldsymbol{A}$ 的起点到最后一个矢量 $\boldsymbol{D}$ 的终点作

一矢量 $\boldsymbol{R}$，即为矢量 $\boldsymbol{A}$、$\boldsymbol{B}$、$\boldsymbol{C}$、$\boldsymbol{D}$ 的和，写作 $\boldsymbol{R}=\boldsymbol{A}+\boldsymbol{B}+\boldsymbol{C}+\boldsymbol{D}$，如用端点法表示，则为

$$\overrightarrow{OQ}=\overrightarrow{OM}+\overrightarrow{MN}+\overrightarrow{NP}+\overrightarrow{PQ}$$

所有中间的字母均出现两次，一次始端，一次终端，合成时正好全部抵消。我们可以看出各分矢量 $\boldsymbol{A}$、$\boldsymbol{B}$、$\boldsymbol{C}$、$\boldsymbol{D}$ 与它们的合矢量 $\boldsymbol{R}$ 组成了一个多边形，合矢量 $\boldsymbol{R}$ 为该多边形的封边，这种两个以上矢量的求和方法称为矢量求和的多边形法则，它显然是两矢量合成的三角形法则的简单推广。由上面的分析很容易理解，合矢量与选用矢量的先后次序无关，矢量求和遵循结合律。

两个矢量相减的结果也是个矢量，矢量 $\boldsymbol{B}$ 和 $\boldsymbol{A}$ 之差可以视为 $\boldsymbol{B}$ 和 $-\boldsymbol{A}$ 之和，如图 1-5 所示，即

$$\boldsymbol{B}-\boldsymbol{A}=\boldsymbol{B}+(-\boldsymbol{A}) \tag{1-5}$$

若用端点法表示，则为

$$\overrightarrow{PQ}=\overrightarrow{OQ}-\overrightarrow{OP}$$

字母 O 出现两次，均在始端，相减时正好抵消，字母 P 出现在终端，但前面有个负号，去掉负号则应该为始端，故最后相减的结果是以减矢量 $\boldsymbol{A}$ 的终端为始端，以被减矢量 $\boldsymbol{B}$ 的终端为终端的一个矢量，如图 1-5 所示。当然也可以用平行四边形法则或三角形法则进行操作，有意思的是，当用平行四边形法则时，矢量差正好是以矢量 $\boldsymbol{A}$ 和 $\boldsymbol{B}$ 为邻边的平行四边形的另一条对角线，如图 1-6 所示。无论如何，三个矢量（$\boldsymbol{B}$、$\boldsymbol{A}$ 及 $\boldsymbol{B}-\boldsymbol{A}$）也同样构成了一个三角形，它们的大小及之间的夹角可以通过正弦定律和余弦定律方便求得。

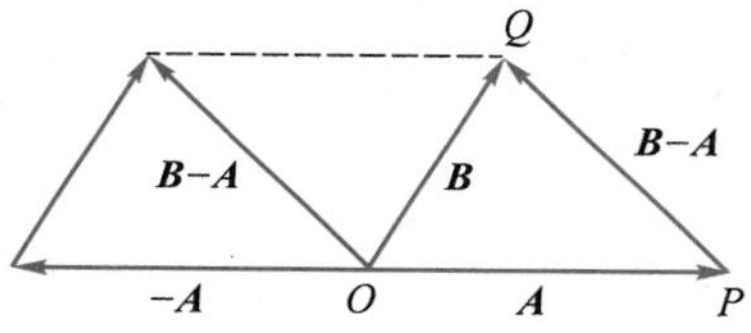

图 1-5

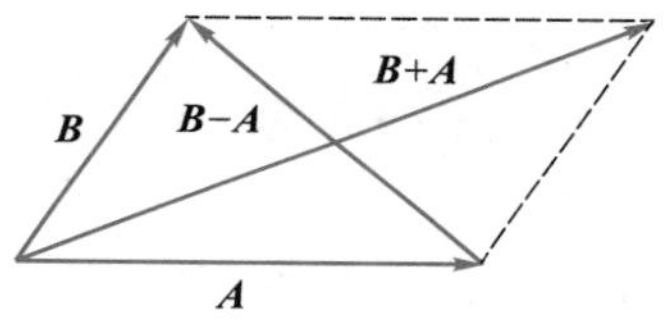

图 1-6

2. 矢量的乘法

一个矢量至少有大小及方向两个要素，故两个矢量相乘不似标量间的相乘那样简单。它可以有多种定义，现介绍两种常用的矢量相乘方法，一种叫标积，另一种叫矢积。

（1）两矢量的标积

矢量 $\boldsymbol{A}$ 和 $\boldsymbol{B}$ 的标积是一个标量（代数量），它等于两矢量的模 A、B 与它们之间的夹角 $\theta(\theta\leqslant\pi)$ 余弦的乘积，如图 1-7 所示，写作

$$\boldsymbol{A}\cdot\boldsymbol{B}=AB\cos\theta \tag{1-6}$$

显然，标积结果的正负取决于两矢量间的夹角 θ。由于这种乘法用一个点来表示，故标积又称为点积或点乘，数学上还常称为内积。为了帮助理解标积的含义，可将式（1-6）改写为

$$\boldsymbol{A}\cdot\boldsymbol{B}=A(B\cos\theta)=B(A\cos\theta)$$

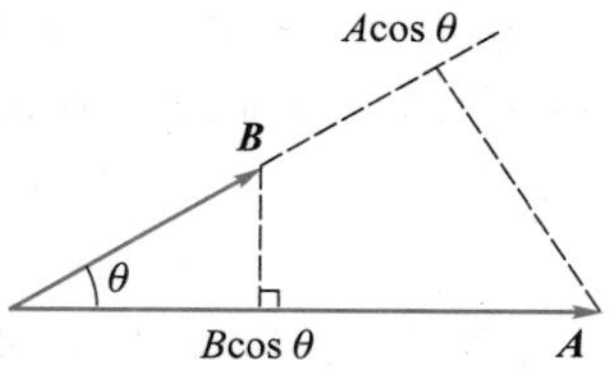

图 1-7

第一个等号说明标积 $\boldsymbol{A}\cdot\boldsymbol{B}$ 等于矢量 $\boldsymbol{B}$ 在矢量 $\boldsymbol{A}$ 方向上的投影 $B\cos\theta$ 与矢量 $\boldsymbol{A}$ 的模的乘积，第二个等号说明标积 $\boldsymbol{A}\cdot\boldsymbol{B}$ 也等

于矢量 $\boldsymbol{A}$ 在矢量 $\boldsymbol{B}$ 方向上的投影 $A\cos\theta$ 与矢量 $\boldsymbol{B}$ 的模的乘积。简言之，两矢量的标积总等于一个矢量的模乘以另一个矢量在该矢量方向上的投影值。故两矢量的标积不因它们相乘的先后次序而改变，即两矢量的标积满足交换律，$\boldsymbol{A}\cdot\boldsymbol{B}=\boldsymbol{B}\cdot\boldsymbol{A}$。易证，矢量的标积满足分配律，即

$$\boldsymbol{A}\cdot(\boldsymbol{B}+\boldsymbol{C})=\boldsymbol{A}\cdot\boldsymbol{B}+\boldsymbol{A}\cdot\boldsymbol{C} \tag{1-7}$$

明显地，一个矢量的模平方等于该矢量与其自身的标积，即

$$\boldsymbol{A}\cdot\boldsymbol{A}=A^2=|\boldsymbol{A}|^2 \tag{1-8}$$

有了点乘后，我们才能够真正对矢量进行取模运算，$A=|\boldsymbol{A}|=\sqrt{\boldsymbol{A}\cdot\boldsymbol{A}}$。从根本上讲，一个矢量或矢量方程只有通过点乘运算才能变成标量或标量化。

若 $\boldsymbol{A}\cdot\boldsymbol{B}=0$，则有 $\boldsymbol{A}=\boldsymbol{0}$ 或 $\boldsymbol{B}=\boldsymbol{0}$，或 $\boldsymbol{A}\perp\boldsymbol{B}$。

欲求矢量 $\boldsymbol{B}$ 在矢量 $\boldsymbol{A}$ 方向上的投影，只需将矢量 $\boldsymbol{A}$ 的方向矢量 $\boldsymbol{e}_A$ 点乘矢量 $\boldsymbol{B}$，结果为

$$\boldsymbol{B}\cdot\boldsymbol{e}_A=B\cos\theta=B_A \tag{1-9}$$

它也称为矢量 $\boldsymbol{B}$ 在 $\boldsymbol{e}_A$ 方向上的分量，常记为 B_A，注意到 θ 的范围为 $0\sim\pi$，分量可正可负，是一个代数量。$\boldsymbol{B}$ 在 $\boldsymbol{e}_A$ 方向上的分矢量为 $B_A\boldsymbol{e}_A$，则矢量 $\boldsymbol{B}$ 在垂直 $\boldsymbol{e}_A$ 方向上的分矢量为$\boldsymbol{B}-B_A\boldsymbol{e}_A$。

对束缚矢量而言，一般地，只有属于同一束缚点的两个矢量才能进行如此点乘（标积），其结果自然也是束缚的。

（2）两矢量的矢积

两个矢量 $\boldsymbol{A}$ 和 $\boldsymbol{B}$ 的矢积记作 $\boldsymbol{A}\times\boldsymbol{B}$（由于记号的缘故，矢积也常称为叉乘，数学上还常称为外积），其结果为一个新矢量 $\boldsymbol{C}$，即

$$\boldsymbol{C}=\boldsymbol{A}\times\boldsymbol{B} \tag{1-10}$$

其中矢量 $\boldsymbol{C}$ 的大小（模）为

$$C=AB\sin\theta \tag{1-11}$$

即等于两矢量的模 A、B 与它们之间的夹角 $\theta(\theta\leqslant\pi)$ 正弦的乘积。矢量 $\boldsymbol{C}$ 的方向被定义为垂直于矢量 $\boldsymbol{A}$ 与 $\boldsymbol{B}$ 所在的平面，其指向可用右手螺旋定则确定：右手四指从矢量 $\boldsymbol{A}$ 经过小于 180°的夹角转到矢量 $\boldsymbol{B}$，与四指垂直的大拇指的指向就是矢量 $\boldsymbol{C}$ 的方向，如图 1-8 所示。这就是说，矢量 $\boldsymbol{A}$ 和 $\boldsymbol{B}$ 构成的平行四边形面积正是 $\boldsymbol{A}\times\boldsymbol{B}$ 的大小，平行四边形平面的法向矢量 $\boldsymbol{e}_{\mathrm{n}}$ 的方向正是 $\boldsymbol{A}\times\boldsymbol{B}$ 的方向，如果我们用一个面矢量 $\boldsymbol{S}$ 来表征平行四边形的大小（面积）和方向（平面的法向）两要素，则有

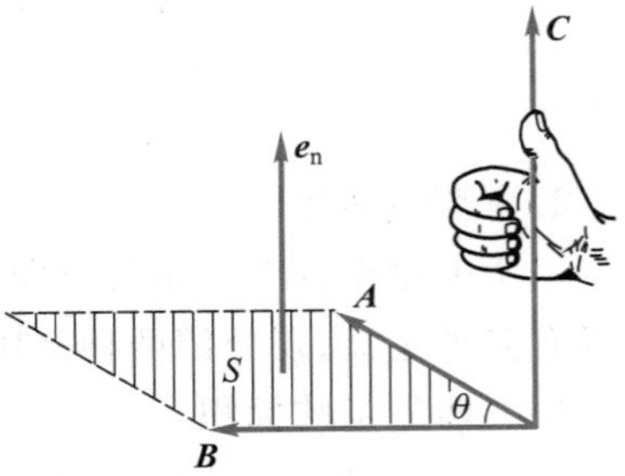

图 1-8

$$\boldsymbol{S}=S\boldsymbol{e}_{\mathrm{n}}=AB\sin\theta\boldsymbol{e}_{\mathrm{n}}=\boldsymbol{A}\times\boldsymbol{B} \tag{1-12}$$

注意矢量 $\boldsymbol{A}$、$\boldsymbol{B}$ 与矢量 $\boldsymbol{S}$ 构成右手螺旋定则，一般，面矢量是一个赝（轴）矢量。显然，矢量 $\boldsymbol{A}$ 和 $\boldsymbol{B}$ 的矢积不满足交换律，$\boldsymbol{A}\times\boldsymbol{B}=-\boldsymbol{B}\times\boldsymbol{A}\neq\boldsymbol{B}\times\boldsymbol{A}$。当然，可以证明矢量的矢积依然满足分配律，即

$$\boldsymbol{A}\times(\boldsymbol{B}+\boldsymbol{C})=\boldsymbol{A}\times\boldsymbol{B}+\boldsymbol{A}\times\boldsymbol{C} \tag{1-13}$$

显然，$\boldsymbol{A}\times\boldsymbol{A}=\boldsymbol{0}$。当 $\boldsymbol{A}\times\boldsymbol{B}=\boldsymbol{0}$ 时，则 $\boldsymbol{A}=\boldsymbol{0}$ 或 $\boldsymbol{B}=\boldsymbol{0}$，或 $\boldsymbol{A}/\!/\boldsymbol{B}$。

对束缚矢量而言，一般地，只有属于同一束缚点的两个矢量才能进行如此叉乘，矢积的结

果也是个束缚矢量。

任一矢量 $\boldsymbol{B}$ 在垂直 $\boldsymbol{e}_A$ 方向上的分矢量可表示为 $\boldsymbol{e}_A\times(\boldsymbol{B}\times\boldsymbol{e}_A)$。某矢量叉乘某方向矢量，虽可求出该矢量在垂直该方向的平面上的分矢量，但此分矢量由于叉乘而被转过了 $\pi/2$，再被该方向矢量叉乘，就可以转回到原来的方向上。

三个矢量可以组成各种各样的乘法，其中有一个乘法最为常见有用，那就是它们的混合积(标积)$(\boldsymbol{A}\times\boldsymbol{B})\cdot\boldsymbol{C}$，它是一个标量，其绝对值等于以 $\boldsymbol{A}$、$\boldsymbol{B}$、$\boldsymbol{C}$ 三个矢量为边的平行六面体的体积，故其有如下性质

$$(\boldsymbol{A}\times\boldsymbol{B})\cdot\boldsymbol{C}=(\boldsymbol{B}\times\boldsymbol{C})\cdot\boldsymbol{A}=(\boldsymbol{C}\times\boldsymbol{A})\cdot\boldsymbol{B} \tag{1-14}$$

显而易见，三个矢量共面的充分必要条件是它们的混合积为零。

关于矢量还有许多重要的恒等式，例如

$$(\boldsymbol{A}\times\boldsymbol{B})\times\boldsymbol{C}=(\boldsymbol{A}\cdot\boldsymbol{C})\boldsymbol{B}-(\boldsymbol{B}\cdot\boldsymbol{C})\boldsymbol{A} \tag{1-15}$$

$$(\boldsymbol{A}\times\boldsymbol{B})\cdot(\boldsymbol{C}\times\boldsymbol{D})=(\boldsymbol{A}\cdot\boldsymbol{C})(\boldsymbol{B}\cdot\boldsymbol{D})-(\boldsymbol{A}\cdot\boldsymbol{D})(\boldsymbol{B}\cdot\boldsymbol{C}) \tag{1-16}$$

式(1-16)称为拉格朗日恒等式，由此可得

$$|(\boldsymbol{A}\times\boldsymbol{B})|^2=|\boldsymbol{A}|^2\cdot|\boldsymbol{B}|^2-|(\boldsymbol{A}\cdot\boldsymbol{B})|^2 \tag{1-17}$$

由叉乘和点乘的定义式，很容易验证上式。

三、矢量代数应用举例

至此，我们学习了矢量的一些最简单的运算：取模、加法、减法、数乘、标积和矢积，对一个矢量方程而言，等号的两边作同一种运算，等号依然成立。下面我们作一些简介应用。

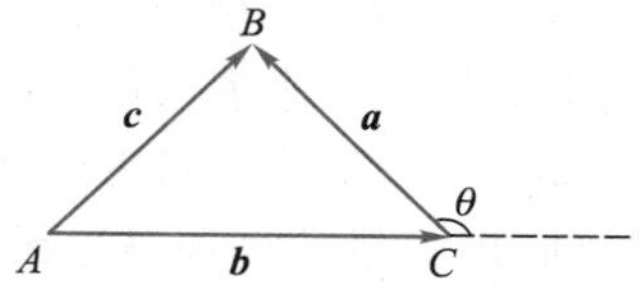

图 1-9

例 1-1 设三个矢量 $\boldsymbol{a}$、$\boldsymbol{b}$、$\boldsymbol{c}$ 构成一个三角形△ABC，如图 1-9 所示，证明余弦定理和正弦定理。

证明：由图 1-9 可知，三个矢量满足 $\boldsymbol{c}=\boldsymbol{a}+\boldsymbol{b}$，两边同时点乘自身得

$$c^2=a^2+b^2+2\boldsymbol{a}\cdot\boldsymbol{b}=a^2+b^2+2ab\cos\theta=a^2+b^2-2ab\cos\angle C$$

正是余弦定理。

等式 $\boldsymbol{c}=\boldsymbol{a}\times\boldsymbol{b}$ 两边同时左叉乘矢量 $\boldsymbol{a}$ 得

$$\boldsymbol{a}\times\boldsymbol{c}=\boldsymbol{a}\times\boldsymbol{b}$$

$$ab\times\sin\angle C=ac\times\sin\angle B$$

即 $\dfrac{b}{\sin\angle B}=\dfrac{c}{\sin\angle C}$。等式 $\boldsymbol{c}=\boldsymbol{a}\times\boldsymbol{b}$ 两边同时左叉乘矢量 $\boldsymbol{b}$，同理可得 $a/\sin\angle A=c/\sin\angle C$，从而我们有

$$\frac{a}{\sin\angle A}=\frac{b}{\sin\angle B}=\frac{c}{\sin\angle C}$$

这正是我们熟知的正弦定理，证毕。几何学上的很多命题，用矢量知识可方便证得。

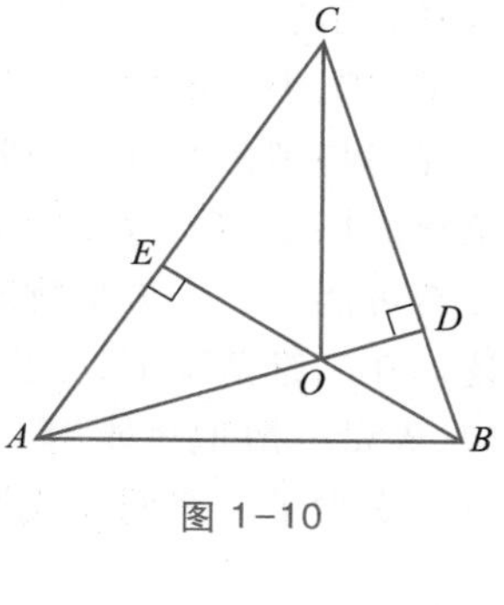

图 1-10

例 1-2 如图 1-10 所示，证明三角形的三条高交于一点。

证明：如图 1-10 所示的△ABC 中，AD、BE 分别垂直于 BC、

AC,交于点 O。证明三条高交于一点,即在已知$\overrightarrow{AO}\cdot\overrightarrow{BC}=0,\overrightarrow{BO}\cdot\overrightarrow{AC}=0$ 的条件下证明$\overrightarrow{CO}\cdot\overrightarrow{AB}=0$。

因为$\overrightarrow{BO}\cdot\overrightarrow{AO}=\overrightarrow{AO}\cdot\overrightarrow{BO}$,也即

$$(\overrightarrow{BC}+\overrightarrow{CO})\cdot\overrightarrow{AO}=(\overrightarrow{AC}+\overrightarrow{CO})\cdot\overrightarrow{BO}$$

则由已知条件可得$\overrightarrow{CO}\cdot\overrightarrow{AO}=\overrightarrow{CO}\cdot\overrightarrow{BO}$,也即

$$\overrightarrow{CO}\cdot\overrightarrow{AO}-\overrightarrow{CO}\cdot\overrightarrow{BO}=\overrightarrow{CO}\cdot(\overrightarrow{AO}-\overrightarrow{BO})=\overrightarrow{CO}\cdot\overrightarrow{AB}=0$$

证毕。

四、矢量的定量表示与坐标系

任意物理量,只有在给出了相应的标准后才能定量表示。对矢量物理量而言,单有大小标准是无法定量描述的,还必须有方向标准。在二维情形下,当给定一个标准方向后,一个矢量可以用它的大小和与这个标准方向之间的夹角(也称方位角)来具体表示,即用两个标量(即大小及方位角)来具体描述一个矢量,这就是我们中学物理中常用的矢量表示法。注意到矢量的大小是个算术量,恒为正,但方位角实际上是个代数量,可正可负,故我们引用方位角表示时应事先规定好夹角的正负。一般地,我们规定:在二维纸平面中,从标准方向开始经逆时针方向转到被描述矢量所转过的角度为正,反之则为负。只有在给定一个标准方向并规定好角度正负的情况下,我们才可以用大小及方位角这两个(一组)标量来完全且唯一地表示一个矢量。这种表示在二维图示情形下很直观,但这种方法看似简单方便,实则不然。矢量的大小是通过对矢量取模来完成的,而矢量与方位角的夹角同样地要经过三角函数运算后才能得到,在中学数学中我们应该有深刻体会。这种方法最大的问题是,两个标量是无法与一个矢量画上等号的,即矢量的这种描述无法用等号来表示。这就是说我们实际上并没有真正用数学方法完成对矢量的描述,自然也难于对该矢量进行微积分等进一步的数学运算。对于最后结果,这种表示还可以接受,但对于开始及中间过程中出现的一个矢量物理变量,特别是还需对其进行微积分等数学运算时,这种描述就完全不可取了。

在三维情形时,给定一个标准方向是不可能完备描述一个矢量的方向的,我们必须给出不在同一条直线上(即两者线性无关)的两个标准方向才能完备描述一个矢量的方向。则一个矢量与两个标准方向之间就会有两个夹角,我们自然还需事先定义好它们的正负,这样在三维情况下,一个矢量可以用其大小及两个方位角,即用(一组)三个标量来表示。这种表示在三维图示情形下也算清楚,但不是非常直观,需要有立体几何知识,故对于最后结果,一般也不使用这种表示法,更别说是在开始或在中间过程中了。故矢量的这种大小及方位角表示法,除了在二维情况表示最后结果外,一般我们均不采用。

任何物理量的具体(或定量)表述,只有在给定了足够多的标准后才成为可能。表示未知矢量只能用已知矢量或标准矢量才有可能。同样地,表示未知方向只能用已知方向或标准方向才有可能。一个矢量物理量,只有在同时给出了大小标准和方向标准后才有可能进行定量描述。在二维情况下,当我们仅仅给出一个标准方向,或在三维情形时我们仅仅给出两个标准方向,矢量一般地只能用上述这种大小及方位角方法表示,无法用等号表示,原因是我们的标准方向太少了。我们在线性代数中知道,在 n 维空间中,有 n 个线性无关的矢量组才是完备的,

该空间中的任何一个矢量才可以用它们展开表示。这就是说，若二维情况时给出两个标准方向，三维空间时给出三个标准方向，且使它们线性无关，则它们可以构成一组完备基本矢量，简称基矢系，此时任何一个矢量都可以用基矢系唯一展开表示。任何方向矢量都是一个大小等于“1”的矢量，称为归一化矢量，如果各标准方向两两相互垂直，则它们组成**正交归一基矢系**，用正交归一基矢系表示的矢量在其各种数学运算时会有诸多方便，故我们一般采用正交归一基矢系。

在经典力学中，任何一个矢量物理量的方向总等同于三维空间中的方向，这就是说，它总可以用三维空间中的方向标准来表示。所谓给定一个空间坐标系，除了标定每个坐标轴上的大小单位（标准）外，还必须给定一套完备的方向矢量系。有了这些标准方向，所有矢量物理量的方向就可以用它们来（展开）表示。最常用的空间坐标系有直角坐标系、自然坐标系、极坐标系、柱坐标系和球坐标系等，下面我们分别简要介绍它们。

1. 直角坐标系

在所有坐标系中，最常见且运算相对方便的就是直角坐标系。在三维空间下，有一个标准点作为坐标原点，于此建立三个方向相互成直角的坐标轴，构成空间直角坐标系 $Oxyz$，如图 1-11 所示。三个坐标轴分别为 Ox，Oy，Oz，并自然地选取三个坐标轴上的正方向为（单位）标准方向，即矢量 $\boldsymbol{i}$、$\boldsymbol{j}$、$\boldsymbol{k}$ 构成一套完备基矢（为方便和统一起见，三个方向矢量应满足 $\boldsymbol{i}\times\boldsymbol{j}=\boldsymbol{k}$，并称这样的坐标系为右手直角坐标系）。三个方向矢量是恒定的，不随空间点的位置而变。直角坐标系为正交归一坐标系，任何矢量均可用基矢进行展开描述，如

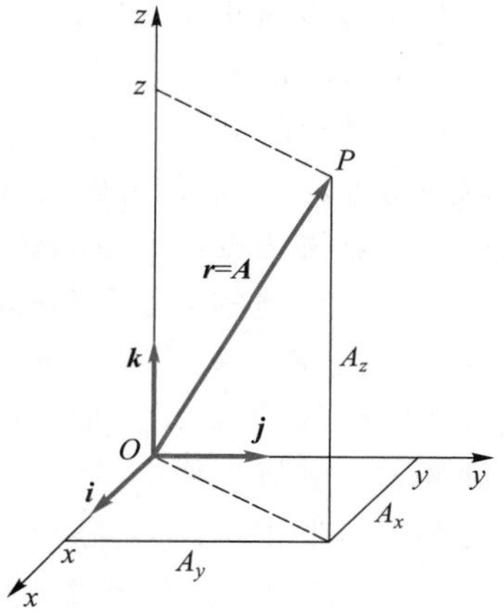

图 1-11

$$\boldsymbol{A}=A_x\boldsymbol{i}+A_y\boldsymbol{j}+A_z\boldsymbol{k} \tag{1-18}$$

式中
$$A_x=\boldsymbol{A}\cdot\boldsymbol{i},\quad A_y=\boldsymbol{A}\cdot\boldsymbol{j},\quad A_z=\boldsymbol{A}\cdot\boldsymbol{k} \tag{1-19}$$

它们分别是矢量 $\boldsymbol{A}$ 在三个基矢方向上的投影，也常称为矢量 $\boldsymbol{A}$ 在三个坐标轴上的分量。无疑，当我们用一组基矢展开表示矢量后，矢量间的各种运算就简化为基矢间的各种运算。在直角坐标系中，我们有

$$\boldsymbol{i}\cdot\boldsymbol{i}=\boldsymbol{j}\cdot\boldsymbol{j}=\boldsymbol{k}\cdot\boldsymbol{k}=1,\quad \boldsymbol{i}\times\boldsymbol{i}=\boldsymbol{j}\times\boldsymbol{j}=\boldsymbol{k}\times\boldsymbol{k}=\boldsymbol{0},\quad \boldsymbol{i}\times\boldsymbol{j}=\boldsymbol{k},\quad \boldsymbol{j}\times\boldsymbol{k}=\boldsymbol{i},\quad \boldsymbol{k}\times\boldsymbol{i}=\boldsymbol{j} \tag{1-20}$$

从而我们有

$$\boldsymbol{A}\pm\boldsymbol{B}=(A_x\pm B_x)\boldsymbol{i}+(A_y\pm B_y)\boldsymbol{j}+(A_z\pm B_z)\boldsymbol{k} \tag{1-21}$$

$$\boldsymbol{A}\cdot\boldsymbol{B}=A_xB_x+A_yB_y+A_zB_z \tag{1-22}$$

$$A^2=A_x^2+A_y^2+A_z^2 \tag{1-23}$$

$$\boldsymbol{A}\times\boldsymbol{B}=\begin{vmatrix}\boldsymbol{i} & \boldsymbol{j} & \boldsymbol{k}\\ A_x & A_y & A_z\\ B_x & B_y & B_z\end{vmatrix} \tag{1-24}$$

当 $\boldsymbol{A}\times\boldsymbol{B}=\boldsymbol{0}$ 时，则有 $A_x/B_x=A_y/B_y=A_z/B_z=k$，即 $\boldsymbol{A}=k\boldsymbol{B}$。

可以这样讲，在数学和物理中，点位置的描述是最根本、最主要、最关键的内容。一般地，人们习惯于它的坐标表示。例如空间某个点 P 的位置，在直角坐标系中，用三个坐标 (x,y,z) 来标定，而在柱坐标系中，另用三个坐标 (ρ,φ,z) 来标定，等等。这种用坐标标定的

方法称为坐标法，它有许多优点，但也有一定的不足，它明显地依赖于坐标系，缺乏普适性。为了弥补不足，我们将引进一个矢量：从坐标系的原点 O 到点 P 的有向线段称为点 P 相对于原点 O 的位置矢量，简称点 P 的位矢 $\boldsymbol{r}=\overrightarrow{OP}$，如图 1-11 所示。这是一个特殊的极矢量，它的端（终）点就是点 P 的位置，它可用来表示点 P 相对于坐标原点 O 的位置。利用该矢量，我们还可清晰地描述空间的点、（曲）线、（曲）面等各种几何体的特征以及它们之间的关系。这是一种更为普适和简洁的表示法，与坐标系无关，只需要一个标准点即坐标系的原点就可以了。

若欲定量表示某一个点的位置矢量，则必须给定某种坐标系，给出某种坐标系后，某点的位矢在该坐标系中的定量表示就可用该点的（部分）坐标及该点的（部分）标准方向展开表示。例如当我们用直角坐标系来表示位置矢量时，由图 1-11 可得

$$\boldsymbol{r}=x\boldsymbol{i}+y\boldsymbol{j}+z\boldsymbol{k} \tag{1-25}$$

点 P 的位矢在三个基矢方向上的投影（分量），正是点 $\boldsymbol{P}$ 的三个坐标。

2. 特殊定常正交坐标系

（1）极坐标系

在二维空间下，另一个常用的坐标系为极坐标系，它有一个标准点和一个标准方向，标准点取为坐标原点，也称为极点；标准方向常称为参考方向（x 轴正方向）（实际上应该称为标准方向），也常称为极轴。空间任何一个点 P 的位置可以用两个坐标(ρ,φ)唯一标定，它们正是点 P 的位置矢量的大小和与标准方向间的夹角。为了描述矢量物理量，我们还需要建立两个标准方向，它们一般就取为两个坐标单独增加时动点移动的方向，分别记为 $\boldsymbol{e}_\rho,\boldsymbol{e}_\varphi$，如图 1-12 所示。显然，这样的两个标准方向赋值于某个空间点上，对于不同的空间位置，它们并不完全相同，它们随角坐标（方位角）φ 变化，是两个变（方向）矢量，它们构成了一套基矢系。我们注意到，这两个基矢也是正交的，故极坐标系也是正交坐标系。任何赋值于空间点上的矢量物理量均可用该点的一套基矢进行展开描述，如

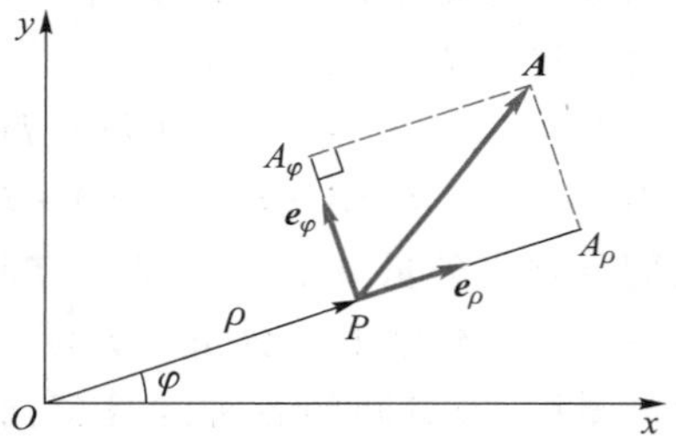

图 1-12

$$\boldsymbol{A}=A_\rho\boldsymbol{e}_\rho+A_\varphi\boldsymbol{e}_\varphi \tag{1-26}$$

式中

$$A_\rho=\boldsymbol{A}\cdot\boldsymbol{e}_\rho,\quad A_\varphi=\boldsymbol{A}\cdot\boldsymbol{e}_\varphi \tag{1-27}$$

分别是矢量 $\boldsymbol{A}$ 在两个基矢方向上的投影（或分量）。两个基本矢量间的各种运算为

$$\boldsymbol{e}_\rho\cdot\boldsymbol{e}_\rho=\boldsymbol{e}_\varphi\cdot\boldsymbol{e}_\varphi=1,\quad \boldsymbol{e}_\rho\cdot\boldsymbol{e}_\varphi=0,\quad \boldsymbol{e}_\rho\times\boldsymbol{e}_\varphi=\boldsymbol{e}_z \tag{1-28}$$

其中方向矢量 $\boldsymbol{e}_z$ 垂直(ρ,φ)二维平面，并与角度 φ 的增加方向构成右手螺旋关系，它正是后面介绍的三维空间柱坐标系中 z 轴的方向矢量。

位置矢量在极坐标系中的表达式为

$$\boldsymbol{r}=\overrightarrow{OP}=\rho\boldsymbol{e}_\rho=\rho\boldsymbol{e}_\rho(\varphi) \tag{1-29}$$

上式非常简洁，其仅有 $\boldsymbol{e}_\rho(\varphi)$方向上的分量，而分量值正好是坐标 ρ。但必须注意的是，方向矢量 $\boldsymbol{e}_\rho(\varphi)$是一个随角坐标 φ 变化的变矢量，也就是说，某点的位矢一定与该点的所有坐标都有关系。在物体做圆周运动时，极坐标系是最为方便的坐标系。

我们将极坐标系扩展至三维情形可得两种坐标系，即柱坐标系和球坐标系。

(2) 柱坐标系

在三维情况下，常用的一个坐标系为柱坐标系，它是将三维直角坐标系中的 Oxy 系换成二维极坐标系来完成的，如图 1-13 所示，坐标系为 (ρ,φ,z)，基矢系为 $(\boldsymbol{e}_\rho,\boldsymbol{e}_\varphi,\boldsymbol{e}_z)$，三个方向矢量两两垂直，故柱坐标系也是一个正交坐标系。为方便和统一起见，我们进一步规定，三个方向矢量应满足 $\boldsymbol{e}_\rho\times\boldsymbol{e}_\varphi=\boldsymbol{e}_z$，即角量 φ 增加的方向与 z 轴正方向构成右手螺旋关系，也就是说，若右手四指转动的方向为角量 φ 增加的方向，则与四指垂直的大拇指所指的方向就是 z 轴正方向，这样的坐标系称为右手螺旋柱坐标系，此时三个基矢间的矢积运算为

$$\boldsymbol{e}_\rho\times\boldsymbol{e}_\varphi=\boldsymbol{e}_z,\quad \boldsymbol{e}_\varphi\times\boldsymbol{e}_z=\boldsymbol{e}_\rho,\quad \boldsymbol{e}_z\times\boldsymbol{e}_\rho=\boldsymbol{e}_\varphi \tag{1-30}$$

任何赋值于空间点上的矢量物理量均可用该点的一套基矢进行展开描述，如

$$\boldsymbol{A}=A_\rho\boldsymbol{e}_\rho+A_\varphi\boldsymbol{e}_\varphi+A_z\boldsymbol{e}_z \tag{1-31}$$

式中

$$A_\rho=\boldsymbol{A}\cdot\boldsymbol{e}_\rho,\quad A_\varphi=\boldsymbol{A}\cdot\boldsymbol{e}_\varphi,\quad A_z=\boldsymbol{A}\cdot\boldsymbol{e}_z \tag{1-32}$$

它们称为矢量 $\boldsymbol{A}$ 在三个方向上的分量。

位置矢量在柱坐标系中的表达式为

$$\boldsymbol{r}=\rho\boldsymbol{e}_\rho+z\boldsymbol{e}_z \tag{1-33}$$

它为两个方向相互垂直的分矢量的合成，看似仅与两个坐标和两个标准方向有关，但实际上方向矢量 $\boldsymbol{e}_\rho$ 是一个随第三个坐标 φ 变化的变矢量。在物体绕轴转动、物理系统具有轴对称情况下，柱坐标系是最为方便的坐标系。

(3) 球坐标系

在三维情况下，另一个常用的坐标系为球坐标系，如图 1-14 所示，坐标系为 (r,θ,φ)，分别是位置矢量的大小、位矢与 z 轴的夹角 θ、位矢在 xy 平面上的分矢量与 x 轴的夹角 φ；方向矢量系为 $(\boldsymbol{e}_r,\boldsymbol{e}_\theta,\boldsymbol{e}_\varphi)$。显然，它们满足 $\boldsymbol{e}_r\times\boldsymbol{e}_\theta=\boldsymbol{e}_\varphi$，球坐标系也为正交坐标系。任何矢量物理量均可用基矢展开

$$\boldsymbol{A}=A_r\boldsymbol{e}_r+A_\theta\boldsymbol{e}_\theta+A_\varphi\boldsymbol{e}_\varphi \tag{1-34}$$

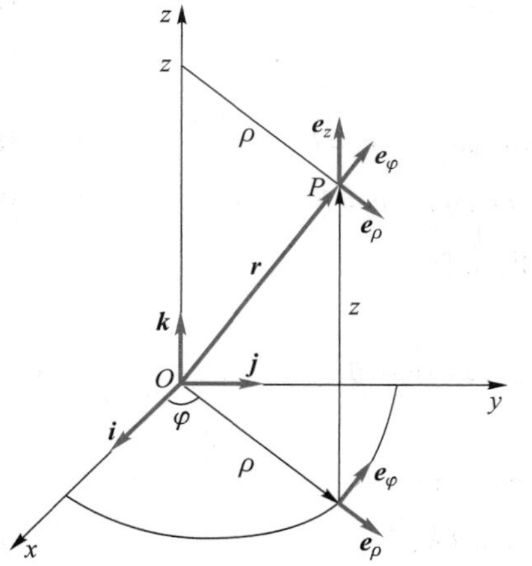

图 1-13

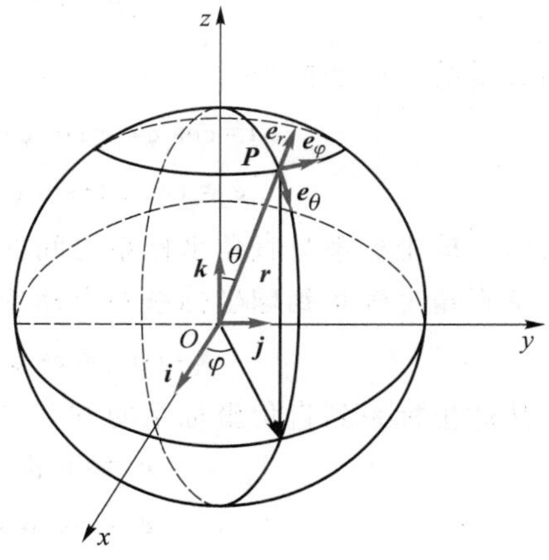

图 1-14

式中

$$A_r=\boldsymbol{A}\cdot\boldsymbol{e}_r,\quad A_\theta=\boldsymbol{A}\cdot\boldsymbol{e}_\theta,\quad A_\varphi=\boldsymbol{A}\cdot\boldsymbol{e}_\varphi \tag{1-35}$$

它们称为矢量 $\boldsymbol{A}$ 在三个方向上的分量。位置矢量在球坐标系中的表达式为

$$\boldsymbol{r}=r\boldsymbol{e}_r=r\boldsymbol{e}_r(\theta,\varphi) \tag{1-36}$$

该表述非常简单，仅在 $\boldsymbol{e}_r(\theta,\ \varphi)$ 方向有分量，其分量大小正好是坐标 r。但需注意的是，方向矢量 $\boldsymbol{e}_r(\theta,\ \varphi)$ 是另外两个坐标，即两方位角 φ,θ 的函数。在物理系统具有球对称情况下用球坐标系描述最为方便。

在上述坐标系中，尽管各个方向矢量常随不同的点而有所不同，但明显地，所有这些方向矢量在空间某个点上是恒定的，故这些特殊坐标系也称为定常坐标系。这些定常坐标系有什么方便之处呢？显然，对一些特殊的几何体，用特殊坐标系表示可以很简便，而且坐标之间还常常脱离关联（脱耦）。

例如一个半径为 R，高为 h 的圆柱体，如图 1-15 所示。当取其中心对称轴为 z 轴，下底面为 Oxy 平面时，圆柱体在直角坐标系中的表示为 $x^2+y^2\leqslant R^2, 0\leqslant z\leqslant h$，坐标 x 与 y 之间存在着关联；但将 Oxy 平面改为极坐标系，即改用空间柱坐标系后，则其表示为 $\rho\leqslant R, 0\leqslant\varphi<2\pi, 0\leqslant z\leqslant h$，表达式很简洁，且坐标 ρ 与 φ 之间脱耦，这会给相关的数学运算提供极大的方便。当然了，在用这些特殊坐标系表示时，它们的方向矢量不再是恒矢量，它们是坐标（方位角）的函数，这又会给方向矢量的微积分运算带来一些不便。故一般地，我们常需要进行定常正交坐标系与直角坐标系之间的各种变换。下面给出了它们与直角坐标系之间的坐标系及方向矢量系之间的各种正变换，有兴趣的同学可自行推导各种相关的逆变换。

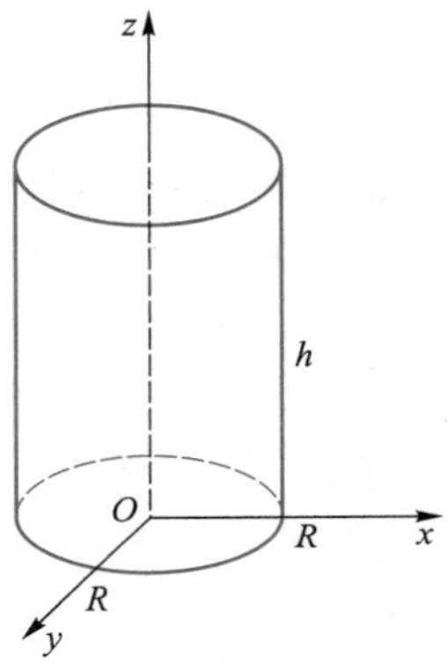

图 1-15

（1）圆柱坐标系与直角坐标系（略去 z 轴，即为极坐标系与直角坐标系）之间的坐标及方向矢量的变换。

由图 1-13 易得其中坐标的正反变换分别为

$$x=\rho\cos\varphi,\quad y=\rho\sin\varphi,\quad z=z \tag{1-37a}$$

$$\rho=\sqrt{x^2+y^2},\quad \tan\varphi=\frac{y}{x},\quad z=z \tag{1-37b}$$

方向矢量的正反变换为

$$\boldsymbol{i}=\cos\varphi\boldsymbol{e}_\rho-\sin\varphi\boldsymbol{e}_\varphi,\quad \boldsymbol{j}=\sin\varphi\boldsymbol{e}_\rho+\cos\varphi\boldsymbol{e}_\varphi,\quad \boldsymbol{e}_z=\boldsymbol{k} \tag{1-38a}$$

$$\boldsymbol{e}_\rho=\cos\varphi\boldsymbol{i}+\sin\varphi\boldsymbol{j},\quad \boldsymbol{e}_\varphi=-\sin\varphi\boldsymbol{i}+\cos\varphi\boldsymbol{j},\quad \boldsymbol{e}_z=\boldsymbol{k} \tag{1-38b}$$

（2）球坐标系与直角坐标系之间的坐标及方向矢量的变换。

从直角坐标系到球坐标系的坐标变换为

$$x=r\sin\theta\cos\varphi,\quad y=r\sin\theta\sin\varphi,\quad z=r\cos\theta \tag{1-39}$$

从球坐标系到直角坐标系的方向矢量的变换为

$$\begin{aligned}\boldsymbol{e}_r&=\sin\theta\cos\varphi\boldsymbol{i}+\sin\theta\sin\varphi\boldsymbol{j}+\cos\theta\boldsymbol{k}\\ \boldsymbol{e}_\theta&=\cos\theta\cos\varphi\boldsymbol{i}+\cos\theta\sin\varphi\boldsymbol{j}-\sin\theta\boldsymbol{k},\\ \boldsymbol{e}_\varphi&=-\sin\varphi\boldsymbol{i}+\cos\varphi\boldsymbol{j}\end{aligned} \tag{1-40}$$

这些变换将会给相关运算例如微分和积分带来许多方便。

3. 自然坐标系

为方便理解及简单起见，我们假设动点仅做平面运动，当给出点的运动方程后，动点的运动轨迹是确定且唯一的，点只能在其轨道上运动，相当于动点的运动变成了一维运动。设 $t=0$ 时，动点在轨道某点 O 处，该点称为起始点，则在任意 t 时刻，动点的位置可用其在轨道上走过的路程（也称自然坐标）s 唯一决定，如图 1-16 所示。为了描述矢量物理量，我们还需构建两个基本方向矢量作为标准方向。轨道上该点处的切向单位矢量（动点运动方向）$\boldsymbol{e}_t$ 以及轨道的内法向单位矢量 $\boldsymbol{e}_n$ 用作基矢系很是自然，有了点 $\boldsymbol{P}$ 处的 $(\boldsymbol{e}_t,\boldsymbol{e}_n)$，则点 $\boldsymbol{P}$ 处的任一矢量物理量均可以用它们展开来表示，即

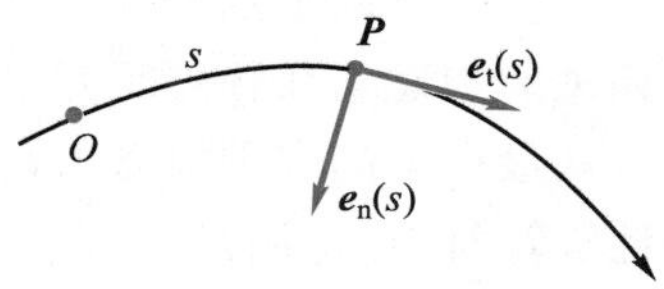

图 1-16

$$\boldsymbol{A}=A_t\boldsymbol{e}_t+A_n\boldsymbol{e}_n \tag{1-41}$$

式中

$$A_t=\boldsymbol{A}\cdot\boldsymbol{e}_t,\quad A_n=\boldsymbol{A}\cdot\boldsymbol{e}_n \tag{1-42}$$

这样的坐标系称为（平面）自然坐标系。自然坐标系是为方便描述点的线运动而引入的，它的两个方向矢量 $\boldsymbol{e}_n$ 和 $\boldsymbol{e}_t$，在某个点并不是恒定的，对同一个点，它们会随着不同的轨道曲线而有所不同，所以，自然坐标系是非定常坐标系，其中的方向矢量一般不能作为严格的标准，故它们也常用定常坐标系的方向矢量来表示，而两方向矢量的严格定义需要在学会了对位矢的微分后才能实现。

4. 位置矢量的应用

当点的位矢（或坐标）满足一定限制条件时，由这些动点可以构成空间或平面上的一些图形，比如曲线、曲面等。例如在二维情形下，若已知直线的切向单位矢量 $\boldsymbol{e}_t$ 及通过的某点 P_0（其位矢为 $\boldsymbol{r}_0$），则直线方程为 $\boldsymbol{r}=\boldsymbol{r}_0+k\boldsymbol{e}_t$，其中 k 为参数，且此矢量方程式可自然地推广至三维空间中的直线方程。若已知直线的法向单位矢量 $\boldsymbol{e}_n$ 及通过的某点 P_0（其位矢为 $\boldsymbol{r}_0$），则直线方程可写为 $\boldsymbol{e}_n\cdot(\boldsymbol{r}-\boldsymbol{r}_0)=0$，此方程式也可表示三维空间中法向单位矢量为 $\boldsymbol{e}_n$ 的过点 P_0 的平面方程。又比如 $|\boldsymbol{r}|\leqslant R$ 表示一个半径为 R、球心在坐标原点的球体。这些表示方便、简洁、清晰。

例 1-3　求矢量 $\boldsymbol{A}=3\boldsymbol{i}+2\boldsymbol{j}+1\boldsymbol{k}$ 在平面 $\pi: x-3y+2z-5=0$ 上的投影。

解：平面 $\pi: x-3y+2z-5=0$ 的法向单位矢量为

$$\boldsymbol{e}_n=\frac{1\boldsymbol{i}-3\boldsymbol{j}+2\boldsymbol{k}}{\sqrt{1^2+(-3)^2+2^2}}=\frac{1\boldsymbol{i}-3\boldsymbol{j}+2\boldsymbol{k}}{\sqrt{14}}$$

（易证 $\boldsymbol{e}_n$ 与平面 π 上的任一直线垂直）矢量 $\boldsymbol{A}=3\boldsymbol{i}+2\boldsymbol{j}+1\boldsymbol{k}$ 在该法向上的投影为

$$A_n=\boldsymbol{A}\cdot\boldsymbol{e}_n=\frac{1\times3-3\times2+2\times1}{\sqrt{14}}=-\frac{1}{\sqrt{14}}$$

则矢量 $\boldsymbol{A}$ 在该平面上的投影（矢量）为

$$\boldsymbol{A}_\pi=\boldsymbol{A}-A_n\boldsymbol{e}_n=3\boldsymbol{i}+2\boldsymbol{j}+1\boldsymbol{k}+\frac{1}{\sqrt{14}}\left(\frac{1\boldsymbol{i}-3\boldsymbol{j}+2\boldsymbol{k}}{\sqrt{14}}\right)=\frac{43\boldsymbol{i}+25\boldsymbol{j}+16\boldsymbol{k}}{14}$$

1.3　矢量微积分及其应用简介

微积分方法是数理科学中最为常见和最为重要的方法，熟悉它们，对于加深理解及熟练应用相关的物理量及物理定律是很有帮助的，对综合提高数理能力更是具有非常重要的现实意义。从最根本的数理概念上讲，微分是减法，积分为加法，它们与我们熟知的加减法一样，都为线性运算符号，都满足结合律、分配律等。这里主要讨论的是各种矢量微积分。

一、微分

微分是基础，积分为应用。微积分处理的对象是一些微小量的运算。首先我们将物理量按微小量的幂次分为零阶小量（即我们熟悉的一般有限量）、一阶小量、二阶小量等。一阶小量常是由两个数值无限接近的零阶量相减得到的，二阶小量常是由两个数值无限接近的一阶小量相减得到的，这个过程称为微分，微分即减法，得到的结果称为微分量。尽管微分量是各阶无穷小量，但说到底，它们还都是有数值的物理量，和普通的物理量一样，它们之间也可以进行各种我们熟知的加、减、乘、除等运算，运算过程中满足我们熟知的分配律、结合律和交换律等。明显地，一个二阶无穷小量，可以由两个数值无限接近的一阶无穷小量相减得到，也可以通过两个一阶无穷小量相乘得到；一个零阶无穷小量与一个一阶无穷小量相乘得到另一个一阶无穷小量；两个一阶无穷小量相除可以得到一个零阶无穷小量，等等。一般地，运算的最后结果只保留最低阶次的（即数值最大的）物理量，中间过程一般要求至少多保留两个阶次的物理量。为方便后面的推导，我们先介绍一个关于小量的最重要的近似公式，当 $|x|\ll 1$，即 $|x|\to 0$ 时，我们有

$$e^{x}\approx 1+x \tag{1-43}$$

这是一个最为重要的近似公式，其他近似公式都可以由它推出，故应该牢记它。由式（1-43）两边同时取自然对数得

$$\ln(1+x)\approx x \tag{1-44}$$

由式（1-43）得 $(1+x)^{n}\approx e^{nx}\approx 1+nx$，最后一个等号又用到了式（1-43）（将 nx 视为小量），即

$$(1+x)^{n}\approx 1+nx \tag{1-45}$$

由式（1-43）得 $e^{ix}\approx 1+ix$（将 ix 视为小量），则由著名的欧拉公式（$e^{ix}=\cos x+i\sin x$）得

$$\sin x\approx x \tag{1-46}$$

$$\cos x\approx 1 \tag{1-47}$$

有了上述五个近似公式，在不太严格的条件下，我们就可以方便地进行各种微小量的运算了，即进行微分运算了。

1. 一元标量函数的微分

设有变量 x 的光滑连续标量函数 $f(x)$，则定义它的微分为

$$df(x)\equiv f(x+dx)-f(x) \tag{1-48}$$

它是一个微小量，当 $f(x)=x$，上式就是 dx，自然它也是个微分量。当我们建立 $[x,f(x)]$ 空间时，$x\sim f(x)$ 为一条曲线，自变量 x 为横坐标，而 dx 就是无限相邻的两个横坐标的差值，而 $df(x)$ 是对应的两个无限相邻纵坐标的差值。若 $f(x)=c$，恒定不变，则明显地有 $dc=0$，但当

$f(x)$随自变量 x 变化时，则一般地，其微分 $df(x) \neq 0$，按照运算法则，它应该是一个一阶无穷小量，常正比于 dx，与自变量 x 的位置有关。例如当 $f(x)=x^2$，则有

$$df(x) \equiv f(x+dx)-f(x)=(x+dx)^2-x^2=x^2(1+dx/x)^2-x^2 \approx x^2\left(1+2\frac{dx}{x}\right)-x^2=2xdx$$

倒数第二个等号应用了式(1-45)(将 dx/x 视为微小量，且 $n=2$)，上式即为 $d(x^2)=2xdx$。类似地，我们可以得到如下常见的微分公式

$$d(x^n)=nx^{n-1}dx \tag{1-49}$$

$$d(\sin\theta)=\cos\theta d\theta, \quad d(\cos\theta)=-\sin\theta d\theta \tag{1-50}$$

$$d(e^x)=e^x dx, \quad d(\ln x)=dx/x \tag{1-51}$$

有兴趣的同学不妨证明上述各式。与其他运算法则一样，等号的两边同时作微分运算，等号依然成立。微分运算符号 d 是一个线性运算符号，满足交换律和如下的分配律：

$$d(f+g)=df+dg \tag{1-52}$$

$$d(fg)=gdf+fdg, \quad d(f/g)=fd(1/g)+df/g=(gdf-fdg)/g^2 \tag{1-53}$$

例 1-4　证明公式 $d(fg)=gdf+fdg$。

证明：不妨令 $fg=h$，两边同时取对数得 $\ln f+\ln g=\ln h$，两边同时取微分得

$$\frac{df}{f}+\frac{dg}{g}=\frac{dh}{h}$$

两边同时乘上 h 即得

$$d(fg)=gdf+fdg$$

证毕。

例 1-5　已知 $y=f(x)=2x^3a^{(2+x)^2}$，试求 dy/dx。

解：上式两边同时取自然对数，则有 $\ln y=\ln 2+3\ln x+(2+x)^2\ln a$，两边再同时取微分，则有 $d(\ln y)=3d(\ln x)+d[(2+x)^2\ln a]$，即

$$\frac{dy}{y}=3\frac{dx}{x}+2(2+x)\ln a dx=\left[\frac{3}{x}+2(2+x)\ln a\right]dx$$

即

$$\frac{dy}{dx}=y\left[\frac{3}{x}+2(2+x)\ln a\right]=[6x^2+4(2+x)x^3\ln a]a^{(2+x)^2}$$

一般地，当函数是由乘除号、幂次方或开方等运算符号组合而成时，我们常先两边取对数，然后再进行微分运算，这可能会带来一些方便。

dy/dx 称为函数 y 对其变量 x 的导数(或微商)，常记作 y'，在$[x, f(x)]$空间中，它在某点的数值就是曲线 $y=f(x)$在该点的斜率。有了函数 y 对 x 的导数 y'，则函数 $f(x)$的微分为

$$df(x)=f'(x)dx \tag{1-54}$$

将其代回式(1-48)可得

$$f(x+dx)=f(x)+df(x)=f(x)+f'(x)dx \tag{1-55}$$

称为函数 $f(x+dx)$在点 x 附近的一阶展开表示。当然在某些问题中，一阶展开可能不够用，若函数 $f(x+dx)$与 $g(x+dx)$在点 x_0附近的一阶展开完全相同，则 $f(x_0+dx)-g(x_0+dx)$的结果需要高阶的展开才不等于零。在一般的物理问题中，二阶展开就足够了，函数 $f(x+dx)$在点 x 附近的二阶展开表示为

$$f(x+dx)=f(x)+df(x)=f(x)+f'(x)dx+f''(x)(dx)^2/2 \tag{1-56}$$

其中的 $f''(x)=\mathrm{d}f'(x)/\mathrm{d}x$，称为 $f(x)$ 对 x 的二阶导数，有兴趣的同学不妨用个例题验证一下。

2. 一元矢量函数的微分

设有一元变量时间 t 的光滑连续矢量函数 $\boldsymbol{A}=\boldsymbol{A}(t)$，则它的微分（无穷小增量）定义为

$$\mathrm{d}\boldsymbol{A}(t)\equiv\boldsymbol{A}(t+\mathrm{d}t)-\boldsymbol{A}(t)=\boldsymbol{A}'(t)\,\mathrm{d}t=\boldsymbol{B}\mathrm{d}t \tag{1-57}$$

其中 $\mathrm{d}t$ 是个微分量。常矢量的微分为零。上式两边同除以 $\mathrm{d}t$ 得

$$\boldsymbol{B}=\frac{\mathrm{d}\boldsymbol{A}(t)}{\mathrm{d}t}=\boldsymbol{A}'(t)$$

矢量 $\boldsymbol{B}$ 称为矢量函数 $\boldsymbol{A}(t)$ 的时间导数。

若矢量 $\boldsymbol{B}=f(t)\boldsymbol{A}(t)$，则其微分为

$$\mathrm{d}\boldsymbol{B}=f\mathrm{d}\boldsymbol{A}+(\mathrm{d}f)\boldsymbol{A} \tag{1-58}$$

显见，若 $\boldsymbol{A}$ 为常矢量，则有 $\mathrm{d}(f\boldsymbol{A})=(\mathrm{d}f)\boldsymbol{A}$，即常矢量 $\boldsymbol{A}$ 可以随意地从微分运算符号中提出或放入，这为矢量运算提供了极大的方便。

我们已知若要定量地表示矢量函数 $\boldsymbol{A}$ 及 $\mathrm{d}\boldsymbol{A}$ 等，则必须有坐标系才有可能。在直角坐标系中，由于三个方向矢量均为常矢量，均可以从微分号中提出去，则有

$$\boldsymbol{A}=A_x(t)\boldsymbol{i}+A_y(t)\boldsymbol{j}+A_z(t)\boldsymbol{k},\quad \mathrm{d}\boldsymbol{A}=\mathrm{d}A_x(t)\boldsymbol{i}+\mathrm{d}A_y(t)\boldsymbol{j}+\mathrm{d}A_z(t)\boldsymbol{k}$$

一个矢量的微分等效于三个标量函数的微分。

容易证明：

$$\mathrm{d}(\boldsymbol{B}\cdot\boldsymbol{A})=\boldsymbol{B}\cdot\mathrm{d}\boldsymbol{A}+(\mathrm{d}\boldsymbol{B})\cdot\boldsymbol{A} \tag{1-59}$$

$$\mathrm{d}(\boldsymbol{B}\times\boldsymbol{A})=\boldsymbol{B}\times\mathrm{d}\boldsymbol{A}+(\mathrm{d}\boldsymbol{B})\times\boldsymbol{A} \tag{1-60}$$

若 $\boldsymbol{A}$ 为常矢量 $\boldsymbol{A}_0$，则有 $\mathrm{d}(\boldsymbol{B}\cdot\boldsymbol{A}_0)=(\mathrm{d}\boldsymbol{B})\cdot\boldsymbol{A}_0$，$\mathrm{d}(\boldsymbol{B}\times\boldsymbol{A}_0)=(\mathrm{d}\boldsymbol{B})\times\boldsymbol{A}_0$，即常矢量 $\boldsymbol{A}_0$ 可以随意地从微分运算符号中提出或放入，但需要特别注意的是，提出或放入时务必将与常矢量 $\boldsymbol{A}_0$ 相关的各类乘法运算符号一起提出或放入，且叉乘时前后量不能颠倒。

不管是在数学中还是在物理学中，最为重要的矢量微分无疑是位置矢量 $\boldsymbol{r}$ 的微分 $\mathrm{d}\boldsymbol{r}$。在直角坐标系中，点 P 的位矢 $\boldsymbol{r}=x\boldsymbol{i}+y\boldsymbol{j}+z\boldsymbol{k}$，则 $\mathrm{d}\boldsymbol{r}=\mathrm{d}x\boldsymbol{i}+\mathrm{d}y\boldsymbol{j}+\mathrm{d}z\boldsymbol{k}$，它表示的是以点 P 为始点的某方向上的无穷小有向线段，也可称为位矢的无穷小增量，在物理上有时称为动点 P 的无穷小位移。若点 P 被限制在某曲线上，则曲线上某点 $\boldsymbol{r}$ 处的 $\mathrm{d}\boldsymbol{r}$ 就是以点 $\boldsymbol{r}$ 为始点的曲线上的一无穷小有向线段，其方向就是曲线在点 $\boldsymbol{r}$ 处的切向单位矢量 $\boldsymbol{e}_t$ 的方向，其大小称为曲线上的线元 $\mathrm{d}l(\mathrm{d}s)$，故有 $\mathrm{d}\boldsymbol{r}=\mathrm{d}l\boldsymbol{e}_t$。有了 $\mathrm{d}\boldsymbol{r}$ 的表示，才能够求出线元 $\mathrm{d}l(\mathrm{d}s)=|\mathrm{d}\boldsymbol{r}|$ 及其切向单位矢量 $\boldsymbol{e}_t=\mathrm{d}\boldsymbol{r}/|\mathrm{d}\boldsymbol{r}|$ 的具体表达式。由此可见，许多与曲线相关的标量大都是通过对位矢的操作而得的，矢量是基础！

当用特殊坐标系表示矢量函数 $\boldsymbol{A}$ 时，就会出现特殊坐标系中的方向矢量，它们常是方位角的函数，它们的微分不为零。譬如用极坐标系表示矢量函数 $\boldsymbol{A}$ 时，有

$$\boldsymbol{A}=A_\rho\boldsymbol{e}_\rho(\varphi)+A_\varphi\boldsymbol{e}_\varphi(\varphi)$$

对上式两边微分，有

$$\mathrm{d}\boldsymbol{A}=\mathrm{d}[A_\rho\boldsymbol{e}_\rho(\varphi)]+\mathrm{d}[A_\varphi\boldsymbol{e}_\varphi(\varphi)]=\mathrm{d}A_\rho\boldsymbol{e}_\rho+A_\rho\mathrm{d}\boldsymbol{e}_\rho+\mathrm{d}A_\varphi\boldsymbol{e}_\varphi+A_\varphi\mathrm{d}\boldsymbol{e}_\varphi$$

出现了方向矢量的微分。由式(1-38b)两边微分分别可得

$$\mathrm{d}\boldsymbol{e}_\rho=(-\sin\varphi\boldsymbol{i}+\cos\varphi\boldsymbol{j})\,\mathrm{d}\varphi=\boldsymbol{e}_\varphi\mathrm{d}\varphi,\quad \mathrm{d}\boldsymbol{e}_\varphi=-(\cos\varphi\boldsymbol{i}+\sin\varphi\boldsymbol{j})\,\mathrm{d}\varphi=-\boldsymbol{e}_\rho\mathrm{d}\varphi \tag{1-61}$$

代入矢量函数 $\boldsymbol{A}$ 的微分式可得

$$dA=(dA_\rho-A_\varphi d\varphi)e_\rho+(A_\rho d\varphi+dA_\varphi)e_\varphi$$

即在特殊坐标系中，只要有了方向矢量的微分，如式(1-61)，我们就可以直接完成对矢量的微分而无需将矢量变换到直角坐标系中再变回来。

有了位矢的微分后，我们可自然地推出曲线的切向单位矢量和法向单位矢量了。曲线的切向单位矢量为

$$\boldsymbol{e}_t=\frac{d\boldsymbol{r}}{ds}=\frac{d\boldsymbol{r}}{|d\boldsymbol{r}|} \tag{1-62}$$

由式 $\boldsymbol{e}_t\cdot\boldsymbol{e}_t=1$ 的两边微分得 $\boldsymbol{e}_t\cdot d\boldsymbol{e}_t=0$，即知 $d\boldsymbol{e}_t=\boldsymbol{0}$ 或 $d\boldsymbol{e}_t\perp\boldsymbol{e}_t$。若 $d\boldsymbol{e}_t=\boldsymbol{0}$，则表明 $\boldsymbol{e}_t$ 不变，曲线是直的，由 $\boldsymbol{e}_t\cdot\boldsymbol{e}_n=0$、$|\boldsymbol{e}_n|=1$，可求出曲线的法向单位矢量 $\boldsymbol{e}_n$（平面时有两个）。

若 $\boldsymbol{e}_t$ 变化，则 $d\boldsymbol{e}_t\perp\boldsymbol{e}_t$。因 $\boldsymbol{e}_t$ 大小恒为 1，故其变化只能是改变方向，切向改变表明曲线的确是弯曲的，由此可进一步定义曲线的内法线单位矢量 $\boldsymbol{e}_n$。因 $d\boldsymbol{e}_t\perp\boldsymbol{e}_t$，故 $d\boldsymbol{e}_t$ 的方向一定在垂直 $\boldsymbol{e}_t$ 的方向，即法线方向向上。注意到 $d\boldsymbol{e}_t=\boldsymbol{e}_t(t+dt)-\boldsymbol{e}_t(t)$ 的方向总为 $\boldsymbol{e}_t$ 沿轨道内侧拐弯的方向，且垂直 $\boldsymbol{e}_t$ 的方向，如图 1-17 所示，则有

$$d\boldsymbol{e}_t=\boldsymbol{e}_t(t+dt)-\boldsymbol{e}_t(t)=d\theta\boldsymbol{e}_n \tag{1-63}$$

其中 $d\theta$ 为 dt 时间内切向单位矢量 $\boldsymbol{e}_t$ 转过的角度，当然也是 $\boldsymbol{e}_n$ 转过的角度，也是矢量 $d\boldsymbol{e}_t$ 的模[式(1-63)两边取模即得]。上式在自然坐标系中的矢量微分运算中非常有用。由上式可得曲线的**内法线**单位矢量 $\boldsymbol{e}_n$ 为

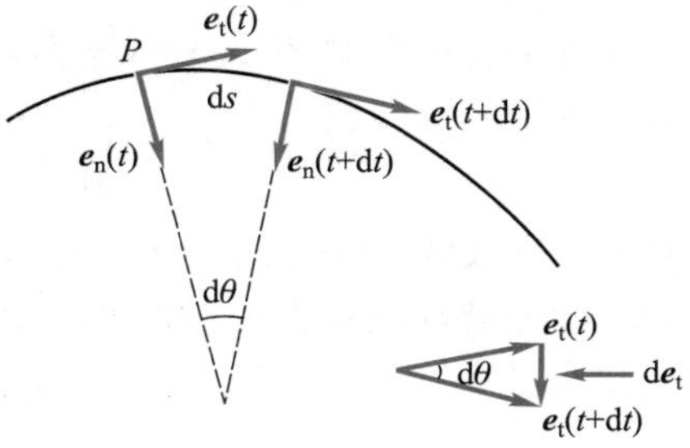

图 1-17

$$\boldsymbol{e}_n=\frac{d\boldsymbol{e}_t}{d\theta}=\frac{d\boldsymbol{e}_t}{|d\boldsymbol{e}_t|}(|d\boldsymbol{e}_t|\neq0) \tag{1-64}$$

若注意到 $d\theta$ 对应的弧长为 ds，则 P 点处的曲线的曲率半径可自然地定义为

$$\rho=\frac{ds}{d\theta}=\frac{|d\boldsymbol{r}|}{|d\boldsymbol{e}_t|} \tag{1-65}$$

例 1-6　一动点在 Oxy 平面内运动，轨迹方程为 $y=x^2$，求在点 $P_0(1,1)$ 处曲线的切向单位矢量，法向单位矢量以及曲率半径 ρ。

解：如图 1-18 所示，于轨道上任取一点 $P(x,y)$，则其位置矢量为 $\boldsymbol{r}=x\boldsymbol{i}+y\boldsymbol{j}=x\boldsymbol{i}+x^2\boldsymbol{j}$，则无穷小位移为 $d\boldsymbol{r}=dx\boldsymbol{i}+d(x^2)\boldsymbol{j}=(\boldsymbol{i}+2x\boldsymbol{j})dx$，其切向单位矢量为

$$\boldsymbol{e}_t=\frac{d\boldsymbol{r}}{|d\boldsymbol{r}|}=\frac{(\boldsymbol{i}+2x\boldsymbol{j})dx}{\sqrt{1+4x^2}\,|dx|}=\frac{(\boldsymbol{i}+2x\boldsymbol{j})}{\sqrt{1+4x^2}}\frac{dx}{|dx|} \quad ①$$

在未有任何限制时，曲线的切向单位矢量确有两个，它们的方向相反。若取 $dx>0$，则在 $P_0(1,1)$ 处的曲线的切向单位矢量方向为右斜向上，如图 1-18 所示，有

$$\boldsymbol{e}_t(P_0)=(\boldsymbol{i}+2\boldsymbol{j})/\sqrt{5}$$

在取 $dx>0$ 后，对式①再求微分可得

$$d\boldsymbol{e}_t=d[(\boldsymbol{i}+2x\boldsymbol{j})/\sqrt{1+4x^2}]=(1+4x^2)^{-3/2}dx\cdot(-4x\boldsymbol{i}+2\boldsymbol{j}) \quad ②$$

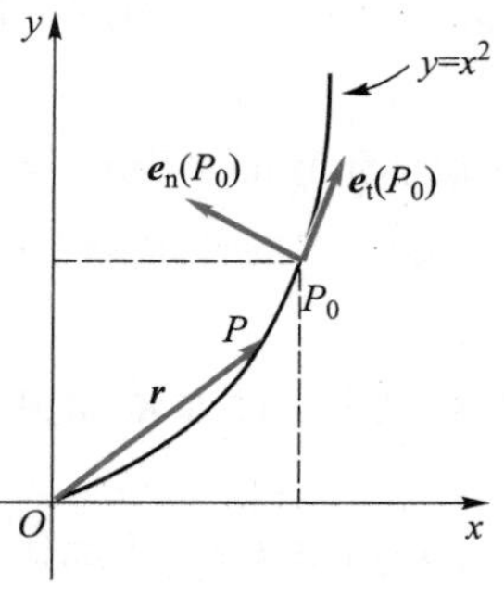

图 1-18

则其法向单位矢量为

$$\boldsymbol{e}_{\mathrm{n}}=\mathrm{d}\boldsymbol{e}_{\mathrm{t}}/|\mathrm{d}\boldsymbol{e}_{\mathrm{t}}|=(-4x\boldsymbol{i}+2\boldsymbol{j})/\sqrt{(-4x)^2+2^2}=(-2x\boldsymbol{i}+\boldsymbol{j})/\sqrt{(2x)^2+1^2}$$

（不管切向方向是哪一个，由上述定义的法向方向只有一个，总为内法线方向，此题中为左斜向上，有兴趣的同学不妨试着证一下）将 $P_0(1,1)$ 代入即得

$$\boldsymbol{e}_{\mathrm{n}}(P_0)=(-2\boldsymbol{i}+\boldsymbol{j})/\sqrt{5}$$

而 P_0 处的轨道的曲率半径为

$$\rho=\frac{\mathrm{d}s}{|\mathrm{d}\boldsymbol{e}_{\mathrm{t}}|}=\frac{|\mathrm{d}\boldsymbol{r}|}{|\mathrm{d}\boldsymbol{e}_{\mathrm{t}}|}=\left.\frac{|(\boldsymbol{i}+2x\boldsymbol{j})\mathrm{d}x|}{|(1+4x^2)^{-3/2}\mathrm{d}x\cdot(-4x\boldsymbol{i}+2\boldsymbol{j})|}\right|_{x=1}=\frac{5\sqrt{5}}{2}$$

可见，在求解的中间过程中，为方便运算，切向和法向单位矢量均需用直角坐标系中的标准方向来表示。

3. 位置矢量的微分及各种基本微元

在直角坐标系中，位矢 $\boldsymbol{r}=x\boldsymbol{i}+y\boldsymbol{j}+z\boldsymbol{k}$，其微分 $\mathrm{d}\boldsymbol{r}=\mathrm{d}x\boldsymbol{i}+\mathrm{d}y\boldsymbol{j}+\mathrm{d}z\boldsymbol{k}$，即 $\mathrm{d}\boldsymbol{r}$ 是由三个基本无穷小线矢量

$$\mathrm{d}\boldsymbol{l}_1=\mathrm{d}x\boldsymbol{i},\quad \mathrm{d}\boldsymbol{l}_2=\mathrm{d}y\boldsymbol{j},\quad \mathrm{d}\boldsymbol{l}_3=\mathrm{d}z\boldsymbol{k}\tag{1-66}$$

简单叠加而成的，空间任意无穷小有向线段都可以用这三个基本线矢量展开表示。由这三个无穷小线矢量可以构建三个基本面元矢量，分别为

$$\begin{aligned}\mathrm{d}\boldsymbol{l}_1\times\mathrm{d}\boldsymbol{l}_2&=\mathrm{d}\boldsymbol{S}_3=\mathrm{d}x\mathrm{d}y\boldsymbol{k}=\mathrm{d}S_z\boldsymbol{k}\\ \mathrm{d}\boldsymbol{l}_2\times\mathrm{d}\boldsymbol{l}_3&=\mathrm{d}\boldsymbol{S}_1=\mathrm{d}y\mathrm{d}z\boldsymbol{i}=\mathrm{d}S_x\boldsymbol{i}\\ \mathrm{d}\boldsymbol{l}_3\times\mathrm{d}\boldsymbol{l}_1&=\mathrm{d}\boldsymbol{S}_2=\mathrm{d}x\mathrm{d}z\boldsymbol{j}=\mathrm{d}S_y\boldsymbol{j}\end{aligned}\tag{1-67}$$

空间任意无穷小面元矢量都可以用上述三个基本面元矢量展开表示。由这三个无穷小线矢量构建空间的体积元为

$$\mathrm{d}V=|(\mathrm{d}\boldsymbol{l}_1\times\mathrm{d}\boldsymbol{l}_2)\cdot\mathrm{d}\boldsymbol{l}_3|=\mathrm{d}x\mathrm{d}y\mathrm{d}z\tag{1-68}$$

注意体积元恒大于零。

在二维的极坐标系中，位矢 $\boldsymbol{r}=\rho\boldsymbol{e}_{\rho}(\varphi)$，则由式（1-61）可得

$$\mathrm{d}\boldsymbol{r}=\mathrm{d}\rho\boldsymbol{e}_{\rho}+\rho\mathrm{d}\boldsymbol{e}_{\rho}=\mathrm{d}\rho\boldsymbol{e}_{\rho}+\rho\mathrm{d}\varphi\boldsymbol{e}_{\varphi}\tag{1-69}$$

即 $\mathrm{d}\boldsymbol{r}$ 是由两个基本无穷小线矢量

$$\mathrm{d}\boldsymbol{l}_1=\mathrm{d}\rho\boldsymbol{e}_{\rho},\quad \mathrm{d}\boldsymbol{l}_2=\rho\mathrm{d}\varphi\boldsymbol{e}_{\varphi}\tag{1-70}$$

简单叠加而成的，平面中任意无穷小有向线段都可以用这两个基本线矢量展开表示。由这两个无穷小线矢量可以构建一个面元矢量，即

$$\mathrm{d}\boldsymbol{l}_1\times\mathrm{d}\boldsymbol{l}_2=\mathrm{d}\boldsymbol{S}_3=\rho\mathrm{d}\rho\mathrm{d}\varphi\boldsymbol{k}=\mathrm{d}S\boldsymbol{k}\tag{1-71}$$

平面的面元 $\mathrm{d}S=|\mathrm{d}\boldsymbol{S}_3|=\rho\mathrm{d}\rho\mathrm{d}\varphi$，这要求 $\mathrm{d}\rho>0,\mathrm{d}\varphi>0$。

在三维的柱坐标系中，位矢 $\boldsymbol{r}=\rho\boldsymbol{e}_{\rho}(\varphi)+z\boldsymbol{e}_z$，则由式（1-69）可得

$$\mathrm{d}\boldsymbol{r}=\mathrm{d}\rho\boldsymbol{e}_{\rho}+\rho\mathrm{d}\varphi\boldsymbol{e}_{\varphi}+\mathrm{d}z\boldsymbol{e}_z\tag{1-72}$$

即 $\mathrm{d}\boldsymbol{r}$ 是由三个基本无穷小线矢量

$$\mathrm{d}\boldsymbol{l}_1=\mathrm{d}\rho\boldsymbol{e}_{\rho},\quad \mathrm{d}\boldsymbol{l}_2=\rho\mathrm{d}\varphi\boldsymbol{e}_{\varphi},\quad \mathrm{d}\boldsymbol{l}_3=\mathrm{d}z\boldsymbol{e}_z\tag{1-73}$$

线性叠加而成的，空间中任意无穷小有向线段都可以用这三个基本线矢量展开表示。由这三个无穷小线矢量可以构建三个面元矢量，分别为

$$\begin{aligned} d\boldsymbol{l}_1\times d\boldsymbol{l}_2 &= d\boldsymbol{S}_3=\rho d\rho d\varphi \boldsymbol{e}_z = dS_z\boldsymbol{e}_z \\ d\boldsymbol{l}_2\times d\boldsymbol{l}_3 &= d\boldsymbol{S}_1=\rho d\varphi dz\boldsymbol{e}_\rho = dS_\rho\boldsymbol{e}_\rho \\ d\boldsymbol{l}_3\times d\boldsymbol{l}_1 &= d\boldsymbol{S}_2=d\rho dz\boldsymbol{e}_\varphi = dS_\varphi\boldsymbol{e}_\varphi \end{aligned} \tag{1-74}$$

空间任意无穷小面元矢量都可以用上述三个基本面元矢量展开表示。由这三个无穷小线矢量可以构建体积元

$$dV=|(d\boldsymbol{l}_1\times d\boldsymbol{l}_2)\cdot d\boldsymbol{l}_3|=\rho d\rho d\varphi dz \tag{1-75}$$

注意体积元恒大于零。

在球坐标系中，由式(1-40)可知，方向矢量 $\boldsymbol{e}_r$、$\boldsymbol{e}_\theta$ 是角坐标 θ、φ 的函数，方向矢量 $\boldsymbol{e}_\varphi$ 是角坐标 φ 的函数。由式(1-40)两边微分可得

$$\begin{aligned} d\boldsymbol{e}_r &= (\cos\theta\cos\varphi\boldsymbol{i}+\cos\theta\sin\varphi\boldsymbol{j}-\sin\theta\boldsymbol{k})d\theta+(-\sin\theta\sin\varphi\boldsymbol{i}+\sin\theta\cos\varphi\boldsymbol{j})d\varphi \\ &= \boldsymbol{e}_\theta d\theta+\sin\theta\boldsymbol{e}_\varphi d\varphi \end{aligned} \tag{1-76}$$

有了式(1-76)的准备，下面可以讨论位矢的微分了。在球坐标系中，位矢为 $\boldsymbol{r}=r\boldsymbol{e}_r=r\boldsymbol{e}_r(\theta,\varphi)$，则其微分为

$$d\boldsymbol{r}=dr\boldsymbol{e}_r+rd\boldsymbol{e}_r=dr\boldsymbol{e}_r+rd\theta\boldsymbol{e}_\theta+r\sin\theta d\varphi\boldsymbol{e}_\varphi \tag{1-77}$$

即 $d\boldsymbol{r}$ 是由三个基本无穷小线矢量

$$d\boldsymbol{l}_1=dr\boldsymbol{e}_r,\quad d\boldsymbol{l}_2=rd\theta\boldsymbol{e}_\theta,\quad d\boldsymbol{l}_3=r\sin\theta d\varphi\boldsymbol{e}_\varphi \tag{1-78}$$

简单叠加而成的，空间中任意无穷小有向线段都可以用这三个基本线矢量展开表示。由这三个无穷小线矢量可以构建三个面元矢量，于此考虑本教材内容的需要，我们仅给出 $\boldsymbol{e}_r$ 方向的基本面元

$$d\boldsymbol{l}_2\times d\boldsymbol{l}_3=d\boldsymbol{S}_1=r^2\sin\theta d\theta d\varphi\boldsymbol{e}_r=dS_r\boldsymbol{e}_r \tag{1-79}$$

其中 $dS_r=r^2\sin\theta d\theta d\varphi$。由这三个无穷小基本线矢量可以构建球坐标系中的体积元为

$$dV=|(d\boldsymbol{l}_1\times d\boldsymbol{l}_2)\cdot d\boldsymbol{l}_3|=r^2\sin\theta drd\theta d\varphi \tag{1-80}$$

上式要求 $dr>0$，$d\theta>0$，$d\varphi>0$。

4. 多元函数或位矢函数的微分

在物理学中，很多物理量是空间位置 $\boldsymbol{r}$ 的函数，若在某空间中的每一个位置 $\boldsymbol{r}$ 上都有该函数存在，物理学上常称这种函数为场函数。如果函数是个标量，则称为标量场，如电势场 $\phi(\boldsymbol{r})$、温度场 $T(\boldsymbol{r})$ 等；如果函数为矢量，则称为矢量场，如电场强度 $\boldsymbol{E}(\boldsymbol{r})$、磁感应强度 $\boldsymbol{B}(\boldsymbol{r})$ 等。当空间位置用坐标系中的坐标表示时，这些场函数就变成了这些坐标的多元函数。譬如三维情形时，用直角坐标 (x,y,z) 表示位置时，电势场 $\phi(\boldsymbol{r})=\phi(x,y,z)$ 为一个三元标量函数；二维情形时，当用平面极坐标系表示位置时，电场强度

$$\boldsymbol{E}(\boldsymbol{r})=\boldsymbol{E}(\rho,\varphi)=E_\rho(\rho,\varphi)\boldsymbol{e}_\rho+E_\varphi(\rho,\varphi)\boldsymbol{e}_\varphi$$

为一个二元矢量函数，两个分量均为二元标量函数。对场函数的微分，必然涉及对位置矢量的微分，或者说对多元坐标函数的微分。位矢的微分等效于多元函数的微分。若有二元变量 (x,y) 的标量函数 $f(x,y)$，则 $f(x,y)$ 将随 (x,y) 的值而变化，对其微分称为函数 $f(x,y)$ 的全微分，有

$$df(x,y)\equiv f(x+dx,y+dy)-f(x,y)=\frac{\partial f}{\partial x}dx+\frac{\partial f}{\partial y}dy \tag{1-81}$$

式中$\partial f/\partial x$、$\partial f/\partial y$分别称为函数$f(x,y)$对x、y的偏导数。我们假定标量函数$f(x,y)$的各个一阶偏微分都存在，即$f(x,y)$各个方向都是连续可微地变化。如果变量(x,y)是二维直角坐标系中某个点的空间坐标，当我们引入点的位矢$\boldsymbol{r}=x\boldsymbol{i}+y\boldsymbol{j}$时，则标量函数$f(x,y)$可简写为$f(\boldsymbol{r})$，其全微分可简写为

$$\mathrm{d}f(\boldsymbol{r})\equiv f(\boldsymbol{r}+\mathrm{d}\boldsymbol{r})-f(\boldsymbol{r})=\frac{\partial f}{\partial x}\mathrm{d}x+\frac{\partial f}{\partial y}\mathrm{d}y \tag{1-82}$$

我们引入

$$\nabla f(\boldsymbol{r})\equiv\frac{\partial f(\boldsymbol{r})}{\partial x}\boldsymbol{i}+\frac{\partial f(\boldsymbol{r})}{\partial y}\boldsymbol{j} \tag{1-83}$$

称之为标量函数$f(\boldsymbol{r})$的梯度，它是一个矢量，它的两个分量清楚地表示了函数$f(\boldsymbol{r})$分别沿x，y坐标轴的变化快慢情况，注意到$\mathrm{d}\boldsymbol{r}=\mathrm{d}x\boldsymbol{i}+\mathrm{d}y\boldsymbol{j}$后，则式(1-82)可简写为

$$\mathrm{d}f(\boldsymbol{r})\equiv f(\boldsymbol{r}+\mathrm{d}\boldsymbol{r})-f(\boldsymbol{r})=\nabla f(\boldsymbol{r})\cdot\mathrm{d}\boldsymbol{r} \tag{1-84}$$

此时函数$f(\boldsymbol{r})$的全微分的意义更加清晰，它表明了函数$f(\boldsymbol{r})$随点的无穷小位移$\mathrm{d}\boldsymbol{r}$后的增量，此增量与$\mathrm{d}\boldsymbol{r}$的大小有关，也与$\mathrm{d}\boldsymbol{r}$的方向有关，等于函数$f(\boldsymbol{r})$的梯度与位移$\mathrm{d}\boldsymbol{r}$的标积。当位移$\mathrm{d}\boldsymbol{r}$的方向与$\nabla f(\boldsymbol{r})$的方向相同时，式(1-84)等号右边为正，故等号左边也应为正值，这表明沿着$\nabla f(\boldsymbol{r})$的方向，函数$f(\boldsymbol{r})$的值在增大。式(1-84)可以看作$\nabla f(\boldsymbol{r})$的定义式，并由此可求出它在各种坐标系的表述。例如在三维直角坐标系中有

$$\mathrm{d}\phi(\boldsymbol{r})=\mathrm{d}\phi(x,y,z)=\frac{\partial\phi}{\partial x}\mathrm{d}x+\frac{\partial\phi}{\partial y}\mathrm{d}y+\frac{\partial\phi}{\partial z}\mathrm{d}z=\nabla\phi\cdot\mathrm{d}\boldsymbol{r}$$

式中$\mathrm{d}\boldsymbol{r}=\mathrm{d}x\boldsymbol{i}+\mathrm{d}y\boldsymbol{j}+\mathrm{d}z\boldsymbol{k}$，故三维直角坐标系中函数$\phi(\boldsymbol{r})$的梯度为

$$\nabla\phi(\boldsymbol{r})=\nabla\phi(x,y,z)=\frac{\partial\phi}{\partial x}\boldsymbol{i}+\frac{\partial\phi}{\partial y}\boldsymbol{j}+\frac{\partial\phi}{\partial z}\boldsymbol{k} \tag{1-85}$$

又例如在极坐标系中

$$\mathrm{d}f(\boldsymbol{r})=\mathrm{d}f(\rho,\varphi)=\frac{\partial f}{\partial\rho}\mathrm{d}\rho+\frac{\partial f}{\partial\varphi}\mathrm{d}\varphi$$

注意到$\mathrm{d}\boldsymbol{r}=\mathrm{d}\rho\boldsymbol{e}_\rho+\rho\mathrm{d}\varphi\boldsymbol{e}_\varphi$，可推得极坐标系中的函数的梯度为

$$\nabla f(\boldsymbol{r})=\nabla f(\rho,\varphi)=\frac{\partial f(\rho,\varphi)}{\partial\rho}\boldsymbol{e}_\rho+\frac{\partial f(\rho,\varphi)}{\rho\partial\varphi}\boldsymbol{e}_\varphi \tag{1-86}$$

有兴趣的同学不妨试着证明式(1-86)。

对标量场而言，如电势场$\phi(\boldsymbol{r})=\phi(x,y,z)$，我们将满足方程

$$\phi(\boldsymbol{r})=\phi(x,y,z)=c \tag{1-87}$$

的点构成的面称为电势值为c的等势面。对某个满足式(1-87)的等势面而言，对其两边求(全)微分，则有

$$\mathrm{d}\phi(\boldsymbol{r})=\mathrm{d}\phi(x,y,z)=\nabla\phi\cdot\mathrm{d}\boldsymbol{r}=0 \tag{1-88}$$

注意到上式中的$\mathrm{d}\boldsymbol{r}$为等势面上的任一无穷小位移，上式表明梯度矢量$\nabla\phi$与等势面处处垂直。

例 1-7　求球面$x^2+y^2+z^2=R^2$上任一点的法向单位矢量。

解：在球坐标系中，球面方程为$f(\boldsymbol{r})=r-R=0$，则其梯度为$\nabla f=\frac{\partial f}{\partial r}\boldsymbol{e}_r=\frac{\mathrm{d}f}{\mathrm{d}r}\boldsymbol{e}_r=\boldsymbol{e}_r=\boldsymbol{e}_\mathrm{n}$，这正是

球面的法向单位矢量。

例 1-8 在柱坐标系中，求圆柱面 $\rho=R,0<\varphi<2\pi$ 上任一点的法向单位矢量。

解：在柱坐标系中，空间任意无穷小位移为 $\mathrm{d}\boldsymbol{r}=\mathrm{d}\rho\boldsymbol{e}_\rho+\rho\mathrm{d}\varphi\boldsymbol{e}_\varphi+\mathrm{d}z\boldsymbol{e}_z$，对圆柱面上的点而言，$\mathrm{d}\rho=\mathrm{d}R=0$，故圆柱面上的无穷小位移为 $\mathrm{d}\boldsymbol{r}=R\mathrm{d}\varphi\boldsymbol{e}_\varphi+\mathrm{d}z\boldsymbol{e}_z$，它是由两个方向上的无穷小位移矢量叠加而成的，故其面元 $\mathrm{d}\boldsymbol{S}=R\mathrm{d}\varphi\boldsymbol{e}_\varphi\times\mathrm{d}z\boldsymbol{e}_z=R\mathrm{d}\varphi\mathrm{d}z\boldsymbol{e}_\rho$，面元的法向单位矢量为

$$\boldsymbol{e}_\mathrm{n}=\frac{\mathrm{d}\boldsymbol{S}}{|\mathrm{d}\boldsymbol{S}|}=\frac{\mathrm{d}\varphi\mathrm{d}z}{|\mathrm{d}\varphi||\mathrm{d}z|}\boldsymbol{e}_\rho=\pm\boldsymbol{e}_\rho$$

其中正负完全由 $\mathrm{d}\varphi$ 和 $\mathrm{d}z$ 的正负决定。

例 1-9 已知标量函数 $f(\boldsymbol{r})=f(x,y)=2x^2y$，试求其在点 $P_0(1,2)$ 处的梯度以及沿直线 $l:y=2x$ 方向上的方向导数。

解：对已知标量函数求梯度可得

$$\nabla f(\boldsymbol{r})=\frac{\partial f}{\partial x}\boldsymbol{i}+\frac{\partial f}{\partial y}\boldsymbol{j}=4xy\boldsymbol{i}+2x^2\boldsymbol{j}$$

将 $P_0(1,2)$ 处的坐标代入即得其在该点的梯度为 $\nabla f(P_0)=8\boldsymbol{i}+2\boldsymbol{j}$。直线 $l:y=2x$ 上的任一点的位置矢量为 $\boldsymbol{r}=x\boldsymbol{i}+y\boldsymbol{j}=x\boldsymbol{i}+2x\boldsymbol{j}$，则其方向矢量为

$$\boldsymbol{e}_l=\frac{\mathrm{d}\boldsymbol{r}}{|\mathrm{d}\boldsymbol{r}|}=\frac{(\boldsymbol{i}+2\boldsymbol{j})\mathrm{d}x}{|(\boldsymbol{i}+2\boldsymbol{j})\mathrm{d}x|}$$

当 $\mathrm{d}x>0$ 时，则 $\boldsymbol{e}_l=(\boldsymbol{i}+2\boldsymbol{j})/\sqrt{5}$，与该点的梯度标乘可得其在点 $P_0(1,2)$ 处且沿直线 $l:y=2x$ 方向上的方向导数（即该方向上单位长度上标量函数的变化量）为

$$\frac{\mathrm{d}f}{\mathrm{d}l}=\frac{\nabla f\cdot\mathrm{d}\boldsymbol{l}}{\mathrm{d}l}=\nabla f\cdot\boldsymbol{e}_l=\frac{12}{\sqrt{5}}$$

对矢量场而言，常用场线来形象表示，而场线与矢量场的关系为：空间某点处矢量场的方向与过该点处的场线平行。

例 1-10 已知某矢量场 $\boldsymbol{A}=\boldsymbol{A}(\boldsymbol{r})=A_x\boldsymbol{i}+A_y\boldsymbol{j}=2y\boldsymbol{i}-2x\boldsymbol{j}$，求过点 $P_0(1,1)$ 的场线的轨迹方程。

解：令对应该矢量场的空间某场线的参数方程为 $\boldsymbol{r}=\boldsymbol{r}(t)$，它在点 $\boldsymbol{r}$ 处的无穷小位移为 $\mathrm{d}\boldsymbol{r}$，注意到 $\mathrm{d}\boldsymbol{r}$ 的方向就是场线的切线方向，则由场线的物理意义可得 $\boldsymbol{A}(\boldsymbol{r})/\!/\mathrm{d}\boldsymbol{r}$。两矢量平行，则它们的分量之比相同，即 $\mathrm{d}x/A_x=\mathrm{d}y/A_y$，代入两分量并分离变量后得 $-\mathrm{d}x^2=\mathrm{d}y^2$，这就是该场线轨迹的微分方程。两边过点 P_0 积分有

$$-\int_1^x\mathrm{d}x^2=\int_1^y\mathrm{d}y^2$$

完成积分得 $x^2+y^2=2$，这就是过点 $P_0(1,1)$ 的场线的轨迹方程。

二、积分

所谓的积分实际上是无穷多个微小量（微元）的和，相当于加法运算。例如将一细棒细分为无穷多段，其总长度 L 就等于各细小段长度的总和，若细棒在 x 轴上，则总长度 L 就等于各细小段长度 $\mathrm{d}x$ 的总和，也等于细棒起点坐标 a 和终点坐标 b 的差值的绝对值，即

$$\int_a^b\mathrm{d}x=b-a \tag{1-89}$$

上式称为对微元 $\mathrm{d}x$ 的积分。类似地对任意变量 y 的积分有

$$\int_c^d \mathrm{d}y = d - c$$

其中的 $\mathrm{d}y$ 为变量 y 的微分。当变量 y 是变量 x 的函数，即 $y=f(x)$ 时，则 $\mathrm{d}y=\mathrm{d}f(x)=g(x)\mathrm{d}x$ 为标量函数 $f(x)$ 的完全微分，则

$$\int_a^b g(x)\mathrm{d}x = \int_{f(a)}^{f(b)} \mathrm{d}f(x) = f(b) - f(a) \tag{1-90}$$

这个积分最重要的过程是求出函数 $g(x)$ 的原函数 $f(x)$，即将 $g(x)\mathrm{d}x$ 改写成为 $\mathrm{d}f(x)$，明显地，这是微分过程的逆过程。

类似地，对矢量 $\boldsymbol{A}$ 积分有

$$\int_{A_1}^{A_2} \mathrm{d}\boldsymbol{A} = \boldsymbol{A}_2 - \boldsymbol{A}_1 \tag{1-91}$$

其中的 $\mathrm{d}\boldsymbol{A}$ 是矢量 $\boldsymbol{A}$ 的完全微分，一个完全微分的积分总是如此简单。但我们必须明了，只有在写成了一个函数的完全微分后才能积分，积分号和微分号才能相互“抵消”，即微分符号只有通过积分号才能去掉，也只有当它们相邻时才能相互消掉。但实际情况是一个一阶无穷小量并不一定能写成一个函数的完全微分。下面就有关积分进行简单的分类讨论。

1. 一元矢量对标量的一重定积分

矢量 $\boldsymbol{B}$ 对变量 t 的积分

$$\int_{t_1}^{t_2} \boldsymbol{B}(t)\mathrm{d}t = \int_{A_1}^{A_2} \mathrm{d}\boldsymbol{A}(t) = \boldsymbol{A}(t_2) - \boldsymbol{A}(t_1) \tag{1-92}$$

式中矢量函数 $\boldsymbol{A}(t)$ 是 $\boldsymbol{B}(t)$ 的原函数。若矢量函数 $\boldsymbol{B}(t)=B(t)\boldsymbol{i}$，$\boldsymbol{i}$ 为常矢量，则

$$\int_{t_1}^{t_2} \boldsymbol{B}(t)\mathrm{d}t = \int_{t_1}^{t_2} B(t)\boldsymbol{i}\mathrm{d}t = \left[\int_{t_1}^{t_2} A'(t)\mathrm{d}t\right]\boldsymbol{i} = \left[\int_{t_1}^{t_2} \mathrm{d}A(t)\right]\boldsymbol{i} = [A(t_2) - A(t_1)]\boldsymbol{i}$$

其中函数 $A(t)$ 是函数 $B(t)$ 的原函数。常矢量 $\boldsymbol{i}$ 可以从积分号中提出（或放入），此时一个矢量函数的积分等效于一个标量函数的积分。

矢量函数 $\boldsymbol{A}$ 及 $\mathrm{d}\boldsymbol{A}(t)$ 的定量表示，必须有了坐标系后才有可能。由上述结论可知，在三维直角坐标系中矢量 $\boldsymbol{A}=\boldsymbol{A}(t)$ 对自变量 t 的积分等效于三个标量函数的积分。

例 1-11　在极坐标系中，求方向矢量 $\boldsymbol{e}_\rho$ 对 φ 的积分，积分域从 0 到 2π。

解：注意到 $\boldsymbol{e}_\rho=\cos\varphi\boldsymbol{i}+\sin\varphi\boldsymbol{j}$，代入可得

$$\int_0^{2\pi} \boldsymbol{e}_\rho \mathrm{d}\varphi = \int_0^{2\pi} (\cos\varphi\boldsymbol{i}+\sin\varphi\boldsymbol{j})\mathrm{d}\varphi = \left(\int_0^{2\pi}\cos\varphi\mathrm{d}\varphi\right)\boldsymbol{i} + \left(\int_0^{2\pi}\sin\varphi\mathrm{d}\varphi\right)\boldsymbol{j} = \boldsymbol{0} \tag{1-93}$$

同样地，我们可证得

$$\int_0^{2\pi} \boldsymbol{e}_\varphi \mathrm{d}\varphi = \boldsymbol{0} \tag{1-94}$$

从对称性角度理解，式(1-93)和式(1-94)是显而易见的。

2. 曲线积分

(1) 对弧长的曲线积分

设在二维空间中，函数 $g(x,y)$ 在曲线 $l: y=f(x)$ 的各点上有定义且连续，则函数 $g(x,y)$ 对曲线弧长 $\mathrm{d}l$ 的积分记为

$$\int_{a(l)}^b g(x,y)\mathrm{d}l = \int_{a(l)}^b g(x,y)\sqrt{(\mathrm{d}x)^2+(\mathrm{d}y)^2}$$

其中 a、b 为积分上下点(限),这种一个多元标量函数的一重积分,也常称为第一类曲线积分。无疑,上述被积分量 $g(x,y)\sqrt{(\mathrm{d}x)^2+(\mathrm{d}y)^2}$ 一般并不能写成某个二元标量函数 $h(x,y)$ 的(完)全微分,即在没有给出曲线 l 方程的情况下,即便是给出了积分上下限,它也不存在确定的积分结果,但当给出曲线 l 的方程:$y=f(x)$ 后,上式可写为

$$\int_{a(l)}^{b} g(x,y)\mathrm{d}l=\int_{a(l)}^{b} g(x,y)\sqrt{(\mathrm{d}x)^2+(\mathrm{d}y)^2}=\int_{a(l)}^{b} g[x,f(x)]\sqrt{1+[f'(x)]^2}\mathrm{d}x \quad (1-95)$$

为一个单变量 x 的函数对坐标 x 的积分,它一定是可积的,有确定的积分结果。

实际上,当我们用位置矢量 $\boldsymbol{r}$ 来表示点的位置时,式(1-95)可写为更加简洁的形式

$$\int_{a(l)}^{b} g(x,y)\mathrm{d}l=\int_{a(l)}^{b} g(x,y)\sqrt{(\mathrm{d}x)^2+(\mathrm{d}y)^2}=\int_{a(l)}^{b} g(\boldsymbol{r})\,|\mathrm{d}\boldsymbol{r}| \quad (1-96)$$

其被积量 $g(\boldsymbol{r})\,|\mathrm{d}\boldsymbol{r}|$ 中的两个量 $g(\boldsymbol{r})$、$|\mathrm{d}\boldsymbol{r}|$ 为同一点处的被积函数及积分微元,这种矢量表示法可方便地推广至三维情形,也方便用非直角坐标系进行改写。

例 1-12 设在二维坐标系 Oxy 中,有圆周 $l:x^2+y^2=4$,其质量线密度函数为 $\lambda(x,y)=2xy$,求其在第一象限中的曲线段的质量。

解: 由题意可知所求质量为

$$m=\int \mathrm{d}m=\int_{a(l)}^{b}\lambda(x,y)\mathrm{d}l=\int_{a(l)}^{b} 2xy\sqrt{(\mathrm{d}x)^2+(\mathrm{d}y)^2} \quad ①$$

被积量 $\lambda(x,y)\mathrm{d}l$ 表示弧长 $\mathrm{d}l$ 上的微小质量 $\mathrm{d}m$,所谓的积分就是这些微小质量 $\mathrm{d}m$ 的和,但在直角坐标系中表示时,用式①进行积分求解较为困难。在极坐标系中,第一象限中的曲线方程为 $\rho=2$,$\pi/2\geqslant\varphi\geqslant 0$,积分曲线上任一点的位置为 $\boldsymbol{r}=\rho\boldsymbol{e}_\rho=2\boldsymbol{e}_\rho$,注意到 $x=2\cos\varphi$,$y=2\sin\varphi$ 和式(1-61),则有

$$m=\int \mathrm{d}m=\int_{a(l)}^{b}\lambda(\boldsymbol{r})\,|\mathrm{d}\boldsymbol{r}|=\int_{a(l)}^{b}\lambda(\rho,\varphi)\,|\mathrm{d}\boldsymbol{r}|=\int_0^{\pi/2}16\cos\varphi\sin\varphi\mathrm{d}\varphi=8 \quad ②$$

(2) 位置矢量函数的曲线积分

在物理学中,我们常会碰到如下形式的积分:

$$\int_{r_a(l)}^{r_b}\boldsymbol{A}(\boldsymbol{r})\cdot\mathrm{d}\boldsymbol{r}=\int_{r_a(l)}^{r_b}A(\boldsymbol{r})\cos\theta\,|\mathrm{d}\boldsymbol{r}| \quad (1-97)$$

式中积分元 $\mathrm{d}\boldsymbol{r}$ 为光滑曲线 l 上 $\boldsymbol{r}$ 处的无穷小有向线段,θ 为 $\boldsymbol{r}$ 处的矢量场 $\boldsymbol{A}$ 与 $\mathrm{d}\boldsymbol{r}$ 间的夹角。这种积分称为矢量场 $\boldsymbol{A}(\boldsymbol{r})$ 沿曲线 l 的曲线积分。积分曲线 l 也称为积分路径,这是一个多元矢量函数的一重积分。在数学上,这类积分又常称为第二类曲线积分。积分的矢量表达式(1-97)通用于二维和三维情形,也方便于用各种坐标系进行改写。如何选择坐标系,以方便表示被积函数及积分曲线为原则。一般地,上述积分值除了与积分上下限有关外,还与积分曲线相关,不给出积分曲线,积分是无法完成的。在物理学中,功、电势差、电动势等概念都与这类积分有关。

在二维直角坐标系中,$\boldsymbol{A}(\boldsymbol{r})=A_x(x,y)\boldsymbol{i}+A_y(x,y)\boldsymbol{j}$,$\mathrm{d}\boldsymbol{r}=\mathrm{d}x\boldsymbol{i}+\mathrm{d}y\boldsymbol{j}$,曲线 $l:y=f(x)$,则式(1-97)自然地变为

$$\int_{r_a(l)}^{r_b}\boldsymbol{A}(\boldsymbol{r})\cdot\mathrm{d}\boldsymbol{r}=\int_{r_a(l)}^{r_b}[A_x(x,y)\mathrm{d}x+A_y(x,y)\mathrm{d}y] \quad (1-98)$$

将曲线方程 $y=f(x)$ 代入即变成为对变量 x 的一重积分,积分值将随曲线 l 方程的不同而不同。

例 1-13　在二维直角坐标系中，有矢量场 $\boldsymbol{A}(\boldsymbol{r})=A_x(x,y)\boldsymbol{i}+A_y(x,y)\boldsymbol{j}=3xy\boldsymbol{i}+4xy^2\boldsymbol{j}$。分别求其沿曲线 $l_1:y=2x^2$ 和直线 $l_2:y=2x$，从坐标原点 O 到点 $P(1,2)$ 的路径积分。

解：矢量场在曲线 $l_1:y=2x^2$ 上的曲线积分式为

$$\int_{O(l_1)}^{r_P}\boldsymbol{A}(\boldsymbol{r})\cdot\mathrm{d}\boldsymbol{r}=\int_{O(l_1)}^{r_P}(3xy\mathrm{d}x+4xy^2\mathrm{d}y)=\int_0^1(6x^3\mathrm{d}x+16x^5\mathrm{d}x)=\frac{25}{6}$$

矢量场在曲线 $l_2:y=2x$ 上的曲线积分式为

$$\int_{O(l_2)}^{r_P}\boldsymbol{A}(\boldsymbol{r})\cdot\mathrm{d}\boldsymbol{r}=\int_{O(l_2)}^{r_P}(3xy\mathrm{d}x+4xy^2\mathrm{d}y)=\int_0^1(6x^2\mathrm{d}x+16x^3\mathrm{d}x)=6$$

可见结果随积分曲线而变化。

在三维空间中，曲线的表达式比较复杂，一般用参数法表示最为方便，则曲线积分最后化为对参数的一重积分。显然，用参数表示曲线成为最关键的一步，当曲线形状比较规则时，我们也常用特殊坐标系进行直接表示和求解积分。

当用曲线 l 的自然坐标系表述时，则有

$$\boldsymbol{A}(\boldsymbol{r})=A_\mathrm{t}(s)\boldsymbol{e}_\mathrm{t}+A_\mathrm{n}(s)\boldsymbol{e}_\mathrm{n},\quad \mathrm{d}\boldsymbol{r}=\mathrm{d}s\boldsymbol{e}_\mathrm{t},\quad \int_{\boldsymbol{r}_a(l)}^{\boldsymbol{r}_b}\boldsymbol{A}(\boldsymbol{r})\cdot\mathrm{d}\boldsymbol{r}=\int_{s_a}^{s_b}A_\mathrm{t}(s)\mathrm{d}s \tag{1-99}$$

形式上比较简洁，也易于明白只有矢量 $\boldsymbol{A}(\boldsymbol{r})$ 的切向分量才对积分值有贡献。

当被积矢量为常矢量 $\boldsymbol{A}_0$ 时，则常矢量（连着点乘符号一同）可以直接从积分号中提出，有

$$\int_{\boldsymbol{r}_a(l)}^{\boldsymbol{r}_b}\boldsymbol{A}(\boldsymbol{r})\cdot\mathrm{d}\boldsymbol{r}=\int_{\boldsymbol{r}_a(l)}^{\boldsymbol{r}_b}\boldsymbol{A}_0\cdot\mathrm{d}\boldsymbol{r}=\boldsymbol{A}_0\cdot\int_{\boldsymbol{r}_a(l)}^{\boldsymbol{r}_b}\mathrm{d}\boldsymbol{r}=\boldsymbol{A}_0\cdot(\boldsymbol{r}_b-\boldsymbol{r}_a)=\boldsymbol{A}_0\cdot\overrightarrow{ab} \tag{1-100}$$

此时积分值与积分曲线无关。任意不闭合曲线的边界为两个端点，不同的曲线可以拥有相同的边界（两端点），最简单的曲线为两端点间的直线段 $\overrightarrow{ab}$，如图 1-19 所示，有

$$\int_{\boldsymbol{r}_a(l_1)}^{\boldsymbol{r}_b}\mathrm{d}\boldsymbol{r}=\int_{\boldsymbol{r}_a(l_2)}^{\boldsymbol{r}_b}\mathrm{d}\boldsymbol{r}=(\boldsymbol{r}_b-\boldsymbol{r}_a)=\overrightarrow{ab}$$

积分结果与曲线形状无关，只与端点有关。对闭合曲线而言，自然有

$$\oint_l\mathrm{d}\boldsymbol{r}=\boldsymbol{0} \tag{1-101}$$

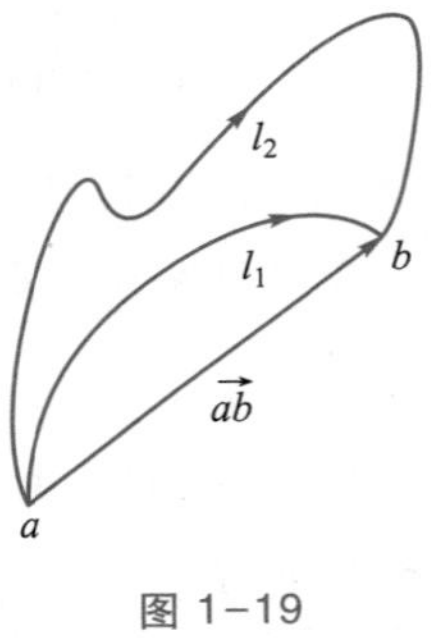

图 1-19

当积分曲线为闭合曲线时，积分形式常改写为

$$\Gamma(\boldsymbol{A},l)=\oint_l\boldsymbol{A}(\boldsymbol{r})\cdot\mathrm{d}\boldsymbol{r} \tag{1-102}$$

其积分结果称为矢量 $\boldsymbol{A}$ 在闭合曲线（回路或环路）l 上的环流 Γ。若矢量 $\boldsymbol{A}$ 在任意闭合曲线 l 上的环流 Γ 都为零，则称矢量场 $\boldsymbol{A}(\boldsymbol{r})$ 为无旋的，物理学上常称之为保守场。明显地，当 $\boldsymbol{A}$ 为常矢量时，由于 $\oint_l\mathrm{d}\boldsymbol{r}=\boldsymbol{0}$，环流 Γ 恒为零，即均匀（恒定）矢量场是一个无旋场。

例 1-14　在二维直角坐标系中，矢量场 $\boldsymbol{A}(\boldsymbol{r})=A_x(x,y)\boldsymbol{i}+A_y(x,y)\boldsymbol{j}=4y\boldsymbol{i}+4x\boldsymbol{j}$，求其沿闭合曲线 $l:y^2+x^2=4$ 上的环流。

解：取极坐标系，则曲线 l 上任一点的坐标可表示为 $x=2\cos\varphi$，$y=2\sin\varphi$，则有 $\mathrm{d}x=-2\sin\varphi\mathrm{d}\varphi$，$\mathrm{d}y=2\cos\varphi\mathrm{d}\varphi$，代入积分式可得环流

$$\Gamma=\oint_l\boldsymbol{A}\cdot\mathrm{d}\boldsymbol{r}=\oint(4y\mathrm{d}x+4x\mathrm{d}y)=16\int_0^{2\pi}\cos 2\varphi\mathrm{d}\varphi=0$$

实际上被积分量可以写成一个函数的全微分，从而可知此积分值与路径无关，即

$$\Gamma=\oint(4y\mathrm{d}x+4x\mathrm{d}y)=\int_{(2,0)}^{(2,0)}\mathrm{d}(4yx)=4yx\Big|_{(2,0)}^{(2,0)}=0$$

积分从曲线与 x 正轴的交点出发，最后回到该交点。

例 1-15 在三维空间的某柱坐标系中，已知矢量场 $\boldsymbol{B}=k\boldsymbol{e}_\varphi/\rho$，试求该矢量场在空间任一包围 z 轴的闭合曲线 l 上的环流 $\oint_l\boldsymbol{B}\cdot\mathrm{d}\boldsymbol{l}$。

解：在柱坐标系中，$\mathrm{d}\boldsymbol{l}=\mathrm{d}\boldsymbol{r}=\mathrm{d}\rho\boldsymbol{e}_\rho+\rho\mathrm{d}\varphi\boldsymbol{e}_\varphi+\mathrm{d}z\boldsymbol{e}_z$，则该矢量场在空间任一包围 z 轴的闭合曲线 l 上的环流为

$$\oint_l\boldsymbol{B}\cdot\mathrm{d}\boldsymbol{l}=\oint_l\boldsymbol{B}\cdot\mathrm{d}\boldsymbol{r}=\oint_l k\frac{\boldsymbol{e}_\varphi}{\rho}\cdot(\mathrm{d}\rho\boldsymbol{e}_\rho+\rho\mathrm{d}\varphi\boldsymbol{e}_\varphi+\mathrm{d}z\boldsymbol{e}_z)=\oint_l k\mathrm{d}\varphi=\pm2\pi k$$

当包围 z 轴的闭合曲线的方向（即 $\mathrm{d}\boldsymbol{l}$ 的方向）与 $\boldsymbol{e}_\varphi$ 一样，与 $\boldsymbol{e}_z$ 构成右手螺旋关系时，$\oint_l\mathrm{d}\varphi=+2\pi$；当包围 z 轴的闭合曲线的方向（即 $\mathrm{d}\boldsymbol{l}$ 的方向）与 $\boldsymbol{e}_\varphi$ 相反，与 $\boldsymbol{e}_z$ 构成左手螺旋关系时，$\oint_l\mathrm{d}\varphi=-2\pi$。故环流 Γ 不恒为零，该矢量场是一个有旋场。但对不包围 z 轴的任意闭合曲线，角坐标 φ 的变化 $\mathrm{d}\varphi$ 有正有负，但总的变化量总为零，即 $\oint_l\mathrm{d}\varphi=0$，故对不包围 z 轴的任意闭合曲线的环流总为零。

3. 二重积分

从上小节中我们明白，当微元为一阶无穷小量时，通过一次积分就可以消去微分符号，成为一个有限值。明显地，若微元为多阶无穷小量时，我们就需要相应的多重（次）积分（累加）才能得到一个有限量，这种积分称为多重积分。下面我们分别考察二重和三重积分，统一起见，点的位置用位置矢量表示，在几维空间中就意味着有几个独立坐标。

当微元为二阶无穷小量时，我们需要二重（次）积分才能得到一个有限量。设在二维平面中，函数 $g(\boldsymbol{r})$ 在有限的平面区域 Ω 内有定义且有限连续，则函数 $g(\boldsymbol{r})$ 对平面区域 Ω 内的面元 $\mathrm{d}S$ 的积分

$$\iint_\Omega g(\boldsymbol{r})\mathrm{d}S \tag{1-103}$$

就是所谓的二重积分。限于篇幅，我们仅举一例来表明二重积分的意义及方法。

例 1-16 设在二维直角坐标系中，有如图 1-20 所示的半圆形区域 $\Omega:x^2+y^2\leqslant4,y\geqslant0$，其单位面积的质量密度函数为 $\sigma(x,y)=2y$，求其质量。

解：由题意可知所求质量为

$$m=\int\mathrm{d}m=\iint_\Omega\sigma(\boldsymbol{r})\mathrm{d}S \qquad ①$$

其中 $\mathrm{d}S$ 为 $\boldsymbol{r}$ 处的二阶无穷小面积元，所谓的积分就是这些微小质量 $\mathrm{d}m$ 的和，在直角坐标系中，$\boldsymbol{r}$ 处的坐标为 (x,y)，面元为 $\mathrm{d}S=\mathrm{d}x\mathrm{d}y$，积分就是这些小面元 $\mathrm{d}S$ 上的质量和，即

$$m=\int\mathrm{d}m=\iint_\Omega\sigma(x,y)\mathrm{d}x\mathrm{d}y=\iint_\Omega2y\mathrm{d}x\mathrm{d}y \qquad ②$$

这就是高等数学中我们熟知的二重积分，注意到积分次序及积分上下限，可得结果为 32/3。当用极坐标系进行表述时，则有面元为 $ds=\rho d\rho d\varphi$，被积函数为 $\sigma(x,y)=\sigma(\rho,\varphi)=2\rho\sin\varphi$，而积分区域 Ω 变为：$\rho\leqslant 2$，$\pi\geqslant\varphi\geqslant 0$，故得

$$m=\int dm=\iint_{\Omega}\sigma(\rho,\varphi)dS=\iint_{\Omega}2\rho\sin\varphi\rho d\rho d\varphi=\int_0^2 2\rho^2 d\rho\int_0^{\pi}\sin\varphi d\varphi=\frac{32}{3} \quad ③$$

此时两个变量的积分是相互独立的。

实际上，在二维空间的某个坐标系中，当被积函数仅为一个坐标的函数时，面元 dS 常可以直接写为一个一阶无穷小量，而积分也只需要一次积分就可以了。在本例中，我们看到，质量密度仅仅是坐标 y 的函数，即坐标 y 相同的区域，密度函数也相同。当我们于 y 处取纵向宽度 dy 为无穷小的一横向细条时，见图 1-20，该细条中的密度函数是一样的，其面元大小为 $dS=2\sqrt{2^2-y^2}dy$，其质量为 $dm=\sigma(y)dS=\sigma(y)2\sqrt{2^2-y^2}dy$，故总质量为

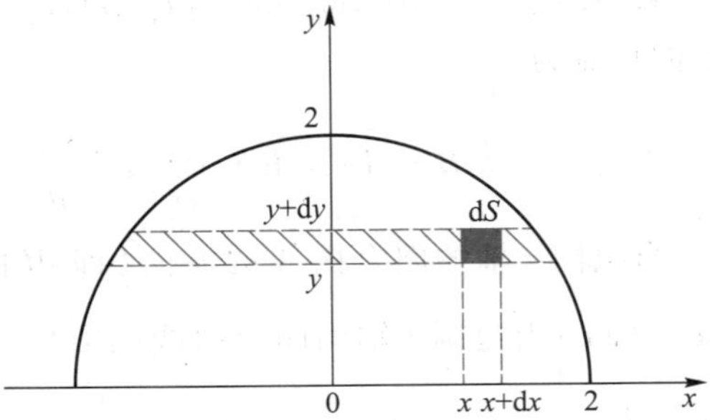

图 1-20

$$m=\int dm=\iint_S\sigma(y)dS=\int_0^2\sigma(y)2\sqrt{2^2-y^2}dy=\int_0^2(4y\sqrt{2^2-y^2})dy=\frac{32}{3}$$

这是物理学上常用的方法。

4. 曲面积分

在三维空间中，函数对曲面 S 上的面元 dS 的积分称为曲面积分。这里需要注意的是，在二维空间中，二维的平面面元 dS 的放置是完全确定的，但在三维空间中，于某个位置，平面面元有不同的放置方式，可以平着放，可以竖着放，还可以斜着放，如何区分不同的放置方式呢？为此我们引入平面面元的法向矢量 $\boldsymbol{e}_n$，它唯一地标定了面元的放置方式，即我们引入平面面元矢量 $d\boldsymbol{S}=dS\boldsymbol{e}_n$，它既标定了面元的大小，又标定了它的放置方式。不同的放置方式，函数对面元 $d\boldsymbol{S}$ 的积分也可能会有所不同。在物理学及工程技术中，最常见的曲面积分有两类。

（1）标量函数的曲面积分

第一类曲面积分为位置的标量函数场 $f(\boldsymbol{r})$ 对曲面 S 上的面元大小 $|d\boldsymbol{S}|$ 的积分

$$A=\iint_S f(\boldsymbol{r})\,|d\boldsymbol{S}| \quad (1-104)$$

一般地，面元 $|d\boldsymbol{S}|$ 的表示并不简单，积分区域也不易表述，但对于某些规则图形，积分还是比较简单的。在数学上，这类积分称为第一类曲面积分。限于篇幅，它们的详尽运算于此不作介绍，有兴趣的同学可参考有关文献，这里仅举一例说明积分细节。

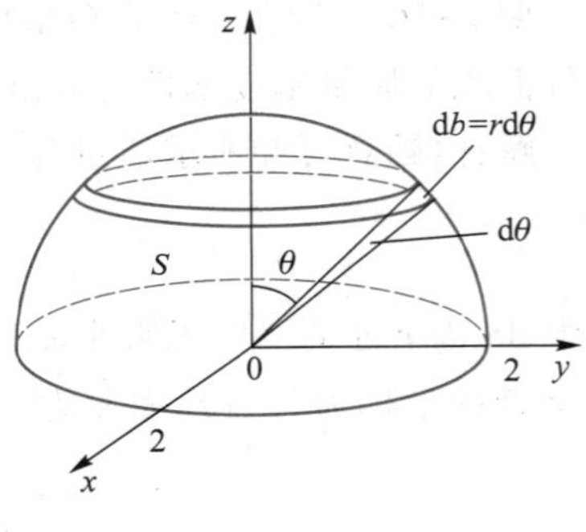

图 1-21

例 1-17　设在三维空间中，有如图 1-21 所示的半球面 S：$x^2+y^2+z^2=4$，$z\geqslant 0$，其电荷面密度函数为 $\sigma(\boldsymbol{r})=2z$，求其总电荷量。

解:显然,求解此题用球坐标系表示最为简便,半球面 $S: r=2, \pi/2 \geqslant \theta \geqslant 0, 0 \leqslant \varphi \leqslant 2\pi$ 电荷面密度函数为 $\sigma(\boldsymbol{r})=2z=2r\cos\theta=4\cos\theta$,即面密度仅为方位角 θ 的函数,故可取如图 1-21 所示的面元,面元的长为 $l=2\pi r\sin\theta=4\pi\sin\theta$,宽为 $\mathrm{d}b=r\mathrm{d}\theta=2\mathrm{d}\theta$,故面元的大小为 $\mathrm{d}S=l\mathrm{d}b=8\pi\sin\theta\mathrm{d}\theta$,只要 $\mathrm{d}\theta$ 足够小,其上的电荷面密度可视为常量,故其电荷量为 $\mathrm{d}q=\sigma\mathrm{d}S=32\pi\sin\theta\cos\theta\mathrm{d}\theta$,故整个半球面上的总电荷量为

$$q(S)=\int \mathrm{d}q=\iint_S \sigma|\mathrm{d}\boldsymbol{S}|=\int_0^{\pi/2} 32\pi\sin\theta\cos\theta\mathrm{d}\theta=16\pi$$

(2)位置矢量函数的曲面积分

在物理学中,另一类常见的矢量积分形如

$$\Phi(\boldsymbol{B},S)=\iint_S \boldsymbol{B}(\boldsymbol{r})\cdot\mathrm{d}\boldsymbol{S}=\iint_S B(\boldsymbol{r})\cos\theta\mathrm{d}S \tag{1-105}$$

式中积分元 $\mathrm{d}\boldsymbol{S}$ 为曲面 S 上的矢量面元,θ 为 $\boldsymbol{r}$ 处的矢量场 $\boldsymbol{B}$ 与面元 $\mathrm{d}\boldsymbol{S}$ 间的夹角。在数学上,这类积分称为第二类曲面积分,在物理学中,我们常将积分结果称为矢量 $\boldsymbol{B}$ 在曲面 S 上的通量 Φ。当被积矢量为磁感应强度时,积分值就是我们熟知的磁通量。有了坐标系后就可以具体地表示矢量 $\boldsymbol{B}$、面元 $\mathrm{d}\boldsymbol{S}$ 和曲面 S 的方程,从而完成积分。例如在直角坐标系中,有

$$\boldsymbol{B}(\boldsymbol{r})=B_x(x,y,z)\boldsymbol{i}+B_y(x,y,z)\boldsymbol{j}+B_z(x,y,z)\boldsymbol{k}$$

$$\mathrm{d}\boldsymbol{S}=\mathrm{d}S_x\boldsymbol{i}+\mathrm{d}S_y\boldsymbol{j}+\mathrm{d}S_z\boldsymbol{k}=\mathrm{d}y\mathrm{d}z\boldsymbol{i}+\mathrm{d}z\mathrm{d}x\boldsymbol{j}+\mathrm{d}x\mathrm{d}y\boldsymbol{k}$$

若曲面 S 的方程为:$f(x,y,z)=0$,则积分为

$$\Phi=\iint_S \boldsymbol{B}(\boldsymbol{r})\cdot\mathrm{d}\boldsymbol{S}=\iint_S (B_x\mathrm{d}y\mathrm{d}z+B_y\mathrm{d}z\mathrm{d}x+B_z\mathrm{d}x\mathrm{d}y)$$

相当于三个二重积分,我们还需要考察各个积分区间,它们是曲面 S 在各个方向上的投影区域,这可不是一件轻松的事情,但选择好合适的坐标系,可以减少积分个数。

例 1-18 沿半球面 $S: x^2+y^2+z^2=4, z\geqslant 0$ 外侧求积分 $\Phi=\iint_S (x\mathrm{d}y\mathrm{d}z+y\mathrm{d}z\mathrm{d}x+z\mathrm{d}x\mathrm{d}y)$。

解:当用矢量法表示时,式(1-105)中的被积矢量为 $\boldsymbol{B}=x\boldsymbol{i}+y\boldsymbol{j}+z\boldsymbol{k}=\boldsymbol{r}$。注意到积分区域为球面,用球坐标系表示更为方便简洁,在球坐标系中,被积矢量为 $\boldsymbol{B}=\boldsymbol{r}=r\boldsymbol{e}_r$,球面上的(外法向)面元为 $\mathrm{d}\boldsymbol{S}=\mathrm{d}S_r\boldsymbol{e}_r$,见式(1-79),从而所求积分为

$$\Phi=\iint_S \boldsymbol{r}\cdot\mathrm{d}\boldsymbol{S}=\iint_S r\mathrm{d}S_r=\iint_S 2\mathrm{d}S_r=2S=2\cdot 2\pi r^2=16\pi$$

式中计算用到了半球面的面积为 $S=2\pi r^2$,此处的球半径为 2。

当积分区域为一个封闭曲面 S 时,积分形式常改写为

$$\Phi(\boldsymbol{B},S)=\oiint_S \boldsymbol{B}(\boldsymbol{r})\cdot\mathrm{d}\boldsymbol{S} \tag{1-106}$$

封闭曲面又常称为高斯面,一个高斯面包围一个体积,此时面元 $\mathrm{d}\boldsymbol{S}$ 的方向恒指向体外,称为外法线方向,积分结果称为高斯面 S 上矢量 $\boldsymbol{B}$ 的通量。当矢量 $\boldsymbol{B}$ 在任何高斯面上的通量均为零时,则称矢量场 $\boldsymbol{B}$ 是无源的。

当被积矢量 $\boldsymbol{B}$ 为常矢量时,同样地可将其与点乘号一同于积分号中提出,此时积分将变得十分简单,有

$$\iint_S \boldsymbol{B}(\boldsymbol{r}) \cdot \mathrm{d}\boldsymbol{S} = \iint_S \boldsymbol{B}_0 \cdot \mathrm{d}\boldsymbol{S} = \boldsymbol{B}_0 \cdot \iint_S \mathrm{d}\boldsymbol{S} = \boldsymbol{B}_0 \cdot \boldsymbol{S}_{\min} \tag{1-107}$$

类似于曲线积分情形，任意不闭合曲面的边界为一条闭合回路，很多不同的曲面可以拥有同样的边界，当回路为一个闭合平面曲线时，其对应的最简单的曲面就是以该闭合平面曲线为边界的一个平面。例如一个半球面的边界为一个圆周 l，对圆周 l 而言，可以有许多曲面以它为边界，如图 1-22 所示，最简单的曲面就是一个圆平面。式(1-107)中的积分结果表明，此时的积分值与曲面本身的形状无关，仅由曲面的边界决定，即对所有拥有相同边界的曲面而言，单纯的面元矢量 $\mathrm{d}\boldsymbol{S}$ 的积分都相同，都等于最小面积 $\boldsymbol{S}_{\min}$。对封闭曲面，其自身没有边界，即边界为零，故对任意高斯面 $\boldsymbol{S}$，均有

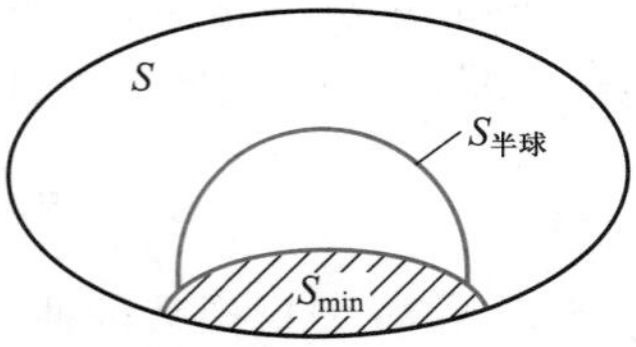

图 1-22

$$\oint\!\!\!\oint_S \mathrm{d}\boldsymbol{S} = \boldsymbol{0} \tag{1-108}$$

矢量的曲线积分和曲面积分，一般都比较复杂，但若选对了合适的坐标系，通常的计算还是比较简单的，同学们可在后面的具体应用中仔细体会。

5. 三重积分

设在三维空间中，函数 $g(\boldsymbol{r})$ 于有限的空间区域 V 内有定义且有限连续，则函数 $g(\boldsymbol{r})$ 对该区域 V 内的体积元 $\mathrm{d}V$ 的积分

$$\iiint_V g(\boldsymbol{r})\,\mathrm{d}V \tag{1-109}$$

就是所谓的三重积分。在直角坐标系中，体积元 $\mathrm{d}V=\mathrm{d}x\mathrm{d}y\mathrm{d}z$，在其他坐标系中有不同的表示形式，它为三阶无穷小量，需积分三次才能得到一个有限量。实际上，在三维空间的某个坐标系中，当被积函数仅为一个(或两个)坐标的函数时，体积元 $\mathrm{d}V$ 常可以简写为一个一阶(或二阶)无穷小量，而积分也只需要一次(或二次)积分就可以完成。限于篇幅，我们仅举一例来表明，其原理与二重积分的意义及方法相同。

例 1-19　设在三维空间中，有如图 1-23 所示的圆柱体，高为 h，半径为 R，其质量体密度函数为 $\rho_V=2\rho$，其中 ρ 为点到圆柱体中心对称轴的距离，求它的总质量。

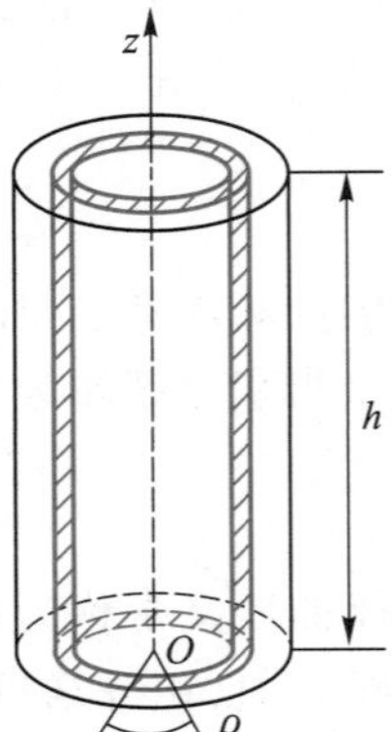

图 1-23

解：由题意可知，所求质量为

$$m=\int \mathrm{d}m = \iiint_V \rho_V(\boldsymbol{r})\,\mathrm{d}V \qquad ①$$

其中 $\mathrm{d}V$ 为 $\boldsymbol{r}$ 处的三阶无穷小体积元。选取以中心对称轴为 z 轴的柱坐标系，质量体密度函数在柱坐标系中的表达式为 $\rho_V=2\rho$，与另外两个坐标无关，则体积元应选为一个半径为 ρ，厚为 $\mathrm{d}\rho$，高为 h 的薄圆柱壳，$\mathrm{d}V=2\pi\rho h\mathrm{d}\rho$，只要 $\mathrm{d}\rho$ 无限小，其质量体密度函数可视为常量，故其质量为 $\mathrm{d}m=\rho_V\mathrm{d}V=4\pi\rho^2 h\mathrm{d}\rho$，这些 $\mathrm{d}m$ 的积分就是圆柱体总质量，即

$$m=\int \mathrm{d}m = \iiint_V \rho_V \mathrm{d}V = \int_0^R 4\pi\rho^2 h\mathrm{d}\rho = \frac{4\pi R^3 h}{3}$$

圆柱体质量可轻松求得。限于篇幅,三重积分的具体细节于此不再展开讨论了,但基本方法就是如此。

在本书中,还会碰到如下的积分 $\int_{B_1}^{B_2} \boldsymbol{A}\times\mathrm{d}\boldsymbol{B}$,一般地需将矢量 $\boldsymbol{A}$、$\boldsymbol{B}$ 用坐标系展开表示才能完成积分,但当被积矢量为常矢量 $\boldsymbol{A}_0$ 时,则有

$$\int_{B_1}^{B_2} \boldsymbol{A}_0\times\mathrm{d}\boldsymbol{B}=\boldsymbol{A}_0\times\int_{B_1}^{B_2}\mathrm{d}\boldsymbol{B}=\int_{B_1}^{B_2}\mathrm{d}(\boldsymbol{A}_0\times\boldsymbol{B})=\boldsymbol{A}_0\times(\boldsymbol{B}_2-\boldsymbol{B}_1) \tag{1-110}$$

式中,第一个等号是将常矢量 $\boldsymbol{A}_0$ 直接从积分运算符号中提出,第二个等号是将常矢量 $\boldsymbol{A}_0$ 放入微分运算符号中,从而使积分号和微分号相邻而抵消,积分将变得非常简单。

实际上,本章除了一元或多元周期函数外,差不多讲尽了本书的全部数学内容,如果能活用这些知识,本书的学习将变得非常轻松。对曲线和曲面的第二类积分而言,也可在介绍到相关物理内容(如力的功、电场强度通量等)时再回头学习。

1.4 物理量与物理定律

一、物理量

在物理学中,我们把客观世界的各种特征和现象抽象为许许多多的物理量,比如力、速度、能量、质量、温度、电场强度等,它们是物理学中的基本概念。这些常用物理量是物理学家经过长期思辨的结果,来之不易。每一个物理量都被赋予了严格、完整的定义。而且每一个重要的物理量如能量、动量、熵等都会与一个重要的物理定律相联系。我们只有透彻地理解每个物理量的含义,进入物理学领域才不会觉得乱花迷眼,才能自在地进行抽象思维及相关问题的讨论。

如果把各种各样的物理量进行简要分类,则有下列几种。

1. 按学科类别分类

物理量按学科类别分类,则有几何量,如长度、体积等;有力学量,如速度、力、动量、功、动能等;有热学量,如温度、热力学能、熵、热容等;有电磁学量,如电场、磁场、电流、磁通量等。

2. 按数学性质分类

物理量按数学性质分类,有仅用数量表示的标量和需用数量及方向一起表示的矢量。对标量而言,细分之,有恒大于零的算术量,如长度、质量、动能等;有可正可负的代数量,如功、电流、电场强度通量等。对矢量而言,细分之,有真(极)矢量,如力、动量、电场等;有赝(轴)矢量,如力矩、角动量等,它们多是由两个极矢量叉乘得到。真赝矢量可用镜子判别:真矢量与其镜中的像,当矢量平行镜面时两者同向,当矢量垂直镜面时两者反向;而赝矢量的情况则与之刚好相反。只有相同数学性质的物理量相加时才能合并。

3. 按描述内容分类

物理量按描述内容分类,可分为描述系统性质和状态的物理量以及描述系统与外界相互作用的物理量。

(1) 描述系统的物理量又可分为以下几类。

① 描述系统物理属性的物理量,可简称为性质量,如质量、电荷量、刚体的体积等,一般地,这些物理量常是绝对的(客观的),与观察者的位置及状态无关,对一个孤立系统而言,它们常常是不随时间变化的。

② 描述系统状态的物理量,简称为状态量,如速度、温度、动量、动能、电场强度等。事实上,很多状态量常与十分重要的物理定律相联系,如动量与动量守恒定律、能量与能量守恒定律、熵与热力学第二定律等。一般而言,系统的状态量是相对的,即许多状态量与观测者的位置及运动状态有关,此时表示这些"相对于观测者而言的"物理量时必先指明观测者或者说相对物(参考系)。例如在未指明相对物的情况下,讨论质点的速度是没有意义的。

③ 按照对系统的可还原性(可加性),我们把系统的物理量又分为两大类,一类称为广延量,它对系统满足可加性,即当系统还原成其各组成部分时,系统的物理量等于其各部分相应物理量(标量或矢量)之和(或积分)。如质量、动量、能量、熵等,凡物理学中守恒的物理量都是广延量;另一类称为强度量,它们对系统不满足可加性,它们反映的是系统某时刻的某种整体特征,如物体做平动时的速度,刚体做定轴转动时的角速度,物体处于热平衡状态时的温度和压强,等等。

(2) 描述系统与外界相互作用的物理量。

系统与外界相互作用的强弱常用力或力矩来表示,称为作用强度量。在现代物理学中,有时用相互作用能量表示相互作用的强弱,如各种各样的势能。一般而言,对两个有相互作用的系统来讲,其作用强弱常与两系统的某些物理属性及两者之间的相对距离及相对运动状态有关。作用强度量在时间、空间上的累积效应称之为作用过程量,如功、冲量、冲量矩等,它们对过程而言满足可加性。

严格地讲,几乎所有的物理量都是时空的函数,都是赋值于某个时空域上的,即它们是时空变量的函数。按时间概念分类,物理量有赋值于某个时刻的,如质点的速度、系统的动能等,称为时刻量;有赋值在某个时间段上的,如路程、力的功等,称为过程量。按空间概念分类,物理量有赋值于某个空间点上的,如动点的速度、相互作用力、电场强度等;有赋值于某段运动曲线上的,如恒力做的功等;有赋值于某个曲面上的,如电流、磁通量等;有赋值于某个体积上的,如电荷量、质量等。需要注意的是,各种区域是有联系的,例如一始于时刻 t_1 终于时刻 t_2 的时间段,它的边界就是时刻 t_1 和时刻 t_2,而这个时间段又可称为该边界的内部;又譬如一个有界曲面,它的边界就是一条闭合曲线,而有界曲面又可称为该闭合曲线的内部。有意思的是,很多物理定律阐述的就是赋值于内部时空域上的物理量与赋值于边界时空域上的物理量之间的联系。譬如中学物理学中的质点的动能定理,它阐述了一段曲线上外力做的功(内部量)与这段曲线的边界量(即始末两点处的动能)的关系;又如电磁学中的法拉第电磁感应定律,它阐明了一个闭合回路上的电动势(边界量)与回路包围的磁通量时间变化率(内部量)之间的关系,等等。

明白物理量的类别和性质(相当于搞清楚单词的属性)对于我们严格、正确地表示物理量具有重要的指导意义。

二、物理定律

国家标准《有关量、单位和符号的一般原则》(GB/T 3101—1993)指出:"物理量是通过描述自然规律的方程以及(或)定义新量的方程而彼此相互联系的"。这里所说的方程就是常说的物理公式。对物理公式不可停留在数学关系上的认识,而应该理解它所包含的物理内容。

1. 新物理量的定义式

按照国家标准,我们应该把物理公式分为两大类,其中第一类为新(物理)量的定义式,如质点的动能 $E_k=mv^2/2$,质点的动量 $\boldsymbol{p}=m\boldsymbol{v}$,动点的速度 $\boldsymbol{v}=\mathrm{d}\boldsymbol{r}/\mathrm{d}t$,磁通量 $\Phi(S)=\iint_S \boldsymbol{B}\cdot\mathrm{d}\boldsymbol{S}$ 等。这类公式是以等式右方的物理表达式定义左方的新物理量,当然也同时给出了右方物理量与左方各物理量的限制关系。定义方式有函数式、微分式、积分式等。通过定义,我们可对新物理量的物理内涵有个清晰的认识。例如由 $\Phi(S)=\iint_S \boldsymbol{B}\cdot\mathrm{d}\boldsymbol{S}$ 可知,物理量 $\Phi(S)$ 是属于磁场的,它严格地赋值于曲面 S 上,它精确的称谓应是:磁场在曲面 S 上的通量,或称为曲面 S 上的磁通量。下面我们从物理量的定义方式进行简单分类,并简要阐明其内涵。在物理学中,从根本的数学角度出发,常见的新物理量的定义有下面的加、减、乘、除四种。

(1) 乘法定义:新物理量被定义为某些旧物理量及某些常数之间的乘积,如果新物理量为矢量,则旧物理量中必有一个为矢量,如此定义,新物理量就有了各旧物理量的要素。

如质点的动量被定义为 $\boldsymbol{p}=f(m,\boldsymbol{v})=m\boldsymbol{v}$,即为其质量 m 与速度 $\boldsymbol{v}$ 的两物理量的直积,它体现了运动和质量两个要素。又譬如,任何矢量在形式上总可以写为 $\boldsymbol{a}=a\boldsymbol{e}_a$,即写为其大小和方向的直积,这充分反映了矢量具有大小和方向两个要素。

(2) 除法及导数(微商)定义:新物理量被直接定义为某个旧物理量对某个标量变量的导数,在均匀情况下,常写成两个物理量的相除。例如动点的速度 $\boldsymbol{v}=\mathrm{d}\boldsymbol{r}/\mathrm{d}t$,物体的质量密度 $\rho(\boldsymbol{r})=\mathrm{d}m/\mathrm{d}V$。

(3) 加法及积分定义:新物理量被定义为某些旧物理量的代数和,无疑,只有量纲相同的物理量相加时才能合并,当相加量为无穷小量时,就成了积分。

例如我们熟知的系统的总动能与系统各部分之间的相互作用势能之和称为系统的机械能。又例如当被考察的物体,其形状和大小不能忽略时,它的动量明显地不能写为 $\boldsymbol{p}=m\boldsymbol{v}$,幸好动量对系统满足可加性,即我们定义整个物体的动量为其所有质元动量(元动量)的矢量积分,而质元动量为 $\mathrm{d}\boldsymbol{p}=\boldsymbol{v}\mathrm{d}m$,其中 $\mathrm{d}m$ 为质元的元质量,是个微小量,一般地,又有 $\mathrm{d}m=\rho(\boldsymbol{r})\mathrm{d}V$,从而整个物体的动量等于体积 V 中函数 $\rho(\boldsymbol{r})\boldsymbol{v}(\boldsymbol{r})$ 对体积元 $\mathrm{d}V(\boldsymbol{r})$ 积分,即

$$\boldsymbol{p}=\int\mathrm{d}\boldsymbol{p}=\int_m \boldsymbol{v}\mathrm{d}m=\iiint_V \boldsymbol{v}(\boldsymbol{r})\rho(\boldsymbol{r})\mathrm{d}V(\boldsymbol{r})$$

需要注意的是 $\rho(\boldsymbol{r})$、$\boldsymbol{v}(\boldsymbol{r})$ 及 $\mathrm{d}V$ 为同一点处的质量体密度、速度及体积元。

(4) 减法及微分(或差分)定义:定义新物理量为两个旧物理量的差值,例如,定义质点的位移为两位置矢量的差值,$\Delta\boldsymbol{r}=\boldsymbol{r}_2-\boldsymbol{r}_1$;或新物理量的差值(或微分)定义为某些旧物理量之间的运算,譬如势能函数 $E_p(\boldsymbol{r})$ 被定义为 $\mathrm{d}E_p(r)=-\boldsymbol{F}\cdot\mathrm{d}\boldsymbol{r}$,这表明势能的差才有物理意义。

2. 物理定律与自然法则

按照国家标准,还有一类物理公式阐明了不同物理量之间的关系,表明了不同现象之间的联系,当然也是不同物理量之间的某种制约或限制关系。从数学角度上讲,这些相关物理量不再是相互独立的,它们的变化也受到相应的制约。这类公式就是我们常说的物理定律、自然规律、自然法则。它们是自然界的各种客观存在、物质演化的限制定律和制约方程,也是各种物理现象之

间的联系定律。自然界的物质在其演化过程中会自然而然地遵循着这些法则,这也是自然界最不可思议和最令人敬畏处。这些法则,有的阐述了某时刻各个物理量之间的联系,有的阐述了某过程中各个物理量变化之间的关系。这些阐述有的是矢量式,有的是标量式;这些关系有的是代数关系,有的是微积分关系;涉及的物理量有的是某时空点上的,有的是某个时空区域上的。

例如我们最为熟悉的质点的牛顿运动定律 $\boldsymbol{F}(t,\boldsymbol{r},\boldsymbol{v})=m\mathrm{d}\boldsymbol{v}/\mathrm{d}t=m\boldsymbol{a}$,它是一个时刻定律,它表明了于任何时刻,质点受到的合外力 $\boldsymbol{F}$ 与质点的质量和质点速度的时间变化率(即加速度 $\boldsymbol{a}$)之间的关系。它是一个矢量定律,它表明任何时刻 $\boldsymbol{F}$ 与 $\boldsymbol{a}$ 的方向总相同,在三维空间中它等效于三个标量定律;它还是一个微分定律(当合力为变力时),它阐述了质点的$(\boldsymbol{r},\boldsymbol{v})$与时间 t 之间的微分限制关系。

又如理想气体平衡时的物态方程 $pV=\nu RT$,这也是个时刻定律,只适用于理想气体的平衡态,它指明了只要理想气体处于平衡态,描述气体的三个状态量(p、V、T)于任何时刻都必须满足这个代数方程,这就表明,对一定量(ν 不变)的理想气体而言,其三个状态量(p、V、T)不再相互独立。若理想气体在某个状态变化过程中时时都可看成处于平衡状态,则于此过程中上述方程时时成立,由此可推知,此过程中,理想气体真正能够独立变化的状态量只有两个,另外一个状态量是这两个独立变量的函数。当理想气体在变化过程中再受到某种制约,如温度保持不变,则于此过程中真正的独立变量就只有一个了,如取体积 V 为独立变量,则 $\mathrm{d}V$ 是可以自由变化的,于此过程中的任何时刻,三个状态量分别为$[p(V),V,T_0]$,而对任何微小过程,三个状态量的变化为:$\mathrm{d}T=0$,而 $\mathrm{d}p$ 和 $\mathrm{d}V$ 之间受到微分方程 $V\mathrm{d}p+p(V)\mathrm{d}V=0$ 的制约。

对任何物理定律,我们不仅要从数学角度理解它的意义,还要从物理层面理解其内涵,更应该注意它的适用条件。在工科大学物理层次上,我们从物理内涵上将物理定律粗略地分为以下几类。

(1) 守恒定律。对孤立系统而言,在任何变化过程中,系统的能量(质量)、电荷量、动量、角动量等都守恒。这些过程定律常被称为相应的守恒定律,可以说它们是物理学中最为重要的物理定律,也是几百年来物理学家最了不起的发现,它们的内涵也最为丰富。我们知道,系统各部分之间存在着相互作用,而这些守恒定律表明,相互作用仅仅是在传递这些物理量,并不能创造或消灭这些物理量,即这些物理量在自然界中是不生不灭、不增不减的,这些物理量都是广延量,对系统满足可加性,我们常称它们为好物理量。实际上,很多其他物理定律都是这些守恒定律的细化或具体化,例如当我们将能量细化后就有各种形式的能量,如机械能、热力学能、电磁能等,而机械能又可以细化为动能和势能,…,细化后,我们可以讨论各种形式能量的不变条件,由此可引出各种相应的守恒定律,如机械能守恒定律等。

由于相互作用仅仅是传递这些物理量,所以从本质上讲,相互作用可以用这些物理量的传递快慢来定义,例如两个物体 A、B 之间的相互作用力就可以用它们在单位时间内传递的动量多少来构建,即物体 B 受到物体 A 的相互作用力可定义为单位时间内从物体 A 传递给物体 B 的动量,即 $\boldsymbol{F}_{\mathrm{BA}}\equiv\mathrm{d}\boldsymbol{p}_{\mathrm{A}\to\mathrm{B}}/\mathrm{d}t$,类似地有 $\boldsymbol{F}_{\mathrm{AB}}\equiv\mathrm{d}\boldsymbol{p}_{\mathrm{B}\to\mathrm{A}}/\mathrm{d}t$,由动量守恒定律得 $\boldsymbol{F}_{\mathrm{BA}}=-\boldsymbol{F}_{\mathrm{AB}}$,这就是牛顿第三定律的由来。

这些守恒的物理量常常是我们讨论问题、解决问题的出发地或重要线索。

(2) 系统状态量的时间变化率等于外界作用的强度量。当系统不再孤立时,即与外界有相互作用时,也就是说系统和外界会交换(传递)那些物理量。对系统而言,这些物理量一般将不再守恒，它们如何变化呢？我们发现，这些物理量的时间变化率正比于外界的作用强度量。例如系统动量的时间变化率正比于系统受到的合外力（系统的动量定理），即 $\mathrm{d}\boldsymbol{p}/\mathrm{d}t=\boldsymbol{F}$；又例如系统角动量的时间变化率正比于系统受到的合外力矩（系统的角动量定理），即 $\boldsymbol{M}=\mathrm{d}\boldsymbol{L}/\mathrm{d}t$，等等。它们是时刻定律、微分定律，等式左右两边具有同时性（矢量方程式还表明同方向性）。

（3）系统状态量的增量等于外界作用的过程量。上一类物理定律在时空上积分可得另一类常见的物理定律：系统一些物理量的增量等于外界的作用过程量。例如积分形式的动量定理、功能原理、热力学第一定律等。这是关于某过程的物理定律，从数学角度出发，它阐明了边界与内部的联系。

（4）阐明系统某些状态量的性质及各状态量之间关系的物理定律。描述系统状态的物理量有很多，各个状态量之间常满足一定的关联方程，某些状态量还满足一定的特征方程。这类物理定律有大家熟悉的理想气体的物态方程、静电场系统的环路定理、恒定磁场的高斯定理、热力学第二定律以及狭义相对论中的质能公式等。

（5）相关系统的相互作用量与各系统状态量之间的关系。相互作用的两个系统，它们的相互作用量常与两个系统的某些状态量有关。相互作用除了力以外，还可以用力矩和相互作用能表示。这类物理定律有大家熟悉的万有引力定律和库仑定律。在电磁学中，我们常讨论电磁场系统和电荷电流系统的性质以及它们之间的相互作用等关系，例如点电荷 q 与外电场（用电场强度 $\boldsymbol{E}$ 或电势 V 表示）的相互作用力为 $\boldsymbol{F}=q\boldsymbol{E}$，两者的相互作用能（电势能）为 $E_{\mathrm{p}}=qV$ 等。

（6）相关系统的状态量之间的相互联系定律。两个相互作用的系统，它们的状态量之间必然存在着某种联系。例如在电磁学中，电磁场系统和电荷电流系统始终存在着相互影响，它们的状态量之间满足电场的高斯定理和磁场的环路定理，而电磁场系统中的电场系统和磁场系统之间满足法拉第电磁感应定律等。

还有一些物理公式是上述各物理定律应用于特殊系统出现的结果。事实上，物理定律具有明显的层次性，它完全是金字塔式的。有的物理定律具有较高的普适性，如能量守恒定律、最小作用量原理（关于变化过程的基本原理）、最大熵原理等，这些物理定律数量比较少，在金字塔的上层，而物理学的终极目标就是寻找一切现象及规则的源头，那就是宇宙最深层次的最根本的规律，即金字塔的顶端；有的物理定律仅适用于特定的物理层次，如牛顿运动定律仅适用于宏观及低速运动的物体，麦克斯韦的电磁学方程组仅适用于宏观条件，热力学定律仅适用于宏观世界，这些物理定律数量比上一层多，它们在金字塔的中层；而另一些物理定律的适用范围更小，例如理想气体的物态方程、欧姆定律、胡克定律、电容器的电容公式等，它们只是中层次的物理定律在具体系统中的应用，这些物理定律数量最多，处于最下层。本书的目标就是为了系统地学习和理解这些物理定律。

实际上，物理定律本身也需遵守一定的法则，爱因斯坦在狭义相对论中告诉我们：一个好的物理定律不应该依赖于观察者。物理定律不会因人而异，在自然法则面前，人人平等。自然法则是普遍的、根本的，物理定律是绝对的，客观的。所谓的自然法则实际上就是对事物发展的制约，它决定了事物演化的进程，反映了事物发展前后的因果关系。物理学之所以成立，其根本原因就在于这个世界是有规律的，各种现象的出现都是有原因的。我们可以说，自然规律从本质上讲都是因果关系，因果关系是绝对的。尽管我们受到了各种各样因果关系的制约，但我们就是无法直接观察到它们。我们能够观察到的是各种物理现象，能够测量到的是各种物理量,我们就是无法直接感知各现象之间的因果关系,只能通过数理分析从理(论)上知道它们的存在。其实,自然法则与物质一样,都是客观存在的,并且比物质具有更好的稳定性,但我们无法直接测量它、感知它。各种自然规律很好地隐藏于大自然现象的背后,它们需要我们去探索和发现。其实科学就是一个认识世界、寻找规律、追求真理的过程。

因果关系是绝对的,就是"完全相同的原因必定产生完全相同的结果",而且这种原因和结果之间的必然关系对所有观察者都应该是相同的。然而,我们知道,在宏观世界中,绝没有完全相同的条件。当原因与结果之间的关系是非线性时,则常常会出现看似相同的原因(其实有着微小的差别)导致差异很大的结果。当原因和结果之间的关系是线性时,则因果关系是稳定的,它具有可重复性和可预言性,用物理语言讲,就是"等价相似的原因会导致等价相似的结果"。对复杂系统及非线性因果关系而言,几乎任何两个原因都不会是等价的,它们会出现貌似的随机性或偶然性,从而为我们寻找更深层次上的自然定律带来了相当的困难,这也是目前科学进入深层次后面临的最大难题。但科学家们相信,不管什么层次都应有相应的因果关系,也正是因为有因果关系、自然法则,世界才可以被理解、被认识。我们可以说,这就是广大科学工作者普遍持有的一种精神。

1.5　单位和量纲

一、单位和单位制

在物理学中,所有的物理量都有大小这个要素,但要定量表示某个物理量的大小,却只有在给定某种特定的标准后才能实现。例如要给出某根细绳的长度,只有在给定了如 mm、cm、m 等不同的长度标准后才有可能,这种标准也称为单位。通过与标准的比较,我们可以得到这根细绳长度为某个标准的倍率,完整地给出倍率及单位,如 82.6 m,才算是给出了这个物理量的大小。明显地,同一种物理量的不同单位之间存在着简单的比率关系。

各物理量之间总是通过物理定律或定义新物理量的方程而彼此建立联系,明显地,它们的单位也因此而建立联系,一个新物理量的单位可由旧物理量的单位导出。我们发现,在物理学中,只要我们选好了一组基本物理量的单位,则其他所有物理量的单位都可以由此导出,形成一套完整的单位体系,即所谓的单位制。因此我们将物理量分为基本量和导出量两大类,相应地,物理量的单位也分为基本单位和导出单位。使用统一的单位制会给我们的计算带来巨大的方便,目前最广泛使用的是国际单位制(SI)。

在国际单位制中,基本物理量有 7 个,分别为长度、时间、质量、电流、热力学温度、物质的量、发光强度,它们的单位分别是米(m)、秒(s)、千克(kg)、安培(A)、开尔文(K)、摩尔(mol)、坎德拉(cd)。实际上,除了上述 7 个量之外,我们还时常需要用到两个纯几何的角量:平面角和立体角[它们的单位分别为弧度(rad)和球面度(sr)],以及为表示矢量物理量而用到的一些标准方向。所有这些标准量的单位都有严格的可操作定义。

二、量纲和量纲分析

物理量的量纲是指导出单位由基本单位组成的方式。例如,在力学中,基本单位只有长

度、时间、质量的单位，则一般地，力学量 A 的量纲可记为

$$[A]=L^pM^qT^r$$

式中，L 是长度量纲，M 是质量量纲，T 是时间量纲。例如加速度的量纲为 LT^{-2}，力的量纲为 MLT^{-2}，弹簧的弹性系数 k 的量纲为 MT^{-2}。某个物理量可以有多种单位，但量纲只有一个，它是唯一的。明显地，任何物理公式两边的量纲必须相同，只有量纲相同的量才能相加减，这个过程称为量纲分析。

物理量量纲的唯一性及量纲分析可以用来估算或检验方程的对错。例如由轻弹簧和质点构成的弹簧振子的固有振动周期 T 应该与弹簧的弹性系数 k 和质点的质量 m 有关，不考虑系数，不妨令 $T\propto k^\alpha m^\beta$，则 $[T]=[k]^\alpha[m]^\beta=(MT^{-2})^\alpha M^\beta=M^{\alpha+\beta}T^{-2\alpha}$，注意到周期 T 的量纲应为 $[T]=T$，则由两边相等得 $\alpha=-1/2,\beta=1/2$，即 $T\propto\sqrt{m/k}$。又例如某学生推导出某力的公式为 $F=m^2g^2/(4\pi v)$，则通过量纲计算可得等式右边的量纲为 LM^2T^{-3}，与力的唯一量纲 LMT^{-2} 不符，公式肯定错了；公式中的无量纲因子 $1/(4\pi)$ 是无法用量纲分析来检验对错的。

习题

选择题

1-1　质点的动能定义式为 $E_k=mv^2/2$，某恒力做功的定义式为 $W=\boldsymbol{F}\cdot\Delta\boldsymbol{r}$，其中 $\Delta\boldsymbol{r}$ 为该恒力作用点的位移，下列叙述不正确的是（　　）。

A. 动能是个标量，是个算术量，恒大于零

B. 动能是质点运动状态量的函数，动能的所有者是质点 m

C. 恒力做功的值与做功对象的运动状态有关

D. 恒力做功与做功对象的运动状态无关，仅与恒力的大小、方向及作用点的位移有关

1-2　某学生求得某角度为 $\theta=\arccos[1-3F^2t^3/(m^2gl)]$，试问它的结果正确吗？（　　）

A. 正确　　　　B. 不正确

C. 条件不足，无法判断　　　　D. 不知道

1-3　在中学物理中我们已经学过运动电荷在磁场中的受力，运动电荷用矢量 $q\boldsymbol{v}$ 表示，磁场用磁感应强度 $\boldsymbol{B}$ 表示，运动电荷在磁场中的受力 $\boldsymbol{F}=q\boldsymbol{v}\times\boldsymbol{B}$，$\boldsymbol{F}$ 称为洛伦兹力，三矢量 $\boldsymbol{v}$、$\boldsymbol{B}$ 和 $\boldsymbol{F}$ 的方向关系为（　　）。

A. $\boldsymbol{v}$ 与 $\boldsymbol{B}$ 一定不垂直　　　　B. $\boldsymbol{F}$ 与 $\boldsymbol{v}$ 可以不垂直

C. $\boldsymbol{F}$ 与 $\boldsymbol{B}$ 可以不垂直　　　　D. $\boldsymbol{v}$ 与 $\boldsymbol{B}$ 可以不垂直

1-4　已知两个同类的三维矢量 $\boldsymbol{B}$、$\boldsymbol{C}$，即已知它们的大小和方向，且有 $|\boldsymbol{B}|=2$、$|\boldsymbol{C}|=1$，两者方向之间的夹角为 $\pi/3$，则矢量 $\boldsymbol{A}=(\boldsymbol{B}-2\boldsymbol{C})$ 等于（　　）。

A. $\boldsymbol{0}$　　　　B. 条件不足，无法确定

C. $\boldsymbol{A}=\boldsymbol{B}-2\boldsymbol{C}$　　　　D. 其大小为 2，方向与矢量 $\boldsymbol{B}$ 的夹角为 $\pi/3$

填空题

1-5　在 Oxy 平面中，已知矢量 $\boldsymbol{A}=-3\boldsymbol{i}+4\boldsymbol{j}$，则该矢量的大小为______，方向为______。

1-6　在 Oxy 平面中，已知矢量 $\boldsymbol{A}=-3\boldsymbol{i}+4\boldsymbol{j}$，$\boldsymbol{B}=4\boldsymbol{i}+3\boldsymbol{j}$，令矢量 $\boldsymbol{A}$ 逆时针转至 $\boldsymbol{B}$ 的角度为正

夹角，矢量 $\boldsymbol{A}$ 顺时针转至 $\boldsymbol{B}$ 的角度为负夹角，则两矢量的夹角 θ 为__________。

1-7　在 Oxy 平面中，已知一半径为 2 的圆周 l，则 $\oint_l \mathrm{d}\boldsymbol{l}=$__________，其中 $\mathrm{d}\boldsymbol{l}$ 为圆周的有向线元；$\oint_l \mathrm{d}l=$__________，其中 $\mathrm{d}l$ 为圆周的有向线元的大小。

1-8　半径为 2 的半球面 S，倒扣在 Oxy 平面中，则 $\int_S \mathrm{d}\boldsymbol{S}=$__________，其中 $\mathrm{d}\boldsymbol{S}$ 为半球面上的有向面元，其方向垂直球面向外；$\int_S \mathrm{d}S=$__________，其中 $\mathrm{d}S$ 为有向面元的大小。

计算题

1-9　已知两矢量 $\boldsymbol{A}=2\boldsymbol{i}+3\boldsymbol{j}$，矢量 $\boldsymbol{B}=-3\boldsymbol{i}+4\boldsymbol{j}$，试求：(1) 矢量 $\boldsymbol{B}$ 在矢量 $\boldsymbol{A}$ 方向上的投影；(2) 矢量 $\boldsymbol{B}$ 在垂直矢量 $\boldsymbol{A}$ 方向上的分矢量；(3) 矢量 $\boldsymbol{B}$ 和矢量 $\boldsymbol{A}$ 间的夹角。

1-10　已知矢量 $\boldsymbol{A}=4\boldsymbol{i}+5\boldsymbol{j}$，求 Oxy 平面内垂直该矢量 $\boldsymbol{A}$ 的方向矢量。

1-11　在 Oxy 平面中，已知三角形的三个点的坐标分别为 $A(-3,4)$、$B(3,4)$、$C(1,1)$，求三角形的面积大小。

1-12　在 $Oxyz$ 直角坐标系中，已知平面方程为 $ax+by+cz=d$，试求该平面的法向矢量，并求出 $\boldsymbol{r}_0=x_0\boldsymbol{i}+y_0\boldsymbol{j}+z_0\boldsymbol{k}$ 的点到该平面的垂直距离。

1-13　证明：若 $\boldsymbol{A}\cdot\boldsymbol{B}=\boldsymbol{A}\cdot\boldsymbol{C}$ 和 $\boldsymbol{A}\times\boldsymbol{B}=\boldsymbol{A}\times\boldsymbol{C}$，则有 $\boldsymbol{B}=\boldsymbol{C}$。

1-14　用矢量方法证明平行四边形的对角线相互平分。

1-15　令矢量 $\boldsymbol{A}$ 和矢量 $\boldsymbol{B}$ 的大小分别为 a 和 b，证明 $\boldsymbol{C}=b\boldsymbol{A}+a\boldsymbol{B}$ 平分矢量 $\boldsymbol{A}$ 和矢量 $\boldsymbol{B}$ 之间的夹角。

1-16　平面上有一半径为 R 的圆周，试用极坐标系中的坐标法、直角坐标系中的坐标法及位矢法分别表示该圆周。

1-17　三维空间中有一半径为 R、高为 h 的圆柱面，试用柱坐标系中的坐标法、直角坐标系中的坐标法及矢量法分别表示该圆柱面。

1-18　三维空间中有一半径为 R、高为 h 的圆柱体，试用柱坐标系中的坐标法、直角坐标系中的坐标法分别表示该圆柱体。

1-19　三维空间中有一半径为 R 的球面，试用球坐标系中的坐标法、直角坐标系中的坐标法及矢量法分别表示该球面方程。

1-20　平面上有一半径为 R 的圆周 l，试表示其上任意处的有向线元 $\mathrm{d}\boldsymbol{l}$。

1-21　证明：在取一圆柱面的中心轴为 z 轴的柱坐标系中，该圆柱面的法向矢量就是 $\boldsymbol{e}_\rho$。

1-22　证明：在取某球面的球心为坐标原点的球坐标系中，该球面的法向矢量就是 $\boldsymbol{e}_r$。

1-23　在 Oxy 平面中，已知矢量场为 $\boldsymbol{A}=3x^2\boldsymbol{i}+4xy\boldsymbol{j}$，试求其沿曲线 l：$y=x^2$ 从原点 O 到点 $P(1,1)$ 的路径积分 $\int_{O(l)}^{P}\boldsymbol{A}\cdot\mathrm{d}\boldsymbol{l}$。

1-24　在极坐标系中，已知矢量场的表达式为 $\boldsymbol{A}(\boldsymbol{r})=2\boldsymbol{e}_\varphi$，试求过点 $(2,\pi)$ 的场线方程。

1-25　在三维柱坐标系中，已知矢量场为 $\boldsymbol{A}=2\rho\boldsymbol{e}_\rho$，试求其在半圆柱面 S：$\rho=3, 0\leqslant\varphi<\pi, 0\leqslant z\leqslant 5$ 上的通量。

1-26　在三维球坐标系中，已知矢量场为 $\boldsymbol{A}=2r\boldsymbol{e}_r$，试求其在 $r=2$ 的闭合球面上的通量。

第 2 章
质点运动学

物体之间或同一物体的各部分之间位置的相对变化，称为机械运动，如汽车在公路上的行驶、琴弦的振动等。机械运动是物质世界中最简单、最基本的一种物质运动，在自然界中，几乎所有的物质运动都包含这种最基本的运动形式。研究机械运动及其相关规律的学科称为力学，它是物理学中最古老的学科，也是最基础、最重要的组成部分。现代意义上的力学理论是 17 世纪的牛顿（Isaac Newton，1643—1727）在伽利略（Galileo Galilei，1564—1642）、开普勒（Johannes Kepler，1571—1630）等人的工作基础上建立起来的，即所谓的牛顿力学。但需要注意的是，牛顿力学仅适用于宏观低速运动的物体，它与我们的感觉经验相仿，与常识最为接近，也正因为如此，我们最易接受由它构建的世界图像。事实上，牛顿力学对客观世界的描述是不精确的，在哲学层面上讲可能是错误的，但无疑其中的一些概念及运用的科学思想和方法却珍贵无比，我们学习牛顿力学，重点就是学习这些东西。

视频：力学简介

在力学中，仅描述和研究物体在空间中运动的基本特征，不涉及运动状态改变的原因的内容，称为运动学，本章仅讨论质点的运动学。

2.1　质点及其位置的描述

经典力学研究的对象就是我们日常生活中的（宏观）物体，其存在形式是在某个时刻占有空间一个确定的、唯一的、有限的区域。在描述物体的性质、特征以及活动形式这些物理现象时，我们需要引入许多物理概念，它们大多是通过严格的定义来获得，但无疑有些概念无法如此完成，它们是原始的、先验的，如在经典力学中的时空概念。

时空观是人们对时间和空间物理性质的看法。人们认为自然界发生的一切现象都发生于时空中，任何物理过程都脱离不开时空。何为时间？何为空间？它们有何性质？如何表征？牛顿在《自然哲学的数学原理》一书中写道：“绝对的、真正的和数学的时间自身在流逝着。”“绝对空间就其本质而言，是与任何外界事物无关，而且永远是相同的和不动的”，如此认识与常识相近。常识认为只有“虚空”才有存放物体的本领，“虚空”等同于所谓的空间，它是物体活动的“场所”，它本身没有任何特性，也无法表征。从数学上讲，一个空间就是一个闭合曲面的内部。牛顿认为，存在着一个巨大的“虚空”，称为绝对空间，它是所有物质运动的“场所”，在数学上它等效于某一个巨大的闭合曲面的内部，这个闭合曲面是永恒不变的，故绝对空间是永恒不变的、绝对静止的，它与其中的物质及物质的运动都无关系。牛顿还认为，时间与物质的运动也是无关的，它在永恒地、均匀地流逝着，即时间也是绝对的，这种时空观称为绝对时空观。然而近代大量的科学实验结果表明，这种绝对的时空观并不正确，并不存在没有任何特性的绝对空间。

实际上，在经典力学中广泛应用的是相对时空观：物与物之间的相对位置差异度称为空间；而物体相对运动和变化的持续性与顺序性的度量称为时间。经典力学认为空间和时间是相互独立的，这种相对时空观表明，在讨论某物体的空间位置时必先指明相对物体，某物体位置的表述只能在相对物体所展示的相对空间中。经典力学还认为时间的度量在所有相对空间中都是相同的。在低速情况下，由这种经典的相对时空观得出的结论与实验结果符合得很好。

一、质点

在研究物体做机械运动所遵循的规律之前,我们首先要学会物体的描述及机械运动的描述。在建立了空间概念之后,我们就可以方便地定义物体某方向上的长度、物体的(表)面积、物体的体积等几何量,用这些几何量来描述物体的形状和大小。然而从数学上讲,不管物体的形状和大小如何,它们都是由无穷多个点构成的,要完备描述整个物体的运动情况,就要描述清楚这无穷多个点的运动情况,如行驶的火车、飞逝的足球。无疑,要完备地描述清楚它们的运动,是十分困难的。但明显地,学会点运动的描述是首要任务。若在讨论物体的某种运动时,物体的形状和大小及其变化产生的贡献是微小的、可以忽略不计的,则此时物体的运动就可以简化为一个几何点的运动(一般地,这要求物体大小的线度远小于该运动的活动范围),简称动点。为了方便后面的学习,我们把它看作具有一定质量的几何点,简称质点。当然,在本章中,质量概念是用不到的。显而易见,这是一种理想模型,是对物体的一种最简单的几何近似,忽略了物体的形状和大小。如研究地球绕太阳的公转时,可将地球视为质点,但同样是地球,在研究其自转时,就不能将其视为质点了。

一般情况下,完整地讨论物体的运动就不得不考虑其形状及大小,此时,按其形状和大小的变化,又将物体分为刚体和变形体,所谓的刚体就是指有刚性的物体,其在运动过程中,能保持形状和大小不变,显而易见,它也是个理想模型,反之,就称为变形体。在处理方法上,它们均可看成是由许多甚至无穷多质元(点)的集合,称为质点系。每一个质元的位置可以看成是一个质点的位置,对刚体而言,这些质元的大小和形状都是不变的,而且任意两者之间的距离也是恒定的,故对刚体而言,要完备地描述其运动,就等价于完整地描述其上所有质元(点)的运动情况;而对变形体而言,这些质元的大小和形状可能是变化的,所以描述其运动时,还得考虑这些变化,这给问题的讨论增加了不少难度,在本章中我们一般仅讨论质点和刚体的运动。

二、参考系及相对时空

万物均在相对运动,运动的描述只能是相对的,即讨论一个物体是否在运动,总是相对于其他物体而言的,也就是说,当我们讨论几个物体间的相对运动时,将其中的一个物体作为标准,被选作标准的物体称为参考系,也就是相对空间中的那个相对物,其他物体的运动描述都是相对于这个参照物(标准物或相对物)而言的,或者说其他物体都在该相对物标定的相对空间中运动。形象地讲,就是参照物上有一个观察者,他用随身携带的与他相对静止的标尺构建空间坐标系用于测定点的空间位置,并在每个空间点上放置测量时间的完全相同的时钟。一个观察者就有一套标尺和时钟构建起所谓的相对时空,万物均在此相对时空中运动。这就是说,电梯中苹果的运动完全由相对空间中参照物上的观察者决定,此相对空间并不会随电梯的运动而运动。在经典力学中,所有这些标尺和时钟的性质都是相同的、不随时间和空间变化的。譬如两个时钟一旦同步,不管它们是否处在同一相对空间中,它们始终保持同步。但不同观察者的标尺和时钟有相对运动,故他们观察同一物体的空间位置及运动状态必有所不同。研究物体的运动时,参考系或相对空间的选取,具有十分重要的意义。显然,对于同一运动物体的描述,如果选取的参照物不同,或者说选取的相对空间不同,我们会得出不同的运动情况。

实际上，即便是同一参考物体，在不同地点处观察同一运动物体，也可能有不同的描述。一般地，为了消除这种描述的不同，我们选定的参照物并不是随意的，它要求参照物上的各个点之间没有相对运动，这要求参照物不能变形，且不能转动。通常我们说选地面为参照物，实际上是指选地面上任意不动（相对地面）的刚体为参照物。当然，我们也可以选一辆正在直线公路上行驶的汽车[相对于地面做平（行移）动的刚体]为参照物。但一般情况下，我们不会选正在弯道上行驶的汽车作为参照物，这是因为此时汽车中的任意两个乘客之间有相对（转动）运动，它们对同一物体的运动描述会不一样，故在本书中，若不作特别说明，所谓的参照物一般均为（相对于地面做）平动的刚体，它保证了其上各个点之间没有相对运动。当然在工程技术中，有时为了描述方便，我们会不得不选用那些相对于地面做定点（或定轴）转动的物体为参照物。虽然参考系的选取是随意的，但当以方便为原则。我们知道，物体的运动遵循一定的运动规律（物理定律），但它们的应用是有一定条件的，故这种方便既指方便运动状态的描述，也指方便物理定律的应用。

按与参考系的相关性，我们可把物理量分成为两大类。一类是与参考系无关的物理量，称为绝对量，讨论它时无需标明参考系；另一类是与参考系相关的物理量，称为相对量，讨论它时必须先指明参考系。明显地，描述物体运动状态的物理量一般都是相对量。

三、位置矢量

我们知道，所谓的机械运动就是相对位置的变更，这就是说，所有描述相对运动的物理量均来自于对相对位置这个物理量的操作运算，但相对位置的描述也必须在有了标准位置后才有可能。无疑，标准位置应取在标准物（参考系）上。形象地说，就是在标准物上的某个所谓的标准位置处有一个观察者观察物体的运动，而物体在观察者所在的相对空间中运动。如图 2-1 所示，在参照物上取一参考点 O 作为标准位置，从 O 至质点 P 引一个径向矢量 $\boldsymbol{r}$，即 $\boldsymbol{r}=\overrightarrow{OP}$，则矢量 $\boldsymbol{r}$ 称为质点 P（相对于参考点 O）的位置矢量，简称（相对）位矢。质点运动时，其位矢随时间变化，即

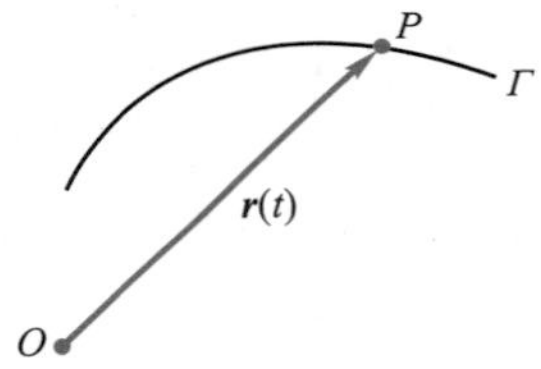

图 2-1

$$\boldsymbol{r}=\boldsymbol{r}(t) \tag{2-1}$$

上式称为（质）点的运动方程，点的连续运动在相对空间形成一条曲线 Γ，称为质点在该相对空间中的运动轨迹或运动路径。明显地，位置矢量 $\boldsymbol{r}$ 以及其运动轨迹均归属于动点，都是相对量。这就是说，讨论质点的运动轨迹，必须先指明参考系（相对物），指明相对空间，在不同参考系中，质点的运动轨迹是不同的。例如，在垂直向上的透明电梯中，某人拿着一物体旋转一周，在电梯中的另一人看来，物体的运动轨迹是一个闭合圆周，但在地面上的某人看来，物体的运动轨迹是一段螺旋线，并不闭合。

需要注意的是，空间的几何曲线与质点的运动轨迹是两个不同的概念。后者是一个相对量，与参考系有关，但前者及各种几何图形，如圆环、直棒、圆球，是绝对的，与参考系无关。例如，在垂直向上的透明电梯中，某人拿着一铁圆环，不管是电梯中的人还是地面上的人，他们看到的都是一闭合铁圆环。

2.2 质点运动的描述

一、位移和路程

1. 位移

相对于参考点 O，若质点于 t_1 时刻，位于位置 P_1，对应位矢为 $\boldsymbol{r}_1$；在 t_2 时刻，质点运动至 P_2，对应位矢为 $\boldsymbol{r}_2$，则此时间段内质点位矢的增量

视频：质点运动的描述

$$\Delta\boldsymbol{r}(t_1\sim t_2)=\overrightarrow{P_1P_2}=\overrightarrow{OP_2}-\overrightarrow{OP_1}=\boldsymbol{r}_2-\boldsymbol{r}_1 \tag{2-2}$$

称为质点相对于参考点 O 的在 $\Delta t=t_2-t_1$ 时间内的位移。如图 2-2 所示，此位移就是从 P_1 至 P_2 的有向线段，是个矢量，且与中间的路径无关，实际上也与坐标系的原点即参考点 O 无关，仅由始末两时刻的位矢决定。由定义看来，位移好像赋值于一段时间上，是一个过程量，实际上它仅仅是两个时刻量（位矢）的差值。位移虽然与参考点 O 无关，但与参考系有关，故它是个相对量。例如，在垂直上升的电梯中，某人拿着一个苹果，则在某段时间内，苹果相对于电梯中的任意一个参考点而言，位移均为零；但相对于地面静止的任一观察者来说，苹果的位移均不为零，均为一段垂直向上的有向线段。也就是说，当参考系为我们规定的相对于地面平动的刚体时，指定参考系后，质点的位移与参考点无关，或者说，对某个参考系的任意参考点而言，质点的位移都相同。即观察者不管处于平动刚体的任何地点，观测到的质点的位移都是一样的，故讨论质点的位移时必须也只需指明参考系就可以了。如此，式(2-2)中的位移 $\Delta\boldsymbol{r}$ 应称为质点在某参考系中的位移，或在某相对空间中的位移。

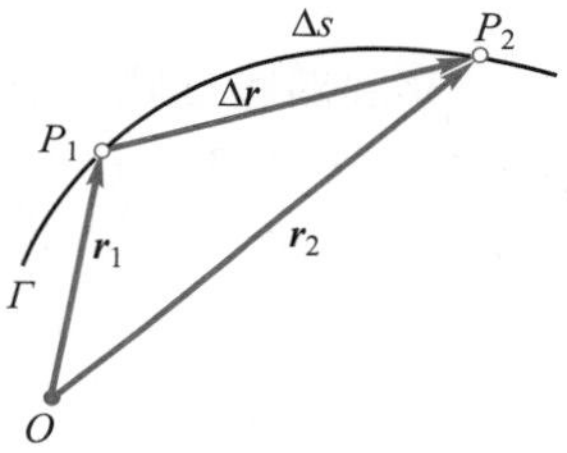

图 2-2

位移 $\Delta\boldsymbol{r}$ 的大小用 $|\Delta\boldsymbol{r}|$ 来表示，而 Δr 表示了在 Δt 时间内位置矢量大小 r 的增量，即

$$\Delta r=r(t+\Delta t)-r(t)=|\boldsymbol{r}(t+\Delta t)|-|\boldsymbol{r}(t)|=\Delta|\boldsymbol{r}|$$

明显地，通常情况下，$\Delta r\neq|\Delta\boldsymbol{r}|$，如在质点做半径为 R 的圆周运动时，以圆心为坐标原点（参考点）时，质点在 1/4 周期内的位移大小 $|\Delta\boldsymbol{r}|=\sqrt{2}R$，而位矢大小的增量为 $\Delta r=R-R=0$，即一般的差分运算与取模运算不能交换次序。

当 $\Delta t\to\mathrm{d}t$（无穷小时间间隔）时，我们记 $\Delta\boldsymbol{r}$ 为 $\mathrm{d}\boldsymbol{r}$，称为无穷小位移，即

$$\mathrm{d}\boldsymbol{r}(t)=\boldsymbol{r}(t+\mathrm{d}t)-\boldsymbol{r}(t)$$

它是个相对量，也由参考系决定。注意 $\mathrm{d}r=r(t+\mathrm{d}t)-r(t)=|\boldsymbol{r}(t+\mathrm{d}t)|-|\boldsymbol{r}(t)|=\mathrm{d}|\boldsymbol{r}|$，明显地，一般 $|\mathrm{d}\boldsymbol{r}|\neq\mathrm{d}|\boldsymbol{r}|$，即矢量 $\boldsymbol{r}$ 的取模和微分运算，不能交换次序。

2. 路程

与位移对应的另一个概念是质点在这段时间内走过的路程，它等于运动轨道上从 P_1 到 P_2 的曲线长度（弧长）Δs，它是一个标量，且恒大于零，故是一个算术量。明显地，它总随着时间的增加而增大。它不但与这段时间的始末两时刻的位置有关，也与中间的路径有关。

首先我们要注意的是路程与位移大小的区别与联系，由图 2-2 可见，一般地，$\Delta s\neq|\Delta\boldsymbol{r}|$，即弧长不等于弦长。但是，当 $\Delta t\to\mathrm{d}t$（无穷小时间间隔）时，我们有

$$|d\boldsymbol{r}| = ds \tag{2-3}$$

即无穷小位移(元位移)的大小等于无穷小路程(元路程,即轨道上的线元),这就是数学上常说的:在无穷小情况下,弦长等于弧长。则一段时间内的路程可通过元路程的累加即所谓的积分可得 $\Delta s = \int ds = \int_{r_1}^{r_2} |d\boldsymbol{r}|$,这就是说,我们只有在写下任意时刻的位置矢量,并对其进行(先)微分及(后)取模运算,得到 ds 后,再对 ds 进行积分(求和)才能求得一段时间内的路程 Δs。显而易见,路程的计算要相对麻烦些。实际上,很多标量是矢量取模(或两不同矢量的标乘)而得到的,它们的积分运算远比矢量的直接积分来得麻烦。

明显地,质点的路程是通过对无穷小位移的运算而得,故它也是个相对量,讨论时需先标明参考系,或标定好相对空间。

二、速度和速率

位移和路程反映了质点的位置变更,但未能反映这种变更的快慢,即未能给出质点的运动状态,我们为此进一步引入相关物理量。若在某参考系中,质点于 $t_1 \sim t_2$ 时间段内的位移为 $\Delta\boldsymbol{r}$,则定义:

$$\overline{\boldsymbol{v}}(t_1 \sim t_2) \equiv \Delta\boldsymbol{r}/\Delta t \equiv \frac{\boldsymbol{r}_2 - \boldsymbol{r}_1}{t_2 - t_1} \tag{2-4}$$

为在该参考系中质点于 $t_1 \sim t_2$ 时间段内的平均速度 $\overline{\boldsymbol{v}}$,它与位移相同,也是个相对量,随参考系的选择而不同;它是个矢量,方向与这段时间内的位移方向相同。

类似地,定义质点于 $t_1 \sim t_2$ 时间内的平均速率为

$$v = \Delta s/\Delta t \tag{2-5}$$

它是个标量,且恒为正,当然它也是个相对量。

位矢的时间变化率(时间导数)称为瞬时速度,简称速度,即

$$\boldsymbol{v}(t) = \frac{d\boldsymbol{r}(t)}{dt} \tag{2-6}$$

它是个相对量、时刻量、矢量。

路程的时间导数称为瞬时速率(简称速率),即

$$v = ds/dt = |d\boldsymbol{r}|/dt = |\boldsymbol{v}| \tag{2-7}$$

正好是瞬时速度的模。在国际单位制中,两者的单位均是米每秒($m \cdot s^{-1}$)。同样地,它也是个相对量、时刻量,但数学上是个恒大于零的算术量。

三、加速度

速度的时间变化率(时间导数)称为(瞬时)加速度,即

$$\boldsymbol{a}(t) = \frac{d\boldsymbol{v}(t)}{dt} = \frac{d^2\boldsymbol{r}(t)}{dt^2} \tag{2-8}$$

它也是个相对量、时刻量、矢量,在国际单位制中,它的单位是米每二次方秒($m \cdot s^{-2}$)。类似地,我们也可以定义一段时间上的平均加速度,由于应用很少,于此略去。

我们常用(平均)速度、(平均)速率及加速度来描述质点的运动情况,我们必须记住,这些

量都是相对量，皆依赖于参考系的选择，故表示它们时，必须先指明参考系。

由速度和加速度公式可知位矢、速度和加速度之间的关系，为微分或导数关系，不再是中学物理中的代数关系。也就是说，为了完成对时间的求导过程，被求导的函数必须是任意时刻 t 的函数。若已知质点的运动方程 $\boldsymbol{r}=\boldsymbol{r}(t)$，则描述运动的物理量可通过对运动方程的差分或求导等数学运算可轻松获得，因此，得到质点的运动方程最为重要。反过来，若已知速度及加速度等运动物理量，则可以通过求解相关的微分方程（这需要积分及定值条件）求得质点的运动方程。

四、运动的叠加原理（矢量叠加）

我们知道，质点的位置用矢量 $\boldsymbol{r}$ 表示，从数学上我们知道，矢量具有可叠加性，由此可知运动也具有叠加性，即质点的运动方程可写成为

$$\boldsymbol{r}(t)=\boldsymbol{r}_1(t)+\boldsymbol{r}_2(t)$$

则有

$$\boldsymbol{v}(t)=\frac{\mathrm{d}}{\mathrm{d}t}\boldsymbol{r}(t)=\frac{\mathrm{d}}{\mathrm{d}t}\boldsymbol{r}_1(t)+\frac{\mathrm{d}}{\mathrm{d}t}\boldsymbol{r}_2(t)=\boldsymbol{v}_1(t)+\boldsymbol{v}_2(t)$$

$$\boldsymbol{a}(t)=\frac{\mathrm{d}}{\mathrm{d}t}\boldsymbol{v}(t)=\frac{\mathrm{d}}{\mathrm{d}t}\boldsymbol{v}_1(t)+\frac{\mathrm{d}}{\mathrm{d}t}\boldsymbol{v}_2(t)=\boldsymbol{a}_1(t)+\boldsymbol{a}_2(t)$$

即若质点的运动方程是由两个分运动方程的叠加（矢量和）而成，则描述其运动状态的所有物理量均可以看成是这两个分运动的运动状态量的叠加。也就是说，质点的运动可以看成是两个分运动的叠加。这就是所谓的运动的叠加原理，这当然可以推广至更多分运动的叠加。把一个运动分解成几个分运动的叠加，一般可给我们的问题讨论带来许多方便。但若几个分运动之间有关联（耦合），如 $\boldsymbol{r}_1$ 的运动方程与 $\boldsymbol{r}_2$ 运动状态有关，或 $\boldsymbol{r}_2$ 的速度与 $\boldsymbol{r}_1$ 的速度或位置有联系等，此时虽可将运动看成是 $\boldsymbol{r}_1$ 和 $\boldsymbol{r}_2$ 的叠加，但通常未必能在分析问题时带来方便，所以，应用叠加原理讨论问题时，选用的几个分运动常是相互独立的，即便如此，选用的方式还可以是多种多样的。

五、匀加速运动的应用

若在某参考系中质点的加速度是常矢量 $\boldsymbol{a}_0$，则称其为匀加速运动。此时 $\mathrm{d}\boldsymbol{v}(t)/\mathrm{d}t=\boldsymbol{a}_0$，即 $\mathrm{d}\boldsymbol{v}(t)=\boldsymbol{a}_0\mathrm{d}t$。若有初值条件：$t_0=0$ 时，$\boldsymbol{v}=\boldsymbol{v}_0$。方程两边（定）积分

$$\int_{\boldsymbol{v}_0}^{\boldsymbol{v}(t)}\mathrm{d}\boldsymbol{v}=\int_0^t\boldsymbol{a}_0\,\mathrm{d}t=\boldsymbol{a}_0\int_0^t\mathrm{d}t=\boldsymbol{a}_0t$$

即得

$$\boldsymbol{v}(t)=\boldsymbol{v}_0+\boldsymbol{a}_0t \tag{2-9}$$

又由 $\boldsymbol{v}(t)=\mathrm{d}\boldsymbol{r}/\mathrm{d}t$ 及初值条件：$t_0=0$ 时，$\boldsymbol{r}=\boldsymbol{r}_0$，可得

$$\int_{\boldsymbol{r}_0}^{\boldsymbol{r}(t)}\mathrm{d}\boldsymbol{r}=\int_0^t\boldsymbol{v}(t)\,\mathrm{d}t=\int_0^t(\boldsymbol{v}_0+\boldsymbol{a}_0t)\,\mathrm{d}t=\boldsymbol{v}_0t+\boldsymbol{a}_0t^2/2$$

即

$$\boldsymbol{r}(t)=\boldsymbol{r}_0+\boldsymbol{v}_0t+\boldsymbol{a}_0t^2/2 \tag{2-10}$$

也就是说，此时，质点的运动可以看成是 $\boldsymbol{r}_1(t)=\boldsymbol{r}_0+\boldsymbol{v}_0t$（从 $\boldsymbol{r}_0$ 出发的 $\boldsymbol{v}_0$ 方向上的匀速直线运动）和 $\boldsymbol{r}_2(t)=\boldsymbol{a}_0t^2/2$（$\boldsymbol{a}_0$ 方向上的初速度为 0 的匀加速直线运动）的叠加。例如物体的斜抛运动，就可以看成是 $\boldsymbol{r}_1(t)=\boldsymbol{r}_0+\boldsymbol{v}_0t$ 和 $\boldsymbol{r}_2(t)=\boldsymbol{g}t^2/2$ 的合成，如图 2-3(b)所示。习惯上，我们常将斜抛运动分解为水平方向的匀速直线运动和竖直方向的初速度不为零的抛体运动，当然还有一些其他的分解法，不同的分解法有不同的特点，至于如何分解，以方便问题讨论而定。

式(2-9)和式(2-10)给出了匀加速运动时各矢量物理量之间的代数关系，特别是式(2-10)用已知矢量 $\boldsymbol{r}_0$，$\boldsymbol{v}_0$，$\boldsymbol{a}_0$ 给出了质点的运动方程。注意到两个矢量合成为一个新矢量时，三者构成一个三角形，而三角形的求解我们最为熟悉，由此可以求出它们的大小以及它们之间的夹角。

例 2-1　如图 2-3(a)所示，一小型迫击炮架设在一斜坡的底端 O 处，已知斜坡倾角为 α，炮身与斜坡的夹角为 β，炮弹的出口速度为 $\boldsymbol{v}_0$，忽略空气阻力。(1) 求炮弹在斜面上的射程 s；(2) 欲使炮弹能垂直击中坡面，证明 α 和 β 必须满足 $2\tan\alpha\tan\beta=1$，并与 $\boldsymbol{v}_0$ 无关。

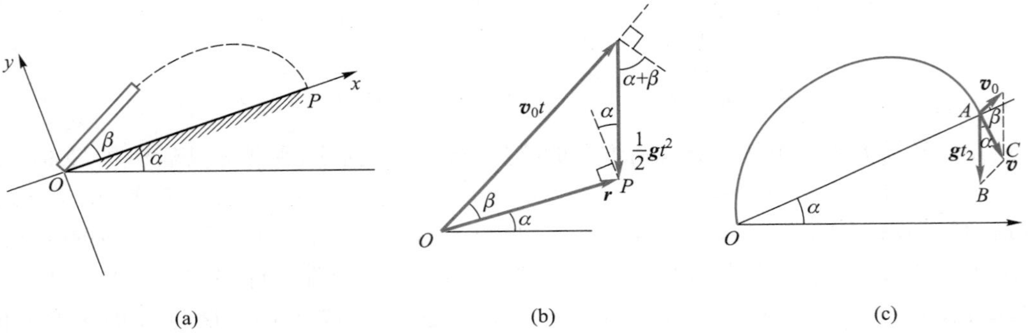

图 2-3

解：(1) 取地面为参照物，抛射点 O 为参考点，抛体运动为匀加速运动，则由匀加速运动公式(2-10)可得，炮弹的运动方程为

$$\boldsymbol{r}(t)=\boldsymbol{v}_0t+\boldsymbol{g}t^2/2 \qquad ①$$

由式①可知，炮弹的运动（即位移）为 $\boldsymbol{v}_0$ 方向的匀速直线运动（$\boldsymbol{v}_0t$）和竖直方向的自由落体运动（$\boldsymbol{g}t^2/2$）的矢量和，设炮弹到达斜坡时的时刻为 t_2，则此时刻炮弹的位移方向可定，三者构成如图 2-3(b)所示的一个三角形，由三角形的正弦定理得

$$\frac{|\boldsymbol{r}(t_2)|}{\sin\left(\dfrac{\pi}{2}-\alpha-\beta\right)}=\frac{v_0t_2}{\sin\left(\dfrac{\pi}{2}+\alpha\right)}=\frac{\dfrac{1}{2}gt_2^2}{\sin\beta} \qquad ②$$

由后一个等号求得

$$t_2=2v_0\frac{\sin\beta}{g\cos\alpha} \qquad ③$$

代入第一个等号可得射程

$$s=|\boldsymbol{r}(t_2)|=\frac{2v_0^2\sin\beta}{g\cos^2\alpha}\cos(\alpha+\beta)$$

（2）由 $\boldsymbol{v}(t)=\boldsymbol{v}_0+\boldsymbol{g}t$ 及炮弹垂直击中坡面可得如图 2-3(c)所示三角形 ABC，由三角形的正弦定理得

$$\frac{v_0}{\sin\alpha}=\frac{gt_2}{\sin\left(\dfrac{\pi}{2}+\beta\right)} \tag{④}$$

联合求解式③和式④，即得

$$2\tan\alpha\tan\beta=1$$

得证。

2.3 坐标系与运动的定量描述

在上节中，我们从位矢这个物理量出发，定义了位移、速度、加速度等矢量物理量，它们从不同方面描述了点的运动。当然，它们之间是有关系的，定义式(2-6)及式(2-8)就给出了这些物理量之间的关系，这种关系不似中学物理中给出的那种代数关系，而是微积分关系，这种关系是普适的，与参考系无关，更与下面所说的坐标系无关，这也是矢量描述和微分表述的优点之一。下面讨论这些矢量的定量(具体)表示。

一、直角坐标系中运动的描述

先讨论二维问题。在某参考系中，以参考点为坐标原点，建立空间直角坐标系 Oxy，则质点的运动方程可表示为

$$\boldsymbol{r}=\boldsymbol{r}(t)=x(t)\boldsymbol{i}+y(t)\boldsymbol{j} \tag{2-11}$$

只要写出 $x(t)$ 和 $y(t)$ 函数的具体形式，也就真正意义上具体地给定了质点的运动方程，将式(2-11)两边分别点乘两个基矢 $\boldsymbol{i},\boldsymbol{j}$，则可得两个标量方程

$$x=x(t),\quad y=y(t) \tag{2-12}$$

从数学角度讲，这是一个参量表示的曲线方程，消去参量 t，即可得其轨迹方程。从叠加原理上讲，质点的运动已被看作两个相互垂直方向上的直线运动的矢量和。对式(2-11)两边进行差分运算就可以得到 $t_1\sim t_2$ 时间段内点的位移

$$\Delta\boldsymbol{r}=\Delta x(t)\boldsymbol{i}+\Delta y(t)\boldsymbol{j}=[x(t_2)-x(t_1)]\boldsymbol{i}+[y(t_2)-y(t_1)]\boldsymbol{j} \tag{2-13}$$

对式(2-11)两边进行微分运算可得无穷小位移 $\mathrm{d}\boldsymbol{r}=\mathrm{d}x\boldsymbol{i}+\mathrm{d}y\boldsymbol{j}$，在未给定坐标原点的情况下，它常被写为 $\mathrm{d}\boldsymbol{l}$。对无穷小位移取模可以得到无穷小路程 $\mathrm{d}s=\mathrm{d}l=|\mathrm{d}\boldsymbol{l}|=|\mathrm{d}\boldsymbol{r}|$，而某段时间内的路程或轨迹曲线的长度为 $\Delta s=\int\mathrm{d}s=\int\mathrm{d}l=l$。对式(2-11)两边进行导数运算就可以得到质点的运动速度

$$\boldsymbol{v}=\frac{\mathrm{d}\boldsymbol{r}(t)}{\mathrm{d}t}=\frac{\mathrm{d}x(t)}{\mathrm{d}t}\boldsymbol{i}+\frac{\mathrm{d}y(t)}{\mathrm{d}t}\boldsymbol{j} \tag{2-14}$$

上式两边分别点乘基矢 $\boldsymbol{i}$、$\boldsymbol{j}$，可得

$$v_x = \mathrm{d}x/\mathrm{d}t, \quad v_y = \mathrm{d}y/\mathrm{d}t$$

对式(2-14)两边再进行导数运算就可以得到质点的运动加速度

$$\boldsymbol{a} = \frac{\mathrm{d}\boldsymbol{v}(t)}{\mathrm{d}t} = \frac{\mathrm{d}v_x(t)}{\mathrm{d}t}\boldsymbol{i} + \frac{\mathrm{d}v_y(t)}{\mathrm{d}t}\boldsymbol{j} \tag{2-15}$$

同样地有 $a_x = \mathrm{d}v_x/\mathrm{d}t$ 等分量式。所有这些物理量均可方便地表示，而且也可以清楚地看到，对空间直角坐标系而言，由于方向矢量均为常矢量，矢量的各种运算实际上分解成了对两个标量函数的相应的各种运算，质点的运动实际上被看作两个一维运动的矢量和。

二、极坐标系中运动的描述

在二维情况下，另一个常用的坐标系为极坐标系，此时质点位矢的表达式为

$$\boldsymbol{r} = \rho\boldsymbol{e}_\rho = \rho\boldsymbol{e}_\rho(\varphi) \tag{2-16}$$

对位矢求时间导数并注意到式(1-61)可得速度为

$$\boldsymbol{v} = \frac{\mathrm{d}\boldsymbol{r}}{\mathrm{d}t} = \frac{\mathrm{d}\rho}{\mathrm{d}t}\boldsymbol{e}_\rho + \rho\frac{\mathrm{d}\boldsymbol{e}_\rho}{\mathrm{d}t} = \frac{\mathrm{d}\rho}{\mathrm{d}t}\boldsymbol{e}_\rho + \rho\frac{\mathrm{d}\varphi}{\mathrm{d}t}\boldsymbol{e}_\varphi \tag{2-17}$$

对上式两边同时分别点乘 $\boldsymbol{e}_\rho$，$\boldsymbol{e}_\varphi$，可得

$$v_\rho = \frac{\mathrm{d}\rho}{\mathrm{d}t}, \quad v_\varphi = \rho\frac{\mathrm{d}\varphi}{\mathrm{d}t} = \rho\omega \tag{2-18}$$

其中 $\omega = \mathrm{d}\varphi/\mathrm{d}t$，是质点绕坐标原点转动的角速度。注意 ω 是一个代数量，它可为正也可为负。当 ω 大于零时，意味着 $\mathrm{d}\varphi$ 随时间 t 的增加而增大，即质点做逆时针转动，反之则为顺时针转动。由式(2-18)可知(也易于理解)，速度的径向分量 v_ρ(称为径向速度分量)等于径向坐标的时间变化率；而速度的横向(或环向)分量 v_φ(称为环向速度分量)等于径向距离与角速度的乘积。对式(2-17)再求时间导数，利用式(1-61)，可得加速度的表达式为

$$\begin{aligned}\boldsymbol{a} &= \frac{\mathrm{d}\boldsymbol{v}}{\mathrm{d}t} = \frac{\mathrm{d}v_\rho}{\mathrm{d}t}\boldsymbol{e}_\rho + v_\rho\frac{\mathrm{d}\boldsymbol{e}_\rho}{\mathrm{d}t} + \omega\frac{\mathrm{d}\rho}{\mathrm{d}t}\boldsymbol{e}_\varphi + \rho\frac{\mathrm{d}\omega}{\mathrm{d}t}\boldsymbol{e}_\varphi + \rho\omega\frac{\mathrm{d}\boldsymbol{e}_\varphi}{\mathrm{d}t} \\ &= \left(\frac{\mathrm{d}v_\rho}{\mathrm{d}t} - \rho\omega^2\right)\boldsymbol{e}_\rho + \left(2v_\rho\omega + \rho\frac{\mathrm{d}\omega}{\mathrm{d}t}\right)\boldsymbol{e}_\varphi\end{aligned} \tag{2-19}$$

它由两部分组成，前者称为径向加速度，后者称为横向加速度。上式同时分别点乘 $\boldsymbol{e}_\rho$ 和 $\boldsymbol{e}_\varphi$，则可得加速度的径向分量 a_ρ(径向加速度分量)和环(横)向分量 a_φ 分别为

$$a_\rho = \frac{\mathrm{d}v_\rho}{\mathrm{d}t} - \rho\omega^2 = \frac{\mathrm{d}^2\rho}{\mathrm{d}t^2} - \rho\omega^2, \quad a_\varphi = 2v_\rho\omega + \rho\frac{\mathrm{d}\omega}{\mathrm{d}t} = 2\frac{\mathrm{d}\rho}{\mathrm{d}t}\frac{\mathrm{d}\varphi}{\mathrm{d}t} + \rho\frac{\mathrm{d}^2\varphi}{\mathrm{d}t^2} \tag{2-20}$$

由上式可知，由于质点绕着极点(原点)有转动，从而径向加速度除了径向速度的时间变化率外，还需加上一个中学学过的“向心加速度 $-\rho\omega^2$”(注意径向矢量与法向矢量正好相反)；而环向加速度除了径向距离 ρ 与角速度的时间变化率(也称角加速度 $\alpha = \mathrm{d}\omega/\mathrm{d}t$)的乘积外，还有一个分量，其值为 $2v_\rho\omega$(称为“科里奥利加速度”)。由此可见，加速度在极坐标系中的表述比较复杂，这是由于两个基矢都是随地而动的。

三、自然坐标系中运动的描述

在自然坐标系中，质点的位矢一般不再表示，质点的无穷小位移为 $\mathrm{d}\boldsymbol{r}(t) = \mathrm{d}s\boldsymbol{e}_t$，故在自然

坐标系中质点的速度为

$$\boldsymbol{v}=\frac{\mathrm{d}\boldsymbol{r}}{\mathrm{d}t}=\frac{\mathrm{d}s}{\mathrm{d}t}\boldsymbol{e}_{\mathrm{t}}=v\boldsymbol{e}_{\mathrm{t}} \tag{2-21}$$

即速度（或无穷小位移）的表述最简单，它（们）只在切向方向上，但需注意的是 $\boldsymbol{e}_{\mathrm{t}}$ 和 $\boldsymbol{e}_{\mathrm{n}}$ 随坐标 s（或时间 t）而变化，即它们不但赋值于空间上的某个定点，还赋值于空间中的某条特定的曲线上。对式（2-21）求时间导数可得加速度为

$$\boldsymbol{a}=\frac{\mathrm{d}\boldsymbol{v}}{\mathrm{d}t}=\frac{\mathrm{d}v}{\mathrm{d}t}\boldsymbol{e}_{\mathrm{t}}+v\frac{\mathrm{d}\boldsymbol{e}_{\mathrm{t}}}{\mathrm{d}t} \tag{2-22}$$

我们从数学上知道，在轨迹上某点 P 附近的任一微小段曲线，第一级近似可将其看成一条直线，如在求其速度时，实际上是将其看成了切线方向上的一小段直线，但在求加速度时，这样的近似是不够的，还需有更高一级的近似，此时应将其看成为某个圆周的一小段弧，其圆心 O'' 称为这段曲线（于轨迹 P 点处）的（瞬时）曲率中心，其半径 ρ 称为曲线于 P 处的（瞬时）曲率半径，如图 2-4 所示。式（2-22）联合式（1-63）得加速度为

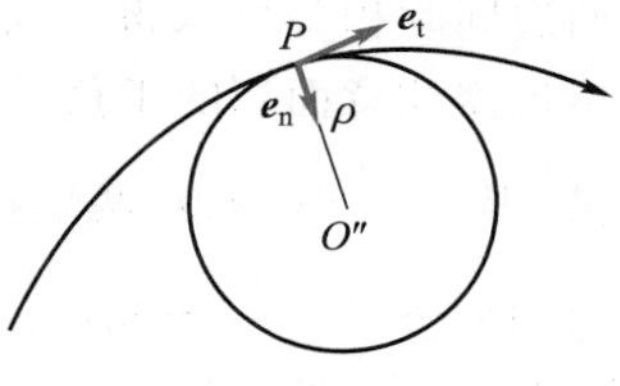

图 2-4

$$\boldsymbol{a}=\frac{\mathrm{d}\boldsymbol{v}}{\mathrm{d}t}=\frac{\mathrm{d}v}{\mathrm{d}t}\boldsymbol{e}_{\mathrm{t}}+v\frac{\mathrm{d}\theta}{\mathrm{d}t}\boldsymbol{e}_{\mathrm{n}}=\frac{\mathrm{d}v}{\mathrm{d}t}\boldsymbol{e}_{\mathrm{t}}+v\omega\boldsymbol{e}_{\mathrm{n}}=\frac{\mathrm{d}v}{\mathrm{d}t}\boldsymbol{e}_{\mathrm{t}}+\frac{v^2}{\rho}\boldsymbol{e}_{\mathrm{n}} \tag{2-23}$$

其中前者称为切向加速度，后者称为法向加速度。上式两边同时点乘 $\boldsymbol{e}_{\mathrm{t}}$、$\boldsymbol{e}_{\mathrm{n}}$，可得切向加速度分量和法向加速度分量分别为

$$a_{\mathrm{t}}=\frac{\mathrm{d}v}{\mathrm{d}t}=\frac{\mathrm{d}^2s}{\mathrm{d}t^2},\quad a_{\mathrm{n}}=v\omega=\frac{v^2}{\rho}=\omega^2\rho \tag{2-24}$$

我们知道速度 $\boldsymbol{v}$ 是个矢量，有大小和方向。由式（2-23）及其推导过程可知，速度大小的改变会产生切向加速度，速度方向的改变会产生法向加速度。速度方向的改变一定会造成轨道的弯曲，就像中学物理中的匀速率圆周运动那样，它改变的就是速度的方向，此时存在一个向心的加速度，其大小自然跟轨道的曲率半径及速率有关，式（2-24）中的第二式正是中学物理学过的向心加速度分量公式。注意到当物体做减速率运动时，切向加速度分量为负，这表明切向加速度的方向实际上是在切向的负方向上，但法向加速度分量总是非负的，这表明向心加速度总在内法向的正方向，从而使总加速度一定指向曲线的内侧。

需要注意的是，在一维直线运动时，我们常取直角坐标系的一维形式，即取直线为 x 轴（或 y 轴、或 z 轴），则质点的 $\boldsymbol{r}$、$\boldsymbol{v}$ 和 $\boldsymbol{a}$ 都只有一个分量，即

$$\boldsymbol{r}=x\boldsymbol{i},\quad \boldsymbol{v}=v_x\boldsymbol{i}=\frac{\mathrm{d}x}{\mathrm{d}t}\boldsymbol{i},\quad \boldsymbol{a}=a_x\boldsymbol{i}=\frac{\mathrm{d}v_x}{\mathrm{d}t}\boldsymbol{i}=\frac{\mathrm{d}^2x}{\mathrm{d}t^2}\boldsymbol{i}$$

而分量形式分别为

$$x,\quad v_x=\frac{\mathrm{d}x}{\mathrm{d}t},\quad a_x=\frac{\mathrm{d}v_x}{\mathrm{d}t}=\frac{\mathrm{d}^2x}{\mathrm{d}t^2}$$

因只有一个分量，故常将分量的下标略去，即各种分量常写为

$$x,\quad v=\frac{\mathrm{d}x}{\mathrm{d}t},\quad a=\frac{\mathrm{d}v}{\mathrm{d}t}=\frac{\mathrm{d}^2x}{\mathrm{d}t^2}$$

此时我们务必注意，上两式中的标量 v 并非速率而是速度的 x 轴分量（速度在 x 轴上的投影值），有时人们将它简称为速度，速率恒正而速度的分量可正可负；同样地，两式中的 a 既非是加速度的大小 $|\boldsymbol{a}|=a$（恒正），也非是切向加速度分量 $\mathrm{d}v/\mathrm{d}t=a_t$，而是加速度于 x 轴上的分量 a_x（加速度在 x 轴上的投影值）。如此省略，常会给不少初学者带来困惑和混淆。如若注意到 v 的原始定义式，这种混淆是可以避免的，但是对初学者来说，还是不要省略下标为好。

在一维情形时，位置、速度、加速度，连同时间，共有 4 个变量，由 $v=\mathrm{d}x/\mathrm{d}t$，可得 $v\mathrm{d}t=\mathrm{d}x$，若已知 $v(t)$，则对式两边同时积分可求得一段时间内质点在 x 轴上的位移，它正是 $v-t$ 图中 $v(t)$ 曲线下的面积，当然还需注意面积的正负号。由 $a=\mathrm{d}v/\mathrm{d}t$，可得 $a\mathrm{d}t=\mathrm{d}v$，若已知 $a(t)$，则对该式两边同时积分可求得一段时间内质点速度 v 的增量，它正是 $a\sim t$ 图中 $a(t)$ 曲线下的面积，当然也需注意面积的正负号。若已知 $a(x)$，则由式 $a=\mathrm{d}v/\mathrm{d}t$ 的两边同时乘上 $\mathrm{d}x$ 可消去时间变量，得 $a(x)\mathrm{d}x=v\mathrm{d}v$，两边积分可得 $v_2^2-v_1^2=\int_{x_1}^{x_2}2a(x)\mathrm{d}x$，当加速度 $a(t)=a$ 为常量时，即得我们熟知的公式 $v_2^2-v_1^2=2a(x_2-x_1)$，由此可知当 $x_2=x_1$（质点经过同一点）时，总有 $v_2^2=v_1^2$，即两者速率总是相同的。

当然在一维情形时，我们有时也会用自然坐标系来讨论，此时法向可以不用考虑，只需考察切向，需要注意的是，当运动变向（速度改变方向）时，切向也随之改变。省略下标，则有 $v=\dfrac{\mathrm{d}s}{\mathrm{d}t}$和 $a=\dfrac{\mathrm{d}v}{\mathrm{d}t}=\dfrac{\mathrm{d}^2s}{\mathrm{d}t^2}$，此处的标量 v 是速率（恒正），此处的标量 a 是切向加速度分量 a_t，它可以为正，也可以为负。

有了各种坐标系后，我们就能够真正意义上去定量表示相关的矢量物理量，也可以方便地讨论问题了，而坐标系的选定常以方便表示为原则。下面举例分析。

例 2-2　在离水面高度为 h 的岸边，有人用绳子拉船靠岸，绳速 v_0 为常量，如图 2-5 所示，求当船离岸边为 x_0 距离处时，船的速度及加速度。

解：取岸为参考系，如图 2-5 所示建立坐标系，设任意 t 时刻，船位于 $x(t)$ 处（这个假设好像很随便，实际上却是解决问题最关键的一步，由此假设我们可以寻找到任意 t 时刻各个距离量之间的关系并由微分操作得到速度和加速度之间的关系），则由几何关系可知

$$l^2(t)=h^2+x^2(t) \quad ①$$

已知 $\mathrm{d}l/\mathrm{d}t=-v_0$，式①两边同时对 t 求导，则有

$$2l\frac{\mathrm{d}l}{\mathrm{d}t}=2x\frac{\mathrm{d}x}{\mathrm{d}t} \quad ②$$

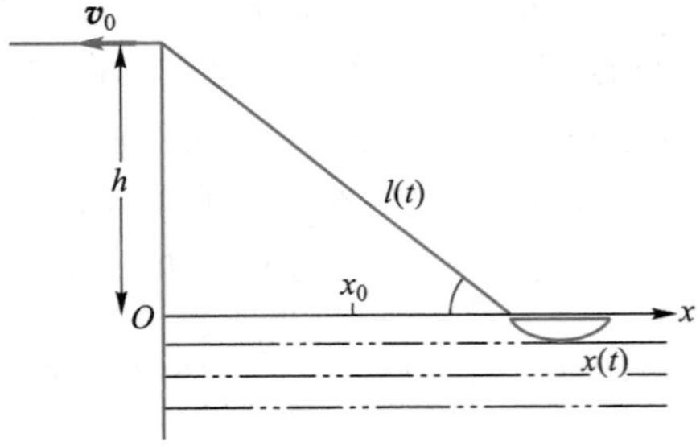

图 2-5

所以船的速度为

$$v_x=\frac{\mathrm{d}x}{\mathrm{d}t}=\frac{l\mathrm{d}l}{x\mathrm{d}t}=\frac{-v_0\sqrt{h^2+x^2}}{x} \quad ③$$

负号表示其方向与 x 轴的正方向相反。对式②两边再次求时间导数，则有

$$\left(\frac{\mathrm{d}l}{\mathrm{d}t}\right)^2+l\frac{\mathrm{d}^2l}{\mathrm{d}t^2}=\left(\frac{\mathrm{d}x}{\mathrm{d}t}\right)^2+x\frac{\mathrm{d}^2x}{\mathrm{d}t^2}$$

即$(v_0)^2=(v_x)^2+xa_x$，故船的加速度为

$$a_x=\frac{v_0^2-v_x^2}{x}=\frac{-v_0^2h^2}{x^3} \qquad ④$$

最后一个等号用到了式③，当船离岸为 x_0 时，将式③和式④中的 x 换成 x_0，即得此位置处船的速度及加速度。

例 2-3 质点在 Oxy 平面内运动，其运动方程为 $\boldsymbol{r}=2t\boldsymbol{i}+(10-2t^2)\boldsymbol{j}$（SI 单位），求：(1) 质点的轨迹方程；(2) 在 $t_1=1$ s 到 $t_2=2$ s 时间内的平均速度；(3) $t_1=1$ s 时的速度、切向加速度和法向加速度；(4) $t_1=1$ s 时质点所在处轨道的曲率半径 ρ。

解：(1) 将运动方程两边分别同时点乘 $\boldsymbol{i}$ 和 $\boldsymbol{j}$ 可得两标量方程：

$$x=2t,\quad y=10-2t^2$$

消去 t，即得质点的轨迹方程为：$y=10-0.5x^2$，轨迹为一条抛物线。

(2) 在 $t_1=1$ s 到 $t_2=2$ s 这段时间内的平均速度为

$$\overline{\boldsymbol{v}}=\frac{\Delta\boldsymbol{r}}{\Delta t}=\frac{\boldsymbol{r}(t_2)-\boldsymbol{r}(t_1)}{t_2-t_1}=(2\boldsymbol{i}-6\boldsymbol{j})\ \mathrm{m\cdot s^{-1}}$$

(3) 质点在任意 t 时刻的速度和加速度分别为

$$\boldsymbol{v}(t)=v_x\boldsymbol{i}+v_y\boldsymbol{j}=\frac{\mathrm{d}x}{\mathrm{d}t}\boldsymbol{i}+\frac{\mathrm{d}y}{\mathrm{d}t}\boldsymbol{j}=(2\boldsymbol{i}-4t\boldsymbol{j})\ \mathrm{m\cdot s^{-1}}$$

$$\boldsymbol{a}(t)=\frac{\mathrm{d}^2x}{\mathrm{d}t^2}\boldsymbol{i}+\frac{\mathrm{d}^2y}{\mathrm{d}t^2}\boldsymbol{j}=-4\boldsymbol{j}\ \mathrm{m\cdot s^{-2}}$$

加速度为常矢量，运动为匀加速运动。则 $t_1=1$ s 时的速度为

$$\boldsymbol{v}(1)=(2\boldsymbol{i}-4\boldsymbol{j})\ \mathrm{m\cdot s^{-1}}$$

此时速度的方向为

$$\boldsymbol{e}_\mathrm{t}(1)=\boldsymbol{v}/|\boldsymbol{v}|=\frac{2\boldsymbol{i}-4\boldsymbol{j}}{\sqrt{2^2+4^2}}=\frac{\boldsymbol{i}-2\boldsymbol{j}}{\sqrt5}$$

则切向加速度分量为

$$a_\mathrm{t}(1)=\boldsymbol{a}\cdot\boldsymbol{e}_\mathrm{t}=-4\boldsymbol{j}\cdot\frac{\boldsymbol{i}-2\boldsymbol{j}}{\sqrt5}\ \mathrm{m\cdot s^{-2}}=\frac{8\sqrt5}{5}\ \mathrm{m\cdot s^{-2}}$$

故切向加速度为

$$\boldsymbol{a}_\mathrm{t}(1)=a_\mathrm{t}\boldsymbol{e}_\mathrm{t}=\frac{8\sqrt5}{5}\cdot\frac{\boldsymbol{i}-2\boldsymbol{j}}{\sqrt5}\ \mathrm{m\cdot s^{-2}}=\frac{8\boldsymbol{i}-16\boldsymbol{j}}{5}\ \mathrm{m\cdot s^{-2}}$$

法向加速度为

$$\boldsymbol{a}_\mathrm{n}(1)=\boldsymbol{a}-\boldsymbol{a}_\mathrm{t}=\left(-4\boldsymbol{j}-\frac{8\boldsymbol{i}-16\boldsymbol{j}}{5}\right)\ \mathrm{m\cdot s^{-2}}=\frac{-8\boldsymbol{i}-4\boldsymbol{j}}{5}\ \mathrm{m\cdot s^{-2}}$$

法向加速度分量总大于零，故有

$$a_\mathrm{n}=\boldsymbol{a}\cdot\boldsymbol{e}_\mathrm{n}=|\boldsymbol{a}_\mathrm{n}|=\frac{4\sqrt5}{5}\ \mathrm{m\cdot s^{-2}}$$

（4）$t_1=1$ s 时质点的速度大小为

$$v=\sqrt{v_x^2+v_y^2}=2\sqrt{5}\ \mathrm{m\cdot s^{-1}}$$

则由法向加速度分量公式（2-23）得 $\rho=v^2/a_n=5\sqrt{5}\,\mathrm{m}$。

例 2-4　质点在 Oxy 平面内运动，其速度 $\boldsymbol{v}=2\boldsymbol{i}+2t\boldsymbol{j}$（SI 单位），且 $t=0$ 时，有 $\boldsymbol{r}_0=2\boldsymbol{i}$ m。求其运动方程。

解：设运动方程为 $\boldsymbol{r}(t)$，则由速度定义式可得：$\mathrm{d}\boldsymbol{r}=\boldsymbol{v}\mathrm{d}t=(2\boldsymbol{i}+2t\boldsymbol{j})\mathrm{d}t$，两边同时定积分有

$$\int_{r_0}^{r(t)}\mathrm{d}\boldsymbol{r}=\int_0^t(2\boldsymbol{i}+2t\boldsymbol{j})\mathrm{d}t$$

代入初始条件，即得运动方程为 $\boldsymbol{r}(t)=(2+2t)\boldsymbol{i}+t^2\boldsymbol{j}$。

例 2-5　质点在 Oxy 平面内运动，其速度 $\boldsymbol{v}=\boldsymbol{v}(\boldsymbol{r})=v_x(x,y)\boldsymbol{i}+v_y(x,y)\boldsymbol{j}=2y\boldsymbol{i}-2x\boldsymbol{j}$（SI 单位），且 $t=0$ 时，有 $\boldsymbol{r}_0=2\boldsymbol{i}$ m。求其运动方程。

解：令运动方程为 $\boldsymbol{r}=x\boldsymbol{i}+y\boldsymbol{j}$，则由题意可得

$$\frac{\mathrm{d}x}{\mathrm{d}t}\boldsymbol{i}+\frac{\mathrm{d}y}{\mathrm{d}t}\boldsymbol{j}=2y\boldsymbol{i}-2x\boldsymbol{j} \tag{①}$$

式①两边分别同时点乘 $\boldsymbol{i}$、$\boldsymbol{j}$，可得一阶常系数线性微分方程组

$$\frac{\mathrm{d}x}{\mathrm{d}t}=2y \tag{②}$$

$$\frac{\mathrm{d}y}{\mathrm{d}t}=-2x \tag{③}$$

将式②除以式③可消去 $\mathrm{d}t$ 得：$\mathrm{d}x/\mathrm{d}y=-y/x$，这就是质点运动轨迹的微分方程，变形后得：$x\mathrm{d}x+y\mathrm{d}y=\mathrm{d}(x^2+y^2)=0$，两边积分得

$$x^2+y^2=(x_0^2+y_0^2)$$

由初始条件：$t=0$ 时，$x_0=2$，$y_0=0$，代入上式可得

$$x^2+y^2=4 \tag{④}$$

这就是质点运动的轨迹方程。由式④不妨令：$x=2\cos\theta(t)$，$y=2\sin\theta(t)$，则由初始条件可得：$t=0$ 时，$\theta(0)=0$。将其代入式②可得 $\mathrm{d}\theta/\mathrm{d}t=-2$，即 $\mathrm{d}\theta=-2\mathrm{d}t$，两边积分并由初始条件可得：$\theta=-2t$，从而可得物体的运动方程为

$$\boldsymbol{r}=2\cos(-2t)\boldsymbol{i}+2\sin(-2t)\boldsymbol{j}=2\cos(2t)\boldsymbol{i}-2\sin(2t)\boldsymbol{j}$$

这是一个半径为 2，在 Oxy 平面内绕原点做顺时针方向转动的圆周运动。

实际上，物体在做圆周运动时，取圆心为原点的极坐标系最为简洁。本题如在极坐标系中表述，由式（1-37a）及式（1-38b）可得：一质点在位置 $\boldsymbol{r}(\rho,\varphi)$ 处的速度表达式为 $\boldsymbol{v}=\boldsymbol{v}(\boldsymbol{r})=2y\boldsymbol{i}-2x\boldsymbol{j}=-2\rho\boldsymbol{e}_\varphi$，且当 $t=0$ 时，质点的位置坐标有 $(\rho_0,\varphi_0)=(2,0)$。为求其运动方程，将极坐标系中的速度公式（2-18）与已知式 $\boldsymbol{v}=-2\rho\boldsymbol{e}_\varphi$ 比较得

$$\frac{\mathrm{d}\rho}{\mathrm{d}t}=0,\quad \frac{\mathrm{d}\varphi}{\mathrm{d}t}=-2$$

由初值条件即得 $\rho=\rho_0=2$，$\varphi=-2t$。这就是在极坐标系中用坐标分量表示的质点运动方程。若用位矢表示则有

$$\boldsymbol{r}=2\boldsymbol{e}_\rho(\varphi),\quad \varphi=-2t$$

它表示了一个半径为 2，顺时针方向转动的圆周运动。解题过程方便、快捷。

但若已知 $\boldsymbol{v}=\boldsymbol{v}(\boldsymbol{r},t)$，则有 $\mathrm{d}\boldsymbol{r}/\mathrm{d}t=\boldsymbol{v}(\boldsymbol{r},t)$，这就是一个标准的一阶矢量微分方程。一般而言，它的求解相当困难。在二维情况下它可以化为两个一阶微分方程，若质点运动是一维的，则方程变为 $\mathrm{d}x/\mathrm{d}t=v(x,t)$，这是一个标准的一阶微分方程，它的求解相对多维情形要简单些，但也需视函数 $v(x,t)$ 的复杂程度，一般情况下也是很麻烦的，于此我们仅举一简单例子讨论。

例 2-6 设质点在直角坐标系中沿 y 轴运动，加速度为 $a(v)=g-kv$，其中 k 为正常量，且 $t=0$ 时，$v_0=0$，求其速度随时间的变化关系式。

解：设速度随时间的变化关系式为 $v=v(t)$，则由题意可得 $a=\mathrm{d}v/\mathrm{d}t=g-kv$，分离变量得 $\mathrm{d}v/(g-kv)=\mathrm{d}t$，两边同时积分，注意到初始条件可得

$$\int_0^v \frac{\mathrm{d}v}{(g-kv)}=\int_0^t \mathrm{d}t$$

完成积分，整理可得速度随时间的变化关系为

$$v=\frac{g-g\mathrm{e}^{-kt}}{k} \qquad ①$$

速度随时间 t 的增加而增大，但增大的速度越来越慢，最后（t 很大时）趋向于定值 g/k。高空中下落的雨滴，因空气阻力，下落速度差不多如式①所示，最后趋近于匀速。

例 2-7 已知质点做半径为 R 的圆周运动，在自然坐标系中其运动方程为 $s=v_0t-bt^2/2$，(1) 求任意时刻质点的加速度；(2) 何时加速度大小为 b，且此时质点转过多少圈？

解：(1) 质点运动速率为 $v=\mathrm{d}s/\mathrm{d}t=v_0-bt$，由式(2-24)得两类加速度分量为

$$a_\mathrm{t}=\mathrm{d}v/\mathrm{d}t=-b, \quad a_\mathrm{n}=v^2/R=(v_0-bt)^2/R$$

所以加速度

$$\boldsymbol{a}=a_\mathrm{t}\boldsymbol{e}_\mathrm{t}+a_\mathrm{n}\boldsymbol{e}_\mathrm{n}=-b\boldsymbol{e}_\mathrm{t}+(v_0-bt)^2\boldsymbol{e}_\mathrm{n}/R$$

(2) t 时刻加速度 $\boldsymbol{a}$ 的大小为

$$a=|\boldsymbol{a}|=\sqrt{a_\mathrm{t}^2+a_\mathrm{n}^2}=\sqrt{b^2+(v_0-bt)^4/R^2}$$

当 $a=b$ 时，有 $v_0-bt=0$，即

$$t_0=v_0/b$$

将 $t_0=v_0/b$ 代入运动方程，可得此时 $s(t_0)=v_0^2/2b$，所以转动圈数为

$$n=\frac{s(t_0)}{2\pi R}=\frac{v_0^2}{4\pi Rb}$$

需要注意的是，上述例题中的路程表达式并非时间的单调增函数，在 $t_0=v_0/b$ 时刻，动点运动方向相反，即上述表达式仅在 $0\sim t_0$ 时间内成立，在 t_0 时刻后，路程及速率方程均需改写。

例 2-8 已知一质点在直角坐标系的 x 轴上运动，运动的加速度大小为 $a=-\omega^2x$（$\omega>0$，为常量），当 $t=0$ 时，有 $x_0=A$、$v_0=0$，求其运动方程。

解：设质点的运动方程为 $x=x(t)$，则由加速度的定义及 $a=-\omega^2x$ 可得

$$\frac{\mathrm{d}^2x}{\mathrm{d}t^2}=-\omega^2x \qquad ①$$

这是一个常系数二阶线性微分方程，由数学知识可知，其通解是两个特解 $\cos(\omega t)$ 和 $\sin(\omega t)$ 的线性组合，即

$$x(t)=c_1\cos(\omega t)+c_2\sin(\omega t)=a\cos(\omega t+\varphi) \qquad ②$$

其中 a 和 φ（即 c_1 和 c_2）为积分常量，由定值条件决定。为求 a 和 φ，我们还需考察质点的速度，其表达式为

$$v(t)=\frac{\mathrm{d}x}{\mathrm{d}t}=-\omega a\sin(\omega t+\varphi) \qquad ③$$

将 $t=0$ 时，$x_0=A$、$v_0=0$，代入式②和式③得

$$A=a\cos\varphi,\quad 0=-\omega a\sin\varphi \qquad ④$$

注意到三角函数的周期性，在一个周期 $-\pi<\varphi\leqslant\pi$ 内，联合求解上两式可得 $a=A$、$\varphi=0$。故质点的运动方程为 $x=A\cos(\omega t)$，质点在 $[-A,A]$ 区间内做来回往复运动。

2.4　圆周运动

如果在某参考系中质点的运动轨迹是个圆周，则称其在该参考系中做圆周运动。圆周运动虽是个简单、特殊的运动，但却是一个非常普遍的运动，我们有必要专门讨论它。定量讨论圆周运动时，常用的坐标系有直角坐标系，极坐标系和自然坐标系，它们都很方便。

一、圆周运动在直角坐标系中的表示

我们知道，圆周的特征是圆周上的任一点与圆心之间的距离是个常量，故当取圆心为坐标系原点（参考点）时，质点位矢的大小不变，仅仅是位矢的方向在变化。当位矢的方向用方位角表示时，在二维情形下，取以圆心为坐标原点的直角坐标系，若令位矢的方向与标准方向 $\boldsymbol{i}$ 之间的夹角为参量 $\varphi(t)$，圆周的半径为 R，则运动方程表示为

视频：圆周运动

$$\boldsymbol{r}=x\boldsymbol{i}+y\boldsymbol{j}=R\cos\varphi(t)\boldsymbol{i}+R\sin\varphi(t)\boldsymbol{j} \qquad (2-25)$$

对上式分别求一次或两次时间导数可得速度和加速度表达式，有兴趣的同学可自行完成。

二、圆周运动在特殊坐标系中的表示

1. 极坐标系中的表示

取以圆心为坐标原点的极坐标系，则有

$$\boldsymbol{r}=R\boldsymbol{e}_\rho=R\boldsymbol{e}_\rho[\varphi(t)],\quad \boldsymbol{v}=\frac{\mathrm{d}\boldsymbol{r}}{\mathrm{d}t}=R\frac{\mathrm{d}\varphi}{\mathrm{d}t}\boldsymbol{e}_\varphi=R\omega\boldsymbol{e}_\varphi,\quad \boldsymbol{a}=\frac{\mathrm{d}\boldsymbol{v}}{\mathrm{d}t}=-R\omega^2\boldsymbol{e}_r+R\frac{\mathrm{d}\omega}{\mathrm{d}t}\boldsymbol{e}_\varphi \qquad (2-26)$$

$\omega=\mathrm{d}\varphi/\mathrm{d}t$ 可正可负。

2. 自然坐标系中的表示

在以圆心为坐标原点的自然坐标系中有

$$s=R\theta,\quad \boldsymbol{v}=v\boldsymbol{e}_\mathrm{t}=\frac{\mathrm{d}s}{\mathrm{d}t}\boldsymbol{e}_\mathrm{t}=R\frac{\mathrm{d}\theta}{\mathrm{d}t}\boldsymbol{e}_\mathrm{t}=R\omega\boldsymbol{e}_\mathrm{t},\quad \boldsymbol{a}=\frac{\mathrm{d}\boldsymbol{v}}{\mathrm{d}t}=\frac{\mathrm{d}v}{\mathrm{d}t}\boldsymbol{e}_\mathrm{t}+\frac{v^2}{R}\boldsymbol{e}_\mathrm{n} \qquad (2-27)$$

$\omega=\mathrm{d}\theta/\mathrm{d}t$ 恒正。

圆周运动在各种坐标系中的表示都很简单，但前提都是以圆心为坐标原点，当坐标原点并

非圆心位置时，表示会稍微麻烦一些。

三、角速度矢量及其在圆周运动时的应用

取右手柱坐标系，令质点绕 z 轴于 $z=z_0$ 平面内做半径为 R 的圆周运动，则质点的位矢为 $\boldsymbol{r}=R\boldsymbol{e}_\rho[\varphi(t)]+z_0\boldsymbol{e}_z$，其速度 $\boldsymbol{v}=\dfrac{\mathrm{d}\boldsymbol{r}}{\mathrm{d}t}=R\dfrac{\mathrm{d}\varphi}{\mathrm{d}t}\boldsymbol{e}_\varphi=R\omega\boldsymbol{e}_\varphi$。定义矢量 $\boldsymbol{\omega}\equiv\omega\boldsymbol{e}_z=\dfrac{\mathrm{d}\varphi}{\mathrm{d}t}\boldsymbol{e}_z$，则有

$$\boldsymbol{\omega}\times\boldsymbol{r}=\frac{\mathrm{d}\varphi}{\mathrm{d}t}\boldsymbol{e}_z\times(R\boldsymbol{e}_\rho+z_0\boldsymbol{e}_z)=R\frac{\mathrm{d}\varphi}{\mathrm{d}t}\boldsymbol{e}_z\times\boldsymbol{e}_\rho=R\frac{\mathrm{d}\varphi}{\mathrm{d}t}\boldsymbol{e}_\varphi=\boldsymbol{v}=\frac{\mathrm{d}\boldsymbol{r}}{\mathrm{d}t}$$

现在考察矢量 $\boldsymbol{\omega}=\omega\boldsymbol{e}_z=\dfrac{\mathrm{d}\varphi}{\mathrm{d}t}\boldsymbol{e}_z$，当质点做逆时针方向转动时，$\dfrac{\mathrm{d}\varphi}{\mathrm{d}t}>0$，矢量 $\boldsymbol{\omega}$ 的方向为 z 轴正方向，与质点转动方向构成右手螺旋关系；当质点做顺时针方向转动时，$\dfrac{\mathrm{d}\varphi}{\mathrm{d}t}<0$，矢量 $\boldsymbol{\omega}$ 的方向为 z 轴负方向，依然与质点转动方向构成右手螺旋关系。注意到矢量 $\boldsymbol{\omega}$ 的大小为 $|\omega|$，即为质点转动的角速度，故称 $\boldsymbol{\omega}$ 为角速度矢量，它是一个时刻量，赋值在转轴（z 轴）上，方向也在转轴上，与质点绕轴转动的方向构成右手螺旋关系，如图 2-6 所示。

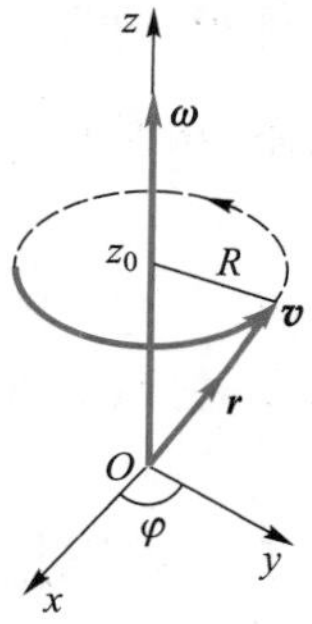

图 2-6

质点绕 z 轴做圆周运动时，其位矢 $\boldsymbol{r}=R\boldsymbol{e}_\rho[\varphi(t)]+z_0\boldsymbol{e}_z$ 的模是不变的，一个大小不变的矢量的运动，它只能做转动，即当 $\dfrac{\mathrm{d}|\boldsymbol{r}|}{\mathrm{d}t}=0$ 时，$\dfrac{\mathrm{d}\boldsymbol{r}}{\mathrm{d}t}=\boldsymbol{\omega}\times\boldsymbol{r}$。故用矢量 $\boldsymbol{\omega}$ 表示动点绕 z 轴转动的速度和加速度，分别为

$$\frac{\mathrm{d}\boldsymbol{r}}{\mathrm{d}t}=\boldsymbol{v}=\boldsymbol{\omega}\times\boldsymbol{r} \tag{2-28}$$

$$\boldsymbol{a}=\frac{\mathrm{d}\boldsymbol{v}}{\mathrm{d}t}=\boldsymbol{\omega}\times\frac{\mathrm{d}\boldsymbol{r}}{\mathrm{d}t}+\frac{\mathrm{d}\boldsymbol{\omega}}{\mathrm{d}t}\times\boldsymbol{r}=\boldsymbol{\omega}\times(\boldsymbol{\omega}\times\boldsymbol{r})+\frac{\mathrm{d}\boldsymbol{\omega}}{\mathrm{d}t}\times\boldsymbol{r} \tag{2-29}$$

将位矢 $\boldsymbol{r}=R\boldsymbol{e}_\rho[\varphi(t)]+z_0\boldsymbol{e}_z$ 及 $\boldsymbol{\omega}\equiv\omega\boldsymbol{e}_z=\dfrac{\mathrm{d}\varphi}{\mathrm{d}t}\boldsymbol{e}_z$ 代入式（2-29）中最右边部分的第一项并应用式（1-15）可得

$$\begin{aligned}\boldsymbol{\omega}\times(\boldsymbol{\omega}\times\boldsymbol{r})&=-(\boldsymbol{\omega}\times\boldsymbol{r})\times\boldsymbol{\omega}=-[(\boldsymbol{\omega}\cdot\boldsymbol{\omega})\boldsymbol{r}-(\boldsymbol{r}\cdot\boldsymbol{\omega})\boldsymbol{\omega}]\\&=-[\omega^2\boldsymbol{r}-z_0\omega^2\boldsymbol{e}_z]=-R\omega^2\boldsymbol{e}_\rho\end{aligned}$$

这正是向心加速度矢量 $-R\omega^2\boldsymbol{e}_\rho$，而式（2-29）最右边部分的第二项易证为切向加速度矢量 $R\dfrac{\mathrm{d}\omega}{\mathrm{d}t}\boldsymbol{e}_\varphi$。

一个矢量大小不变时，它只能绕其始点转动，从而可知任何方向矢量的时间变化率总可以写成角速度矢量与该矢量的叉乘。例如动点位矢的方向矢量 $\boldsymbol{e}_r$ 的时间导数可写为

$$\frac{\mathrm{d}\boldsymbol{e}_r}{\mathrm{d}t}=\boldsymbol{\omega}\times\boldsymbol{e}_r \tag{2-30}$$

则一般地，动点的速度可表示为

$$\boldsymbol{v}=\frac{\mathrm{d}\boldsymbol{r}}{\mathrm{d}t}=\frac{\mathrm{d}(r\boldsymbol{e}_r)}{\mathrm{d}t}=\frac{\mathrm{d}r}{\mathrm{d}t}\boldsymbol{e}_r+r\frac{\mathrm{d}\boldsymbol{e}_r}{\mathrm{d}t}=\frac{\mathrm{d}r}{\mathrm{d}t}\boldsymbol{e}_r+r\boldsymbol{\omega}\times\boldsymbol{e}_r=\frac{\mathrm{d}r}{\mathrm{d}t}\boldsymbol{e}_r+\boldsymbol{\omega}\times\boldsymbol{r} \tag{2-31}$$

又例如在二维极坐标系中，我们借助于角速度矢量 $\boldsymbol{\omega}\equiv\omega\boldsymbol{e}_z=\dfrac{\mathrm{d}\varphi}{\mathrm{d}t}\boldsymbol{e}_z$，可得动点处的两方向矢量的导数分别为

$$\frac{\mathrm{d}\boldsymbol{e}_\rho}{\mathrm{d}t}=\boldsymbol{\omega}\times\boldsymbol{e}_\rho=\frac{\mathrm{d}\varphi}{\mathrm{d}t}\boldsymbol{e}_z\times\boldsymbol{e}_\rho=\frac{\mathrm{d}\varphi}{\mathrm{d}t}\boldsymbol{e}_\varphi,\quad \frac{\mathrm{d}\boldsymbol{e}_\varphi}{\mathrm{d}t}=\boldsymbol{\omega}\times\boldsymbol{e}_\varphi=\frac{\mathrm{d}\varphi}{\mathrm{d}t}\boldsymbol{e}_z\times\boldsymbol{e}_\varphi=-\frac{\mathrm{d}\varphi}{\mathrm{d}t}\boldsymbol{e}_\rho \tag{2-32}$$

这正是式(1-61)。

同样地在二维自然坐标系中，曲线某点处的两方向矢量的导数分别为

$$\frac{\mathrm{d}\boldsymbol{e}_\mathrm{t}}{\mathrm{d}t}=\boldsymbol{\omega}\times\boldsymbol{e}_\mathrm{t},\quad \frac{\mathrm{d}\boldsymbol{e}_\mathrm{n}}{\mathrm{d}t}=\boldsymbol{\omega}\times\boldsymbol{e}_\mathrm{n} \tag{2-33}$$

矢量 $\boldsymbol{\omega}\equiv\omega\boldsymbol{e}_\omega=\dfrac{\mathrm{d}\theta}{\mathrm{d}t}\boldsymbol{e}_\omega$，方向总垂直运动平面，即矢量转动方向与运动平面的法向构成右手螺旋关系，从而有

$$\frac{\mathrm{d}\boldsymbol{e}_\mathrm{t}}{\mathrm{d}t}=\boldsymbol{\omega}\times\boldsymbol{e}_\mathrm{t}=\frac{\mathrm{d}\theta}{\mathrm{d}t}\boldsymbol{e}_\omega\times\boldsymbol{e}_\mathrm{t}=\frac{\mathrm{d}\theta}{\mathrm{d}t}\boldsymbol{e}_\mathrm{n}$$

这正是式(1-63)。

2.5　相对运动　完全相对量

一、不同参考系中物理量之间的变换

视频：相对运动

我们知道，物体运动的描述只能是相对于某参照物的，从不同的参照物观察，物体的运动状态将会是不同的，甚至在同一参照物的不同位置去观察，物体的运动状态可能也会有所不同，所以更精确地讲，物体运动的描述都是相对于参照物（标准物）上的某个参考点（标准点）而言的。如果讨论的是同一物体的运动，则从不同参考点出发的描述会有所不同，但它们之间一定存在着联系。我们在前面的内容里对位置及速度的描述都未能体现出参考点的作用，在涉及多个参照物的情形下，我们必须用下标来标定不同的参考点。为清晰起见，我们把被考察的动点标为下标 P，且一般地，考察点在前，参考点在后，它们不再省略。

设有两个观察者，分别处于不同的参考点 O、O'上。在 t 时刻，点 O'相对于参考点 O 的速度为 $\boldsymbol{v}_{O'O}$，位矢为 $\boldsymbol{r}_{O'O}$。质点 P 相对于两参考点 O、O'的位矢分别是 $\boldsymbol{r}_{PO}$、$\boldsymbol{r}_{PO'}$，如图 2-7 所示，则有

$$\boldsymbol{r}_{PO}=\boldsymbol{r}_{PO'}+\boldsymbol{r}_{O'O} \tag{2-34}$$

这表明，只要参考点不同，位矢就不同，即便是 O'和 O 处于同一参照物上。式(2-34)两边对时间求导数，可得二者的速度关系为

$$\boldsymbol{v}_{PO}=\boldsymbol{v}_{PO'}+\boldsymbol{v}_{O'O} \tag{2-35}$$

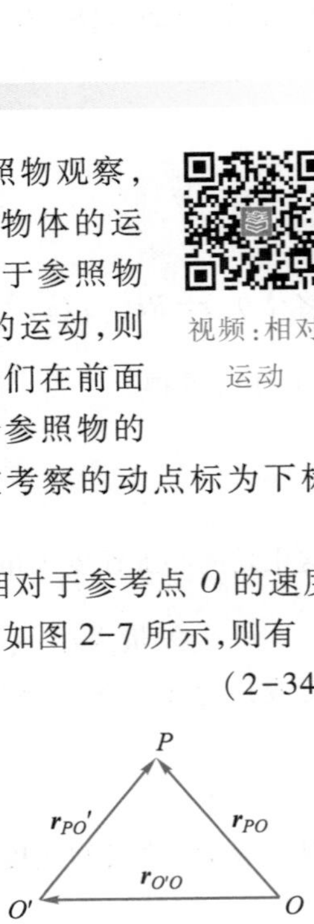

图 2-7

若 $\boldsymbol{v}_{O'O}=\boldsymbol{0}$，即两个参考点之间没有相对运动，则有 $\boldsymbol{v}_{PO}=\boldsymbol{v}_{PO'}$，即从两个不同参考点出发，描述质点的运动状况是相同的。在本章的前几节中，我

们常说物体的运动描述总是相对于某参照物而言的，由式(2-34)及式(2-35)可知，严格的说法应是：物体的位置及运动速度的描述总是相对于空间某个参照物上的某个参考点而言的。对观察者而言，要想在某个参照物上的不同位置处观察物体的运动状态(速度)，并得到相同结果的话，参照物是不能随意选取的。由式(2-35)可知，合适的参照物必须满足其上任两点之间均没有相对运动，即 $\boldsymbol{v}_{O'O}=\mathbf{0}$，这要求参照物没有任何转动而且还不能有任何形变，必是平动的刚体。这样的参照物被用作参考系时，被观察质点的运动状态(速度)才与参考点的选择无关。这也是为什么前面我们说的只有平动的刚体才常被选作合适参考系的原因。对平动刚体这样的参考系而言，讨论物体的运动状况(速度)时，各个点的地位是相同的，即无需再标定某个参考点了。

当两参考点 O'、O 处在不同的平动刚性参考系上时，式(2-34)及式(2-35)被称为两参考系之间的位置和速度的伽利略变换公式。参考点 O 常固定于地面上，称为定坐标系(也称为绝对坐标系或静止坐标系)，而参考点 O' 一般选在一个相对于地面做平动的刚性物体上，称为运动参考系，则式(2-35)常理解为绝对速度 $\boldsymbol{v}_{PO}(\boldsymbol{v}_a)$ 等于相对速度 $\boldsymbol{v}_{PO'}(\boldsymbol{v}_r)$ 加上牵连速度 $\boldsymbol{v}_{O'O}(\boldsymbol{v}_e)$，这一关系式也称为速度变换关系式。

对式(2-35)进行时间求导，得

$$\boldsymbol{a}_{PO}=\boldsymbol{a}_{PO'}+\boldsymbol{a}_{O'O} \tag{2-36}$$

这是两个平动刚性参考系之间的加速度变换关系式。若 $\boldsymbol{a}_{O'O}=\mathbf{0}$，即两个参考系之间的相对运动为匀速运动，此时有 $\boldsymbol{a}_{PO}=\boldsymbol{a}_{PO'}$，二者对物体加速度的描述是相同的。需要注意的是，在上述讨论中，我们实际上已假定了两个参考系中的时间间隔是完全相同的，即已采用了牛顿的绝对时间观。

例 2-9 高空中下落的雨滴，在差不多到达地面时可视为匀速直线运动。已知雨滴相对于地面的速度大小为 v，方向与水平方向的夹角为 α，试问：(1) 卡车车速多大时，雨滴恰好垂直下落到卡车上？(2) 此时雨滴相对于车厢的速度为多少？

解：令地面为静止参考系 E，车厢为运动参考系 T，车厢相对于地面的速度为 $\boldsymbol{v}_{TE}$，设雨滴相对于地面的速度为 $\boldsymbol{v}_{RE}$，由伽利略速度变换公式得

$$\boldsymbol{v}_{RE}=\boldsymbol{v}_{RT}+\boldsymbol{v}_{TE} \qquad ①$$

如图 2-8(a)所示建立坐标系 Oxy，则有 $\boldsymbol{v}_{TE}=v_{TE}\boldsymbol{i}$，$\boldsymbol{v}_{RE}=v\cos\alpha\boldsymbol{i}+v\sin\alpha\boldsymbol{j}$，当雨滴恰好垂直下落到卡车上时应有 $\boldsymbol{v}_{RT}=v_{RT}\boldsymbol{j}$，将三个速度表达式代入式①后可得

$$v\cos\alpha\boldsymbol{i}+v\sin\alpha\boldsymbol{j}=v_{RT}\boldsymbol{j}+v_{TE}\boldsymbol{i}$$

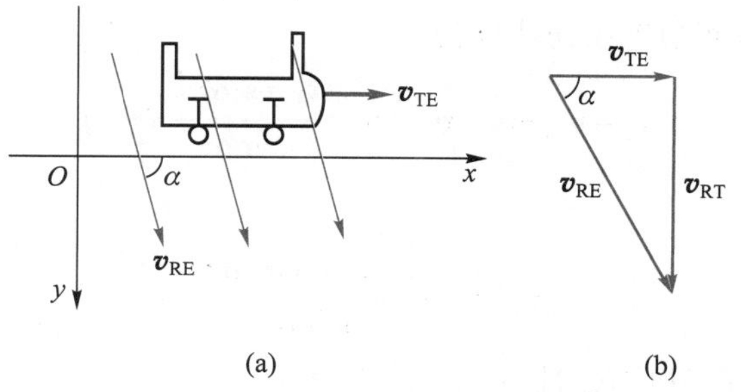

图 2-8

由等号两边分别同时点乘 $\boldsymbol{i}$、$\boldsymbol{j}$，可得

$$v\cos\alpha = v_{\mathrm{TE}}, \quad v\sin\alpha = v_{\mathrm{RT}} \qquad ②$$

即（1）当车厢（相对于地面的）速度为 $\boldsymbol{v}_{\mathrm{TE}} = v\cos\alpha\boldsymbol{i}$ 时，雨滴恰好垂直下落于车上；（2）此时雨滴相对于车厢的速度为 $\boldsymbol{v}_{\mathrm{RT}} = v_{\mathrm{RT}}\boldsymbol{j} = v\sin\alpha\boldsymbol{j}$。

实际上，三速度矢量 $\boldsymbol{v}_{\mathrm{TE}}$、$\boldsymbol{v}_{\mathrm{RE}}$ 及 $\boldsymbol{v}_{\mathrm{RT}}$ 构成一个直角三角形，如图 2-8(b) 所示，求解三角形即得上述结果。

例 2-10　在地面参考系中，设有两根很长的棒 LN、PQ，相交于点 M，两者速度分别为 $\boldsymbol{v}_1$ 和 $\boldsymbol{v}_2$，方向如图 2-9(a) 所示，求交点 M 相对于地面参考系的速度。

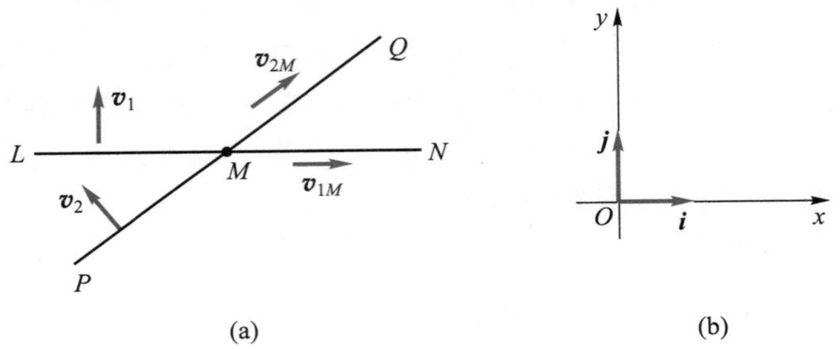

图 2-9

解：设地面为绝对参考系，分别选取棒 LN、PQ 为动坐标系，则交点 M 的运动既可以看作随棒 LN 的平动加上相对于棒 LN 的运动，也可以看作随棒 PQ 的平动加上相对于棒 PQ 的运动。设交点 M 分别沿 LN、PQ 方向的运动速度为 $\boldsymbol{v}_{1M}$ 和 $\boldsymbol{v}_{2M}$，则相对于地面参考系，交点 M 的速度为

$$\boldsymbol{v}_{\mathrm{a}} = \boldsymbol{v}_{\mathrm{r}} + \boldsymbol{v}_{\mathrm{e}} = \boldsymbol{v}_{1M} + \boldsymbol{v}_1 = \boldsymbol{v}_{2M} + \boldsymbol{v}_2 \qquad ①$$

如图 2-9(b) 所示建立坐标系 Oxy，则有

$$\boldsymbol{v}_{1M} = v_{1M}\boldsymbol{i}, \quad \boldsymbol{v}_1 = v_1\boldsymbol{j}; \quad \boldsymbol{v}_{2M} = v_{2M}\cos\alpha\boldsymbol{i} + v_{2M}\sin\alpha\boldsymbol{j}, \quad \boldsymbol{v}_2 = -v_2\sin\alpha\boldsymbol{i} + v_2\cos\alpha\boldsymbol{j} \qquad ②$$

代入式①并对该式两边同时分别点乘 $\boldsymbol{i}$ 和 $\boldsymbol{j}$ 可得

$$v_{1M} = v_{2M}\cos\alpha - v_2\sin\alpha, \quad v_1 = v_{2M}\sin\alpha + v_2\cos\alpha, \qquad ③$$

解得

$$v_{1M} = \frac{v_1\cos\alpha - v_2}{\sin\alpha}, \quad v_{2M} = \frac{v_1 - v_2\cos\alpha}{\sin\alpha} \qquad ④$$

所以点 M 相对于地面参考系的速度为

$$\boldsymbol{v}_{\mathrm{a}} = \boldsymbol{v}_{1M} + \boldsymbol{v}_1 = \boldsymbol{v}_{2M} + \boldsymbol{v}_2 = \frac{v_1\cos\alpha - v_2}{\sin\alpha}\boldsymbol{i} + v_1\boldsymbol{j} \qquad ⑤$$

其大小为

$$|\boldsymbol{v}_{\mathrm{a}}| = \frac{\sqrt{v_1^2 - 2v_1v_2\cos\alpha + v_2^2}}{\sin\alpha} \qquad ⑥$$

上式对速率 v_1 和 v_2 具有交换不变性。

上述例题再次表明，三个速度之间的关系已由伽利略速度变换公式给出，为了寻找问题的

定量答案,建立合适方便的坐标系最为稳妥。实际上,此时我们全部的工作仅仅就是利用坐标系将各个速度清晰地表示出来并代入速度变换公式,当然也可以利用三者构成的三角形关系,通过求解三角形来寻找答案。

二、相对运动 完全相对量

现在我们讨论两动点之间的相对位置、相对速度等物理量的特征。如图 2-10 所示,在参考系 O'中,动点 P、Q 的位矢分别为 $\boldsymbol{r}_{PO'}$、$\boldsymbol{r}_{QO'}$,则它们的差值可称为:在参考系 O'中,动点 P 相对于 Q 的位矢。现在我们来考察在参考系 O 中,动点 P 相对于 Q 的位矢。在参考系 O 中,动点 P、Q 的位矢分别为 $\boldsymbol{r}_{PO}$、$\boldsymbol{r}_{QO}$,则由伽利略坐标位置变换公式(2-34)可得

$$\boldsymbol{r}_{PO}=\boldsymbol{r}_{PO'}+\boldsymbol{r}_{O'O},\quad \boldsymbol{r}_{QO}=\boldsymbol{r}_{QO'}+\boldsymbol{r}_{O'O}$$

两者相减即得:在参考系 O 中,动点 P 相对于 Q 的位矢为

$$\boldsymbol{r}_{PQ}=\boldsymbol{r}_{PO}-\boldsymbol{r}_{QO}=\boldsymbol{r}_{PO'}-\boldsymbol{r}_{QO'} \tag{2-37}$$

明显地,上式第二个等号的右边就是在参考系 O'中,动点 P 相对于 Q 的位矢,它等于在参考系 O 中,动点 P 相对于 Q 的位矢。这就是说,两动点间的相对位矢不随平动参考系的不同而不同,它等于从点 Q 至点 P 的有向线段,我们称之为完全相对量,它与参考系无关,它是绝对的!对式(2-37)求一次或二次时间导数可分别得到点 P 相对于点 Q 的相对速度 $\boldsymbol{v}_{PQ}$和相对加速度 $\boldsymbol{a}_{PQ}$,它们也都是完全相对量,是绝对的。这就是说,两物体之间的相对运动是绝对的,与参考系无关。譬如,地球与月球之间的相对转动,对地球、月球和火星上的观察者。

将下标 P、Q 的次序颠倒,可得点 Q 相对于点 P 的相对位置 $\boldsymbol{r}_{QP}$、相对速度 $\boldsymbol{v}_{QP}$和相对加速度 $\boldsymbol{a}_{QP}$,由式(2-37)可得

$$\boldsymbol{r}_{PQ}+\boldsymbol{r}_{QP}=\boldsymbol{0},\quad \boldsymbol{v}_{PQ}+\boldsymbol{v}_{QP}=\boldsymbol{0},\quad \boldsymbol{a}_{PQ}+\boldsymbol{a}_{QP}=\boldsymbol{0} \tag{2-38}$$

它们各自组成一对完全相对量,式(2-38)表明:两物体的完全相对量总是成对出现的,且极(真)矢量类的两个相对量总是大小相等,方向相反。对完全相对量 $\boldsymbol{r}_{PQ}$和 $\boldsymbol{r}_{QP}$而言,它们在同一条直线上,如图 2-11 所示。我们熟知的位矢、速度或加速度这些相对量均来源于这些完全相对量,它们是将其中一个动点看作参考点演化而来的,这就是为何只有在指明参考点的情况下,速度、加速度等这些相对量的概念才是严格完整的。完全相对量是绝对的,即讨论两物体的相对运动时无须引入参考系的概念。

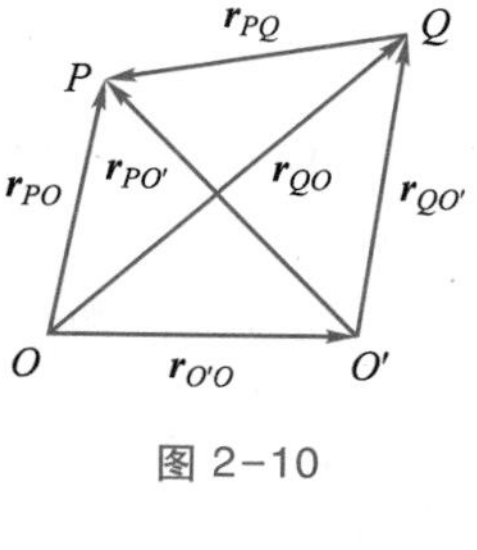

图 2-10

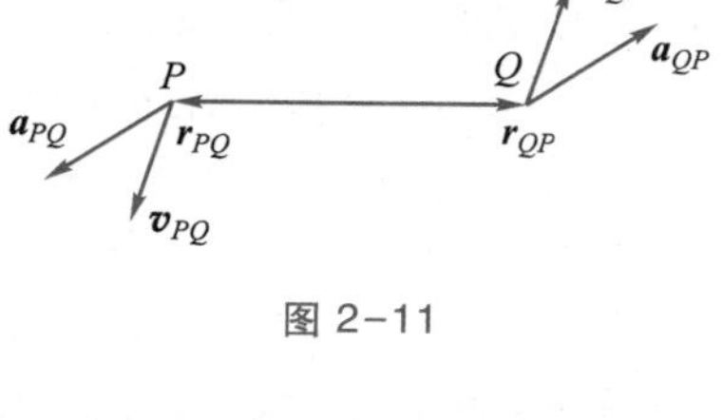

图 2-11

为方便理解刚体定轴转动有关问题的讨论,我们考察如下问题。如图 2-12 所示,一平板绕过点 O 的 z 轴做角速度矢量为 $\boldsymbol{\omega}$ 的转动,也就是说,相对于点 O(即在点 O 处的观察者看来),平板上的所有点(如点 A 和点 B)都在做相同角速度矢量的转动,而在点 A(处的观察者)看来,平板上的所有点(如点 O 和点 B)都在做什么运动?

相对于点 O,点 A 和点 B 都在做相同角速度矢量的转动,即

$$\boldsymbol{\omega}_{AO}=\boldsymbol{\omega}_{BO} \tag{2-39}$$

点 A 相对于点 O 的速度为 $\boldsymbol{v}_{AO}=\boldsymbol{\omega}_{AO}\times\boldsymbol{r}_{AO}$,而相对于点 A 而言,点 O 的相对速度显然为 $\boldsymbol{v}_{OA}=\boldsymbol{\omega}_{OA}\times\boldsymbol{r}_{OA}$。注意到式(2-38)有

$$\boldsymbol{v}_{OA}+\boldsymbol{v}_{AO}=\boldsymbol{\omega}_{OA}\times\boldsymbol{r}_{OA}+\boldsymbol{\omega}_{AO}\times\boldsymbol{r}_{AO}=(\boldsymbol{\omega}_{OA}-\boldsymbol{\omega}_{AO})\times\boldsymbol{r}_{OA}=\boldsymbol{0}$$

即

$$\boldsymbol{\omega}_{OA}=\boldsymbol{\omega}_{AO} \tag{2-40}$$

即在点 A(处的观察者)看来,平板上的点 O 也在做相同角速度矢量的转动。$\boldsymbol{\omega}_{AO}$ 和 $\boldsymbol{\omega}_{OA}$ 同样地组成一对相对量,它们均为轴矢量,式(2-40)表明轴(赝)矢量类的两个相对量总是大小相等,方向相同。

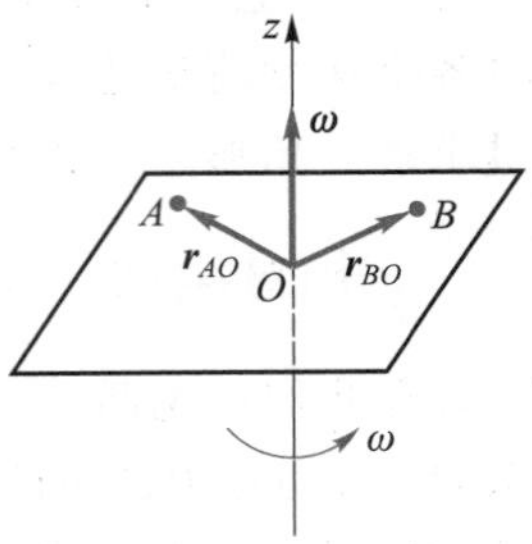

图 2-12

相对于点 A,点 B 到点 O 的距离不变,点 B 相对于点 A 也做(相对)转动,相对速度为

$$\boldsymbol{v}_{BA}=\boldsymbol{\omega}_{BA}\times\boldsymbol{r}_{BA}$$

又因为

$$\boldsymbol{v}_{BA}=\boldsymbol{v}_{BO}+\boldsymbol{v}_{OA}=\boldsymbol{\omega}_{BO}\times\boldsymbol{r}_{BO}+\boldsymbol{\omega}_{OA}\times\boldsymbol{r}_{OA}=\boldsymbol{\omega}_{AO}\times\boldsymbol{r}_{BO}+\boldsymbol{\omega}_{AO}\times\boldsymbol{r}_{OA}=\boldsymbol{\omega}_{AO}\times(\boldsymbol{r}_{BO}+\boldsymbol{r}_{OA})=\boldsymbol{\omega}_{AO}\times\boldsymbol{r}_{BA}$$

上述第一个等号用了式(2-35),第三个等号同时用到了式(2-39)和式(2-40)。比较上面两式,可得

$$\boldsymbol{\omega}_{BA}=\boldsymbol{\omega}_{AO} \tag{2-41}$$

联合式(2-40)可知:在点 A(处的观察者)看来,平板上的所有点(如点 O 和点 B,亦即整个平板)也在做角速度矢量完全相同的转动。

相对运动在讨论两物体的追逐和相遇问题时最为有用,下面仅举一个简单例题加以说明。

例 2-11　在地面直角坐标系中,设 A、B 两辆自行车开始时分别位于坐标原点和 x 轴上的 4 m 处,两者分别以速度 $\boldsymbol{v}_{\mathrm{A}}=(2\boldsymbol{i}+2\boldsymbol{j})\ \mathrm{m\cdot s^{-1}}$,$\boldsymbol{v}_{\mathrm{B}}=3\boldsymbol{j}\ \mathrm{m\cdot s^{-1}}$ 相对地面行驶,问它们能否相遇? 若不能相遇,求它们之间的最小距离。

解:由题意可得,B 车相对于 A 车的运动速度为 $\boldsymbol{v}_{\mathrm{BA}}=\boldsymbol{v}_{\mathrm{B}}-\boldsymbol{v}_{\mathrm{A}}=(-2\boldsymbol{i}+1\boldsymbol{j})\ \mathrm{m\cdot s^{-1}}$,为匀速运动;B 车相对于 A 车的初始位置为 $\boldsymbol{r}_{\mathrm{BA},0}=\boldsymbol{r}_{\mathrm{B},0}-\boldsymbol{r}_{\mathrm{A},0}=4\boldsymbol{i}$ m,则在任意 t 时刻,B 车相对于 A 车的位置为

$$\boldsymbol{r}_{\mathrm{BA}}(t)=\boldsymbol{r}_{\mathrm{BA},0}+\boldsymbol{v}_{\mathrm{BA}}t=(4-2t)\boldsymbol{i}+t\boldsymbol{j}$$

若它们能相遇,则应有 $\boldsymbol{r}_{\mathrm{BA}}(t)=\boldsymbol{0}$,即应同时满足两个标量方程:$(4-2t)=0$,$t=0$,显而易见,这是不可能的,即它们不会相遇。它们之间的距离为 $|\boldsymbol{r}_{\mathrm{BA}}(t)|=\sqrt{(4-2t)^2+t^2}$,最小距离应使根号内的函数值最小,易得 $t=1.6$ s 时,距离有最小值 $|\boldsymbol{r}_{\mathrm{BA}}(1.6)|=4\sqrt{5}/5$ m。

最后陈述一下一个非常有意思也是非常重要的结论:若两物体分别以不同初速度做斜抛运动,则它们的相对速度

$$\boldsymbol{v}_{\mathrm{BA}}=\boldsymbol{v}_{\mathrm{B}}-\boldsymbol{v}_{\mathrm{A}}=(\boldsymbol{v}_{\mathrm{B0}}+\boldsymbol{g}t)-(\boldsymbol{v}_{\mathrm{A0}}+\boldsymbol{g}t)=\boldsymbol{v}_{\mathrm{B0}}-\boldsymbol{v}_{\mathrm{A0}}$$

为常矢量,即两物体的相对运动是匀速直线运动,即在一个物体看来,另一个物体做匀速直线运动。

习题

选择题

2-1　根据二维情形下各坐标系中位矢的表示，由瞬时速度 $\boldsymbol{v}$ 的定义，下列各表达式中，不是速度大小的是（　　）。

A. $\dfrac{\mathrm{d}s}{\mathrm{d}t}$　　B. $\dfrac{\mathrm{d}r}{\mathrm{d}t}$　　C. $\left|\dfrac{\mathrm{d}x}{\mathrm{d}t}\boldsymbol{i}+\dfrac{\mathrm{d}y}{\mathrm{d}t}\boldsymbol{j}\right|$　　D. $\left|\dfrac{\mathrm{d}\rho}{\mathrm{d}t}\boldsymbol{e}_{\rho}+\rho\dfrac{\mathrm{d}\varphi}{\mathrm{d}t}\boldsymbol{e}_{\varphi}\right|$

2-2　根据二维情形下各坐标系中位矢及速度的表示，由瞬时加速度 $\boldsymbol{a}$ 的定义，下列各表达式中，不是加速度大小的是（　　）。

A. $\left|\dfrac{\mathrm{d}\boldsymbol{v}}{\mathrm{d}t}\right|$　　B. $\left|\dfrac{\mathrm{d}^2x}{\mathrm{d}t^2}\boldsymbol{i}+\dfrac{\mathrm{d}^2y}{\mathrm{d}t^2}\boldsymbol{j}\right|$　　C. $\sqrt{\left(\dfrac{v^2}{\rho}\right)^2+\left(\dfrac{\mathrm{d}v}{\mathrm{d}t}\right)^2}$　　D. $\dfrac{\mathrm{d}v}{\mathrm{d}t}$

2-3　运动方程表示质点的运动规律，运动方程的特点是（　　）。

A. 绝对的，与参考系的选择无关

B. 相对的，与参考系的选择有关，但与参考系中的参考点的选择无关

C. 相对的，与参考系及其中的参考点的选择都有关，但与坐标系的选择无关

D. 相对的，与参考系及其中的参考点的选择有关，也与坐标系的选择有关

2-4　质点运动速度的特点是（　　）。

A. 绝对的，与参考系的选择无关

B. 相对的，与参考系的选择有关，但在平动刚性参考系中与参考点选择无关

C. 相对的，与参考系的选择有关，在平动刚性参考系中也与参考点的选择有关

D. 相对的，与参考系的选择有关，但在平动刚性参考系中与参考点的选择无关，与坐标系的选择有关

2-5　忽略空气阻力，竖直上抛的物体，在 t_1 时刻到达某一高度，t_2 时刻再次通过该处，则在该处两个不同时刻的（　　）。

A. 加速度大小相同，方向相反

B. 加速度相同，速度大小相同，但方向相反

C. 加速度不同，但速度大小相同

D. 加速度和速度的大小都不同

2-6　一质点做斜抛运动，忽略空气阻力，在运动过程中，该质点的 $\mathrm{d}v/\mathrm{d}t$ 和 $\mathrm{d}\boldsymbol{v}/\mathrm{d}t$ 的变化情况为（　　）。

A. $\mathrm{d}v/\mathrm{d}t$ 的大小和 $\mathrm{d}\boldsymbol{v}/\mathrm{d}t$ 的大小都不变

B. $\mathrm{d}v/\mathrm{d}t$ 的大小改变，$\mathrm{d}\boldsymbol{v}/\mathrm{d}t$ 的大小不变

C. $\mathrm{d}v/\mathrm{d}t$ 的大小和 $\mathrm{d}\boldsymbol{v}/\mathrm{d}t$ 的大小均改变

D. $\mathrm{d}v/\mathrm{d}t$ 的大小不变，$\mathrm{d}\boldsymbol{v}/\mathrm{d}t$ 的大小改变

2-7　一质点做直线运动，某时刻的瞬时速度 $v=4\ \mathrm{m\cdot s^{-1}}$，瞬时加速度 $a=-3\ \mathrm{m\cdot s^{-2}}$，则 1 s 后质点的速度为（　　）。

A. 等于零　　B. 等于 $-1\ \mathrm{m\cdot s^{-1}}$

C. 等于 1 $\mathrm{m\cdot s^{-1}}$　　D. 条件不足,无法确定

2-8 下面各种判断中,错误的是(　　)。

A. 质点做直线运动时,加速度的方向和运动方向并不总是一致的

B. 质点做匀速率圆周运动时,只有法向加速度是不变的

C. 质点做斜抛运动时,忽略空气阻力,则质点的加速度恒定

D. 质点做曲线运动时,加速度的方向总是指向曲线凹的一边

2-9 做匀变速率圆周运动的物体(　　)。

A. 法向加速度分量不变　　B. 切向加速度分量不变

C. 总加速度大小不变　　D. 切向加速度不变

2-10 某人以 4 $\mathrm{m\cdot s^{-1}}$的速度匀速地从 A 运动至 B,再以 2 $\mathrm{m\cdot s^{-1}}$ 的速度匀速地沿原路从 B 回到 A,则来回全程的平均速度的大小为(　　)。

A. 3 $\mathrm{m\cdot s^{-1}}$　　B. $\sqrt{8}$ $\mathrm{m\cdot s^{-1}}$　　C. $\frac{8}{3}$ $\mathrm{m\cdot s^{-1}}$　　D. 0

2-11 某人骑自行车以速率 v 向正西方向行驶,遇到由北向南刮的风,风速大小也为 v,则他感到风是从(　　)。

A. 东北方向吹来　　B. 东南方向吹来

C. 西北方向吹来　　D. 西南方向吹来

2-12 如图所示,用枪射击挂在天花板下的小球 A,在发射子弹的同时,遥控装置使 A 自由下落,假设不计空气阻力,要击中 A,枪管应瞄准(　　)。

A. A 的下方　　B. A 的上方

C. A 本身　　D. 条件不足无法判定

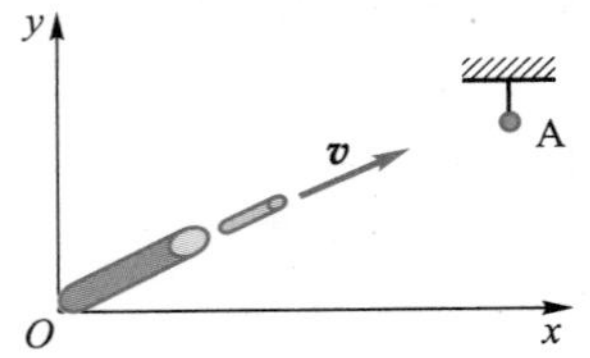

习题 2-12 图

填空题

2-13 在地面参考系中,物体做单方向的直线运动,若物体连续通过两段相同路程的平均速率分别为 $\bar{v}_1=4\ \mathrm{m\cdot s^{-1}}$和 $\bar{v}_2=8\ \mathrm{m\cdot s^{-1}}$,则物体通过该两段路程的平均速率为__________。

2-14 在地面参考系中,一质点沿 x 轴做直线运动,在 $t=0$ 时,质点位于 $x_0=4$ m 处。该质点的速度随时间变化的规律为 $v(t)=\mathrm{d}x/\mathrm{d}t=4-t^2$(SI 单位),则当质点静止时,其所在位置为__________,加速度为__________。

2-15 在地面参考系中,一质点做直线运动,加速度随时间变化规律为 $\omega^2A\cos\omega t$,其中 ω 和 A 为常量,已知 $t=0$ 时,质点的初状态为 $x=-A, v_0=0$,则该质点的速度表达式为__________,运动方程为__________。

2-16 在地面参考系中,物体在 Oxy 平面内运动,已知 t 时刻速度为 $\boldsymbol{v}=2t\boldsymbol{i}-4\boldsymbol{j}$(SI 单位),

$t=0$ 时它通过点(4,-4)位置,则该物体在任意时刻的位矢为__________,加速度为______。

2-17 在地面参考系中,半径为 20 cm 的飞轮,从静止开始以 0.75 $\mathrm{rad\cdot s^{-2}}$的角加速度开始转动,则飞轮边缘上的一点在飞轮转过一周时的切向加速度分量 $a_t=$________,法向加速度分量 $a_n=$_______________。

2-18 在地面参考系中,一物体做如图所示的斜抛运动,不计空气阻力,测得在轨道点 A 处速度的大小为 v,方向与水平方向夹角成30°。则物体在点 A 的切向加速度分量 $a_t=$__,轨道的曲率半径 $\rho=$______。

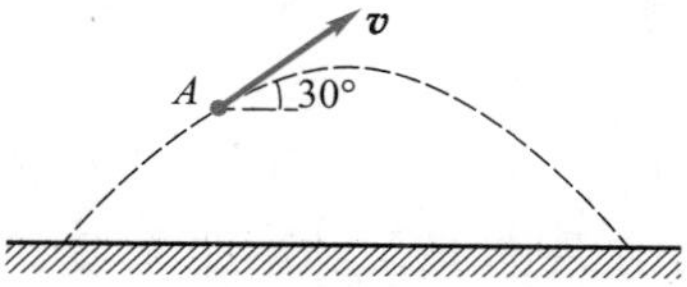

习题 2-18 图

计算题

2-19 在地面参考系中,已知质点在 x 轴上做直线运动,其任意时刻的速度为 $v=2+3x$(SI 单位),且当 $t=2$ s 时,$x=8$ m,求质点的运动方程。

2-20 在地面参考系中,质点在 x 轴上做直线运动,已知加速度表达式为$a(t)=2+4t$(SI 单位),且已知 $t=2$ s 时,$x=8$ m,$v=8\ \mathrm{m\cdot s^{-1}}$,求质点的运动方程。

2-21 在地面参考系中,已知质点在 x 轴上做直线运动,其任意时刻的加速度为 $a=2+3x$(SI 单位),且已知 $x=4$ m 时,$v=2\ \mathrm{m\cdot s^{-1}}$,求质点速度与位置的关系。

2-22 一物体悬挂在弹簧上做竖直振动,在地面参考系中,取平衡位置为坐标原点,垂直向下为 y 轴正方向,物体的加速度为 $a(y)=-ky$,式中 k 为常量。假定物体在坐标 y_0 处的速度为 v_0,试求速度 v 与坐标 y 的函数关系式。

2-23 已知质点在 Oxy 平面内做曲线运动,质点的运动方程为 $x=-4t$ 和 $y=2t-5t^2$(SI 单位)。试求 $t=1$ s 时的:(1) 速度及其方向;(2) 加速度;(3) 切向加速度和法向加速度;(4) 轨道的曲率半径。

2-24 已知质点在 Oxy 平面内做曲线运动,其运动速度为 $v_x=4\ \mathrm{m\cdot s^{-1}}$,$v_y=2t$(SI 单位),且 $t=0$ 时的位置为 $\boldsymbol{r}_0=4\boldsymbol{j}$ m,试求质点的运动方程及 $t=2$ s 时的加速度、切向加速度、法向加速度以及所在轨道处的曲率半径。

2-25 已知质点在水平面内做曲线运动,在某极坐标系中,其运动速度表达式为 $v_\rho=2\ \mathrm{m\cdot s^{-1}}$,$v_\varphi=2\ \mathrm{m\cdot s^{-1}}$,且 $t=1$ s 时的位置为 $\boldsymbol{r}_0(2,\pi)$,试求质点的运动方程。

2-26 已知质点在水平面内做曲线运动,在某直角坐标系中,其运动加速度的表达式为 $a_x=2t$(SI 单位),$a_y=2\ \mathrm{m\cdot s^{-2}}$,且 $t=0$ 时的位置为 $\boldsymbol{r}_0=(3\boldsymbol{i}+4\boldsymbol{j})$ m,$\boldsymbol{v}_0=(2\boldsymbol{i}+8\boldsymbol{j})\ \mathrm{m\cdot s^{-1}}$,试求质点的运动方程。

2-27 质点 P 在水平面内沿一半径为 $R=2$ m 的圆轨道转动。转动的角速度 ω 与时间 t 的函数关系为 $\omega=kt^2$(k 为常量)。已知 $t=2$ s 时,质点 P 的速度大小为 32 $\mathrm{m\cdot s^{-1}}$。试求 $t=1$ s 时,质点 P 的速率和加速度的大小。

2-28　在无风的下雨天，一列火车相对于地面以 $v=30\ \mathrm{m\cdot s^{-1}}$ 的速度匀速向东行驶，在车内的旅客看见玻璃窗外的雨滴和火车前进方向成 150°角下落。求雨滴下落的速度。（设下降的雨滴做匀速运动。）

2-29　一下雨天，当火车静止时，乘客发现雨滴并非垂直下落，而是偏向车头，偏角为 30°；当火车以 $v=60\ \mathrm{m\cdot s^{-1}}$ 的速率沿水平方向向西行驶时，乘客发现雨滴下落方向偏向车尾，偏角为 30°。假设雨滴相对于地的速度保持不变，试计算雨滴相对地的速度。

2-30　已知在地面参考系中，两动点 A、B 在 Oxy 平面内运动，初始位置分别位于 $\boldsymbol{r}_{A,0}=10\boldsymbol{i}\ \mathrm{m}$，$\boldsymbol{r}_{B,0}=2\boldsymbol{j}\ \mathrm{m}$，它们相对于地面的运动速度分别为 $\boldsymbol{v}_A=8\boldsymbol{j}\ \mathrm{m\cdot s^{-1}}$，$\boldsymbol{v}_B=2\boldsymbol{i}+t\boldsymbol{j}$（SI 单位），试问它们是否能相遇？若不能相遇，试求它们之间的最小距离。

2-31　如图所示，半径为 R 的大环上套一小环 M，直杆 AB 穿过小环，并绕位于大环上的端点 A 以角速度 ω 逆时针转动，求小环 M 的运动速度及加速度。

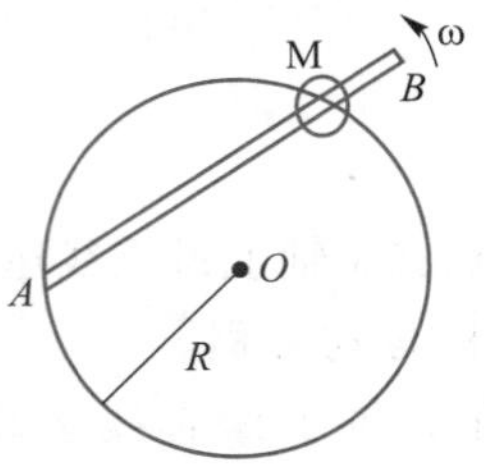

习题 2-31 图

第 3 章

力与牛顿运动定律

在上章中，我们对物质及其运动作了纯几何描述，这是一种最肤浅的讨论，它未能深入到物质的物理性质、物质运动的物理本质及内在规律。在本章中，我们将对物质的物理性质以及由此产生的相互间的相互作用、相互间的运动规律作深入的研究，重点讨论质点间的相互作用和相对运动之间的联系。

3.1　物体间的相互作用力与牛顿运动定律

一、物体的物理属性　质点

在上一章中，我们对研究对象作了最粗糙的几何描述：一个有一定形状及体积的几何体，这显然是纯几何的，未能涉及物体的任何物理特征。我们知道，物体间有相互作用，而这种相互作用，又常常与物体的许多**物理性质**有关。因此，我们将赋予物体几个重要的物理性质，并引入相关的物理量，在宏观层面上，这些物理量均有相当严格的可操作定义。

首先我们赋予任何物体都拥有的性质，任何物体都存在着一定的质量。质量用符号 m 表示，其取值恒大于 0，故物理量 m 是一个算术量。质量的基准叫作千克（kg）。有了基准以后，质量 m 就可以具体用数值和单位进行定量描述了。

从宏观层面讲，一般地，物体的质量是连续地分布于整个物体上，可以用质量密度概念进行描述，如质量体密度、质量面密度等。如果物体在运动中，它的形状及大小可以忽略不计，但质量不能忽略，则我们将其视为一个有一定质量的几何点，简称为质点。本章我们主要讨论质点的运动规律。当物体的大小不能忽略，我们将其视为许多具有微小质量的质元之和，每个质元的运动可以视为质点的运动。

在经典力学中，物体的质量与观察者的运动状态及空间位置无关，故在表述物体的质量时，并不需要指明参考系（观察者），即质量的概念是绝对的，它在所有相对空间中都相同，它与物体的形状和大小一样，是绝对的、客观的。所有的物质微粒都具有质量这个属性，故它又是万有的，因质量而引起的相互作用常称为万有引力。

除了具有质量 m 外，有的物体还携带另外一种物理属性——电荷量，携带电荷的物体之间将产生电磁相互作用力，对电磁相互作用力的研究留在电磁学部分。对宏观物体而言，它们还普遍存在着另一种物理属性，即存在着冷热状态，由温度 T 这个物理量描述，相关讨论留在后面的热力学中。

二、空间的基本属性与观察者

物理学研究发现，物体因携带相同种类的物理量而产生相互作用，如物体因都携带质量而产生万有引力，因都携带电荷而产生电磁相互作用力，等等。这些相互作用都是通过相应的力场来传递的，传递万有引力的场称为引力场，传递电磁相互作用力的场称为电磁场。也可以这样说，物体因携带质量而在周围空间产生引力场，引力场中的其他物体因携带质量而受到引力场的作用；物体因携带电荷而在周围空间产生电磁场，电磁场中的其他物体因携带电荷而受到电磁场的作用。空间因这些力场而具有属性，空间中所有的物体都携带有各种形式的物理量，从而空间就具有了各种相应的物理属性,空间中充满了各种形式的场。“虚空”不空,空间与其中的各种形式的场是无法分割的,牛顿的一无所有的绝对虚空是不存在的。

由中学物理知道,静止电荷产生静电场,运动电荷产生电场和磁场,然而静止或者运动都是相对观察者或者参照物而言的。例如,电荷 q_0 相对于观察者甲静止,则观察者甲观察到他的相对空间中另一个运动电荷仅受到静电场力的作用,即他的相对空间仅具有电场属性。但电荷 q_0 相对于观察者乙在运动,则观察者乙观察到他的相对空间中另一个运动电荷不仅受到电场力作用,还会受到磁场力作用,即他的相对空间不仅具有电场属性,还具有磁场属性。相对空间的物理属性完全由该相对空间的相对物(参照物或其上的观察者)决定,不同的相对空间其空间物理属性不同。物体运动状态的描述以及运动所在空间的物理属性都只能是相对于相对物(参照物)而言的。

三、物体间的相互作用力及牛顿运动定律

1. 物体间的相互作用力

在经典力学中,“力”应该是最重要的概念,也是最为关键的概念。那么力到底是什么?它的由来和本质是什么?明显的,这些问题都与各种力场的本性有关,很难回答,于此不作讨论。比较容易回答的是力起什么作用或产生什么效果?它与什么因素有关,以及它的基本数理属性。

我们知道,讨论任何一个力,必涉及两个物体。“力”为简称,原始的、严格的称谓应该为“相互作用力”,它是两个物体之间相互影响、相互作用强弱的度量。力总是成对出现的,这是力存在的基本形式。讨论力或计算合力,当从一对基本形式的相互作用力开始。由此可见,定义和度量一对相互作用力便成为首要任务。只有在知道了相关的一对相互作用力后,计算某物体受到的合力才有可能。

在经典力学中,一对物体间的相互作用力与它们之间的相对运动一样,都是绝对的,与参考系无关,它们两者之间有关系吗?答案应该是显然的,但若要考察两者之间的关系,当隔离其他物体对该对物体的影响。考察一对物体,它们之间的相互作用力称为内力,其他物体对它们的作用力称为外力,若外力远远小于内力,可以忽略时,则其称为孤立物体对。孤立物体对是很难获得的,因此可适当放宽条件,若外力对一对物体的相对运动没有影响,也可称其为孤立物体对。譬如,取地球和月球为一对物体,可以认为太阳系中其他行星对它们之间的相对运动没有贡献,又譬如于同一地表附近抛射两个物体,可以认为地球对两物体间的相对运动没有影响。此时可说该对物体被隔离了。考察被隔离物体对,两物体间的相对运动完全取决于它们之间的内力及初始运动状态。实验发现,若两物体间存在相互作用力,则相互作用力会改变它们之间的相对运动状态,产生相对加速度;若它们之间没有相互作用力,则它们之间的相对运动状态(即相对速度)保持不变。譬如在上章末指出,于同一地表处抛射两个质点,两质点间的相对速度保持不变,相对加速度为零。对一对孤立物体对或被隔离物体对而言,它们之间的相互作用力是产生相对加速度的唯一原因,或者说,相互作用力的效果是使一对孤立物体间产生相对加速度。两物体间相互作用力的这种定义,实际上与日常生活中的相互影响相似。在日常生活中,两人相向而行,若他俩相互视若无睹,擦肩而过,然后渐行渐远,即两人的相对速度保持不变,则说他俩之间没有产生相互影响;若两人渐行渐止,问候握手,即两人间的相对

速度发生了变化，则说他们之间发生了相互影响。相互作用力对相对加速度的这种动力学效应是绝对的，与参考系无关，故用此效应定义的相互作用力概念也是绝对的。故两物体间的相互作用力的定性定义为：一孤立物体对（或被隔离物体对），若它们两者之间的相对运动状态（相对速度）不发生变化，则表明它们之间没有相互作用力，它们之间是相对自由的；反之则表明它们之间存在相互作用力；两物体间的相互作用力是绝对的，与参考系无关。

2. 惯性参考系与牛顿第一定律

物体间因携带物理性质的量而产生相互作用，若一个粒子不携带任何物理性质的量，则可称其为纯几何粒子。因其不带有任何物理性质的量，故它与其他所有物体间都无相互作用，即纯几何粒子是绝对自由的，也称为自由粒子。自由粒子当然也可作为一个参照物，由于它与其他粒子都没有相互作用，则两个自由粒子可作为一对孤立质点系，又由于它们之间无相互作用力，则它们之间的相对速度会保持不变，也就是说：在一个自由粒子参照物中，另一个自由粒子只能做匀速直线运动！这个结论称为牛顿第一定律。物体保持速度不变的性质称为惯性，则在自由粒子参考系中，物体具有惯性特征，故将自由粒子参考系称为惯性参考系。则牛顿第一定律可理解为：在自由粒子参考系中，物体具有惯性。此结论也常称为惯性定律。牛顿第一定律是力概念定义的自然推论。由伽利略速度变换公式可知，在相对于某惯性参考系做匀速直线运动的参考系中，物体也同样具有惯性特征，也同样是惯性参考系。所有惯性参考系都在做相对匀速直线运动，或者说与某惯性参考系做相对匀速直线运动的参考系都是惯性系。

文档：牛顿

视频：牛顿运动定律

惯性参考系要求参照物为纯几何粒子、自由粒子，而实际上纯几何粒子是不存在的，故利用纯几何粒子找到绝对的惯性参考系实际上是不可能的。

3. 相互作用力的度量和牛顿第三定律

对一对孤立质点系而言，它们之间存在的相互作用力将使两质点间产生相对加速度，相对加速度越大，意味着相互作用力越大，故可用该相对加速度来标定一对孤立质点系间的相互作用力。按最简洁原则，我们定义：一对孤立质点间的相互作用力与它们之间的相对加速度成正比关系，还与两质点的万有属性即质量有关系。即当某时刻物体 m_2 相对于物体 m_1 的（相对）加速度为 $\boldsymbol{a}_{21}$ 时，定义此时 m_2 受到物体 m_1 的作用力为

$$\boldsymbol{F}_{21}=k(m_1,m_2)\boldsymbol{a}_{21} \tag{3-1}$$

其中比例常量 k 为两物体的约化（折合）质量，它等于

$$k=\frac{m_1m_2}{m_1+m_2}=m \tag{3-2}$$

它的确与两质点的质量都有关系。

在国际单位制中，我们规定：约化质量为 1 kg 的一对孤立质点，若它们之间的相对加速度为 $1\ \mathrm{m\cdot s^{-2}}$，则它们之间的相互作用力定义为 1 N，即 $1\ \mathrm{N}=1\ \mathrm{kg\cdot m\cdot s^{-2}}$。

按力概念的定义则自然地反过来有：物体 m_1 受到物体 m_2 的作用力为 $\boldsymbol{F}_{12}=k\boldsymbol{a}_{12}$，其中 $\boldsymbol{a}_{12}$ 为 m_1 相对于 m_2 的相对加速度。$\boldsymbol{F}_{21}$ 和 $\boldsymbol{F}_{12}$ 构成一对相互作用力，牛顿称之为一对作用力和反作用力。注意到因总有 $\boldsymbol{a}_{12}+\boldsymbol{a}_{21}=\boldsymbol{0}$［见式（2-38）］，则总有

$$\boldsymbol{F}_{12}+\boldsymbol{F}_{21}=\boldsymbol{0} \tag{3-3}$$

即：作用力和反作用力一定大小相等、方向相反，为纯几何力时，它们还总在同一条直线上。这个结论称为牛顿第三定律。

若一对孤立物体之间存在着相互作用，当其中一个物体具有相对无穷大质量 m 时，此时它们的约化质量 k 就等于另一物体的质量 m_0，从而有：在具有相对无穷大质量 m 的参考系中，仅受 m 作用的质量为 m_0 的物体，按定义，其在某时刻的受力等于此时刻的相对加速度与其质量的乘积，即

$$\boldsymbol{F}_{mm_0}=m_0\boldsymbol{a}_{mm_0} \tag{3-4}$$

需要注意的是，若两物体都可视为质点，且相互作用力严格遵循牛顿第三定律，则此处的力 $\boldsymbol{F}_{mm_0}$ 及相对加速度 $\boldsymbol{a}_{mm_0}$ 均在两物体的连线上。由式(3-4)可知，对地表附近质量相对地球小很多的物体 m_0 而言，只要测出它相对于地表自由落体运动时的(重力)加速度 $\boldsymbol{g}$，则地球对物体 m_0 的万有引力(即重力)为 $m_0\boldsymbol{g}$。此力是绝对的，与观察者的状态无关。当发现物体的重力加速度 $\boldsymbol{g}$ 与物体本身的质量及运动速度无关后，物体重力的度量就可以简单地转化为质量的度量了。

在日常生活中，由许多微粒构成的简单物体常以固体、液体和气体三种形态存在。对孤立的固体而言，它有一个稳定的形状，但当它受到其他物体的作用时，它的形状将发生变化，若撤去外部物体对它的作用，它的形状随之再次发生变化。若当外部物体对它的作用完全撤去后该固体的形状能完全复原，则称之为弹性体。利用弹性体的这种属性，我们可以说力是弹性体产生形变的原因，由此也可以进行力的度量。将弹性体制作成弹簧，用弹簧的长度变化来进行力的度量，这种静态度量法在工程技术和日常生活中的应用相当普遍。注意到在经典力学中弹簧的几何形状及变化都是绝对的，故用静态法度量的力也能满足力的绝对性要求，此法的一个好处就是测量简单方便。

4. 相互作用力及其三要素　合力

两物体间的相互作用力与什么因素有关呢？相互作用力首先与两物体所携带的某种物理属性量有关，比如两物体的质量或两物体的电荷量等，除此之外，相互作用力还常与两物体的相对位置、相对运动状态或运动趋势有关。若相互作用力仅与相对位置有关，则称为纯几何力，如两质点间的万有引力等。对纯几何力而言，在某时刻，两质点的质(电荷)量一定、相对位置一定，则此时刻它们之间的相互作用力就一定了。

我们常说的力有三要素：大小、方向和作用点，这就是它的基本数理属性。从数学上讲，前两个要素表明的是力的值域特征，即它是一个矢量；最后一个要素就是力的赋值域，力赋值(定义)于两物体所在的整个空间域上，赋值在这个空间域上的携带相关物理属性量的所有空间点上。对物体 m_2 受到物体 m_1 的作用力 $\boldsymbol{F}_{21}$ 而言，$\boldsymbol{F}_{21}$ 就赋值在整个物体 m_2 上，物体 m_2 称为受力物体，物体 m_1 称为施力物体。若 $\boldsymbol{F}_{21}$ 是因质量引起的，则 $\boldsymbol{F}_{21}$ 就赋值在物体 m_2 的所有质量所在的空间点上，这个空间点称为力的作用点。若物体 m_2 为质点，则 $\boldsymbol{F}_{21}$ 的作用点就在质点所在的几何点上。若 $\boldsymbol{F}_{21}$ 是因电荷量引起的，$\boldsymbol{F}_{21}$ 就赋值在物体 m_2 所携带的电荷量所在的所有空间点上。

现在我们从作用效果和数学属性来讨论和区分各种力的不同。大小或方向不同的力，作用效果自然不同，若作用点不同，对物体作用效果也同样是不同的。这就是说，力的作用点是不能随意移动的，也就是说力严格讲是一个束缚矢量，它严格地定义在空间某个点上。但在讨论某些物理量时，其变化仅仅只与相关力的大小和方向两要素有关，则在讨论这些物理量时，

力是可以平移的,因为平移操作不会改变力的大小和方向两要素。

如果力的作用点不动,则称为定点力;如果力的方向不变,称为定向力;如果力的大小和方向都不变,则称为恒(定)力;如果力的方向总是指向(或背向)空间的某个点,这个点称为力心,相应的力称为向心力或有心力。

如果在一个点上有几个力同时作用,而某一个力的力效应与它们共同作用的效果相等,则其称为这几个力的**合力**,它是这几个力的矢量和,这称为力的矢量叠加原理。由于力为束缚矢量,不同作用点的力是不能进行矢量叠加的。

有了合力概念,牛顿第一定律可改写为:在任何惯性参考系中,合外力为零的质点只能保持静止或匀速直线运动的状态。此时也常说此质点处于力平衡状态。

5. 质心　质心参考系　牛顿第二定律

现在考察一对孤立质点系的运动。为此先引入一对孤立质点系的质心概念。设在某参考系 O 中,t 时刻,质量分别为 m_2 和 m_1 的两质点的位矢分别为 $\boldsymbol{r}_2(t)$ 和 $\boldsymbol{r}_1(t)$,引入两质点的质心位矢 $\boldsymbol{r}_C(t)$,则

$$\boldsymbol{r}_C=\frac{m_1\boldsymbol{r}_1+m_2\boldsymbol{r}_2}{m_1+m_2} \tag{3-5}$$

上式两边对时间求两次导数可得

$$m_1\boldsymbol{a}_1+m_2\boldsymbol{a}_2=(m_1+m_2)\boldsymbol{a}_C \tag{3-6}$$

即在考虑到质量权重后,在任何参考系中,两质点的运动之和可等效于位于质心的质量为两质点质量之和的一个质点的运动,这称为质心的运动。

对多粒子质点系,同样有

$$\boldsymbol{r}_C=\sum_i m_i\boldsymbol{r}_i/\sum_i m_i \tag{3-7}$$

同理可得

$$\sum_i im_i\boldsymbol{a}_i=\left(\sum_i m_i\right)\boldsymbol{a}_C \tag{3-8}$$

即在考虑质量权重后,在任何参考系中,一个质点系中的各质点的运动之和可等效于位于质心的质量为质点系总质量的一个质点的运动。对一个孤立质点系而言,系统内的质点均与系统外的其他物体没有相互作用,这等效于质心与其他物体无相互作用,即质心运动等效于一个自由粒子的运动,则孤立质点系的质心参考系就是一个惯性参考系!这为我们寻找惯性参考系提供了可操作方法。特别是对一个存在着某个相对无限大质量的孤立质点系而言,系统的质心就在那个具有相对无限大质量的质点上,它就是一个惯性参考系!这就是说,在忽略太阳、月亮、金星、木星等星球的影响时,地球及其地面上、地表上方附近的所有相对运动的物体组成的物体系是一个孤立系,可称为孤立地球系,此孤立系的质心就是地球的球心,在研究此系中物体的相对运动时,地球的球心就是此孤立系中的惯性参考系。若可以进一步忽略地表相对于地心的运动,则地表(及其上任一静止物体)都可近似为一个惯性系,再进一步由伽利略速度变换公式可知,相对于地表做匀速直线运动的物体都可近似为一个惯性系。若要考虑太阳对地球的影响,则地球是一个非惯性参考系,若不计太阳系外其他星球对太阳系的影响,则太阳系为孤立系,而太阳因在太阳系中具有相对无穷大质量而成为质心,成为此孤立系中的惯性参考系。当需要考察太阳系外其他星球对太阳系中某个星球的影响时,太阳自然也就不再是

惯性参考系了。由此可见,真实的惯性参考系是一个理想概念,是一个通过忽略外部作用建立孤立系才能实现的一个相对概念。

对一对孤立质点而言,由式(3-1)、式(3-2)和式(3-6)易得

$$\boldsymbol{F}_{21}=m_2(\boldsymbol{a}_2-\boldsymbol{a}_C)=m_2\boldsymbol{a}_{2C},\quad \boldsymbol{F}_{12}=m_1(\boldsymbol{a}_1-\boldsymbol{a}_C)=m_1\boldsymbol{a}_{1C} \tag{3-9}$$

这就是说,在质心惯性参考系中,两质点运动的加速度正比于它们的受力,反比于它们的质量。然而,对三个及三个以上的孤立质点系而言,很难直接推导出上述结论。由于运动和力都满足(矢量)叠加原理,牛顿认为,式(3-9)对任意质点系中的任意质点都成立,即在任意惯性参考系中,质量为 m 的质点某时刻获得的加速度正比于此时刻它受到的合力,反比于它的质量,即

$$\boldsymbol{a}=\frac{\boldsymbol{F}}{m}=\frac{\mathrm{d}\boldsymbol{v}}{\mathrm{d}t}=\frac{\mathrm{d}^2\boldsymbol{r}}{\mathrm{d}t^2}$$

式中 $\boldsymbol{F}=\sum_i \boldsymbol{F}_i$ 为该质点某时刻受到的所有其他物体对其作用力的矢量和,称为质点受到的合(外)力,式中的位矢、速度、加速度都是质点相对于此惯性系而言的。上述结论称为牛顿第二定律。

由牛顿第二定律可知,在相同的外力作用下,物体质量越大,它获得的相对于惯性系的加速度越小,这表明在惯性系中,物体越不容易改变其运动状态。这正好体现了它的惯性特征,故我们常将此处的质量 m 称为惯性质量,而将万有引力中出现的质量称为引力质量。在经典力学中,二者是相等的,由于 m 总为正,故加速度 $\boldsymbol{a}$ 与合外力 $\boldsymbol{F}$ 的方向总是相同,即 $\boldsymbol{a}$ 与 $\boldsymbol{F}$ 具有同时性、同向性。牛顿第二定律是个时刻定律、矢量定律,它定量地阐明了在惯性系中质点运动的加速度与合外力之间的正比关系。

孤立质点系的质心是一个惯性系,与其相对匀速直线运动的所有参考系都是惯性系,故惯性系不难寻找,质点 m 相对于惯性系的加速度也能够测定。在已知与质点 m 相关的所有相互作用力后,其受到的合力也可方便求得,故牛顿第二定律是可以通过实验验证的。实验表明,在速度远小于光速的情况下,牛顿第二定律是一个相当精确的物理定律,它的重要性是不言而喻的,它是整个经典力学的基础。有了惯性系及牛顿第二定律,就可以测定合力,进而可以测出某些相互作用力,并完成各种相互作用力的统一度量。

将受力质点作为研究对象,一般地,其受到的合力 $\boldsymbol{F}$ 为其位矢 $\boldsymbol{r}$、运动速度 $\boldsymbol{v}$ 及时间 t 的显函数,即

$$\boldsymbol{F}=\boldsymbol{F}(\boldsymbol{r},\boldsymbol{v},t)$$

而 $\boldsymbol{r}=\boldsymbol{r}(t)$ 也正是合力的作用点,$\boldsymbol{v}=\boldsymbol{v}(t)$ 为力作用点的运动速度,它们都是时间 t 的函数,故力总是时间 t 的(隐)函数,即

$$\boldsymbol{F}=\boldsymbol{F}[\boldsymbol{r}(t),\boldsymbol{v}(t),t]=\boldsymbol{F}(t) \tag{3-10}$$

若力不随时间变化,则称为恒力,反之,则称为变力。若力仅仅是其作用点位矢的显函数,即

$$\boldsymbol{F}=\boldsymbol{F}[\boldsymbol{r}(t)] \tag{3-11}$$

则质点运动到空间某个特定位置时,其受力也是特定的,这表明与该力相关的力场是恒定的,故称其为恒力,若力还是时间 t 和速度 $\boldsymbol{v}$ 的显函数,则称其为非恒定力。当力为变力时,牛顿第二定律为

$$\boldsymbol{F}=\boldsymbol{F}(\boldsymbol{r},\boldsymbol{v},t)=m\frac{\mathrm{d}\boldsymbol{v}}{\mathrm{d}t}=m\frac{\mathrm{d}^2\boldsymbol{r}}{\mathrm{d}t^2} \tag{3-12}$$

3.2　力学中常见的几个力

一、万有引力及重力

任何有质量的两物体之间都存在着万有引力。在某参考系 O 中，质量分别为 m_1 和 m_2 的两质点的运动方程为 $\boldsymbol{r}_1(t)$ 及 $\boldsymbol{r}_2(t)$，则于任意 t 时刻，m_1 对 m_2 的万有引力为

$$\boldsymbol{F}_{21}(\boldsymbol{r}_2,t)=-\frac{Gm_1m_2[\boldsymbol{r}_2(t)-\boldsymbol{r}_1(t)]}{|\boldsymbol{r}_2(t)-\boldsymbol{r}_1(t)|^3}=-\frac{Gm_1m_2\boldsymbol{R}_{21}(t)}{|\boldsymbol{R}_{21}(t)|^3} \tag{3-13}$$

式中，$\boldsymbol{F}_{21}(\boldsymbol{r}_2,t)$ 中的 $\boldsymbol{r}_2$ 表示力 $\boldsymbol{F}_{21}$ 的作用点，而 $(\boldsymbol{r}_2,t)$ 表示力 $\boldsymbol{F}_{21}$ 的值与这些量有关，负号表示 m_2 受到 m_1 的作用力与相对位矢 $\boldsymbol{R}_{21}(t)=\boldsymbol{r}_2(t)-\boldsymbol{r}_1(t)$ 的方向相反，即 m_2 受到 m_1 的吸引力，常量 G 称为引力常量，实验测定为 $G=6.67\times10^{-11}\ \mathrm{m^3\cdot kg^{-1}\cdot s^{-2}}$。按照交换对称性，将式(3-13)中的下标 1、2 互换即得 m_1 受到 m_2 的作用力 $\boldsymbol{F}_{12}$，显而易见它们满足牛顿第三定律。

只要 $\boldsymbol{r}_1(t)$ 不为常矢量，是时间 t 的函数，即只要施力物体 m_1 在某参考系 O 中运动，则在该参考系 O 中，力 $\boldsymbol{F}_{21}(\boldsymbol{r}_2,t)$ 是时间 t 的显函数，即在该参考系 O 中，即使受力物体 m_2 不动，其受力 $\boldsymbol{F}_{21}$ 也将随时间 t 变化。当施力物体 m_1 在参考系 O 中静止时，即 $\boldsymbol{r}_1(t)=\boldsymbol{r}_0$，则有

$$\boldsymbol{F}_{21}(\boldsymbol{r}_2,t)=-\frac{Gm_1m_2[\boldsymbol{r}_2(t)-\boldsymbol{r}_0]}{|\boldsymbol{r}_2(t)-\boldsymbol{r}_0|^3}=\boldsymbol{F}_{21}[\boldsymbol{r}_2(t)]=\boldsymbol{F}_{21}(\boldsymbol{r}_2)$$

力仅仅是作用点位置 $\boldsymbol{r}_2$ 的显函数，是恒力。对像万有引力那样的纯几何力而言，只有在与施力物体相对静止的参考系中，受力物体受到的力才是恒力。

上述的万有引力定律本身仅适用于质点之间的相互作用，由力的叠加性及微积分知识可以证明，一个质量均匀分布且总质量为 m_0 的球体(或质量球对称分布的物体)对一个位于球外的质量为 m 的质点的万有引力，等效于全部质量 m_0 位于球心的质点对 m 的作用力。故在将地球近似看成质量均匀分布的球体并取球心为坐标原点的球坐标系后，质点 m 在距地球中心为 $\boldsymbol{r}$ 处的受力为

$$\boldsymbol{F}=-G\frac{mm_0}{r^3}\boldsymbol{r}=-G\frac{mm_0}{r^2}\boldsymbol{e}_r \tag{3-14}$$

它随 $r\to\infty$ 而趋于 0。在取与地球相对静止的参考系中，$\boldsymbol{r}$ 就是受力质点 m 的位矢，力仅仅是作用点位置的函数，万有引力是恒定的。一个在地球表面附近的质量为 m 的物体受到的地球的万有引力为

$$\boldsymbol{P}=-G\frac{m_{\mathrm{E}}m}{R_{\mathrm{E}}^2}\boldsymbol{e}_r=-mg\boldsymbol{e}_r=m\boldsymbol{g} \tag{3-15}$$

$\boldsymbol{P}$ 常称为重力，其中地球半径 $R_{\mathrm{E}}\approx6.4\times10^6\ \mathrm{m}$，$|\boldsymbol{g}|\approx9.8\ \mathrm{m\cdot s^{-2}}$，$\boldsymbol{g}$ 称为重力加速度，习题计算中其大小常近似为 $10\ \mathrm{m\cdot s^{-2}}$。在工程实际中，一般物体之间的万有引力与物体所受的其他力相比是很微小的，往往忽略不计。只有在讨论一个星球对其他物体的相互作用时，才考虑到万有引力的作用。

二、接触式相互作用力

1. 弹性力

在经典力学特别是在工程力学中，绝大部分的力，比如弹性力、摩擦力等都是接触式相互作用力，从根本上讲它们都缘起于电磁相互作用力。当两个物体相互接触并挤压时，物体要发生变形，变形的物体试图恢复原来的形状，物体之间就产生了相互作用力，这种作用力称为接触式相互作用力。当两个物体均为弹性体时，这种作用力又称为弹性力。

常见的弹性力有两种，第一种是物体之间的正压力和支持力。例如将物体放在水平桌面上时，物体对桌面施加一正压力，使桌面发生形变，因而对物体产生一个反作用力，即支持力。压力、支持力的方向都是垂直接触面指向对方。

第二种为绳子对物体的拉力，它也是由于绳子的形变而产生的弹力，力的方向总是指向绳子收缩的方向。对绳子施加拉力时，绳子内部各部分之间由于形变而产生弹性力，这种弹力称为张力。一般情况下，绳子内部各处的张力是不同的，对于一个柔软轻绳，在质量忽略不计时，则由牛顿运动定律可推知绳中的张力是处处相等的。

第三种为弹簧的弹性力，它是弹簧被拉伸或压缩变形时产生的弹性力，它的产生与绳中的拉力相似，所不同的是绳子几乎不能被压缩而弹簧可以。弹簧一端 O 系于一固定物上，另一端点 P 自由，在取固定物为参考系并取以 O 为坐标原点的球（平面时为极）坐标系时，则有端点 P 处的弹性力为

$$\boldsymbol{F}=-k(|\boldsymbol{r}|-l_0)\boldsymbol{e}_r \tag{3-16}$$

其中 l_0 为弹簧原长，k 称为弹簧的弹性系数，其值决定于弹簧的长短、横截面的粗细以及组成弹簧的材料的力学性质。式（3-16）称为胡克定律，由此可知，$\boldsymbol{F}$ 的方向总是指向 l_0 处（平衡位置），故这种力称为回复力，在上述参考系中，它仅仅是作用点（端点）位置的函数，是恒定的。在一维情况下，我们常将 $x=|\boldsymbol{r}|-l_0$ 称为弹簧的伸长量，这是个代数量，可正可负，而 $\boldsymbol{e}_x=\boldsymbol{e}_r$，故有

$$\boldsymbol{F}=-kx\boldsymbol{e}_x \tag{3-17}$$

式（3-17）也标定了弹簧原长处端点为 x 轴的坐标原点，弹簧伸长方向为 x 轴正方向。

2. 摩擦力

（1）静摩擦力。当相互接触挤压的两个物体相对静止而又有相对滑动趋势时，它们之间产生的摩擦力，称为静摩擦力。例如当我们用手去推一个静止在地面上的木箱时，若推力较小，木箱不动，就是由于木箱底面受到地面的静摩擦力 $\boldsymbol{F}_s$ 而造成的，静摩擦力 $\boldsymbol{F}_s$ 与推力 $\boldsymbol{F}$ 大小相等，方向相反。静摩擦力随推力的增大而增大，当推力达到一定程度时，木箱开始滑动，在这个过程中的某个时刻，静摩擦力达到最大值，这个最大值称为最大静摩擦力，用 $\boldsymbol{F}_{s,max}$ 表示。静摩擦力的方向沿着两个物体的接触面与相对滑动趋势方向相反。实验证明，最大静摩擦力 $\boldsymbol{F}_{s,max}$ 的大小与物体之间的正压力的大小 F_N 成正比，即

$$F_{s,max}=\mu_s F_N \tag{3-18}$$

式中 μ_s 为静摩擦因数，它与接触面的材料、粗糙程度、干湿情况等因素有关。

（2）滑动摩擦力。当两个物体接触挤压而相对滑动时，两接触面之间所产生的摩擦力称为滑动摩擦力，用 $\boldsymbol{F}_k$ 来表示，其大小为

$$\boldsymbol{F}_k=\mu_k F_N \tag{3-19}$$

式中 μ_k 为滑动摩擦因数,它与接触面的材料、表面的光滑程度等有关。滑动摩擦力的方向与相对滑动的方向相反。一般情况下滑动摩擦因数 μ_k 比静摩擦因数 μ_s 略小一些,在精度要求不高的情况下,我们认为两者是相等的。

(3) 黏性阻力。当固体在流体中运动,或流体内部的各部分之间相对滑动时,它们之间也存在摩擦力,这种摩擦力称为黏性阻力。黏性阻力的大小与固体和流体之间的相对速度大小有关,在相对速率较小时,流体从物体周围平滑地流过时,黏性阻力与相对速率的一次方成正比,即

$$\boldsymbol{F}_r=-kv\boldsymbol{e}_t=-k\boldsymbol{v}$$

当相对速率较大时,黏性阻力常与相对速率的二次方成正比,即

$$\boldsymbol{F}_r=-kv^2\boldsymbol{e}_t=-k|\boldsymbol{v}|\boldsymbol{v}$$

当相对速率很大时,黏性阻力会急剧增大。同时,黏性阻力也与固体的形状、流体的性质有关系。

3.3　力学相对性原理和牛顿运动定律的应用举例

一、力学相对性原理和非惯性系中的惯性力

1. 力学相对性原理

在某个相对惯性参考系中,物体的运动遵循牛顿第二定律,由式(2-36)可知,在与该相对惯性参考系匀速直线运动的另一个平动刚性参考系中,物体的运动依旧遵循牛顿第二定律,即对该物体而言,该平动刚性参考系依旧是一个相对惯性参考系。这就是说,对一个物体而言,存在着许多相对惯性参考系,这些相对惯性参考系之间一定是相互静止或做相对匀速直线运动。在所有相对惯性参考系中,牛顿运动定律都成立,形式都相同。也就是说,对某个物体而言,牛顿运动定律对各个相对惯性参考系而言都是等价的。譬如对在地表附近做小范围运动的物体而言,相对于地面做匀速直线运动的封闭船舱与地面表面一样,都是惯性参考系,物体在这两个惯性参考系中的运动遵循完全相同的运动定律,这就是说,在封闭船舱中通过对物体做任何力学实验,都无法知道封闭船舱相对于地面的运动状态。力学定律对惯性系的等价性,称为力学相对性原理或伽利略相对性原理,它表明,对惯性系而言,物理定律具有绝对性和客观性。

2. 非惯性系中的惯性力

在工程技术中我们为了方便描述物体的运动,常常会选一些非惯性系作为参考系,在非惯性系中,质点遵循什么样的运动定律呢?明显的,牛顿第一、第二定律在其中不能应用,怎么办?幸好我们学习了上一章的相对运动,我们可以先选好一个惯性系,应用牛顿运动定律,然后,将牛顿运动定律中的所有物理量通过不同参考系中的各运动量的变换将它们变换到非惯性系中即可,公式为 $\boldsymbol{a}_a=\boldsymbol{a}_r+\boldsymbol{a}_e$,其中 $\boldsymbol{a}_r$ 指的是两者之间的相对加速度。在相对运动中,我们选绝对参考系为某个惯性系,则由牛顿运动定律可得,质点运动满足方程

$$\boldsymbol{F}=m\boldsymbol{a}_a \tag{3-20}$$

注意到 $\boldsymbol{F}$ 和 m 都是绝对量(在牛顿力学中),不同参考系(不管是否是惯性系)中的 $\boldsymbol{F}$ 和 m 都是一样的,将 $\boldsymbol{a}_a=\boldsymbol{a}_r+\boldsymbol{a}_e$ 代入式(3-20)得 $\boldsymbol{F}=m\boldsymbol{a}_r+m\boldsymbol{a}_e$,即

$$\boldsymbol{F}-m\boldsymbol{a}_e=m\boldsymbol{a}_r \tag{3-21}$$

式(3-21)就是非惯性系中质点的动力学方程,式中($-m\boldsymbol{a}_e$)称为惯性力,它是一种等效的力,不是真实的力,是由于非惯性系相对于惯性系的牵连加速度而引起的,它没有施力物体,仅有受力物体。计算此力,我们必须确定牵连加速度 $\boldsymbol{a}_e$,当非惯性系是平动参考系时,牵连加速度常与位置无关,仅可能是时间的函数;而在转动参考系中,$\boldsymbol{a}_e$ 常与位置有关,而且有许多项,它们分别有不同的名称,于此不作介绍。式(3-21)与牛顿运动定律相仿,也是个矢量微分方程,它的求解和讨论和牛顿运动定律的求解相似,对此我们不再讨论。

二、牛顿运动定律的应用举例

牛顿第二定律的适用条件是惯性参考系,应用的对象是质点,它是个时刻定律、矢量定律和微分定律,注意到这些特点之后,应用牛顿运动定律时,研究对象必须能被看作质点,必须先指明惯性系。在研究地表附近的物体的运动时,地面及与地面相对匀速平动的刚体都可近似为惯性参考系。应用牛顿运动定律求解力学问题通常分为两类,一类是已知力求物体的运动方程,另一类是已知运动变化求力,或两者兼有。明显地,求解力学问题的关键是分析物体受力,寻找到在任意 t 时刻,该物体受到的所有力,代入此时刻的牛顿运动定律即可。从物理上讲,在牛顿第二定律中只涉及两个物理量,一个是力,另一个是加速度,正确地定量表示这两个矢量物理量就成为应用牛顿第二定律讨论问题时的全部物理任务,随后的工作就是将这两个物理量代入牛顿运动定律并利用我们学过的数理知识求解这个方程。下面我们先通过例题熟悉一下解题程序。

例 3-1 如图 3-1 所示,质量为 m 的木箱置于粗糙地面上,用恒力 $\boldsymbol{F}$ 拉动木箱沿地面运动,两者的摩擦因数为 μ。问拉力 $\boldsymbol{F}$ 与地面的倾角 α 为何值时,木箱能获得最大的加速度?

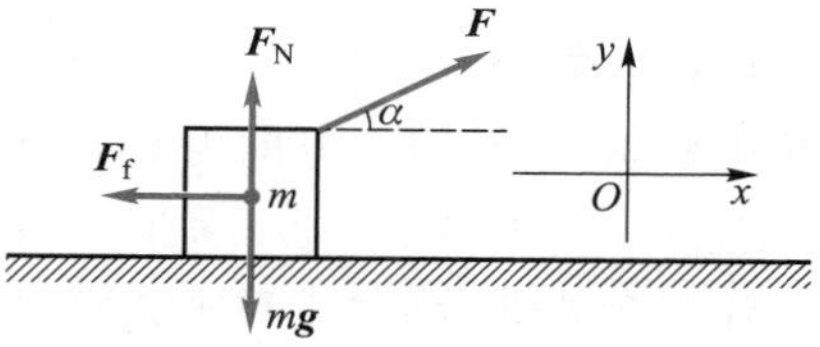

图 3-1

解:取地面为参考系,木箱为研究对象,在任意 t 时刻其受力有:拉力 $\boldsymbol{F}$、重力 $m\boldsymbol{g}$、地面的支持力 $\boldsymbol{F}_N$ 和地面的摩擦力 $\boldsymbol{F}_f$,它们的方向均已知,如图 3-1 所示,则由牛顿第二定律及支持力和摩擦力的关系可得

$$\boldsymbol{F}+m\boldsymbol{g}+\boldsymbol{F}_N+\boldsymbol{F}_f=m\boldsymbol{a} \tag{①}$$

$$F_f=\mu F_N \tag{②}$$

(最根本的物理任务已完成,下面为定量表示式①中的各个矢量,这需要建立坐标系)取地面运动方向为 x 轴,竖直地面向上为 y 轴,如图 3-1 所示,则式①两边分别点乘方向矢量 $\boldsymbol{i}$,$\boldsymbol{j}$ 后可得

$$F\cos\alpha-F_f=ma_x=ma \tag{③}$$

$$F\sin\alpha+F_N-mg=ma_y=0 \tag{④}$$

联合求解式②—式④,可得物体的加速度

$$a(\alpha)=\frac{F(\cos\alpha+\mu\sin\alpha)}{m}-\mu g \tag{⑤}$$

为使加速度最大，可令$\dfrac{\mathrm{d}a}{\mathrm{d}\alpha}=0$，得 $\tan\alpha=\mu$，这就是所求倾角满足的条件方程。

例 3-2　如图 3-2(a)所示，在光滑的水平面上放一质量为 m_0 的楔块，楔块底角为 θ，斜边也光滑。今在其斜边上放一质量为 m 的物块，求物块沿楔块下滑时相对楔块和相对地面的加速度。

解：取光滑的水平面为参考系，物块和楔块分别为研究对象。在任意 t 时刻，物块沿楔块下滑时其受力有：重力 $m\boldsymbol{g}$、楔块的支持力 $\boldsymbol{F}_{\mathrm{N}}$，如图 3-2(b)所示；此时楔块的受力有：重力 $m_0\boldsymbol{g}$、物块对楔块的正压力 $\boldsymbol{F}'_{\mathrm{N}}$、地面的支持力 $\boldsymbol{F}$，如图 3-2(c)所示。则由牛顿运动定律可得

$$\boldsymbol{F}_{\mathrm{N}}+m\boldsymbol{g}=m\boldsymbol{a}_m \qquad ①$$

$$\boldsymbol{F}'_{\mathrm{N}}+m_0\boldsymbol{g}+\boldsymbol{F}=m_0\boldsymbol{a}_{m_0} \qquad ②$$

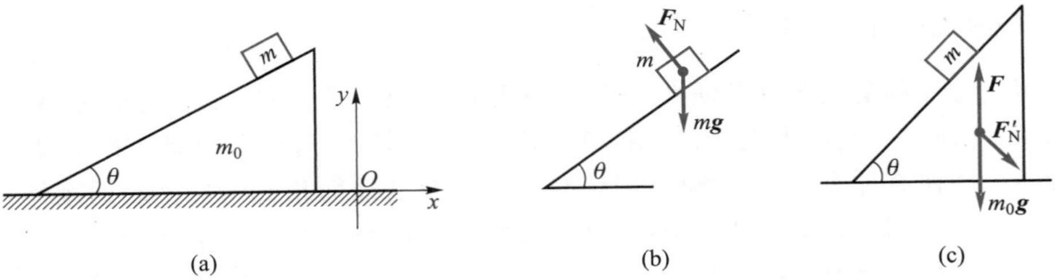

图 3-2

其中

$$\boldsymbol{F}'_{\mathrm{N}}=-\boldsymbol{F}_{\mathrm{N}} \qquad ③$$

（最根本的物理任务已完成，但加速度 $\boldsymbol{a}_m$ 的方向未知，化为方向已知的分量）注意到

$$\boldsymbol{a}_m=\boldsymbol{a}_{mm_0}+\boldsymbol{a}_{m_0} \qquad ④$$

（上式等号右边的两个加速度的方向均已知）将式④代入式①可得

$$\boldsymbol{F}_{\mathrm{N}}+m\boldsymbol{g}=m(\boldsymbol{a}_{mm_0}+\boldsymbol{a}_{m_0}) \qquad ⑤$$

（现在，在建立坐标系后，可定量表示式②和式⑤中的各个矢量）建立如图 3-2(a)所示的直角坐标系：水平向右方向为 $\boldsymbol{i}$、竖直向上方向为 $\boldsymbol{j}$，则

$$\boldsymbol{a}_{mm_0}=-a_{mm_0}(\cos\theta\boldsymbol{i}+\sin\theta\boldsymbol{j}),\quad \boldsymbol{a}_{m_0}=a_{m_0}\boldsymbol{i}$$

注意到式③，将式⑤和式②两边分别同时点乘 $\boldsymbol{i}$ 可分别得到

$$-F_{\mathrm{N}}\sin\theta=m(-a_{mm_0}\cos\theta+a_{m_0}) \qquad ⑥$$

$$F_{\mathrm{N}}\sin\theta=m_0a_{m_0} \qquad ⑦$$

式⑤两边同时点乘 $\boldsymbol{j}$ 可得

$$F_{\mathrm{N}}\cos\theta-mg=m(-a_{mm_0}\sin\theta+0) \qquad ⑧$$

联合求解方程式⑥—⑧得

$$a_{mm_0}=\frac{(m+m_0)\sin\theta}{(m_0+m\sin^2\theta)}g$$

$$a_{m_0}=\frac{m\sin\theta\cos\theta}{(m_0+m\sin^2\theta)}g$$

从而可得物块沿楔块下滑时相对楔块的加速度为

$$\boldsymbol{a}_{mm_0}=-\frac{(m+m_0)\sin\theta}{(m_0+m\sin^2\theta)}g(\cos\theta\boldsymbol{i}+\sin\theta\boldsymbol{j})$$

物块沿楔块下滑时相对地面的加速度

$$\boldsymbol{a}_m=\boldsymbol{a}_{mm_0}+\boldsymbol{a}_{m_0}=\frac{-m_0\sin\theta\cos\theta}{(m_0+m\sin^2\theta)}g\boldsymbol{i}-\frac{(m+m_0)\sin^2\theta}{(m_0+m\sin^2\theta)}g\boldsymbol{j}$$

可以验证，当 $m_0\gg m$ 时，$a_{m_0}\to 0$，楔块不动，而 $\boldsymbol{a}_m\approx\boldsymbol{a}_{mm_0}\approx -g\sin\theta(\cos\theta\boldsymbol{i}+\sin\theta\boldsymbol{j})$，其大小即为我们熟知的 $g\sin\theta$，方向沿斜面向下，这能提高对答案正确的信心。

上述两个例题表明：当合力为**恒力时**，牛顿第二定律给出了合力与加速度之间的矢量代数关系，通过坐标系的建立，最终可分解为几个标量代数方程，联合求解它们可找到问题的答案。当出现方向未知的分力或加速度时，应设法用已知方向的力或加速度来替代。但当合力为变量，为时间、质点位矢或速度的函数时，则牛顿第二定律给出的是位矢 $\boldsymbol{r}$、速度 $\boldsymbol{v}$ 与时间 t 之间的微分关系，牛顿第二定律是一个矢量微分定律，它给出了 t、$\boldsymbol{r}$、$\boldsymbol{v}$ 三个物理量之间的微分关系。从物理上讲，此时只需用 t、$\boldsymbol{r}$、$\boldsymbol{v}$ 表示任意 t 时刻的合力并代入牛顿第二定律即可，并未增加难度。难的是数学运算，求解微分方程要比代数方程困难些，求解时还常需要用到定义式 $\boldsymbol{v}=\mathrm{d}\boldsymbol{r}/\mathrm{d}t$（或 $v=\mathrm{d}s/\mathrm{d}t$），消去一个变量后，才能利用初始（或定值）条件完成积分，求得 $\boldsymbol{v}=\boldsymbol{v}(t)$ 或 $\boldsymbol{v}=\boldsymbol{v}(\boldsymbol{r})$，$\boldsymbol{r}=\boldsymbol{r}(t)$，但在积分前需要完成好分离变量等准备工作，使得等号两边都是某个函数的完全微分。请见下列例题。

例 3-3 在水平地面上有一半径为 R 的光滑球面，在其顶点处一质量为 m 的小球由于某种扰动，由静止开始下滑，如图 3-3 所示，半球面固定不动。问当 θ 角为多大时，物体开始脱离球面？此时物体的速率 v_θ 为多大？

解：取地面为参考系，小球为研究对象（对微分方程而言，下面一步的假设看似随意，恰是最重要的）。设 t 时刻小球运动到角 $\theta(t)$ 处，此时受力有重力 $m\boldsymbol{g}$ 和球面的支持力 $\boldsymbol{F}_\mathrm{N}(\theta)$，方向如图 3-3 所示。则由牛顿第二定律可得

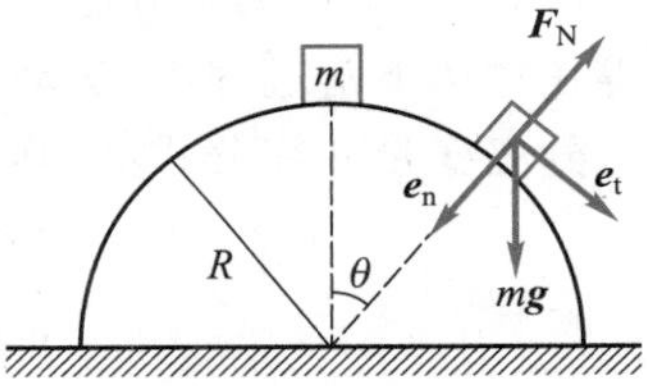

图 3-3

$$\boldsymbol{F}_\mathrm{N}(\theta)+m\boldsymbol{g}=m\boldsymbol{a}(\theta) \qquad ①$$

（最根本的物理任务已完成，下面就是设法定量表示式①中的各个矢量，这需要建立坐标系）取自然坐标系，式①两边同时点乘方向矢量 $\boldsymbol{e}_\mathrm{t}$，$\boldsymbol{e}_\mathrm{n}$，得

$\boldsymbol{e}_\mathrm{t}$ 方向：

$$mg\sin\theta=ma_\mathrm{t}=m\frac{\mathrm{d}v}{\mathrm{d}t} \qquad ②$$

$\boldsymbol{e}_\mathrm{n}$ 方向：

$$-F_\mathrm{N}+mg\cos\theta=ma_\mathrm{n}=m\frac{v^2}{R} \qquad ③$$

式②两边同乘以 $\mathrm{d}\theta$，注意到 $\mathrm{d}\theta/\mathrm{d}t=\omega=v/R$，可得

$$v\mathrm{d}v=gR\sin\theta\mathrm{d}\theta$$

由题意知：$\theta=0$ 时，$v=0$，两边积分有

$$\int_0^{v(\theta)}v\mathrm{d}v=\int_0^{\theta}gR\sin\theta\mathrm{d}\theta$$

得

$$v=\sqrt{2gR(1-\cos\theta)} \qquad ④$$

将式④代入式③，可得：$F_N=mg(3\cos\theta-2)$。当 $F_N=0$，即当 $\cos\theta=2/3$，$\theta=48°12'$时，物体脱离球面，此时小球的速率 $v_\theta=\sqrt{2gR(1-\cos\theta)}=\sqrt{2gR/3}$。

例 3-4　质量为 m 的物体，由地面以初速度 $\boldsymbol{v}_0$ 竖直向上发射，物体受到空气的阻力为 $\boldsymbol{F}_f=-kv\boldsymbol{e}_t=-k\boldsymbol{v}$，求：(1) 物体到最大高度所需的时间；(2) 物体达到的最大高度。

解：(1) 取物体为研究对象，地面为参考系。如图 3-4 所示，设 t 时刻物体的运动速度为 $\boldsymbol{v}(t)$，则此时其受力有阻力 $\boldsymbol{F}_f=-k\boldsymbol{v}=-kv\boldsymbol{e}_t$ 及重力 $m\boldsymbol{g}$，代入该时刻的牛顿第二定律得

$$m\boldsymbol{g}+\boldsymbol{F}_f=m\boldsymbol{g}-k\boldsymbol{v}=m\boldsymbol{a}=m\frac{\mathrm{d}\boldsymbol{v}}{\mathrm{d}t} \qquad ①$$

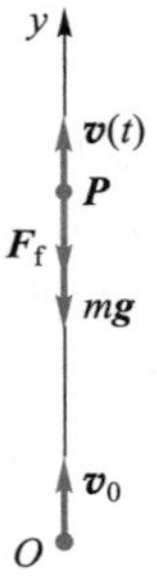

图 3-4

取竖直向上为 y 轴正方向，发射初始时刻物体位于坐标原点，则初始条件为：$t=0$，$y=0$，$v=v_0$。将式①两边同时点乘以 $\boldsymbol{e}_y$，则可得标量方程

$$-mg-kv_y=m\frac{\mathrm{d}v_y}{\mathrm{d}t}$$

省略下标，则有

$$-mg-kv=m\frac{\mathrm{d}v}{\mathrm{d}t} \qquad ②$$

注意，上式中的 v 不是速率，而是 v_y，上式中的 $\mathrm{d}v/\mathrm{d}t$ 并非切向加速度分量 a_t，而是 a_y，并且易得在物体下落过程中，运动微分方程依然是式①和式②。

分离变量并积分式②，则由始末条件得

$$\int_0^t \mathrm{d}t=-m\int_{v_0}^0 \frac{\mathrm{d}v}{mg+kv}$$

$$t=\frac{m}{k}\ln\left(1+\frac{kv_0}{mg}\right) \qquad ③$$

式②两边同时乘以 $\mathrm{d}y$，分离变量后积分可得

$$\int_0^h \mathrm{d}y=\int_{v_0}^0 -\frac{mv\mathrm{d}v}{mg+kv}$$

即

$$h=\frac{m}{k}\left[v_0-\frac{mg}{k}\ln\left(1+\frac{kv_0}{mg}\right)\right] \qquad ④$$

考察一下当空气阻力可以忽略时，即 $k\to0$（即 kv_0/mg 是个无穷小量）时，探讨物体到最大高度及所需的时间是有必要的，它对于我们验证上述结论的正确性有相当大的帮助。由式③得物体到最大高度所需时间为

$$t=\frac{m}{k}\ln\left(1+\frac{kv_0}{mg}\right)\approx\frac{m}{k}\frac{kv_0}{mg}=\frac{v_0}{g}$$

由式④得物体达到的最大高度为

$$h=\frac{m}{k}\left[v_0-\frac{mg}{k}\ln\left(1+\frac{kv_0}{mg}\right)\right]\approx\frac{m}{k}\left[v_0-\frac{mg}{k}\left(\frac{kv_0}{mg}-\frac{1}{2}\left(\frac{kv_0}{mg}\right)^2\right)\right]=\frac{v_0^2}{2g}$$

这与我们中学熟知的结果一样，这种极限近似的验证使我们对结果的正确性增强了信心。

在中学中，不少学生喜欢选运动方向为正方向，这是什么样的坐标系呢？实际上，这就是自然坐标系。当我们准备用自然坐标系讨论问题时，各种力应该用自然坐标系中的坐标和方向表示。在本题中，若选自然坐标系，物体受到的阻力应为 $\boldsymbol{F}=-k\boldsymbol{v}=-kv\boldsymbol{e}_t$，则由牛顿运动定律可得

$$m\boldsymbol{g}-kv\boldsymbol{e}_t=m\boldsymbol{a} \quad ⑤$$

在向上发射过程中，物体的运动方向 $\boldsymbol{e}_t$ 竖直向上，式⑤两边同时点乘 $\boldsymbol{e}_t$ 可得如下的标量方程

$$-mg-kv=ma_t=m\mathrm{d}v/\mathrm{d}t \quad ⑥$$

式中的 v 就是速率，$\mathrm{d}v/\mathrm{d}t$ 正是切向加速度分量 a_t，由上式可知，它是小于零的，即速率在变小。但式⑥在物体返回地面过程中并不成立，在物体下落过程中，$\boldsymbol{e}_t$ 竖直向下，由式⑤（它当然依旧成立）两边同时点乘此时的 $\boldsymbol{e}_t$ 可得如下的标量方程

$$mg-kv=ma_t=m\mathrm{d}v/\mathrm{d}t \quad ⑦$$

由此可见，在不同的坐标系中，标量方程的形式一般会有所不同，初始条件（即定积分求解时的积分上下限）也会有所不同，但矢量方程式一定是相同的。从物理层面上讲，写出式①，任务完成，后面的工作就是求解这个方程，这是一个数学问题了。该方程为矢量微分方程，为了将其标量化，选择坐标系是必须的，而标量化过程就是将矢量式的两边分别同时点乘坐标系的各个方向矢量，这是一个很容易操作的过程，也不容易犯错。所以，当一个物理定律是矢量形式时，最好先直接写出其最原始的矢量形式的方程，然后选择坐标系进行标量化，再求解，这样步骤分明，不易出错。不管选什么坐标系，最后结果自然是相同的。对初学者来讲，即便是一维运动，也应遵循这个过程。此外还需要将问题数学化，弄清楚问题需要我们找到什么量之间的关系。例如在本例题中，在注意到最大高度处的特征是速度大小为零，则第一问的数学意义是要我们找到速度与位移（或速率与路程）的函数关系，而第二问的数学意义是要我们找到速度与时间的函数关系，前者求解时要设法消去时间 t，后者求解时要设法消去位移（或路程）。

例 3-5 光滑的水平桌面上放置一半径为 R 的固定圆环，物体紧贴环的内侧做圆周运动，其摩擦因数为 μ，如图 3-5 所示开始时物体的速率为 v_0，求：(1) 任意 t 时刻物体的速率；(2) 当物体速率从 v_0 减少到 $v_0/2$ 时，物体所经历的时间及经过的路程。

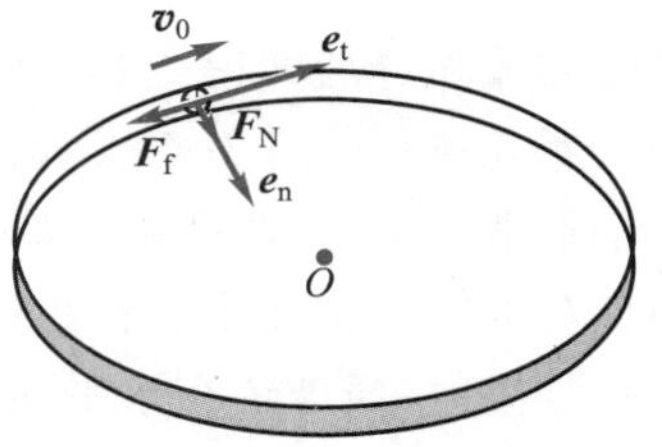

图 3-5

解：(1) 取水平桌面为参考系，设物体质量为 m，任意 t 时刻的速度为 $\boldsymbol{v}(t)$，水平面内其受力有圆环内侧对物体的支持力 $\boldsymbol{F}_N$ 和环与物体之间的摩擦力 $\boldsymbol{F}_f$，则由牛顿运动定律可得

$$\boldsymbol{F}_N+\boldsymbol{F}_f=m\boldsymbol{a} \quad ①$$

取图中所示的自然坐标系，则由式①两边分别同时点乘方向矢量 $\boldsymbol{e}_n$，$\boldsymbol{e}_t$ 得

$$F_N=ma_n=\frac{mv^2}{R} \quad ②$$

$$-F_f=ma_t=m\frac{\mathrm{d}v}{\mathrm{d}t} \quad ③$$

摩擦力大小与正压力的关系为

$$F_f = \mu F_N \tag{4}$$

联合求解式②—式④可得

$$\mu \frac{v^2}{R} = -\frac{dv}{dt} \tag{5}$$

积分上式(先进行分离变量),注意到初始条件 $t=0$ 时,$v=v_0$,则有

$$\int_0^t dt = -\frac{R}{\mu}\int_{v_0}^{v(t)} \frac{dv}{v^2}$$

$$v(t) = \frac{Rv_0}{R+v_0\mu t} \tag{6}$$

(2)当物体的速率从 v_0 减少到 $v_0/2$ 时,由式⑥可得所需的时间为

$$t' = \frac{R}{\mu v_0} \tag{7}$$

可得物体在这段时间内所经过的路程

$$s = \int ds = \int_0^{t'} v dt = \int_0^{t'} \frac{Rv_0}{R+v_0\mu t} dt$$

将式⑦代入可得

$$s = R\ln 2/\mu \tag{8}$$

实际上,欲求物体的速率从 v_0 减少到 $v_0/2$ 过程中所经过的路程,应当寻找速率与路程的(微分)关系。式⑤两边同时乘上 ds,可得

$$\mu \frac{v^2}{R} ds = -\frac{dv}{dt} \cdot ds = -v dv$$

简化、分离变量并积分有

$$\int_0^s \frac{\mu}{R} ds = \int_{v_0}^{v_0/2} -\frac{dv}{v}$$

两边完成积分后即得式⑧,这样计算更加直接。

例 3-6　如图 3-6 所示,圆锥摆的摆球质量为 m,当摆线与中垂线成 θ 角时,摆线对摆球的拉力大小为多少?下面是两个学生的解答,请问他们谁对谁错?错在哪里?为什么?

学生甲:摆球仅在水平面上运动,故竖直方向没有运动,自然也就没有加速度,则由牛顿第二定律可得,竖直方向摆球受到的合力为零,将拉力投影到竖直方向,得 $F_T\cos\theta = mg$,即 $F_T = mg/\cos\theta$。

学生乙:摆球在绳长方向没有运动,自然也就没有加速度,则由牛顿第二定律可得,沿绳长方向摆球受到的合力为零,将重力投影到绳长方向得 $F_T = mg\cos\theta$。

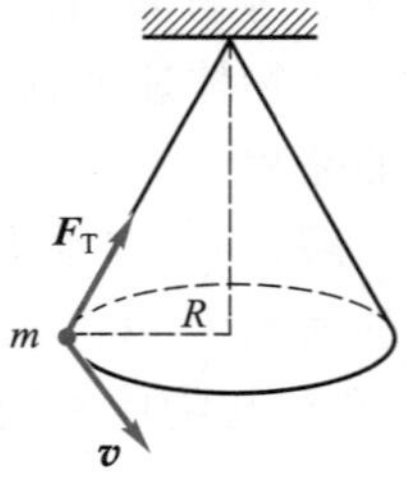

图 3-6

解:学生甲的结论对,但解题思路不够清晰、规范、完整,没有指明惯性参考系及研究对象。学生乙的解答是错误的,错在没有清晰地明了运动是个相对概念,不清楚参考系的作用。下面我们来分析学生乙说的话:第一句:“摆球在绳长方向没有运动”,这句话好像没有问题,运动稳定后,绳子长度不再变化,摆球在绳长方向的确没有相对运动;第二句:“自然也就没有加速

度”，这句话他的意思是“摆球在绳长方向没有加速度”，没有运动就没有速度，速度始终为零，速度不变，加速度自然也应为零，这也没错！那错只能错在最后的推论了？的确如此，错在了“则由牛顿第二定律可得，沿绳长方向摆球受到的合力为零，”这句话为什么错了呢？

我们知道，运动的描述只能是相对的，学生乙的第一句“摆球在绳长方向没有运动”，严格讲应该改为“在绳长方向，摆球与绳子没有相对运动”，也就是说：“取摆球为研究对象，绳子为参考物，在绳长方向，摆球没有运动。”

需要特别注意的是，摆球与绳子之间有相对转动（运动），这很容易证明：在绳子上任取一点，连接该点和摆球，形成一个有向线段，它就是两点之间的相对位矢。明显地，在转动过程中，该有向线段大小不变，但方向发生变化，即两者之间在做纯相对转动，有相对加速度！而相对运动是绝对的，在任意参考系中都一样。下面顺便讨论下著名的牛顿水桶实验中的桶与水的相对运动，其实验过程大致如图 3-7 所示。

（1）桶吊在一根长绳上，将桶旋转多次而使绳拧紧，然后往桶中倒入一定量的水并使桶与水静止，此时水面是平的，如图 3-7（a）所示。

（2）接着松开绳子，因长绳的扭力使桶旋转，起初，桶在旋转而桶内的水并没有跟着一起旋转，水还面是平的，如图 3-7（b）所示。

（3）桶转过一段时间后，因桶的摩擦力带动水一起旋转，水就形成了凹面，直到水与桶的转速一致，但水面却仍然呈凹状，中心低，桶边高，如图 3-7（c）所示。

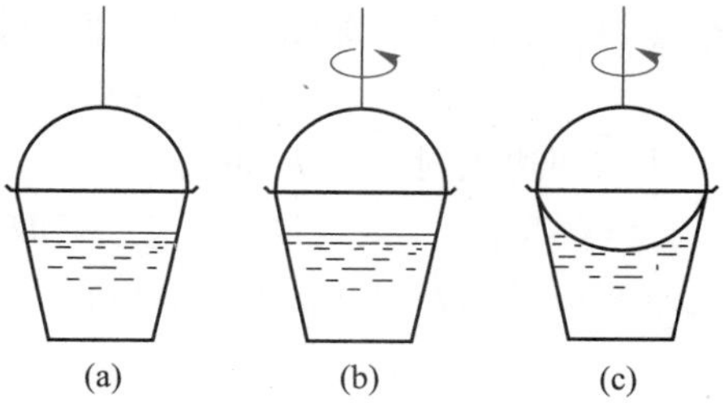

图 3-7

关于最后的平衡状态（水与桶的转速一致时），有人认为，此时水和桶之间是相对静止的，或者说，相对于桶，水是不转动的。但我们很容易证明这种说法是错误的，在水中随意放一个小塑料浮标，让其随水一起转动，在水桶壁上随意用墨水点一个点，将两者用直线连起来，形成一个有向线段，它就是两者之间的相对位矢，可以代表水与桶之间的相对运动。明显地，在最后的平衡状态下，该有向线段大小不变，但方向在不断变化，两者之间在做纯转动，而在之前的非平衡状态时，该有向线段不但方向发生变化，大小也发生变化，是一种复杂运动。这就是说，只要桶转动起来，在任何情况下，水与桶都有相对运动，至少有相对转动。

再次回到例 3-6 中，尽管摆球与绳子之间有相对运动，但是在绳长方向，两者的确没有相对运动，自然也没有相对加速度，故学生乙的第二句话依然没有错。现在可以说清楚为何最后的推论错了：因为绳子不是惯性参考系，它相对于地表在做转动，在其中牛顿第二定律自然不能成立，即某方向加速度为零，并不能得出该方向合力为零的结论。运动的描述只能是相对的，牛顿第二定律仅在惯性参考系成立，应用前必先指定参考系，而且是惯性参考系。

牛顿第二运动定律仅对质点运动才能成立。刚体的平动可以看作质点的运动，这是由于平动时刚体上任意两点间都无相对运动。刚体转动时，其上任意两点间都有相对（转动）运动，故此时不能将其简化为质点的运动了，但应用微元法我们还是可以讨论问题的。

例 3-7　一根质量为 m，长为 L 的木棒，一端用铰链系在一高速转动的竖直转轴点 O 上，转轴角速度为 ω，恒定不变，木棒随转轴一起转动，在重力的作用下，木棒做圆锥运动，如图 3-8（a）所示，试求棒与转轴的夹角为 θ 及棒中的张力分布。

解:欲求棒中 r 处的张力,只需于 r 处将棒分成前后两部分,求出它们之间的相互作用力,此即为棒中的张力。但这两部分的运动均不能被看成质点的运动,不能直接应用牛顿第二定律来讨论问题,故这种分割法于此不能讨论问题。为此我们选棒 r 处附近的一小段为研究对象,如图 3-8(b)所示。取点 O 为坐标原点、转轴为 z 轴(竖直向上为其正方向)的柱坐标系,棒上任一点的位矢为 $\boldsymbol{r}$,注意到木棒不能弯曲,则位矢的方向不变,令背离转轴的张力为 $\boldsymbol{F}_{\mathrm{T}}(\boldsymbol{r})$。研究对象受力有:$\boldsymbol{F}'_{\mathrm{T}}(\boldsymbol{r})$ 和 $\boldsymbol{F}_{\mathrm{T}}(\boldsymbol{r}+\mathrm{d}\boldsymbol{r})$,方向如图 3-8(b)所示,只要 $|\mathrm{d}\boldsymbol{r}|$ 足够小,该段棒可以被看作质点(称为质元),该质元在水平面上做半径为 $R=r\sin\theta$ 的圆周运动,由牛顿第二定律得

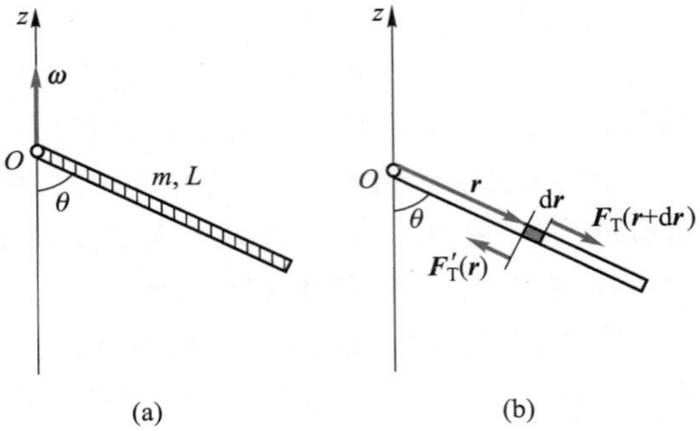

图 3-8

$$-\boldsymbol{F}_{\mathrm{T}}(\boldsymbol{r})+\boldsymbol{F}_{\mathrm{T}}(\boldsymbol{r}+\mathrm{d}\boldsymbol{r})+\boldsymbol{g}\mathrm{d}m=\mathrm{d}\boldsymbol{F}_{\mathrm{T}}(\boldsymbol{r})+\boldsymbol{g}\mathrm{d}m=\boldsymbol{a}\mathrm{d}m \quad ①$$

式①两边同时点乘 $\boldsymbol{k}$,可得

$$\mathrm{d}F_{\mathrm{T}z}(r)-gm\mathrm{d}r/L=0 \quad ②$$

两边求积分并注意到 $F_{\mathrm{T}z}(L)=0$ 可得

$$\int_{F_{\mathrm{T}z}(r)}^{0}\mathrm{d}F_{\mathrm{T}z}=\int_{r}^{L}gm\mathrm{d}r/L$$

完成积分并整理可得

$$F_{\mathrm{T}z}(r)=mg(r-L)/L$$

式①两边同时点乘 $\boldsymbol{e}_{\rho}$,可得

$$\mathrm{d}F_{\mathrm{T}\rho}(r)=a_{\rho}\mathrm{d}m=-\omega^{2}r\sin\theta\frac{m\mathrm{d}r}{L}$$

两边求积分并注意到 $F_{\mathrm{T}\rho}(L)=0$ 可得

$$\int_{F_{\mathrm{T}\rho}(r)}^{0}\mathrm{d}F_{\mathrm{T}\rho}=-\frac{m}{L}\omega^{2}\sin\theta\int_{r}^{L}r\mathrm{d}r$$

完成积分并整理可得

$$F_{\mathrm{T}\rho}(r)=\frac{m\omega^{2}\sin\theta(L^{2}-r^{2})}{2L}$$

故棒中的张力为

$$\boldsymbol{F}_{\mathrm{T}}(r)=F_{\mathrm{T}\rho}(r)\boldsymbol{e}_{\rho}+F_{\mathrm{T}z}(r)\boldsymbol{k}=\frac{m\omega^{2}\sin\theta(L^{2}-r^{2})}{2L}\boldsymbol{e}_{\rho}+\frac{mg(r-L)}{L}\boldsymbol{k} \quad ③$$

在铰链处,因铰链无法提供切向力,则铰链对棒作用力的方向就是棒的方向。此处

$$\boldsymbol{F}_{\mathrm{T}}(0)=F_{\mathrm{T}\rho}(0)\boldsymbol{e}_{\rho}+F_{\mathrm{T}z}(0)\boldsymbol{k}=\frac{m\omega^{2}\sin\theta L}{2}\boldsymbol{e}_{\rho}-mg\boldsymbol{k}$$

则角 θ 应满足方程

$$\tan\theta=\frac{\sin\theta}{\cos\theta}=\left|\frac{F_{\mathrm{T}\rho}(0)}{F_{\mathrm{T}z}(0)}\right|=\frac{\omega^{2}\sin\theta L}{2g}$$

即

$$\cos\,\theta = \frac{2g}{\omega^2 L}$$

当 $\omega^2 L \gg g$ 时，$\cos\,\theta \to 0, \theta \to \pi/2$，此时我们可以说转轴的转速很高，重力可以忽略，棒近似水平，其中的张力大小为

$$F_{\mathrm{T}\rho}(r) = \frac{m\omega^2(L^2 - r^2)}{2L}$$

在本题中，将细棒换成细绳，情况会怎样？对细棒而言，由式③易知棒中张力的方向随着位矢大小 r 而变化，也就是说，只有在铰链处，棒中张力的方向是棒的方向，而在其他地方，张力的方向与棒的方向并不完全一致，即细棒中的张力有平行细棒的纵向分量，也有垂直细棒的横向分力。对细棒而言，这不成问题，但对细绳而言，它是无法提供横向分力的，故在细绳情况时，细绳不再呈现为直线，它会弯曲，处理起来数学上难度很大，有兴趣的同学不妨继续往下讨论。

应用牛顿运动定律的解题程序为：(1) 找到并指定惯性参考系；(2) 指定质点；(3) 利用已知矢量如 $\boldsymbol{g}$ 等或待求的相关矢量如位矢 $\boldsymbol{r}$、速度 $\boldsymbol{v}$ 等物理量，写下任意 t 时刻合外力的矢量式；(4) 代入牛顿第二定律，得到位矢 $\boldsymbol{r}$、速度 $\boldsymbol{v}$ 与时间 t 满足的矢量微分方程，至此完成物理任务；(5) 为定量求解矢量微分方程，选择合适方便的坐标系，利用各方向矢量及点乘运算，标量化微分方程；(6) 针对问题，在注意问题的数学内涵后，利用定义式：$\boldsymbol{v} = \mathrm{d}\boldsymbol{r}/\mathrm{d}t, v = \mathrm{d}s/\mathrm{d}t$，来减少变量，变换变量，得到能回答问题的最简微分方程；最后利用定值条件和定积分手段，完成解答，积分前要确保等号两边都能化为全微分形式的表达式。

习题

选择题

3-1 在经典力学中，关于自由粒子，下列不正确的说法是(　　)。

A. 严格地讲，自由粒子为不携带质量、电荷量等各种物理量的纯几何粒子

B. 自由粒子与所有物体的相互作用力都等于零

C. 因自由粒子与某个物体的相互作用力恒为零，故它们之间的相对加速度一定为零

D. 物体只有在相对于自由粒子做匀速直线运动的参考系中才具有保持速度不变的惯性

3-2 在经典力学中，关于物体间的相互作用力，不正确的说法是(　　)。

A. 两物体间的相互作用力是绝对的，与参考系无关

B. 两孤立物体间的相互作用力会改变两物体间的相对速度

C. 两物体间的相互作用力随着它们之间相对加速度的大小而变化

D. 两孤立物体间的几何相互作用力一般只与它们之间的相对位矢有关

3-3 牛顿第一定律告诉我们，在惯性参考系中，(　　)。

A. 物体受力后才能运动

B. 运动的物体有惯性，静止的物体没有惯性

C. 物体的运动状态不变，则一定不受力

D. 物体的运动方向必定和受力方向一致

3-4 下列说法中,正确的是(　　)。

A. 自由粒子具有运动速度不变的惯性

B. 物体 B 受到物体 A 的作用,若作用力确定、物体 B 的质量确定,则物体 B 因此获得的加速度是确定的

C. 若物体的运动速度不变,则其一定不受外力作用

D. 两物体之间有相互作用力,若作用力确定、两物体的质量确定,则两物体间的相对加速度是确定的

3-5 运动的描述只能是相对的,地球绕太阳转动,当然也可以说太阳在绕地球转动,但在物理学上我们更愿意说地球绕着太阳转,其理由是(　　)。

A. 其他行星也绕着太阳转

B. 太阳质量比地球大许多,可以被近似为惯性系,从而地球和其他行星的运动都遵循牛顿第二定律

C. 太阳是恒星,而地球是行星,两星的地位不同

D. 地球体积比太阳小许多,可以被看成质点

3-6 在惯性参考系中,下列诸说法中,正确的是(　　)。

A. 物体的运动速度等于零时,合外力一定等于零

B. 物体的速度越大,则所受合外力也越大

C. 物体所受合外力的方向必定与物体运动速度方向一致

D. 以上三种说法都不对

3-7 物体在力 $\boldsymbol{F}$ 的作用下在光滑水平面上做直线运动,如果力 $\boldsymbol{F}$ 的方向不变,大小在逐渐减小,则该物体的(　　)。

A. 速度逐渐减小,加速度逐渐减小

B. 速度继续增大,加速度逐渐减小

C. 速度逐渐减小,加速度逐渐增大

D. 速度继续增大,加速度逐渐增大

3-8 质量相同的两物块 A、B 用轻弹簧连接后,再用细绳将物块 A 悬吊于天花板下,当整个系统平衡后,突然将细绳剪断,则剪断后的瞬间,(　　)。

A. A、B 的加速度大小均为 g

B. A 的加速度为零,B 的加速度大小为 $2g$

C. A 的加速度大小为 $2g$,B 的加速度为零

D. A、B 的加速度均为零

3-9 在电梯内用弹簧秤称量物体的重量,当电梯静止时称得一物体重量为 20 kg,当电梯运动时称得该物体重量为 16 kg,则该电梯的加速度(　　)。

A. 大小为 $0.2g$,方向向下　　B. 大小为 $0.8g$,方向向上

C. 大小为 $0.2g$,方向向上　　D. 大小为 $0.8g$,方向向下

填空题

3-10 一质量为 m 的质点在合外力 F 作用下沿 x 轴正方向运动。已知运动方程为 $x(t)=$

$10+5t+4t^3$（SI 单位），则 $t=3$ s 时，合外力 F 为________________。

3-11　如图所示，圆锥摆的摆球质量为 m，速率为 v，圆半径为 R，则摆线中的张力大小为________________。

3-12　质量为 2 kg 的物体在变力作用下从静止开始做直线运动，力随时间的变化规律是 $F=2+2t$（SI 单位），则 2 s 后此物体的速率为________________。

3-13　习题 3-13 图为一小球在光滑水平面上受力运动的俯视图。该小球质量为 5.0 kg，以 2.0 $m \cdot s^{-2}$ 的加速度沿图示方向加速运动，作用在该物体上有三个水平力，图中给出了其中的两个力 $\boldsymbol{F}_1$ 和 $\boldsymbol{F}_2$，$\boldsymbol{F}_1$ 的大小为 5 N，$\boldsymbol{F}_2$ 的大小为 10 N，试求第三个力。

3-14　一段路面水平的公路，转弯处轨道半径为 R，汽车轮胎与路面间的摩擦因数为 μ，要使汽车不至于发生侧向打滑，试求汽车在该处的最大行驶速率。

3-15　质量为 m 的小圆环套在一半径为 R 的光滑大圆环上，大圆环在竖直平面内绕过中心竖直轴以恒定角速度 ω 转动，如图所示，当小圆环在大圆环上静止时，求小圆环的方位角 θ 及大圆环对其作用力。

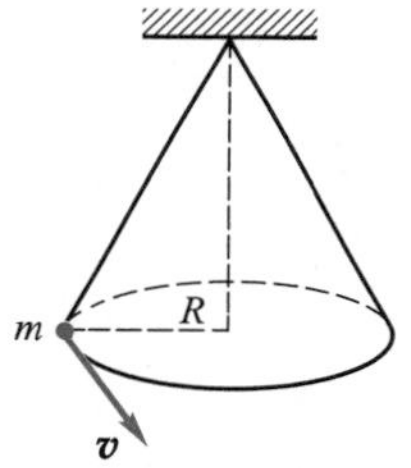

习题 3-11 图

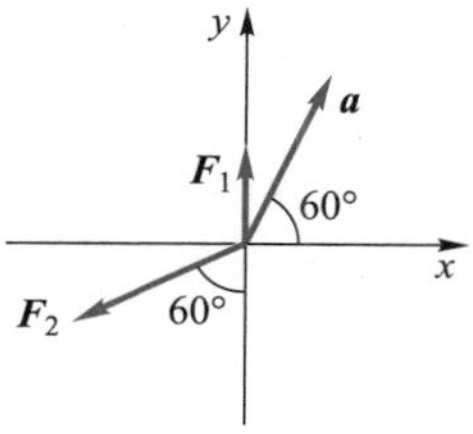

习题 3-13 图

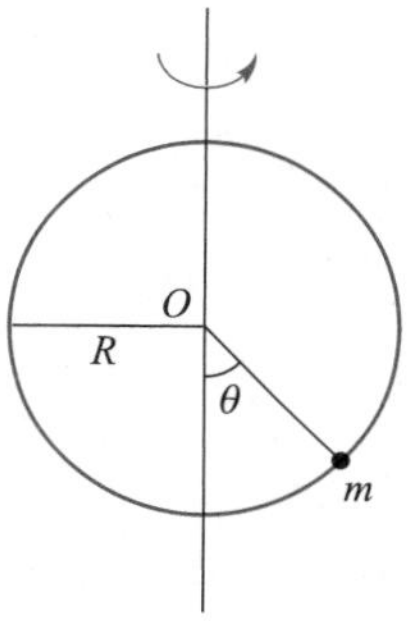

习题 3-15 图

3-16　在地球万有引力作用下，竖直上抛物体至少以多大的初速度 v_0 发射，才不会再回到地球（地球质量为 m_E、半径为 R_E）。

3-17　如图所示，水平光滑桌面上有一轻弹簧，弹性系数为 k，原长为 l_0，一端固定在桌面中心 O，一端系一质量为 m 的小球，当小球在水平桌面上做角速度恒为 ω 的圆周运动时，求圆周运动的半径及弹簧的作用力。

3-18　如图所示，一倾角为 α 的斜面，底边 AB 长为 $l=2.5$ m，质量为 m 的物体从斜面顶端由静止开始向下滑动，斜面的摩擦因数为 $\mu=0.20$。试问，当 α 为何值时，物体在斜面上下滑的时间最短？此时间为多少？

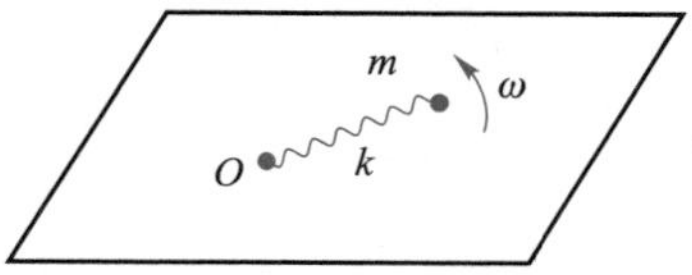

习题 3-17 图

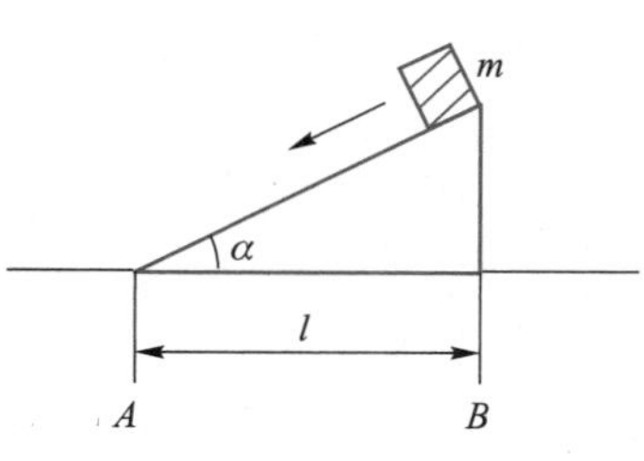

习题 3-18 图

3-19　质量为 m 的质点在 Oxy 平面上运动，其位矢 $\boldsymbol{r}=a\cos\omega t\boldsymbol{i}+b\sin\omega t\boldsymbol{j}$，式中 a、b、ω 是正值常量，且 $a>b$。求质点在任意时刻的速度及所受的作用力。

3-20　质量为 m 的小球自某液体表面自由下沉，下沉过程中受力有重力及液体的浮力，两者合力为 $0.4mg$，除此之外还受到阻力 $\boldsymbol{F}_f=-k|\boldsymbol{v}|\boldsymbol{v}$，试求小球位置与速度之间的函数关系。

3-21　小球的质量为 m，从离地面高为 h 处由静止下落，设空气阻力与小球的速率成正比，比例系数为 k（常量），试求小球落地时的速度。

3-22　质量为 0.25 kg 的质点，在合外力 $F=2+2x$（SI 单位）的作用下沿 x 轴运动，已知质点通过坐标原点的速度大小为 $v=2\ \mathrm{m\cdot s^{-1}}$，试求质点位置与速度的函数关系。

3-23　如图所示，三角形木块 A 放在粗糙地面上，其倾角为 α，质量为 m_0，与地面的摩擦因数为 μ。若于其光滑斜面上放一质量为 m 的木块 B，问木块 B 下滑时，摩擦因数 μ 至少为多大时才能使木块 A 于粗糙地面上不动？

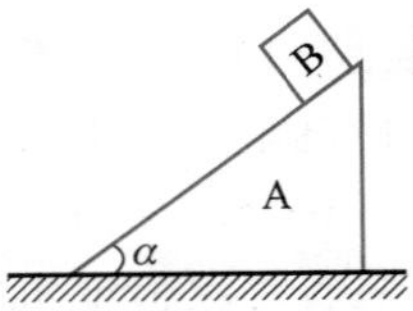

习题 3-23 图

第 4 章
动量守恒定律与能量守恒定律

牛顿运动定律只能适用于质点、或能看成为质点运动的物体，这是个相当苛刻的条件，会给讨论一般物体的运动带来困难。在本章中，我们将引入两个广延量——动量和动能，来描述物体的运动状态，并由牛顿运动定律得到关于质点的动量定理和动能定理。由于动量和动能对系统满足可加性，故上述两定律能很自然地推广至任意力学系统，并由此引出了广泛意义上的能量概念及能量守恒定律。动量与能量概念的引入对于帮助理解物体间相互作用的本质具有重要意义，也极大地方便了讨论一般物体的运动。

4.1　力的冲量　质点系的动量定理

一、质点的动量定理　力的冲量

1. 质点的动量

若在某参考系中，质量为 m 的质点，某时刻其运动速度为 $\boldsymbol{v}$，则 m 和 $\boldsymbol{v}$ 的乘积，称为质点在该参考系中此时刻的动量

$$\boldsymbol{p}\equiv m\boldsymbol{v} \tag{4-1}$$

明显地，动量具有两大要素，一者为物体用 $\boldsymbol{v}$ 表示的运动状态，一者为反映物体本身物理特征的惯性质量。动量是属于物体 m 的，与速度一样，它是一个相对量，描述时必先指明参考系。在国际单位制中，动量的单位为千克米每秒（$\mathrm{kg\cdot m\cdot s^{-1}}$）。下面我们来考察质点动量的变化规律。

2. 力的冲量

在某参考系中，某力 $\boldsymbol{F}=\boldsymbol{F}(\boldsymbol{r},\boldsymbol{v},t)$，其中 $\boldsymbol{r}$ 为该力作用点的位矢，$\boldsymbol{v}$ 为该力作用点的运动速度，则

$$\mathrm{d}\boldsymbol{I}=\boldsymbol{F}\mathrm{d}t=\boldsymbol{F}(\boldsymbol{r},\boldsymbol{v},t)\,\mathrm{d}t \tag{4-2}$$

称为 $t\sim t+\mathrm{d}t$ 时间段内该力 $\boldsymbol{F}$ 的（元）冲量。需要注意的是，上式等号左边的符号 d 仅仅表示为一阶小量的意思，并非微分符号，即等号左边并非什么矢量函数 $\boldsymbol{I}$ 的微分。显而易见，力的冲量归属于力，由力的两要素（大小、方向）及力的作用时间唯一决定，是力在时间上的积累效应。在国际单位制中，冲量的单位为 N · s。

式（4-2）两边同时对时间积分，可得某段时间 $t_1\sim t_2$ 内该力的冲量为

$$\boldsymbol{I}(t_1\sim t_2)=\int\mathrm{d}\boldsymbol{I}\equiv\int_{t_1}^{t_2}\boldsymbol{F}[\boldsymbol{r}(t),\dot{\boldsymbol{r}}(t),t]\,\mathrm{d}t=\int_{t_1}^{t_2}\boldsymbol{F}(t)\,\mathrm{d}t \tag{4-3}$$

式中 $\dot{\boldsymbol{r}}=\mathrm{d}\boldsymbol{r}(t)/\mathrm{d}t$ 是作用质点的运动速度。式（4-3）清楚地表明，一般地，要完成积分，求出某段时间 $t_1\sim t_2$ 内力的冲量，必须要给定此过程中作用质点的运动方程 $\boldsymbol{r}=\boldsymbol{r}(t)$。只有给出 $\boldsymbol{r}=\boldsymbol{r}(t)$，力才能转化为时间的完全函数，才能对时间进行积分。不同的运动方程 $\boldsymbol{r}=\boldsymbol{r}(t)$，会得到不同的力的时间表达式，积分结果也自然不同。这种与运动过程方程 $\boldsymbol{r}=\boldsymbol{r}(t)$ 有关的物理量称为过程量，力在某段时间内的冲量是一个过程量。只要力是位置或速度的函数，则力的冲量一般都与过程中的运动方程 $\boldsymbol{r}=\boldsymbol{r}(t)$ 有关。

例 4-1　有一沿 x 轴正方向的恒力，$\boldsymbol{F}=2x^2\boldsymbol{i}$（SI 单位），质点于 x 轴上运动，设质点第一

次为匀速运动 $x=t$，第二次为匀加速运动 $x=t^2$。分别求出两次运动过程中，于 0~1 s 内该力的冲量。

解：0~1 s 内该力的冲量为

$$\boldsymbol{I}(0\sim1)=\int_0^1 \boldsymbol{F}(t)\,\mathrm{d}t=\boldsymbol{i}\int_0^1 2x^2(t)\,\mathrm{d}t$$

将第一次的运动方程代入即得第一次运动过程中，于 0~1 s 内该力的冲量为

$$\boldsymbol{I}_1(0\sim1)=\boldsymbol{i}\int_0^1 2x^2(t)\,\mathrm{d}t=\boldsymbol{i}\int_0^1 2t^2\mathrm{d}t=2\boldsymbol{i}/3(\mathrm{N}\cdot\mathrm{s})$$

将第二次的运动方程代入即得第二次运动过程中，于 0~1 s 内该力的冲量为

$$\boldsymbol{I}_2(0\sim1)=\boldsymbol{i}\int_0^1 2x^2(t)\,\mathrm{d}t=\boldsymbol{i}\int_0^1 2t^4\mathrm{d}t=2\boldsymbol{i}/5(\mathrm{N}\cdot\mathrm{s})$$

两次运动过程的时间间隔相同，运动的轨迹和路径也相同，但运动过程的方程不同，冲量依然不同。这表明，一般地，力的冲量不但与运动时间有关，也与运动轨迹及其上的运动速度有关系，力的冲量是一个过程量。

当力与位置和速度无关，仅仅是时间 t 的显函数时，即是时间 t 的单变量函数时，则力在 $t_1\sim t_2$ 时间段内的冲量为

$$\boldsymbol{I}(t_1\sim t_2)=\int \mathrm{d}\boldsymbol{I}\equiv\int_{t_1}^{t_2}\boldsymbol{F}(t)\,\mathrm{d}t \tag{4-4}$$

此时冲量与质点的运动过程无关，仅与时间间隔有关，给出 $\boldsymbol{F}(t)$，给定时间间隔就可以求出力的冲量了。

3. 质点的动量定理

在某惯性参考系中，质点运动满足牛顿第二定律，注意到质点的质量不随时间变化，则

$$\boldsymbol{F}=m\frac{\mathrm{d}\boldsymbol{v}}{\mathrm{d}t}=\frac{\mathrm{d}(m\boldsymbol{v})}{\mathrm{d}t}\equiv\frac{\mathrm{d}\boldsymbol{p}}{\mathrm{d}t} \tag{4-5}$$

上式表明：在惯性参考系中，质点动量的时间变化率等于其受到的合外力，这就是质点的动量定理，它是一个时刻定律。

将式(4-5)变形得

$$\boldsymbol{F}\mathrm{d}t\equiv\mathrm{d}\boldsymbol{I}=\mathrm{d}\boldsymbol{p}=\mathrm{d}(m\boldsymbol{v}) \tag{4-6}$$

其中 $\mathrm{d}\boldsymbol{p}=\boldsymbol{p}(t+\mathrm{d}t)-\boldsymbol{p}(t)$ 为 $t\sim t+\mathrm{d}t$ 这段时间里质点动量的增量。上式表明，运动过程中质点动量的增量等于其受到的合外力的冲量。上式两边同时对一段时间积分可得

$$\boldsymbol{I}(t_1\sim t_2)=\int \mathrm{d}\boldsymbol{I}\equiv\int_{t_1}^{t_2}\boldsymbol{F}(t)\,\mathrm{d}t=\int_{\boldsymbol{p}_1}^{\boldsymbol{p}_2}\mathrm{d}\boldsymbol{p}=\boldsymbol{p}_2-\boldsymbol{p}_1 \tag{4-7}$$

即 t_2 和 t_1 两时刻质点动量的差值（也称为这段时间里质点动量的增量）等于 $t_1\sim t_2$ 这段时间里合外力的冲量。我们知道，一段时间的边界就是始末两个时刻，即从数理角度讲，上式阐述了边界量（两时刻质点的动量）与内部量（这段时间里合外力的冲量）的（等号）关系。

只有当力仅仅是时间的显函数，即 $\boldsymbol{F}=\boldsymbol{F}(t)$ 时，式(4-7)中力对时间的积分才可能完成。当力为位置或速度的函数时，在未定质点运动方程 $\boldsymbol{r}=\boldsymbol{r}(t)$ 情况下，力的冲量也是未定的，故此时用式(4-7)来讨论动力学问题是不可取的，而式(4-5)或式(4-6)，在任何情况下都可以用来讨论质点的动力学问题，在本质上它们与牛顿第二定律等价。

在物体的碰撞过程中，我们常引入 $t_1 \sim t_2$ 时间段内的平均作用力来表示这段时间内碰撞的剧烈程度，平均作用力

$$\overline{\boldsymbol{F}} \equiv \frac{\int_{t_1}^{t_2} \boldsymbol{F}(t)\,\mathrm{d}t}{t_2-t_1} = \frac{\boldsymbol{p}_2-\boldsymbol{p}_1}{t_2-t_1} \tag{4-8}$$

前一个等号为定义式，后一个等号用到了式(4-7)。

式(4-6)和式(4-7)都称为质点的动量定理(一个是微分形式，一个是积分形式)，它们均被定义在一段时间内，它们均是关于过程的物理定律。从数学上讲，质点的动量定理与牛顿第二定律并无差别，用动量定理讨论质点的力学问题与牛顿第二定律的功效一样。即用牛顿第二定律能解的运动问题，用质点动量定理也一样可以，后者还常应用于平均冲力的估算。

例 4-2　一架以 300 m · s^{-1}的速率水平飞行的飞机，与一只身长为 0.30 m、质量为 0.50 kg 的飞鸟相碰。设碰撞后飞鸟的尸体与飞机具有同样的速度，而原来飞鸟相对于地面的速率甚小，可以忽略不计。试估计飞鸟对飞机的平均冲击力(碰撞时间可用飞鸟身长被飞机速率相除来估算)。

解：取地面为参考系，飞机运动方向为 x 轴正方向，以飞鸟为研究对象，飞鸟与飞机碰撞时间为 $\Delta t = l/v = 1.0\times10^{-3}$ s，对碰撞过程应用动量定理得

$$\overline{F'}\Delta t = mv - 0$$

式中$\overline{F'}$为碰撞过程中飞机对飞鸟的平均冲力，代入数据可得

$$\overline{F'} = \frac{mv^2}{l} = 1.5\times10^5 \text{ N}$$

故鸟对飞机的平均冲力为

$$\overline{F} = -\overline{F'} = -1.5\times10^5 \text{ N}$$

式中负号表示飞机受到的冲力与其飞行方向相反。从计算结果可知，此冲力是相当大的。若飞鸟与发动机叶片相碰，足以使发动机损坏，造成飞行事故，根本的原因就是碰撞时间太短。在跳高场地上铺设厚厚的垫子，最主要的目的就是为了延长运动员落地的时间，减小地面对他的冲力。

二、质点系的动量　质点系的动量定理

现在我们将质点的动量定理扩大至由任何物体构成的力学系统。在经典力学中，物体或物体系总可以看作是由许多(或无穷多)质点(或质元)组成的集合或系统，这样的集合或系统常被称为质点系，有时也称为力学系统，简称系统。对质点系而言，我们有必要将系统内各质点所受的各种力作一分类：一类来自系统外的物体对系统内某一质点的作用力，称为外力；另一类为系统内各质点之间的相互作用力，称为内力，无疑内力总是成对出现的。

首先我们定义某时刻系统的(总)动量 $\boldsymbol{p}(t)$，由于定义式 $\boldsymbol{p}=m\boldsymbol{v}$ 仅适用于质点，故我们只能将系统分成质点系的集合，动量因与质量成正比而满足对系统的可加性，则自然地将某 t 时刻系统内各质点(元)动量的矢量和(或积分)称为该时刻系统的(总)动量 $\boldsymbol{p}(t)$，即

$$\boldsymbol{p}(t)=\int \mathrm{d}\boldsymbol{p}+\sum_i \boldsymbol{p}_i=\int_m \boldsymbol{v}\mathrm{d}m+\sum_i m_i\boldsymbol{v}_i$$

式中求和号对应质量离散分布的情况，积分号对应质量连续分布的情况。需要注意的是，在上式中，第一个等号后的式子中的 $\boldsymbol{p}_i$ 可以是任何一个离散物体的动量，$\mathrm{d}\boldsymbol{p}$ 也可以为任意形状的质元的动量，它们未必是第二个等号后的表达式，而在第二个等号后的公式中，m_i 及 $\mathrm{d}m$ 一般均必须为能视为质点或能被视为质点的质元。现在考察系统动量的时间变化率。

为便于理解，考察最简单的一个两质点离散系统。在某惯性参考系中，某 t 时刻系统内两质点的动量分别为 $\boldsymbol{p}_1(t)$ 和 $\boldsymbol{p}_2(t)$，两质点所受的合外力分别为 $\boldsymbol{F}_1$ 和 $\boldsymbol{F}_2$，系统内两质点之间的一对相互作用(内)力分别为 $\boldsymbol{F}_{12}$ 和 $\boldsymbol{F}_{21}$，分别对两质点应用动量定理得

$$\boldsymbol{F}_1+\boldsymbol{F}_{12}=\frac{\mathrm{d}\boldsymbol{p}_1}{\mathrm{d}t},\quad \boldsymbol{F}_2+\boldsymbol{F}_{21}=\frac{\mathrm{d}\boldsymbol{p}_2}{\mathrm{d}t}$$

将两方程左右各相加，由牛顿第三定律可知 $\boldsymbol{F}_{12}=-\boldsymbol{F}_{21}$，则有

$$\boldsymbol{F}_1+\boldsymbol{F}_2=\frac{\mathrm{d}}{\mathrm{d}t}(\boldsymbol{p}_1+\boldsymbol{p}_2)$$

内力的矢量和为零，这是显然的，因为内力总是成对出现，且满足牛顿第三定律，每对内力的矢量和均为零。上式左边为整个系统受到的全部外力的和，简称为系统受到的合外力，记为 $\boldsymbol{F}_{\mathrm{ext}}(t)$，而右边正是系统动量 $\boldsymbol{p}(t)$ 的时间导数，即

$$\boldsymbol{F}_{\mathrm{ext}}(t)=\frac{\mathrm{d}\boldsymbol{p}(t)}{\mathrm{d}t}\tag{4-9}$$

对系统而言，这些外力的作用点可能并不相同，但对动量变化而言，只有力的大小和方向两要素起到作用，故此处的各外力及其合外力均体现的仅是力的两要素：大小和方向，这些外力可以自由平移并进行合成。上式表明：在惯性参考系中，某时刻系统总动量的时间变化率等于此时系统受到的合外力，这就是质点系的动量定理。尽管与质点的动量定理形式一样，但由于应用对象已扩展至任何力学系统，式(4-9)将会显示出巨大的威力。注意到式(4-9)为矢量微分方程，故正确表示某惯性参考系中任意 t 时刻系统的总动量 $\boldsymbol{p}(t)$ 和合外力 $\boldsymbol{F}_{\mathrm{ext}}(t)$ 就成为应用该定理讨论问题时的全部物理任务。

类似于质点动量定理形式的变形，由式(4-9)可得

$$\boldsymbol{F}_{\mathrm{ext}}\mathrm{d}t=\mathrm{d}\boldsymbol{p}(t)\tag{4-10}$$

即系统的动量在某段时间内的增量等于系统所受合外力在此段时间内的冲量，对此段时间积分，即得

$$\int_{t_1}^{t_2}\boldsymbol{F}_{\mathrm{ext}}(t)\,\mathrm{d}t=\int_{\boldsymbol{p}(t_1)}^{\boldsymbol{p}(t_2)}\mathrm{d}\boldsymbol{p}(t)=\boldsymbol{p}(t_2)-\boldsymbol{p}(t_1)\tag{4-11}$$

式(4-10)和式(4-11)与式(4-9)一样，均称为系统的动量定理，只不过式(4-9)是个时刻定理，而另两个均为过程定理。特别是在式(4-11)中，等式左边能完成积分必须要求合外力仅仅是时间 t 的函数。由上述各式可知，只有外力的冲量才对系统的(总)动量有贡献，而系统的内力是不能改变系统的(总)动量的。当然，各对内力可以改变系统内相应两个质点的动量，即内力可以改变系统内部的动量分布，但不会改变系统的总动量。注意到，式(4-9)的由来应用了牛顿第二定律，故动量定理依旧是在惯性系中才能成立。

当外力是位置及速度函数时，应用式(4-11)来讨论问题是不可取的，但我们依然可以通

过式(4-9)或式(4-10)并利用分离变量等方法来进行求解。

一个质量为 m 的刚体做速度为 $\boldsymbol{v}$ 的平动(其上任一点的速度都相同)时，则其动量为

$$\boldsymbol{p}(t)=\int \mathrm{d}\boldsymbol{p}=\int_m \boldsymbol{v}\mathrm{d}m=\boldsymbol{v}\int_m \mathrm{d}m=m\boldsymbol{v}$$

不管刚体的形状和大小如何，其动量总等于其质量和其上任一点速度的乘积，与质点的表达式完全相同，这是刚体在做平动时能被视为质点运动的一个理由。

在第 3 章中，我们引入了质点系的质心概念[见式(3-7)]，明显地，对质量连续分布的系统而言，其在某参考系中的质心位置为

$$\boldsymbol{r}_C=\frac{\int \boldsymbol{r}\mathrm{d}m}{\int \mathrm{d}m}=\frac{\int \boldsymbol{r}\mathrm{d}m}{m} \tag{4-12}$$

式中位矢 $\boldsymbol{r}$ 是无穷小质元 $\mathrm{d}m$ 在该参考系中的位置。上式两边同时对时间求导、同时乘以总质量 m，可得

$$m\boldsymbol{v}_C=\int \boldsymbol{v}\mathrm{d}m=\boldsymbol{p} \tag{4-13}$$

任何情况下，系统的动量总等于质心的动量，而式(4-9)就变为

$$\boldsymbol{F}_{\text{ext}}(t)=\frac{\mathrm{d}\boldsymbol{p}(t)}{\mathrm{d}t}=m\frac{\mathrm{d}\boldsymbol{v}_C(t)}{\mathrm{d}t}=m\boldsymbol{a}_C(t) \tag{4-14}$$

上式称为质心运动定理。显而易见，在惯性参考系中，质心的加速度由合外力唯一决定。在惯性参考系中，孤立系统的质心一定保持静止或做匀速直线运动。

例 4-3　质量均匀分布的软绳，一端用手提起，使另一端刚好接触水平桌面，如图 4-1 所示，如将上端放开让其自由下落，试证明：在绳子下落的过程中，作用于桌面上的压力总等于已落到桌面上绳子的重量的 3 倍。

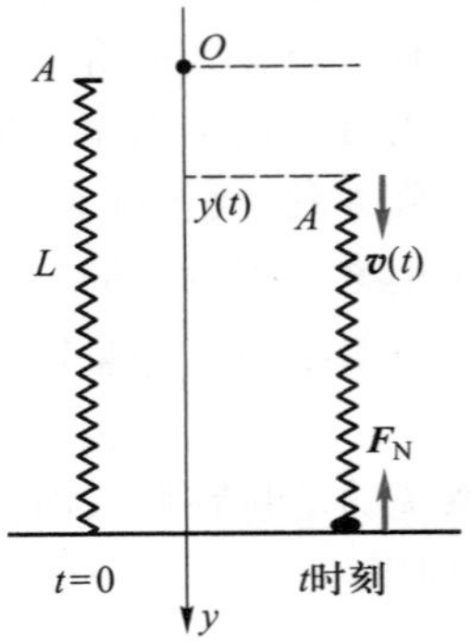

图 4-1

解：设绳子总长为 L，线密度为 λ，取地面为参考系，竖直向下为 y 轴正方向，刚放开时，绳子顶端处为坐标原点，并计此时为计时起点。设 t 时刻绳子下落为 $y(t)$，下落速度大小为 $v(t)$，注意到每个质元都在做自由落体运动，故有

$$\frac{\mathrm{d}y}{\mathrm{d}t}=v,\quad \frac{\mathrm{d}v}{\mathrm{d}t}=g,\quad v=\sqrt{2gy} \tag{①}$$

取整个绳子为研究对象，t 时刻它的动量为

$$p(t)=\lambda(L-y)v$$

其受力有全部重力 mg 及桌面支持力 F_{N}，则由质点系的动量定理可得

$$mg+F_{\mathrm{N}}=\lambda Lg+F_{\mathrm{N}}=\frac{\mathrm{d}p(t)}{\mathrm{d}t}=\frac{\mathrm{d}[\lambda(L-y)v]}{\mathrm{d}t}=-\lambda v\frac{\mathrm{d}y}{\mathrm{d}t}+\lambda(L-y)\frac{\mathrm{d}v}{\mathrm{d}t}$$

其中 F_{N} 为桌面支持力，可正可负，将式①代入上式可得

$$F_{\mathrm{N}}=-\lambda v\frac{\mathrm{d}y}{\mathrm{d}t}+\lambda(L-y)\frac{\mathrm{d}v}{\mathrm{d}t}-\lambda Lg=-3\lambda yg$$

λyg 正是已落在桌面上绳的重力大小，负号表明此力向上，故绳子对桌面的反作用力 $F'_{\mathrm{N}}=-F_{\mathrm{N}}=3\lambda yg$，其值为正，正是已落到桌面上绳子重量的 3 倍，结论被证明。

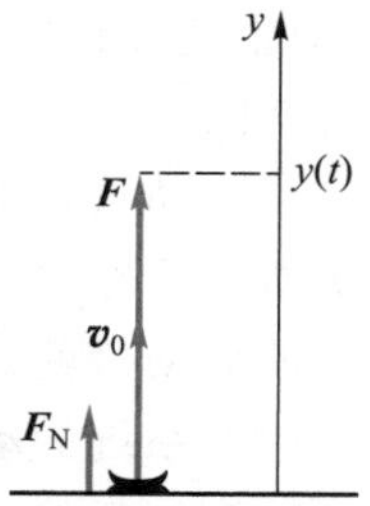

图 4-2

例 4-4 质量密度为 λ 的柔软细绳盘放在地面上，用手将绳的一端以恒定的速率 v_0 向上提起，如图 4-2 所示。求绳被上提的过程中，手的拉力与绳被提起高度之间的关系。

解：取地面为参考系，整个绳子为研究系统，刚开始提起时为计时起点，竖直向上为 y 轴正方向。设 t 时刻绳被提起的高度为 y，则此时系统的动量为 $p=\lambda y v_0$；此时系统受力有：重力 $-mg$，地面的支持力 F_N，手的拉力 F，而地面的支持力 F_N 与地面上那段绳子的重力相消。则由系统的动量定理可得

$$(F-\lambda yg)=\frac{\mathrm{d}(\lambda v_0 y)}{\mathrm{d}t}$$

注意到 $\mathrm{d}y/\mathrm{d}t=v_0$，则可得 $F=(\lambda yg+\lambda v_0^2)$。

上述几个例题，若用牛顿运动定律来讨论，会烦琐许多，而用质点系的动量定理来讨论就变得很快捷，这就是质点系的动量定理的威力。

例 4-5 应用质点系的动量定理重新求解第 3 章的例 3-7。

解：参考系及坐标系依旧如第 3 章的例 3-7 所取，为求棒中任意 r_0 处的张力，于 r_0 处将整个棒分成内外两段，我们取 r 值范围为 $r_0 \sim L$ 的外侧段为研究对象，令某 t 时刻棒中质元的运动方向为 $\boldsymbol{e}_t$，注意到位于 $\boldsymbol{r}\to\boldsymbol{r}+\mathrm{d}\boldsymbol{r}$ 处，质量为 $\mathrm{d}m=m\,|\mathrm{d}\boldsymbol{r}|/L=m\mathrm{d}r/L$ 的微元在水平面上做半径为 $R=r\sin\theta$ 的圆周运动，则该时刻系统的动量为

$$\boldsymbol{p}(t)=\int_m \boldsymbol{v}\mathrm{d}m=\int_{r_0}^{L}\omega R\boldsymbol{e}_t\frac{m}{L}\mathrm{d}r=\int_{r_0}^{L}\omega r\sin\theta\boldsymbol{e}_t\frac{m}{L}\mathrm{d}r=\frac{m\omega\sin\theta}{2L}(L^2-r_0^2)\boldsymbol{e}_t \qquad ①$$

此时外侧段受到的外力有两个：一是内侧段部分的绳子对它的作用力，正是 r_0 处的张力 $\boldsymbol{F}'_T(r_0)$；二是自身的重力 $m(L-r_0)\boldsymbol{g}/L$，在注意到 $\mathrm{d}\boldsymbol{e}_t=\mathrm{d}\theta\boldsymbol{e}_n$ 后，由质点系动量定理可得

$$\boldsymbol{F}'_T(r_0)+\frac{m(L-r_0)\boldsymbol{g}}{L}=\frac{\mathrm{d}\boldsymbol{p}(t)}{\mathrm{d}t}=\frac{m\omega\sin\theta}{2L}(L^2-r_0^2)\frac{\mathrm{d}\boldsymbol{e}_t}{\mathrm{d}t}=\frac{m\omega^2\sin\theta}{2L}(L^2-r_0^2)\boldsymbol{e}_n$$

则背离转轴的张力

$$\boldsymbol{F}_T(r_0)=-\boldsymbol{F}'_T(r_0)=-\frac{m\omega^2\sin\theta}{2L}(L^2-r_0^2)\boldsymbol{e}_n+\frac{m(L-r_0)\boldsymbol{g}}{L}=\frac{m\omega^2\sin\theta}{2L}(L^2-r_0^2)\boldsymbol{e}_\rho+\frac{m(L-r_0)g}{L}\boldsymbol{k}$$

与例 3-7 的解结果完全相同，但明显地更加快捷，由上式可自然地得到 $\boldsymbol{T}(L)=\boldsymbol{0}$，而在例 3-7 的解中这是需要分析受力才能得到的定值(边界)条件。实际上，式①用质心的动量表示更加快捷。

4.2 动量守恒定律

由质点系的动量定理可知，当系统所受的合外力为零时，则系统的总动量的变化为零，即 $\mathrm{d}\boldsymbol{p}(t)=\boldsymbol{0}$，系统的总动量保持不变、守恒，$\boldsymbol{p}(t)=\boldsymbol{c}$，即：当系统所受合外力为零时，也即系统孤立时，系统的总动量守恒。这就是所谓的质点系的动量守恒定律。应用动量守恒定律时，应注意以下几点。

(1) 动量是个相对量，仅对参考系才有意义，由于动量定律是从牛顿运动定律推演出来

的，故上述守恒定律仅对惯性系才能成立，而系统中的每个物体的动量都是对该（同一）惯性系而言的。

（2）动量是个矢量，守恒定律是一个矢量方程，在几维空间中就等于几个标量方程。如果系统所受合外力并不等于零，动量自然也不守恒，但若合外力在某方向上的分量为零，则该方向上的分动量就是守恒的。

（3）系统的动量守恒是有条件的，这个条件就是系统所受的合外力必须为零。然而若系统在某个短暂的 $t \sim t+\Delta t$ 时间内，因巨大的内力而发生了显著的变化，即系统内部的动量分布发生了很大的变化，此过程中若系统受到的合外力虽不为零，但有限，即外力的冲量 $\boldsymbol{F}_{\text{ext}}\Delta t \approx \boldsymbol{0}$ 可以忽略不计，则系统的动量近似守恒，如碰撞、打击、爆炸等过程。

动量守恒定律是物理学中最普遍、最基本的定律之一，它清楚地表明，对一个孤立（不受外力作用的）系统而言，不管其内部如何发生变化，系统的总动量是不会发生变化的。当然，系统内部的动量分布会发生变化。也就是说，系统内部的相互作用力，实际上只起到一个动量传递的作用。两个物体间的相互作用，从功效来说，仅是将其中的一个物体的部分动量传递给另一个物体而已，动量本身不会被创造，也不会被消灭。而相互作用力仅仅是动量传递快慢的度量而已，或者也可以说，相互作用力的一个功效就是用来传递动量的。

例 4-6　在平静的湖面上，有一长度为 l 且质量为 m_0 的小船，质量为 m 的人站在小船的船头，如图 4-3 所示，开始时船及人相对于湖面静止，求人从船头走到船尾的过程中小船相对于湖面移动的距离。

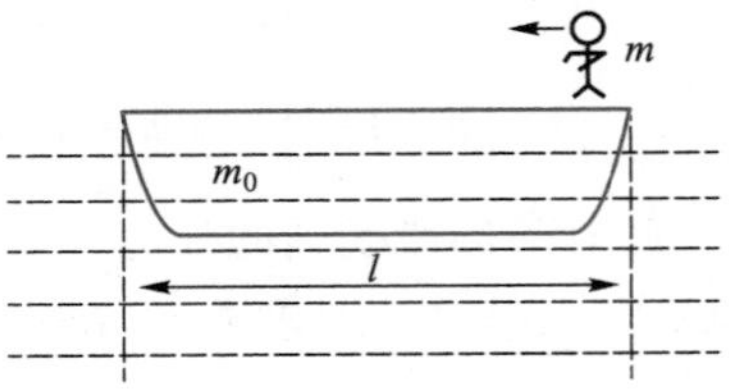

图 4-3

解：取湖岸（或地面）为参考系，人及小船为系统，在人从船头走到船尾的过程中，系统水平方向不受外力作用，故系统水平方向动量守恒。取人走动方向为 x 轴正方向，设任意时刻人相对于船的速度为 v_{mm_0}，船相对于湖面的速度为 v_{m_0e}，则人相对于湖面的速度为

$$v_{me}=v_{mm_0}+v_{m_0e} \qquad ①$$

注意这些速度实际上都是分量，可正可负。刚开始时系统动量为零，则由系统水平方向动量守恒得

$$mv_{me}+m_0v_{m_0e}=0 \qquad ②$$

将式①代入式②得

$$mv_{mm_0}=-(m+m_0)v_{m_0e} \qquad ③$$

即

$$m\mathrm{d}x_{mm_0}=-(m+m_0)\mathrm{d}x_{m_0e}$$

上式两边同时积分得 $m\Delta x_{mm_0}=-(m+m_0)\Delta x_{m_0e}$，则小船相对于湖面移动的距离为

$$\Delta x_{m_0e}=\frac{-m\Delta x_{mm_0}}{m+m_0}=\frac{-ml}{m+m_0}$$

负号表示小船相对于湖面移动的方向与人走动的方向相反。本题中需要注意的是动量守恒定律仅对惯性系成立。

4.3 力的功 质点系的动能定理

一、力的功 质点的动能定理

1. 质点的动能

在某参考系中，质量为 m 的质点，若某时刻的运动速度为 $\boldsymbol{v}$，则

$$E_k \equiv \frac{1}{2}m\boldsymbol{v}\cdot\boldsymbol{v}=\frac{1}{2}mv^2 \tag{4-15}$$

称为在该参考系中质点此时刻的动能。动能属于物体 m，它是一个相对量，讨论它时必先指明参考系。在数学上，动能是个恒正的算术量。在国际单位制中，动能的单位为焦耳(J)。

2. 力的功 功率

在某参考系 O 中，若力 $\boldsymbol{F}$ 的作用质点在 $\mathrm{d}t$ 时间段里的无穷小位移为 $\mathrm{d}\boldsymbol{r}$，如图 4-4 所示，则力 $\boldsymbol{F}$ 与 $\mathrm{d}\boldsymbol{r}$ 的标量积，称为在该参考系中力 $\boldsymbol{F}$ 于无穷小时间 $\mathrm{d}t$ 内、无穷小位移 $\mathrm{d}\boldsymbol{r}$ 上做的(元)功，记为

$$\mathrm{d}W\equiv\boldsymbol{F}\cdot\mathrm{d}\boldsymbol{r}=\boldsymbol{F}(\boldsymbol{r},\boldsymbol{v},t)\cdot\mathrm{d}\boldsymbol{r} \tag{4-16}$$

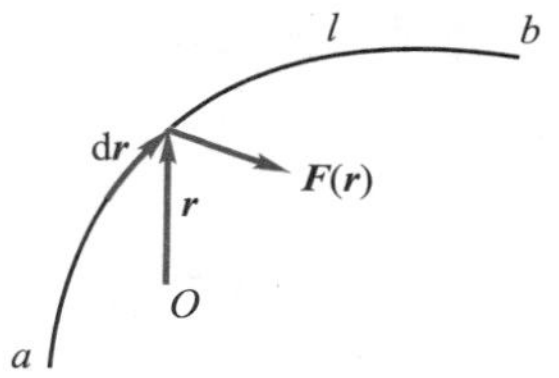

图 4-4

与力的冲量一样，上式中的 $\mathrm{d}W$，其符号 d 仅仅是表示该量是个一阶小量，并非微分符号，也并非函数 W 的微分(并不存在通式函数 W)。由定义式可知，力的功归属于力，它完全取决于力的三要素(大小、方向和作用点的位移)，是力在运动路径上的累积效果。在国际单位制中，功的单位是焦耳(J)。

力实际上有两大类，一类如万有引力、电磁力等依靠力场传递的远程力，另一类为通过直接接触而产生的接触力。关于力的作用点及其位移，这两类力有很大的不同。前者，力的作用点为受力物体的质量元、电荷元，它们都是体元；而后者，力的作用点为两物体的接触面(线、点)的面元(或线元、或点)。在功的定义中，力的作用质点的元位移 $\mathrm{d}\boldsymbol{r}$，对前者来说，为体元在某参考系中的元位移；对后者而言，为接触面元在某参考系中的元位移。例如子弹穿进木块中，若木块在地面参考系中被固定，则在地面参考系中，计算木块受到的子弹的摩擦力做的功时，$\mathrm{d}\boldsymbol{r}$ 为木块接触面在地面参考系中移动的距离，也等于木块质心在地面参考系中移动的距离，它等于零；在地面参考系中，计算子弹受到的木块的摩擦力做的功时，$\mathrm{d}\boldsymbol{r}$ 为子弹接触面(子弹表面)在地面参考系中移动的距离，也就是子弹质心在地面参考系中移动的距离，等于子弹进入木块中的距离，不为零。

式(4-16)的定义式有可能产生一个误解，即以为力的功只与作用质点的位移有关，而与位移所用的时间无关，为消除误解，我们重新书写式(4-16)为

$$\mathrm{d}W\equiv\boldsymbol{F}\cdot\mathrm{d}\boldsymbol{r}=\boldsymbol{F}[\boldsymbol{r}(t),\dot{\boldsymbol{r}}(t),t]\cdot\mathrm{d}\boldsymbol{r}(t)=\boldsymbol{F}[\boldsymbol{r}(t),\dot{\boldsymbol{r}}(t),t]\cdot\dot{\boldsymbol{r}}(t)\mathrm{d}t=P(t)\mathrm{d}t \tag{4-17}$$

式中

$$P(t)=\boldsymbol{F}\cdot\boldsymbol{v}=\boldsymbol{F}[\boldsymbol{r}(t),\dot{\boldsymbol{r}}(t),t]\cdot\dot{\boldsymbol{r}}(t) \tag{4-18}$$

称为力 $\boldsymbol{F}=\boldsymbol{F}(\boldsymbol{r},\dot{\boldsymbol{r}},t)$ 于 t 时刻的功率。此功率的时间表达式，明显依赖于作用质点的运动方程，是运动方程的函数，依赖于参考系的选择。在国际单位制中，功率的单位为瓦特(W)，

$1\ \text{W}=1\ \text{J}\cdot\text{s}^{-1}$。上式对一段时间积分，可得 $t_1\sim t_2$ 时间内，于运动过程 $\boldsymbol{r}=\boldsymbol{r}(t)$ 中，力 $\boldsymbol{F}=\boldsymbol{F}(\boldsymbol{r},\dot{\boldsymbol{r}},t)$ 做的功为

$$W(\boldsymbol{F},t_1\sim t_2)=\int_{t_a}^{t_b}\boldsymbol{F}[\boldsymbol{r}(t),\dot{\boldsymbol{r}}(t),t]\cdot\dot{\boldsymbol{r}}(t)\,\mathrm{d}t=\int_{t_a}^{t_b}P(t)\,\mathrm{d}t \tag{4-19}$$

力的功从根本上讲是功率 $P(t)$ 对时间的积分，而积分的完成必须在给定作用质点的运动方程 $\boldsymbol{r}(t)$ 后才能实现。故与力的冲量一样，力的功也是一个过程量。下面简单的例子就能清晰地表明力的功与运动方程（运动路径及运动速度或时间）的关系，这也是在力的元功定义式（4-16）中强调时间 $\mathrm{d}t$ 的缘由。

例 4-7　地面参考系中，有沿 x 方向的变力，$\boldsymbol{F}=2xt\boldsymbol{i}$（SI 单位），作用质点于 x 轴上运动，第一次为匀速运动 $x=t$，第二次为匀加速运动 $x=t^2$。分别求出两次运动过程中，于 0~1 s 内该力做的功。

解：在地面参考系中，该力于 0~1 s 时间内做的功为

$$W(\boldsymbol{F},0\sim1)=\int_0^1 P(t)\,\mathrm{d}t=\int_0^1 2x(t)t\cdot\dot{x}(t)\,\mathrm{d}t$$

将第一次运动方程 $x=t$ 代入，可得该力于 0~1 s 时间内做的功为

$$W_1(\boldsymbol{F},0\sim1)=\int_0^1 2x(t)t\cdot\dot{x}(t)\,\mathrm{d}t=\int_0^1 2t^2\,\mathrm{d}t=\frac{2}{3}\text{J}$$

将第二次运动方程 $x=t^2$ 代入，可得该力于 0~1 s 时间内做的功为

$$W_2(\boldsymbol{F},0\sim1)=\int_0^1 2x(t)t\cdot\dot{x}(t)\,\mathrm{d}t=\int_0^1 4t^4\,\mathrm{d}t=\frac{4}{5}\text{J}$$

上述例题表明，尽管时间间隔相同，路径也相同（均从 $x_1=0$ 运动至 $x_2=1$），但做功不同。力的功与作用质点的运动方程 $\boldsymbol{r}=\boldsymbol{r}(t)$ 有关，即不仅仅与运动轨迹有关，也与轨迹上的运动速度有关。但必须注意的是，不管是作用质点的运动轨迹，还是质点在轨迹上的运动速度，或者是质点的运动方程 $\boldsymbol{r}=\boldsymbol{r}(t)$，它们都会随参考系的不同而有所不同。譬如在相对于地面运动的电梯中，物体在上升电梯中静止不动，电梯中的观察者认为物体没有位移，重力没有做功，但在地面观察者看来，物体有位移，重力做功了。也就是说单一力的功概念是个相对量！在讨论某单一力的功时必须先指明参考系，否则没有意义。

若在某特殊参考系中，力是恒定的，即力函数仅仅是作用质点位矢的显函数，$\boldsymbol{F}=\boldsymbol{F}[\boldsymbol{r}(t)]$，则力做的功为

$$W=\int_{t_a,l}^{t_b}\boldsymbol{F}[\boldsymbol{r}(t)]\cdot\mathrm{d}\boldsymbol{r}(t)=\int_{r_a,l}^{r_b}\boldsymbol{F}(\boldsymbol{r})\cdot\mathrm{d}\boldsymbol{r} \tag{4-20}$$

它只与作用质点的运动轨迹 l 有关，与在轨迹上的运动速度无关，即无需知道作用质点的运动方程 $\boldsymbol{r}=\boldsymbol{r}(t)$，只需给出运动轨迹就可以了，轨迹 l 也称为积分路径。此时表达式（4-20）与第一章中的矢量场的曲线积分形式相似（参见第 1 章的 1.3 节）。

需要注意的是，物体的运动轨迹与几何曲线有着根本的区别，前者为与参考系有关的相对量，后者是与参考系无关的绝对量，故式（4-20）与矢量场的曲线积分式（1-97）依然有本质上的不同，式（4-19）及式（4-20）定义的功都是一个与参考系有关的过程量。

恒力做功的定量计算，一般只需将 $\boldsymbol{F}(\boldsymbol{r})$ 和 $\mathrm{d}\boldsymbol{r}$ 分别定量表示并给出路径积分后就可以进行了。在二维情况下，在直角坐标系中，有

$$\boldsymbol{F}=\boldsymbol{F}(x,y)=F_x(x,y)\boldsymbol{i}+F_y(x,y)\boldsymbol{j},\mathrm{d}\boldsymbol{r}=\mathrm{d}x\boldsymbol{i}+\mathrm{d}y\boldsymbol{j}$$

则当力的作用质点沿路径 l 从点 a 运动到点 b 的过程中，恒力做的功为

$$W_{ab,l}=\int \mathrm{d}W=\int_{a(l)}^{b}\boldsymbol{F}\cdot\mathrm{d}\boldsymbol{r}=\int_{a(l)}^{b}[F_x(x,y)\mathrm{d}x+F_y(x,y)\mathrm{d}y] \tag{4-21}$$

只要给出运动方程的轨迹曲线方程 $y=f(x)$，由此求出 $\mathrm{d}y=f'(x)\mathrm{d}x$，将 y，$\mathrm{d}y$ 代入上式，即变为关于坐标 x 的一元积分，给定始末点，可以完成定积分。

在极坐标系中，有

$$\boldsymbol{F}=\boldsymbol{F}(\boldsymbol{r})=F_\rho\boldsymbol{e}_\rho+F_\varphi\boldsymbol{e}_\varphi,\quad \mathrm{d}\boldsymbol{r}=\mathrm{d}\rho\boldsymbol{e}_\rho+\rho\mathrm{d}\varphi\boldsymbol{e}_\varphi$$

则元功为

$$\mathrm{d}W=\boldsymbol{F}(\boldsymbol{r})\cdot\mathrm{d}\boldsymbol{r}=F_\rho\mathrm{d}\rho+\rho F_\varphi\mathrm{d}\varphi \tag{4-22}$$

当横向力 $F_\varphi=0$ 时，即只存在径向力（有心力）时，力的表达式很简单，即 $\mathrm{d}W=F_\rho\mathrm{d}\rho$，向心力做的功只与作用质点的径向移动有关。

在自然坐标系中，有

$$\boldsymbol{F}=\boldsymbol{F}(\boldsymbol{r})=F_\mathrm{t}\boldsymbol{e}_\mathrm{t}+F_\mathrm{n}\boldsymbol{e}_\mathrm{n},\quad \mathrm{d}\boldsymbol{r}=\mathrm{d}s\boldsymbol{e}_\mathrm{t},\quad \mathrm{d}W=\boldsymbol{F}\cdot\mathrm{d}\boldsymbol{r}=F_\mathrm{t}\mathrm{d}s$$

其物理意义最为清晰：只有切向力才能做功，法向力不做功。

例 4-8 如图 4-5 所示，一绳索跨过无摩擦的滑轮，系在质量为 m 的物体上，起初物体静止在无摩擦的水平平面上。若用 200 N 的恒力 $\boldsymbol{F}$ 作用在绳索的另一端，使物体向右做加速运动，当系在物体上的绳索从与水平面成 30°角变为 45°角时，力对物体所做的功为多少？（已知滑轮与水平面之间的距离 $d=1.00$ m。）

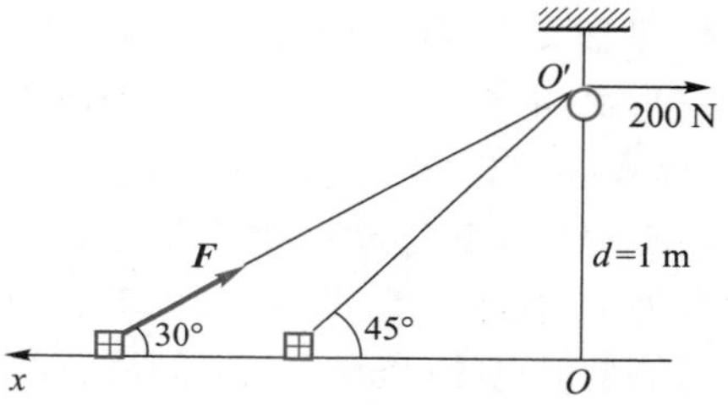

图 4-5

解法 1： 以地面为参考系，因物体做一维直线运动，故取如图 4-5 所示的直角坐标系，坐标原点在滑轮正下方，在任意 x 处，绳索拉力在 x 轴上的分量为 $F_x=\boldsymbol{F}\cdot\boldsymbol{i}=-Fx/\sqrt{d^2+x^2}$，故拉力所做的总功为

$$W=\int\boldsymbol{F}\cdot\mathrm{d}\boldsymbol{x}=\int F_x\mathrm{d}x=\int_{x_1}^{x_2}-\frac{Fx}{\sqrt{d^2+x^2}}\mathrm{d}x=-F\left(\sqrt{d^2+x_2^2}-\sqrt{d^2+x_1^2}\right)$$

$$=-F\left(\frac{d}{\sin\theta_2}-\frac{d}{\sin\theta_1}\right)=-200(\sqrt{2}-2)\ \mathrm{J}=200(2-\sqrt{2})\ \mathrm{J}$$

解法 2：（明显地，作用在物体上的力为有心力，取极坐标系更为方便）在地面参考系中，取滑轮为原点的极坐标系，则绳索拉力 $\boldsymbol{F}=F_\rho\boldsymbol{e}_\rho=-200\boldsymbol{e}_\rho$ N 对物体所做的功为

$$W=\int_{r_1}^{r_2}\boldsymbol{F}\cdot\mathrm{d}\boldsymbol{r}=\int_{r_1}^{r_2}F_\rho\boldsymbol{e}_\rho\cdot\mathrm{d}\boldsymbol{r}=\int_{\rho_1}^{\rho_2}F_\rho\mathrm{d}\rho=F_\rho\int_{\rho_1}^{\rho_2}\mathrm{d}\rho$$

$$=F_\rho(\rho_2-\rho_1)=F_\rho\left(\frac{d}{\sin 45^\circ}-\frac{d}{\sin 30^\circ}\right)=200(2-\sqrt{2})\ \mathrm{J}$$

例 4-9 在极坐标系中，有一恒力 $\boldsymbol{F}(\boldsymbol{r})=\boldsymbol{F}(\rho,\varphi)=F_\rho(\rho,\varphi)\boldsymbol{e}_\rho=a\rho^2\sin^2\varphi\boldsymbol{e}_\rho$，如图 4-6 所示，求图中所示闭合路径 $OABO$ 上力做的功。

解： 力在图中所示闭合路径上做的功为

$$W=\int_O^A \boldsymbol{F}\cdot \mathrm{d}\boldsymbol{r}+\int_A^B F_\rho \boldsymbol{e}_\rho\cdot \mathrm{d}\boldsymbol{r}+\int_B^O F_\rho\cdot \mathrm{d}\rho$$

$$=\int_0^1 F_\rho(\varphi=0)\mathrm{d}\rho+\int_1^0 F_\rho(\varphi=\pi/2)\mathrm{d}\rho=\int_1^0 a\rho^2\mathrm{d}\rho=-\frac{a}{3}$$

结果并不为零，这是因为力的大小关于原点并不具有各向同性的缘故。

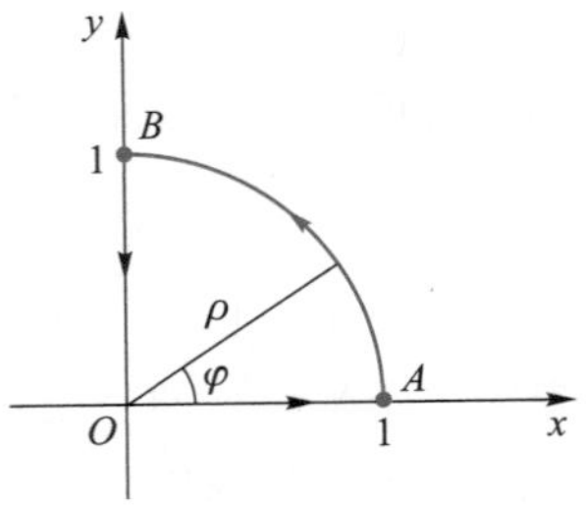

图 4-6

3. 质点的动能定理

在某惯性系中，质点的运动遵循牛顿第二定律 $\boldsymbol{F}=m\mathrm{d}\boldsymbol{v}/\mathrm{d}t$，式子两边同时点乘 $\mathrm{d}\boldsymbol{r}$，注意到该 $\mathrm{d}\boldsymbol{r}$ 既是质点的位移，也是力 $\boldsymbol{F}$ 作用质点的位移，则有

$$\mathrm{d}W\equiv\boldsymbol{F}\cdot\mathrm{d}\boldsymbol{r}=m\boldsymbol{v}\cdot\mathrm{d}\boldsymbol{v}=mv\mathrm{d}v=\mathrm{d}(mv^2/2)=\mathrm{d}E_\mathrm{k} \quad (4-23)$$

将式(4-23)两边沿某个运动过程求积分，得

$$W_{ab,l}=\int \mathrm{d}W\equiv\int_{r_a,l}^{r_b}\boldsymbol{F}\cdot\mathrm{d}\boldsymbol{r}=\int_{E_{\mathrm{k},a}}^{E_{\mathrm{k},b}}\mathrm{d}(E_\mathrm{k})=E_{\mathrm{k},b}-E_{\mathrm{k},a} \quad (4-24)$$

式(4-23)和式(4-24)均称为质点的动能定理，它们表明：在某惯性参考系中，质点在某运动过程中动能的增加量，总等于此过程中合外力对其所做的功。由式 (4-23)可得

$$\frac{\mathrm{d}E_\mathrm{k}}{\mathrm{d}t}=\boldsymbol{F}\cdot\frac{\mathrm{d}\boldsymbol{r}}{\mathrm{d}t}=\boldsymbol{F}\cdot\boldsymbol{v}=P \quad (4-25)$$

其物理意义是：在某时刻于某惯性参考系中，质点动能的时间变化率等于该时刻合外力的功率。与式(4-23)和式(4-24)一样，式(4-25)也称为质点的动能定理，只不过它是个时刻定理，而式(4-23)和式(4-24)都是过程定理。从数学上讲，在讨论质点的运动问题时，质点的动能定理与牛顿运动定律功效完全一样，后者能解决的问题用前者也能行，关键依然是定量写出合外力，代入方程式(4-23)即可。但需要注意的是，式(4-24)能完成对位矢的积分，要求合力只能是恒定的；当合力是时间或速度的显函数时，在运动方程未定前，合力做的功也是未定的，即此时用式(4-24)来讨论质点的运动问题是不可取的，此时只能用微分定律[式(4-23)]或时刻定理[式(4-25)]来讨论。

例 4-10　一质量为 m 的小球由静止从高为 h 的空中下落，下落时除重力外，还受到空气的阻力，阻力大小为 $F_\mathrm{f}=kv^2$，求下落到地面时小球的速度及空气阻力做的功。

解：取地面为参考系，小球为研究对象，刚下落时为计时起点。设 t 时刻，小球运动速度为 $\boldsymbol{v}=v\boldsymbol{e}_\mathrm{t}$，则此时小球受力有重力 $m\boldsymbol{g}$ 及空气阻力 $\boldsymbol{F}_\mathrm{f}=-kv^2\boldsymbol{e}_\mathrm{t}$[注意到合力为速度的函数，非恒定，应该用式(4-23)或式(4-25)来讨论]，则在随后的无穷小位移过程中由质点的动能定理可得

$$\boldsymbol{F}\cdot\mathrm{d}\boldsymbol{r}=(m\boldsymbol{g}-kv^2\boldsymbol{e}_\mathrm{t})\cdot\mathrm{d}\boldsymbol{r}=\mathrm{d}E_\mathrm{k}=mv\mathrm{d}v \quad ①$$

取自然坐标系，则 $\mathrm{d}\boldsymbol{r}=\mathrm{d}s\boldsymbol{e}_\mathrm{t}$，注意到切向 $\boldsymbol{e}_\mathrm{t}$ 竖直向下，上式左边完成点乘可得

$$(mg-kv^2)\mathrm{d}s=mv\mathrm{d}v$$

分离变量后，并注意到初始条件，求积分后得

$$s=h=\int_0^h \mathrm{d}s=\int_0^v\frac{mv\mathrm{d}v}{(mg-kv^2)}$$

完成积分，整理可得

$$v(h)=\left[(1-\mathrm{e}^{-\frac{2kh}{m}})\frac{mg}{k}\right]^{1/2} \quad ②$$

这就是小球落地时相对地面的速度,有兴趣的同学不妨验证一下当阻力很小时能否得到中学熟知的结果。注意到定义式 $v=\mathrm{d}s/\mathrm{d}t$,本题同样也可以用质点的牛顿运动定律或质点的动量定理来做。

[空气阻力做的功,按定义为

$$W_{\mathrm{f}}=\int -kv^2\boldsymbol{e}_{\mathrm{t}}\cdot\mathrm{d}\boldsymbol{r}=\int_0^h -kv^2\mathrm{d}s$$

明显地,要完成上述积分,需要知道 $v=v(s)$,这需将式②中的 h 换成 s。由此可见,空气阻力做的功不但与路径有关,也与路径上的速率有关,是一个真正的过程量,而不是一个简单的曲线积分,积分工作有点大,但可以用整个过程的动能定理来讨论]

将式①两边同时对整个过程积分可得

$$mgh+W_{\mathrm{f}}=\frac{1}{2}m[v(h)]^2-0$$

将式②代入即得下落过程中空气阻力做的功为

$$W_{\mathrm{f}}=\frac{1}{2}m[v(h)]^2-mgh=\frac{1}{2}\left[(1-\mathrm{e}^{-\frac{2kh}{m}})\frac{g}{k}\right]-mgh$$

二、几种常见力的功

1. 恒力做的功

有些力在任意参考系中都是恒定的,这是一种非常特殊的力,一般是某些力在小区域中的近似,如物体的重力 $m\boldsymbol{g}$,实为地球对物体的万有引力在地表附近的近似。当力为恒矢量时,自然可以将其从积分号中提出来(连同点乘号一起提出来,或将其放到微分号中成为一个完整函数的全微分)

$$W_{ab}=\int\mathrm{d}W=\int_{r_a}^{r_b}\boldsymbol{F}\cdot\mathrm{d}\boldsymbol{r}=\boldsymbol{F}\cdot\int_{r_a}^{r_b}\mathrm{d}\boldsymbol{r}=\left[\int_{r_a}^{r_b}\mathrm{d}(\boldsymbol{F}\cdot\boldsymbol{r})\right]=\boldsymbol{F}\cdot(\boldsymbol{r}_b-\boldsymbol{r}_a)\tag{4-26}$$

如重力做功,取地面为参考系,竖直向上为 y 轴正方向,地面为坐标原点,则有

$$W_G=m\boldsymbol{g}\cdot(\boldsymbol{r}_b-\boldsymbol{r}_a)=-mg\boldsymbol{j}\cdot(\boldsymbol{r}_b-\boldsymbol{r}_a)=-mg\cdot(y_b-y_a)\tag{4-27}$$

结果与质点的运动路径无关,仅与两端点的空间(位置)坐标有关。故当质点 P 沿一闭合路径运动一周回到起始点时,重力做功恒为零,且在所有参考系中都是如此。运动路径不闭合,则重力做功就等于重力与物体在重力方向上的位移 $(\boldsymbol{r}_b-\boldsymbol{r}_a)\cdot(-\boldsymbol{j})=-(y_b-y_a)$ 的乘积。

恒力做的元功为

$$\mathrm{d}W=\boldsymbol{F}\cdot\mathrm{d}\boldsymbol{r}=\mathrm{d}(\boldsymbol{F}\cdot\boldsymbol{r})\tag{4-28}$$

上式为一个位置函数的全微分。

2. 弹性力做的功

一根弹簧,原长为 l_0,两端分别为 O 点和 P 点,如图 4-7 所示。在某参考系 S 中,两端点的运动方程分别为 $\boldsymbol{r}_O(t)$ 及 $\boldsymbol{r}_P(t)$,则于任意 t 时刻,端点 P 受到的弹性力为

$$\boldsymbol{F}_P(\boldsymbol{r}_P,t)=-k[|\boldsymbol{r}_P(t)-\boldsymbol{r}_O(t)|-l_0]\frac{\boldsymbol{r}_P(t)-\boldsymbol{r}_O(t)}{|\boldsymbol{r}_P(t)-\boldsymbol{r}_O(t)|}$$

只要 $\boldsymbol{r}_O(t)$ 随时间变化,则上述弹性力就是非恒定的。在

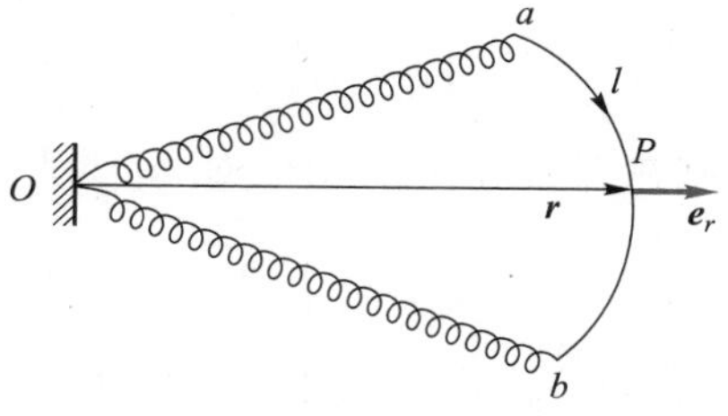

图 4-7

$t_1 \sim t_2$ 时间内，于 P 点的运动过程中，弹性力对 P 点（处物体）做的功为

$$W(t_1 \sim t_2)=\int_{t_1}^{t_2}\boldsymbol{F}_P(\boldsymbol{r}_P,t)\cdot \mathrm{d}\boldsymbol{r}_P(t)=-\int_{t_1}^{t_2}k[\,|\boldsymbol{r}_P(t)-\boldsymbol{r}_O(t)|-l_0]\frac{\boldsymbol{r}_P(t)-\boldsymbol{r}_O(t)}{|\boldsymbol{r}_P(t)-\boldsymbol{r}_O(t)|}\cdot \dot{\boldsymbol{r}}_P(t)\mathrm{d}t$$

比较复杂。

简单情况，令两端点都在 x 轴上运动，运动方程分别为 $x_P(t)=A\cos(2\pi t/T)$，$x_O(t)=x_0+at$，$(x_0>A, a>0)$，则在 $0\sim T$ 时间内，P 点弹性力做的功为

$$\begin{aligned}W(t_1\sim t_2)&=-\int_0^T k[\,|x_P(t)-x_O(t)|-l_0]\mathrm{d}x_P(t)\\&=-\int_0^T k[\,|A\cos(2\pi t/T)-x_0-at|-l_0]\mathrm{d}[A\cos(2\pi t/T)]\\&=-\int_0^T kA[-A\cos(2\pi t/T)+x_0+at-l_0]\mathrm{d}[\cos(2\pi t/T)]\\&=-kaA\int_0^T t\mathrm{d}[\cos(2\pi t/T)]=-kaAT\end{aligned}$$

这就是说，P 点于原点附近做一完整往返运动（轨迹闭合）的过程中，弹性力做的功并不为零。

当取 O 端点为参考系时，则 P 端的弹性力是恒定的，与时间无关。取以 O 点为原点的球坐标系，当 P 端点的位置矢量为 $\boldsymbol{r}$ 时，弹性力为

$$\boldsymbol{F}(\boldsymbol{r})=-k(\,|\boldsymbol{r}|-l_0)\boldsymbol{e}_r=-k(r-l_0)\boldsymbol{e}_r$$

在该参考系中，P 端在随后的 $\mathrm{d}\boldsymbol{r}$ 位移中（注意到 $\boldsymbol{r}\cdot\mathrm{d}\boldsymbol{r}=r\mathrm{d}r$，$\boldsymbol{e}_r\cdot\mathrm{d}\boldsymbol{r}=\mathrm{d}r$），弹性力做功为

$$\mathrm{d}W=-k(r-l_0)\boldsymbol{e}_r\cdot\mathrm{d}\boldsymbol{r}=-k(r-l_0)\mathrm{d}r=-k(r-l_0)\mathrm{d}(r-l_0)$$

所以，当 P 端沿路径 l 从点 a 到点 b 的过程中，弹性力做功为

$$W_{ab,l}=\int\mathrm{d}W=-\int_{r_a}^{r_b}\mathrm{d}\left[\frac{1}{2}k\,(r-l_0)^2\right]=\frac{1}{2}k\,(r_a-l_0)^2-\frac{1}{2}k\,(r_b-l_0)^2 \tag{4-29}$$

也与路径无关。其元功是函数 $-k\,(r-l_0)^2/2$ 的完全微分，一般地常将 $r-l_0\equiv x$，明显地它就是弹簧的伸长量（不是 x 轴上的坐标），从而有

$$W_{ab}=\frac{kx_a^2}{2}-\frac{kx_b^2}{2} \tag{4-30}$$

只有在相对一端静止的参考系中，弹性力对另一个端点做的功与该端点的运动轨迹无关，仅与轨迹的边界（即两个端点）有关。当两端点重合，即轨迹闭合时，弹性力做的功自然恒为零。

3. 万有引力做的功

质量分别为 m_1 和 m_2 的两质点间存在着万有引力，在某参考系 O 中，m_1 和 m_2 两质点的运动方程为 $\boldsymbol{r}_1(t)$ 及 $\boldsymbol{r}_2(t)$，则于任意 t 时刻，m_1 对 m_2 的万有引力为

$$\boldsymbol{F}_{21}(t)=-\frac{Gm_1m_2[\boldsymbol{r}_2(t)-\boldsymbol{r}_1(t)]}{|\boldsymbol{r}_2(t)-\boldsymbol{r}_1(t)|^3}$$

则在 $t_1\sim t_2$ 时间内，m_1 对 m_2 的万有引力对 m_2 做的功为

$$\int_{t_1}^{t_2}\boldsymbol{F}_{21}(t)\cdot\mathrm{d}\boldsymbol{r}_2(t)=-\int_{t_1}^{t_2}\frac{Gm_1m_2[\boldsymbol{r}_2(t)-\boldsymbol{r}_1(t)]}{|\boldsymbol{r}_2(t)-\boldsymbol{r}_1(t)|^3}\cdot\dot{\boldsymbol{r}}_2(t)\mathrm{d}t$$

为一个与两质点运动方程都有关系的过程量，当 m_2 沿某一闭合曲线运动一周时，功一般都不为零。

当施力物体 m_1 在参考系 O 中静止且在坐标原点时，可得 m_1 对 m_2 的万有引力对 m_2 做的功为

$$\int_{t_1}^{t_2}\boldsymbol{F}_{21}(t)\cdot \mathrm{d}\boldsymbol{r}_2(t)=-\int_{r_2(t_1)}^{r_2(t_2)}\frac{Gm_1m_2\boldsymbol{r}_2}{|\boldsymbol{r}_2|^3}\cdot \mathrm{d}\boldsymbol{r}_2$$

当运动路径闭合时，有

$$W=-\oint_l\frac{Gm_1m_2\boldsymbol{r}_2\cdot \mathrm{d}\boldsymbol{r}_2}{|\boldsymbol{r}_2|^3}=-\oint_l\frac{Gm_1m_2\mathrm{d}r_2}{r_2^2}=Gm_1m_2\oint_l \mathrm{d}\left(\frac{1}{r_2}\right)=0$$

4. 一对作用力和反作用力做的总功

现在来考察一对相互作用力做的总功，设质量分别为 m_1 和 m_2 的两质点存在着相互作用力，如图 4-8 所示，在某参考系 O 中，t 时刻，m_1 和 m_2 分别位于 $\boldsymbol{r}_1$ 和 $\boldsymbol{r}_2$ 处，则在随后的 $\mathrm{d}t$ 时间内，m_1 和 m_2 分别有位移 $\mathrm{d}\boldsymbol{r}_1$ 及 $\mathrm{d}\boldsymbol{r}_2$，则在该参考系中，该对作用力和反作用力对由 m_1 和 m_2 构成的系统做的总功为

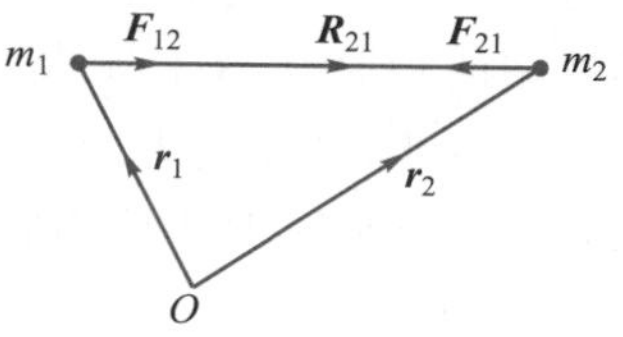

图 4-8

$$\mathrm{d}W=\boldsymbol{F}_{12}\cdot \mathrm{d}\boldsymbol{r}_1+\boldsymbol{F}_{21}\cdot \mathrm{d}\boldsymbol{r}_2=-\boldsymbol{F}_{21}\cdot \mathrm{d}\boldsymbol{r}_1+\boldsymbol{F}_{21}\cdot \mathrm{d}\boldsymbol{r}_2=\boldsymbol{F}_{21}\cdot \mathrm{d}(\boldsymbol{r}_2-\boldsymbol{r}_1)=\boldsymbol{F}_{21}\cdot \mathrm{d}\boldsymbol{R}_{21}\qquad(4-31)$$

只要作用力和反作用力满足牛顿第三定律中的大小相等、方向相反的条件，则它们的总功总等于 $\boldsymbol{F}_{21}\cdot \mathrm{d}\boldsymbol{R}_{21}$，当然也等于 $\boldsymbol{F}_{12}\cdot \mathrm{d}\boldsymbol{R}_{12}$，即总等于相互作用力与两物体相对位移的标积。注意到 $\boldsymbol{R}_{21}$ 就是质点 m_2 相对于 m_1 的位矢，就是 m_1 为参考系（参考点）时质点 m_2 的位矢，它是一个完全相对量，与参考系无关。在 $\mathrm{d}t$ 时间内质点 m_2（相对于 m_1 的）位移 $\mathrm{d}\boldsymbol{R}_{12}$，与 m_2 受到 m_1 的作用力 $\boldsymbol{F}_{21}$ 一样，都是绝对的，故它们的标积也是绝对的，与参考系无关。故有："一对作用力和反作用力做的总功，在任何参考系（更别说是惯性系了）中，都是相同的，都等于取其中一物为参考系时（此参考系可以是非惯性系），相互作用力对另一物所做的功"。

现在我们可以更加细致地讨论一对作用力和反作用力做的总功。

① 若作用力和反作用力的作用点的位移始终相同，即 $\mathrm{d}\boldsymbol{R}_{12}$ 恒为零，则该对作用力和反作用力做的总功恒为零。比如绳子拉着物体向上运动时，绳子对物体的（向上）拉力 $\boldsymbol{F}$ 和物体对绳子的（向下）拉力 $\boldsymbol{F}_\mathrm{T}$，为一对作用力和反作用力，在任一相对物体运动的参考系（譬如地面系）中，这两个力会分别做功，但因相对位移始终为零，总功恒为零。推论：任意刚性物体中的张力对物体做的功恒为零。

② 若相互作用力与两物体的相对位移始终垂直，即 $\boldsymbol{F}_{21}\perp \mathrm{d}\boldsymbol{R}_{21}$，则于任何参考系中，该对力做的总功总为零。例如任意曲面上曲面对物体的支持力 $\boldsymbol{F}$ 和物体对曲面的正压力 $\boldsymbol{F}_\mathrm{N}$ 为一对相互作用力，两力总在曲面的法向方向上，故两作用点的相对位移（总在曲面上）始终与力垂直，故该对力做的总功在任意参考系中恒为零。如图 4-9 所示，在光滑地面上放置一个三棱柱物体 m_0，其斜面上再放置一物体 m，显而易见，于地面参考系中，两物体间的正压力 $\boldsymbol{F}_\mathrm{N}$ 和支持力 $\boldsymbol{F}$ 都做功，都不为零，但因 $\boldsymbol{F}_{21}\perp \mathrm{d}\boldsymbol{R}_{21}$，两作用力做功的总和恒为零。在斜面 m_0 参考系中，很容易证明此结论。

③ 若作用力为纯几何力，即 $\boldsymbol{F}_{21}=\boldsymbol{F}_{21}(\boldsymbol{R}_{21})$，与时间无显著关系，则该对相互作用力在两物体的相对空间中就是恒定的，力做的功在相对空间中只与运动路径及运动过程的始末时刻的相对位置有关，与相对运动的方程 $\boldsymbol{R}_{21}=\boldsymbol{R}_{21}(t)$ 无关，即

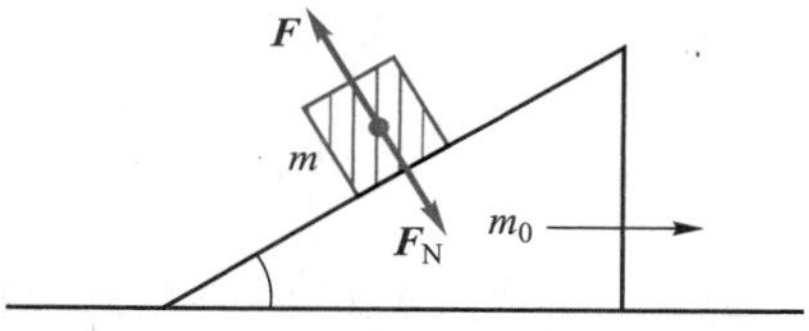

图 4-9

$$W[t_1,t_2,\boldsymbol{R}_{21}(t)]=W[\boldsymbol{R}_{21}(t_1),\boldsymbol{R}_{21}(t_2),l]=\int \mathrm{d}W=\int_{\boldsymbol{R}_{21}(t_1),l}^{\boldsymbol{R}_{21}(t_2)}\boldsymbol{F}_{21}(\boldsymbol{R}_{21})\cdot \mathrm{d}\boldsymbol{R}_{21}$$

④ 若作用力和反作用力进一步满足牛顿第三定律：作用力的方向在两者的连线上，则有 $\boldsymbol{F}_{12}=F_{12}\boldsymbol{e}_{12}$，其中 F_{12}是 $\boldsymbol{F}_{12}$在方向 $\boldsymbol{e}_{12}$上的投影，或正或负，则有：该对相互作用力做的总功（不再指明参考系了）$\mathrm{d}W=\boldsymbol{F}_{12}\cdot \mathrm{d}\boldsymbol{R}_{12}=F_{12}\boldsymbol{e}_{12}\cdot \mathrm{d}\boldsymbol{R}_{12}=F_{12}\mathrm{d}R_{12}$，只与两质点间的相对位置的大小 R_{12}的变化 $\mathrm{d}R_{12}$有关，若相对位置的大小 R_{12}不变，则相互作用力做的总功恒为零。例如两星球仅在万有引力的作用下相对运动，若两者间的距离大小保持不变，则这对万有引力恒不做功；若两者间的距离变小，即 $\mathrm{d}R_{12}<0$，注意到 $F_{12}<0$，则这对万有引力做正功。

进一步，若作用力的大小仅是相对距离（相对位置的大小）r_{12}的函数时（这实际上要求力的大小和方向相对于施力物体而言是各向同性的，而例 4-8 中的作用力还与方向有关，是各向异性的），即

$$\boldsymbol{F}_{21}=F_{21}(|\boldsymbol{R}_{21}|)\frac{\boldsymbol{R}_{21}}{|\boldsymbol{R}_{21}|}=F_{21}(R_{21})\frac{\boldsymbol{R}_{21}}{R_{21}}$$

则有

$$\mathrm{d}W=F_{21}(R_{21})\frac{\boldsymbol{R}_{21}}{R_{21}}\cdot \mathrm{d}\boldsymbol{R}_{21}=F_{12}(R_{12})\mathrm{d}R_{12}=-\mathrm{d}E_{\mathrm{p}}(R_{12}) \tag{4-32}$$

即一对相互作用力做的元功总可以写成它们相对距离的某个函数的完全微分的负值，令其为负值是为了与后面定义的势能概念一致。

对式（4-32）两边积分即得

$$W=\int \mathrm{d}W=-\int_{r_a}^{r_b}\mathrm{d}E_{\mathrm{p}}(R_{12})=E_{\mathrm{p}}(r_a)-E_{\mathrm{p}}(r_b) \tag{4-33}$$

即该相互作用力做的总功与两物体的相对路径无关，只取决于该相对路径的始末时刻两物体之间的相对位置的大小。

例如质量分别为 m_0 和 m 的物体间有万有引力，则在任意变化过程中可以求出该对万有引力做的总功。选 m_0 为参考系（m_0 可以是非惯性系，特别是在仅由 m 和 m_0 组成的孤立系统时，m_0 一定是一个非惯性系），如图 4-10 所示，则由 $\boldsymbol{F}_{mm_0}=-m_0Gm\boldsymbol{e}_r/r^2$ 可得万有引力在无穷小过程中做的元功为

$$\mathrm{d}W=\boldsymbol{F}_{mm_0}\cdot \mathrm{d}\boldsymbol{r}=-\mathrm{d}\left(\frac{-m_0Gm}{r}\right) \tag{4-34}$$

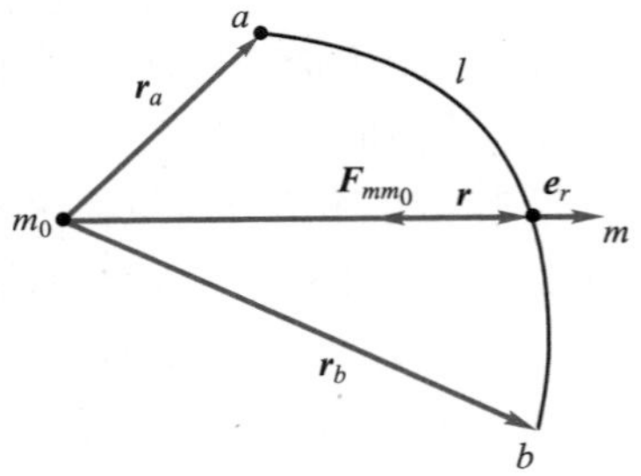

图 4-10

故在 m 相对于 m_0 的空间中，沿路径 l，从 a 运动到 b 的过程中，万有引力做的总功为

$$W=\int \mathrm{d}W=-\int_{r_a}^{r_b}\mathrm{d}\left(\frac{-m_0Gm}{r}\right)=-\left(\frac{-m_0Gm}{r_b}-\frac{-m_0Gm}{r_a}\right) \tag{4-35}$$

此功自然也是在任何惯性参考系中，该对万有引力做的总功。此功与相对路径无关，只取决于相对路径的始末时刻的相对位置（的大小）。

严格地讲，在中学物理中，所谓地球对物体的重力做的功实际上是地球与物体间的一对万有引力（重力）做的总功。

对弹簧而言，若其质量忽略不计，即所谓的轻弹簧，则其两端点的作用力可视为一对相互作用力，在任意参考系中，它们做的总功总等于取一端 O 点为参考系时，弹性力对另一端 P 点做的功，其总功为

$$W_{ab}=\frac{1}{2}kx_a^2-\frac{1}{2}kx_b^2 \tag{4-36}$$

仅由弹簧的两次伸长量决定，与两端点的运动路径无关。

三、质点系的动能定理

现在我们将研究对象扩大至由任何质点系构成的力学系统，为便于理解，先考察最简单的一个两质点的离散系统。在某惯性参考系中，某 t 时刻系统内两质点的动能分别为 $E_{k1}(t)$ 和 $E_{k2}(t)$，两质点所受的（合）外力分别为 $\boldsymbol{F}_1$ 和 $\boldsymbol{F}_2$，系统内两质点之间的一对相互作用（内）力分别为 $\boldsymbol{F}_{12}$ 和 $\boldsymbol{F}_{21}$，分别对两质点应用动能定理得

$$(\boldsymbol{F}_1+\boldsymbol{F}_{12})\cdot \mathrm{d}\boldsymbol{r}_1=\mathrm{d}E_{k1},\quad (\boldsymbol{F}_2+\boldsymbol{F}_{21})\cdot \mathrm{d}\boldsymbol{r}_2=\mathrm{d}E_{k2}$$

将上面两方程左右各相加，则有

$$(\boldsymbol{F}_1\cdot \mathrm{d}\boldsymbol{r}_1+\boldsymbol{F}_2\cdot \mathrm{d}\boldsymbol{r}_2)+(\boldsymbol{F}_{12}\cdot \mathrm{d}\boldsymbol{r}_1+\boldsymbol{F}_{21}\cdot \mathrm{d}\boldsymbol{r}_2)=\mathrm{d}(E_{k1}+E_{k2})$$

上式左边分成两项，第一项称为系统所受全部外力做功的代数和，记为 $\mathrm{d}W^{\mathrm{e}}$；第二项称为系统所受全部内力做功的代数和，记为 $\mathrm{d}W^{\mathrm{in}}$；而上式右边微分号内可定义为该时刻系统的动能 E_k。上式表明：在某微小过程中，系统动能的变化量等于系统所受的全部外力做的功和全部内力所做的功的代数和，即

$$\mathrm{d}E_k=\mathrm{d}W^{\mathrm{e}}+\mathrm{d}W^{\mathrm{in}} \tag{4-37}$$

这就是所谓的系统（质点系）的动能定理。将上述对某过程积分可得

$$W^{\mathrm{e}}+W^{\mathrm{in}}=\Delta E_k=E_k(t_2)-E_k(t_1) \tag{4-38}$$

它表明：在某过程中，系统动能的增量（仅取决于过程的初末两时刻），等于此过程中外力做功和内力做功的代数和。

动能的定义式(4-15)只适用于质点，注意到动能对系统满足可加性，故一般地，任意 t 时刻系统的动能可写为

$$E_k(t)=\sum_i E_{ki}+\int \mathrm{d}E_k=\sum_i \frac{m_i v_i^2}{2}+\int_m \frac{v^2\mathrm{d}m}{2} \tag{4-39}$$

求和号对应质量离散分布的情形，积分号对应质量连续分布的情形。需要注意的是，在上式中，第一个等号后的式子中，E_{ki} 可以是任何一个离散物体的动能，$\mathrm{d}E_k$ 为任何形状的质元的（元）动能，它们未必是第二个等号中的表达式；而在第二个等号后的公式中，m_i 及 $\mathrm{d}m$ 均必须是能视为质点或能看作质点的质元。

明显地，在应用质点系的动能定理讨论问题时，某时刻系统动能的表达式及微小过程中各内外力做的功的表示是关键。例如，以速率 v 平动的某个刚体，它的动能为

$$E_k(t)=\int \mathrm{d}E_k=\int_m \frac{v^2\mathrm{d}m}{2}=\left(\frac{v^2}{2}\right)\int_m \mathrm{d}m=\frac{mv^2}{2}$$

与质点的动能表达式完全一样。而且正如前面我们看到的，刚体运动时其内力不做功，故刚体的动能定理与质点的动能定理的表述完全一样，这也是刚体的平动可等效为质点运动的又一个理由。

另外需要注意的是全部外力和全部内力所做的功的表达式。对内力而言，它们是成对出现的，计算全部内力做的功时，应分别成对地计算内力做的功，由于一对内力做的功是一个绝对量，它总等于其作用力与它们相对位移标积的累加，这使得内力总功的计算变得相对容易些（参见上一小节），很多情况下，它们都等于零。对外力而言，在质点的动能定理中，各个外力的作用点都在质点上，各外力做功的和就等于合外力做的功，但在质点系的动能定理中，各个外力的作用点并非在同一质点上，它们的位移不同，故全部外力做的总功只能是先求出各个外力所做的功后再求它们的代数和，即 $\mathrm{d}W^{e}=\sum_i \mathrm{d}W_i^{e}=\sum_i \boldsymbol{F}_i\cdot \mathrm{d}\boldsymbol{r}_i$，其中 $\mathrm{d}\boldsymbol{r}_i$ 是外力 $\boldsymbol{F}_i$ 的作用点的位移。

例 4-11　质量为 m，长为 l 的均匀细棒，可绕垂直于棒的一端 O 点的水平轴自由转动，如图 4-11 所示，将此棒的自由端放在水平位置，然后放开任其下落，求出棒转到最低位置时的角速度。

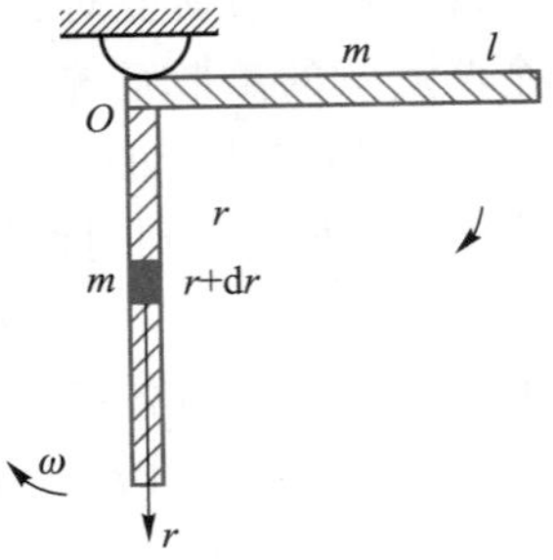

图 4-11

解：取地面为参考系，棒为研究对象，考察棒的自由端从水平位置转到最低位置的过程。棒为刚体，内力不做功，受到的外力有两个，一个是水平轴对棒的约束力，此为定点力，作用点没有位移，故其不做功；另一个为重力，为恒力，其作用点等效地在棒的重心（质心或中点）上，此过程中重力方向的位移为 $l/2$，故重力做功为 $mgl/2$。由质点系的动能定理可得，系统动能的增量等于外力做功的和，即重力做的功等于棒最后的动能。取端点 O 为坐标原点的极坐标系，令棒长方向为坐标 r 轴，棒的角速度为 ω，如图 4-11 所示，则其动能用转动角速度表示为

$$E_k=\int \mathrm{d}E_k=\int_m \frac{v^2}{2}\mathrm{d}m=\int_0^l \frac{\omega^2 r^2}{2}\cdot\frac{m}{l}\mathrm{d}r=\frac{1}{6}m\omega^2 l^2$$

令棒最低点处的角速度为 ω，则由质点系动能定理可得

$$\frac{mgl}{2}=\frac{m\omega^2 l^2}{6}-0$$

由此即得

$$\omega=\sqrt{3g/l}$$

例 4-12　质量为 m_0 的木块，原先静止于一光滑水平面上，现有一颗质量为 m 的子弹以初速度 $\boldsymbol{v}_0$，从左方射入木块，如图 4-12 所示，子弹受到木块的阻力大小为 F_f，恒定不变，木块足够长，求子弹静止于木块中时，子弹进入木块的深度。

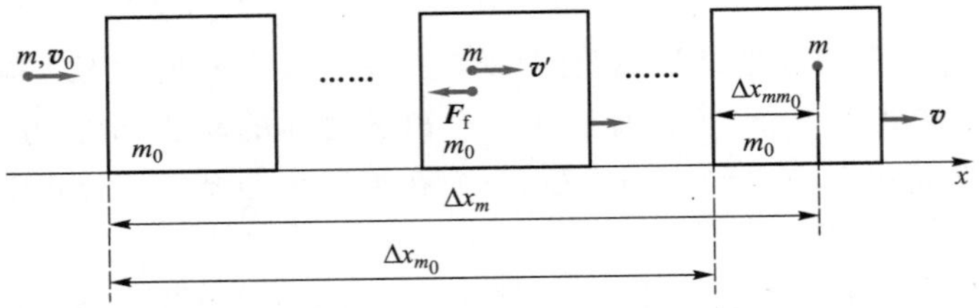

图 4-12

解：取地面为惯性参考系，子弹和木块为系统。设木块和子弹最后相对静止时它们相对于地面的速度为 $\boldsymbol{v}$，则在整个子弹射入过程（子弹与木块从刚开始接触到相对静止的过程）中，因

系统水平方向无外力作用,故系统水平方向动量守恒,取子弹运动方向为 x 轴正方向,则有

$$mv_0=(m_0+m)v \tag{①}$$

注意到于此过程中,所有外力(重力及水平面的支持力)均不做功,一对内力为木块与子弹之间的相互摩擦力,它们做的总功在所有参考系中都相同,取木块为参考系时,它等于摩擦力点乘子弹的相对(木块的)位移,即

$$W_f=\boldsymbol{F}_f\cdot\Delta\boldsymbol{r}_{mm_0}=-F_f\Delta x_{mm_0} \tag{②}$$

则由质点系的动能定理得:系统动能的增量等于内力做的功,即

$$\frac{1}{2}(m_0+m)v^2-\frac{1}{2}mv_0^2=W_f \tag{③}$$

联合求解式①、式②、式③得 $\Delta x_{mm_0}=\dfrac{mm_0v_0^2}{2F_f(m+m_0)}$,这就是子弹进入木块的深度。

如果不知道一对相互作用力的做功特点,那么本题的后半部分只能分别对木块和子弹应用质点的动能定理。分别取木块和子弹为研究对象,地面为惯性参考系,令子弹与木块从刚开始接触到相对静止的过程中,沿 x 轴正方向,木块移动了 Δx_{m_0},子弹移动了 Δx_m,则由质点的动能定理分别可得

$$\frac{1}{2}m_0v^2-0=F_f\Delta x_{m_0},\quad \frac{1}{2}mv^2-\frac{1}{2}mv_0^2=-F_f\Delta x_m$$

其中速度 v 依旧满足方程式①,联合上面两式可解得

$$\Delta x_{mm_0}=\Delta x_m-\Delta x_{m_0}=\frac{mm_0v_0^2}{2F_f(m+m_0)}$$

结果一样,但过程相对要麻烦些。

4.4 功能原理与机械能守恒定律

一、保守力与非保守力　系统的势能

由上节可知,对单一力而言,其做功与参考系的选择有关,即便给定受力物体的运动路径,它实际上还与受力物体在路径上的运动速度以及施力物体的运动情况有关。例如只有在太阳参考系中(相对于太阳静止的相对空间中),地球沿任意闭合路径运动时,万有引力对地球做的功才为零;或者在地球参考系中(相对于地球静止的相对空间中),太阳沿任意闭合路径,万有引力对太阳做的功才为零;而在其他相对于太阳和地球都运动的参考系中,地球沿任意闭合路径(或太阳沿任意闭合路径)运动时,万有引力对地球(或太阳)做的功均不为零。

视频:保守力

力是一个完全相对量,它总是成对出现,讨论某种力的特点,只能通过该对力的特征才能说明问题。由上节讨论可知,任何对力做的总功都是绝对的,它仅与两物体的相对路径有关。若进一步地假定:某运动过程中,若一对几何力做的总功仅与相对运动轨迹的边界(两端点)有关,与相对运动轨迹无关;或者说:在一物体的相对空间中,另一物体沿任意闭合路径运动一

周时，作用力对其做功恒为零，即

$$\oint_l \boldsymbol{F}_{12} \cdot \mathrm{d}\boldsymbol{R}_{12}=0 \tag{4-40}$$

则称该对力为保守力，否则为非保守力。

上述保守力的定义概念是严密和完整的，需要注意的是，保守力概念仅对成对的力有意义，我们熟知的一些力，如万有引力、重力、弹性力都满足上述定义。

事实上，利用矢量场及其曲线积分概念也可以方便地引入保守力场的第二种定义。为此需先将力概念推广到力场概念。假设在某参考系 O 中，具有无穷无尽的相同物理性质的受力物体，于某 t 时刻，遍布空间每一处，每个受力物体都受到一个与其位矢 $\boldsymbol{r}$ 有关的作用力 $\boldsymbol{F}$，则称 t 时刻于此参考系中存在一个矢量力场 $\boldsymbol{F}(\boldsymbol{r},t)$。为考察该力场性质，我们引入力场的路径积分或环流概念。若在该参考系 O 中，某时刻的力场 $\boldsymbol{F}(\boldsymbol{r},t)$ 沿着任一闭合几何曲线 l 的环流为零，即有 $\oint_l \boldsymbol{F}\cdot \mathrm{d}\boldsymbol{l}=0$，则称对该参考系而言，此时刻的 $\boldsymbol{F}(\boldsymbol{r},t)$ 为保守力（场）。

比如，在参考系 O 中，m_1 和 m_2 两质点的运动方程为 $\boldsymbol{r}_1(t)$ 及 $\boldsymbol{r}(t)$，则于任意 t 时刻，m_1 对 m_2 的万有引力为

$$\boldsymbol{F}_{21}(\boldsymbol{r},t)=-\frac{Gm_1m_2[\boldsymbol{r}_2(t)-\boldsymbol{r}_1(t)]}{|\boldsymbol{r}_2(t)-\boldsymbol{r}_1(t)|^3}=-\frac{Gm_1m_2[\boldsymbol{r}(t)-\boldsymbol{r}_1(t)]}{|\boldsymbol{r}(t)-\boldsymbol{r}_1(t)|^3}$$

则 $\boldsymbol{F}_{21}(\boldsymbol{r},t)$ 在任一纯几何意义上的闭合曲线 l 上的环流为[注意积分时 t 保持不变，$\boldsymbol{r}_1(t)$ 不变]

$$\begin{aligned}\oint_l \boldsymbol{F}_{21}(\boldsymbol{r},t)\cdot \mathrm{d}\boldsymbol{r} &=-\oint_l \frac{Gm_1m_2[\boldsymbol{r}(t)-\boldsymbol{r}_1(t)]}{|\boldsymbol{r}(t)-\boldsymbol{r}_1(t)|^3}\cdot \mathrm{d}[\boldsymbol{r}(t)-\boldsymbol{r}_1(t)]\\ &=-\oint_l \mathrm{d}\left\{\frac{Gm_1m_2}{|\boldsymbol{r}(t)-\boldsymbol{r}_1(t)|}\right\}=0\end{aligned}$$

即在任意参考系中，m_1 对 m_2 的万有引力都是保守力（场）。若 m_2 受到 m_1 和 m_0 的万有引力，则合力场为 $\boldsymbol{F}_2=\boldsymbol{F}_{21}(\boldsymbol{r},t)+\boldsymbol{F}_{20}(\boldsymbol{r},t)$，其于任意参考系中的任意时刻在任一闭合几何曲线 l 上的环流为

$$\oint_l \boldsymbol{F}_2(\boldsymbol{r},t)\cdot \mathrm{d}\boldsymbol{r}=\oint_l \boldsymbol{F}_{21}(\boldsymbol{r},t)\cdot \mathrm{d}\boldsymbol{r}+\oint_l \boldsymbol{F}_{20}(\boldsymbol{r},t)\cdot \mathrm{d}\boldsymbol{r}=0$$

合力场依然是保守力场。在经典物理学中，对施力物体位矢具有球对称性的万有引力场、弹性力场，在任意参考系中，都可证明是保守的。同样需要注意的是，此时保守概念是对力场而言的，对单一力没有保守概念。

从数学上讲，定义式（4-40）表明，元功 $\boldsymbol{F}_{12}\cdot \mathrm{d}\boldsymbol{R}_{12}$ 一定可以写为 $\boldsymbol{R}_{12}$ 的某个函数 $E_\mathrm{p}(\boldsymbol{R}_{12})$ 的全微分，即

$$\mathrm{d}E_\mathrm{p}(\boldsymbol{R}_{12})\equiv -\boldsymbol{F}_{12}\cdot \mathrm{d}\boldsymbol{R}_{12} \tag{4-41}$$

$$\int_{\boldsymbol{R}}^{\boldsymbol{R}'} \boldsymbol{F}_{12}\cdot \mathrm{d}\boldsymbol{R}_{12}=-\int_{\boldsymbol{R}}^{\boldsymbol{R}'} \mathrm{d}E_\mathrm{p}(\boldsymbol{R}_{12})=E_\mathrm{p}(\boldsymbol{R})-E_\mathrm{p}(\boldsymbol{R}') \tag{4-42}$$

即该对力做功与积分路径无关，只与积分的上下限有关。

函数 $E_\mathrm{p}(\boldsymbol{R}_{12})$ 称为两物体的相互作用势能，它是两物体相对位矢的函数。定义式（4-41）表明，当一对保守力做正功时，相应的势能会等量地减少。注意我们并未直接定义势能函数 $E_\mathrm{p}(\boldsymbol{R})$，而是定义了它的差值。势能的这种微分定义，减法定义，表明势能差才有绝对意义。

重力势能 E_p 可由 $dE_p=-dW\equiv-m\boldsymbol{g}\cdot d\boldsymbol{R}$ 求得，取竖直向上为 y 轴正方向，则得 $dE_p=-m\boldsymbol{g}\cdot d\boldsymbol{R}=mg\boldsymbol{j}\cdot d\boldsymbol{R}=d(mgy)$，故 $E_p(y)=mgy+c$，其中常量 c，由定值条件决定。如规定 $E_p(0)=0$，则 $E_p(y)=mgy$。

对万有引力势能 E_p 而言，由式(4-34)即得

$$dE_p(r)=-dW=d\left(\frac{-m_0Gm}{r}\right)$$

两边同时积分，并常令 $r\to\infty$ 时，$E_p\to0$，则有

$$E_p=-\frac{m_0Gm}{r}$$

一根轻弹簧的弹性势能 E_p 可由式(4-29)得

$$dE_p=-dW=d\left[\frac{1}{2}k\ (r-l_0)^2\right]$$

其中 $x=r-l_0$ 为弹簧的伸长量，若令弹簧原长时弹性势能为零，则有

$$E_p(x)=\frac{1}{2}k\ (r-l_0)^2=\frac{1}{2}kx^2$$

这些势能表达式，我们在中学物理中都有学过。通过这些表达式，我们可以很清楚地知道我们定义了何处为势能零点。然而有必要再次指出，势能只是一个相对概念，这些势能实际上表示的都是与势能零点处的势能差。在没有给定势能零点处时，讨论某点的势能是没有意义的。而由对力做功的绝对性可知，任意两点间的势能差值是绝对的，即任何两点的势能差值与势能零点的选取无关，也与参考系的选取无关。

势能作为能量的一种，它应归属于谁？按照我们的定义，势能是属于一对相互作用力的，但在经典力学中，力难以被视为客观实在系统，故一般地，我们将势能视为产生对力的那一对物体的，或是那对物体构成的力学系统的。对一对有万有引力作用的两物体而言，它们的万有引力势能为两者共有；又如重力势能属于物体与地球共有；弹簧的弹性势能是属于整个弹簧的，即属于轻弹簧从一端到另一端的所有相互作用着的那些质元共有。势能与系统的什么性质有关呢？两质点系统的势能都只与两质点的相对距离有关，相对距离可以看作这个系统的几何大小。我们可以推知，势能与系统中各质元间的相对位置有关，即与该时刻系统的形状、大小(即所谓的位形)有关。故势能是系统各部分相对位置状态的函数，有时也称其为位能，它是个几何状态量。

势能有时也可以表征相互作用的强弱，此时称之为相互作用能。对一对有万有引力作用的两物体而言，当两物体相距无限远时，可以说它们两者之间不再有相互作用，相互作用能定义为零，势能也定义为零，则相距任意 r 处时的势能为负，其大小正好就是外力将两者分离至无限远时(拆开两物体)需做的功。势能(相互作用能)为负，表示需要外力做功才能拆开两物体；势能为正，表示不需要外力系统就会自己趋向于零相互作用处，如果零相互作用处为两者完全分离，表明系统是不稳定的。对弹簧而言，作用力为零处并不在无限远处，而弹簧自由时的原长处，也称为平衡点处，一般地令平衡点处的势能为零，则弹簧的势能的表达式最简单。

一对保守力就需引入一个相互作用势能，如一个系统有三个粒子，两两间都是保守力，则需要分别引入三个相互作用势能，而系统的(总)势能为三个相互作用势能的代数和。

二、功能原理

在质点系的动能定理中，利用保守力概念，我们将系统内力分为两大类，保守内力和非保守内力，从而系统内力做的功等于保守内力做的功 W_c^{in} 与非保守内力做的功 W_{nc}^{in} 之和，即 $W^{in}=W_c^{in}+W_{nc}^{in}$，而任一对保守内力做的功又可以写成其相应势能的减少量，$W_{c,i}^{in}=-\Delta E_{p,i}$，而 $W_c^{in}=\sum_i W_{c,i}^{in}=-\Delta\sum_i E_{p,i}=-\Delta E_p$，$E_p$ 称为系统的总势能，就是系统内部各种势能的总和，由式(4-38)可得

$$W^e+W_{nc}^{in}=\Delta(E_k+E_p)=\Delta E \tag{4-43}$$

我们将系统的动能和势能的总和称为系统的机械能，用符号 E 表示。上式表明：系统的机械能的增量等于外力及非保守内力做的功之和，这就是质点系的功能原理。需要注意的是，功能原理只在惯性参考系中成立。

三、机械能守恒定律

当 $W^e+W_{nc}^{in}=0$ 时，我们有 $\Delta(E_k+E_p)=\Delta E=0$，其物理意义是：在某惯性系中，当作用于质点系的外力和非保守内力均不做功时，则在该惯性系中，系统的机械能守恒，这就是所谓的机械能守恒定律。机械能有两类，动能和势能，机械能守恒的意义是，动能和势能的和是不变的，但它们是可以相互转化的，即动能增加多少，必有势能相应地减少多少，这也可以说：势能有一部分转化为了动能，故有时我们称此定律为机械能守恒和转化定律，守恒指的是总量（机械能），转化指的是分量（动能与势能），机械能只能转化，不能创造，不能消灭，转化是通过成对的保守内力的做功（正或负）来实现的，一对保守内力做正功，相应的势能减少，它做功的那部分系统的动能增加，两者在量值上相同。

尽管势能与参考系无关，但系统的动能与参考系有关，故系统的机械能也与参考系有关。不管是质点（系）的动能定理，还是质点系的功能原理或机械能守恒定律，均要求参考系必须为惯性系，请看下面的例题。

例 4-13　如图 4-13 所示，一个质量为 m 的小球，从内壁为半球形的容器边缘点 A 滑下。设容器质量为 m_0，半径为 R，内壁光滑，并放置在摩擦可以忽略的水平桌面上。开始时小球和容器都处于静止状态。求当小球沿内壁滑到容器底部的点 B 时，小球和容器的相对速度。

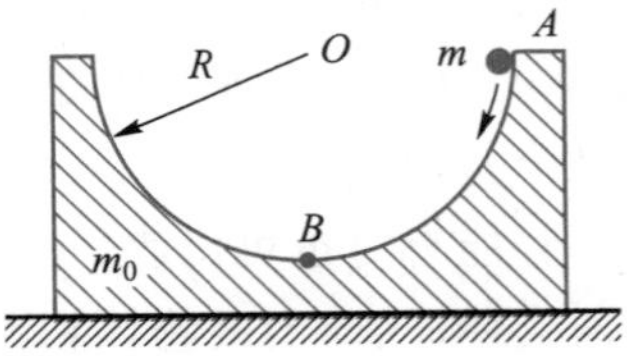

图 4-13

解：取地面为参考系，地球、小球和容器为一个系统，水平向左方向为正方向。设小球下滑到点 B 时，小球（相对于地面）的速度为 $\boldsymbol{v}_{me}$，容器的速度为 $\boldsymbol{v}_{m_0e}$（容器做平动，故各点速度相同）。在任意时刻，系统受到的外力有：水平桌面的支持力 $\boldsymbol{F}_N$，方向竖直向上，注意到 $\boldsymbol{F}_N$ 的作用点（并非在容器的重心上，而是实实在在地在容器与地面的接触面的各点上）的位移与 $\boldsymbol{F}_N$ 始终垂直，故其始终不做功。系统受到的内力有地球与容器之间的一对作用力，由于容器在竖直方向无位移，故这对作用力对系统做功恒为零；地球与小球之间作用力的做功由该对物体的重力势能的减少量表示；小球和容器之间的支持力 $\boldsymbol{F}$ 和正压力 $\boldsymbol{F}_N'$，这对内力做的总功因相互

作用力始终与相对位移垂直而恒为零,故在小球从 A 下降到 B 的过程中,系统的机械能守恒。取小球在 B 点处时小球与地球的重力势能为零,则

$$mgR=\frac{1}{2}mv_{me}^{2}+\frac{1}{2}m_0v_{m_0e}^{2}$$

系统在水平方向无外力作用,故此过程中系统水平方向的动量守恒,即

$$m\boldsymbol{v}_{me}+m_0\boldsymbol{v}_{m_0e}=0$$

联合求解以上两式可得

$$v_{me}=\sqrt{\frac{2m_0gR}{m+m_0}},\quad v_{m_0e}=-\frac{m}{m_0}\sqrt{\frac{2m_0gR}{m+m_0}}$$

故小球相对于容器的速度为

$$v_{mm_0}=v_{me}-v_{m_0e}=\sqrt{\frac{2m_0gR}{m+m_0}}+\frac{m}{m_0}\sqrt{\frac{2m_0gR}{m+m_0}}=\sqrt{\frac{2(m+m_0)gR}{m_0}}$$

此速度大于零,说明其方向与规定的正方向相同。

小球相对于容器始终做圆周运动,在点 B 处容器受到的合力为零,故此时容器可视为惯性参考系(别的时候容器均为非惯性参考系),在点 B 处小球受力有容器的支持力 $\boldsymbol{F}'_N$ 及重力 $m\boldsymbol{g}$,对此时刻的小球应用牛顿第二定律并取自然坐标系可得

$$\boldsymbol{F}'_N+m\boldsymbol{g}=m\frac{d\boldsymbol{v}_{mm_0}}{dt}=m\frac{v_{mm_0}^2}{R}\boldsymbol{e}_n$$

两边同时乘以法向单位矢量(竖直向上),可得小球受到的容器的支持力为

$$F'_N=mg+m\frac{v_{mm_0}^2}{R}=mg\left(3+\frac{2m}{m_0}\right)$$

结果大于零,表明容器的支持力的方向竖直向上。

四、能量守恒定律

前面我们介绍了机械能的两种形式,动能和势能,动能可以直接用来对外做功,并产生一定的作用效果,如一颗飞行的子弹,它的高速运动会对人体产生可怕的做功后果,所以这种能量称为显能。而势能并不能马上产生明显的效果,但它会转化为动能,如一块高楼房顶上的砖头,它具有势能,在其下落过程中这些能量会转化为动能,也会产生可怕的效果,这种能量是潜在的,故这种能量称为势能。由机械能守恒定律的条件可知,一对保守内力不管如何作用,并不能产生或消灭机械能(的总量),当然它能使动能和势能发生相互转化。但当内力为非保守力时,即便没有外力做功,系统的机械能依然不守恒,譬如在例 4-12 中我们发现,当取子弹和木块为系统时,外力不做功,但系统的一对摩擦内力所做的负功(它消耗了系统的动能)并未转化为系统的势能而被储存起来,那么系统消耗的动能哪里去了?常识告诉我们,摩擦生热,实际上热运动也具有相应的能量,称为热力学能(不太严格时称为内能),在考虑了热力学能后,我们发现,系统消耗的动能等量地转化为了系统的热力学能,总的能量并未损失,能量依然是守恒的。

实际上,物质的各种运动都有相应的能量,如机械运动的机械能、热运动的热能、电磁运动

的电磁能、化学反应中的化学能、生物活动时的生物能等。在考虑了各种形式的能量后，我们发现，各种形式的能量可以相互转化，但不管如何转化，它们的总量（总能量简称能量）是不变的，也就是说，能量既不会凭空产生，也不会凭空消失，它只能从一种形式转化为别的形式，或者从一个物体转移到另一个物体，在转化或转移的过程中其总量不变，这就是我们熟知的能量守恒定律。虽然能量守恒定律如今被人们普遍认可和接受，但实际上它并没有严格的证明，而且我们也无法给最普遍形式的能量下一个确切的定义（尽管每一种具体运动形式的能量有严格的定义），甚至连能量到底是什么，也不是显而易见的。但不管怎样，能量守恒定律是在概括了无数实验事实的基础上建立起来的，它是物理学中最具有普遍性的定律之一，也是整个自然界都必须服从的普遍规律。

这里还应该指出，我们不能把功和能看作等同的。我们说过，功是一个过程量，它总是和能量变化或交换的过程相联系的；而能量只决定于系统的状态，系统在一定状态时，就具有一定的能量，所以，能量是一种状态量、时刻量，能量是系统状态参量的单值函数。

例 4-14 一对孤立的存在万有引力的物体，质量分别为 m_0 和 m，当 $t=0$ 时，它们之间的相对距离为 r_0，它们的相对速度为零，求当它们的相对距离为 r 时，它们的相对速度。

解法 1： 取该对物体为一系统，质心系为惯性参考系，取任一惯性系 e 为参考系。孤立的系统，意味着没有外力作用到系统上，故系统的动量守恒；又由于无外力作用，内力仅是一对万有引力，为保守力，故系统的机械能守恒。设 $t=0$ 时，m_0 和 m 在此惯性系中的速度分别为 $\boldsymbol{v}_{m_0e,0}$ 和 $\boldsymbol{v}_{me,0}$，由于此时 m 相对 m_0 的速度 $\boldsymbol{v}_{mm_0,0}=\boldsymbol{v}_{me,0}-\boldsymbol{v}_{m_0e,0}=\boldsymbol{0}$，自然有 $\boldsymbol{v}_{me,0}=\boldsymbol{v}_{m_0e,0}$。为方便起见，我们选一特殊惯性系 C，使 $\boldsymbol{v}_{me,0}=\boldsymbol{v}_{m_0e,0}=0$（这就是质心参考系 C，它也是惯性系）。又设当它们相距为 r 时，两者速度在该特殊惯性系中分别为 $\boldsymbol{v}_{m_0C}$ 和 $\boldsymbol{v}_{mC}$，则由此过程中系统的动量守恒定律可得

$$m_0\boldsymbol{v}_{m_0C}+m\boldsymbol{v}_{mC}=\boldsymbol{0}$$

上式表明，两者速度方向相反。由系统的机械能守恒定律可得

$$\frac{1}{2}m_0v_{m_0C}^2+\frac{1}{2}mv_{mC}^2-\frac{Gm_0m}{r}=-\frac{Gm_0m}{r_0}$$

联合求解以上两式可得

$$v_{mC}=\sqrt{\frac{2Gm_0^2}{(m_0+m)}\left(\frac{1}{r}-\frac{1}{r_0}\right)},\quad v_{m_0C}=-\sqrt{\frac{2Gm^2}{(m_0+m)}\left(\frac{1}{r}-\frac{1}{r_0}\right)}$$

两者的相对速度（m 相对于 m_0 的速度）大小为

$$v_{mm_0}=v_{mC}-v_{m_0C}=\sqrt{2G(m_0+m)\left(\frac{1}{r}-\frac{1}{r_0}\right)}$$

只有在 m_0 远远大于 m 时，m_0 才是相对惯性参考系，否则在 m_0 参考系中，系统的动量和机械能均不守恒。

解法 2：（因是一对孤立系统，用力概念的定义最为直接、简洁）取质量为 m_0 的物体为参考系，并取 m_0 为坐标原点的球坐标系，于此相对坐标系中，当物体 m 的位矢为 $\boldsymbol{r}$ 时，其受力为 $\boldsymbol{F}(\boldsymbol{r})=-Gm_0m\boldsymbol{r}/r^3$，此时 m 相对 m_0 的加速度为 $\mathrm{d}^2\boldsymbol{r}/\mathrm{d}t^2$，因 m_0 和 m 为一对孤立物体，则可直接应用相互作用力的定义，可得

$$-\frac{Gm_0m}{r^3}\boldsymbol{r}=\frac{m_0m}{m_0+m}\cdot\frac{\mathrm{d}^2\boldsymbol{r}}{\mathrm{d}t^2}$$

上式两边同时点乘方向矢量 $\boldsymbol{e}_r$，则得

$$-\frac{G(m_0+m)}{r^2}=\frac{\mathrm{d}^2r}{\mathrm{d}t^2}=\frac{\mathrm{d}v_r}{\mathrm{d}t}=v_r\frac{\mathrm{d}v_r}{\mathrm{d}r}$$

分离变量，并由初始条件可得

$$-G(m_0+m)\int_{r_0}^{r}\frac{\mathrm{d}r}{r^2}=\int_0^v v_r\mathrm{d}v_r$$

完成积分即得

$$v_r=\pm\sqrt{2G(m_0+m)\left(\frac{1}{r}-\frac{1}{r_0}\right)}$$

注意到平方根内的值，r 应小于 r_0，注意到力的方向，上式根解应取负值。这表明两物体的相对速度一定在它们的连线上，而且在加速靠近。

如果两物体在万有引力作用下相互环绕运动，并保持相对距离 L 不变，则表明物体 m 绕物体 m_0 做半径为 L 的圆周运动，由加速度的定义可得圆周运动的（相对）加速度大小为

$$a_{mm_0}=\frac{v_{mm_0}^2}{L}$$

则两物之间的万有引力大小就等于定义的力［见式(3-1)］的大小，即

$$F_{mm_0}=\frac{Gm_0m}{L^2}=\frac{mm_0}{m+m_0}a_{mm_0}=\frac{mm_0}{m+m_0}\frac{v_{mm_0}^2}{L}\Rightarrow v_{mm_0}=\sqrt{\frac{G(m+m_0)}{L}}$$

非常快捷。若用牛顿第二定律做，则需要找到惯性系，并分别求出两者速度，再相减合成相对速度，相对麻烦不少。故对一对孤立物体，直接用力的定义讨论最为方便。

例 4-15 质量为 m，长为 l 的均匀细棒，可绕垂直于棒的一端的水平光滑轴 O 自由转动，如图 4-14 所示。先将此棒的自由端放在水平位置，然后放开任其落下，求棒转过任意角 θ 时的角速度和角加速度以及水平转轴 O 对它的作用力。

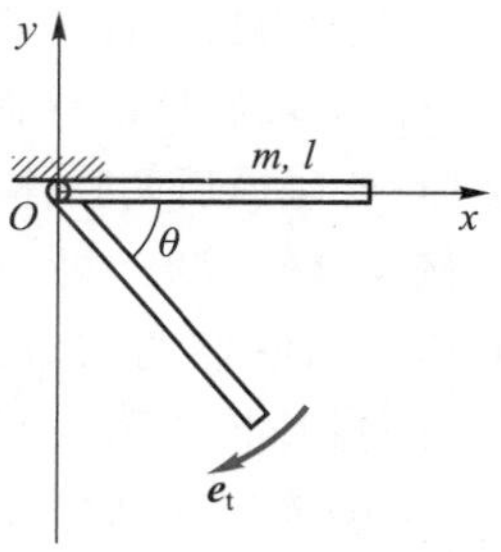

图 4-14

解：取地面为参考系，令棒转过任意角 θ 时的角速度为 ω，由例题 4-11 可知，此时棒的动能为 $E_k=ml^2\omega^2/6$，转动过程中仅有重力做功，对棒应用动能定理得

$$E_k=\frac{ml^2\omega^2}{6}=W_p=\frac{mgl\sin\theta}{2} \quad ①$$

由此可得

$$\omega=\sqrt{\frac{3g\sin\theta}{l}}$$

对式①两边同时求时间导数，可得角加速度为

$$\beta=\frac{\mathrm{d}\omega}{\mathrm{d}t}=\frac{3g\cos\theta}{2l}$$

此时整个棒的动量为

$$\boldsymbol{p}=m\boldsymbol{v}_C=\frac{m\omega l\boldsymbol{e}_t}{2}$$

木棒受到的外力有重力 $m\boldsymbol{g}$ 以及转轴 O 对它的约束力 $\boldsymbol{F}$，对木棒应用动量定理可得

$$\frac{\mathrm{d}\boldsymbol{p}}{\mathrm{d}t}=\frac{\mathrm{d}(m\omega l\boldsymbol{e}_t/2)}{\mathrm{d}t}=\frac{\mathrm{d}\omega}{\mathrm{d}t}\frac{ml\boldsymbol{e}_t}{2}+\frac{\mathrm{d}\boldsymbol{e}_t}{\mathrm{d}t}\frac{m\omega l}{2}=\frac{ml\beta\boldsymbol{e}_t}{2}+\frac{m\omega^2 l\boldsymbol{e}_n}{2}=m\boldsymbol{g}+\boldsymbol{F}$$

则

$$\boldsymbol{F}=\frac{ml\beta\boldsymbol{e}_t}{2}+\frac{m\omega^2 l\boldsymbol{e}_n}{2}-m\boldsymbol{g} \tag{②}$$

如取直角坐标系：转轴 O 为坐标原点，开始时棒的方向为 x 轴，竖直向上为 y 轴，则有

$$\boldsymbol{e}_t=-\sin\theta\boldsymbol{i}-\cos\theta\boldsymbol{j};\quad \boldsymbol{e}_n=-\cos\theta\boldsymbol{i}+\sin\theta\boldsymbol{j};\quad \boldsymbol{g}=-g\boldsymbol{j}$$

代入式②得

$$\boldsymbol{F}(\theta)=\frac{ml\beta\boldsymbol{e}_t}{2}+\frac{m\omega^2 l\boldsymbol{e}_n}{2}-m\boldsymbol{g}=-\frac{9mg\sin 2\theta}{8}\boldsymbol{i}+\left(\frac{9mg\sin^2\theta}{4}+\frac{mg}{4}\right)\boldsymbol{j}$$

由此可得，开始时，$\boldsymbol{F}(\theta=0)=\dfrac{mg}{4}\boldsymbol{j}$；最低点处，$\boldsymbol{F}\left(\theta=\dfrac{\pi}{2}\right)=\dfrac{5mg}{2}\boldsymbol{j}$。

五、碰撞

碰撞一般是指两个或多个物体在相对很短的时间内发生较为剧烈的相互作用的过程，如锻铁、打桩、台球的撞击等，彗星接近地球时，虽然两者并未相互接触，但地球的引力使彗星的运动（速度）发生了显著的变化，这种相互作用也可以称为碰撞。一般来说，碰撞前后，碰撞物体的运动状态变化剧烈，它们之间的相互作用力很大。但若取各碰撞物体构成的系统作为我们的研究对象，则碰撞力为内力，对系统的总动量的变化没有贡献，又若在碰撞过程中，作用在此系统上的外力与碰撞力比较而言很小，可以忽略不计，则由质点系的动量定理可得：碰撞过程中系统的动量守恒。对两物体碰撞而言，若碰撞前后系统的机械能守恒，则称为弹性碰撞，反之就称为非弹性碰撞；若碰撞后两物体合成为一个物体，则称为完全非弹性碰撞，此时系统的机械能损失最多。

例 4-16　设有两个质量分别为 m_1 和 m_2，速度分别为 $\boldsymbol{v}_{10}$ 和 $\boldsymbol{v}_{20}$ 的弹性小球做正碰撞（两球球心连线与它们的相对运动方向都相同），两球的速度方向相同，如图 4-15 所示。若碰撞是完全弹性的，求碰撞后两球的速度 $\boldsymbol{v}_1$ 和 $\boldsymbol{v}_2$。

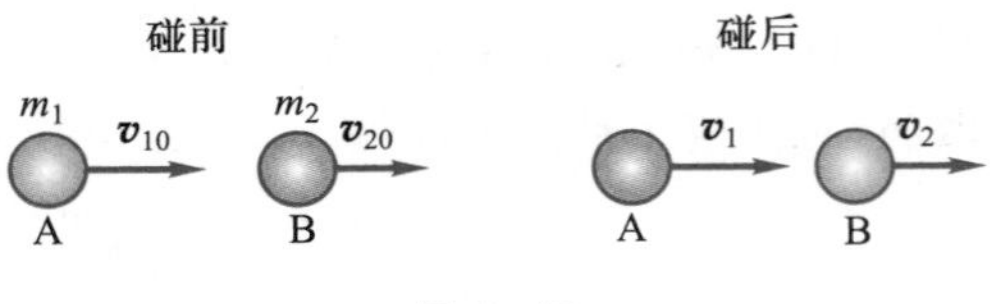

图 4-15

解：取地面为惯性参考系，两小球为一个系统，初始速度方向为 x 轴正方向，则由系统的动量守恒定律可得

$$m_1\boldsymbol{v}_{10}+m_2\boldsymbol{v}_{20}=m_1\boldsymbol{v}_1+m_2\boldsymbol{v}_2 \tag{①}$$

因碰撞是完全弹性的，则由系统机械能守恒定律得

$$\frac{1}{2}m_1v_{10}^2+\frac{1}{2}m_2v_{20}^2=\frac{1}{2}m_1v_1^2+\frac{1}{2}m_2v_2^2 \tag{②}$$

联合式①、式②可解得

$$v_1=\frac{(m_1-m_2)v_{10}+2m_2v_{20}}{m_1+m_2}$$

$$v_2=\frac{(m_2-m_1)v_{20}+2m_1v_{10}}{m_1+m_2}$$

可以看出,两个守恒定律得到的方程具有下标交换的不变性,即将方程中的下标 1,2 交换后方程不变,则方程的解也必有这种下标交换的不变性,这就是科学中最为重要的因果关系:结果(解)中的不变性(对称性)至少有原因(方程)中的不变性那么多。明白这个原理后,当我们解得第一个式子后,我们无需再代回原方程求得另一个解,我们只需将第一个式子中的下标 1,2 交换,即得另一个解。当然这需要我们对解具有足够的信心,信心来自于何处?将一些特例代入解,若能得到我们熟知的结果,肯定能提升我们对解的正确性的信心。例如

(1) 若 $m_1=m_2$,则 $v_1=v_{20}$,$v_2=v_{10}$。两者交换速度,可轻松满足动量及动能守恒定律。

(2) 若 $m_2\gg m_1$,且 $v_{20}=0$,则 $v_1\approx -v_{10}$,$v_2\approx 0$。乒乓球碰到墙面的反弹现象。

(3) 若 $m_2\ll m_1$,且 $v_{20}=0$,则 $v_1\approx v_{10}$,$v_2\approx 2v_{10}$。由于 $m_2\ll m_1$,则 m_1 不会改变其运动状态,可以被看作惯性参考系,则在 m_1 这个惯性参考系中,情况与(2)相同,碰撞后变换回地面系,正是上述这个结果。

习题

选择题

4-1　由冲量定义可知,某力在一段时间上的冲量(　　)。

A. 是相对的,与参考系及其中的参考点的选择都有关,也与坐标系的选取有关

B. 是相对的,与参考系及其中的参考点的选择都有关,但与坐标系的选取无关

C. 是相对的,与参考系的选择有关,但与参考系中的参考点的选择无关

D. 是绝对的,与参考系的选择无关

4-2　由功的定义可知,某单一力在一段路径上做的功(　　)。

A. 是相对的,与平动参考系及其中的参考点的选择都有关,也与坐标系的选取有关

B. 是相对的,与平动参考系及其中的参考点的选择都有关,但与坐标系的选取无关

C. 是相对的,与参考系的选择有关,但与平动参考系中的参考点的选择无关

D. 是绝对的,与参考系的选择无关

4-3　由功定义可知,一对相互作用力在某过程中做的总功(　　)。

A. 是相对的,与平动参考系及其中的参考点的选择都有关,也与坐标系的选取有关

B. 是相对的,与平动参考系及其中的参考点的选择都有关,但与坐标系的选取无关

C. 是相对的,与参考系的选择有关,但与平动参考系中的参考点的选择无关

D. 是绝对的,与参考系的选择无关

4-4　A、B 两质点 $m_A<m_B$,若受到相等冲量的作用,则(　　)。

A. A 比 B 的动量增量少　　B. A 与 B 的速度增量相等

C. A 与 B 的动量增量相等　　D. A 比 B 的动量增量多

4-5　有两个同样的小木块，从同一高度自由下落，在下落过程中，一木块被水平飞来的子弹击中，并陷入其中，子弹的质量不能忽略，若不计空气阻力，则（　　）。

A. 两木块同时到达地面

B. 被击木块先到达地面

C. 被击木块后到达地面

D. 条件不足，无法确定哪块木块先到达地面

4-6　质量为 m 的铁锤竖直落下，击打在木桩上，最后与木桩一起静止，设打击时间为 Δt，打击前铁锤速率为 v，则在打击木桩的时间内，铁锤所受平均合外力的大小为（　　）。

A. $\dfrac{mv}{\Delta t}-mg$　　B. $\dfrac{mv}{\Delta t}$　　C. $\dfrac{mv}{\Delta t}+mg$　　D. $\dfrac{2mv}{\Delta t}$

4-7　在惯性系中，质点系的内力可以改变（　　）。

A. 系统的总质量　　B. 系统的总动量　　C. 系统的总动能　　D. 系统的总能量

4-8　质点系的保守内力做功无法改变（　　）。

A. 系统的动能　　B. 系统的机械能总量

C. 系统的势能　　D. 系统内机械能的分布

4-9　系统非保守内力做功（　　）。

A. 不会改变系统的机械能总量　　B. 不会改变系统机械能的分布

C. 会改变系统的机械能总量　　D. 一定会改变系统的总能量

4-10　在惯性系中，下列条件，哪种情况下力学系统的机械能守恒？（　　）。

A. 各外力的矢量和始终为零　　B. 各外力做功的代数和为零

C. 各外力都不做功，非保守内力做功　　D. 各外力不做功，只有保守内力做功

填空题

4-11　机枪每分钟可射出质量为 20 g 的子弹 800 颗，子弹的射出速率为 600 $\mathrm{m\cdot s^{-1}}$，则射击时的平均反冲力为____________。

4-12　在某惯性参考系中，孤立的一对粒子 A、B，粒子 B 的质量是粒子 A 的质量的 4 倍。开始时粒子 A 的速度为 $(3\boldsymbol{i}+4\boldsymbol{j})\ \mathrm{m\cdot s^{-1}}$，粒子 B 的速度为 $(2\boldsymbol{i}-6\boldsymbol{j})\ \mathrm{m\cdot s^{-1}}$。经历相互作用后，粒子 A 的速度变为 $(6\boldsymbol{i}-4\boldsymbol{j})\ \mathrm{m\cdot s^{-1}}$，此时粒子 B 的速度等于________________。

4-13　一质量为 m 的质点以不变速率 v 沿一个正三角形 ABC 的水平光滑轨道运动。质点越过某顶角时，轨道作用于质点的冲量的大小为________________。

4-14　一质点沿 x 轴正方向运动，受力 $F=F_x=2x^2$（SI 单位）作用，质点在从 $x=0$ 运动到 $x=3$ m 的过程中，力 F 做的功为______________。

4-15　一个质点在几个力同时作用下的位移为 $\Delta\boldsymbol{r}=(4\boldsymbol{i}-3\boldsymbol{j}+2\boldsymbol{k})$ m，其中一恒力为 $\boldsymbol{F}=(5\boldsymbol{i}-3\boldsymbol{j}+4\boldsymbol{k})$ N，这个力在该位移上所做的功为______________。

4-16　在 Oxy 坐标系中，质点绕圆心 $A(0,1)$ 做半径为 1 m 的圆周运动，某外力（非合外力）$\boldsymbol{F}=k\boldsymbol{r}$ 作用在质点上，则在质点从坐标原点 O 运动到点 $M(0,2R)$ 的过程中，该力做功为____________。

4-17　质量为 $m=0.5$ kg 的质点在 Oxy 平面内运动，其运动方程为 $x=2t^2$，$y=t^3$（SI 单位），在 $t=1$ s 到 $t=2$ s 这段时间内，合外力的冲量为________，外力对质点做的功为____________。

4-18　有一弹性系数为 k 的轻弹簧，竖直放置，下端悬一质量为 m 的小球。先使小球恰好与地面接触，弹簧初始为原长。将弹簧上端缓慢地提起，直到小球刚能脱离地面为止。在此过程中外力所做的功为__________。

4-19　一长为 l，质量为 m 的匀质链条，放在光滑的桌面上，若其长度的一半悬挂于桌边下，将其慢慢拉回桌面，外力需做的功为__________。

4-20　地球质量为 m、太阳质量为 m_0，且 $m_0 \gg m$，故可将太阳视为惯性参考系，若地心与太阳中心的距离恒为 R，引力常量为 G，则此时地球相对于太阳的速度 $v=$__________。若取距太阳无穷远处为势能零点，则地球和太阳组成的系统的机械能 $E=$__________。

计算题

4-21　一颗子弹在枪筒里前进时所受的合力大小为 $F=300-2\times10^5 t$（SI 单位），子弹从枪口射出的速率为 $300\ \mathrm{m\cdot s^{-1}}$。假设子弹离开枪口时合力刚好为零，求子弹的质量以及子弹在枪筒中所受的冲量 I。

4-22　如图所示，砂子以 $4.0\ \mathrm{kg\cdot s^{-1}}$ 的速率从 $h=1.0\ \mathrm{m}$ 高处下落到以 $2.5\ \mathrm{m\cdot s^{-1}}$ 的速率水平向右运动的传送带上。取重力加速度 $g=10\ \mathrm{m\cdot s^{-2}}$，求传送带给予沙子的作用力。

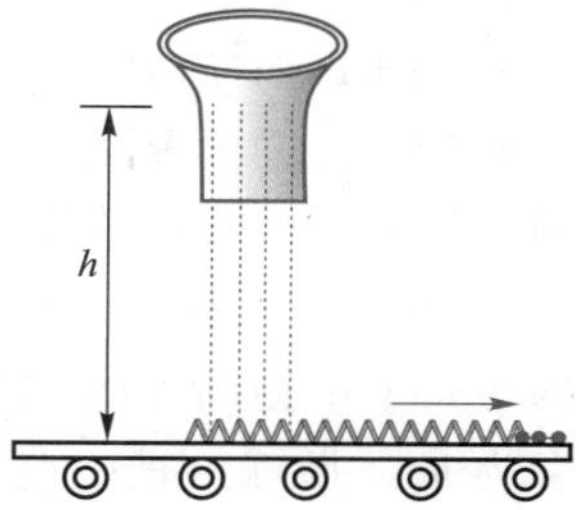

习题 4-22 图

4-23　一人从 10 m 深的井中提水，起始时桶中装有 10 kg 的水，桶的质量为 1 kg，由于水桶漏水，每升高 1 m 要漏去 0.3 kg 的水。水桶匀速地从井中水平面提到井口的过程中，取地面为参考系，求人力所做的功。

4-24　一物体在合外力作用下按规律 $x=bt^2$ 在介质中做直线运动，式中 b 为常量，t 为时间。设介质对物体的阻力正比于速度的大小，比例系数为 k。试求物体由 $x=0$ 运动到 $x=l$ 的过程中，阻力所做的功。

4-25　两物块分别系在一轻质弹簧的两端，将其放置在光滑水平面上。先将两物块水平拉开，使弹簧伸长量为 l，然后无初速地同时释放两物块。已知两物块质量分别为 m_1 和 m_2，弹簧的弹性系数为 k，求释放后两物块的最大相对速度和两物块的最近相对距离。

4-26　将质量为 m，厚度为 l 的木块放在光滑水平面上，设一质量为 m_0 的子弹以水平速度 v 射入木块，其在木块中受到的阻力为恒力 F_f，问当子弹恰好能穿过整个木块时其速度大小 v 至少为多少？

4-27　用铁锤将一铁钉击入木板，设铁钉受到的阻力与其进入木块的深度成正比，铁锤两次击打铁钉的速度相同，击打时间都非常短，第一次将钉击入木板内 2 cm，试求第二次击打能使铁钉击入的深度。

4-28　单摆绳长为 l，摆球质量为 m，求单摆从水平位置摆至竖直位置过程中重力和摆绳张力所做的功及它们的冲量。

4-29　如图所示，质量为 m 的平板 A，用竖直的弹簧支撑而处在平衡位置。现从高出平板 A 为 h 的平台 B 上投掷一个质量同样为 m 的小球，小球的初速度大小为 v，方向沿水平方向。小球由于重力作用下落，与平板发生完全弹性碰撞，且假定平板是平滑的。试求小球与平板碰撞后的速度以及平板下降的最大距离。

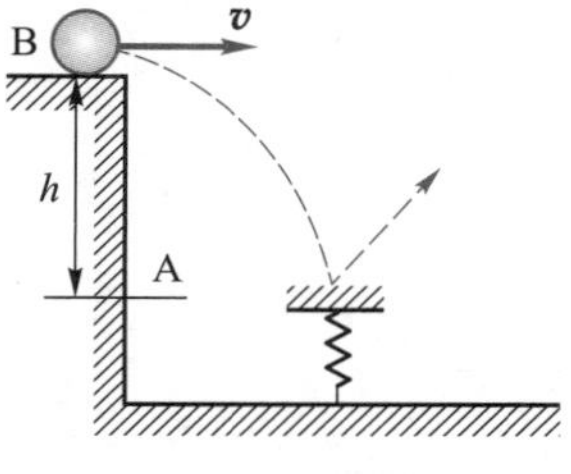

习题 4-29 图

4-30　一根轻弹簧，一端固定于墙面，一端系一质量为 m_0 的小球 A，如图所示，开始时小球静止于平衡位置。现一质量为 m 的子弹 B 以水平速度 $\boldsymbol{v}$ 射入小球中，并随之一起运动。如果水平面与小球的摩擦因数为 μ，求此后弹簧的最大压缩量以及此时墙面的支持力。

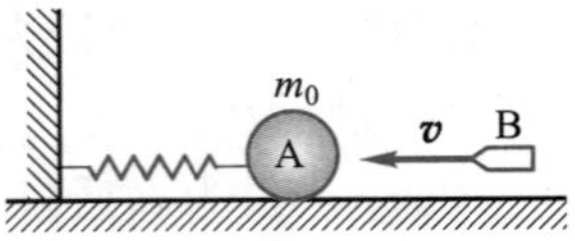

习题 4-30 图

4-31　一链条总长为 l，质量为 m，放在桌面边缘处，并使其一端下垂，当下垂一端的长度刚好为 a 时，链条由静止开始运动，问：(1) 在链条离开桌面的过程中，摩擦力对链条做了多少功？(2) 链条离开桌面时的速度是多少？

4-32　设两质点的相互作用力为排斥力，大小为 $F=k/r^3$，其中 r 为两者的相对位矢的大小，令无穷远处的相互作用势能为零，求两者相距为 r 时的势能。

4-33　开始时，一半径为 R、质量为 m 的匀质细圆环绕过竖直直径的轴以角速度 ω_0 转动，运动过程中受各种摩擦力作用，当此圆环完全静止下来时，摩擦力做了多少功？

4-34　质点在 Oxy 平面内沿曲线 $y=2x^2$ 从坐标原点 O 运动到点 $P(1,2)$，试求此过程中某力 $\boldsymbol{F}=3xy\boldsymbol{i}+4y^2\boldsymbol{j}$ 对它做的功。

4-35　一总质量为 m_0 的载人平台车沿水平光滑直线轨道以速度 v_0 向右运动，当质量为 m 的人相对平台车以速度 v_1 向左跳下后，平台车的速度为多少？

4-36　在地面上某人平抛一铁球，最大可使质量为 m 的铁球获得速度 v_0，则在静止于湖面的小舟上平抛同样的铁球，能使铁球获得相对于湖岸最大的速度为多少？设小舟和人的质量合为 $m_{总}$，抛球过程中消耗的生物能最大值是一个定值。

第 5 章

真空中的静电场

从本章至第 8 章所介绍的经典电磁学，是一门关于宏观电磁现象的学科，它在整个物理学中占有重要的地位。电磁学主要研究电磁场的基本性质、运动规律以及电磁场与带电物质间的相互作用。电磁场是构成物质世界的重要组成部分，电磁相互作用是自然界四种基本相互作用之一，广泛地存在于物质世界的各个层次之中。在分子、原子等层次的微观领域中电磁现象有着重要作用，许多与电磁学看似无关的现象，如物质的弹性、金属的导热性及光学中的折射率等都可以从物质的电结构中得到解释；在宏观世界中，它是各种宏观力，如弹性力、支持力以及摩擦力的微观来源。20 世纪以来，电磁能已成为应用最为广泛的能源，电磁波也成为最为重要的信息传递载体，因此电磁学的知识是其他自然科学研究和许多工程技术应用的基础。

视频：电磁学简介

人类对电磁现象的定量研究最早可以从 1785 年库仑研究电荷之间的相互作用算起，其后经过泊松、高斯、安培等人的努力，特别是场概念的提出及电磁感应现象的发现，至 19 世纪末麦克斯韦建立了完整自洽的宏观电磁场理论——经典电磁学，并预言了电磁波的存在，为随后的人类历史上的电力革命和信息技术革命奠定了一定的理论基础。

法拉第在总结有关电磁现象的实验结果时认定，磁铁和电荷周围必定存在磁场和电场，它们与实物粒子一样，是一种客观实在。我们可以说场概念的提出和验证，是科学史上最伟大的成就之一，它为我们理解各种相互作用力提供了正确的物理图像。在法拉第和麦克斯韦之后，人们终于意识到，与机械运动中的实物粒子一样，场也是一种客观实在，但它与实物粒子不同的是，场“虚无缥缈”地遍布于全空间，具有可入性并满足神奇的叠加原理。毫无疑问，客观实在概念所经历的这种变革，是自牛顿时代以来物理学的一次深刻和富有成效的变革。

电荷在其周围空间产生电场，相对于惯性参考系静止的电荷，在此参考系中只产生电场，且电场不随时间变化，是个恒定场，这就是静电场。本章讨论静电场的描述并研究它的基本性质、变化规律以及它与带电物体间的相互作用。由于场的特点，我们只能通过想象来理解那些场线及相关的物理定律（数学公式）。考察一个矢量场于某个闭合曲面上的通量和沿某个闭合路径上的曲线积分（环流）是人们总结出来的研究矢量场性质的基本方法，而场线则是使矢量场形象化的有力工具。

电场强度和电势分别是从力和能量的角度描述静电场的两个基本物理量，电场的高斯定理和电场的环路定理则是反映静电场性质和规律的两个基本定理。

5.1　电荷　库仑定律

一、电荷

1. 电荷及其量子化

大多数微观粒子除了携带质量外还携带着另一种属性——电荷。电荷有正、负两种，电荷的多少用电荷量 q 来表示，单位为库仑，符号为 C。我们知道物质的分子和原子是由原子核和核外电子组成的，原子核由质子和中子组成，质子带正电，中子不带电，核外电子带负电，其电荷量的绝对值与质子的电荷量相等。因此

视频：电荷量子化

在正常情况下，分子和原子中的电子数与质子数相等，分子和原子呈电中性，宏观物体对外不显电性。如果通过摩擦等方法使物体失去电子或带上多余的电子，物体就带正电或负电，此时的物体就是一个带电体。

大量实验表明，自然界的电荷量具有最小单元，任何带电体或微观粒子所带的电荷量都是最小单元的整数倍，这一性质称为电荷量的量子化。高能物理研究发现微观粒子还可以再分，电荷量的最小单元可以被细分，但电荷量量子化的概念保持不变。现在常以电子电荷量$-e$的绝对值称为电荷的量子，在通常的计算中其近似值为$e=1.602\times10^{-19}$ C。量子化是微观世界的物理量取值的一个基本特征，在量子物理学中，能量、角动量等物理量的取值也都是量子化的。

2. 电荷守恒定律与电荷的相对论不变性

实验证明：在一个与外界没有电荷交换的系统内，无论发生怎样的物理、化学等各种过程，系统内电荷量的代数和保持不变，这就是电荷量（电荷）守恒定律。与能量守恒定律、动量守恒定律和角动量守恒定律一样，电荷守恒定律是自然界的基本守恒定律之一。无论是在宏观领域里还是在微观物理过程中，电荷守恒定律都是严格成立的。

实验还表明，一个带电体的电荷量与它的运动状态无关，如被加速器加速到很大速度的电子或质子，它们的能量和质量增加了很多，但电荷量却没有任何变化。即在不同的参考系中观察同一带电体的电荷量是一样的，这一性质称为电荷的相对论不变性，它表明电荷是物质的一种基本属性，阐述带电体的电荷量不需要标明参考系。

二、点电荷及电荷的宏观分布

1. 点电荷

由于电子的电荷量是如此之小，以至于电荷量的量子化在很多宏观实验中显示不出来，此时我们称电荷是连续地分布于带电物体上。一般地，带电体的形状、大小以及其上的电荷分布都会对问题的讨论产生影响。若在某些问题中，这种影响可以忽略不计，即我们只需将带电体视为一个具有一定电荷量的几何点时，我们称该带电体为一个点电荷。明显地，点电荷是对带电体的一种最粗糙的近似，与力学中的质点概念一样，是一个理想模型。能否把带电体视为点电荷，完全由讨论问题及带电体的实际情况而定。

2. 电荷的空间分布及其对称性

当一个带电体不能被视为点电荷时，就将其视为由无穷个电荷元$\mathrm{d}q$组成。当考察电荷在带电体上的分布情况，就需要各种电荷分布函数。如电荷分布在一定的体积上，就用电荷体密度$\rho(\boldsymbol{r})=\mathrm{d}q/\mathrm{d}V$表示，此时的电荷元为$\mathrm{d}q=\rho(\boldsymbol{r})\mathrm{d}V$；如电荷分布在一定的面积上，就用电荷面密度$\sigma(\boldsymbol{r})=\mathrm{d}q/\mathrm{d}S$表示，电荷元为$\mathrm{d}q=\sigma(\boldsymbol{r})\mathrm{d}S$；如电荷分布在一维线度上，就用电荷线密度$\lambda(\boldsymbol{r})=\mathrm{d}q/\mathrm{d}l$表示，电荷元为$\mathrm{d}q=\lambda(\boldsymbol{r})\mathrm{d}l$。三种电荷分布函数之间是有关联的，如一高为$h$，半径为$R$的细圆柱体均匀带电，电荷总量为$Q$，则其上的电荷体密度为

$$\rho(\boldsymbol{r})=\rho_0=\frac{Q}{V}=\frac{Q}{\pi R^2 h}$$

如若不计它的横截面，将其视为长为h的细棒，则其上的电荷线密度为

$$\lambda(\boldsymbol{r})=\lambda_0=\frac{Q}{h}=\rho_0\pi R^2$$

一般地，在相对于某惯性参考系中，空间各处遍布着各式各样的静止电荷，它们的形状、大

小和电荷分布各异。如果需要全面地考察全空间电荷的分布情况，可以用该空间中的全空间的电荷密度分布函数来完备表示。某参考系中，有一半径为 R 的均匀带电球体，电荷总量为 Q，空间其他地方均不存在带电体，当取该球心 O 为坐标原点的球坐标系时，全空间的电荷体密度分布函数 $\rho(\boldsymbol{r})$ 为

$$\rho(\boldsymbol{r})=\rho(r,\theta,\varphi)=\rho(r)=\begin{cases}\dfrac{3Q}{4\pi R^3}, & r\leqslant R\\ 0, & r>R\end{cases} \tag{5-1}$$

最为简洁。此时全空间的电荷体密度分布函数 $\rho(\boldsymbol{r})$ 与坐标 (θ,φ) 无关，仅是坐标 r 的一元函数，即我们随意地绕赤道面上的一个直径转过 θ 角，及绕 z 轴转过 φ 角（两者合起来就是绕原点的随意转动），全空间的电荷体密度分布不变。此时可称全空间的电荷分布函数具有关于该坐标原点（球心）的球对称性，或称全空间电荷具有对原点 O 的球对称性分布。

类似地，若在柱坐标系 (ρ,φ,z) 中，全空间的电荷分布函数仅仅是坐标 (ρ,z) 的函数，即与坐标 φ 无关，则随意地绕 z 轴转过 φ 角，空间的分布函数不变，可称全空间的电荷分布具有关于该 z 轴的轴对称性；若进一步地，分布函数与坐标 z 无关，仅仅是坐标 ρ 的一元函数，则全空间的电荷分布除了具有关于该 z 轴的轴对称性外，还具有沿 z 轴任意平移的平移对称性，合起来称为该电荷分布具有关于该 z 轴的线对称性，或称空间电荷具有对 z 轴的线对称性。

若在某三维直角坐标系中，全空间的电荷分布函数仅仅是坐标 x 的一元函数，则称分布具有沿 y 轴和 z 轴任意平移的平移对称性；若进一步地全空间的电荷分布函数仅仅是 $|x|$ 的函数，此时我们常称全空间的电荷分布具有关于平面 $x=0$ 的左右对称性以及沿此平面随意平移一段距离的平移对称性，二者合称为全空间的电荷分布具有关于平面 $x=0$ 的面对称性。

电荷分布函数的空间对称性，反映了空间电荷分布的重要特征，利用合适的空间坐标系，我们可方便地描述这些特征（对称性）。

三、库仑定律

1. 库仑定律

电荷之间有相互作用力。1785 年，法国物理学家库仑（Coulomb）在实验的基础上提出了库仑定律，在某惯性参考系的真空中，两个静止的点电荷之间的相互作用力的数学表达式为

$$\boldsymbol{F}_{21}=\frac{kq_2q_1\boldsymbol{R}_{21}}{|\boldsymbol{R}_{21}|^3}=\frac{kq_2q_1\boldsymbol{e}_{21}}{|\boldsymbol{R}_{21}|^2} \tag{5-2}$$

式中 $\boldsymbol{F}_{21}$ 为点电荷 q_2 受到点电荷 q_1 的作用力，这种作用力也称为库仑力。$\boldsymbol{R}_{21}$ 是点电荷 q_2 相对于点电荷 q_1 的相对位置矢量，也就是从点电荷 q_1 指向点电荷 q_2 的有向线段，$\boldsymbol{e}_{21}$ 为 $\boldsymbol{R}_{21}$ 的方向矢量，q_1、q_2 可正可负。将式（5-2）中的下标交换，即得点电荷 q_1 受到点电荷 q_2 的作用力 $\boldsymbol{F}_{12}$，它与 $\boldsymbol{F}_{21}$ 构成一对作用力和反作用力，明显地，它们满足牛顿第三定律。需要注意的是，由于电磁相互作用的传递速度有限，运动电荷之间的相互作用力并不满足牛顿第三定律。由式（5-2）可知，当 q_1、q_2 同号时，$\boldsymbol{F}_{21}$ 与 $\boldsymbol{F}_{12}$ 方向相反，即相互作用力是斥力；反之，相互作用力是引力。式中 k 是比例系数，它的取值和单位取决于式中各个量所采用的单位，在国际单位制中，$k\approx 8.99\times10^9\ \mathrm{N\cdot m^2\cdot C^{-2}}$。

在物理学中，选用不同的基本量和单位，可以得到不同的单位制。在国际单位制中，有关电磁学部分的单位制是“有理化米千克秒安培制”（或称 MKSA 单位制），它的基本单位除了力

学中的米、千克、秒以外，又增加了电流的单位安培（A），关于电流的可度量定义参见第 7 章的 7.5 节的内容。

在 MKSA 单位制中，通常引入新的常量 ε_0 来代替 k，令 $k=\dfrac{1}{4\pi\varepsilon_0}$，则库仑定律为

$$\boldsymbol{F}_{21}=\frac{1}{4\pi\varepsilon_0}\frac{q_2q_1}{R_{21}^2}\boldsymbol{e}_{21}=\frac{1}{4\pi\varepsilon_0}\frac{q_2q_1\boldsymbol{R}_{21}}{R_{21}^3} \tag{5-3}$$

常量 ε_0 称为真空介电常量，大小为 $\varepsilon_0=\dfrac{1}{4\pi k}=8.85\times10^{-12}\ \mathrm{C^2\cdot N^{-1}\cdot m^{-2}}$。因子 4π 的引入，虽使库仑定律的表达式复杂了一些，但在后面我们会看到，其他一些更加基本的物理定律中却因此不再出现无理因子 4π，公式变得简单一些且被有理化了。

2. 静电场力的叠加原理

真空中的两个静止点电荷之间的相互作用力满足牛顿第三定律，而且该作用力不受附近存在的其他电荷的影响。当真空中存在许多相对静止的电荷时，其中每一个电荷均将受到其他电荷对它的作用，则它受到的合力就等于其他电荷单独存在时对它作用力的矢量和，此性质称为静电场力的叠加原理。

5.2 电场叠加原理 对称性原理

一、电场及其叠加原理

1. 电场

库仑定律中两个点电荷之间的静电场力是如何产生的呢？早期人们以为它是一种“超距作用”，即两个点电荷可以直接相互作用，不需要第三者，而且是瞬时产生的。明显地，这种相互作用让人难以置信。最后人们终于弄明白了，两个点电荷之间并不能“超距”地发生直接相互作用，而是通过另一种物质——电场来传递的，这种传递也同样需要一定的时间，尽管这个时间很短，即

$$电荷\Longleftrightarrow电场\Longleftrightarrow电荷$$

电场是带电体周围空间存在的一种特殊物质，只要有电荷，周围空间就会有电场，相对于电荷静止的电场，称为静电场，它是不随时间变化的恒定场。与实物粒子一样，电场也是一种客观实在，但与实物粒子不同的是，它看不见，摸不着，“虚无缥缈”地弥散（连续分布）于全空间中，而且它虽存在于空间但并不独自占有空间，即没有实物粒子的那种不可入性（排他性），各种场可以同时存在于同一个区域，此时满足场叠加原理。

2. 电场强度

电场的存在表现在它对其中的电荷有作用力，而且这个作用力 $\boldsymbol{F}$ 的大小总是简单地正比于电荷的电荷量 q_0，比值 $\boldsymbol{F}/q_0$ 与电荷的电荷量无关，仅仅是空间位置的函数。这说明比值 $\boldsymbol{F}/q_0$ 是一个表征场本身性质的物理量，它可以用来描述电场的状态，称为电场强度，简称场强，用矢量符号 $\boldsymbol{E}$ 表示，它是从电场对电荷作用力

视频：电场强度

的角度来描述电场的一个物理量，是一个矢量，通常随空间点的位置不同而不同，称为矢量场。要完整地描述一个静电场就必须知道全空间的场强分布，即求出矢量场函数 $\boldsymbol{E}(\boldsymbol{r})$。

每个电荷都会产生电场，为表述清晰，对某一个电荷而言，我们将不含其自身电场的电场（即由其他电荷产生的电场的总和）称为外电场。注意到放置于外电场中的电荷本身也会产生电场，该电场反过来也会对产生外电场的其他电荷有作用，并有可能使这些电荷的空间分布产生变化，从而使得外电场的空间分布也发生相应的变化。由此可见，测量空间电场并非易事。从理论上讲，为了测定空间某点的场强，我们需要引入电荷量很小的点电荷——试验电荷 q_0。因其电荷量很小，它产生的电场也很小，对外电场分布产生的影响可忽略不计。把试验实验电荷 q_0 放在空间某定点处，其受力为 $\boldsymbol{F}$，则我们定义该点电场的场强为

$$\boldsymbol{E}=\boldsymbol{F}/q_0 \tag{5-4}$$

即某点的电场强度的大小等于单位正电荷在该点所受的电场力的大小，方向与电场力方向相同。在国际单位制中，场强的单位是牛顿每库仑（$\mathrm{N\cdot C^{-1}}$），也可以写成伏特每米（$\mathrm{V\cdot m^{-1}}$），二者完全等价。

从实际的测量角度上讲，试验电荷并不存在，即便有，也不能真正用于测量工作，因为任何测量仪器都有一定的测量精度。明显地，为减小仪器误差，试验电荷的电荷量不能太小，但电荷量不太小的电荷反过来会影响外电场的分布，产生误差，类似的测量问题也会出现于其他场的测量中。如何减小测量误差，是场测量技术中的一个重要内容，于此我们不再展开叙述，有兴趣的同学可参考相关资料。

3. 电场叠加原理

场物质与实物物质的不同之处在于：不同的场可以同时占据同一空间。如在某惯性参考系中，空间各处有 n 个点电荷 $q_1,q_2,\cdots,q_n$，且它们全都静止，则于空间某处放着的试验电荷 q_0 将受到各个点电荷的静电场力作用。由静电场力的叠加原理可得 q_0 所受合力为 $\boldsymbol{F}=\boldsymbol{F}_1+\boldsymbol{F}_2+\cdots+\boldsymbol{F}_n$，两边同除以 q_0 并由场强的定义即得

$$\boldsymbol{E}=\boldsymbol{E}_1+\boldsymbol{E}_2+\cdots+\boldsymbol{E}_n=\sum_{i=1}^{n}\boldsymbol{E}_i \tag{5-5}$$

这表明：电场中任一点处的总场强等于各个点电荷单独存在时在该点产生场强的矢量和，这就是场强叠加原理。它是电场（乃至所有场）的基本性质，是计算合场强的依据。

二、场强计算举例

1. 点电荷电场中的场强

设真空中有一静止于某惯性参考系中的点电荷 q，则在相对于电荷 q 静止的空间中仅有静电场。为求该空间中某一点（称为场点）P 处的场强，在点 P 处放一试验电荷 q_0，此时点电荷 q 称为场源电荷，其所在处称为源点，设从 q 到 q_0 的径矢为 $\boldsymbol{R}$，则由 q_0 所受 q 的电场力（库仑力）可得 P 点场强为

$$\boldsymbol{E}_P=\frac{\boldsymbol{F}}{q_0}=\frac{q\boldsymbol{R}}{4\pi\varepsilon_0\,|\boldsymbol{R}|^3} \tag{5-6}$$

若要定量表示场强，需要建立坐标系，当取源点为原点的球坐标系时，则场强表示最简单，为

$$\boldsymbol{E}(\boldsymbol{r})=\frac{q\boldsymbol{r}}{4\pi\varepsilon_0\ |\boldsymbol{r}|^3}=\frac{q\boldsymbol{e}_r}{4\pi\varepsilon_0 r^2} \tag{5-7}$$

点电荷的电场具有对源点的球对称性分布:即在以 q 为球心的任一个球面上,各点场强的大小相等,方向均沿径向向外($q>0$)或向内($q<0$)。为什么电场分布具有对源点的球对称性呢? 这是因为空间的电荷分布对源点具有球对称性。

一般地,设电荷(源点)位于 $\boldsymbol{r}'$,场点位于 $\boldsymbol{r}$,从源点到场点的径矢为 $\boldsymbol{R}=\boldsymbol{r}-\boldsymbol{r}'$,则场点 $\boldsymbol{r}$ 处的场强为

$$\boldsymbol{E}(\boldsymbol{r})=\frac{q(\boldsymbol{r}')\boldsymbol{R}}{4\pi\varepsilon_0\ |\boldsymbol{R}|^3}=\frac{q(\boldsymbol{r}')(\boldsymbol{r}-\boldsymbol{r}')}{4\pi\varepsilon_0\ |\boldsymbol{r}-\boldsymbol{r}'|^3} \tag{5-8}$$

建立坐标系后,写出源点 $\boldsymbol{r}'$ 及场点 $\boldsymbol{r}$ 的表达式,代入上式即得场强在该坐标系中的表示。

2. 点电荷系电场中的场强

设在某相对空间中,真空中有静止的点电荷 $q_1,q_2,\cdots,q_n$,分别位于 $\boldsymbol{r}'_1,\boldsymbol{r}'_2,\cdots,\boldsymbol{r}'_n$,则由场强叠加原理可得该空间中场点 $\boldsymbol{r}$ 处的电场为

$$\boldsymbol{E}(\boldsymbol{r})=\sum_{i=1}^{n}\boldsymbol{E}_i=\sum_{i=1}^{n}\frac{q_i(\boldsymbol{r}'_i)(\boldsymbol{r}-\boldsymbol{r}'_i)}{4\pi\varepsilon_0\ |\boldsymbol{r}-\boldsymbol{r}'_i|^3} \tag{5-9}$$

建立坐标系后,只需写出各源点 $\boldsymbol{r}'_i$ 及场点 $\boldsymbol{r}$ 的表达式,代入上式并求和即得总场强在该坐标系中的表示。无疑在静电场中,参考系或相对空间专指相对于(所有)电荷均静止的空间,故可以省略,不再专门指出,但这要求各个电荷之间没有相对运动,否则就不存在这样的相对空间,其中只存在着静电场。

例 5-1 如图 5-1 所示,两个电荷量相等、符号相反的点电荷 $+q$ 和 $-q$ 组成的系统,当它们之间的距离 l 比起它们到场点的距离 r 小得多时,这一系统称为电偶极子,它也是一个重要的理想模型。从负点电荷指向正点电荷的矢量 $\boldsymbol{l}$ 称为电偶极子的轴线,$\boldsymbol{p}=q\boldsymbol{l}$ 称为电偶极矩,简称电矩,它也是电学中一个常用的概念。试计算电偶极子垂直平分线上一点 A 的场强。

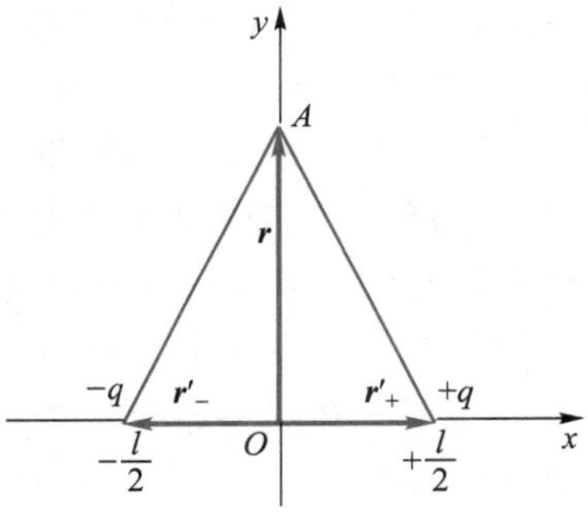

图 5-1

解:在相对于两电荷静止的空间中(以后将不再专门指出),选取如图 5-1 所示的坐标系,原点 O 位于电偶极子轴线的中点,沿轴线向右为 x 坐标轴的正方向,竖直向上为 y 坐标轴的正方向。两个点电荷的位矢分别为:$\boldsymbol{r}'_-=-l\boldsymbol{i}/2$ 及 $\boldsymbol{r}'_+=+l\boldsymbol{i}/2$,则场点 $\boldsymbol{r}=y\boldsymbol{j}$ 处的场强为

$$\boldsymbol{E}(y\boldsymbol{j})=\boldsymbol{E}_++\boldsymbol{E}_-=\frac{1}{4\pi\varepsilon_0}\left[\frac{+q(y\boldsymbol{j}-l\boldsymbol{i}/2)}{|y\boldsymbol{j}-l\boldsymbol{i}/2|^3}+\frac{-q(y\boldsymbol{j}+l\boldsymbol{i}/2)}{|y\boldsymbol{j}+l\boldsymbol{i}/2|^3}\right]=\frac{1}{4\pi\varepsilon_0}\frac{-ql\boldsymbol{i}}{(y^2+l^2/4)^{3/2}}$$

注意到 $r\gg l$ 及 $\boldsymbol{p}=q\boldsymbol{l}=ql\boldsymbol{i}$,则有

$$\boldsymbol{E}(y\boldsymbol{j})\approx\frac{-\boldsymbol{p}}{4\pi\varepsilon_0 y^3} \tag{5-10}$$

场强方向与电矩 $\boldsymbol{p}$ 的指向相反。

3. 任意带电体电场中的场强

任意带电体 q 可看成无限多个电荷元 $\mathrm{d}q$ 的集合,设电荷元 $\mathrm{d}q$ 在场点 $\boldsymbol{r}$ 处产生的场强为

$\mathrm{d}\boldsymbol{E}(\boldsymbol{r},\mathrm{d}q)$，则由场强叠加原理可得带电体 q 在场点 $\boldsymbol{r}$ 处产生的场强为

$$\boldsymbol{E}(\boldsymbol{r})=\int \mathrm{d}\boldsymbol{E}(\boldsymbol{r},\mathrm{d}q) \tag{5-11}$$

若每个电荷元 $\mathrm{d}q$ 均可视为点电荷，则由点电荷的场强公式(5-8)，注意需将式中的 q 换成 $\mathrm{d}q$，相应的 $\boldsymbol{E}(\boldsymbol{r})$ 换成 $\mathrm{d}\boldsymbol{E}(\boldsymbol{r},\mathrm{d}q)$ 后，可得位于 $\boldsymbol{r}'$ 处的电荷元 $\mathrm{d}q$ 在场点 $\boldsymbol{r}$ 处产生的场强为

$$\mathrm{d}\boldsymbol{E}(\boldsymbol{r},\mathrm{d}q)=\frac{(\boldsymbol{r}-\boldsymbol{r}')\mathrm{d}q(\boldsymbol{r}')}{4\pi\varepsilon_0\,|\boldsymbol{r}-\boldsymbol{r}'|^3}$$

从而整个带电体 q 在场点 $\boldsymbol{r}$ 处产生的场强为

$$\boldsymbol{E}(\boldsymbol{r})=\int \mathrm{d}\boldsymbol{E}(\boldsymbol{r},\mathrm{d}q)=\int \frac{(\boldsymbol{r}-\boldsymbol{r}')\mathrm{d}q(\boldsymbol{r}')}{4\pi\varepsilon_0\,|\boldsymbol{r}-\boldsymbol{r}'|^3} \tag{5-12}$$

当电荷分布于一段曲线上，则电荷元 $\mathrm{d}q(\boldsymbol{r}')=\lambda\mathrm{d}l=\lambda\,|\mathrm{d}\boldsymbol{l}|=\lambda\,|\mathrm{d}\boldsymbol{r}'|$；若电荷分布在一个曲面上，则 $\mathrm{d}q(\boldsymbol{r}')=\sigma\mathrm{d}S=\lambda\,|\mathrm{d}\boldsymbol{S}(\boldsymbol{r}')|$；若电荷分布在三维空间，则 $\mathrm{d}q(\boldsymbol{r}')=\rho\mathrm{d}V(\boldsymbol{r}')$。需要注意的是，式(5-11)中的电荷元 $\mathrm{d}q$ 可以是一个不能视为点电荷的电荷元，如一个细圆环，一个薄圆柱面等，此时相应的场强 $\mathrm{d}\boldsymbol{E}(\boldsymbol{r},\mathrm{d}q)$ 应由细圆环或薄圆柱面的电场公式给出。

实际上，全空间中可能有许多带电体，空间任一点处的电场显然是所有这些带电体产生的场强的矢量和，当我们应用全空间的电荷体密度分布函数 $\rho(\boldsymbol{r})$ 时，上述说法就可以方便地用下式表示

$$\boldsymbol{E}(\boldsymbol{r})=\int \mathrm{d}\boldsymbol{E}(\boldsymbol{r})=\int_{\infty} \frac{(\boldsymbol{r}-\boldsymbol{r}')\rho(\boldsymbol{r}')\mathrm{d}V'}{4\pi\varepsilon_0\,|\boldsymbol{r}-\boldsymbol{r}'|^3} \tag{5-13}$$

这表明：全空间的电荷分布（函数）决定了空间任一点的电场，即决定了全空间所有点处的电场，即全空间的电荷分布决定了全空间的电场分布。

式(5-13)中的积分是矢量积分，积分区域实为带电体所在空间区域（无电荷处电荷密度为零，无需积分），为方便积分区域的表示，我们常需选择合适的特殊坐标系，故整个矢量积分过程常需要作坐标变换或方向变换，请看下面的例题。

例 5-2　设真空中有一均匀带电直导线 AB，电荷线密度为 λ，线外有一点 P 距离导线的垂直距离为 a，P 点和导线两端 A、B 的连线与导线之间的夹角分别为 θ_A 和 θ_B，如图 5-2 所示，求 P 点的场强。

解：[对连续带电体的电场而言，若用式(5-12)的最后一个公式求解，则全部的物理任务就是：建立好合适方便的坐标系后，写出带电体上任一源点 $\boldsymbol{r}'$ 及场点 $\boldsymbol{r}$ 的表达式，并代入公式即可]。取带电直导线为 z 轴的柱坐标系，如图 5-2 所示，令场点坐标为 $\boldsymbol{r}=a\boldsymbol{e}_\rho$，在带电直导线上位矢为 $\boldsymbol{r}'=z\boldsymbol{k}$ 处取电荷元 $\mathrm{d}q=\lambda\,|\mathrm{d}\boldsymbol{r}'|$，则其在场点 P 处产生的电场强度 $\mathrm{d}\boldsymbol{E}$ 为

$$\mathrm{d}\boldsymbol{E}(\boldsymbol{r},\mathrm{d}q)=\frac{(a\boldsymbol{e}_\rho-z\boldsymbol{k})\lambda\,|\mathrm{d}z\boldsymbol{k}|}{4\pi\varepsilon_0\,|a\boldsymbol{e}_\rho-z\boldsymbol{k}|^3}=\frac{(a\boldsymbol{e}_\rho-z\boldsymbol{k})\lambda\mathrm{d}z}{4\pi\varepsilon_0\,(a^2+z^2)^{3/2}}$$

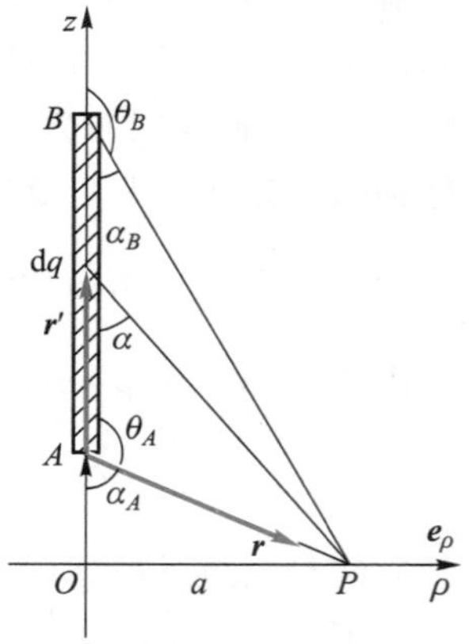

图 5-2

第二个等号要求 $\mathrm{d}z>0$，即要求积分从 A 点至 B 点，故整个带电直导线在场点 P 的总场强为

$$E(ae_\rho)=\int dE=\int_{z_A}^{z_B}\frac{(ae_\rho-zk)\lambda dz}{4\pi\varepsilon_0(a^2+z^2)^{3/2}}=\frac{\lambda e_\rho}{4\pi\varepsilon_0 a}\int_{z_A}^{z_B}\frac{a^2dz}{(a^2+z^2)^{3/2}}+\frac{\lambda k}{4\pi\varepsilon_0}\int_{z_A}^{z_B}\frac{-zdz}{(a^2+z^2)^{3/2}}$$

$$=\frac{\lambda e_\rho}{4\pi\varepsilon_0 a}\left(\frac{z_B}{(a^2+z_B^2)^{1/2}}-\frac{z_A}{(a^2+z_A^2)^{1/2}}\right)+\frac{\lambda k}{4\pi\varepsilon_0 a}\left(\frac{a}{(a^2+z_B^2)^{1/2}}-\frac{a}{(a^2+z_A^2)^{1/2}}\right)$$

$$=(\cos\alpha_B-\cos\alpha_A)\frac{\lambda e_\rho}{4\pi\varepsilon_0 a}+(\sin\alpha_B-\sin\alpha_A)\frac{\lambda k}{4\pi\varepsilon_0 a}$$

$$=(\cos\theta_A-\cos\theta_B)\frac{\lambda e_\rho}{4\pi\varepsilon_0 a}+(\sin\theta_B-\sin\theta_A)\frac{\lambda k}{4\pi\varepsilon_0 a}$$

该结果表明均匀带电直导线在空间任一点的场强只有两个方向有分量，一个是平行于直导线的 $\boldsymbol{k}$ 方向，另一个是垂直于直导线的 e_ρ（径向）方向，且两方向上的电场的分量大小均与坐标 φ 无关，空间的电场分布具有对 z 轴的轴对称性。下面就几个特殊情况再作一些讨论。

（1）若 $\theta_A=\pi-\theta_B$，即场点位于直导线的垂直平分线上，则有 $\boldsymbol{k}$ 方向上的电场分量等于零（这由对称性很容易理解），电场仅有垂直于直导线的 e_ρ（径向）分量，其值为

$$E_\rho=\frac{\lambda}{4\pi\varepsilon_0 a}(\cos\theta_A-\cos\theta_B)$$

（2）若均匀带电直导线长度无限大，则 $\theta_A=0$，$\theta_2=\pi$，则有 $E_z=0$，$E=E_\rho e_\rho=\dfrac{\lambda}{2\pi\varepsilon_0 a}e_\rho$。这很好理解，对无限长直导线来讲，任何与之垂直的直线都是垂直平分线，此时空间任一点 $r(\rho,\varphi,z)$ 处的场强为

$$E(r)=E_\rho(\rho)e_\rho=\frac{\lambda}{2\pi\varepsilon_0\rho}e_\rho \tag{5-14}$$

电场强度仅有 e_ρ（径向）方向上的分量不为零，且该分量值仅仅是坐标 ρ（场点到 z 轴的垂直距离）的函数，空间电场分布具有对 z 轴的线对称性。为清晰起见，尽管只有一个分量，我们也不准备省略下标而将 $E_\rho(\rho)$ 改写为 $E(\rho)$，因为这很容易将它与电场 $E(r)$ 的大小 $|E(r)|=E(r)=|E(\rho)|$ 混淆。明显地，当电荷线密度 $\lambda<0$ 时，$E(\rho)$ 为负，$E(\rho)$ 不是电场 $E(r)$ 的大小。为什么电场分布具有对 z 轴的线对称性呢？这是因为全空间的电荷分布具有对 z 轴的线对称性。

例 5-3 设真空中有一半径为 R 的均匀带电荷量为 q 的圆环，试求通过环心 O，且垂直圆环平面的轴线（即圆环中心轴）上任一点处的电场强度。

解： 取环心为坐标原点，圆环中心轴为 z 轴的柱坐标系，如图 5-3 所示，于环上 $r'=Re_\rho(\varphi)$ 处取电荷元

$$dq=\lambda dl=\lambda|dr'|=\frac{qd\varphi}{2\pi}\quad(d\varphi>0)$$

则其在场点 $r=ze_z$ 处的场强为

$$dE=\frac{(r-r')dq(r')}{4\pi\varepsilon_0|r-r'|^3}=\frac{(ze_z-Re_\rho)\lambda|dr'|}{4\pi\varepsilon_0|ze_z-Re_\rho|^3}=\frac{(ze_z-Re_\rho)qd\varphi}{8\pi^2\varepsilon_0(R^2+z^2)^{3/2}}$$

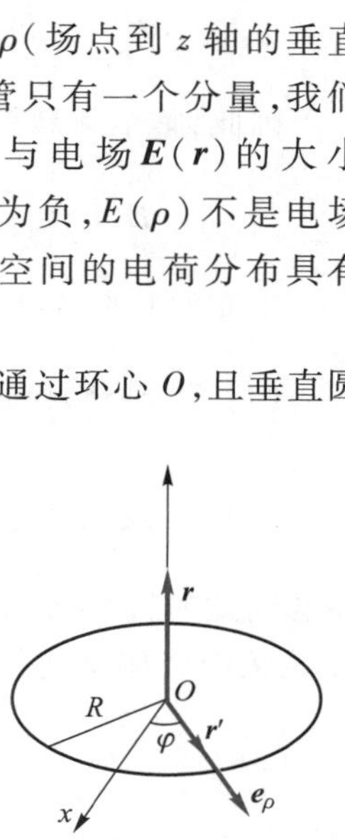

图 5-3

注意到对称性［或见式（1-93）］，即得整个圆环在该点的场强为

$$\boldsymbol{E}(z\boldsymbol{e}_z)=\int_0^{2\pi}\frac{(z\boldsymbol{e}_z-R\boldsymbol{e}_\rho)q\mathrm{d}\varphi}{8\pi^2\varepsilon_0(R^2+z^2)^{3/2}}=\frac{z\boldsymbol{e}_z q}{8\pi^2\varepsilon_0(R^2+z^2)^{3/2}}\int_0^{2\pi}\mathrm{d}\varphi=\frac{qz\boldsymbol{e}_z}{4\pi\varepsilon_0(R^2+z^2)^{3/2}} \tag{5-15}$$

下面就几个特殊情况作一些讨论。

（1）若 $z\gg R$，则有 $\boldsymbol{E}\approx\dfrac{q}{4\pi\varepsilon_0 z^2}\boldsymbol{e}_z$，与点电荷公式一样，这是应该的。

（2）于 $z=0$ 处，$\boldsymbol{E}(0)=\boldsymbol{0}$，这是由左右对称性造成的，很好理解。

（3）由 $\mathrm{d}E(z)/\mathrm{d}z=0$，可得 $z=\pm\sqrt{2}R/2$ 处，电场强度的大小有极大值。

在上述两个例题中，电荷分布于曲线上，其中的电荷元总是能被视为点电荷。但当电荷分布于某曲面上时，我们选取的电荷元就没有必要一定是一个二阶无穷小量的点电荷了，我们可以将曲面视为许多带电直（曲）线的集合，这些直（曲）线的面元（或其上相应的电荷元）为一阶无穷小量，利用它们已知的场强公式再叠加就可以了。类似地，当电荷分布于某个体积内时，我们设法将该体积看作某些曲面的集合，再利用这些曲面的场强公式进行叠加就行了。

例 5-4　设真空中有一半径为 R 的均匀带电圆盘，电荷面密度为 σ，试求通过盘心点 O 且垂直圆盘平面的轴线（即圆盘中心对称轴）上任一点处的电场强度。

解：取盘心 O 为坐标原点，圆环中心轴为 z 轴的柱坐标系，如图 5-4 所示，于盘上取半径为 ρ，宽为 $\mathrm{d}\rho$ 的电荷元 $\mathrm{d}q=\sigma\mathrm{d}s=\sigma 2\pi\rho\mathrm{d}\rho$，只要 $\mathrm{d}\rho$ 足够小，该电荷元就可以被视为一个圆环，则由圆环的电场公式（5-15）［将其中的 q 换成此处的 $\mathrm{d}q$，环半径 R 换成此处的 ρ，因 $\mathrm{d}q$ 产生的电场为无穷小量，故将电场 $\boldsymbol{E}$ 换成 $\mathrm{d}\boldsymbol{E}$，也就是式（5-11）中的 $\mathrm{d}\boldsymbol{E}(\boldsymbol{r},\mathrm{d}q)$］可得其在场点 $\boldsymbol{r}=z\boldsymbol{e}_z$ 处的场强为

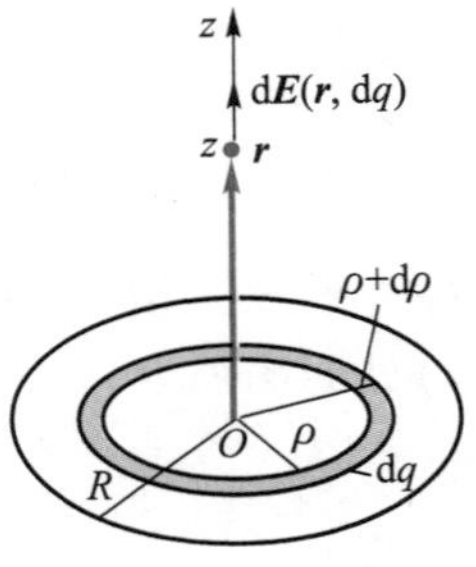

图 5-4

$$\mathrm{d}\boldsymbol{E}(\boldsymbol{r},\mathrm{d}q)=\frac{z\mathrm{d}q}{4\pi\varepsilon_0(\rho^2+z^2)^{3/2}}\boldsymbol{e}_z=\frac{z\sigma\rho\mathrm{d}\rho}{2\varepsilon_0(\rho^2+z^2)^{3/2}}\boldsymbol{e}_z$$

因此，整个圆盘在该处的场强为

$$\boldsymbol{E}(\boldsymbol{r})=\int\mathrm{d}\boldsymbol{E}(\boldsymbol{r},\mathrm{d}q)=\int_0^R\frac{z\sigma\rho\mathrm{d}\rho}{2\varepsilon_0(\rho^2+z^2)^{3/2}}\boldsymbol{e}_z=\frac{\sigma z}{2\varepsilon_0}\left(\frac{1}{\sqrt{z^2}}-\frac{1}{\sqrt{z^2+R^2}}\right)\boldsymbol{e}_z$$

下面就几个特殊情况作一些讨论。

（1）若 $z\gg R$，则依然可得 $\boldsymbol{E}(z)\approx\dfrac{q}{4\pi\varepsilon_0 z^2}\boldsymbol{e}_z$，与点电荷公式一样，这是必须的。

（2）若 $z\ll R$ 时，$\boldsymbol{E}(z)=\dfrac{\sigma}{2\varepsilon_0}\dfrac{z\boldsymbol{e}_z}{|z|}=\dfrac{\sigma}{2\varepsilon_0}\boldsymbol{e}_\mathrm{n}$，在 $z=0$ 两侧，电场方向相反，都沿其外法线方向。注意到此时圆盘实为一个无限大平面，任何与之垂直的直线都是它的中心轴，取直角坐标系（z 轴依旧），则空间任一点 $\boldsymbol{r}(x,y,z)$ 的场强为

$$\boldsymbol{E}(z)=\frac{\sigma}{2\varepsilon_0}\frac{z\boldsymbol{e}_z}{|z|}=\frac{\sigma}{2\varepsilon_0}\boldsymbol{e}_\mathrm{n}=E_\mathrm{n}\boldsymbol{e}_\mathrm{n} \tag{5-16}$$

式中 $\boldsymbol{e}_\mathrm{n}$ 为 $z=0$ 平面的两侧法向单位矢量。当 $z>0$ 时，$\boldsymbol{e}_\mathrm{n}=\boldsymbol{e}_z$；当 $z<0$ 时，$\boldsymbol{e}_\mathrm{n}=-\boldsymbol{e}_z$。两边电场关于 $z=0$ 平面左右对称，且其大小与坐标 (x,y) 无关，均为均匀场。即电场分布具有对 $z=0$ 平面

的面对称性，电场的这种对称性明显地来自于电荷分布的对称性。

例 5-5 一个宽为 $2d$ 的无限长均匀带电薄板放置于真空中，其上电荷面密度为 σ，如图 5-5 所示，试求与薄板共面的板外一点的场强。

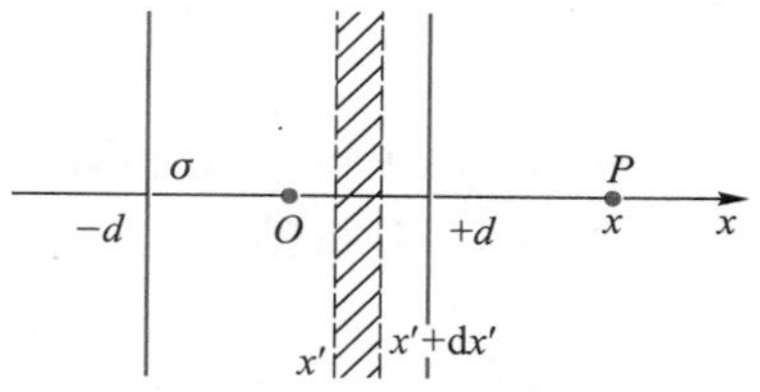

图 5-5

解：如图 5-5 所示，取在板平面内垂直板长方向的 x 轴，坐标原点在板的中心。将薄板视为许多无限长直线的集合，于坐标 x' 处取宽为 dx' 的一无限长细条，其上电荷线密度为 $d\lambda=\sigma|dx'|=\sigma dx'$ $(dx'>0)$，则它在板面外 $x(|x|\geqslant d)$ 处的场强由无限长带电直线的电场公式(5-14)可得

$$d\boldsymbol{E}(x)=\frac{d\lambda}{2\pi\varepsilon_0(x-x')}\boldsymbol{i}=\frac{\sigma dx'}{2\pi\varepsilon_0(x-x')}\boldsymbol{i}$$

则由叠加原理可得，整个薄板在该处的场强为

$$\boldsymbol{E}(x)=\int d\boldsymbol{E}(x)=\int_{-d}^{d}\frac{\sigma dx'}{2\pi\varepsilon_0(x-x')}\boldsymbol{i}=\frac{\sigma\boldsymbol{i}}{2\pi\varepsilon_0}\int_{-d}^{d}\frac{dx'}{(x-x')}=\frac{\sigma\boldsymbol{i}}{2\pi\varepsilon_0}\ln\frac{x+d}{x-d},\quad |x|\geqslant d$$

上式在 $x<-d$ 时会自然地给出电场的方向为 $-\sigma\boldsymbol{i}$，故成立条件为 $|x|\geqslant d$。类似地，板内任一点的场强也可方便求出，但需留意电场的方向，有兴趣的同学不妨做一下。

通过上述几个例子，我们可加深对场强叠加原理式(5-11)普适性的理解。

三、对称性原理及其在电磁场中的应用

1. 对称性原理

在自然界中，存在着许许多多的自然法则，在物理学中常称为物理定律，这些定律阐明了各种事物及现象之间的因果关系。例如牛顿第二定律，它阐述了合外力与质点加速度之间的关系，可以说，合外力为因（常称为动力学因），加速度为果（运动学果），有多大的力（因）就有多大的加速度（果），有什么方向的因就有什么方向的果。俗话说，有什么样的原因就必有什么样的结果，原因有什么特征结果必有什么特征，一点也不错，可以说这就是广大科学工作者的普遍信仰。那么如何描述原因和结果中的“什么样”（特征）呢？在数学及物理学中，我们常用对称性来方便描述原因和结果中的“什么样”（特征），从而我们有：原因有什么样的对称性，结果必有什么样的对称性；或者说原因中的对称性必于结果中有所体现；又或者说结果中的对称性必不少于原因中的对称性。这种用对称性表述的因果关系，在物理学中称为对称性原理，它是物理学中最普适、最根本的基本原理之一，所有具体的物理定律都不可能与之相背，或可以说，很多具体的物理定律就是它的细化和具体表现。

2. 对称性原理在静电场中的应用

静电场是由静止电荷产生的，式(5-16)表明，空间任一点处的场强是由全空间中的电荷及其分布决定的，更确切地说，全空间的电荷分布决定了全空间的电场分布。全空间的电荷分布是因，全空间的电场分布是果，电荷分布有什么对称性，则电场分布必至少有相同的对称性，上一节中点电荷的场强公式及例 5-2 和例 5-4 充分表明了这种因果关系。

例如若空间电荷分布对某点具有球对称性，即在以该点为原点的球坐标系中，电荷体（或面）密度分布函数一定可以写为

$$\rho(\boldsymbol{r})=\rho(r,\theta,\varphi)=\rho(r) \tag{5-17}$$

它仅仅是坐标 r 的一元函数。一般地，在球坐标系中，电场分布函数可写为

$$\boldsymbol{E}(\boldsymbol{r})=E_r(r,\theta,\varphi)\boldsymbol{e}_r+E_\theta(r,\theta,\varphi)\boldsymbol{e}_\theta+E_\varphi(r,\theta,\varphi)\boldsymbol{e}_\varphi$$

然而由对称性原理可得，在该球坐标系中，电场的方向一定在 $\boldsymbol{e}_r$ 上（电场的方向已完全求得），且该方向上场强分量的值也一定是坐标 r 的一元函数，即此时场强一定可以简写成

$$\boldsymbol{E}(\boldsymbol{r})=E_r(r)\boldsymbol{e}_r \tag{5-18}$$

即电场分布也具有对原点的球对称性。细算一下，可以看到对称性原理帮助我们完成了场强的大部分计算任务，余下的工作即求出分量 $E_r(r)$ 的具体表达式，这就需要关于静电场具体的物理定律才能完成。

又如若空间电荷分布对某轴线具有线对称性时，则由对称性原理可得此时空间场强分布一定也具有相同的线对称性，即在以该轴为 z 轴的柱坐标系中有

$$\boldsymbol{E}(\boldsymbol{r})=E_\rho(\rho)\boldsymbol{e}_\rho \tag{5-19}$$

其大小仅是坐标 ρ 的一元函数，方向也一定在垂直 z 轴的 $\boldsymbol{e}_\rho$ 上。

又若空间电荷分布具有关于某平面的左右对称性及在该平面上随意对称距离的对称性，即关于某平面的面对称性，则由对称性原理可得此时空间场强分布一定也具有相同的面对称性，即在以该平面为 $x=0$ 的直角坐标系中，空间任一点的场强一定可以写成（见例题 5-4）。

$$\boldsymbol{E}(\boldsymbol{r})=E_{\mathrm{n}}(|x|)\boldsymbol{e}_{\mathrm{n}} \tag{5-20}$$

当电荷分布具有球对称性、线对称性、面对称性这三种超高对称性时，我们可以看到电场分布也具有相应的这三种超高对称性，此时空间任一点处电场方向实际上已完全确定，而场强的唯一分量值也仅仅是一个坐标的单值函数。如何求出该函数，则需要用到静电场的具体定理才行，它就是下面要介绍的高斯定理。

5.3　静电场的高斯定理

一、高斯定理

1. 电场的图示法——电场线

电场看不见，摸不着，人们为了形象地描述电场，于电场中人为地画出（或想象出）一系列曲线，称为电场线。在物理学中，任何矢量场都可以引入相应的场线来进行形象描述。这些场线当然不是随意画的，对电场而言，我们规定：电场线上任一点的切线方向就是该点的场强的方向。为了表示场强的大小，我们规定：在空间任一点处，通过垂直于场强方向的单位面积的电场线条数等于该点场强的量值。这样，电场线密集的地方场强强，电场线稀疏的地方场强弱。图 5-6 就是依此规定描绘的几种简单带电系统的电场线图。

静电场的电场线有两种性质：一是不会形成闭合曲线，它总是起自于正电荷（或无穷远处），终止于负电荷（或无穷远处），即在没有电荷的地方不会随意中断或产生；二是空间任意无电荷处的两条电场线绝不会相交，因为如果相交，交点处的电场强度就会有两个方向，这与规定不符。仔细考察还可以发现，在没有其他电荷的影响下，从一个正电荷发出的电场线其自

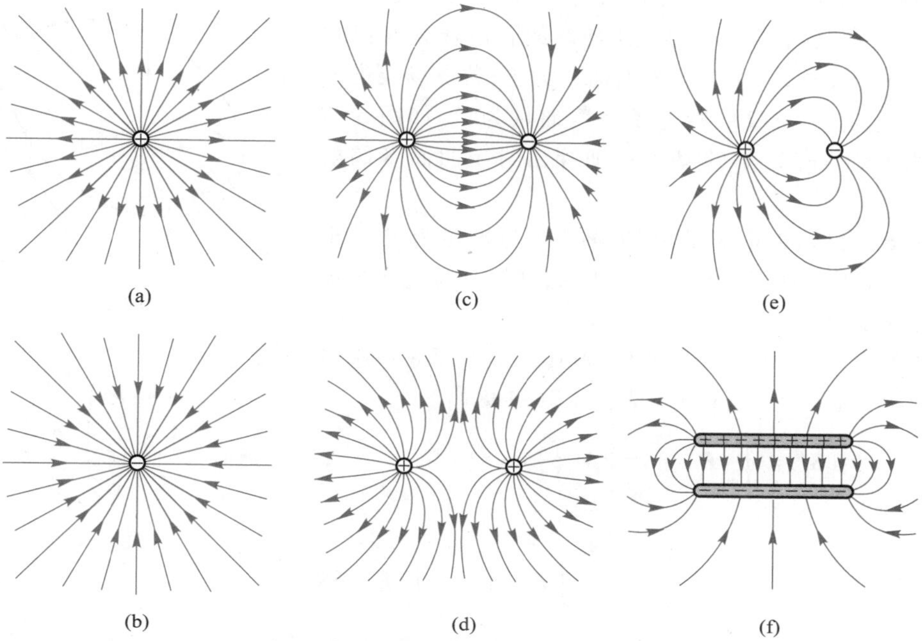

图 5-6 几种常见电场的电场线图

(a) 正点电荷 (b) 负点电荷 (c) 两个等量异号电荷 (d) 两个等量同号电荷
(e) 电荷量分别为 $+2q$ 和 $-q$ 的两个点电荷 (f) 均匀带等量异号电荷的平行板

然状态为直线,当有其他电荷存在时,电场线将发生弯曲,正电荷排斥它,负电荷吸引它。尽管实际空间中并不真的存在这些场线,但电场线的空间分布的确可以清晰地描述场强的空间分布,而且还为我们理解电场强度通量及电势差概念提供了极大的方便。

2. 电场强度通量

由第一章的通量概念可定义通过电场中任一给定曲面 S 上的电场强度通量。形象地说,它就是从曲面 S 上穿出来的电场线的总量,用符号 $\Phi_e(S)$ 表示为

$$\Phi_e(S)=\int \mathrm{d}\Phi_e=\int_S \boldsymbol{E}(\boldsymbol{r})\cdot \mathrm{d}\boldsymbol{S}(\boldsymbol{r}) \tag{5-21}$$

若电场 $\boldsymbol{E}$ 均匀,方向在 z 轴上,则有

$$\Phi_e(S)=\int_S \boldsymbol{E}\cdot \mathrm{d}\boldsymbol{S}(\boldsymbol{r})=E\int_S \boldsymbol{k}\cdot \mathrm{d}\boldsymbol{S}(\boldsymbol{r})=E\int_S \mathrm{d}S_z(\boldsymbol{r})=ES_z$$

即等于曲面在 z 方向的投影值 S_z(注意正负)与场强大小的乘积。若进一步地,场强均匀且 S 为平面,其法向为 $\boldsymbol{e}_n$,则

$$\Phi_e(S)=\int_S \boldsymbol{E}\cdot \mathrm{d}\boldsymbol{S}(\boldsymbol{r})=\boldsymbol{E}\cdot\int_S \mathrm{d}\boldsymbol{S}=\boldsymbol{E}\cdot\boldsymbol{S}=E\boldsymbol{k}\cdot S\boldsymbol{e}_n=ES\cos\theta$$

这与高中学过的磁通量定义相似。若曲面 S 闭合,闭合曲面又常称为高斯面,则

$$\Phi_e(S)=\oint_S \boldsymbol{E}(\boldsymbol{r})\cdot \mathrm{d}S(\boldsymbol{r})=\oint_S E(\boldsymbol{r})\cos\theta \mathrm{d}S(\boldsymbol{r}) \tag{5-22}$$

对于封闭曲面,它将整个空间分成为内、外两部分,其所围成的内空间以它自身为边界,内

空间称为此高斯面的内部。对高斯面,我们规定其面元法向均向外(背离其内部),称为外法向。故若电场线穿出封闭曲面(这时 $\theta<\pi/2$),则电场强度通量为正;若电场线进入封闭曲面(这时 $\theta>\pi/2$),则电场强度通量为负,如图 5-7 所示。因此式(5-22)中的 $\Phi_e(S)$ 即穿出封闭曲面 S 的电场线的总量。

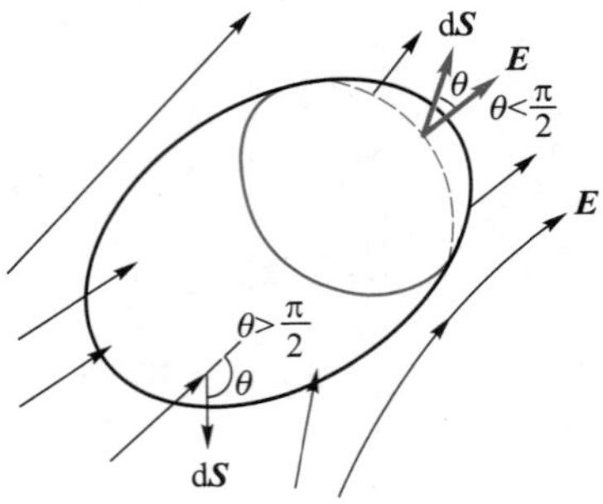

图 5-7

例 5-6　设匀强电场的电场强度 $\boldsymbol{E}$ 与半径为 R 的半球面的中心对称轴平行,如图 5-8 所示,试计算通过此半球面的电场强度通量。

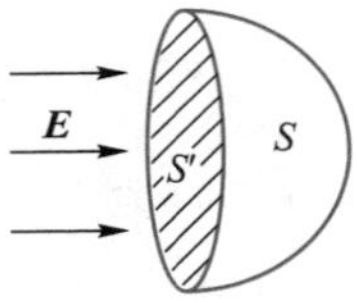

图 5-8

解法 1: 作半径为 R 的平面 S',则其与半球面 S 一起可构成一个闭合曲面 S'',从而有[见公式(1-108)]

$$\Phi_e(S'')=\oint_{S''}\boldsymbol{E}\cdot d\boldsymbol{S}=\boldsymbol{E}\cdot\oint_{S''}d\boldsymbol{S}=0$$

所以有

$$\int_S\boldsymbol{E}\cdot d\boldsymbol{S}=-\int_{S'}\boldsymbol{E}\cdot d\boldsymbol{S}$$

依照约定取闭合曲面的外法线方向为面元 $d\boldsymbol{S}$ 的方向,则平面 S' 的外法线方向向左,得

$$\Phi_e(S)=\int_S\boldsymbol{E}\cdot d\boldsymbol{S}=-\int_{S'}\boldsymbol{E}\cdot d\boldsymbol{S}=-\boldsymbol{E}\cdot\boldsymbol{S}'=\pi R^2E$$

解法 2: (1) 取以球心为原点的球坐标系,电场强度方向为 z 轴正方向,则 $\boldsymbol{E}$ 和面元 $d\boldsymbol{S}$ 的表达式为[见式(1-79)]

$$\boldsymbol{E}=E\boldsymbol{e}_z,\quad d\boldsymbol{S}=dS\boldsymbol{e}_r=R^2\sin\theta d\theta d\varphi\boldsymbol{e}_r$$

$$\Phi_e(S)=\int_S\boldsymbol{E}\cdot d\boldsymbol{S}=\int_S EdS\boldsymbol{e}_z\cdot\boldsymbol{e}_r=\int_S EdS\cos\theta$$

$$=\int_0^{\pi/2}ER^2\sin\theta\cos\theta d\theta\int_0^{2\pi}d\varphi=\pi R^2E$$

(2) 取以球心为原点的直角坐标系,电场方向为 z 轴正方向,则半球面 S 上的电场强度通量为

$$\Phi_e(S)=\int_S\boldsymbol{E}\cdot d\boldsymbol{S}=\int_S Ed\boldsymbol{S}\cdot\boldsymbol{e}_z=\int_S EdS_z=E\int_{S_z}dS_z=ES_z=\pi R^2E$$

式中 S_z 为半球面在 Oxy 平面上的投影,为一个圆形。由于此题中半球面上的场强大小相等而使此法最为简便。

实际上[参见公式(1-108)],对任意闭合曲面 S,总有 $\oint_S d\boldsymbol{S}=\boldsymbol{0}$;对不闭合的曲面 S,其边界为闭合曲线 L,总有 $\int_{S(L)}d\boldsymbol{S}=\boldsymbol{S}(L,\text{sim})$,式中 $\boldsymbol{S}(L,\text{sim})$ 表示以闭合曲线 L 为边界的最简单曲面,它表明以同一闭合曲线 L 为边界的矢量面元的积分,结果都一样。若闭合曲线 L 为平面曲面,则最简单曲面为一个平面。故半球面 S 上的电场强度通量为

$$\Phi_e(S)=\int_S \boldsymbol{E}\cdot \mathrm{d}\boldsymbol{S}=\boldsymbol{E}\cdot\int_S \mathrm{d}\boldsymbol{S}=\boldsymbol{E}\cdot \boldsymbol{S}(\mathrm{sim})=\boldsymbol{E}\cdot \boldsymbol{S}_{平}=\pi R^2 E$$

此法同样方便。的确,对均匀电场而言,电场强度可以从积分号中提出,找到以闭合曲线 L 为边界的最简单曲面即得电场强度通量。

3. 静电场的高斯定理

对矢量场而言,通量是一个很重要的概念,通过闭合曲面(高斯面)上的通量是否恒为零,表达了矢量场的某些特征。对静电场而言,高斯(Gauss)经过缜密运算得到如下表达式

文档:高斯

$$\Phi_e(S)=\oint_S \boldsymbol{E}\cdot \mathrm{d}\boldsymbol{S}=\frac{q(V_S)}{\varepsilon_0}=\frac{1}{\varepsilon_0}\int_{V_S}\rho \mathrm{d}V \tag{5-23}$$

其中 V_S 表示闭合曲面 S 所包围的体积,上式称为(积分形式的)静电场的高斯定理。其物理意义为:在静电场中,任一闭合曲面 S 上的电场强度通量 $\Phi_e(S)$ 等于该闭合曲面 S 所包围的体积 V_S 内的电荷总量 $q(V_S)$ 除以 ε_0。它揭示了通过封闭曲面上的总电场强度通量与高斯面内部电荷总量的正比例关系。形象地讲,它仅仅阐述了穿过高斯面 S 上的总电场线数目与高斯面 S 内部总电荷量的正比关系。也就是说,静电场的(积分形式的)高斯定理并未表明这些总量一定的电场线是如何从高斯面 S 上穿过的,即它并未阐述 $\mathrm{d}\boldsymbol{S}$ 处的场强 $\boldsymbol{E}$ 的任何信息;同时,它也未阐述高斯面 S 内那些总量一定的电荷是如何分布的。

视频:高斯定理

限于篇幅,我们不打算证明上述高斯定理,直接接受它。我们将看到,物理内涵好像并不丰富的高斯定理,它会给出如此多的推论,其中许多是我们熟悉的结论。

首先我们假定空间某区域没有电荷,则由高斯定理可得任意大小的高斯面上电场强度通量均为零,即对任意大小的高斯面而言,进入多少根电场线,就会有同样多的电场线穿出高斯面,由于高斯面可以任意小,由此可知,电场线必然连续。也就是说,在没有电荷的区域,电场线不会随意中断,它们是连续的光滑曲线。曲线光滑的要求是由于曲线上任意一点的切线只能有一个,两个切线意味着有两个电场,与场线的定义矛盾。这是矢量场能用场线描绘的根本原因。

若空间某区域有均匀电场,则任意大小高斯面上的电场强度通量恒为零,即

$$\Phi_e(S)=\oint_S \boldsymbol{E}\cdot \mathrm{d}\boldsymbol{S}=\boldsymbol{E}\cdot\oint_S \mathrm{d}\boldsymbol{S}=\boldsymbol{E}\cdot \boldsymbol{0}=0$$

由高斯定理可得任意大小的高斯面内的总电荷量均为零,高斯面可以任意小,由此可知,此空间区域一定无任何电荷。

若空间只有一个点电荷 $q(q>0)$,取以点电荷为球心、以 r 为半径的球面 S 为闭合曲面,由式(5-7)可知点电荷的电场具有关于球心的球对称性:即球面上各点场强的大小相等,方向均为 $\boldsymbol{e}_r$,与面积元 $\mathrm{d}\boldsymbol{S}$ 的方向相同,故球面 S 上的电场强度通量为

$$\Phi_e(S)=\oint_S \boldsymbol{E}\cdot \mathrm{d}\boldsymbol{S}=\oint_S E\mathrm{d}S=E\oint_S \mathrm{d}S=ES=\frac{q}{4\pi\varepsilon_0 r^2}4\pi r^2=\frac{q}{\varepsilon_0}$$

与 r 无关,即与球面的半径无关。当然,上述结果由高斯定理可直接得到,故上述推导可作为高斯定理的一个验证。注意到在没有电荷的区域,电场线不会随意中断,即电场线不会随意产

生和消失。由此容易理解，穿过球面 S 的电场线必定是从点电荷处产生的。这就是说，带电荷量为 q 的点电荷产生的电场线总数目为 q/ε_0（若电荷量 q 为负，产生的电场线数目为负的意义即是它消灭了同样数目的电场线），这些电场线均匀地从球面上各处穿出。当空间别处有电荷存在时，我们知道，这些电场线不再球对称地分布，但由高斯定理可知，这些电场线的总数目仍是 q/ε_0。也就是说，不管什么情况，一个带电荷量为 q 的点电荷产生的电场线总数目是一定的，总等于 q/ε_0，这实际上是静电场高斯定理的真正内涵。至于这些电场线如何分布，积分形式的高斯定理未能涉及。

静电场的高斯定理表明电场（线）是由电荷产生的，即电场线是由电荷发出（或消灭）的，电场线的源（或汇）是电荷。场线有源有汇的场在物理学中称为有源场，即静电场的高斯定理真正的物理内涵是：静电场是有源场，源头是电荷。形象地讲，电场线从电荷处散开（或汇合），用数学语言讲，静电场是个有散场，从一个电荷量为 q 的电荷处散开的总电场线数目为 q/ε_0（当 q 小于零时，此数目为负，表示汇集之意），这就是积分形式的高斯定理所阐述的全部物理内容。

由场强叠加原理知道，空间任一点处的电场是由全空间所有的电荷共同决定的，故高斯定理中闭合曲面 S 上 $\mathrm{d}\boldsymbol{S}$ 处的电场 $\boldsymbol{E}$，既与闭合曲面 S 内的电荷及其分布有关，也与闭合曲面外的电荷及其分布有关。

从数学上讲，式（5-23）的左边电场强度通量是定义在闭合曲面上的物理量，而右边的电荷量是定义在体积内的物理量，这个体积的边界正是那个闭合曲面，或者说，那个闭合曲面的内部就是这个体积。故高斯定理阐述的是边界上的物理量 $\Phi_e(S)$ 与其内部物理量 $q(V_S)$ 之间的关系。

静电场的高斯定理是描述静电场性质的基本定理之一，它虽然是在库仑定律的基础上得出的，但从场概念角度上看，它比库仑定律更基本，应用范围更广，不仅适用于静电场，也适用于变化电场，是电磁场理论的基本方程之一，有着很好的普适性。

二、高斯定理的应用

高斯定理是描述静电场性质的基本定理之一，它除了阐明静电场的有源性以外，还可以用来做什么？下面我们讨论高斯定理的应用，明显地，它有三个方面的应用。

视频：高斯定理的应用

1. 利用高斯定理求某个曲面 S 上的电场强度通量

由式（5-21）可知，欲求曲面 S 上的电场强度通量，需要知道曲面 S 上各点处的场强 $\boldsymbol{E}$，知道了场强 $\boldsymbol{E}$ 在曲面 S 上的表达式，还需求场强 $\boldsymbol{E}$ 对面积的积分，这个积分在数学上称为第二类曲面积分，一般说来比较困难，故直接用定义式（5-21）来求某曲面 S 上的电场强度通量是一件并不容易的事，利用高斯定理可以作一些简化。

若曲面 S 是闭合的，则由高斯定理可得曲面 S 上的电场强度通量就等于闭曲面所围成的体积中的电荷总量 q 除以 ε_0，严格地讲，这需要电荷密度对体积求积分，尽管这是一个三重积分，但到底要比第二类面积积分要简单许多，许多情况下体积中的电荷总量一目了然。

当曲面 S 不闭合时，高斯定理不能直接应用。此时我们设法补上一些曲面组成一个闭合曲面，填补曲面上的电场强度通量或可以方便求出，或利用对称性判断与曲面 S 上电场强度通量的倍化关系，则由高斯定理求出补全的闭合曲面上的总电场强度通量，从而可求出曲面 S 上的电场强度通量。例如真空中仅有一个点电荷 q 位于一个正六面体（正立方体）的中心，则由对称性可知，六个面上的电场强度通量都一样，六个面合成一个闭合曲面，其上通过的电场强度通量总和为 q/ε_0，故通过其中一个面上的电场强度通量为 $q/6\varepsilon_0$。

2. 在已知空间电场分布的情况下，利用高斯定理可求某个区域中的电荷量

已知全空间的电场分布 $\boldsymbol{E}(\boldsymbol{r})$，则由定义可以求出任何闭曲面 S 上的电场强度通量，从而由静电场的高斯定理可得到该闭曲面 S 内的电荷量。即已知全空间的电场分布 $\boldsymbol{E}(\boldsymbol{r})$，则由积分形式的高斯定理可求出任意体积内的电荷总量，乃至全空间的电荷分布。这是一个已知结果反求原因的问题，相对说来比较容易。

例 5-7　已知地表附近的电场为 $\boldsymbol{E}_0$，方向竖直向下，大小不随地表位置变化，而地面内部电场恒为零，求地球表面的电荷面密度（将地球视为一个表面光滑的球体）。

解：地面内部电场为零，则由高斯定理可知地球内部没有任何电荷。在地表附近作半径为 R 的球面 S 为高斯面，注意到任意地表处的电场 $\boldsymbol{E}$ 与面元 $\mathrm{d}\boldsymbol{S}$ 的方向相反，可得

$$\Phi_{\mathrm{e}}(S)=\oint_S \boldsymbol{E}\cdot\mathrm{d}\boldsymbol{S}=-\oint_S E_0\mathrm{d}S=-E_0S=\frac{\sigma S}{\varepsilon_0}$$

最后一个等号应用了高斯定理，并注意到高斯面内的电荷只能分布在地球表面上，故得地球表面的电荷面密度为 $\sigma=-E_0\varepsilon_0$，它小于零，表明地球表面带负电。

例 5-8　一无限大平面两侧附近的电场均为匀强电场，分别为 $\boldsymbol{E}_1(\boldsymbol{r})$ 和 $\boldsymbol{E}_2(\boldsymbol{r})$，方向如图 5-9 所示，求无限大平面的电荷面密度。

解：如图 5-9 所示，作跨过平面的闭合圆柱面 S，注意到侧面 S_{c} 上的 $\boldsymbol{E}\cdot\mathrm{d}\boldsymbol{S}=0$，则得

$$\Phi_{\mathrm{e}}(S)=\oint_S \boldsymbol{E}\cdot\mathrm{d}\boldsymbol{S}=\int_{S_1}\boldsymbol{E}\cdot\mathrm{d}\boldsymbol{S}+\int_{S_{\mathrm{r}}}\boldsymbol{E}\cdot\mathrm{d}\boldsymbol{S}+\int_{S_{\mathrm{c}}}\boldsymbol{E}\cdot\mathrm{d}\boldsymbol{S}$$

$$=-\int_{S_1}E_1\mathrm{d}S+\int_{S_{\mathrm{r}}}E_2\mathrm{d}S=(E_2-E_1)S_{\mathrm{r}}=\frac{\sigma S_{\mathrm{r}}}{\varepsilon_0}$$

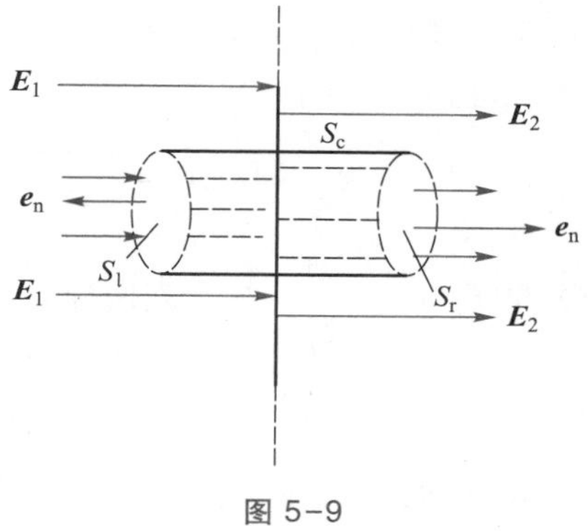

图 5-9

最后一个等号应用了高斯定理，实际上还用到了匀强电场区域内无电荷存在的结论。最后可得电荷面密度为 $\sigma=\varepsilon_0(E_2-E_1)$。注意这样分布的电场一定还有其他面电荷的存在。

3. 已知空间电荷分布，利用高斯定理求空间的电场分布

已知空间电荷分布，能否由高斯定理求出空间的场强分布？我们注意到（积分形式的）高斯定理实际上是一个标量方程，它只能求出一个未知标量，故仅用（积分形式的）高斯定理是绝对不可能求出一个矢量来的，即绝对不可能求出空间某处电场，更不用说求出高斯面上各点处的电场。正如我们前面叙述的那样，（积分形式的）高斯定理并未对高斯面上的电场分布有任何阐述，故一般地用高斯定理求解电场分布是行不通的。

在上节末，我们介绍了对称性原理，知道了电荷分布的对称性决定了电场分布的对称性，当电荷分布具有球对称性、线对称性、面对称性这三种超高对称性时，我们看到电场分布也会具有相应的这三种超高对称性，此时空间任一点处的电场方向已完全确定。即在恰当的坐标

系中，空间任一点处的场强仅在恰当坐标系的某一个标准方向上，且该方向上的分量值也仅仅是某一个坐标的单值函数，取恰当的高斯面，可使高斯面上的通量表达式中只出现一个未知量，即为我们要计算的该分量值，从而由高斯定理求出此未知量。也就是说，只有在这三种对称性情况下，选择好适当的高斯面，才能够借助高斯定理求得电场强度的唯一分量值。请看下面的例题。

例 5-9　真空中有一带电球体，半径为 R，在以球心为原点的球坐标系中，空间的电荷体密度为

$$\rho_1=kr,\quad r\leqslant R$$
$$\rho_2=0,\quad r>R$$

k 为一常量。求空间各点的场强。

解：因为电荷分布具有（对球心 O 的）球对称性，则由对称性原理可得电场分布也具有该球对称性，即在取以球心 O 为坐标原点的球坐标系中，场强分布为

$$\boldsymbol{E}(\boldsymbol{r})=E_r(r)\boldsymbol{e}_r$$

为求分量 $E_r(r)$，作半径为 r 的同心球面 S，注意到球面 S 上面元 $\mathrm{d}\boldsymbol{S}$ 的法向矢量也为 $\boldsymbol{e}_r$，则

$$\Phi_{\mathrm{e}}(S)=\oint_S\boldsymbol{E}\cdot\mathrm{d}\boldsymbol{S}=\oint_S E_r(r)\mathrm{d}S=E_r(r)\oint_S\mathrm{d}S=E_r(r)\cdot4\pi r^2=\frac{1}{\varepsilon_0}q(V_S)$$

［第二个等号用到了 $\boldsymbol{E}(\boldsymbol{r})=E_r(r)\boldsymbol{e}_r$ 和 $\mathrm{d}\boldsymbol{S}=\mathrm{d}S\boldsymbol{e}_r$，第三个等号用到了在球面 S 上 $E_r(r)$ 为常量，第四个等号用到了球面 S 的面积公式，最后一个等号才用到了高斯定理。］由于电荷分布的不连续性，需要分区域讨论。

在球体内（$r<R$）有

$$E_{r,1}(r)4\pi r^2=\frac{q(V_S)}{\varepsilon_0}=\frac{1}{\varepsilon_0}\int_{V_S}\rho_1(r')\mathrm{d}V=\frac{1}{\varepsilon_0}\int_0^r kr'4\pi r'^2\mathrm{d}r'=\frac{\pi k}{\varepsilon_0}r^4$$

则分量 $E_{r,1}(r)=\dfrac{kr^2}{4\varepsilon_0}$，结合方向即有

$$\boldsymbol{E}_1(\boldsymbol{r})=E_{r,1}(\boldsymbol{r})\boldsymbol{e}_r=\frac{kr^2}{4\varepsilon_0}\boldsymbol{e}_r$$

在球体外（$r\geqslant R$）有

$$E_{r,2}(r)4\pi r^2=\frac{q(V_S)}{\varepsilon_0}=\frac{1}{\varepsilon_0}\int_0^R kr'4\pi r'^2\mathrm{d}r'=\frac{\pi k}{\varepsilon_0}R^4$$

$$\boldsymbol{E}_2(\boldsymbol{r})=\frac{kR^4}{4r^2\varepsilon_0}\boldsymbol{e}_r$$

注意到球体的总电荷量为 $q=\int_0^R kr'4\pi r'^2\mathrm{d}r'=\pi kR^4$，故球外电场 $\boldsymbol{E}_2(\boldsymbol{r})=\dfrac{q}{4\pi\varepsilon_0 r^2}\boldsymbol{e}_r$。即对电荷球对称分布的带电球体来说，球外任一点的场强相当于全部电荷集中在球心上时所产生的场强。

同理，由对称性原理及高斯定理易得，对于均匀带电球面，在以球心为原点的球坐标系中，其电场分布为

$$\boldsymbol{E}_1(\boldsymbol{r})=\boldsymbol{0},\quad r<R$$

$$\boldsymbol{E}_2(\boldsymbol{r})=\frac{q}{4\pi\varepsilon_0 r^2}\boldsymbol{e}_r,\quad r>R \tag{5-24}$$

即球面内任一点的场强为零,球面外任一点的场强等于全部电荷集中在球心时的场强。在跨越球面时,电场分布有一个跳跃,这主要是由于电荷面分布概念的微观不合理性造成的。在有面(或点)电荷分布情况下,高斯面绝不能正好取在有电荷分布的面(或点)上,本题中带电球面上的电场只能通过叠加原理来求。其实通过数理分析可知球面上任一点处都有

$$\boldsymbol{E}(R)=\frac{1}{2}\left[\lim_{r\to R}\boldsymbol{E}_1(\boldsymbol{r})+\lim_{r\to R}\boldsymbol{E}_2(\boldsymbol{r})\right]=\frac{q}{8\pi\varepsilon_0 R^2}\boldsymbol{e}_r \tag{5-25}$$

利用圆环的电场公式及叠加原理也可求得上面的结果,有兴趣的同学不妨用叠加原理自己求证一下式(5-25)。实际上,上式的第一个等号对任意点于任何情况下都是正确的。

例 5-10 真空中有一电荷面密度为 σ 的无限大均匀带电平面,求其产生的电场。

解:明显地,空间电荷分布对该带电平面具有面对称性及左右对称性,则由对称性原理可得,空间电场分布也具有该对称性。即在以该平面为 $x=0$ 的直角坐标系中,空间任一点的电场一定可以写成为

$$\boldsymbol{E}(\boldsymbol{r})=E_{\mathrm{n}}(|x|)\boldsymbol{e}_{\mathrm{n}},\quad |x|\neq 0$$

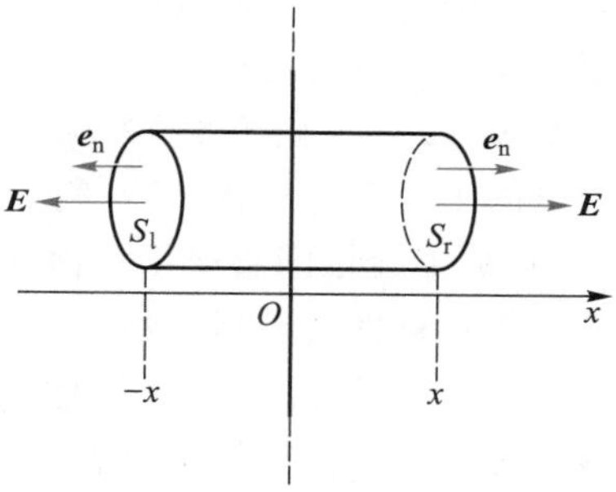

图 5-10

注意法向矢量 $\boldsymbol{e}_{\mathrm{n}}$ 左右不同。空间电场方向关于 $x=0$ 平面是左右对称的,都垂直于该平面,距离该平面等距的地方电场强度的大小相等。为了求出空间任一点的电场分量 $E_{\mathrm{n}}(|x|)$,我们作通过待求点的一个闭合圆柱面 S,如图 5-10 所示,两个底面到该平面等距,故其上电场的分量相同,正是我们欲知的法向分量 $E_{\mathrm{n}}(|x|)$,注意到在圆柱侧面 S_{c} 上有 $\boldsymbol{E}\perp \mathrm{d}\boldsymbol{S}$,则可得

$$\begin{aligned}\Phi_{\mathrm{e}}(S)&=\oint_S \boldsymbol{E}\cdot \mathrm{d}\boldsymbol{S}=\int_{S_{\mathrm{r}}}\boldsymbol{E}\cdot \mathrm{d}\boldsymbol{S}+\int_{S_{\mathrm{l}}}\boldsymbol{E}\cdot \mathrm{d}\boldsymbol{S}+\int_{S_{\mathrm{c}}}\boldsymbol{E}\cdot \mathrm{d}\boldsymbol{S}\\&=E_{\mathrm{n}}\Delta S+E_{\mathrm{n}}\Delta S+0=2E_{\mathrm{n}}\Delta S=\frac{1}{\varepsilon_0}\sigma\Delta S\end{aligned}$$

最后一个等号用到了高斯定理,ΔS 为两底面的面积。最后结合方向可得电场分布为

$$\boldsymbol{E}(\boldsymbol{x})=\boldsymbol{E}_{\mathrm{n}}\boldsymbol{e}_{\mathrm{n}}=\frac{\sigma\boldsymbol{e}_{\mathrm{n}}}{2\varepsilon_0} \tag{5-26}$$

由此可见对称平面左右两侧的空间电场是均匀分布的,电场分布的对称性比电荷分布的对称性还要高,结果中的对称性比原因中的对称性还要高是可能的,反之则不可能。

例 5-11 设空间中有一半径为 R 的无限长带电细棒,其内部的电荷均匀分布,电荷体密度为 ρ_0,求空间的场强分布。

解:空间的电荷分布对细棒的轴线具有线对称性,则由对称性原理可知,电场分布也具有线对称性,即在以该轴线为 z 轴的柱坐标系中,电场为 $\boldsymbol{E}(\boldsymbol{r})=E_\rho(\rho)\boldsymbol{e}_\rho$。为求分量 $E_\rho(\rho)$,作半径为 ρ,长为 l 的上下封闭的同轴闭合圆柱面 S,如图 5-11 所示。注意到在上下底面上 $\boldsymbol{E}\perp$

d$\boldsymbol{S}$，侧面上的面元的法向矢量为 $\boldsymbol{e}_\rho$，则可得

$$\Phi_e(S)=\oint_S \boldsymbol{E}\cdot \mathrm{d}\boldsymbol{S}=\int_{S_c}\boldsymbol{E}\cdot \mathrm{d}\boldsymbol{S}=E_\rho S_c=E_\rho 2\pi\rho l=q(V_S)/\varepsilon_0$$

最后一步用到了高斯定理，注意到空间电荷分布的不连续性，可得

当 $\rho\leqslant R$ 时，$E_\rho\cdot 2\pi\rho l=\pi\rho^2 l\rho_0/\varepsilon_0$，得 $\boldsymbol{E}(\boldsymbol{r})=\dfrac{\rho_0\rho}{2\varepsilon_0}\boldsymbol{e}_\rho$。　　(5-27a)

当 $\rho\geqslant R$ 时，$E_\rho\cdot 2\pi\rho l=\pi R^2 l\rho_0/\varepsilon_0$，得 $\boldsymbol{E}(\boldsymbol{r})=\dfrac{\rho_0 R^2}{2\varepsilon_0\rho}\boldsymbol{e}_\rho=\dfrac{\lambda}{2\pi\varepsilon_0\rho}\boldsymbol{e}_\rho$。　　(5-27b)

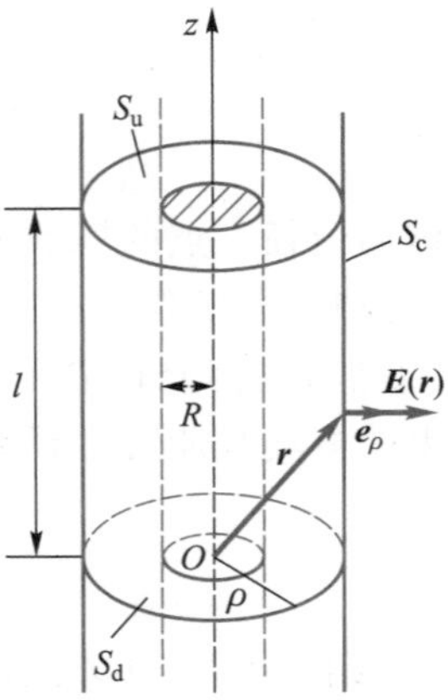

图 5-11

式中 $\lambda=\rho_0\pi R^2$ 为带电细棒的电荷线密度，在柱外的场强，相当于电荷全部集中在轴线上的无限长均匀带电直线产生的场强。根据同样的讨论可知，一个无限长均匀带电圆柱面内部的场强等于零，在柱外各点产生的场强，相当于电荷全部集中在轴线上的无限长均匀带电直线产生的场强。

例 5-12　在如图 5-12 所示的坐标系中，有电荷面密度分别为 $+\sigma$ 和 $-\sigma$ 的两块无限大均匀带电的平面平行放置，求空间各点的场强分布。

［本题能否依旧直接用对称性及高斯定理求解电场？答案是否定的。因为此时空间的电荷分布的对称性不够高，尽管电荷分布依旧与坐标 (y,z) 无关，即依然有在 $x=0$ 平面上平移任意距离的平移对称性，但却没有关于该平面的左右对称性，我们由对称性原理得知场强分布应该为

$$\boldsymbol{E}(\boldsymbol{r})=E_x(x)\boldsymbol{i}=E(x)\boldsymbol{i}$$

仅从原因的对称性角度上讲，我们只能得到：某 x 平面上的场强 $\boldsymbol{E}(x)$ 一定相同，但不同 x 平面上的场强 $\boldsymbol{E}(x)$ 可能会有所不同，无论如何作高斯面，高斯定理表达式中至少会出现两个不同平面上的未知场强分量，而高斯定理只能求出一个未知量，故绝无可能直接用对称性及高斯定理求解。幸好我们还学过一个定律——场强的叠加原理，每个面单独存在时有面对称性，场强的分布已经求出，我们只需将它们叠加就可以了。］

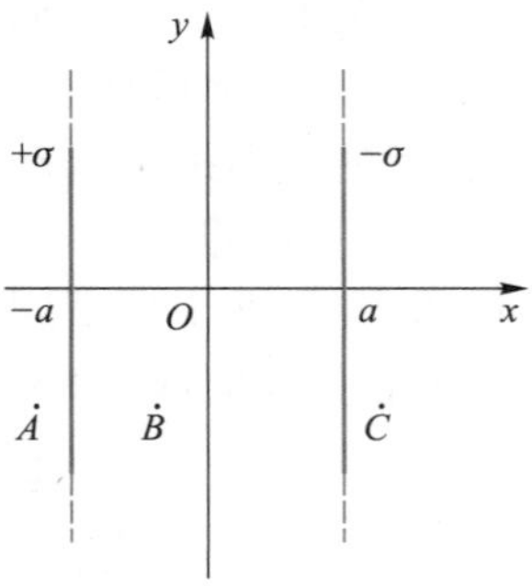

图 5-12

解：如图 5-12 所示取坐标系，由无限大均匀带电平面的电场公式(5-26)可得，面密度为 $+\sigma$ 的那块平面产生的电场为

$$\boldsymbol{E}_1(x)=\frac{-\sigma\boldsymbol{i}}{2\varepsilon_0},\quad x<-a;\quad \boldsymbol{E}_2(x)=\frac{\sigma\boldsymbol{i}}{2\varepsilon_0},\quad x>-a$$

电荷面密度为 $-\sigma$ 的平面产生的电场为

$$\boldsymbol{E}_3(x)=\frac{\sigma\boldsymbol{i}}{2\varepsilon_0},\quad x<a;\quad \boldsymbol{E}_4(x)=\frac{-\sigma\boldsymbol{i}}{2\varepsilon_0},\quad x>a$$

故整个空间的电场分布为

$$\boldsymbol{E}_A(x)=\boldsymbol{E}_1(x)+\boldsymbol{E}_3(x)=\boldsymbol{0},\quad x<-a,$$

$$\boldsymbol{E}_B(x)=\boldsymbol{E}_2(x)+\boldsymbol{E}_3(x)=\frac{\sigma\boldsymbol{i}}{\varepsilon_0},\quad -a<x<a \qquad ①$$

$$\boldsymbol{E}_C(x)=\boldsymbol{E}_2(x)+\boldsymbol{E}_4(x)=\boldsymbol{0},\quad x>a$$

至于两带电平面处的电场，由式(5-25)可得

$$\boldsymbol{E}(-a)=\frac{1}{2}\left[\lim_{x\to -a}\boldsymbol{E}_A(x)+\lim_{x\to -a}\boldsymbol{E}_B(x)\right]=\frac{\sigma\boldsymbol{i}}{2\varepsilon_0},\ \boldsymbol{E}(a)=\frac{1}{2}\left[\lim_{x\to a}\boldsymbol{E}_B(x)+\lim_{x\to a}\boldsymbol{E}_C(x)\right]=\frac{\sigma\boldsymbol{i}}{2\varepsilon_0}$$

这两个电场正是一个带电平面在另一个带电平面处的电场，这是显然的，因为一个带电平面在其自身平面处的场强为零。

至此，我们学习了有关电场分布的叠加原理、对称性原理以及高斯定理，综合利用它们可方便求解空间的电场分布，但一般情况下，求解过程依然十分困难。

5.4 静电场的环路定理 电势

一、静电场的环路定理

首先考察点电荷 q 产生的静电场，由式(5-8)可得，在位于 $\boldsymbol{r}'$ 处的点电荷 q 的静电场中，试验电荷 q_0 所受的静电场力为

$$\boldsymbol{F}(\boldsymbol{r})=\frac{q_0 q(\boldsymbol{r}')(\boldsymbol{r}-\boldsymbol{r}')}{4\pi\varepsilon_0|\boldsymbol{r}-\boldsymbol{r}'|^3}$$

视频：安培环路定理

该力沿任一闭合几何曲线 l 的环流为

$$\oint_l \boldsymbol{F}\cdot \mathrm{d}\boldsymbol{r}=\oint_l q_0\boldsymbol{E}\cdot \mathrm{d}\boldsymbol{r}=\oint_l \frac{q_0 q(\boldsymbol{r}')(\boldsymbol{r}-\boldsymbol{r}')}{4\pi\varepsilon_0|\boldsymbol{r}-\boldsymbol{r}'|^3}\cdot \mathrm{d}\boldsymbol{r}=\frac{-q_0 q}{4\pi\varepsilon_0}\oint_l \mathrm{d}\left(\frac{1}{|\boldsymbol{r}-\boldsymbol{r}'|}\right)=0$$

即恒为零，故该静电场为保守力场。对由任意点电荷系产生的静电场 $\boldsymbol{E}(\boldsymbol{r})$ 而言，由式(5-9)可得相应的静电场力 $\boldsymbol{F}(\boldsymbol{r})=q_0\boldsymbol{E}(\boldsymbol{r})$ 沿任一闭合几何曲线 l 的环流为

$$q_0\oint_l \boldsymbol{E}\cdot \mathrm{d}\boldsymbol{r}=\oint_l \sum_i \frac{q_0 q_i(\boldsymbol{r}_i')(\boldsymbol{r}-\boldsymbol{r}_i')}{4\pi\varepsilon_0|\boldsymbol{r}-\boldsymbol{r}_i'|^3}\cdot \mathrm{d}\boldsymbol{r}=\frac{-q_0}{4\pi\varepsilon_0}\sum_i\oint_l \mathrm{d}\left[\frac{q_i(\boldsymbol{r}_i')}{|\boldsymbol{r}-\boldsymbol{r}_i'|}\right]=0$$

文档：安培

这表明(任意)静电场是保守力场。上式实际上意味着

$$\oint_l \boldsymbol{E}(\boldsymbol{r})\cdot \mathrm{d}\boldsymbol{r}=0 \qquad (5\text{-}28)$$

它表示：静电场沿任一闭合曲线(环路)的积分值(称为环流)恒为零。上式称为静电场的环路定理。它反过来表明了静电场是个保守力场或有势场。

若电场线能形成一有向闭合曲线 l，则取该有向闭合曲线 l 为积分路径曲线，注意到在此曲线上，处处有 $\boldsymbol{E}/\!/\mathrm{d}\boldsymbol{r}$，即处处有 $\boldsymbol{E}\cdot\mathrm{d}\boldsymbol{r}>0$，则必然地 $\oint_l \boldsymbol{E}\cdot\mathrm{d}\boldsymbol{r}>0$。故式(5-28)表明，静电场的电场线绝不可能形成闭合曲线(涡旋线)，因此在数学上，满足式(5-28)的场称为无旋场，静电场为无旋场。

二、电势

1. 电势

式(5-28)表明，被积分量 $\boldsymbol{E}(\boldsymbol{r})\cdot \mathrm{d}\boldsymbol{r}$ 一定可以写成一个空间位置函数的全微分，一般地令这个空间函数为 $-V(\boldsymbol{r})$，称为电势，即定义

$$\mathrm{d}V \equiv V(\boldsymbol{r}+\mathrm{d}\boldsymbol{r})-V(\boldsymbol{r}) = -\boldsymbol{E}\cdot \mathrm{d}\boldsymbol{r} \tag{5-29}$$

视频：电势

如图 5-13 所示，注意我们并未直接定义电势与位置的函数关系，而是由式(5-29)定义了相邻无穷小位移的两点间的电势差，也表明了沿电场线的方向电势减小。如此定义表明了只有电势差才有绝对意义，电势仅有相对意义，只有在给定某处的电势值为标准(常为零点)后，其他地方的电势值才有意义。对有限分布的带电体而言，一般常令 $V(\infty)=0$，则 P 点处的电势为

$$V_P = \int_{V(\infty)}^{V_P} \mathrm{d}V = \int_{P(l)}^{\infty} \boldsymbol{E}(\boldsymbol{r})\cdot \mathrm{d}\boldsymbol{l}(\boldsymbol{r}) \tag{5-30}$$

式中 l 是从 P 点到无穷远处的任一条路径，电场强度 $\boldsymbol{E}$ 为该路径上 $\mathrm{d}\boldsymbol{l}$ 处的场强，因积分结果实际上与路径 l 无关，可找一条最方便计算的路径。

2. 电势的计算

(1) 点电荷电场中的电势

真空中有一点电荷 q，取其所在处为坐标原点 O 的球坐标系，电场分布为式(5-7)，令 $V(\infty)=0$，如图 5-14 所示，任取从场点到无穷远处的一条路径 l，则场点 $\boldsymbol{r}$ 处的电势为

$$V(\boldsymbol{r}) = \int_r^{\infty} \boldsymbol{E}(\boldsymbol{r}')\cdot \mathrm{d}\boldsymbol{r}' = \int_r^{\infty} \frac{q}{4\pi\varepsilon_0 r'^2}\boldsymbol{e}_{r'}\cdot \mathrm{d}\boldsymbol{r}'$$

$$= \int_r^{\infty} \frac{q}{4\pi\varepsilon_0 r'^2}\mathrm{d}r' = \frac{q}{4\pi\varepsilon_0 r} \tag{5-31}$$

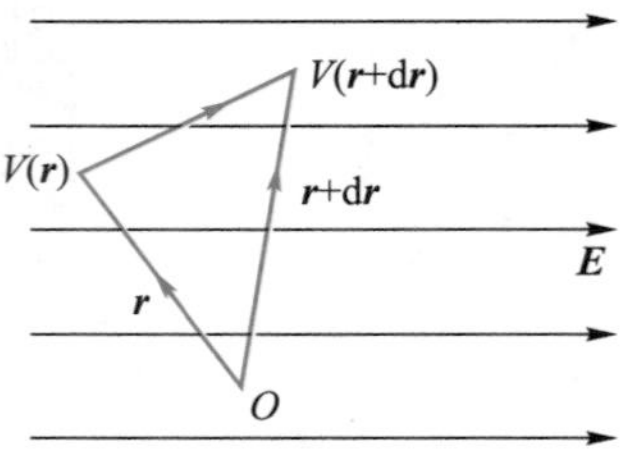

图 5-13

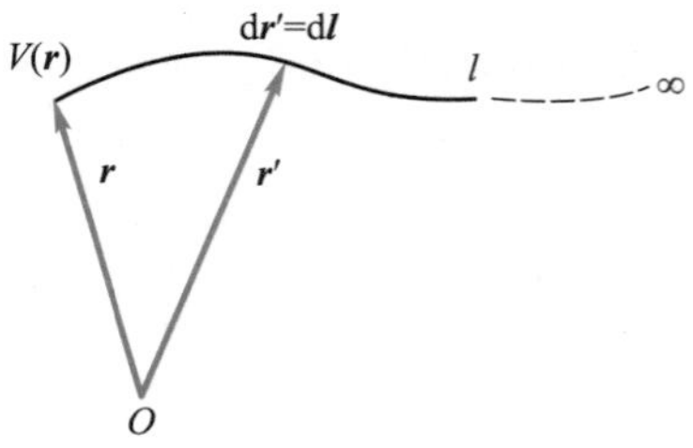

图 5-14

与积分曲线实际上并无关系。由上式可知，点电荷为正时，空间各点的电势均为正，随着离源点距离的增加而降低；点电荷为负时，空间各点的电势均为负，随着离源点距离的增加而升高。由式(5-31)可知点电荷的电势分布仅是坐标 r 的函数，即空间电势分布具有对坐标原点的球对称性。在任意坐标系中，若点电荷 q 位于源点 $\boldsymbol{r}'$ 处，依然令 $V(\infty)=0$，则场点 $\boldsymbol{r}$ 处的电势为

$$V(\boldsymbol{r})=\frac{q(\boldsymbol{r}')}{4\pi\varepsilon_0|\boldsymbol{r}-\boldsymbol{r}'|}=\frac{q(\boldsymbol{r}')}{4\pi\varepsilon_0 R} \tag{5-32}$$

(2) 点电荷系电场中的电势　电势叠加原理

对于点电荷系，令 $V(\infty)=0$，由电势的定义和场强叠加原理可得

$$V_P=\int_P^{\infty}\boldsymbol{E}\cdot\mathrm{d}\boldsymbol{r}=\int_P^{\infty}\sum_i\boldsymbol{E}_i\cdot\mathrm{d}\boldsymbol{r}=\sum_i\int_P^{\infty}\boldsymbol{E}_i\cdot\mathrm{d}\boldsymbol{r}=\sum_i V_{Pi} \tag{5-33}$$

这就是电势叠加原理：带电体系在空间任一点产生的电势等于各带电体单独存在时在该点产生电势的叠加(代数和)。

(3) 任意带电体电场中的电势

将带电体分成无限多个电荷元，求出任一电荷元产生的电势，再由叠加原理求出整个带电体产生的电势，一般地，令 $V(\infty)=0$，则有如下的电势叠加原理

$$V(\boldsymbol{r})=\int\mathrm{d}V(\boldsymbol{r},\mathrm{d}q)+\sum_i V_i(\boldsymbol{r},q_i)=\int_q\frac{\mathrm{d}q(\boldsymbol{r}')}{4\pi\varepsilon_0|\boldsymbol{r}-\boldsymbol{r}'|}+\sum_i\frac{q_i(\boldsymbol{r}_i')}{4\pi\varepsilon_0|\boldsymbol{r}-\boldsymbol{r}_i'|} \tag{5-34}$$

式中第一个等号后的 $\mathrm{d}q$ 和 q_i 可以是非点电荷类的带电体，而第二个等号后的 $\mathrm{d}q$ 和 q_i 一般均要求为点电荷。当然若已知场强分布，也可直接由电势的定义(场强的曲线积分)求电势。

例 5-13　求电偶极子电场中的电势分布。

解：如图 5-15 所示，设空间任一场点 P 到电偶极子的中心 O 的距离为 r，它与电偶极子轴线的夹角为 θ，令 $V(\infty)=0$，由电势叠加原理可得

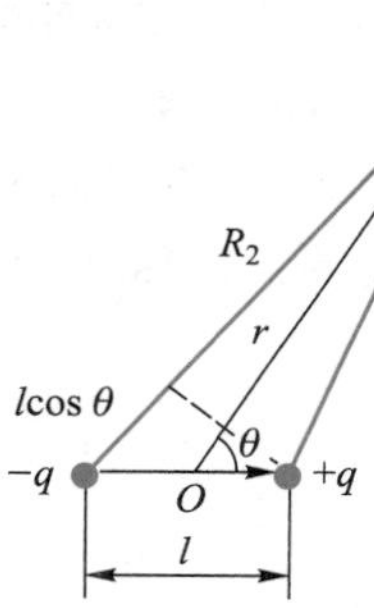

图 5-15　电偶极子的电势

$$V_P=\frac{q}{4\pi\varepsilon_0 R_1}+\frac{-q}{4\pi\varepsilon_0 R_2}=\frac{q}{4\pi\varepsilon_0}\left(\frac{1}{R_1}-\frac{1}{R_2}\right)=\frac{q}{4\pi\varepsilon_0}\left(\frac{R_2-R_1}{R_1R_2}\right)$$

因为 $r\gg l$，所以 $R_2-R_1\approx l\cos\theta$，$R_2R_1\approx r^2$，故

$$V_P=\frac{q}{4\pi\varepsilon_0}\frac{l\cos\theta}{r^2}=\frac{p\cos\theta}{4\pi\varepsilon_0 r^2}=\frac{\boldsymbol{p}\cdot\boldsymbol{r}}{4\pi\varepsilon_0 r^3} \tag{5-35}$$

例 5-14　设真空中有一半径为 R 的均匀带电荷量为 q 的圆环，试求圆环中心对称轴线上任一点处的电势。

解法 1：(直接由电势的定义求)取环心为坐标原点，圆环中心对称轴为 z 轴的柱坐标系，则由式(5-15)知圆环在场点 $\boldsymbol{r}'=z'\boldsymbol{e}_z$ 处的场强

$$\boldsymbol{E}(\boldsymbol{r}')=\frac{z'q}{4\pi\varepsilon_0(R^2+z'^2)^{3/2}}\boldsymbol{e}_z \tag{①}$$

令 $V(\infty)=0$，取沿 z 轴从场点 $\boldsymbol{r}=z\boldsymbol{e}_z$ 到无穷远处的直线 l，则场点 $\boldsymbol{r}=z\boldsymbol{e}_z$ 处的电势为

$$V(z\boldsymbol{e}_z)=\int_{r(l)}^{\infty}\boldsymbol{E}(\boldsymbol{r}')\cdot\mathrm{d}\boldsymbol{r}'=\int_z^{\infty}\frac{z'q}{4\pi\varepsilon_0(R^2+z'^2)^{3/2}}\boldsymbol{e}_z\cdot\mathrm{d}z'\boldsymbol{e}_z$$

$$=\int_z^{\infty}\frac{z'q}{4\pi\varepsilon_0(R^2+z'^2)^{3/2}}\mathrm{d}z'=\frac{q}{4\pi\varepsilon_0(R^2+z^2)^{1/2}}$$

由于我们仅知道圆环在 z 轴上的电场分布，故积分曲线务必要取在 z 轴上。

解法 2：(由电势叠加原理求)取与解法 1 相同的柱坐标系，令 $V(\infty)=0$，在圆环 $\boldsymbol{r}'=R\boldsymbol{e}_\rho$ 处

取电荷元 dq,则由电势叠加原理公式(5-34)得场点 $\boldsymbol{r}=z\boldsymbol{e}_z$ 处的电势为

$$V(\boldsymbol{r})=\int_q \frac{\mathrm{d}q(\boldsymbol{r}')}{4\pi\varepsilon_0|\boldsymbol{r}-\boldsymbol{r}'|}=\int_q \frac{\mathrm{d}q}{4\pi\varepsilon_0|z\boldsymbol{e}_z-R\boldsymbol{e}_\rho|}=\frac{\int \mathrm{d}q}{4\pi\varepsilon_0(R^2+z^2)^{1/2}}=\frac{q}{4\pi\varepsilon_0(R^2+z^2)^{1/2}}$$

此处我们并未用到电荷于圆环上均匀分布的假设。这就是说,假使电荷于圆环上不均匀分布,上述结果也成立。这是很好理解的,因为环上的每一个电荷元到场点的距离都一样。

圆环中心处的电势最大,为 $V(0)=\dfrac{q}{4\pi\varepsilon_0 R}$,注意电势差

$$V(z)-V(0)=\frac{q}{4\pi\varepsilon_0(R^2+z^2)^{1/2}}-\frac{q}{4\pi\varepsilon_0 R}$$

是绝对的,与电势的零点选择无关。若我们另令 $V(0)=0$,则场点 $\boldsymbol{r}=z\boldsymbol{e}_z$ 处的电势为

$$V(z)=\frac{q}{4\pi\varepsilon_0(R^2+z^2)^{1/2}}-\frac{q}{4\pi\varepsilon_0 R}$$

当 $z=0$ 时,的确有 $V(0)=0$,与假设一致。

例 5-15　求电荷量为 q、半径为 R 的均匀带电球面在空间各处的电势。

解:均匀带电球面的电场具有很高的对称性,由对称性原理及高斯定理可方便地求得,在以球心为原点的球坐标系中,场强分布为

$$\boldsymbol{E}_1(\boldsymbol{r})=\boldsymbol{0},r<R;\quad \boldsymbol{E}_2(\boldsymbol{r})=\frac{q}{4\pi\varepsilon_0 r^2}\boldsymbol{e}_r,r>R \qquad ①$$

令 $V(\infty)=0$,则得场点 $\boldsymbol{r}_P$ 处的电势为 $V(\boldsymbol{r}_P)=\int_{P(l)}^{\infty}\boldsymbol{E}\cdot\mathrm{d}\boldsymbol{r}$,注意到不同空间中场强分布的表达式不同,故我们需要分段积分,则有

$$\left.\begin{aligned}
r>R,\quad V(\boldsymbol{r})&=\int_r^{\infty}\boldsymbol{E}(\boldsymbol{r}')\cdot\mathrm{d}\boldsymbol{r}'=\int_r^{\infty}\frac{q}{4\pi\varepsilon_0 r'^2}\mathrm{d}r'=\frac{q}{4\pi\varepsilon_0 r}\\
r=R,\quad V(\boldsymbol{r})&=\int_R^{\infty}\boldsymbol{E}(\boldsymbol{r}')\cdot\mathrm{d}\boldsymbol{r}'=\int_R^{\infty}\frac{q}{4\pi\varepsilon_0 r'^2}\mathrm{d}r'=\frac{q}{4\pi\varepsilon_0 R}\\
r<R,\quad V(\boldsymbol{r})&=\int_r^{R}\boldsymbol{E}_1(\boldsymbol{r}')\cdot\mathrm{d}\boldsymbol{r}'+\int_R^{\infty}\boldsymbol{E}_2(\boldsymbol{r}')\cdot\mathrm{d}\boldsymbol{r}'=\frac{q}{4\pi\varepsilon_0 R}
\end{aligned}\right\} \qquad (5-36)$$

由于球面内场强为零,故球面内电势处处相等,都等于球面上的电势 $V(R)$,也等于球心处的电势 $V(0)$,而球心处的电势由电势的叠加原理可更加方便地求得

$$V(0)=\int_q \frac{\mathrm{d}q}{4\pi\varepsilon_0 R}=\frac{\int\mathrm{d}q}{4\pi\varepsilon_0 R}=\frac{q}{4\pi\varepsilon_0 R}$$

此值也与电荷是否在球面上均匀分布无关。在均匀分布的情况下,球面外的电势与电荷集中在球心处点电荷产生的电势一样。

例 5-16　求例 5-11 的空间电势分布。

解:由例 5-11 已得在以细棒轴线为 z 轴的柱坐标系中场强分布为

$$当\ \rho \leqslant R\ 时, \boldsymbol{E}_1(\boldsymbol{r}) = \frac{\rho_0 \rho}{2\varepsilon_0}\boldsymbol{e}_\rho$$

$$当\ \rho \geqslant R\ 时, \boldsymbol{E}_2(\boldsymbol{r}) = \frac{\rho_0 R^2}{2\varepsilon_0 \rho}\boldsymbol{e}_\rho$$

取棒表面为零电势，即 $V(R)=0$，则空间电势分布有

$$当\ \rho \leqslant R\ 时,\ V(\boldsymbol{r}) = \int_r^R \boldsymbol{E}_1(\boldsymbol{r}') \cdot \mathrm{d}\boldsymbol{r}' = \int_r^R \frac{\rho_0}{2\varepsilon_0}\rho' \boldsymbol{e}_{\rho'} \cdot \mathrm{d}\boldsymbol{r}' = \int_\rho^R \frac{\rho_0}{2\varepsilon_0}\rho' \mathrm{d}\rho' = \frac{\rho_0}{4\varepsilon_0}(R^2 - \rho^2)$$

$$当\ \rho \geqslant R\ 时,\ V(\boldsymbol{r}) = \int_r^R \boldsymbol{E}_2(\boldsymbol{r}') \cdot \mathrm{d}\boldsymbol{r}' = \int_r^R \frac{\rho_0 R^2}{2\varepsilon_0 \rho'}\boldsymbol{e}_{\rho'} \cdot \mathrm{d}\boldsymbol{r}' = \int_\rho^R \frac{\rho_0 R^2}{2\varepsilon_0 \rho'}\mathrm{d}\rho' = \frac{\rho_0 R^2}{2\varepsilon_0}\ln\frac{R}{\rho}$$

在本题中，我们不能令 $V(\infty)=0$，否则空间各点处的电势都会为无穷大，这是由于无穷远处有电荷存在。实际上，凡是有点电荷的地方均不能令电势为零。

3. 电势的图示法——等势面

所谓的等势面就是由电势相等的所有点组成的曲面。如点电荷的电势 $V(r)=\dfrac{q}{4\pi\varepsilon_0 r}$，$r$ 相等的各点处的电势相等，因此点电荷的等势面是一系列同心球面。图 5-16 是几种电荷系的等势面和电场线图。

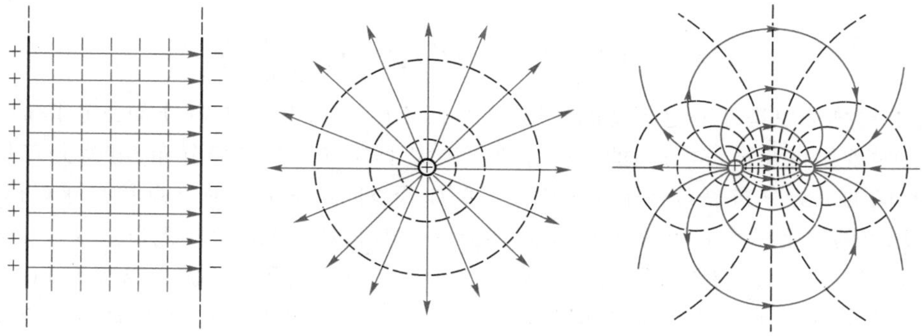

(a) (b) (c)

图 5-16 等势面和电场线图（带箭头的实线表示电场线，虚线表示等势面）

（a）均匀带等值异号电荷的两无限大平行面内的电场 （b）正点电荷的电场 （c）电偶极子的电场

在等势面上任取一有向线元 $\mathrm{d}\boldsymbol{l}$，由于是等势面，故线元两端点的电势差 $\mathrm{d}V=-\boldsymbol{E}\cdot\mathrm{d}\boldsymbol{l}=0$，即一定有 $\boldsymbol{E}\perp\mathrm{d}\boldsymbol{l}$，等势面上任一点的场强方向与过该点的任意有向线元 $\mathrm{d}\boldsymbol{l}$ 都垂直，场强始终垂直于等势面，电场线（场强的方向）与等势面处处正交。

为了能用等势面图表示电场的强弱，我们规定：作图时两个相邻等势面的电势差相等，由此得到的一系列等势面称为等势面簇，这样的等势面簇还可以表示电场大小的分布，等势面密的地方电场线也密，电场强；等势面稀疏的地方电场线也稀疏，电场弱。因此用等势面簇也可以表示电场分布。至此，我们有两种方式来描述静电场，电场强度分布和电势分布，而且这两种方式还可以形象化描绘。

4. 电场强度与电势的梯度关系

明显地，电场强度分布和电势分布描绘的是同一种客观物体，两者自然是有关联的。在前面，我们学习了在已知电场强度分布的情况下求电势分布，这需要进行积分。反过来，在已知空间电势分布的情况下反求电场强度分布，这肯定是需要求导的，注意到电势 $V(\boldsymbol{r})$ 是空间位置的函数，则[见式(1-84)] $\mathrm{d}V(\boldsymbol{r})=\nabla V(\boldsymbol{r})\cdot\mathrm{d}\boldsymbol{r}$，与电势定义式(5-29)比较，即得

$$\boldsymbol{E}(\boldsymbol{r})=-\nabla V(\boldsymbol{r}) \tag{5-37}$$

电场强度为电势梯度的负值，在已知全部空间的电势分布后可以求出空间各处的场强，但若只知电势随 x 轴的变化情况 $V(x)$，则可以求出也仅仅能求出 x 方向上的电场分量

$$E_x(x)=-\partial V(x)/\partial x \tag{5-38}$$

例 5-17　由点电荷的电势公式求点电荷的场强公式。

解：取点电荷 q 所在处为坐标原点的球坐标系，令 $V(\infty)=0$，则空间的电势分布为

$$V(\boldsymbol{r})=\frac{q}{4\pi\varepsilon_0 r}$$

则在该坐标系中，场强沿径向 $\boldsymbol{e}_r$ 方向上的分量 E_r 为

$$E_r=-\frac{\mathrm{d}V}{\mathrm{d}r}=\frac{q}{4\pi\varepsilon_0 r^2}$$

注意到沿 $\boldsymbol{e}_\theta$ 和 $\boldsymbol{e}_\varphi$ 方向上电势无变化，故场强沿 $\boldsymbol{e}_\theta$ 和 $\boldsymbol{e}_\varphi$ 方向上的分量均为零，从而空间场强分布为

$$\boldsymbol{E}(r,\theta,\varphi)=E_r\boldsymbol{e}_r+E_\theta\boldsymbol{e}_\theta+E_\varphi\boldsymbol{e}_\varphi=E_r\boldsymbol{e}_r=\frac{q}{4\pi\varepsilon_0 r^2}\boldsymbol{e}_r$$

在讨论对称性原理在静电场中的应用时，我们指出，全空间的电荷分布决定了全空间的电场分布，此时我们也知道，全空间的电荷分布也决定了全空间的电势分布，电荷分布具有什么对称性，空间的电势分布也具有什么对称性。例如若空间电荷分布对某点具有球对称性，则在以该点为原点的球坐标系中，电荷密度分布函数也一定可以写为 $\rho_V(\boldsymbol{r})=\rho_V(r)$，仅仅是坐标 r 的一元函数。则由对称性原理可得，此时在该球坐标系中，电势函数也一定可以写为 $V(\boldsymbol{r})=V(r)$，仅仅是坐标 r 的一元函数，而场强是电势梯度的负值，对该电势求梯度，自然地就有电场的方向一定仅在 $\boldsymbol{e}_r$ 上，场强于该方向上的投影也一定仅是坐标 r 的一元函数，即场强一定可以简写成 $\boldsymbol{E}(\boldsymbol{r})=E(r)\boldsymbol{e}_r$，场强分布也具有对原点的球对称性。至此我们应该能理解在球对称情况下电场的分布了。

类似地，在柱对称性情况下，在恰当的柱坐标系中，电荷密度函数为 $\rho_V(\boldsymbol{r})=\rho_V(\rho)$，则由对称性原理可得，空间的电势函数也一定是 $V(\boldsymbol{r})=V(\rho)$，对其求梯度即得 $\boldsymbol{E}(\boldsymbol{r})=E(\rho)\boldsymbol{e}_\rho$；而在面对称性情况下，在恰当的直角坐标系中，电荷密度函数 $\rho_V(\boldsymbol{r})=\rho_V(|x|)$，则由对称性原理可得，空间的电势函数也一定是 $V(\boldsymbol{r})=V(|x|)$，对其求梯度即得

$$\boldsymbol{E}(\boldsymbol{r})=-\frac{\mathrm{d}V(|x|)}{\mathrm{d}x}\boldsymbol{e}_x=-\frac{\mathrm{d}V(|x|)}{\mathrm{d}|x|}\cdot\frac{\mathrm{d}|x|}{\mathrm{d}x}\boldsymbol{e}_x=E(|x|)\cdot\frac{x\boldsymbol{e}_x}{|x|}$$

即与我们前面阐述的一样。

在特殊坐标系中，梯度运算比较复杂，但实际上只要会写任意标准方向上的线元 $\mathrm{d}l$，则由式(5-38)可求出该方向上的电场强度分量，在此就不再展开讨论了。明显地，电势梯度的单位是伏每米($\mathrm{V\cdot m^{-1}}$)，所以场强的单位也常写成伏每米($\mathrm{V\cdot m^{-1}}$)。

电场强度分布和电势分布都可以描述空间电场,明显地,电场强度描述是从场对其中电荷的作用力引入的,而电势描述是从场与其中电荷的相互作用能引入的,两种描述地位相同吗?过去在牛顿力学框架中,人们认为电场强度描述更为基本,电势描述是一种数学方便表示,没有物理内涵。然而在以量子力学为代表的近代物理学中,则清晰地表明:(电)势描述更为根本,静电场当为有势场,当为标量场。在此我们还可以见到一个更为根本和清晰的因果关系。因果关系表明,原因有什么特性,结果必有什么特性。现在我们看到,电荷分布是因,电势分布是果。因(电荷分布)是不随时间变化,果(电势分布)也必是不随时间变化;因是标量场,果也必为标量场;因的空间分布有什么对称性,果的空间分布也必有什么对称性。对果(电势分布)的梯度运算才出现电场强度这个矢量场,由相关的数学恒等式可知,这种由标量场的梯度导出的矢量场必定是有源无旋的。

习题

选择题

5-1　关于静电场,下列说法中正确的是(　　)。

A. 静电场是由空间所有电荷产生的,但有的电荷并不静止

B. 由 $\boldsymbol{E}=\boldsymbol{F}/q$ 知,电场强度与检验电荷的电荷量成反比

C. 电场和检验电荷同时存在,同时消失

D. 电场的存在与否与检验电荷无关

5-2　关于电场线,下列叙述中错误的是(　　)。

A. 电场线出发于正电荷,终止于负电荷

B. 除电荷所在处外,两条电场线不能相交

C. 某点附近的电场线的疏密程度代表了该点场强的大小

D. 在无电荷处电场线可以突然中断

5-3　关于电场线,以下说法中正确的是(　　)。

A. 电场线一定是电荷在电场力作用下运动的轨迹

B. 电场线上各点的电势相等

C. 电场线上各点的电场强度相等

D. 顺着电场线的方向电势一定在变小

5-4　在静电场中电场线为平行直线的区域内(　　)。

A. 电场处处相同,但电势处处不同

B. 电场并非处处相同,但电势处处相同

C. 电场和电势并非处处不同

D. 电场处处相同,等势面为平面

5-5　一均匀带电球面,面内电场强度处处为零,则球面上的带电荷量为 $\sigma \mathrm{d}S$ 的电荷元在球面内产生的场强(　　)。

A. 处处为零　　B. 不一定都为零　　C. 一定都不为零　　D. 是一常矢量

5-6　一均匀带电的球形橡皮气球，在被吹大的过程中，场强不断变小的点是(　　)。

A. 始终在气球内部的点　　B. 始终在气球外部的点

C. 被不断膨胀气球表面掠过的点　　D. 并不存在这样的点

5-7　半径为 R 的均匀带电球面，若其电荷面密度为 σ，则在球面外距离球面 $2R$ 处的电场强度大小为(　　)。

A. $\dfrac{\sigma}{2\varepsilon_0}$　　B. $\dfrac{\sigma}{4\varepsilon_0}$　　C. $\dfrac{\sigma}{8\varepsilon_0}$　　D. $\dfrac{\sigma}{\varepsilon_0}$

5-8　一个点电荷放在球形高斯面的中心，如图所示。下列哪种情况通过该高斯面的电场强度通量会增大(　　)。

A. 将另一个带负电的点电荷放在高斯面外

B. 增大高斯面的半径

C. 将另一个带正电的点电荷放在高斯面内

D. 将中心处的点电荷在高斯面内移动

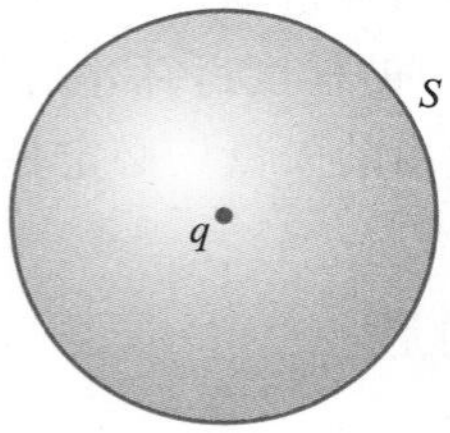

习题 5-8 图

5-9　高斯定理 $\oint_S \boldsymbol{E}\cdot \mathrm{d}\boldsymbol{S} = q(V_S)/\varepsilon_0$，式中 V_S 为高斯面 S 包围的体积，高斯定理说明静电场的性质是(　　)。

A. 电场线不可以是闭合曲线　　B. 静电场力是保守力场

C. 静电场是有源场　　D. 静电场是无旋场

5-10　根据高斯定理 $\oint_S \boldsymbol{E}\cdot \mathrm{d}\boldsymbol{S} = q(V_S)/\varepsilon_0$，式中 V_S 为高斯面 S 包围的体积，下列说法中正确的是(　　)。

A. 通过高斯面的电场强度通量仅由高斯面包围的体积内的电荷的代数和决定

B. 通过高斯面的电场强度通量为正时，面内必无负电荷

C. 高斯面上各点的场强仅由面内的电荷决定

D. 高斯面上的场强处处为零时，面内一定没有电荷

5-11　电场中一高斯面 S，面内有电荷 q_1、q_2，面外有电荷 q_3、q_4。则由静电场的高斯定理可得 $\oint_S \boldsymbol{E}\cdot \mathrm{d}\boldsymbol{S} = \dfrac{qV_S}{\varepsilon_0} = \dfrac{q_1+q_2}{\varepsilon_0}$，下列说法正确的是(　　)。

A. 积分号中各点的 $\boldsymbol{E}$ 都是仅由 q_1、q_2 共同激发的

B. 积分号中各点的 $\boldsymbol{E}$ 都是由 q_1、q_2、q_3、q_4 共同激发的

C. 积分号中各点的 $\boldsymbol{E}$ 都是仅由 q_3、q_4 共同激发的

D. 以上说法都不对

5-12　静电场的积分形式的高斯定理成立的条件是(　　)。

A. 电场必须具有相当高的对称性

B. 高斯面不能随意选定，高斯面上不能存在非零点电荷量或非无穷小电荷量的电荷

C. 高斯面的选取必须具有某些简单的对称性

D. 任何静电场和任意高斯面

5-13　以下说法中正确的是(　　)。

A. 高斯面上的场强处处为零时，通过该高斯面的电场强度通量不一定为零

B. 高斯面上的场强处处为零时,通过该高斯面的电场强度通量一定为零

C. 高斯面内电荷代数和不为零时,高斯面上各点的场强一定都不为零

D. 高斯面内电荷代数和为零时,高斯面上各点的场强一定都为零

5-14　将一个点电荷 Q 放置在桌面上,用一个半径为 R 的半球面 S 随意罩住该点电荷,则通过半球面 S 上的电场强度通量 $\int_S \boldsymbol{E}\cdot \mathrm{d}\boldsymbol{S}$ 为(　　)。

A. $\dfrac{Q}{\varepsilon_0}$　　B. $\dfrac{Q}{2\varepsilon_0}$　　C. $\dfrac{Q}{4\varepsilon_0}$　　D. 条件不足,无法确定

填空题

5-15　如图所示,任意闭合曲面 S 内有一点电荷 Q,O 为 S 面上一点,若将点电荷 Q 在闭合面内从 P 点移到 T 点,且 $OP=OT$,则通过 S 面的电场强度通量________,O 点的场强大小________,方向________。若将点电荷 Q 从闭合面内 P 点移到闭合面外 R 点,且 $OP=OR$,则通过 S 面的电场强度通量________,O 点的场强大小________。(填“不变”或“变”。)

5-16　两个同心均匀带电球面,半径分别为 R_a 和 $R_b(R_a<R_b)$,所带电荷量分别为 Q_a 和 Q_b,设某点与球心相距 r,当 $R_a<r<R_b$ 时,该点的电场强度的大小为________,电势为________[令 $V(\infty)=0$]。

5-17　如图所示,同一束电场线穿过面积不等的两个平面 S_1 和 $S_2(S_1>S_2)$,两平面上电场强度通量的绝对值分别为 Φ_{e1} 和 Φ_{e2},场强平均大小分别为 E_1 和 E_2,则 Φ_{e1}________Φ_{e2},E_1________E_2。(均填大小或相等关系)

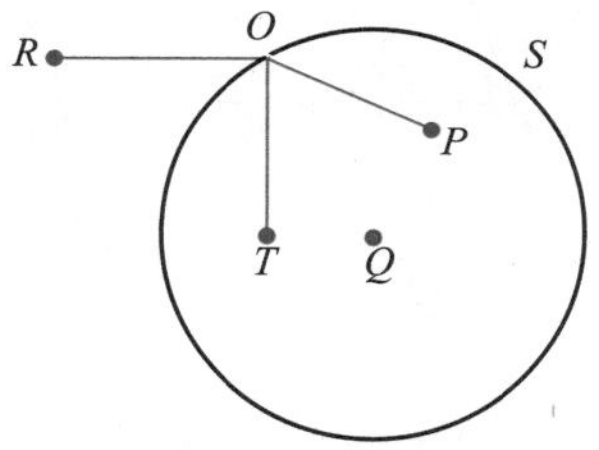

习题 5-15 图

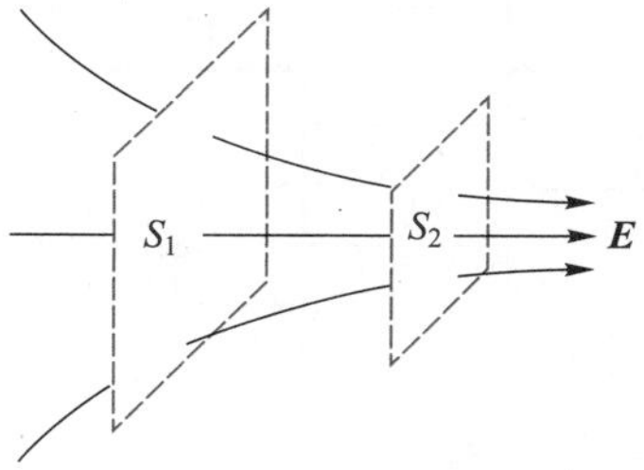

习题 5-17 图

5-18　一个带电荷量为 q 的点电荷位于一边长为 a 的立方体的一个顶角上,则通过该立方体一个点电荷不在其上的侧面的电场强度通量为________,通过与 q 共面的一个侧面的电场强度通量为________。

5-19　在已知坐标系的真空中有一沿 x 方向的静电场 $\boldsymbol{E}=bx\boldsymbol{i}$($b$ 为正常量),一边长为 a 的立方形封闭面如图所示放置,则通过封闭面右侧 S_1 面上的电场强度通量 $\Phi_{e1}=$________;通过其上表面 S_2 上的电场强度通量 $\Phi_{e2}=$________;立方体内的净电荷量 $Q=$________。

5-20　真空中两块互相平行的无限大均匀带电平板,电荷面密度分别为 $+\sigma$ 和 $+2\sigma$,则板间电场强度大小为________。

5-21　如图所示,真空中一半径为 R 的均匀带电球面,总电荷量为 $Q(Q>0)$。今在球面上挖去非常小块的面积 ΔS(连同电荷),且假设不影响原来的电荷分布,则挖去 ΔS 后球心处电场强度的大小 $E=$________,其方向为________。

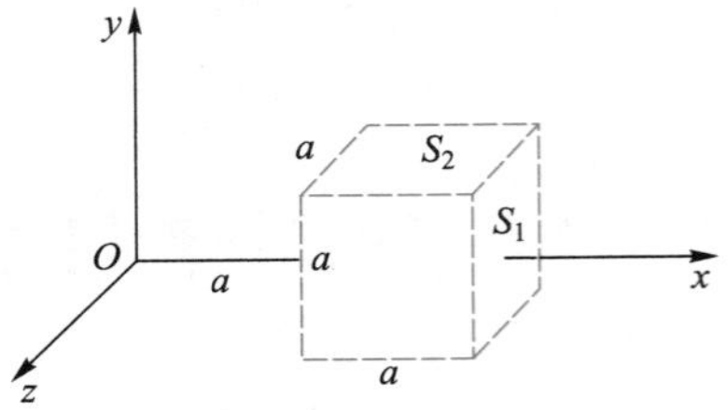

习题 5-19 图

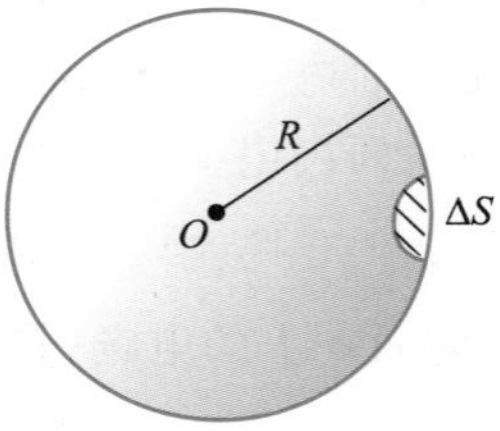

习题 5-21 图

5-22　静电场的高斯定理的数学表达式为________，其物理意义是________，它表明静电场是________。

5-23　A、B 为真空中两个平行的无限大均匀带电平面，已知两平面间及两板外的电场均为均匀电场，场强大小和方向如图所示，则 A、B 两平面上的电荷面密度分别为 $\sigma_A=$________，$\sigma_B=$________。

5-24　如图所示，一半径为 R 的圆环，其上带不均匀分布的正电荷，电荷总量为 Q。在其轴线上有 A、B 两点，它们与环心的距离分别为 R 和 $2R$。现有一质量为 m、带电荷量为 q 的粒子从 A 点运动到 B 点，在此过程中电场力所做的功为________。

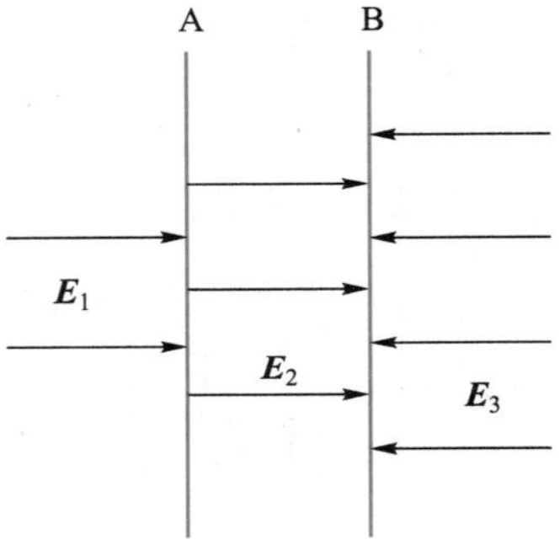

习题 5-23 图

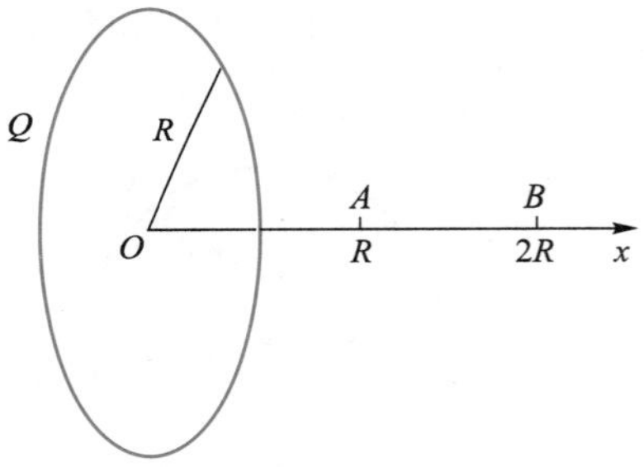

习题 5-24 图

5-25　如图所示，若电荷 q 和 $-q$ 被包围在高斯面 S 内，则高斯面上的电场 $\boldsymbol{E}$________（填是否等于零），通过该高斯面的电场强度通量 $\oint_S \boldsymbol{E}\cdot \mathrm{d}\boldsymbol{S}=$______。

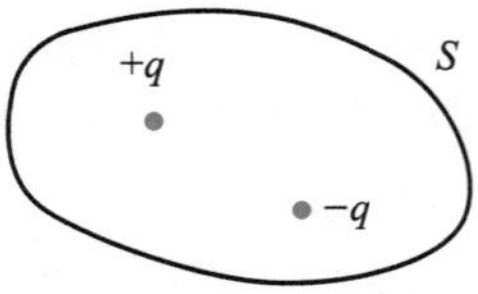

习题 5-25 图

5-26　静电场的环路定理的数学表达式为________，其物理意义是________，它表明静电场是________。

计算题

5-27　如图所示，三个电荷量分别为 q、$2q$、$3q$ 的点电荷放在边长为 l 的等边三角形的三个顶点上，求三角形中心 O 处的电场强度。

5-28　四个电荷量分别为 q、$2q$、$-3q$、$-2q$ 的点电荷放在边长为 a 的正方形的四个顶点上，如图所示，求其中一边中点 O 处的电场强度。

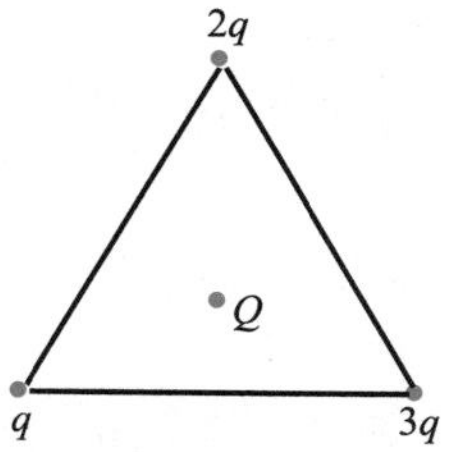

习题 5-27 图

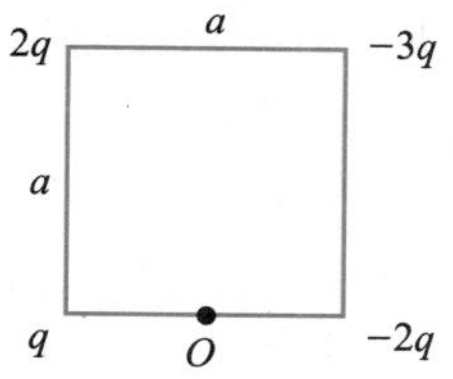

习题 5-28 图

5-29　半径为 R 的半圆环带电，其上电荷线密度为 $\lambda=2\cos\varphi$，如图所示，求其圆心 O 点处的电场强度。

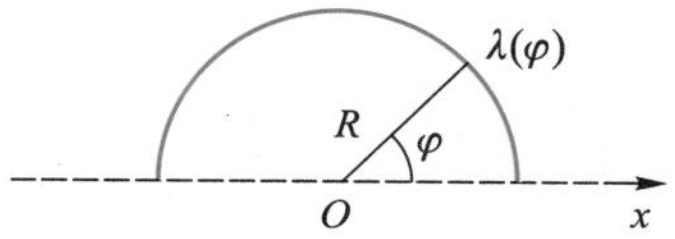

习题 5-29 图

5-30　在直角坐标系中，长为 L 的直棒带电，置于 y 轴上，棒的中点正是坐标原点，棒上电荷线密度为 $\lambda(y)=2|y|$，求 x 轴上任一 P 点处的电场强度和电势。

5-31　内、外半径分别为 R_1 和 $R_2(R_1<R_2)$ 的球壳体内均匀分布着电荷，其电荷体密度为 ρ，求空间各处的电场强度和电势。

5-32　两个均匀带电的无限长同轴圆柱面，其半径分别为 R_1 和 $R_2(R_1<R_2)$，圆柱面上每单位长度带的电荷量分别为 λ_1 和 λ_2。试求空间各处的电场强度。

5-33　两个均匀带电的同心金属球壳，半径分别为 R_1 和 $R_2(R_1<R_2)$，电荷面密度分别为 σ_1 和 σ_2，求空间各处的电场强度。

5-34　在直角坐标系中，已知空间的场强分布为 $\boldsymbol{E}_1(\boldsymbol{r})=\dfrac{2\sigma_0\boldsymbol{e}_x}{\varepsilon_0}$，$x<-1$；$\boldsymbol{E}_2(\boldsymbol{r})=\dfrac{-4\sigma_0\boldsymbol{e}_x}{\varepsilon_0}$，$-1<x<1$；$\boldsymbol{E}_3(\boldsymbol{r})=\dfrac{-2\sigma_0\boldsymbol{e}_x}{\varepsilon_0}$，$x>1$。求空间的电荷分布。

5-35　在球坐标系中，已知空间的电场分布 $\boldsymbol{E}_1(\boldsymbol{r})=\dfrac{kr}{\varepsilon_0}\boldsymbol{e}_r$，$r<R$；$\boldsymbol{E}_2(\boldsymbol{r})=\dfrac{a}{\varepsilon_0 r^2}\boldsymbol{e}_r$，$r>R$。求空间的电荷分布。

5-36　一半径为 R 的大圆盘，在其内挖去一半径为 a 的同心小圆盘。圆盘剩余部分均匀带正电，电荷面密度为 σ，求圆心处的电势。

5-37　电荷均匀分布在半径为 R 的球体内。试求球体内任一点处的场强和电势。

5-38　τ 子是带有与电子相同的负电荷而质量比电子质量大得多的粒子。1992 年北京正负电子对撞机(BEPC)给出的 τ 子质量为电子质量的 3 477 倍，为 3.167×10^{-27} kg。τ 子可以穿透重原子核，在核电荷的电场作用下在核内做轨道运动。铀核可看作半径为 7.4×10^{-15} m、电荷均匀分布的球体。设按经典概念 τ 子在铀核内做轨道半径为 2.9×10^{-15} m 的圆周运动，试计算它的运动速率、动能、角动量和频率。

5-39　在氢原子的玻尔模型中，原子核不动，电子绕核做圆周运动，求：(1) 原子系统的总能量 E 和圆周轨道半径 r 的关系；(2) 电子绕核频率 ν 与总能量 E 的关系（令电子的质量为 m，电子电荷量为 $-e$）。

5-40　质量为 m 的 α 粒子从很远处以初速度 $\boldsymbol{v}_0$ 正对着原来静止的金原子核飞来，金原

子核的质量为 m_0,质子数为 Z,求 α 粒子和金原子核的最短距离。

5-41　一有缺口的细圆环均匀带电,电荷线密度为 λ,圆环半径为 R,缺口长度为 Δl,且 $\Delta l \ll R$,圆环中心放置一点电荷 q。求此点电荷所受的电场力。

5-42　一均匀带电圆盘,半径为 R,在圆盘平面上取圆心为坐标原点的极坐标系,则圆盘上电荷面密度分布为 $\sigma=2\rho$,求其轴线上任一点的电势。

5-43　在均匀电场 $\boldsymbol{E}$ 中有一电矩为 $\boldsymbol{p}$ 的电偶极子,电场 $\boldsymbol{E}$ 与 $\boldsymbol{p}$ 之间的夹角为 θ,试求电偶极子受到的电场力的合力、对电偶极子中心点的力矩以及电偶极子与电场的相互作用能。

第 6 章

静电场中的导体

上一章我们介绍了真空中的静电场，详尽地讨论了它的性质以及它与空间电荷的关系。本章将反过来讨论静电场对其中的带电系统的作用和影响。从与外电场相互作用的特点来看，物质可粗分为两大类，一类称为导体，其内含大量可自由移动的带电微粒；另一类称为电介质，它不含可自由移动的带电微粒，但每个微粒却是个带电系统，可近似为一个电偶极子。因篇幅限制，我们只讨论静电场中的导体在静电平衡时的特性，最后讨论电场的能量等问题，由此进一步理解电场的物质性。

6.1　静电场中的简单带电粒子系统

一、静电场与带电粒子的相互作用　电势能

1. 静电场对带电粒子的作用

我们现在把研究对象转为静电场中的带电粒子。每个电荷均会产生电场，对某一个电荷而言，由其他电荷产生的合电场称为它的外电场。因此，外电场是个相对概念，它是相对于某一个电荷而言的。放置于外电场中的电荷会与外电场发生相互作用，相互作用的强弱可用相互作用力或相互作用能表示。此处只讨论外电场为静电场 $\boldsymbol{E}_0$ 时的情形，我们特别地加下标“0”，专指静电场。

在某惯性参考系中，无论电荷是否运动，点电荷 q 与静电场 $\boldsymbol{E}_0$ 的相互作用力总为

$$\boldsymbol{F}_0(\boldsymbol{r})=q\boldsymbol{E}_0(\boldsymbol{r}) \tag{6-1}$$

式中 $\boldsymbol{E}_0(\boldsymbol{r})$ 为点电荷 q 所在处的外静电场的电场强度，而 $\boldsymbol{F}_0(\boldsymbol{r})$ 正是点电荷 q 放置于该处时受到的静电场力，它仅是位置的函数，是一个恒定力场。

由力的叠加原理可知，带电体 q 受到的总静电场力为

$$\boldsymbol{F}_0=\int \mathrm{d}\boldsymbol{F}_0=\int_q \boldsymbol{E}_0(\boldsymbol{r})\,\mathrm{d}q \tag{6-2}$$

例 6-1　真空中两个相距很近的平行均匀带电平面，面积为 S，相距为 d，电荷面密度分别为 σ、$-\sigma$，试求它们之间的静电场力。

解：由于两个平面相距很近，因此可忽略边缘效应，即每一个带电平面均处于另一个无限大均匀带电平面产生的外电场中，该带电平面与该外电场的相互作用力就是所求的静电场力。由无限大均匀带电平面的场强公式(5-26)可知，一个无限大面板在另一个平面处产生的场强 $\boldsymbol{E}_0(x)=E_\mathrm{n}\boldsymbol{e}_\mathrm{n}=\dfrac{\sigma\boldsymbol{e}_\mathrm{n}}{2\varepsilon_0}$，则另一个带电平面受到的静电场力的大小为

$$\boldsymbol{F}_0=\int_q \boldsymbol{E}_0(x)\,\mathrm{d}q=\boldsymbol{E}_0(x)\int_{-\sigma S}\mathrm{d}q=\frac{-\sigma^2 S\boldsymbol{e}_\mathrm{n}}{2\varepsilon_0}$$

两带电平面互相吸引。有意思的是，此力竟然与相互距离 d 无关，这好像有点不好理解。实际上这是由于忽略边缘效应，将每一个平面看作一个无限大平面的原因。

2. 静电场与带电粒子的相互作用能　电势能

在外静电场中，点电荷 q 与外静电场 $\boldsymbol{E}_0(\boldsymbol{r})$ 的相互作用能称为电势能，为

$$E_p(\boldsymbol{r})=qV_0(\boldsymbol{r}) \tag{6-3}$$

式中 $V_0(\boldsymbol{r})$ 为点电荷 q 所在处的外静电场的电势。显而易见，与电势一样，电势能只是个相对概念，只有电势能的差值才有绝对意义。式(5-29)两边同乘以电荷量 q，则可得

$$\mathrm{d}E_p(\boldsymbol{r})=q\mathrm{d}V_0(\boldsymbol{r})=-q\boldsymbol{E}_0\cdot\mathrm{d}\boldsymbol{r}=-\boldsymbol{F}_0\cdot\mathrm{d}\boldsymbol{r} \tag{6-4}$$

即：静电场力做功，相应的电势能等量减少。注意到电势与电场的微分关系式(5-37)，可得点电荷 q 与外静电场的相互作用力为

$$\boldsymbol{F}_0(\boldsymbol{r})=-\nabla qV_0(\boldsymbol{r})=-\nabla E_p(\boldsymbol{r}) \tag{6-5}$$

这实际上是相互作用力与相互作用能的普遍表达式。

带电粒子在静电场力及惯性的共同影响下，一般地，总是向着电势能减小的方向运动。

二、静电场与电偶极子间的相互作用

在电磁学中，与点电荷一样，电偶极子也是个重要的理想模型，但明显地，在描述带电体时，后者比前者更加精细，它考虑到了带电体的(一维)形状大小以及其上电荷分布的不均匀性。下面分析电偶极子与外电场之间的相互作用。

明显地，在均匀的外电场中，电偶极子的两个点电荷 $\pm q$，受到的静电场力分别为 $\boldsymbol{F}_\pm(\boldsymbol{r})=\pm q\boldsymbol{E}_0$，它们大小相等、方向相反，合力为零，组成一对力偶。在任意惯性参考系中，因合力为零，故电偶极子的质心处于平衡状态；但力偶的合力矩一般不为零，它们对空间任意点的合力矩为

$$\boldsymbol{M}=\boldsymbol{r}_+\times\boldsymbol{F}_++\boldsymbol{r}_-\times\boldsymbol{F}_-=q(\boldsymbol{r}_+-\boldsymbol{r}_-)\times\boldsymbol{E}_0=\boldsymbol{p}\times\boldsymbol{E}_0 \tag{6-6}$$

式中 $\boldsymbol{r}_+$、$\boldsymbol{r}_-$ 分别为两点电荷 $\pm q$ 的位矢。上式表明，此力矩是恒定的，方向垂直 $\boldsymbol{p}$ 和 $\boldsymbol{E}_0$ 构成的平面，大小为 $|\boldsymbol{M}|=pE_0\sin\varphi$，其中角度 φ 为两矢量 $\boldsymbol{p}$、$\boldsymbol{E}_0$ 之间的夹角。在此力矩作用下，矢量 $\boldsymbol{p}$ 总是趋向于与 $\boldsymbol{E}_0$ 平行。

实际上，我们先从能量角度考察更为方便。明显地，电偶极子与外电场的相互作用能为

$$E_p=qV(\boldsymbol{r}_+)-qV(\boldsymbol{r}_-)=q[V(\boldsymbol{r}_+)-V(\boldsymbol{r}_-)]=-q\boldsymbol{E}_0\cdot(\boldsymbol{r}_+-\boldsymbol{r}_-)=-\boldsymbol{p}\cdot\boldsymbol{E}_0=-pE_0\cos\varphi \tag{6-7}$$

式中 $V(\boldsymbol{r}_+)$、$V(\boldsymbol{r}_-)$ 分别为两点电荷 $\pm q$ 处的电势。当两矢量 $\boldsymbol{p}$ 和 $\boldsymbol{E}_0$ 平行时，电势能最小。

由式 (6-7) 可得，电偶极子与外电场的相互作用合力为

$$\boldsymbol{F}(\boldsymbol{r})=-\nabla E_p(\boldsymbol{r})=-\nabla[\boldsymbol{p}\cdot\boldsymbol{E}_0(\boldsymbol{r})] \tag{6-8}$$

因此在均匀外电场 $\boldsymbol{E}_0$ 中，合力为零。当外电场为非均匀电场时，即外电场 $\boldsymbol{E}(\boldsymbol{r})$ 为位置矢量的函数时，则电偶极子与外电场的相互作用能为 $E_p=-pE_0(\boldsymbol{r})\cos\varphi$，电偶极子所受合外力为 $\boldsymbol{F}(\boldsymbol{r})=-\nabla E_p(\boldsymbol{r})=p\cos\varphi\nabla E(\boldsymbol{r})$，当 φ 小于 $\pi/2$ 时，力的方向总是指向电场密集处。在力矩 $\boldsymbol{M}$ 的作用下，一般地，φ 均小于 $\pi/2$，因此当非均匀电场为点电荷产生的电场时，则不管点电荷的正负号，于此电场中，电偶极子质心的受力方向总是指向点电荷，即电偶极子总是被点电荷吸引。实际上，电偶极子的转动和向点电荷处的定向运动常是同时进行的，这正是为什么像玻璃棒、硬橡胶棒在经过毛皮或丝绸摩擦后总能吸引纸屑等轻小物体的根本原因。

在均匀外电场 $\boldsymbol{E}_0$ 中，注意到相互作用能与角度有关，故电偶极子还将受到力矩作用，在与 $\boldsymbol{p}$、$\boldsymbol{E}_0$ 构成的平面的垂直方向上，合外力矩分量为

$$M_z(\boldsymbol{r})=-\frac{\partial E_p(\varphi)}{\partial\varphi}=pE_0\frac{\partial(\cos\varphi)}{\partial\varphi}=-pE_0\sin\varphi$$

式中 z 的方向与 φ 的增加方向构成右手螺旋关系，考虑到方向，上式实际上与式(6-6)是一致的。

在均匀外电场中，静电场力(矩)使电偶极子发生转动，使电偶极矩 $\boldsymbol{p}$ 趋向于与外电场 $\boldsymbol{E}_0$ 平行，使相互作用能量最小。当电偶极矩 $\boldsymbol{p}$ 平行于外电场 $\boldsymbol{E}_0$ 时，两个点电荷还会受到方向相反的一对静电场力，相当于电偶极子(分子)产生了一个附加的斥力，斥力使两点电荷之间的距离增大，当外电场足够大时，电偶极子(分子)将被破坏，被电离。电介质与静电场的相互作用，完全基于静电场与电偶极子的相互作用，因篇幅限制，在此不再展开讨论，有兴趣的同学可参考相关资料。

6.2　静电场中的导体

一、导体的静电平衡条件及唯一性定理

视频：静电场中的导体(上)

当一个带电系统中的可以自由移动的带电粒子静止不动，或带电系统中的可以改变其中电荷分布的带电粒子不再改变电荷分布时，则称该带电系统达到了静电平衡。金属中有正离子组成的晶体点阵和大量的可以在其中自由移动的电子，这种在其体内存在着大量可自由移动电荷的物体称为导体。当导体不带净电荷(即总电荷量为零)且无外电场影响时，导体中的正负电荷处处均匀分布，整个导体对外不显电性，导体内部的场强为零，导体内部的自由电子处在平衡状态，整个导体是一个等势体。

视频：静电场中的导体(下)

如果我们把金属导体放入外静电场 $\boldsymbol{E}_0$ 中，其中的自由电子将在电场力的作用下做宏观定向运动，如图 6-1(a)所示，负电荷的分布将不再是处处均匀的，从而使导体的某些地方出现了净电荷，导体的这种现象叫作静电感应现象，这些净电荷称为感应电荷，感应电荷会产生一个附加电场 $\boldsymbol{E}'$，在导体内部它的方向总与外静电场 $\boldsymbol{E}_0$ 方向相反，其作用是反抗外静电场对导体内部的影响，如图 6-1(b)所示，随着静电感应的进行，感应电荷不断增加，附加电场不断增强，当导体中的总电场的场强为零时，导体内的自由电荷不再移动，导体达到新的静电平衡状态，如图 6-1(c)所示。由于导体中的自由电荷的数量十分巨大，静电感应的时间极短(约10^{-6} s 的数量级)，通

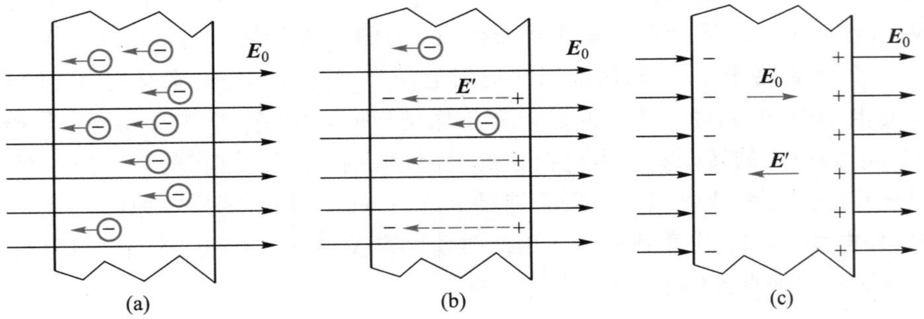

图 6-1　导体的静电平衡

常在处理静电场中的导体问题时,除非特别说明,我们总是把它当作已达到静电平衡的状态来讨论。

我们务必明白,在任何时候,任何状态下,导体的内部始终存在着大量的自由电子,若导体内有电场,则电场力必然会对导体内的自由电荷做功,自由电荷必然有运动,故导体静电平衡,其唯一要求就是导体内部的场强处处为零,内部的自由电子不再移动。这就是导体静电平衡的最根本条件。由场强与电势的关系可推得:整个导体是个等势体,导体的表面是个等势面。进一步还可以推知:导体表面处的场强必垂直于导体表面。

形象地讲,导体内部的场强始终要保持处处为零。因此,当有外电场入侵时,导体就调用感应电荷来抵抗这种入侵,如图 6-1(b)所示,而且这种抵抗是完全的,它最终将所有的外电场线都拦截在其边界上,如图 6-1(c)所示,从此意义上讲,导体是一种抗电体,而且是一种完全抗电体。从叠加原理上讲,导体内部任一点处的场强同样是由全空间所有电荷产生的场强的矢量和。全空间的电荷分布必须满足相当严格的要求才有可能实现导体内部的场强处处为零。实际上,全空间的电荷只有在某一种分布情况下才有可能使得某种形状的导体内部的电场处处为零,才能满足导体的静电平衡条件。这个说法称为唯一性定理。从数学角度上讲,这相当于知道了一部分区域的电场及其他一些条件反求空间电荷分布以及其他地方的电场分布,一般说来,这是一个很有难度的问题。但在某些简单情况下,利用我们学过的叠加原理、对称性原理和高斯定理,还是可以比较方便地讨论一些问题。

二、导体上的电荷分布及外表面处的电场

1. 导体内部没有净电荷

我们首先讨论静电平衡时电荷在导体上的分布情况。静电平衡时,导体内部的场强处处为零,则由静电场的高斯定理可知,导体内部的任何区域中的净电荷总为零。所谓净电荷,是指电荷体(面或线)密度不为零的电荷。由此可见导体内部处处没有净电荷,净电荷只能分布在导体的表面上,即导体表面可以有电荷面密度不为零的净电荷。如果导体是个实心体,则其仅有外表面,静电平衡时,净电荷只能分布于导体的外表面上;如果导体内有空腔,则导体将有内、外两个表面,内表面是否带电,与腔内是否存在带电体有关。若腔内空间中没有任何电荷存在,则由导体为等势体概念及高斯定理可推知,导体内表面上一定处处没有净电荷。如果腔内所有带电体的总电荷量为 q,则由高斯定理可推得内表面所带净电荷的总电荷量一定等量异号。有兴趣的同学不妨自行推导这些结论。

2. 导体表面处的电场

无论是导体内表面还是外表面,只要导体表面带净电荷,这些净电荷必产生或消灭电场线,由于这些电场线不能穿过导体内部,故这些电场线或向导体外面发射或从外面射至导体表面,即导体表面处必有电场,因导体表面为等势面,导体表面处的场强方向必垂直于导体表面。即在取外法线方向为 $\boldsymbol{e}_n$ 后,则有导体表面 $\boldsymbol{r}$ 处的场强为:$\boldsymbol{E}=E_n\boldsymbol{e}_n$,分量 E_n 与什么有关?明显地,它应与其上的净电荷有关。如图 6-2 所示,在导

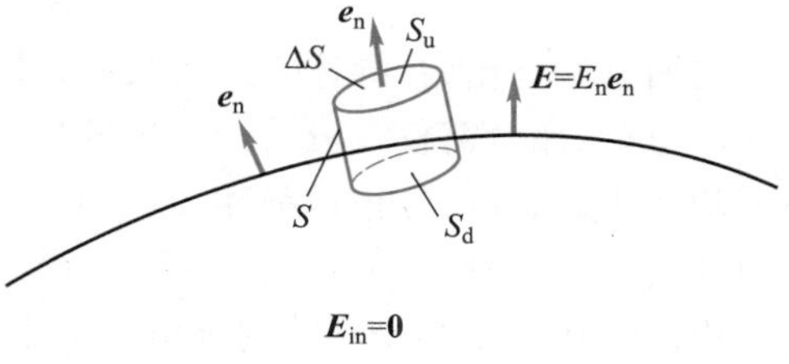

图 6-2

体表面附近作一个底面很小的扁圆柱形高斯面 S，柱面的上底面 S_u（面积大小为 ΔS）与导体表面平行，柱面的侧面与导体表面垂直，柱面的下底面在导体内部。则由高斯定理得

$$\int_S \boldsymbol{E}\cdot \mathrm{d}\boldsymbol{S}=\int_{S_u}\boldsymbol{E}\cdot \mathrm{d}\boldsymbol{S}=\int_{S_u}E_n\boldsymbol{e}_n\cdot \mathrm{d}S\boldsymbol{e}_n=E_n\Delta S=\frac{\sigma\Delta S}{\varepsilon_0}$$

即得 $E_n=\sigma/\varepsilon_0$，从而有导体表面处的场强为

$$\boldsymbol{E}=E_n\boldsymbol{e}_n=\frac{\sigma}{\varepsilon_0}\boldsymbol{e}_n \tag{6-9}$$

这就是说，导体表面处的场强大小总正比于该表面处的电荷面密度函数。需要注意的是上式中的场强，它是导体表面上的所有净电荷以及导体外的其他所有电荷（即全空间所有电荷）共同产生的，不要误解为它就是考察点 P 附近的导体表面处的电荷所贡献的场强。反过来，我们也能理解导体表面上的电荷面密度分布也是由全空间的所有电荷及它们的分布决定的。

导体表面净电荷的分布，即导体表面各处电荷面密度与什么因素有关？明显地，对孤立导体（指远离其他任何物体——包括地球，因而其他物体对它的影响可忽略不计的导体）而言，电荷在表面上的分布由表面的几何形状及导体总电荷量决定，而曲面的几何参量只有曲面的曲率。总电荷量一定的孤立带电导体，导体表面曲率越大（曲率半径越小）处，电荷面密度也越大，其附近的电场也就越强。对非孤立导体，导体表面各处的电荷面密度不仅与导体表面的曲率有关，而且还与导体周围的其他电荷的分布有关，但不管怎样，由式（6-9）可知电荷面密度大的地方场强也大。

一般地在带电导体的尖端附近存在着特别强的电场，并可能会导致周围空气中残留的离子在电场力作用下获得很高的动能，高能离子将碰到的中性原子中的电子打出去，使之也变为离子，称为空气的“电离”或“击穿”。与尖端上电荷同号的离子，因被排斥而急速地离开尖端，形成一定的“电风”；与尖端上电荷异号的离子，因相吸而趋向尖端，与尖端的电荷中和，而使尖端上的电荷逐渐消失，急速运动的离子与中性原子碰撞时，还可使原子受激而发光。这就是尖端放电现象。尖端放电现象很多情况下是不利的，它消耗电能，且放电时产生的电波，还会干扰正常的电磁信号，我们应设法避免。但尖端放电也有可利用之处，避雷针就是一个例子。当雷雨云接近地面时，在避雷针尖端处电荷面密度较大，故场强很大，它首先把其周围空气击穿，使来自地面上、并集结于避雷针尖端的感应电荷与雷雨云所带电荷持续中和，而不至于积累成足以导致雷击的电荷。避雷针的另一作用是如果发生雷电，电流通过避雷针入地，避免危及旁边的建筑物。

三、空腔导体的静电屏蔽

前面已经指出，在导体空腔内没有任何带电体的情况下，导体内部和导体的内表面上处处皆无净电荷，净电荷仅仅分布于导体的外表面上，腔内和导体内部一样，场强处处为零，各点的电势均相等，而且与导体电势相等。因此，若将空腔导体放在电场中，静电平衡时，外电场线将垂直地终止在导体的外表面上，而不能穿过导体进入腔内（如图 6-3 所示）。这样，放在导体空腔中的物体就不会受到任何外电场的影响，这种情况称为静电屏蔽。同样的道理，空腔内的电场线也绝不会穿过导体进入导体的外空间中。故带空腔的导体，实际上是将整个空间分成

了两个不连通的区域,其中内区域的边界就是导体的内表面,而外区域有两个边界,其内边界就是导体的外表面,其外边界在无穷远处,两个区域的唯一联系就是导体的总电荷量守恒。如图 6-4 所示,如果导体接地,则导体上的电荷不再守恒,唯一的联系也被打破,两个区域被完全隔绝,屏蔽是双向的。可见,一个接地的空腔金属导体隔离了放在它腔内的带电体与外界带电体之间的静电作用,这就是其静电屏蔽的原理。

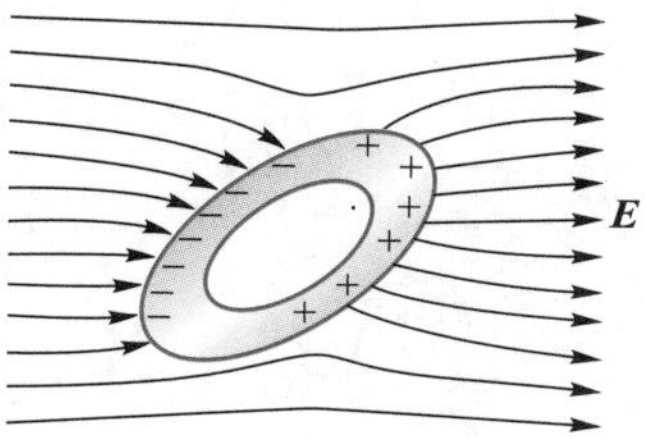

图 6-3

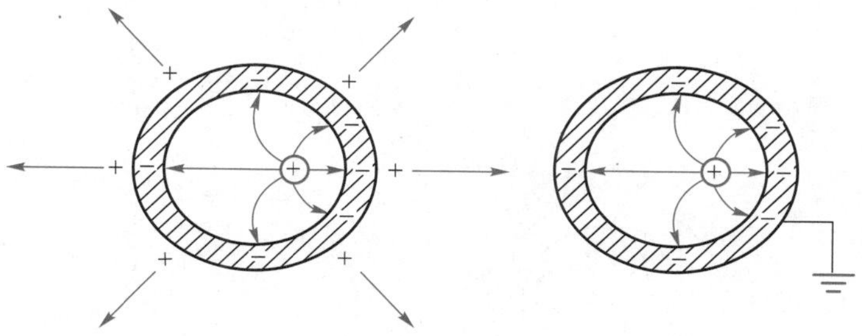

图 6-4

静电屏蔽在实际中有许多应用。例如火药库以及有爆炸危险的建筑物和物体都可用金属网屏蔽起来,以避免由于雷电而引起爆炸。一些精密的电磁测量设备的外围都安装有接地的金属外壳(网、罩),这也是为了避免外电场的影响。又如,电业工人进行高压带电作业时要穿一种用细铜丝和纤维编织在一起的导电性能良好的屏蔽服,它相当于一个导体壳,可以屏蔽外电场对人体的影响,并可使感应出来的交流电通过屏蔽服而不危害人体。

四、有导体存在时静电场的分析与计算

当导体置于外静电场中时,外电场与导体中的自由电荷相互作用、相互影响直至达到新的静电平衡为止,与上一章真空中的静电场相比,我们多了一个问题:导体表面上的电荷分布。因此一般地,有导体存在时的静电场问题要比真空中的静电场问题复杂一些,但是也有个便利之处,就是已经知道导体中的场强为零,利用上一章的知识,我们可以猜测导体表面上的电荷分布应具有的特征和规律,只要猜出的特征满足导体的静电平衡条件,则由唯一性定理可知,导体表面真实的电荷分布就一定具有这些特征。有了这些特征和规律,计算会容易许多。分析与计算时肯定会用到导体的静电平衡条件,还要用到叠加原理、对称性原理、高斯定理、环路定理以及孤立导体的电荷守恒定律等基本规律,请看下面的例题。

例 6-2 在一半径为 R_1 的金属球 A 外面套有一个同心的金属球壳 B,已知球壳 B 的内、外半径分别为 R_2 和 R_3。设球 A 带有总电荷量 Q_A,球壳 B 带有总电荷量 Q_B。(1) 求球壳 B 内、外表面上所带的电荷量以及球 A 和球壳 B 的电势;(2) 将球壳 B 先接地然后断开,再把金属球 A 接地,求金属球 A 和球壳 B 内、外表面上所带的电荷量以及球 A 和球壳 B 的电势。

解:(1) 金属球 A 的内部空间及同心的金属球壳 B 的内部空间对球心具有球对称性,静电平衡时,这些区域中的电场强度处处为零,即这些区域的电场具有球对称性,则由对称性原理可知,产生它们的电荷分布也具有此球对称性,即三个导体表面上的电荷分布在任何情况下都一定是球对称性的。因此问题就变成了三个均匀带电球面的静电场问题了,空间任意处的场强及电势都是三个均匀带电球面产生的场强及电势,当然也可以用对称性原理和高斯定理

来讨论。电荷 Q_A 均匀分布在球 A 表面，在球壳 B 内作闭合曲面，由高斯定理即得球壳 B 内表面带电荷量为 $-Q_A$，由球壳电荷守恒可知，球壳 B 外表面带电荷量为 (Q_B+Q_A)，它们在导体表面上都是均匀分布[如图 6-5(a)所示]，则由球面的电势公式及电势的叠加原理可得：球 A 和球壳 B 的电势分别为

$$V_A=\frac{Q_A}{4\pi\varepsilon_0 R_1}+\frac{-Q_A}{4\pi\varepsilon_0 R_2}+\frac{Q_A+Q_B}{4\pi\varepsilon_0 R_3} \quad ①$$

$$V_B=\frac{Q_A+Q_B}{4\pi\varepsilon_0 R_3} \quad ②$$

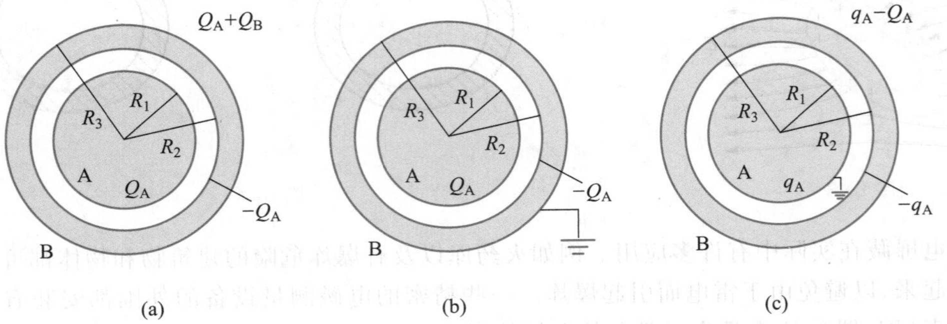

图 6-5

(2) 将球壳 B 接地，则球壳 B 的电荷不再守恒，设此时其新带总电荷量为 Q'_B，注意到球壳内表面的电荷量依旧为 $-Q_A$，断开后球壳总电荷守恒，外表面带电荷量为 (Q'_B+Q_A)，而球壳 B 的电势公式②变为 $V_B=\dfrac{Q_A+Q'_B}{4\pi\varepsilon_0 R_3}$，其应等于零即得：$Q'_B=-Q_A$。实际上，球壳 B 接地，其外表面一定没有到无穷远处的任何电场线，外表面一定不带电，如图 6-5(b)所示。

接地断开后，在随后的变化过程中，球壳 B 的总电荷量守恒，当再把球 A 接地，球 A 电荷发生变化，设球 A 新带电荷量为 q_A，如图 6-5(c)所示，则由静电平衡时导体内电场强度为零及高斯定理、电荷守恒定律可知：球壳 B 内表面感应电荷量为 $-q_A$，外表面带电荷量为 $q_A+Q'_B(=q_A-Q_A)$，球 A 和球壳 B 的电势为

$$V_A=\frac{q_A}{4\pi\varepsilon_0 R_1}+\frac{-q_A}{4\pi\varepsilon_0 R_2}+\frac{-Q_A+q_A}{4\pi\varepsilon_0 R_3}=0$$

$$V_B=\frac{-Q_A+q_A}{4\pi\varepsilon_0 R_3}$$

解得

$$q_A=\frac{R_1R_2Q_A}{R_1R_2+R_2R_3-R_1R_3}$$

即球 A 表面的带电荷量 q_A 不为零（并非导体一接地，其上的电荷就会零，接地是使其电势为零），代回 V_B 中即得其电势。

例 6-3　两金属板几何形状完全相同，面积均为 S，左板 B 不带电，右板 A 带电荷量为 Q，平行放置，距离为 d，且 $(d\ll\sqrt{S})$，如图 6-6 所示。(1) 忽略边缘效应求两导体板间的电势差；

（2）若将 B 接地，结果又将如何？

解：（1）导体平板间距 $d \ll \sqrt{S}$，则可以忽略边缘效应，即将每个导体板视为两个无限大带电平面，设两块导体板各表面的电荷面密度从左至右依次分别为 σ_1、σ_2、σ_3、σ_4，如图 6-6 所示，空间任意处的场强是这四个平面电荷单独产生场强的叠加。注意到导体板内场强为零，则这两块导体平板表面的四个电荷面密度都必须是均匀的。取水平向右为正方向，则由无限大平面的场强公式及场强的叠加原理可得

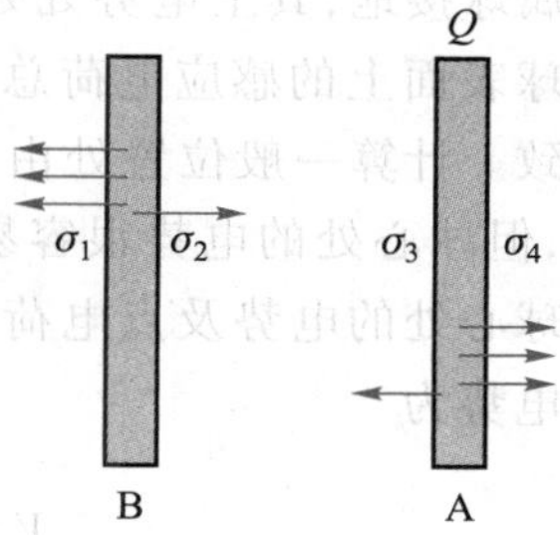

图 6-6

左导体板 B 内任一点的电场强度为

$$\frac{\sigma_1}{2\varepsilon_0}-\frac{\sigma_2}{2\varepsilon_0}-\frac{\sigma_3}{2\varepsilon_0}-\frac{\sigma_4}{2\varepsilon_0}=0$$

右导体板 A 内任一点的电场强度为

$$\frac{\sigma_1}{2\varepsilon_0}+\frac{\sigma_2}{2\varepsilon_0}+\frac{\sigma_3}{2\varepsilon_0}-\frac{\sigma_4}{2\varepsilon_0}=0$$

联合求解得

$$\sigma_1=\sigma_4;\quad \sigma_2=-\sigma_3 \qquad ①$$

即相邻导体的两个相对面，电荷面密度总是等量异号；最外侧两个相背的面，电荷面密度总是等量同号。只有这样，两导体才能达到静电平衡，这个结论在任何情况下都成立。式①中的第二式也可以直接由静电平衡条件及高斯定理证明，有兴趣的同学不妨试证一下。

又由两导体的总电荷守恒定律可得

$$(\sigma_1+\sigma_2)S=0,\quad (\sigma_3+\sigma_4)S=Q \qquad ②$$

联合求解式①、②可得

$$\sigma_1=-\sigma_2=\sigma_3=\sigma_4=\frac{Q}{2S}$$

取水平向右为正方向时，由均匀带电平面的场强公式及场强的叠加原理可得两导体板之间的电场强度为 $E=\dfrac{\sigma_2}{\varepsilon_0}=\dfrac{-Q}{2\varepsilon_0 S}$，此式也可通过高斯定理直接求得。两导体板间的电势差为 $U_{BA}=Ed=\dfrac{-Qd}{2\varepsilon_0 S}$。

（2）当导体板 B 接地后，B 的电势为零，则导体板 B 的左侧面一定没有电荷，即 $\sigma_1=0$，否则其上电荷产生的电场线一定向左延伸至无穷远处，导体板 B 与无穷远处（零电势处）有电势差，与其电势为零矛盾，注意到式①，即得 $\sigma_4=0$，故 $\sigma_1=\sigma_4=0$，由总电荷守恒定律可得

$$\sigma_2=-\sigma_3=-\frac{Q}{S}$$

两导体板间电场强度为 $E'=\dfrac{\sigma_2}{\varepsilon_0}=-\dfrac{Q}{\varepsilon_0 S}$，两导体板间的电势差为

$$U'_{BA}=E'd=-\frac{Qd}{\varepsilon_0 S}$$

例 6-4 在真空中，将半径为 R 的金属球接地，在与球心 O 相距为 $r(r>R)$ 处放置一点电荷 q，如图 6-7 所示，不计接地导线上电荷的影响。求金属球表面上的感应电荷总量。

解：设金属球表面上的感应电荷总量为 q'，金属球接地，其上电势处处为零，此零值是由金属球表面上的感应电荷总量 q' 和点电荷 q 叠加所致。计算一般位置处由 q' 产生的电势相当困难，但球心处的电势很容易表达，即球面电荷 q' 在球心处的电势及点电荷的电势叠加可得球心处电势为

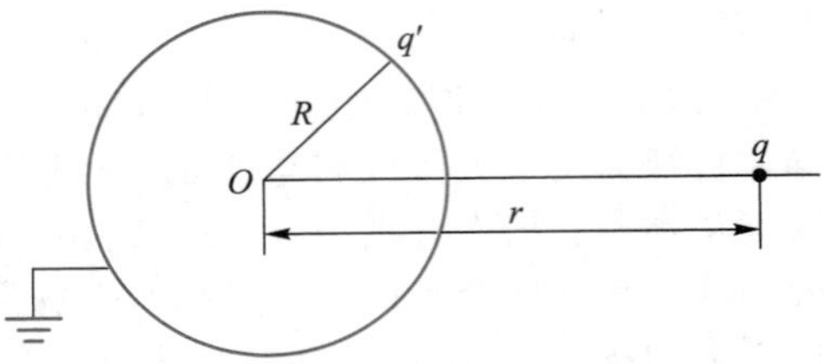

图 6-7

$$V=\frac{q}{4\pi\varepsilon_0 r}+\int_S\frac{\mathrm{d}q'}{4\pi\varepsilon_0 R}=\frac{q}{4\pi\varepsilon_0 r}+\frac{q'}{4\pi\varepsilon_0 R}=0$$

可得感应电荷总量 $q'=-Rq/r$。

例 6-5　两个相距无限远的半径分别为 R 和 r 的球形导体（$R>r$）分别带电，如图 6-8 所示，当用一根很长的细导线连接起来后，试求两者的电势，并讨论两球表面电荷面密度与曲率的关系。

解：两个导体所组成的整体可看成一个孤立导体系，在静电平衡时它们有相同的电势值。因两球相距很远，两者之间没有静电感应现象，细线的作用是使两球保持电势相等，因此，每个球又可近似地看作孤立导体，在两球表面上的电荷各自都是均匀分布的。设两球电势相等时，电荷重新分配，设大球最后所带电荷量为 Q，小球所带电荷量为 q，则两球的电势为

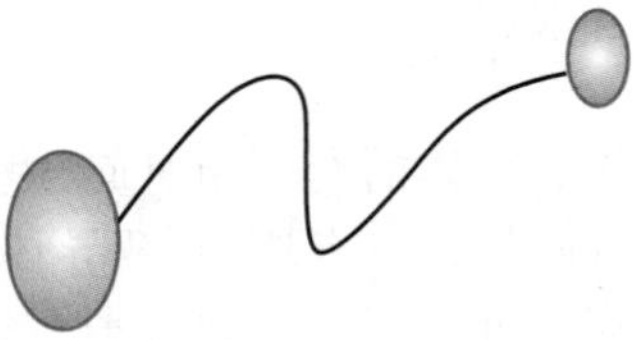
图 6-8

$$V=\frac{Q}{4\pi\varepsilon_0 R}=\frac{q}{4\pi\varepsilon_0 r}$$

可得 $Q/q=R/r$，即大球所带电荷量 Q 比小球所带电荷量 q 多。两球的电荷面密度分别为

$$\sigma_R=\frac{Q}{4\pi R^2},\quad \sigma_r=\frac{q}{4\pi r^2}$$

所以

$$\sigma_R/\sigma_r=r/R$$

即电荷面密度和曲率半径成反比。在导体上，不同曲率处的电荷之间相互感应、影响，故带电导体表面上的电荷一般非常复杂，本题结果定性地说明了，导体表面曲率半径越小（或曲率越大），电荷面密度越大。

6.3　电容　电容器

一、孤立导体的电容

在静电平衡时，导体是一个等势体，对不受其他外电场影响的孤立导体来说，很容易理解，它的电势和所带电荷量存在着简单的正比关系。例如半径为 R 的球形导体，带电荷量

为 Q，在外部空间为真空时，其电势为 $V=\dfrac{Q}{4\pi\varepsilon_0 R}$，所带电荷量与电势的比值称为孤立导体的电容 C，即

视频：电容

$$C=Q/V \tag{6-10}$$

对半径为 R 的球形导体来讲，$C=4\pi\varepsilon_0 R$，电容简单地正比于它的半径。半径越大，导体的电容 C 越大。对一个导体而言，它的电容是一个常量，仅与导体外表面本身的大小、形状以及周围的介质等因素有关，与导体是否带电或所带电荷的多少无关。它表征了孤立导体在一定的电势下储存电荷的能力。在国际单位制中，电容的单位为 F，称为法拉或法。在实际应用中，常用 μF（微法）或 pF（皮法）等较小的单位，它们之间的关系为 1 F=10^6 μF=10^{12} pF。

严格地讲，电势是一个相对概念，只有电势差才有意义，故上述导体的电势概念实际上是指导体与无穷远处的电势差。一个孤立导体带电，则导体表面外的全部空间，即以导体表面 S 为内边界，外边界为无穷远处的全部空间都将充满了电场，此空间的两个边界表面均为等势面，并可以看作带着等量异号的电荷 Q，其间的最大电势差即为两边界面之间的电势差 $V(S)-V(\infty)$，它一定与两边界面上的电荷量 Q 成正比，比值即为此空间电容的倒数，它仅由此空间的几何特征决定，即由两边界面及它们之间的距离决定。

二、电容器的电容

当有外电场或别的导体存在时（例如一个导体的周围有其他一些导体存在时，只要其中一个导体带电，则由于导体间的静电感应，所有导体上的电荷分布和电势大小都将与其孤立存在时的情况不同），导体的电势不仅与其自身的电荷量有关，也与外场强的大小有关，致使上述定义的电容大小没有定值，即电容概念失去意义。然而空腔导体具有静电屏蔽功能，即其腔内的电场分布及电荷分布不受其外部电场的影响，故为了消除外电场的影响，将我们考察的导体放入一个空腔导体的内部，空腔导体称为外导体，其内放入的导体称为内导体，如图 6-9 所示，这样组成的一对导体 A 和 B，定义为电容器，每个导体称为它的一个极板。电容器具有静电屏蔽的作用，外部电场的变化不再影响电容器内部（两导体之间的）空间的电场分布。从几何学角度上讲，这个空间区域分别以外导体（外极板）的内表面及内导体（内极板）的外表面为其边界。利用静电平衡条件及高斯定理，我们知道该区域的两边界均为等势面，且总带等量异号的电荷 $\pm Q$（Q 恒取为正），这个空间两边界（也即该对导体）之间的电势差 $U_{AB}=V_A-V_B$ 不受外部电场的影响，且仅与其边界面上的电荷量 Q 成正比关系，且比例系数也不受外电场的影响，也与电荷量 Q 无关，即如下定义的物理量

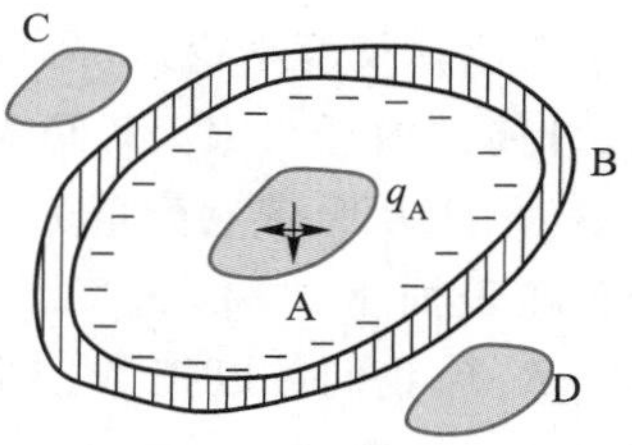

图 6-9　电容器

$$C=\frac{Q}{V_A-V_B}=\frac{Q}{U_{AB}} \tag{6-11}$$

称为电容器的电容。它等于两极板间具有单位电势差时极板上所能容纳的电荷量，仅由电容器内部空间的几何形状及性质（如极板的形状、大小、间距、所充电介质的情况）决定，与其带

电状态以及外部周围的导体或带电体无关,表征了电容器内部空间储存电荷的能力。电容器在科研和生产中用途极广,常被用来储存电荷和电能等,是一类重要的电器元件。电容器种类繁多、外形不一,按其形状可分为平板电容器、圆柱形电容器和球形电容器等;按极板间填充的介质可分为空气电容器、云母电容器、陶瓷电容器等。对由两个平行放置的导体平板构成的平板电容器而言,两极板已无内外之分了,但此时只有在板间距离远小于板的线度,即将板面视为无限大平面时,边缘效应才能忽略,两极板间的电势差才能与外电场无关,其电容概念才有意义,一般情况下都是这样处理的。

下面由定义式来计算几种常用电容器的电容。

1. 平板电容器

平板电容器由两块平行放置、相距为 d、面积为 S 的金属薄板 A、B 构成,且板面的线度远大于两极板间距,一般地,两板间充满了电介质,为方便讨论,在此假定板间为空气。设两金属薄板的相邻面分别带等量异号电荷 $\pm Q$,忽略边缘效应,则电荷将各自均匀地分布于表面上,于是两导体相邻极板上的电荷面密度为 $\sigma=Q/S$。由对称性原理、电场的叠加原理及电场的高斯定理可得:两板间的电场强度为 $\boldsymbol{E}=\sigma\boldsymbol{e}_{\mathrm{n}}/\varepsilon_0$,其中法向矢量 $\boldsymbol{e}_{\mathrm{n}}$ 为带正电荷的 A 导体内表面的外法向矢量,两板间的电势差为

$$U_{\mathrm{AB}}=\int_{\mathrm{A}}^{\mathrm{B}}\boldsymbol{E}\cdot\mathrm{d}\boldsymbol{l}=E_{\mathrm{n}}d=\frac{\sigma d}{\varepsilon_0}=\frac{Qd}{\varepsilon_0 S}$$

平行板电容器的电容为

$$C=\frac{Q}{U_{AB}}=\frac{\varepsilon_0 S}{d}\tag{6-12}$$

它仅与两板的面积、相对距离和电介质的电容率有关。

2. 圆柱形电容器

圆柱形电容器由两个同轴的金属圆筒 A、B 构成,且两柱面间的距离比其长度小得多。设两个圆筒的长度均为 L,内筒的外径为 R_{A},外筒的内径为 R_{B},其间为空气,如图 6-10 所示。设 A 筒带电荷量为 $+Q$,B 筒带电荷量为 $-Q$,忽略边缘效应,电荷应各自均匀地分布在表面上,单位长度上电荷量的绝对值 $\lambda=Q/L$。由于 $L\gg(R_{\mathrm{B}}-R_{\mathrm{A}})$,我们可以把 A、B 两圆柱面间的电场看作无限长圆柱面间的电场。取圆柱轴线为 z 轴的柱坐标系,则由对称性原理及电场的高斯定理可得两柱面间的电场强度为

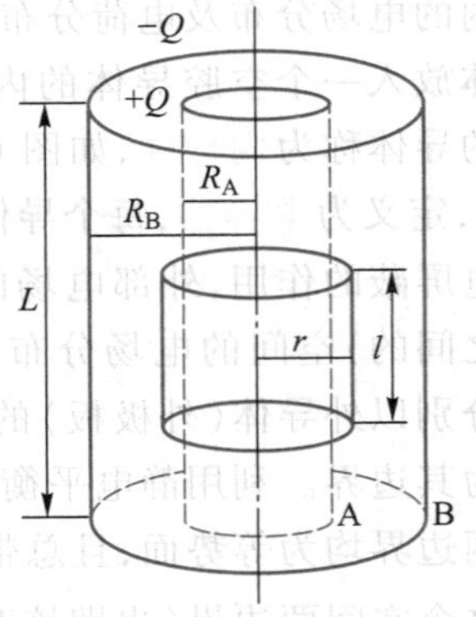

图 6-10　圆柱形电容器

$$\boldsymbol{E}=E_{\rho}\boldsymbol{e}_{\rho}=\frac{\lambda}{2\pi\varepsilon_0\rho}\boldsymbol{e}_{\rho}$$

两柱面间的电势差为

$$U_{\mathrm{AB}}=\int_{R_{\mathrm{A}}}^{R_{\mathrm{B}}}\boldsymbol{E}\cdot\mathrm{d}\boldsymbol{r}=\int_{R_{\mathrm{A}}}^{R_{\mathrm{B}}}E_{\rho}\cdot\mathrm{d}\rho=\int_{R_{\mathrm{A}}}^{R_{\mathrm{B}}}\frac{\lambda}{2\pi\varepsilon_0}\cdot\frac{\mathrm{d}\rho}{\rho}=\frac{Q}{2\pi\varepsilon_0 L}\ln\frac{R_{\mathrm{B}}}{R_{\mathrm{A}}}$$

则圆柱形电容器的电容为

$$C=\frac{Q}{U_{AB}}=\frac{2\pi\varepsilon_0 L}{\ln\frac{R_B}{R_A}} \tag{6-13}$$

可见圆柱形电容器的电容与圆柱的长度成正比，且两柱面间的间隙越小，电容的值越大。

3. 球形电容器

球形电容器由半径分别为 R_A 和 R_B 的两个同心金属球壳 A、B 所组成，其间为空气，如图 6-11 所示。则由对称性原理、电场的高斯定理及电容的定义等可得球形电容器的电容为

$$C=4\pi\varepsilon_0\left(\frac{R_A R_B}{R_B-R_A}\right)$$

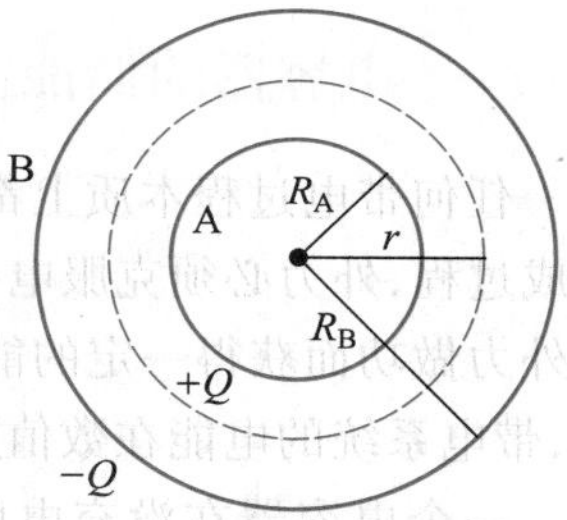

图 6-11　球形电容器

从以上三种电容器的计算结果可以看出：两个极板的间距越小，电容的值越大，但间距太小也会产生另一个问题，即电容器容易被击穿。对于一定的电压，两板间距越小，其间的场强越强，当场强超过一定的限度(击穿场强)时，空气或电介质中的分子被电离，电容器被破坏。因此使用电容器时应在其上所标注的耐压值以下使用，以避免损坏电容器。

三、电容器的串联与并联

在实际电路中，当一个电容不能满足电容需求或耐压能力不足时，我们常把几个电容器连接起来使用，电容器连接的基本方式有串联和并联两种。

串联电容器组如图 6-12 所示，这时各电容器 C_i 所带电荷量相等，也就是电容器组的总电荷量，电容器组的总电压等于各个电容器的电压之和。我们以 $C=Q/U$ 表示电容器组的总电容和等效电容，则对串联电容器组，易得

$$\frac{1}{C}=\sum\frac{1}{C_i} \tag{6-14}$$

并联电容器组如图 6-13 所示，这时各电容器 C_i 的电压相等，也就是电容器组的总电压，而电容器组的总电荷量为各电容器所带电荷量的和。我们仍以 $C=Q/U$ 表示电容器组的总电容和等效电容，则对并联电容器组，易得

$$C=\sum C_i \tag{6-15}$$

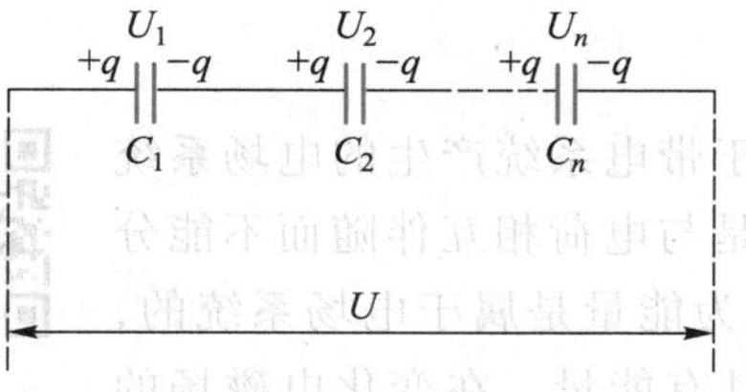

图 6-12　电容器的串联

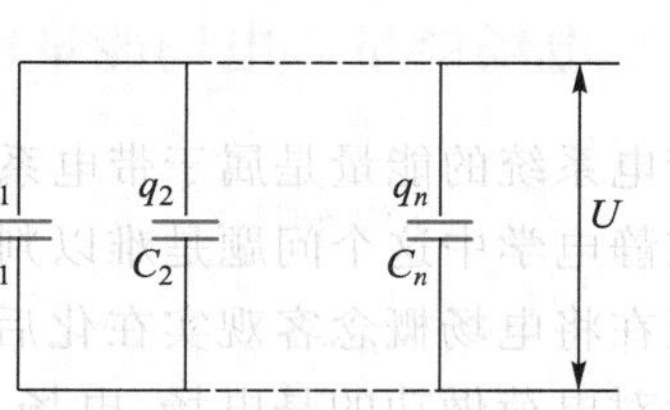

图 6-13　电容器的并联

明显地，电容器并联时，电容器组的电容值增大，但整个电容器组的耐压能力受到耐压能力最低的那个电容器的限制。电容器串联时提高了电容器组的耐压能力，但总电容却变小了。

6.4　静电场的能量

一、电容器的储能

任何带电过程本质上都是正、负电荷的分离过程，是系统产生电场的过程，也是带电系统的形成过程，外力必须克服电荷之间的静电场力做功才能完成此过程。按照功能原理，带电系统通过外力做功而获得一定的能量，这能量是从外界能源传递给这一带电系统的。根据能量守恒定律，带电系统的电能在数值上等于外力所做的功，因此任何带电系统都具有一定的能量。

一个电容器在没充电的时候是没有电能的，在充电过程中，无论是用什么装置、什么方法，本质上就是把一定量的电荷从一个极板输运到另一个极板，如图 6-14 所示，从而使两个极板带上等量异号的电荷。在这个过程中，外力要克服静电场力做功，把其他形式的能量转化为电能。设在某一个微元过程中，有电荷量为 $\mathrm{d}q$ 的正电荷从已带电荷量为 $-q$ 的负极板 B 被输运到已带电荷量为 $+q$ 的正极板 A 上，此时电容器两极板间电势差为 U，则该微过程中外力克服电场力做功为

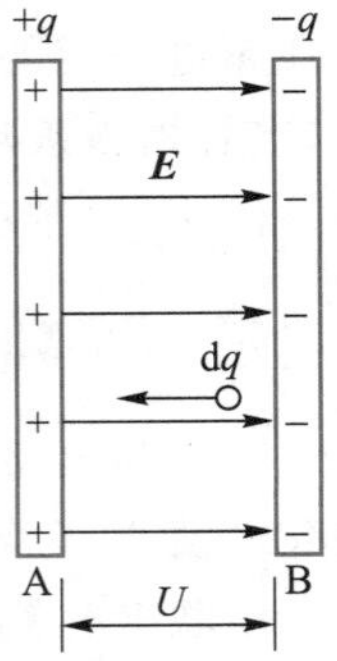

图 6-14　电容器充电

$$\mathrm{d}W=U\mathrm{d}q=\frac{q}{C}\mathrm{d}q$$

若在整个充电过程中电荷量由 0 变化到 Q，则外力做的总功为

$$W=\int_0^Q \mathrm{d}W=\int_0^Q \frac{q}{C}\mathrm{d}q=\frac{Q^2}{2C}$$

由能量守恒定律可知，一个系统拥有的能量，应等于建立这个系统时所输入的能量，于是我们可以肯定，一个电荷量为 Q，电势差为 U 的电容器内部所储存的电能为

$$W_{\mathrm{e}}=\frac{Q^2}{2C}=\frac{1}{2}CU^2=\frac{1}{2}QU \tag{6-16}$$

虽然图 6-14 中画的是一个平行板电容器，但我们讨论的过程中并没有涉及平行板电容器的特性，故式(6-16)适用于任意电容器，也适用于任何孤立导体。

二、电场能量　电场能量密度

带电系统的能量是属于带电系统本身的，还是属于带电系统产生的电场系统的？在静电学中这个问题是难以判断的，因为电场总是与电荷相互伴随而不能分开。但在将电场概念客观实在化后，我们更倾向于认为能量是属于电场系统的，因为能对电荷做功的是电场，电场具有做功的本领，具有能量。在变化电磁场的情况下，可进一步证实上述结论，带电系统所携带的能量储存于它所产生的电场

视频：电场的能量

空间之中,即电场具有能量。电场弥散于整个空间,则电场的能量也弥散于整个空间中。电场中单位体积内的能量,称为电场的能量密度 $w_e(\boldsymbol{r})$,与电场一样,它是位置的函数,描述了电场能量在空间的分布情况。我们以平行板电容器为例,导出电场的能量密度公式,这需要将式(6-16)改写为电场强度表示的形式。

设平行板电容器极板面积为 S,板间距离为 d,该电容器储存的电能可以写为

$$W_e=\frac{1}{2}CU^2=\frac{1}{2}\frac{\varepsilon_0 S}{d}(Ed)^2=\frac{1}{2}\varepsilon_0 E^2 Sd$$

不计边缘效应,极板间电场所占有的区域体积为 $V=Sd$,所以上式可写为

$$W_e=\varepsilon_0 E^2 V/2$$

此结果表明,对真空中的均匀电场,电场能量与场强的平方及体积成正比,这与我们认为的带电系统的能量是储存于电场空间中的结论是一致的。平行板电容器中的电场是均匀电场,因而电场能量的分布也应该是均匀的,故单位体积内的电场能量,即电场的能量密度为

$$w_e=\frac{W_e}{V}=\frac{1}{2}\varepsilon_0 E^2 \tag{6-17}$$

此式虽由平行板电容器这一特例推出,但是可以证明,它是普遍成立的。有了电场能量密度以后,对任意区域的电场能量,我们可以通过积分来求解。在电场中取体积元 $\mathrm{d}V$,只要其足够小,则其内的电场能量密度可视为均匀的,于是 $\mathrm{d}V$ 内的电场能量为 $\mathrm{d}W_e=w_e\mathrm{d}V$,在体积 V 中的电场能量为

$$W_e=\int \mathrm{d}W_e=\int_V w_e \mathrm{d}V=\int_V \frac{1}{2}\varepsilon_0 E^2 \mathrm{d}V \tag{6-18}$$

因为能量是物质的主要特性之一,它是不能和物质分割开的。电场具有能量,这就证明电场也是一种物质。对电容器内部而言,显而易见,其中的能量一定正比于电荷量 Q 的平方,对比式(6-16),也可求得电容器的电容。

例 6-6 真空中有一孤立导体球,带电荷量为 Q,半径为 R,试求其所储存的电场能量。

解:取以球心为原点的球坐标系,则由对称性原理及电场的高斯定理可得球外的场强为

$$\boldsymbol{E}(\boldsymbol{r})=\frac{Q}{4\pi\varepsilon_0 r^2}\boldsymbol{e}_r,\quad (r>R)$$

电场具有球对称性,故电场的能量密度分布也具有相同的球对称性。取一个半径为 r,厚度为 $\mathrm{d}r$ 的薄球壳,如图 6-15 所示,其体积为 $\mathrm{d}V=4\pi r^2\mathrm{d}r$,薄球壳内的电场能量密度是均匀的,故薄球壳内的电场能量为

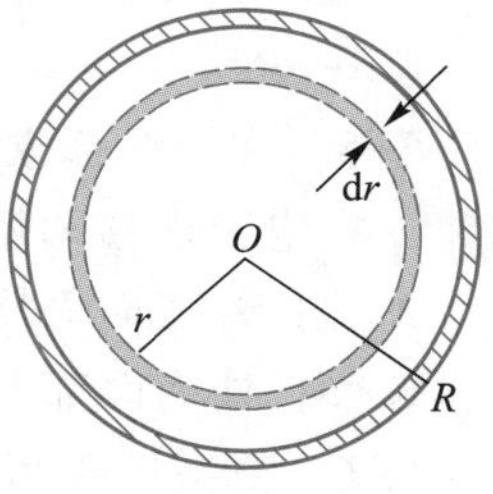

图 6-15

$$\mathrm{d}W_e=w_e\mathrm{d}V=\frac{Q^2}{8\pi\varepsilon_0 r^2}\mathrm{d}r$$

故总的电场能量为

$$W_e=\int \mathrm{d}W_e=\frac{Q^2}{8\pi\varepsilon_0}\int_R^\infty \frac{\mathrm{d}r}{r^2}=\frac{Q^2}{8\pi\varepsilon_0 R}$$

电容器的电能公式又可以表示为 $W_e=\dfrac{Q^2}{2C}$,比较上式可得此时孤立导体球的电容为 $C=$

$4\pi\varepsilon_0 R$。

有电场的地方就有电场能量，就能对其中的自由电荷做功。对导体而言，只要其内部有电场，内部就会有能量，就会对其中的自由电荷做功，电场能量减少，能量耗尽，场强就为零。

习题

选择题

6-1　当一个在外电场中的带电导体达到静电平衡时（　　）。

A. 导体内任一点与其表面上任一点的电势差并不总为零

B. 导体表面曲率较大处的电荷面密度较大

C. 导体表面曲率较大处的表面电场大小较大

D. 导体表面电荷面密度较大处的表面电场大小较大

6-2　在外电场中有一带净电荷的导体球，令 $V(\infty)=0$，则下列陈述中正确的是（　　）。

A. 导体净电荷为正，则其电势为正

B. 导体净电荷为负，则其电势为负

C. 导体净电荷为零时，其电势可能不为零

D. 导体球面上电荷均匀分布

6-3　一个不带净电荷的空腔导体 A，空腔内 P 点处放一点电荷 q，此时测得导体内、外空间的电场为 $\boldsymbol{E}_1$ 和 $\boldsymbol{E}_0$。此后将该点电荷在空腔内移动一定距离，重新测量电场。试问电荷的移动对电场的影响为下列哪一种情况？（　　）。

A. 对导体内外空间的电场均无影响

B. 导体内外空间的电场均有改变

C. 导体内部电场 $\boldsymbol{E}_1$ 改变，导体外部电场 $\boldsymbol{E}_0$ 不变

D. 导体内部电场 $\boldsymbol{E}_1$ 不变，导体外部电场 $\boldsymbol{E}_0$ 改变

6-4　一点电荷 q 放在一半径为 R 的导体球附近，与导体球球心 O 相距为 $d(d>R)$，若导体球与地相连，则导体球上的总电荷量是（　　）。

A. 条件不足，无法确定　　B. $-q$

C. $-qR/d$　　D. $-qd/R$

6-5　在一个孤立的导体球壳的中心放一点电荷 q，则球壳内、外表面上电荷均匀分布。若将 q 在空腔内移动使之偏离球心，则导体内、外两表面电荷分布情况为（　　）。

A. 内、外表面仍均匀分布　　B. 内表面均匀分布，外表面不均匀分布

C. 内、外表面都不均匀分布　　D. 内表面不均匀分布，外表面均匀分布

6-6　真空中有两块面积相同的金属板，甲板带电荷量为 q，乙板带电荷量为 Q。现使两板相距很近且平行放置，并使甲板接地，则与乙板相对的甲板表面 S 上所带的电荷量为（　　）。

A. 0　　B. $-Q$　　C. $-(Q-q)/2$　　D. $-Q/2$

6-7　在带电荷量为 $+q$ 的金属球的电场中，为测量球外某 P 点的电场强度 $\boldsymbol{E}_P$，在该点放一带电荷量为 $(-q/5)$ 的试验电荷，其受力为 $\boldsymbol{F}_P$，则该点的电场强度满足（　　）。

A. $|\boldsymbol{E}_P| < |5\boldsymbol{F}_P/q|$　　B. $|\boldsymbol{E}_P| > |\boldsymbol{F}_P/q|$　　C. $|\boldsymbol{E}_P| = |5\boldsymbol{F}_P/q|$　　D. $|\boldsymbol{E}_P| > |5\boldsymbol{F}_P/q|$

6-8　真空中有一组带电导体，其中某一导体表面处电荷面密度为 σ，该表面附近的场强大小 $E = |\sigma|/\varepsilon_0$，其中 E 是(　　)。

A. 该处无穷小面元上电荷产生的场强

B. 该导体上全部电荷在该处产生的场强

C. 这一组导体的所有电荷在该处产生的场强

D. 以上说法都不对

6-9　设无穷远处电势为零，半径为 R 的孤立导体球带电后其电势为 V，则球外离球心距离为 r 处的电场强度大小为(　　)。

A. R^2V/r^3　　B. V/r　　C. RV/r^2　　D. V/R

6-10　把一个带正电的导体 B 靠近一个不带净电荷的绝缘导体 A 时，导体 A 的电势将(　　)。

A. 升高　　B. 降低

C. 不变　　D. 条件不足，不能确定

6-11　不带净电荷的空腔导体，腔内有点电荷 q，导体外有点电荷 Q，导体不接地，令无穷远处电势为零，则当 Q 值发生改变时，下列关于腔内空间任意一点的电势和任意两点的电势差的说法中正确的是(　　)。

A. 电势改变，电势差不变　　B. 电势不变，电势差改变

C. 电势和电势差都不变　　D. 电势和电势差都改变

6-12　一平行板电容器充电后与电源断开，再将两极板拉开，则电容器上的(　　)。

A. 电荷增加　　B. 电荷减少　　C. 电容增加　　D. 电压增加

6-13　将接在电源上的平行板电容器的极板间距拉大，下列变化正确的是(　　)。

A. 极板上的电荷增加　　B. 电容器的电容增大

C. 两极间的场强减小　　D. 电容器储存的能量不变

填空题

6-14　半径为 R 的导体球原来带电荷量为 q_0。现在离球心为 $d(d>R)$ 的地方放置另一个点电荷 q，则该导体球的电势等于________________。

6-15　令 $V(\infty)=0$，一个不带净电荷的金属球壳的内、外半径分别 r 和 R，在其中心 O 处放置一点电荷 q，则金属球壳的电势为________。

6-16　一平板空气电容器，极板面积为 S，间距为 d，接在电源上并保持电压恒定为 U。若将极板距离增大至原来的 3 倍，则电容器中的电能改变量为________________。

6-17　用一根很长的导线把一带净电荷的金属球与另一个相距很远的不带电的相同金属球相连，则空间的电场能量将为原来的________。

6-18　真空中孤立的带电导体球面，若将带电荷量增大一倍，则其电能将为原来的______。

6-19　真空中孤立的带电导体球面，若将球半径增大一倍，则其电能是原来的________。

计算题

6-20　真空中一带电的导体球 A 半径为 R。现将一点电荷 q 移到距导体球 A 的中心距离为 r 处，在令无穷远处的电势为零时，测得此时导体球的电势也为零。求此导体球所带的电

荷量。

6-21　半径为 0.1 mm 的长直金属丝和套在它外面的同轴金属圆筒构成圆柱形电容器，圆筒的半径为 10 mm。金属丝与圆筒之间充以某种气体，其电场强度最大值为 $2.0\times10^{6}\ \mathrm{V\cdot m^{-1}}$。忽略边缘效应，试问金属丝与圆筒间的电压最大不能超过多少？

6-22　如图所示，设有一电荷面密度为 $\sigma_0(\sigma_0>0)$ 的均匀带电大平面 A，在它附近平行地放置一块原来不带电，有一定厚度的金属板 C，不计边缘效应，(1) 求此金属板两个面上的电荷分布；(2) 把金属板接地，金属板两面的电荷又将如何分布？

6-23　两块面积相同的大金属平板 A、B 平行放置，板面积为 S，相距为 d，d 远小于平板的线度。在 A、B 板之间插入另外一块面积相同，厚度为 l 的金属板，三板平行，求 A、B 之间的电容。

6-24　一导体球半径为 R_1，带电荷量为 q，外罩一同心的金属球壳，球壳的内、外半径分别 R_2 和 R_3，球壳所带总电荷量为 Q，令 $V(\infty)=0$，求空间各处的电势和电场。

6-25　一面积为 S、间隔为 d 的平板电容器，对其充电，使其带电荷量为 q 后与电源断开，再将两极板距离拉大至 $2d$，求此过程中该电容器的电能变化量以及外力做的功。若在电容器带电荷量为 q 以后继续将其与电源相连，并将两极板距离拉大至 $2d$，试求电容器的电能变化量以及外力做的功。

6-26　电荷 q 均匀分布在内、外半径分别为 R_1 和 R_2 的非导体的球壳体内，求全空间的电场能量。

6-27　在 A 点和 B 点之间有 3 个电容器，其连接及大小如图所示。(1) 求 A、B 两点之间的等效电容；(2) 若 A、B 之间的电势差为 12 V，求 U_{AC} 和 U_{CB}。

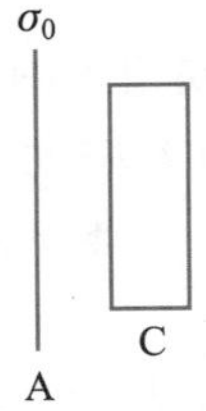

习题 6-22 图

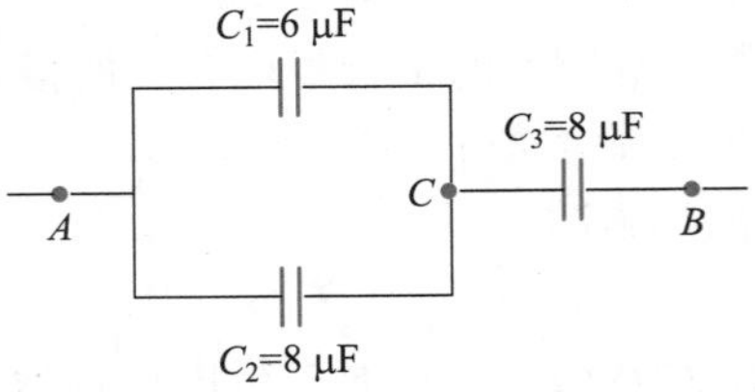

习题 6-27 图

第 7 章
恒定磁场

在上两章中，我们研究了相对于某惯性参考系静止的电荷在其周围空间产生的静电场，然而运动的描述是相对的，上述静止的电荷相对于另一个惯性系来讲可能是在运动的。实验发现，对相对于电荷运动的观察者而言，其周围空间不仅有与原来性质不一样的电场，而且还有性质完全不同的磁场。电场总对其中的电荷（不管其是否运动）有电场力的作用，但磁场只对其中的运动电荷有磁场力的作用。利用磁场力可定义或测量描述磁场的物理量，称之为磁感应强度 $\boldsymbol{B}$。空间任意一点处的磁感应强度都不随时间变化的磁场，称为恒定磁场。明显地，全空间磁感应强度 $\boldsymbol{B}$ 的分布由全空间运动电荷的分布决定。本章将研究磁感应强度的性质以及它与电流的联系。

7.1　电流　电动势

一、电流

1. 运动电荷、电流元和电流密度矢量

视频：电流

磁场的出现是由于电荷的运动所致，故在讨论磁场前，我们应先学会描述运动电荷。若在某参考系中，点电荷 q 以速度 $\boldsymbol{v}$ 运动，则引入物理量 $q\boldsymbol{v}$ 表示点电荷 q 相对于参考系的运动情况，简称为参考系中的运动电荷。它有两个要素：一个是运动参量 $\boldsymbol{v}$，另一个是电荷量 q。关于运动电荷 $q\boldsymbol{v}$，我们并未给出专用名称，不似运动物体，$\boldsymbol{p}=m\boldsymbol{v}$ 有一个专用名称“动量”。如果运动着的是一个电荷元 $\mathrm{d}q$，则运动电荷元可用 $\mathrm{d}q\boldsymbol{v}$ 表示，它有个专门的名称“电流元”，它是激发磁场的最基本单元。

（1）电流体密度矢量 $\boldsymbol{j}_V(\boldsymbol{r},t)$ 及体电流元

若电荷呈体密度分布，则有 $\mathrm{d}q=\rho\mathrm{d}V$，从而

$$\mathrm{d}q\boldsymbol{v}=\rho\mathrm{d}V\boldsymbol{v}=\rho\boldsymbol{v}\mathrm{d}V=\boldsymbol{j}\mathrm{d}V \tag{7-1}$$

称为体电流元。此处我们引入了一个新的物理量

$$\boldsymbol{j}(\boldsymbol{r},t)=\boldsymbol{j}_V(\boldsymbol{r},t)=\rho_V(\boldsymbol{r},t)\,\boldsymbol{v}(\boldsymbol{r},t) \tag{7-2}$$

称为电流（体）密度矢量 $\boldsymbol{j}(\boldsymbol{r},t)$，它等于某点处的电荷体密度和该点处（电荷）运动速度 $\boldsymbol{v}$ 的乘积。它是个矢量，当 $\rho_V>0$ 时，它的方向与该点的运动速度 $\boldsymbol{v}$ 的方向相同，当 $\rho_V<0$ 时，它的方向与该点的运动速度 $\boldsymbol{v}$ 的方向相反，这正是我们通常所说的正电荷运动的方向。

（2）电流面密度矢量 $\boldsymbol{j}_S(\boldsymbol{r},t)$ 及其面电流元

在宏观层面上，在某些极限条件下，电荷还有面分布、线分布和点分布的形式存在，从而相应的电流元的表达式会有所不同。在面分布情况下，有

$$\mathrm{d}q\boldsymbol{v}=\sigma\mathrm{d}S\boldsymbol{v}=\sigma\boldsymbol{v}\mathrm{d}S=\boldsymbol{j}_S\mathrm{d}S \tag{7-3}$$

称为面电流元。其中电荷面密度 $\sigma(\boldsymbol{r},t)$ 和运动速度 $\boldsymbol{v}$ 的乘积称为电流面密度 $\boldsymbol{j}_S(\boldsymbol{r},t)$ 矢量，即

$$\boldsymbol{j}_S(\boldsymbol{r},t)=\sigma(\boldsymbol{r},t)\,\boldsymbol{v}(\boldsymbol{r},t) \tag{7-4}$$

（3）电流线密度矢量 $\boldsymbol{j}_l(\boldsymbol{r},t)$ 及其线电流元

当电荷于一曲线上流动时，相应的电流元为

$$\mathrm{d}q\boldsymbol{v}=\lambda\mathrm{d}l\boldsymbol{v}=\lambda\boldsymbol{v}\mathrm{d}l=\boldsymbol{j}_l\mathrm{d}l \tag{7-5}$$

称为线电流元。其中电荷线密度函数 $\lambda(\boldsymbol{r},t)$ 和运动速度 $\boldsymbol{v}$ 的乘积，称为电流线密度矢量

$$\boldsymbol{j}_l(\boldsymbol{r},t)=\lambda(\boldsymbol{r},t)\boldsymbol{v}(\boldsymbol{r},t) \tag{7-6}$$

为方便讨论其物理意义，取自然坐标系，如图 7-1 所示，则有

$$\boldsymbol{j}_l(\boldsymbol{r},t)=\boldsymbol{j}_l(s,t)=\lambda\boldsymbol{v}=\frac{\mathrm{d}q}{\mathrm{d}s}\cdot\frac{\mathrm{d}s}{\mathrm{d}t}\boldsymbol{e}_t=\frac{\mathrm{d}q}{\mathrm{d}t}\boldsymbol{e}_l=I\boldsymbol{e}_l \tag{7-7}$$

其大小正是曲线中单位时间内流过的电荷量，也正是中学物理中细导线中的电流概念，方向为正电荷的运动方向，也是曲线的切线方向，故式(7-7)和式(7-5)的最后一个等号成立。

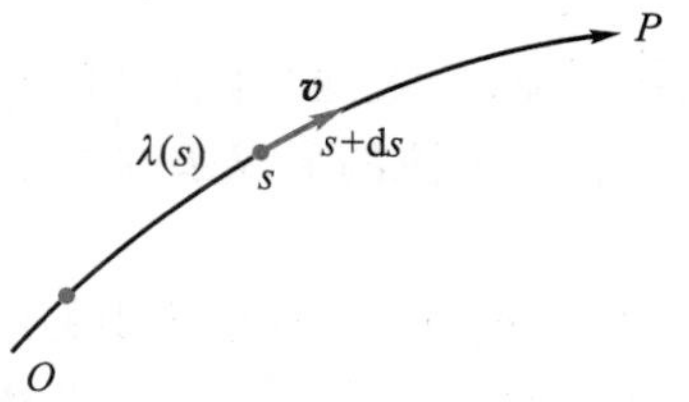

图 7-1

实际上，点电荷可以被看作电荷空间分布的第四种表述，它就是 $q\boldsymbol{v}$。但实际上并不真正存在什么点、线和面，它们都是有一定体积的空间，故最真实的描述电荷流动的电流元是体电流元，描述电荷在空间流动的基本物理量是电流体密度矢量 $\boldsymbol{j}_V(\boldsymbol{r},t)$，故有时下标 V 省略简写为 $\boldsymbol{j}(\boldsymbol{r},t)$。

2. 电流及传导电流

(1) 传导电流的电流密度矢量

从严格意义上讲，精确描述空间电流分布的量应该是电流体密度矢量 $\boldsymbol{j}(\boldsymbol{r},t)$，空间的电流密度矢量 $\boldsymbol{j}(\boldsymbol{r},t)$ 的分布构成了所谓的电流场，它是个矢量场，也可以用场线即电流线来形象描绘。

若 $\boldsymbol{j}(\boldsymbol{r},t)$ 不随时间变化，即电流密度矢量仅仅是位置的函数，即 $\boldsymbol{j}(\boldsymbol{r})$，则称为恒定电流场。欲使空间各处的电流密度矢量都与时间无关，则应要求空间各处的电荷密度和速度均与时间无关。这是一个相当苛刻的要求，空间的电流密度矢量必须满足某种限制方程。

电荷运动形成所谓的电流，它可以分成两类：一类是带电粒子在导体中的定向运动所形成的电流，称为传导电流。另一类是电子或其他带电粒子、甚至是宏观带电体在空间做机械运动时所形成的电流，称为运流电流。

在本书中，一般的电流专指传导电流，因篇幅限制，本书仅讨论它在细导线中的情形。设导线中的电荷相对于导线以速度 $\boldsymbol{v}_e$ 运动，细导线时，$\boldsymbol{v}_e=v_e\boldsymbol{e}_l$，$\boldsymbol{e}_l$ 为细导线的切线方向。在某惯性参考系 S 中，若导线本身也在以速度 $\boldsymbol{v}_c$ 运动，则在该惯性参考系 S 中，电荷的运动速度为 $\boldsymbol{v}=\boldsymbol{v}_c+\boldsymbol{v}_e$，但只有其中的 $\boldsymbol{v}_e$ 才能在导线中产生传导电流。故对导线中的传导电流而言，式(7-1)至式(7-6)中的电荷的运动速度专指电荷相对于导线的运动速度 $\boldsymbol{v}_e$，而非指它(相对于参考系)的真实速度 $\boldsymbol{v}$。

在导体中形成传导电流的条件：一是导体内有可自由移动的电荷，称为载流子，在金属导体中载流子就是自由电子；二是沿导线方向有电势差，即导体内有电场，即导体处于非静电平衡状态。对传导电流而言，电流密度矢量中的速度应当用自由电子相对于导线的定向漂移速度 $\boldsymbol{v}_e$，导体内的运动电荷体密度函数则为 $\rho(\boldsymbol{r})=-en(\boldsymbol{r})$，其中 $n(\boldsymbol{r})$ 为自由电子的数密度函数，故导体中传导电流的电流密度矢量函数为

$$\boldsymbol{j}(\boldsymbol{r},t)=-en(\boldsymbol{r},t)\boldsymbol{v}_e(\boldsymbol{r},t) \tag{7-8}$$

因而电流密度的方向与自由电子的运动方向相反，通常意义上的电流的方向实际上是指电流密度矢量的方向。例如铜导线单位体积内自由电子数一般为 $n\approx8.5\times10^{28}\ \mathrm{m}^{-3}$，设电流密

度矢量的大小为 $j=200\times10^4\ \mathrm{A\cdot m^{-2}}$，可求出自由电子定向漂移速度 $\boldsymbol{v}_e$ 的大小为

$$v_e=\frac{j}{ne}=\frac{200\times10^4}{8.5\times10^{28}\times1.6\times10^{-19}}\ \mathrm{m\cdot s^{-1}}\approx1.5\times10^{-4}\ \mathrm{m\cdot s^{-1}}$$

由此可见，一般地，电子的漂移运动是十分缓慢的。

传导电流的形成条件可用欧姆定律表示，其表达式为

$$\boldsymbol{j}(\boldsymbol{r},t)=\gamma\boldsymbol{E}(\boldsymbol{r},t) \tag{7-9}$$

由式(7-9)可见，若导线中的电流场是恒定的，则导线中的电场(包含非静电场)是一个不随时间变化的恒定电场。式中的因子 γ 称为导体的电导率(电阻率 ρ 的倒数)。对一段不含电源的导线而言，其中的恒定电场就是静电场，通过积分可得我们熟知的积分形式的欧姆定律，即 $U=RI$。

微分形式的欧姆定律还适用于非恒定的情况，它是麦克斯韦电磁场理论的重要方程之一。

(2) 电流

和对电场强度通量的研究一样，我们需要考察某个曲面上穿过的电流线的数目，即电流密度矢量在某个曲面上的通量。首先考察电流密度矢量在某个无限小面元 $\mathrm{d}\boldsymbol{S}$ 上的通量，如图 7-2 所示，按通量定义可得 $\boldsymbol{j}(\boldsymbol{r},t)$ 于矢量面元 $\mathrm{d}\boldsymbol{S}$ 上的通量为

$$\boldsymbol{j}\cdot\mathrm{d}\boldsymbol{S}=\rho\boldsymbol{v}\cdot\mathrm{d}\boldsymbol{S}=\frac{\mathrm{d}q}{\mathrm{d}V}\cdot\frac{\mathrm{d}\boldsymbol{l}\cdot\mathrm{d}\boldsymbol{S}}{\mathrm{d}t}=\frac{\mathrm{d}q}{\mathrm{d}V}\cdot\frac{\mathrm{d}V}{\mathrm{d}t}=\frac{\mathrm{d}q(\mathrm{d}\boldsymbol{S})}{\mathrm{d}t}=\mathrm{d}I(\mathrm{d}\boldsymbol{S}) \tag{7-10}$$

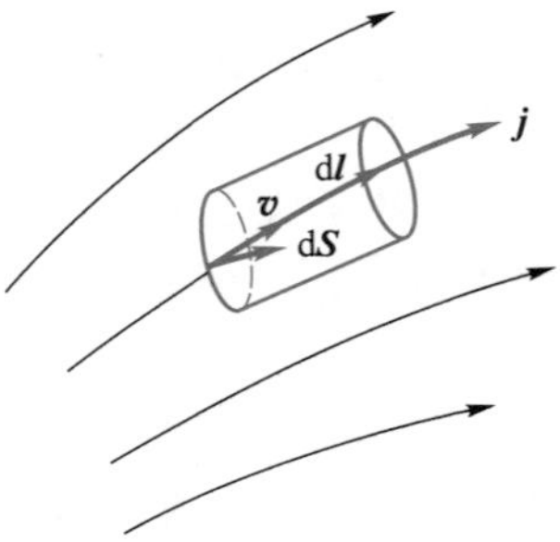

图 7-2

式中 $\mathrm{d}q$ 为体积元 $\mathrm{d}V=\mathrm{d}\boldsymbol{l}\cdot\mathrm{d}\boldsymbol{S}$ 中的电荷量，这些电荷在 $\mathrm{d}t$ 时间内都将流过面元 $\mathrm{d}\boldsymbol{S}$，故式(7-10)第四个等号右边表示的是单位时间内流过面元 $\mathrm{d}\boldsymbol{S}$ 上的电荷量，这称为面元 $\mathrm{d}\boldsymbol{S}$ 上的电流，记为 $\mathrm{d}I(\mathrm{d}\boldsymbol{S})$，这就是电流密度矢量通量的物理意义。对任何曲面 S 而言，其上的电流密度矢量通量为

$$I(S)\equiv\int_S\mathrm{d}I(\mathrm{d}\boldsymbol{S})\equiv\int_S\boldsymbol{j}\cdot\mathrm{d}\boldsymbol{S}=\int_S\frac{\mathrm{d}q(\mathrm{d}\boldsymbol{S})}{\mathrm{d}t}=\frac{1}{\mathrm{d}t}\int_S\mathrm{d}q(\mathrm{d}\boldsymbol{S})=\frac{\mathrm{d}q(S)}{\mathrm{d}t} \tag{7-11}$$

它等于单位时间内流过曲面 S 上的(总)电荷量，即为曲面 S 上的电流，形象地讲就是流过曲面 S 上的电流线的总数目。

在国际单位制中，电流为基本量，其单位为安培(A)。由定义可知，电流密度矢量 $\boldsymbol{j}(\boldsymbol{r},t)$ 的单位为安培每平方米($\mathrm{A\cdot m^{-2}}$)。若 I 不随时间变化，此电流称为恒定电流。如果曲面 S 是闭合的，即所谓的高斯面，则单位时间内从高斯面上流出去的电荷总量为

$$I(S)=\oint_S\boldsymbol{j}\cdot\mathrm{d}\boldsymbol{S}=\frac{\mathrm{d}q(S)}{\mathrm{d}t} \tag{7-12}$$

二、电荷守恒定律　恒定电流的连续性方程

1. 电荷守恒定律

有了电流密度矢量及曲面 S 上的电流概念，现在我们可以写出电荷守恒定律的数学表达式了。设有某区域，其体积为 V，其边界为高斯面(闭合曲面)S，则由电荷守恒定律可知，单位时间

内体积 V 中电荷的减少量一定等于单位时间内从其边界即闭曲面 S 上流出去的电荷总量，即

$$-\frac{\mathrm{d}q(V)}{\mathrm{d}t}=\frac{\mathrm{d}q(S)}{\mathrm{d}t} \tag{7-13}$$

注意到 $q(V)=\int_V \mathrm{d}q(\mathrm{d}V)=\int_V \rho \mathrm{d}V$ 及式(7-12)，上式即为

$$-\frac{\mathrm{d}q(V)}{\mathrm{d}t}=-\int_V \frac{\partial \rho}{\partial t}\mathrm{d}V=\frac{\mathrm{d}q(S)}{\mathrm{d}t}=I(S)=\oint_S \boldsymbol{j}\cdot \mathrm{d}\boldsymbol{S} \tag{7-14}$$

这就是电荷守恒定律的数学表达式。

2. 恒定电流的连续性方程

对恒定电流场而言，需要保证任意处的电荷密度不变，即要求任何区域中的电荷量保持不变，也即要求式(7-14)的最左边的表达式为零，从而可得恒定电流场的成立条件为

$$\oint_S \boldsymbol{j}\cdot \mathrm{d}\boldsymbol{S}=0 \tag{7-15}$$

沿任何闭合曲面 S 上的电流总量为零，即电流场必须是无源的。用电流线描述则是：空间存在的每一根电流线必须处处连续，绝不能在空间有限处随意中断或产生，即电流线或形成闭合曲线，或从无穷远处来到无穷远处去，故式(7-15)称为恒定电流的连续性方程。

对传导电流而言，由于载流子不可能流出导线，故于导线侧面上，处处有 $\boldsymbol{j}\perp \mathrm{d}\boldsymbol{S}$，即传导电流的电流线只存在于导线内部。在恒定电流的情况下，导体内存在的每一根电流线必须处处连续，并形成闭合曲线。对恒定电流而言，电流必须不随时间变化，即为通常意义上的直流闭合电流。

三、电流分布的空间对称性

下面我们来考察电流分布的空间对称性问题。与电荷分布的对称性一样，我们建立好合适的空间坐标系，写出全空间的电流密度矢量函数，考察它与空间坐标的函数关系，应当可以发现电流分布的对称性。例如恒定电流 I 均匀地流过一个半径为 R 的无限长圆柱体，空间其他地方均不存在电流，如图 7-3 所示，则在取圆柱体的中心对称轴为 z 轴（其正方向为电流体密度矢量方向）的柱坐标系时，全空间的电流体密度矢量函数可方便地表示为

$$\boldsymbol{j}(\boldsymbol{r})=\boldsymbol{j}(\rho,\varphi,z)=j(\rho)\boldsymbol{e}_z=\begin{cases}\dfrac{I\boldsymbol{e}_z}{\pi R^2}, & \rho\leqslant R\\ 0, & \rho>R\end{cases} \tag{7-16}$$

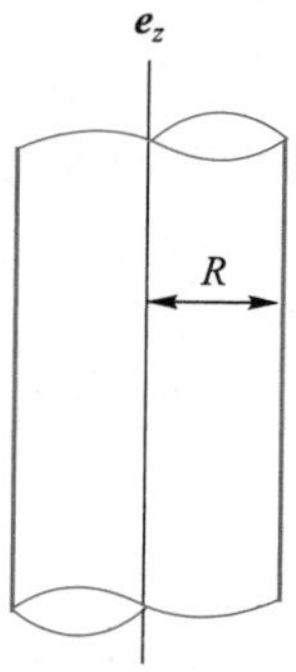

图 7-3

可见此时全空间的电流体密度矢量函数 $\boldsymbol{j}(\boldsymbol{r})$ 的方向仅在 $\boldsymbol{e}_z$ 上，其大小与坐标 φ,z 无关，仅是坐标 ρ 的函数，即我们随意地绕 z 轴转过任意 φ 角，或随意地沿 z 轴平行移动一段距离，全空间的电流分布不变，此时我们称全空间的电流分布具有关于 z 轴的线对称性。当忽略其横截面积大小时，它可视为一根无限长的载流细直线，此时当用电流线密度表示，全空间的电流线密度矢量函数为

$$\boldsymbol{j}_l(\boldsymbol{r})=\boldsymbol{j}_l(\rho,\varphi,z)=j_l(\rho)\boldsymbol{e}_z=\begin{cases}I\boldsymbol{e}_z, & \rho=0\\ 0, & \rho\neq 0\end{cases} \tag{7-17}$$

依然具有该线对称性。

如图 7-4 所示，真空中仅有一个半径为 R 的无限长圆柱面上均匀分布着电荷，其上电荷面密度函数为 σ_0，当该圆柱面以不变的角速度 ω 绕其中心对称轴转动时，取圆柱体的中心对称轴为 z 轴（其正方向为角速度矢量的方向）的柱坐标系后，全空间的电流面密度函数可方便地表示为

$$\boldsymbol{j}_S(\boldsymbol{r})=\boldsymbol{j}_S(\rho,\varphi,z)=j_S(\rho)\boldsymbol{e}_\varphi=\sigma_S(\rho)v\boldsymbol{e}_\varphi=\begin{cases}\omega R\sigma_0\boldsymbol{e}_\varphi, & \rho=R\\0, & \rho\neq R\end{cases} \tag{7-18}$$

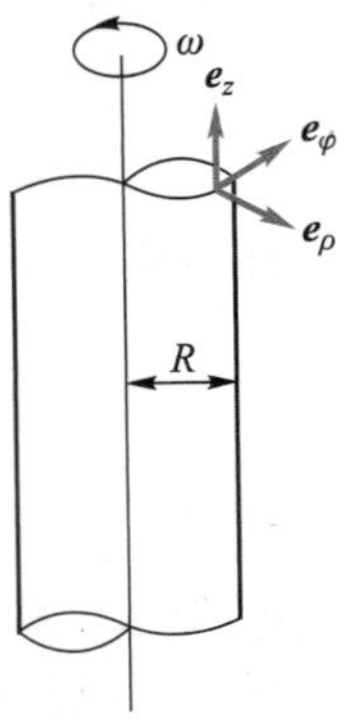

图 7-4

可见，此时全空间的电流面密度矢量函数 $\boldsymbol{j}_S(\boldsymbol{r})$ 的方向仅在 $\boldsymbol{e}_\varphi$ 上，其大小与坐标 φ, z 无关，仅是坐标 ρ 的函数，即我们随意地绕 z 轴转过任意 φ 角，或随意地沿 z 轴平行移动一段距离，全空间的电流分布不变，此时我们也称全空间的电流分布具有关于 z 轴的线对称性。在注意到电流密度函数的矢量性后，我们可知上述两种线对称性并不完全相同，但都称为关于 z 轴的线对称性。电流的高对称性分布常见的还有关于某个面的面对称性。

四、电源及其电动势

1. 电源

静电感应过程中产生的电流由静电场力所驱动，静电场力做正功，相应的电场能量减小，通常电流持续的时间非常短暂，很快就达到静电平衡，导体内的电场能量耗尽，导体内的电场为零，电荷停止定向运动。因此我们要想获得一个恒定的电流，仅仅依靠静电场是不可能的。在回路中维持恒定电流通常需要电源，如图 7-5 所示，当正电荷不断地通过外电路从正极流向负极的同时，电源依靠非静电场力的外力克服静电场力的作用，不断地把正电荷由负极运输到正极，从而形成一个恒定的电荷分布和电场分布，实现一个恒定的电流循环。

视频：电源电动势

电源就是依靠非静电场力做功而维持电流的装置，由功能原理可知，非静电场力做功必然要消耗相应的非静电能量（如机械能、化学能、太阳能、热能……）。非静电场力常记作 $\boldsymbol{F}_k$，一般地，它也与被作用的电荷的电荷量成正比，故类似于静电场，我们定义非静电场强 $\boldsymbol{E}_k$ 来表示它的性质，其定义式为

$$\boldsymbol{E}_k=\boldsymbol{F}_k/q \tag{7-19}$$

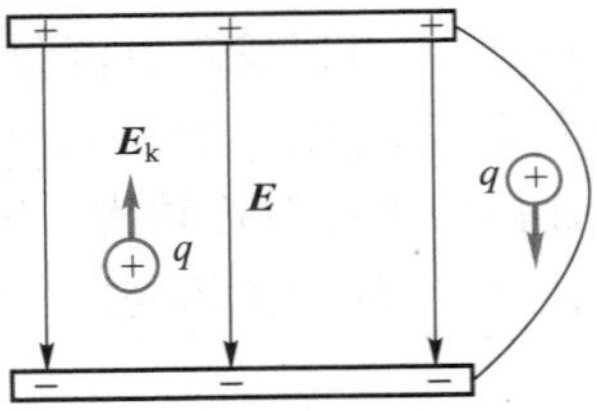

图 7-5 恒定电流的形成过程

2. 电动势

表征电源做功本领的物理量称为电源电动势，它定义为电源把单位正电荷由电源的负极经电源内部输运到正极的过程中非静电场力所做的功，用 $\mathscr{E}$ 表示为

$$\mathscr{E}=\mathrm{d}W_k/\mathrm{d}q \tag{7-20}$$

在输运正电荷 $\mathrm{d}q$ 的过程中，非静电场力所做的功为

$$\mathrm{d}W_k=\int_-^+\mathrm{d}\boldsymbol{F}_k\cdot\mathrm{d}\boldsymbol{l}=\mathrm{d}q\int_-^+\boldsymbol{E}_k\cdot\mathrm{d}\boldsymbol{l}$$

故有

$$\mathscr{E}=\int_{-(\mathrm{in})}^+\boldsymbol{E}_k\cdot\mathrm{d}\boldsymbol{l} \tag{7-21}$$

即电源的电动势为非静电场场强在电源内部由负极到正极的曲线积分，式(7-21)也常作为电源电动势的定义式。按照定义，电动势是标量，其单位与电势的单位相同，均为伏特。在实际工作中我们常提到的电动势的方向，是指电源中的非静电场 $\boldsymbol{E}_{\mathrm{k}}$ 的方向，即由电源负极指向正极的方向。电源电动势只取决于电源本身的性质，与工作状态即与外电路无关。

因为非静电场力只存在于电源内部，外电路没有非静电场力，即 $\boldsymbol{E}_{\mathrm{k}}=\mathbf{0}$，所以整个回路 L 的电动势就等于电源的电动势，即

$$\mathscr{E}=\oint_L \boldsymbol{E}_{\mathrm{k}}\cdot \mathrm{d}\boldsymbol{l} \tag{7-22}$$

明显地，若欲使上述回路积分大于零，在电源中积分路径应该从负极到正极，即在外电路中为正极到负极。当然，积分只需在存在非静电场的电源区间内进行。实际上式(7-22)不仅适用于离散电源，也适用于连续分布的电源，因此我们通常也把式(7-22)作为回路电动势的一般定义式。

因为电源的电动势 $\mathscr{E}=\mathrm{d}W_{\mathrm{k}}/\mathrm{d}q$，而 $\mathrm{d}q=I\mathrm{d}t$，所以电源的功率 P 为

$$P=\frac{\mathrm{d}W_{\mathrm{k}}}{\mathrm{d}t}=\frac{\mathscr{E}\mathrm{d}q}{\mathrm{d}t}=\mathscr{E}I \tag{7-23}$$

7.2 磁感应强度

一、磁现象及其本质

很早以前人类就发现自然界中有一些物质能吸引铁，这些物质称为磁体，此现象称为磁现象。后来人们又用人工的方法制造了各种形状的人造磁体。无论是天然磁体或是人造磁体，它们都具有吸引铁、钴、镍等物质的特性，这种性质被称为磁性。每块磁体的两头都有不同的磁极，一头为 S(南)极，另一头为 N(北)极。我们居住的地球，就是一块天然的大磁体，南北两极有不同的磁极，靠近地球地理北极的是 S 极，靠近地球地理南极的是 N 极。同性磁极相排斥，异性磁极相吸引，因此，无论在地球表面的任何地方，拿一根可以自由转动的磁针，它的 N 极总是指向北方，S 极总是指向南方。这种磁体之间的相互作用力以及磁体对铁的吸引力统称为磁场力。

视频：磁场简介及毕奥-萨伐尔定律

磁现象和电现象虽然早已被人们所发现，但是在很长时间内，人们认为两种现象是无关的。直到 1820 年丹麦物理学家奥斯特(H. C. Oersted，1777—1851)在实验中发现，放在通电直导线附近的小磁针会受到力的作用而发生偏转，人们才知道磁现象和电现象是有关联的。随后的法国数学家和物理学家安培(A. M. Ampère)在短短的几个星期内对电流的磁效应作出了系列研究，发现不仅电流对磁针有作用，而且两个电流之间彼此也有相互作用，等等。人们终于明白磁现象的本质：磁场力起源于电荷的运动，具体地说，就是运动的电荷激发磁场，磁场对其中的运动电荷有磁场力的作用。

视频：毕奥-萨伐尔定律应用举例

二、磁感应强度

电流(或运动电荷)周围存在磁场,磁场对运动电荷(载流导体、磁铁)有力的作用。为了定量描述磁场的特性,我们可以用磁场对试探电荷(或载流导体、磁针)的作用力来描述磁场,并引入磁感应强度 $\boldsymbol{B}$ 作为定量描述磁场中各点特性的基本物理量。在中学中,我们知道,在惯性参考系中,运动点电荷($q\boldsymbol{v}$)在有磁场的空间中受到磁场力 $\boldsymbol{F}_{\mathrm{m}}$ 的作用,考虑到它的方向后,该作用力可写为

$$\boldsymbol{F}_{\mathrm{m}}=q\boldsymbol{v}\times\boldsymbol{B} \tag{7-24}$$

称为**洛伦兹力**。利用洛伦兹力 $\boldsymbol{F}_{\mathrm{m}}$ 可以度量、测定磁感应强度 $\boldsymbol{B}$,式(7-24)就是磁感应强度的定义式,明显的,它与场强的定义式(6-4)差异很大,在已知 $q\boldsymbol{v}$ 及测定出 $\boldsymbol{F}_{\mathrm{m}}$ 的情况下能否反求出磁感应强度 $\boldsymbol{B}$?对单次测量而言,答案是否定的,只有通过至少两次的测量我们才能完全求出磁感应强度 $\boldsymbol{B}$。磁感应强度 $\boldsymbol{B}$ 是空间位置的函数,为测量并定量表示某 P 点处的 $\boldsymbol{B}$,我们在 P 点建立以点 P 为坐标原点的直角坐标系,则 P 点处的磁感应强度 $\boldsymbol{B}$ 可表示为 $\boldsymbol{B}=B_x\boldsymbol{e}_x+B_y\boldsymbol{e}_y+B_z\boldsymbol{e}_z$。测出 $\boldsymbol{B}$ 的三个分量(B_x,B_y,B_z),则 P 点的磁感应强度 $\boldsymbol{B}$ 就完全确定了。方便起见,让正点电荷 q 分别以速度 $\boldsymbol{v}_1=v_1\boldsymbol{e}_x$ 和 $\boldsymbol{v}_2=v_2\boldsymbol{e}_y$ 经过 P 点,测量经过 P 点时的两个受力 $\boldsymbol{F}_{\mathrm{m1}}$ 和 $\boldsymbol{F}_{\mathrm{m2}}$,则可求出磁感应强度 $\boldsymbol{B}$ 的三个分量,即测得 P 点磁感强度 $\boldsymbol{B}$,有兴趣的同学可自行推导 $\boldsymbol{B}$ 的结果。

在实际测量中,一般地,磁感应强度 $\boldsymbol{B}$ 的方向通常也可以由自由小磁针来确定。一个可自由转动的小磁针,在磁场空间中某点静止时,N 极所指的方向就定义为该点磁感应强度 $\boldsymbol{B}$ 的方向。至于小磁针是什么,平衡时的方向为何就是被确定的外磁感强度 $\boldsymbol{B}$ 的方向,我们在学习后面第 7.5 节磁场对载流线圈的作用后就能明白了。

在国际单位制中,磁感应强度的单位为特斯拉,用符号 T 表示,由定义式(7-25)可知,磁感应强度的单位又可写为 $\mathrm{N\cdot A^{-1}\cdot m^{-1}}$。有时磁感应强度的单位也用高斯(Gs)表示,它们之间的换算关系为 $1\ \mathrm{T}=10^4\ \mathrm{Gs}$。

三、毕奥-萨伐尔定律

恒定电流在它周围激发的磁场称为静磁场或恒定磁场,这时场中任一点的磁感应强度都不随时间而变化,只是空间坐标的函数。与求任意带电体的电场类似,为了求出任意形状的载流导线在空间所激发的磁场,我们把载流导线看成由许许多多电流元 $\mathrm{d}q\boldsymbol{v}$ 所组成的系统,在某惯性参考系 O 中,位于 $\boldsymbol{r}'$ 处的线电流元 $\mathrm{d}q\boldsymbol{v}=I\mathrm{d}\boldsymbol{l}=I\mathrm{d}\boldsymbol{r}'$ 在场点 $\boldsymbol{r}$ 处激发的磁感应强度,如图 7-6 所示,为

文档:萨伐尔

$$\mathrm{d}\boldsymbol{B}(\boldsymbol{r})=\frac{\mu_0}{4\pi}\frac{\boldsymbol{v}\mathrm{d}q(\boldsymbol{r}')\times(\boldsymbol{r}-\boldsymbol{r}')}{|\boldsymbol{r}-\boldsymbol{r}'|^3}=\frac{\mu_0}{4\pi}\frac{I\mathrm{d}\boldsymbol{l}\times(\boldsymbol{r}-\boldsymbol{r}')}{|\boldsymbol{r}-\boldsymbol{r}'|^3}=\frac{\mu_0}{4\pi}\frac{I\mathrm{d}\boldsymbol{r}'\times\boldsymbol{R}}{R^3} \tag{7-25}$$

文档:毕奥

式中 $\mu_0=4\pi\times10^{-7}\ \mathrm{T\cdot m\cdot A^{-1}}$,称为真空的磁导率。上式称为毕奥-萨伐尔定律,它是以毕奥和萨伐尔的实验为基础,由数学家拉普拉斯分析而得到的,由于在实验中无法获得独立的电流元 $I\mathrm{d}\boldsymbol{l}$,上述定律无法直接验证,然而由这个定律出发得出的结果都很好地与实验相符合。

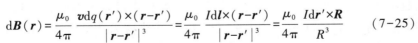

四、磁感应强度叠加原理

实验表明，磁场和电场一样也具有可叠加性，描述磁场性质的物理量——磁感应强度也遵从叠加原理，即任意一段载流导线 L 在 P 点的磁感应强度 $\boldsymbol{B}$，等于其上所有电流元 $I\mathrm{d}\boldsymbol{l}$ 在 P 点的磁感应强度 $\mathrm{d}\boldsymbol{B}$ 的矢量和。这就是磁感应强度叠加原理，其数学表达式为

$$\boldsymbol{B}(\boldsymbol{r})=\int \mathrm{d}\boldsymbol{B}(\boldsymbol{r})=\int_L \frac{\mu_0}{4\pi}\frac{I\mathrm{d}\boldsymbol{r}'\times(\boldsymbol{r}-\boldsymbol{r}')}{|\boldsymbol{r}-\boldsymbol{r}'|^3}=\int_L \frac{\mu_0}{4\pi}\frac{I\mathrm{d}\boldsymbol{r}'\times\boldsymbol{R}}{R^3} \tag{7-26}$$

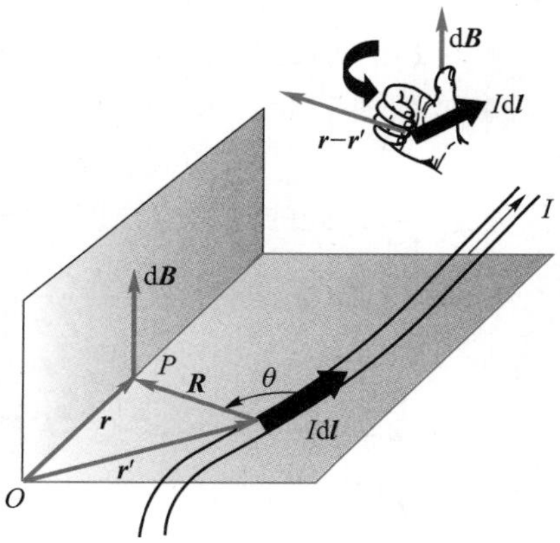

图 7-6

上式也称为毕奥-萨伐尔定律。下面我们将应用毕奥-萨伐尔定律来计算几种载流导体所激发的磁场。显而易见，计算时我们只需利用坐标系将电流元的位矢 $\boldsymbol{r}'$、场点位矢 $\boldsymbol{r}$ 定量表示就行了，至于选何种坐标系，常以方便表示积分域为原则，定量表示出 $\boldsymbol{r}$ 和 $\boldsymbol{r}'$，剩下的就是纯粹的数学运算了。

五、毕奥-萨伐尔定律的应用

例 7-1 求载流直导线周围的磁感应强度。设真空中有一长为 L 的载流直导线 AB，其中通有电流 I。P 点为载流导线周围空间的任一点，从 P 点到直导线的垂直距离为 a。试计算 P 点的磁感应强度。

解：取以载流直导线为 z 轴，电流密度矢量方向为 z 轴正方向的柱坐标系，如图 7-7 所示，不妨令场点坐标为 $\boldsymbol{r}=a\boldsymbol{e}_\rho$，在载流直导线上位矢为 $\boldsymbol{r}'=z\boldsymbol{k}$ 处取电流元 $I\mathrm{d}\boldsymbol{l}=I\mathrm{d}\boldsymbol{r}'=I\mathrm{d}z\boldsymbol{k}$，由毕奥-萨伐尔定律可得，$P$ 点的磁感应强度为

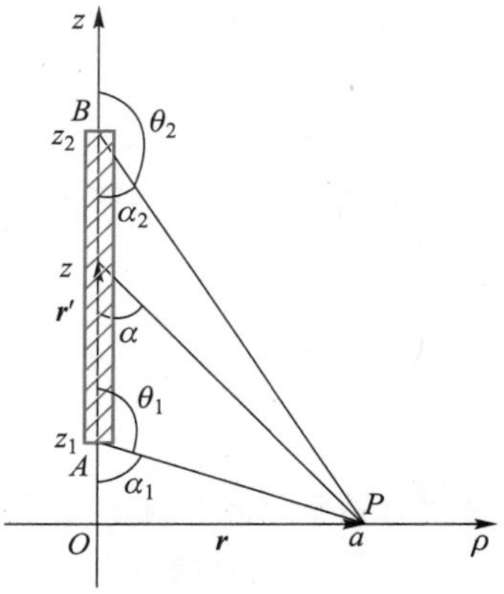

图 7-7

$$\begin{aligned}\boldsymbol{B}(\boldsymbol{r})&=\int \mathrm{d}\boldsymbol{B}(\boldsymbol{r})=\int_L \frac{\mu_0}{4\pi}\frac{I\mathrm{d}\boldsymbol{r}'\times(\boldsymbol{r}-\boldsymbol{r}')}{|\boldsymbol{r}-\boldsymbol{r}'|^3}\\&=\int_L \frac{\mu_0}{4\pi}\frac{I\mathrm{d}z\boldsymbol{k}\times(a\boldsymbol{e}_\rho-z\boldsymbol{k})}{|a\boldsymbol{e}_\rho-z\boldsymbol{k}|^3}\\&=\frac{\mu_0 I\boldsymbol{e}_\varphi}{4\pi a}\int_{z_1}^{z_2}\frac{a^2\mathrm{d}z}{(a^2+z^2)^{3/2}}\\&=\frac{\mu_0 I}{4\pi a}\left[\frac{z_2}{(a^2+z_2{}^2)^{1/2}}-\frac{z_1}{(a^2+z_1^2)^{1/2}}\right]\boldsymbol{e}_\varphi\\&=\frac{\mu_0 I}{4\pi a}(\cos\theta_1-\cos\theta_2)\boldsymbol{e}_\varphi\end{aligned} \tag{7-27}$$

注意到 P 点的任意性，由上式可得，磁感应线为涡旋线，它的方向与电流方向构成右手螺旋关系，即右手四指为涡旋的磁感应线方向，其大拇指的方向与电流（密度矢量）方向一致。

若直导线 AB 为无限长，即 $\theta_1=0,\theta_2=\pi$，则 $B=\mu_0\dfrac{I}{2}\pi a$。空间任何处 $\boldsymbol{r}(\rho,\varphi,z)$ 的磁感应强

度可清晰地表示为

$$\boldsymbol{B}(\boldsymbol{r})=\boldsymbol{B}(\rho,\varphi,z)=\frac{\mu_0 I}{2\pi\rho}\boldsymbol{e}_\varphi \tag{7-28}$$

磁感应强度在空间的分布具有对 z 轴的线对称性，该对称性明显来自于电流分布的线对称性。

例 7-2　试求载流为 I、半径为 R 的圆环在对称轴线上的磁场。

解：取如图 7-8 所示的柱坐标系，于载流圆导线上位矢为 $\boldsymbol{r}'=R\boldsymbol{e}_\rho$ 处取电流元

$$I\mathrm{d}\boldsymbol{l}=I\mathrm{d}\boldsymbol{r}'=IR\mathrm{d}\varphi\boldsymbol{e}_\varphi$$

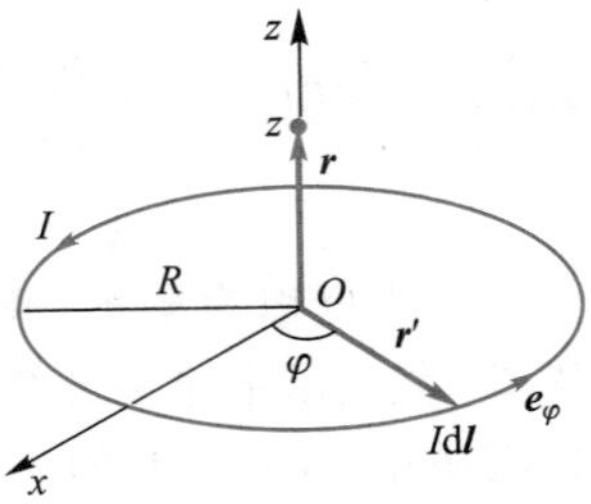

图 7-8

则位矢为 $\boldsymbol{r}=z\boldsymbol{e}_z$ 处的磁感应强度由毕奥-萨伐尔定律可得

$$\begin{aligned}\boldsymbol{B}(\boldsymbol{r})&=\int\mathrm{d}\boldsymbol{B}(\boldsymbol{r})=\int_L\frac{\mu_0}{4\pi}\frac{I\mathrm{d}\boldsymbol{r}'\times(\boldsymbol{r}-\boldsymbol{r}')}{|\boldsymbol{r}-\boldsymbol{r}'|^3}=\int_L\frac{\mu_0}{4\pi}\frac{IR\mathrm{d}\varphi\boldsymbol{e}_\varphi\times(z\boldsymbol{e}_z-R\boldsymbol{e}_\rho)}{|z\boldsymbol{e}_z-R\boldsymbol{e}_\rho|^3}\\&=\frac{\mu_0 I}{4\pi}\frac{R}{(R^2+z^2)^{3/2}}\left[z\int_0^{2\pi}\boldsymbol{e}_\rho(\varphi)\mathrm{d}\varphi+\left(\int_0^{2\pi}R\mathrm{d}\varphi\right)\boldsymbol{e}_z\right]\\&=\frac{\mu_0 I}{2}\frac{R^2}{(R^2+z^2)^{3/2}}\boldsymbol{e}_z\end{aligned}\tag{7-29}$$

运算过程中用到了我们已知的公式(1-93)。注意到电流线是涡旋的，它与中间的磁感应线也构成右手螺旋关系，即右手四指为涡旋的电流（密度矢量）线的方向，其大拇指的方向与磁感应线的方向一致。

在圆心 O 点处，即 $z=0$ 处，由上式得 O 点的磁感应强度的大小为$\dfrac{\mu_0 I}{2R}$。对圆心所张的圆心角为 θ（单位是弧度）的一段圆弧导线而言，由毕奥-萨伐尔定律易得在圆心处的磁感应强度为

$$\boldsymbol{B}_O=\frac{\mu_0 I}{2R}\frac{\theta}{2\pi}\boldsymbol{e}_z \tag{7-30}$$

对整个圆环电流而言，圆心处的磁感应强度为

$$\boldsymbol{B}_O=\frac{\mu_0 I}{2R}\boldsymbol{e}_z \tag{7-31}$$

而在远离圆环中心的无限远处，即 $z\ll R$，则有该处的磁感应强度为

$$\boldsymbol{B}=\frac{\mu_0 IS\boldsymbol{e}_z}{2\pi z^3}=\frac{\mu_0 \boldsymbol{IS}}{2\pi z^3}=\frac{\mu_0\boldsymbol{m}}{2\pi z^3} \tag{7-32}$$

式中

$$\boldsymbol{m}=I\boldsymbol{S}=IS\boldsymbol{e}_z=IS\boldsymbol{e}_\mathrm{n} \tag{7-33}$$

称为闭合载流线圈的磁矩，其方向与闭合载流细线圈所围成的平面的法向相同。式(7-33)表明小闭合圆电流所激发的磁场可以用它的磁矩来表示，一个小磁针等效于一个小的闭合电流，称为磁偶极子，它在空间产生的磁场、它与外磁场的相互作用都可以它的磁矩完美表述。磁矩是一个非常重要的物理概念，在研究物质的磁性时起到了重要的作用。

例 7-3　如图 7-9 所示，无限长载流导线被弯成两段直导线和一个半环导线，载流为 I，求其环心 O 点处的磁感应强度。

解：取垂直纸面向外为 $\boldsymbol{e}_z$ 方向，则由载流直导线及圆弧导线的磁感应强度公式和磁场叠加原理可得，O 点处的磁感应强度为

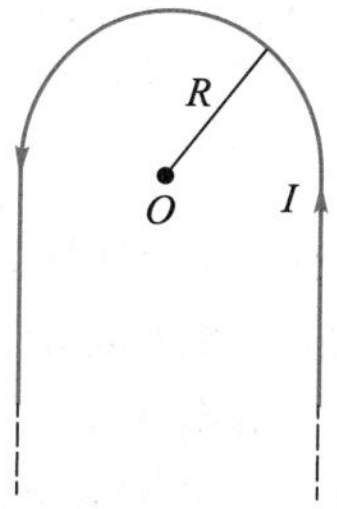

图 7-9

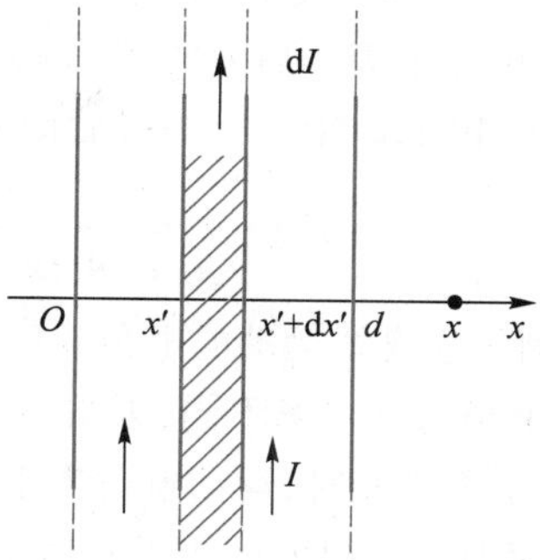

图 7-10

$$\boldsymbol{B}_O=\left(\frac{\mu_0 I}{4\pi R}+\frac{\mu_0 I}{4\pi R}+\frac{\mu_0 I}{4R}\right)\boldsymbol{e}_z=\left(\frac{\mu_0 I}{2\pi R}+\frac{\mu_0 I}{4R}\right)\boldsymbol{e}_z$$

例 7-4 一个宽为 d 的无限长均匀载流薄板置于真空中，其上流过的总电流为 I，如图 7-10 所示，试求在与薄板平行的平面中各点的磁感应强度。

解：这是一个面电流的问题，但可将薄板视为许多无限长直线的集合，取如图 7-10 所示坐标系，于 x'处取宽为 $\mathrm{d}x'$的一细条无限长直线，其上流过的电流 $\mathrm{d}I=I\mathrm{d}x'/d$，其在 x（$x>d$，$x<0$）处的磁感应强度由无限长载流直线的磁场公式（7-28）可得

$$\mathrm{d}\boldsymbol{B}(x)=\frac{\mu_0\mathrm{d}I}{2\pi(x-x')}\boldsymbol{e}_z=\frac{\mu_0 I\mathrm{d}x'}{2\pi d(x-x')}\boldsymbol{e}_z$$

其中方向 $\boldsymbol{e}_z$ 垂直纸面向里。注意，此 $\mathrm{d}\boldsymbol{B}$ 并非电流元激发的磁感应强度，而是式（7-26）中第一个等号后的 $\mathrm{d}\boldsymbol{B}$，此 $\mathrm{d}\boldsymbol{B}$ 可以是任何一部分电流激发的磁感应强度。则由叠加原理可得，整个薄板在该处的磁感应强度为

$$\boldsymbol{B}(x)=\int\mathrm{d}\boldsymbol{B}(x)=\int_0^d\frac{\mu_0 I\mathrm{d}x'}{2\pi d(x-x')}\boldsymbol{e}_z=\frac{\mu_0 I}{2\pi d}\ln\frac{x}{x-d}\boldsymbol{e}_z\quad(x>d\text{ 或 }x<0)$$

六、运动电荷的磁场

线电流元 $I\mathrm{d}\boldsymbol{l}$ 完备地表示了电荷的电荷量以及这些电荷运动速度的大小和方向，$\mathrm{d}q\boldsymbol{v}=I\mathrm{d}\boldsymbol{l}=I\mathrm{d}\boldsymbol{r}'$，线电流元 $I\mathrm{d}\boldsymbol{l}$ 激发的磁场实际上就是这些运动电荷 $\mathrm{d}q\boldsymbol{v}$ 激发的磁场，则由毕奥-萨伐尔定律可得，$\boldsymbol{r}'$处的运动电荷 $\mathrm{d}q\boldsymbol{v}$ 于 $\boldsymbol{r}$ 处激发的磁场为

$$\mathrm{d}\boldsymbol{B}(\boldsymbol{r})=\frac{\mu_0}{4\pi}\frac{\boldsymbol{v}\mathrm{d}q(\boldsymbol{r}')\times(\boldsymbol{r}-\boldsymbol{r}')}{|\boldsymbol{r}-\boldsymbol{r}'|^3}$$

可以说，这是最一般意义上的毕奥-萨伐尔定律，其他形式的毕奥-萨伐尔定律都是它在一些极限条件下的近似。在零维情况下，电流元就相当于一个运动点电荷 $q\boldsymbol{v}$，明显地，它激发的磁场为

$$\boldsymbol{B}(\boldsymbol{r})=\frac{\mu_0}{4\pi}\frac{q(\boldsymbol{r}')\boldsymbol{v}\times(\boldsymbol{r}-\boldsymbol{r}')}{|\boldsymbol{r}-\boldsymbol{r}'|^3}=\mu_0\varepsilon_0\boldsymbol{v}\times\boldsymbol{E}(\boldsymbol{r})\tag{7-34}$$

上式中的电场正是 $\boldsymbol{r}'$处的电荷 q 在 $\boldsymbol{r}$ 处产生的静电场。显而易见，当电荷运动时，其产生的

电场也在运动，式(7-34)表明，磁场总是与电场的运动相联系，实际上，磁场是运动电场的相对论效应，上式中的第二个等号后面的表达式是严格的，但其中的电场仍为电场运动时产生的电场，它与静电场并不相同，故第一个等号后面的表达式是不严格的。当电荷运动时，其产生的电场为

$$\boldsymbol{E}_q(\boldsymbol{r},t)=-\frac{q(1-\dot{\boldsymbol{r}}'^2/c^2)[\boldsymbol{r}-\boldsymbol{r}'(t)]}{4\pi\varepsilon_0|\boldsymbol{r}-\boldsymbol{r}'(t)|^3(1-\dot{\boldsymbol{r}}'^2\sin^2\theta/c^2)}$$

式中 $\boldsymbol{r}'$ 为 t 时刻匀速直线运动的电荷 q 所处的空间位置，$\dot{\boldsymbol{r}}'$ 为 t 时刻的运动速度，θ 为 $\dot{\boldsymbol{r}}'$ 与 $\boldsymbol{r}$ 之间的夹角。此电场与静电场不同，因与角度有关它不再是个保守力场。幸运的是，当电荷运动速度 $\dot{\boldsymbol{r}}'$ 的大小远小于光速时，运动电荷产生的电场与静电场近似相等。由本章第 7.1 节可知，导体中的载流子的定向移动速度远小于光速，故毕奥-萨伐尔定律依然是一个很精确的物理定律。

例 7-5　从经典物理学讲，氢原子中的电子，以速率 $v=2.2\times10^6$ m/s 做半径 $R=0.53\times10^{-10}$ m 的匀速圆周运动，如图 7-11 所示。试求电子在轨道中心点所产生的磁感应强度和电子的轨道磁矩 $\boldsymbol{m}$。

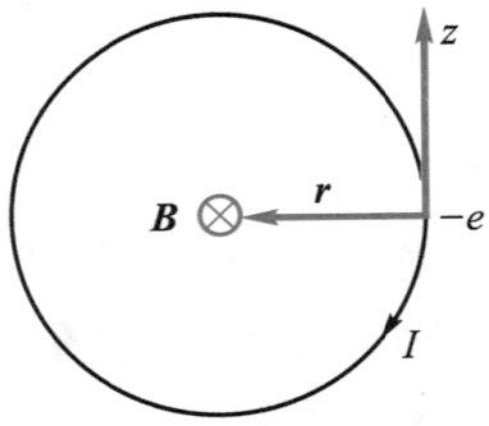

图 7-11

解：取以轨道中心为坐标原点的柱坐标系，垂直电子运动轨道平面且过轨道中心的直线为 z 轴，z 轴正方向与电子的运动方向构成右手螺旋关系。注意到电子速率远小于光速，则运动电子在轨道中心所激发的磁感应强度，由运动电荷的磁场公式(7-34)得

$$\boldsymbol{B}(O)=\frac{\mu_0 q(\boldsymbol{r}')\boldsymbol{v}\times(\boldsymbol{r}-\boldsymbol{r}')}{4\pi|\boldsymbol{r}-\boldsymbol{r}'|^3}=\frac{-\mu_0 ev\boldsymbol{e}_\varphi\times(0-R\boldsymbol{e}_\rho)}{4\pi|0-R\boldsymbol{e}_\rho|^3}=\frac{-\mu_0 ev\boldsymbol{e}_z}{4\pi R^2}\qquad ①$$

$\boldsymbol{B}(O)$ 是一个不随时间变化的恒定磁场，将各参量代入可得其大小约为 13 T，从宏观层面上讲，这是一个很强的磁场。应当指出，运动电荷激发的磁场只有在轨道中心点处是恒定的，大小和方向都是不变的，而在空间的其他地方，运动电荷激发的磁场将随着运动电荷的位置而变化，不是恒定的。电荷的运动形成电流，该电流是脉冲式的，不是恒定的。电子运动一周的时间(周期)为 T，则该电流按此时间重复变化。于此周期内轨道等效的平均电流为

$$\bar{I}=-e/T=\frac{-ev}{2\pi R}$$

这是一个圆环电流，由圆环电流的磁场公式(7-30)也可得式①。

平均地讲，电子运动形成一个等效的闭合圆电流，其磁矩为

$$\boldsymbol{m}=I\boldsymbol{S}=\frac{-ev}{2\pi R}\pi R^2\boldsymbol{e}_z=\frac{-Rev}{2}\boldsymbol{e}_z=9.3\times10^{-24}\boldsymbol{e}_z\ \mathrm{m\cdot A^2}$$

若有外磁场存在，则它将和外磁场发生相互作用。

7.3　磁感应线　磁场的高斯定理

一、磁感应线

为了形象地反映磁场的分布情况，我们可以用电场线表示静电场那样，用磁感应线来描绘磁场的分布。我们在磁场空间中画出一系列曲线，曲线上任一点的切线方向和该点的磁

感应强度的方向一致，并在曲线上用箭头标出指向。为表示 $\boldsymbol{B}$ 矢量的大小，我们还规定磁感应线满足：通过某点处垂直于 $\boldsymbol{B}$ 矢量的单位面积的磁感应线的条数应与该点 $\boldsymbol{B}$ 矢量的大小成正比，即我们用过某点的磁感应线上的切线方向以及该点附近的磁感应线的疏密程度来表示该点的磁感应强度 $\boldsymbol{B}$。全空间的磁感应线的分布形象地描述出了磁场在全空间的分布情况。

磁场中的磁感应线在实验上很容易借助小磁针或铁屑显示出来，如在垂直于长直载流导线的玻璃板上撒上一些铁屑，被磁化的铁屑可以看作细小的磁针，轻敲玻璃板，铁屑就会有规则地排列起来，显示出磁感应线的分布图像，图 7-12 是几种不同形状的电流所激发的磁场的磁感应线图。从磁感应线的图示中，我们可以得出一个重要的结论：在任何磁场中，每一条磁感应线都与它所包围的电流或闭合电流成右手螺旋关系。上述结论的由来正是我们之后要学习的磁场的安培环路定理。

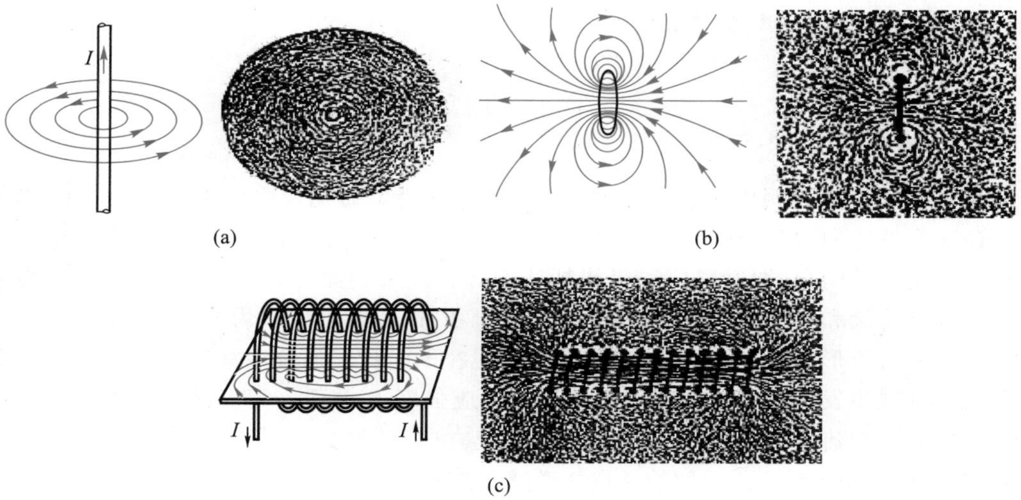

图 7-12 几种不同形状的电流所激发的磁场的磁感应线图

（a）直电流 （b）圆电流 （c）螺线管电流

二、磁场的高斯定理

在磁场空间中，磁感应强度 $\boldsymbol{B}$ 在曲面 S 上的面积分，称为通过该曲面 S 的磁通量，用 Φ 表示，形象地说就是穿过曲面 S 的磁感应线的总数目，即

$$\Phi = \int_S \boldsymbol{B} \cdot \mathrm{d}\boldsymbol{S} \tag{7-35}$$

视频：磁通量 磁场的高斯定理

在国际单位制中，磁通量的单位为韦伯（Wb），其符号也可用 $\mathrm{T} \cdot \mathrm{m}^2$ 来表示。与电场强度通量一样，对于闭合曲面（高斯面）S 来说，一般规定向外的指向为面积元法线的正方向。这样，若某处磁感应线从闭合曲面内穿出，则 $\theta<\pi/2$，磁通量为正；而磁感应线穿入处的 $\theta>\pi/2$，磁通量为负，如图 7-13 所示。由毕奥-萨伐尔定律，我们可以证明：通过任一闭合曲面的总磁通量必然为零，即穿入任意闭合曲面的磁感应线的数目必然等于穿出闭合曲面的磁感应线的数目，其数学表达式为

$$\Phi=\oint_S \boldsymbol{B}\cdot \mathrm{d}\boldsymbol{S}=0$$

上式称为磁场的高斯定理,它是表示磁场性质的重要定理之一,也是电磁场理论的基本方程之一。由此方程,我们可知磁感应线是连续的,绝不会在任何地方中断。这样的连续场线只有两种可能性,一种是它从无穷远处来到无穷远处去,另一种是自己形成闭合曲线,单从上式我们无法确定,但从毕奥-萨伐尔定律可知,磁感应线是自闭合曲线。磁感应线没有空间有限处的起点(源头)和终结,我们称这种场为无源场,也正是此缘故,在毕奥-萨伐尔定律中,我们称电流元激发磁场而非产生磁场。

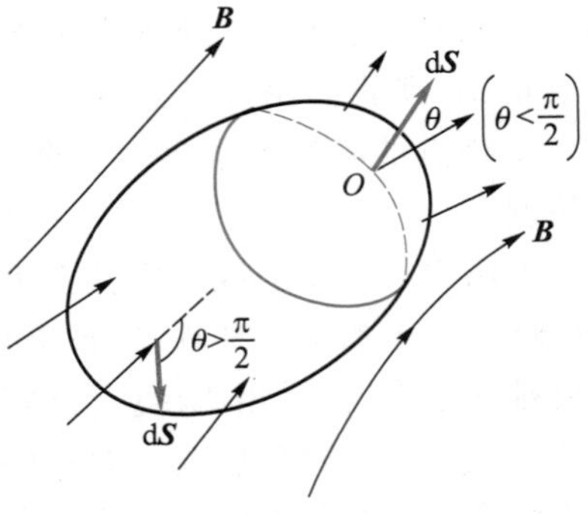

图 7-13

7.4　安培环路定理及其应用

一、安培环路定理

磁场的高斯定理表明磁场是无源的。现在我们来考察磁感应强度 $\boldsymbol{B}$ 沿空间任意一条闭合曲线的线积分,如果这个积分结果和静电场一样也恒为零,则表明磁感应线一定不能闭合,即磁感应线只能是从无穷远处来到无穷远处去,这种无源无旋的场称为调和场。反之,积分结果不恒等于零,即有时可以不为零,则表明磁感应线有时可以形成闭合回路,情况到底如何呢?下面我们通过考察真空中无限长载流直导线激发的磁场这一特例来计算磁感应强度 $\boldsymbol{B}$ 沿任一闭合路径的线积分。取以长直载流直线为 z 轴,其正方向与电流方向相同的柱坐标系,则由毕奥-萨伐尔定律可得空间任何位矢 $\boldsymbol{r}(\rho,\varphi,z)$ 处的场点的磁感应强度为

视频:磁场的安培环路定理

$$\boldsymbol{B}(\boldsymbol{r})=\frac{\mu_0 I}{2\pi\rho}\boldsymbol{e}_\varphi$$

取任意一条包围着电流 I 的闭合曲线 L,则沿闭合曲线 L,磁感应强度矢量的线积分为(参考第一章例 1-14)

$$\oint_L \boldsymbol{B}\cdot \mathrm{d}\boldsymbol{l}=\oint_L \frac{\mu_0 I}{2\pi\rho}\boldsymbol{e}_\varphi\cdot(\mathrm{d}\rho\boldsymbol{e}_\rho+\rho\mathrm{d}\varphi\boldsymbol{e}_\varphi+\mathrm{d}z\boldsymbol{e}_z)=\frac{\mu_0 I}{2\pi}\oint_L \mathrm{d}\varphi$$

如果闭合曲线的方向与 z 轴正方向[即电流(密度矢量)方向]构成右手螺旋关系,如图 7-14 中的曲线 L_1,则 $\mathrm{d}\varphi>0$,从而 $\oint_L \mathrm{d}\varphi=2\pi$,即 $\oint_L \boldsymbol{B}\cdot\mathrm{d}\boldsymbol{l}=\mu_0 I$;如果闭合曲线的回路方向与 z 轴正方向[即电流(密度矢量)方向]构成左手螺旋关系,如图 7-14 中的曲线 L_2,则有 $\oint_L \mathrm{d}\varphi=-2\pi$,故 $\oint_L \boldsymbol{B}\cdot\mathrm{d}\boldsymbol{l}=-\mu_0 I$;若闭合曲线 L 不包围电流 I,如图 7-14 中的曲线 L_3,则有 $\oint_L \mathrm{d}\varphi=0$,从而 $\oint_L \boldsymbol{B}\cdot\mathrm{d}\boldsymbol{l}=0$。

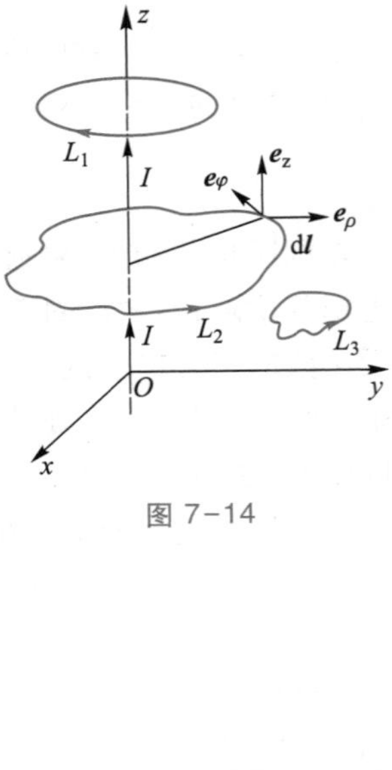

图 7-14

综上所述，我们有 $\oint_L \boldsymbol{B}\cdot \mathrm{d}\boldsymbol{l}=\mu_0 I(\mathrm{en}L)$。式中等号右边的电流 $I(\mathrm{en}L)$ 为回路 L 包围的电流的代数值，且当回路 L 的方向与电流 I 的方向构成右手螺旋关系时，电流为正，反之电流为负。这就是在无限长载流直导线激发的恒定磁场中，磁感应强度矢量与其激发它的电流满足的关系。在注意到电流的原始定义后，则上式应该改写为

$$\Gamma(\boldsymbol{B},L)\equiv \oint_L \boldsymbol{B}\cdot \mathrm{d}\boldsymbol{l}=\mu_0 I(\mathrm{en}L)=\mu_0 I(S_L)\equiv \mu_0\int_{S_L}\boldsymbol{j}_V\cdot \mathrm{d}\boldsymbol{S} \tag{7-36}$$

式中，S_L 为回路 L 所包围的一个曲面 S。由第一章环流概念可得上式的物理意义为：磁感应强度沿某个回路的曲线积分或环流，等于该回路围成的曲面上流过的总电流 $I(S_L)$ 与 μ_0 的乘积。

对一段有限长的载流直导线 AB 激发的磁场，考察其激发的磁感应强度 $\boldsymbol{B}$ 在一条磁感应线上的线积分。取以电流线为 z 轴的柱坐标系，对某条磁感应线 L，其方程为 $\rho=R,\ 0\leqslant\varphi\leqslant 2\pi,\ z=h$，如图 7-15 所示，则在上述柱坐标系中，其上各点的磁感应强度可清晰地表示为

$$\boldsymbol{B}(\boldsymbol{r})=\frac{\mu_0 I}{4\pi\rho}(\cos\theta_1-\cos\theta_2)\boldsymbol{e}_\varphi$$

则有
$$\oint_L \boldsymbol{B}\cdot \mathrm{d}\boldsymbol{l}=\int_0^{2\pi}\left.\frac{\mu_0 I(\cos\theta_1-\cos\theta_2)}{4\pi\rho}\right|_{\rho=R}\boldsymbol{e}_\varphi\cdot R\mathrm{d}\varphi\boldsymbol{e}_\varphi=\mu_0 I(\cos\theta_1-\cos\theta_2)/2$$

它并不等于曲线包围的电流 I 乘以 μ_0，而与角度 θ_1,θ_2 有关，即与回路的形状和位置有关。

无限长直导流意味着什么？如图 7-16 所示，任取闭合曲面 S，对无限长的电流为 I_1 的直导线而言，必定有多少电流线进入闭合曲面，就有多少电流线穿出闭合曲面，即满足方程 $\oint_S \boldsymbol{j}\cdot \mathrm{d}\boldsymbol{S}=0$。对于一段有限长的电流为 I_2 的导线而言，电流线进入闭合曲面但不再出来，故此时 $\oint_S \boldsymbol{j}\cdot \mathrm{d}\boldsymbol{S}<0$。可以严格证明：只有当所有对磁场有贡献的载流电流均满足 $\oint_S \boldsymbol{j}\cdot \mathrm{d}\boldsymbol{S}=0$，即所有电流线或者自闭合，或者是从无穷远处来到无穷远处去时，它们激发的总的磁感应强度 $\boldsymbol{B}$ 沿着任何一条闭合曲线的环流才等于真空的磁导率 μ_0 乘以穿过该闭合回路所围成的某个曲面上的电流，即

$$\Gamma(\boldsymbol{B},L)=\oint_L \boldsymbol{B}\cdot \mathrm{d}\boldsymbol{l}=\mu_0\sum_i I_i(\mathrm{en}L)=\mu_0 I(S_L)=\oint_{S_L}\boldsymbol{j}\cdot \mathrm{d}\boldsymbol{S} \tag{7-37}$$

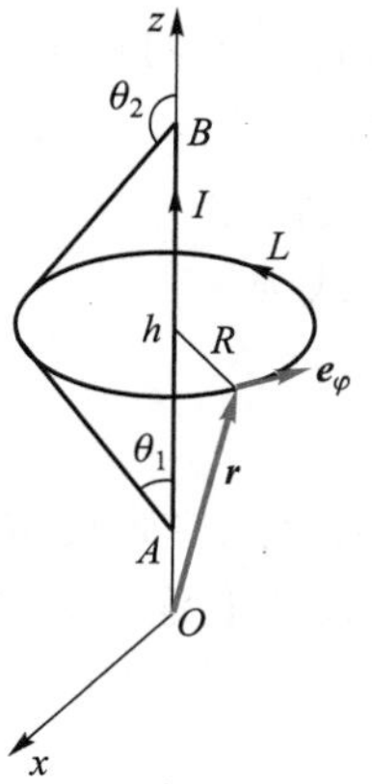

图 7-15

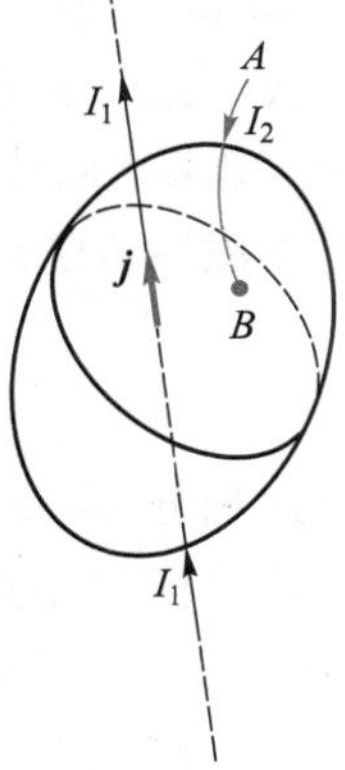

图 7-16

这就是真空中磁场的安培环路定理。注意此定理中的 $\mathrm{d}\boldsymbol{l}$ 与 $\mathrm{d}\boldsymbol{S}$ 的方向构成右手螺旋关系，即右手四指的指向为回路 $\mathrm{d}\boldsymbol{l}$ 的走向，回路围成面 $\mathrm{d}\boldsymbol{S}$ 的法向就是右手大拇指的方向。

回路围成的曲面的边界就是闭合回路，或者说，回路围成的曲面是闭合曲线的内部，因此，磁场的安培环路定理讨论的是边界上的环流与其内部流过的电流之间的关系。需要注意的是，不同的曲面可以有完全相同的边界，也就是说回路曲线 L 一定时，式(7-37)左边的回路积分唯一，但回路曲线 L 围成的面积有许多种，或平或凸或凹，S_L 仅表示边界为 L 的曲面，式(7-37)右边的曲面 S_L 应有很多种，故相应的 $I(S_L)$ 也有很多种，因 $\oint_{S_L}\boldsymbol{j}\cdot\mathrm{d}\boldsymbol{S}=0$，易得这些 $I(S_L)$ 都相同，故式(7-37)最右边的曲面积分结果也是唯一的，取一个最方便计算的曲面即可，若回路曲线 L 是一个平面曲线，围成的面常取为平面。而当电流不满足 $\oint_{S_L}\boldsymbol{j}\cdot\mathrm{d}\boldsymbol{S}=0$，则这些 $I(S_L)$ 并不都相同，即此时(7-37)最右边的曲面积分并不唯一，等号自然不再成立。

还需要说明的是，积分形式的安培环路定理实际上仅仅给出的是 $\Gamma(\boldsymbol{B},L)=\mu_0 I(S_L)$，不管是等号的左边还是右边，从数学上讲，它们都是总量，都是标量。也就是说，从某种意义上讲，安培环路定理与积分形式的静电场的高斯定理一样，仅仅阐述了内部的某个物理总量和边界上的另一个物理总量之间的关系，它并未对环路上的磁场分布有任何阐述。由磁场的叠加原理可知，空间任一点的磁场都是由全空间所有电流共同激发的，即环路上任一点的磁场不仅与环路内的电流有关，也与环路外的电流有关。

从物理角度上讲，磁场的安培环路定理表明磁感应线是闭合的，场线自闭合的场在数学上称为涡旋场，物理上称为非保守场。由于磁场的环流并不恒等于零，故磁场是个非保守场、涡旋场。结合式(7-37)等号的两边及条件，用物理语言讲就是：涡旋的电流（密度矢量）激发涡旋的磁场。于此我们还可以看到一个更加清晰的因果关系。它表明，原因有什么特性，结果必有什么特性，电流分布是因，磁场分布是果。因（电流）是恒定的，果（磁场）必然也是恒定的；因是无源的（$\oint_{S_L}\boldsymbol{j}\cdot\mathrm{d}\boldsymbol{S}=0$），果也必是无源的（$\oint_{S}\boldsymbol{B}\cdot\mathrm{d}\boldsymbol{S}=0$）；因是涡旋的（即 $\oint_{L}\boldsymbol{j}\cdot\mathrm{d}\boldsymbol{l}\neq 0$），果也是涡旋的（$\oint_{L}\boldsymbol{B}\cdot\mathrm{d}\boldsymbol{l}\neq 0$）。

二、安培环路定理的应用

安培环路定理是描述恒定磁场性质的基本定理之一，它除了阐明了恒定磁场具有涡旋性以外，还可以用来做什么？显而易见它有三个方面的应用。

1. 利用安培环路定理求某曲线上磁感应强度 $\boldsymbol{B}$ 的曲线积分

明显地，某曲线 L 上磁感应强度 $\boldsymbol{B}$ 的曲线积分的定义式为

$$\int_{a(L)}^{b}\boldsymbol{B}\cdot\mathrm{d}\boldsymbol{l} \tag{7-38}$$

视频：磁场的安培环路定理应用举例

由上式可知，欲求此积分，需要知道曲线 L 上各点处的磁感应强度 $\boldsymbol{B}$，有了 $\boldsymbol{B}$ 在曲线 L 上的表达式，才可能求出此积分值，这个积分在数学上称为第二类曲线积分，一般说来比较困难，故直接用定义式(7-38)来求并非一件易事，利用安培环路定理我们可以作一些简化。

若曲线 L 是闭合的，则由安培环路定理可得曲线 L 上磁感应强度 $\boldsymbol{B}$ 的环流就等于闭合曲线

所围成的某一个曲面上的电流总量乘以 μ_0，即第二类曲线积分化为第二类曲面积分，尽管电流密度于曲面上的积分也不容易求解，但一般地它比第二类曲线积分要简单一些，在本教材中，面上的电流几乎是一目了然的。例如在真空中，分布着三个无限长直电流 I_1、I_2 和 I_3，电流方向如图 7-17 所示，试求磁感应强度 $\boldsymbol{B}$ 沿回路 L 的积分 $\oint_L \boldsymbol{B}\cdot \mathrm{d}\boldsymbol{l}$。若直接求解需要计算回路各处磁感应强度 $\boldsymbol{B}$ 并完成积分，难度很大，但用安培环路定理就很简单。注意到 $\mathrm{d}\boldsymbol{l}$ 的方向可知回路围成的 $\mathrm{d}\boldsymbol{S}$ 方向垂直纸面向里，由 $\boldsymbol{j}\cdot \mathrm{d}\boldsymbol{S}$ 可知电流 I_1 为正，电流 I_2 为负，则由安培环路定理易得此积分值为$\mu_0(I_1-I_2)$，与回路 L 外的电流 I_3 无关。但需要明白的是，回路 L 上各点处的磁感应强度 $\boldsymbol{B}$ 不但与回路内的电流 I_1、I_2有关，也与回路外的电流 I_3 有关，它与全空间所有电流都有关。

若曲线 L 不闭合，安培环路定理当然无法使用。此时我们可设法补上一些曲线组成一个闭合回路，利用安培环路定理及对称性或已知条件可求出曲线上磁感应强度 $\boldsymbol{B}$ 的路径积分值。如图 7-18 所示，真空中无限长载流直线 I 垂直穿过一个正三边形 ABC 的中心，方向向外，若其他地方没有任何电流，则明显地由对称性可知，磁感应强度 $\boldsymbol{B}$ 沿三个边的路径积分值相同，而三个边构成一个闭合回路，则由安培环路定理可得磁感应强度 $\boldsymbol{B}$ 沿其中一个边的曲线积分值等于$-\mu_0 I/3$。

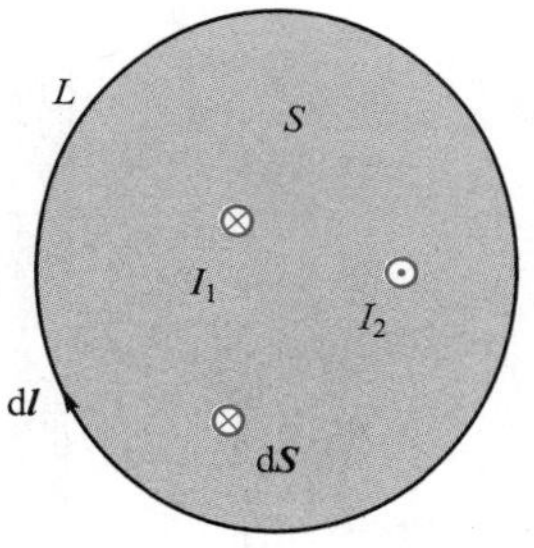

图 7-17

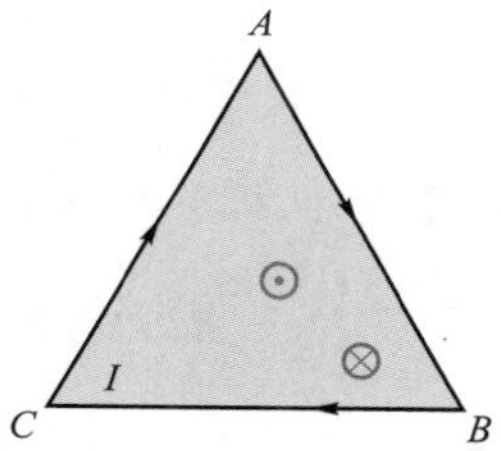

图 7-18

2. 已知空间磁场分布，求出某个曲面上流过的电流

若欲知道某曲面 S 上的电流总量 $I(S)$，只需测定该曲面的边界回路 L 上的磁场分布就可以，完成积分 $\oint_L \boldsymbol{B}\cdot \mathrm{d}\boldsymbol{l}$，再除以 μ_0，由安培环路定理可知这就是电流 $I(S)$。需要注意的是，激发磁场的全部电流必须都是连续的。由此可知，已知全空间的磁感应强度分布 $\boldsymbol{B}(\boldsymbol{r})$，则由积分形式的安培环路定理可以求出空间任意曲面上流过的电流总量。由于曲面选取的任意性（任意方向及任意大小），原则上我们就可以求出全空间的电流分布。全空间的电流分布决定了全空间的磁场分布，电流分布是因，磁场分布是果，这是一个已知结果反求原因的问题，相对说来比较容易，在工程中有着很好的应用价值，在此不作讨论。

3. 已知空间电流分布，利用安培环路定理求空间的磁场分布

已知空间电流分布，能否由安培环路定理求出空间的磁场分布？我们注意到（积分形式的）安培环路定理实际上是一个标量方程，它只能求出一个未知标量，故仅用安培环路定理是绝对不可能求出一个未知矢量来的。正如我们前面叙述的那样，（积分形式的）安培环路定理并未对闭合曲线上的磁场分布有任何阐述，故一般用（积分形式的）安培环路定理求解磁场分布是行不通的。

我们已知全空间的电流分布决定了全空间的磁场分布，电流的空间分布是因，磁场的空间

分布是果，我们在学习静电场时介绍了对称性原理，知道了原因有某种对称性，结果就一定有某种对称性，即电流分布的空间对称性决定了磁场分布的空间对称性，当空间对称性非常高时，高到空间任一点的磁场的方向能被完全确定，而磁场的大小（或该方向上的分量值）且仅仅是某一个坐标的函数，此时利用安培环路定理可求得磁场的大小。请看下面的例题。

例 7-6　求无限长载流圆柱导线内外的磁感应强度。设圆柱形导线的截面半径为 R，电流 I 沿轴线方向均匀流过横截面。

解：因无限长载流导线中的电流密度满足 $\oint_S \boldsymbol{j}\cdot \mathrm{d}\boldsymbol{S}=0$，且电流密度分布具有对圆柱中心轴线的线对称性，因此磁场分布也具有此线对称性。取圆柱形导线的中心对称轴为 z 轴，正方向与电流（密度矢量）方向相同的柱坐标系，如图 7-19 所示，则在此坐标系中，线对称性的磁感应强度表达式为 $\boldsymbol{B}(\boldsymbol{r})=B_\varphi(\rho)\boldsymbol{e}_\varphi=B(\rho)\boldsymbol{e}_\varphi$，即磁感应强度只存在于 $\boldsymbol{e}_\varphi$ 方向，且其分量 $B_\varphi(\rho)=B(\rho)$ 仅仅是坐标 ρ 的函数。作 ρ 不变的闭合曲线 L，其线元方向与 $\boldsymbol{e}_\varphi$ 相同，则有

$$\oint_L \boldsymbol{B}\cdot \mathrm{d}\boldsymbol{l}=\oint_L B(\rho)\boldsymbol{e}_\varphi\cdot \mathrm{d}l\boldsymbol{e}_\varphi=\oint_L B(\rho)\mathrm{d}l=B(\rho)\oint_L \mathrm{d}l=B(\rho)2\pi\rho=\mu_0 I(S_L)$$

最后一个等号用到了安培环路定理。

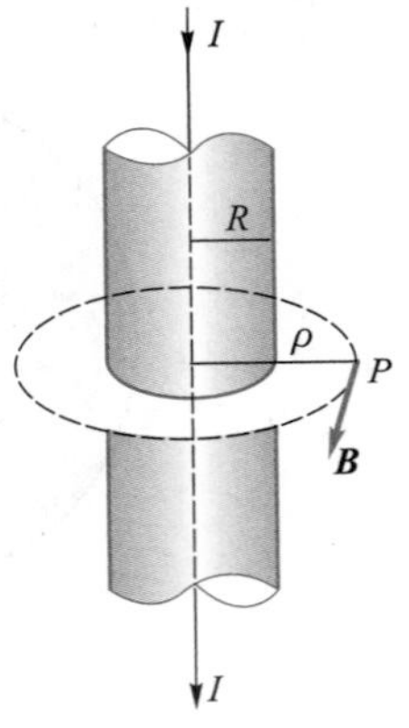

图 7-19

当场点在导线内，即 $\rho\leqslant R$，$I(S_L)=\dfrac{I}{\pi R^2}\pi\rho^2=\dfrac{I\rho^2}{R^2}$，因而

$$\boldsymbol{B}(\boldsymbol{r})=B_\varphi(\rho)\boldsymbol{e}_\varphi=\frac{\mu_0 I\rho}{2\pi R^2}\boldsymbol{e}_\varphi \tag{7-39}$$

当场点在导线外，即 $\rho\geqslant R$，$I(S_L)=I$，因而

$$\boldsymbol{B}(\boldsymbol{r})=B_\varphi(\rho)\boldsymbol{e}_\varphi=\frac{\mu_0 I}{2\pi\rho}\boldsymbol{e}_\varphi \tag{7-40}$$

它与无限长载流细导线外的磁场公式一样，也与将电流全部集中在中心轴线的情况一样，在导线表面处磁感应强度连续且达到最大，为 $B_R=\dfrac{\mu_0 I}{2\pi R}$。

若不计圆柱形导线的横截面积的大小，将其视为一根无限长载流细导线，则显然仅有导线外的磁感应强度，为

$$\boldsymbol{B}(\boldsymbol{r})=B_\varphi(\rho)\boldsymbol{e}_\varphi=\frac{\mu_0 I}{2\pi\rho}\boldsymbol{e}_\varphi \tag{7-41}$$

明显地，当径向坐标 ρ 趋于零时，上式中的 $B=B_\varphi(\rho)$ 趋于无穷大。无穷大在经典物理学中是不合理的，哪儿出了问题？很显然当场点趋于 z 轴时，再将载流导线视为一根无限细的导线明显是不合适的，此时应将其视为有一定横截面的圆柱形导线，磁感应强度最大值出现在导线表面，为 $B_R=\dfrac{\mu_0 I}{2\pi R}$，是一个有限值。

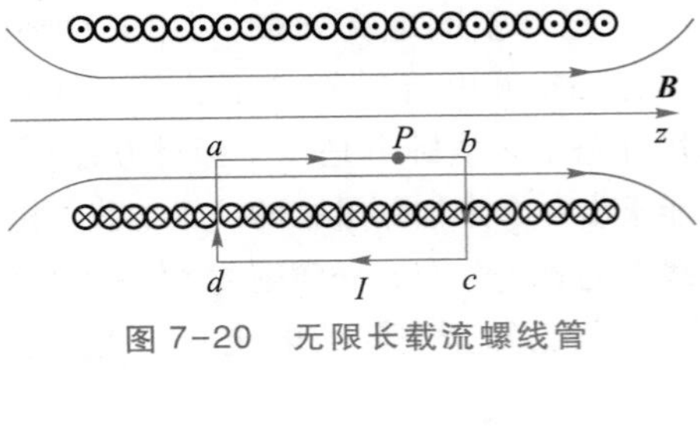

图 7-20　无限长载流螺线管

例 7-7　求无限长载流密绕螺线管内外的磁场分布。设无限长载流螺线管通有电流 I，单位长度上绕有 n 匝线圈，螺线管半径为 R，如图 7-20 所示。

解：由于螺线管无限长且密绕，则电流分布具有

对螺线管中心对称线的线对称性,故磁场分布也具有该对称性。电流分布满足安培环路定理的适用条件,取中心对称线为 z 轴、正方向向右的柱坐标系,在此坐标系中,$\boldsymbol{B}(\boldsymbol{r})=B_z(\rho)\boldsymbol{e}_z=B(\rho)\boldsymbol{e}_z$,即磁感应强度在 $\boldsymbol{e}_z$ 方向上,其分量 $B_z(\rho)$ 仅仅是坐标 ρ 的函数,即在与中心轴平行的直线上,该分量值不变。注意到磁感应线是连续闭合的,全部磁感应线在螺线管内从左向右,在螺线管外从右向左,它们的总数相同。磁感应线的疏密程度表示了磁感应强度的大小,明显地,与螺线管内相比,螺线管外的磁感应线较疏,管外的磁感应强度可近似看成为零。

有了 $\rho>R$ 处,$B(\rho)=0$ 的结论,我们就可以求管内任一点 P 的磁感应强度了。通过 P 点作一矩形的闭合回路 $abcd$,如图 7-20 所示。在线段 cd 上,以及 bc 和 da 位于管外的部分,因为螺线管外 $B=0$,所以 $\boldsymbol{B}\cdot\mathrm{d}\boldsymbol{l}=0$;在 bc 和 da 位于管内的部分,虽然 $B\neq0$,但 $\mathrm{d}\boldsymbol{l}\perp\boldsymbol{B}$,故也有 $\boldsymbol{B}\cdot\mathrm{d}\boldsymbol{l}=0$。线段 ab 与中心轴平行,其上的分量 $B_z(\rho)$ 处处相等,方向都与积分路径 $\mathrm{d}\boldsymbol{l}$ 一致(从 a 到 b),故 $\boldsymbol{B}$ 矢量沿闭合回路 $abcd$ 的路径积分为

$$\oint_{abcda}\boldsymbol{B}\cdot\mathrm{d}\boldsymbol{l}=\int_{ab}\boldsymbol{B}\cdot\mathrm{d}\boldsymbol{l}+\int_{bc}\boldsymbol{B}\cdot\mathrm{d}\boldsymbol{l}+\int_{cd}\boldsymbol{B}\cdot\mathrm{d}\boldsymbol{l}+\int_{da}\boldsymbol{B}\cdot\mathrm{d}\boldsymbol{l}=\int_{ab}\boldsymbol{B}\cdot\mathrm{d}\boldsymbol{l}=B|ab|$$

因螺线管单位长度上有 n 匝线圈,通过每匝线圈的电流为 I,所以回路 $abcd$ 所包围的电流总和为 $|ab|\cdot nI$,根据右手螺旋定则,该电流为正值。于是,由安培环路定理得

$$\oint_{abcda}\boldsymbol{B}\cdot\mathrm{d}\boldsymbol{l}=B|ab|=\mu_0|ab|nI$$

于是 $B=\mu_0nI$,与坐标 ρ 无关,由此可得全空间的磁场分布为

$$\boldsymbol{B}=\mu_0nI\boldsymbol{e}_z,\ \rho<R;\quad \boldsymbol{B}=\boldsymbol{0},\ \rho>R \tag{7-42}$$

磁感应强度的大小虽然是坐标 ρ 的函数,但螺线管内外的磁感应强度都与坐标 ρ 无关,即螺线管内外的磁感应强度分别都是均匀的。

例 7-8 求载流螺绕环内、外的磁场分布。螺绕环是绕在环形管上的一组圆形线圈,如图 7-21 所示。设一细螺绕环的线圈总匝数为 N,通有电流 I,并且环上的线圈绕得很密。

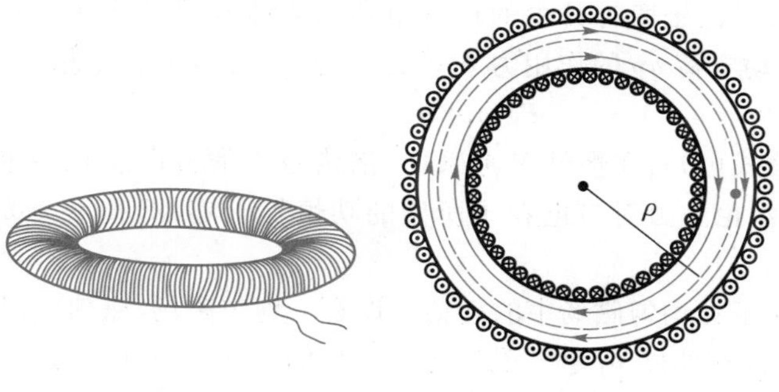

(a) (b)

图 7-21 螺绕环

解:在密绕情况下,螺绕环中的磁场不会漏出螺绕环。电流分布对螺绕环的中心轴具有轴对称性且满足安培环路定理的适用条件,故磁场分布也具有对中心轴的轴对称性。我们注意到,在磁场中,每一条磁感应线都是和闭合电流相互套连的无头无尾的闭合线,则螺绕环环外必无磁场,而环内的磁感应线是一系列垂直中心轴的同心平面圆周,圆心在中心轴上,即在取

中心轴为 z 轴的柱坐标系中[在图(b)中,z 轴过中心点垂直纸面向里],磁感应强度的表达式为 $\boldsymbol{B}(\boldsymbol{r})=B_z(\rho)\boldsymbol{e}_\varphi=B(\rho)\boldsymbol{e}_\varphi$,而且仅在螺绕环内不为零。由轴对称性可知,同一条磁感应线上各点磁感应强度的大小相等,方向沿圆周的切线方向,与圆内电流成右手螺旋关系。在螺绕环内取一半径为 ρ 的磁感应线 L 为积分回路,则有

$$\oint_L \boldsymbol{B}\cdot \mathrm{d}\boldsymbol{l}=\oint_L B\mathrm{d}l=B\oint_L \mathrm{d}l=B\cdot 2\pi\rho=\mu_0 NI$$

最后一个等号用到了安培环路定理,由此可得该磁感应线上的磁感应强度大小为

$$B=\frac{\mu_0 NI}{2\pi\rho} \tag{7-43}$$

从而可得螺绕环内、外的磁场分布为

$$\boldsymbol{B}_1(\boldsymbol{r})=\frac{\mu_0 NI}{2\pi\rho},\text{螺绕环内};\quad \boldsymbol{B}_2(r)=\boldsymbol{0},\text{螺绕环外} \tag{7-44}$$

至此,我们学习了利用对称性原理及积分形式的安培环路定理来求解磁场,但明显地,这需要激发磁场的电流必须是无源的,即电流线在有限远处不能有断点,而且这些电流在空间的分布必须具有极高的对称性,这些要求无疑会降低积分形式的安培环路定理的应用范围。幸好我们还有一个非常重要的原理——磁场的叠加原理,当然我们还有毕奥-萨伐尔定律,综合应用这些物理定理和定律,原则上可以求出任意电流所激发的磁场,但一般而言,求解都非常复杂,此处我们不再展开讨论。

7.5　磁场中的运动电荷和载流导线

一、洛伦兹力

我们现在反过来讨论磁场对其中的运动电荷及载流导线的作用。在惯性参考系中,磁场 $\boldsymbol{B}$ 对运动电荷 $q\boldsymbol{v}$ 的作用力 $\boldsymbol{F}$ 称为洛伦兹力,其表达式为

$$\boldsymbol{F}=q\boldsymbol{v}\times\boldsymbol{B} \tag{7-45}$$

视频:载流导线在磁场中的受力

由洛伦兹力的公式可知,在惯性参考系中,洛伦兹力的方向总是和带电粒子的速度方向垂直,则洛伦兹力对带电粒子所做的功恒等于零,即其不会改变带电粒子速度的大小。

下面讨论带电粒子在均匀磁场中的运动。设有一均匀磁场,磁感应强度为 $\boldsymbol{B}$,一电荷量为 q、质量为 m 的粒子,以初速度 $\boldsymbol{v}_0$ 进入磁场运动。我们分四种情况进行讨论。

(1) 如果 $\boldsymbol{v}_0$ 与 $\boldsymbol{B}$ 的方向平行,由式(7-45)可知,洛伦兹力等于零,因此带电粒子进入磁场后以 $\boldsymbol{v}_0$ 做匀速直线运动。

(2) 如果 $\boldsymbol{v}_0$ 与 $\boldsymbol{B}$ 的方向垂直,这时洛伦兹力的大小为 $F=qv_0B$,方向垂直于 $\boldsymbol{v}_0$ 及 $\boldsymbol{B}$。带电粒子速度的大小不变,只改变方向,带电粒子在此力作用下将在垂直磁场的平面内做匀速圆周运动,而洛伦兹力起着向心力的作用,即 $qv_0B=mv_0^2/R$,故

$$R=\frac{mv_0}{qB}=\frac{p_0}{qB} \tag{7-46}$$

式中 R 是粒子的圆形轨道半径，称为回旋半径。可见，对于一定的带电粒子（q/m 一定），其轨道半径与带电粒子的运动速度成正比，而与磁感应强度成反比。速度越小，或磁感应强度越大，轨道半径越小。圆周运动一周所需的时间（回旋周期）为

$$T=\frac{2\pi R}{v_0}=\frac{2\pi m}{qB} \tag{7-47}$$

其与带电粒子的运动速度无关。

（3）如果 $\boldsymbol{v}_0$ 与 $\boldsymbol{B}$ 的方向成 θ 角，则平行磁场方向的速度为 $v_{/\!/}=\boldsymbol{v}_0\cdot\boldsymbol{B}/B=v_0\cos\theta$，粒子将以此速度在平行于磁场的方向上做匀速直线运动；粒子垂直于磁场方向的速度为 $v_{\perp}=v_0\sin\theta$，所受洛伦兹力大小为 $F=|\boldsymbol{F}|=|q\boldsymbol{v}_0\times\boldsymbol{B}|=qv_0B\sin\theta=qv_{\perp}B$，粒子在垂直于磁场的平面内做速率为 $v_{\perp}$ 的圆周运动，其回旋半径为

$$R=\frac{mv_{\perp}}{qB}=\frac{mv_0\sin\theta}{qB}$$

合运动的轨迹是一螺旋线，如图 7-22 所示，螺旋线的半径即上式中的 R，螺旋运动一周的时间是

$$T=\frac{2\pi R}{v_0\sin\theta}=\frac{2\pi m}{qB}$$

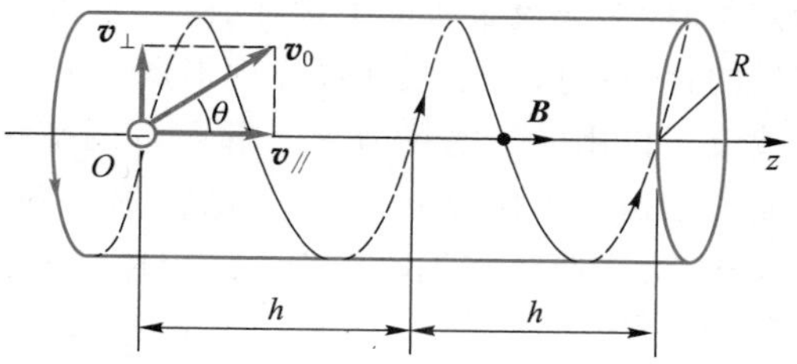

图 7-22　螺旋线

带电粒子在螺旋线上每旋转一周，沿磁场方向所前进的距离称为螺距，为

$$h=v_{/\!/}T=v_{/\!/}\frac{2\pi R}{v_{\perp}}=\frac{2\pi mv_0\cos\theta}{qB} \tag{7-48}$$

式(7-48)表明，螺距 h 只和平行于磁场的速度分量 $v_{/\!/}$ 有关，而和垂直于磁场的速度分量 $v_{\perp}$ 无关，这一点是磁聚焦等的理论依据。

（4）如果空间既有电场又有磁场，那么带电粒子还要受到电场力的作用。这时，带有电荷量 q 的粒子在静电场 $\boldsymbol{E}$ 和磁场 $\boldsymbol{B}$ 中以速度 $\boldsymbol{v}$ 运动时所受的合力为

$$\boldsymbol{F}=q\boldsymbol{E}+q\boldsymbol{v}\times\boldsymbol{B}=q(\boldsymbol{E}+\boldsymbol{v}\times\boldsymbol{B}) \tag{7-49}$$

上式称为普遍情况下的洛伦兹力公式，也是电磁学的基本公式之一。当带电粒子的速度 v 远小于光速 c 时，根据牛顿第二定律，带电粒子的运动方程（设重力可以忽略不计）为

$$q\boldsymbol{E}+q\boldsymbol{v}\times\boldsymbol{B}=m\boldsymbol{a}=\frac{m\mathrm{d}\boldsymbol{v}}{\mathrm{d}t} \tag{7-50}$$

式中 m 为带电粒子的质量。在实际应用中，常利用变化电磁场来控制带电粒子的运动，例如回旋加速器等。

二、霍尔效应

如图 7-23 所示，将一载流导体板放在磁场中，若磁场方向垂直于导体板并与电流方向垂直，则在导体板的上、下两侧面之间会产生一定的电势差，这一现象称为霍尔效应，所产生的电势差称为霍尔电势差或者霍尔电压 U_H。

通过实验可以测定，霍尔电压的大小与导体中的电流 I 及磁感应强度 B 成正比，与导体板

的厚度 d 成反比，即

$$U_H = R_H \frac{IB}{d} \tag{7-51}$$

式中比例系数 R_H 称为霍尔系数，它取决于导体的电学性质。

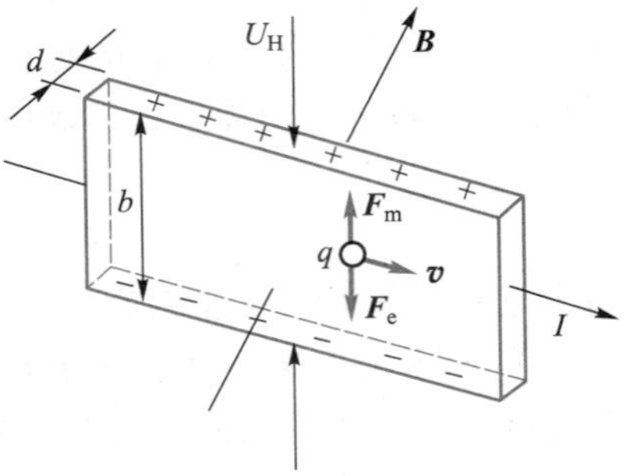

图 7-23　霍尔效应

经典理论认为，霍尔效应的产生是导体中的载流子在磁场中受到洛伦兹力的作用而发生横向（垂直于电流方向）漂移的结果。设导体中载流子数密度为 n，每个载流子的电荷量为 q，平均漂移速度为 $\boldsymbol{v}$，它们在磁场中受洛伦兹力 $\boldsymbol{F}_m$ 的作用。若载流子带正电，即 $q>0$，$\boldsymbol{F}_m$ 的方向向上，载流子将向上漂移，由于导体的表面限制作用，导体板的上、下两侧面将分别积累等量的正、负电荷，于是在导体内形成一方向向下的附加电场 $\boldsymbol{E}_H$（霍尔电场）。这一电场又将对载流子作用——电场力 $\boldsymbol{F}_e$。平衡时有 $\boldsymbol{F}=q\boldsymbol{E}_H+q\boldsymbol{v}\times\boldsymbol{B}=q(\boldsymbol{E}_H+\boldsymbol{v}\times\boldsymbol{B})=\boldsymbol{0}$，即 $\boldsymbol{E}_H=-\boldsymbol{v}\times\boldsymbol{B}$，此时载流子不再有横向漂移，导体内的霍尔电场 $\boldsymbol{E}_H$ 达到稳定，导体板上、下两侧面间产生一恒定的电势差，这便是霍尔电压 U_H，设导体板的宽度为 b，可得霍尔电压的大小为

$$U_H = E_H b = vBb \tag{7-52}$$

注意到电流 $I=qnvbd$，则有

$$U_H = \frac{1}{nq}\frac{IB}{d} = R_H \frac{IB}{d} \tag{7-53}$$

式中 $R_H=1/nq$，即霍尔系数。

若载流子带负电，$q<0$，则在电流和磁场方向都不变的情况下，洛伦兹力 $\boldsymbol{F}_m$ 将使负载流子向导体板上侧漂移，于是导体板的上、下两侧分别积累负电荷和正电荷，$\boldsymbol{E}_H$ 的方向向上，因而导体板下端电势高于上端电势，即霍尔电压的极性与载流子带正电的情形相反。因此根据霍尔电压的极性可以确定半导体的类型。

半导体材料的载流子数密度较小，因而霍尔系数很大，效应较为明显，半导体材料常用于制作霍尔元件。霍尔效应现已广泛应用于生产及科研中，如用半导体材料制成的霍尔元件可以用来测量磁场和电流，确定载流子数密度等。

经典理论给出的霍尔系数与实验有一定的偏差，原因是没有考虑量子效应。霍尔效应的完整解释要使用量子理论，有兴趣的同学可以参考相关书籍。

三、磁场对载流导线的作用

1. 磁场对载流导线的作用力

我们知道了磁场对运动电荷的作用力后，现在可以讨论磁场对载流导线的作用力。我们知道，电荷相对于导线的运动形成传导电流，载流细导线中的任一小段线电流元实际上就是其中的运动电荷，即 $I\mathrm{d}\boldsymbol{l}=\mathrm{d}q\boldsymbol{v}$，故由洛伦兹力公式可得其在磁场中的受力为

$$\mathrm{d}\boldsymbol{F} = \mathrm{d}q\boldsymbol{v}\times\boldsymbol{B} = I\mathrm{d}\boldsymbol{l}\times\boldsymbol{B} \tag{7-54}$$

与安培从实验结果总结得到的一样，故上式也称为安培定律，载流导线在磁场中的受力称为安培力。对任一给定载流导线而言，则由力的叠加原理可得其所受的磁场作用力为

$$F=\int_L \mathrm{d}\boldsymbol{F}=\int_L I\mathrm{d}\boldsymbol{l}\times\boldsymbol{B} \tag{7-55}$$

式中 $I\mathrm{d}\boldsymbol{l}$ 和 $\boldsymbol{B}$ 处于同一地方。需要注意的是，一般地，载流导线受安培力作用而产生运动，此时载流子相对于惯性参考系的运动速度是载流子于导线中的速度 $\boldsymbol{v}$ 加上载流导线的运动速度 $\boldsymbol{v}_0$，故对惯性参考系，式(7-54)表示的安培力并非这些载流子受到的全部洛伦兹力，而是这些载流子相对于导线运动而产生的一部分洛伦兹力。这也就是我们下面将会看到的洛伦兹力绝不会做功而安培力能做功的原因。

下面我们首先来看一段长为 l 的任意形状的载流导线 ab 在匀强磁场 $\boldsymbol{B}$ 中的受力，由式(7-55)可得此安培力为

$$\boldsymbol{F}=\int_L \mathrm{d}\boldsymbol{F}=\int_a^b I\mathrm{d}\boldsymbol{l}\times\boldsymbol{B}=I\left(\int_{r_a}^{r_b}\mathrm{d}\boldsymbol{r}\right)\times\boldsymbol{B}=I(\boldsymbol{r}_b-\boldsymbol{r}_a)\times\boldsymbol{B}=I\,\overrightarrow{ab}\times\boldsymbol{B} \tag{7-56}$$

上式中的 $\boldsymbol{r}_a$、$\boldsymbol{r}_b$ 和 $\mathrm{d}\boldsymbol{r}$ 分别是导线 ab 的始末端及线元 $\mathrm{d}\boldsymbol{l}$ 在某惯性参考系中的表示。由上式可知，均匀磁场对任意载流导线的作用力就等效于连结始末端的载有同样电流的一段直导线。由此可知，对任意闭合载流导线而言，其在均匀磁场中受到的全部安培力的矢量和一定等于零。在不均匀磁场中，我们只能按式(7-55)老老实实地完成积分。

例 7-9 如图 7-24 所示，在某惯性参考系中，一无限长直导线与一长为 L 的直导线 ab 相互垂直地放置在同一个平面内，它们分别通有电流 I_1 和 I_2。设 a 端与无限长直导线的距离为 R，求载流导线 ab 受到的磁场力。

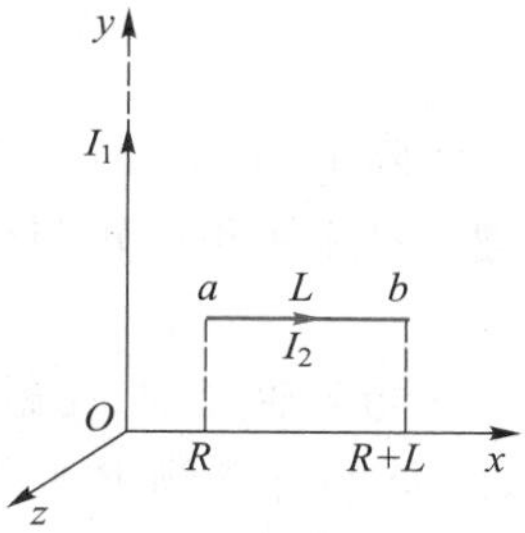

图 7-24

解：取如图 7-24 所示的直角坐标系，则由无限长载流直导线在其周围激发的磁场公式可得 x 处的磁感应强度为

$$\boldsymbol{B}(x)=-\frac{\mu_0 I_1}{2\pi x}\boldsymbol{e}_z$$

导线 ab 在该处的线电流元为 $I_2\mathrm{d}x\boldsymbol{e}_x$，代入式(7-55)得导线 ab 受力为

$$\boldsymbol{F}=\int_R^{R+L} I_2\mathrm{d}x\boldsymbol{e}_x\times\frac{-\mu_0 I_1}{2\pi x}\boldsymbol{e}_z=\frac{\mu_0 I_1 I_2\boldsymbol{e}_y}{2\pi}\int_R^{R+L}\frac{\mathrm{d}x}{x}=\frac{\mu_0 I_1 I_2}{2\pi}\ln\frac{R+L}{R}\boldsymbol{e}_y$$

2. 磁场对载流线圈的作用　磁力矩

如图 7-25 所示，在磁感应强度为 $\boldsymbol{B}$ 的均匀磁场中，有一刚性的长方形平面载流线圈，长、宽分别为 l_1 和 l_2，电流为 I，线圈的平面法向与磁场的方向成任意角 φ。无疑，整个闭合载流导线在均匀磁场中受到的全部安培力的矢量和等于零。其中导线 BC 和 AD 所受的安培力大小相等，方向相反，且在同一条直线上，合力为零，对任意轴的合力矩也为零；导线 BC 和 AD 所受的磁场力大小相等，为 $F_2=F_2'=BIl_2$，方向相反，合力为零，但力的作用线不在同一条直线上，组成力偶，它对任意轴的合力矩（力偶矩）大小为 $M=BIS\sin\varphi$，当用磁矩 $\boldsymbol{m}$ 来表征载流线圈时，在注意到方向后可得载流细导线组成的线圈平面在均匀磁场中受到的力矩为

$$\boldsymbol{M}=\boldsymbol{m}\times\boldsymbol{B} \tag{7-57}$$

上式中的 $\boldsymbol{m}=I\boldsymbol{S}=IS\boldsymbol{e}_\mathrm{n}$，为线圈的磁矩，式(7-57)表明小圆电流与均匀外磁场的相互作用可以用它的磁矩来表示，并且当 $\varphi=\pi/2$，即线圈平面与磁场方向相互平行时，线圈所受到的磁力矩为最大，这一磁力矩有使 φ 减小的趋势；当 $\varphi=0$，即线圈平面与磁场方向垂直时，线圈磁矩 $\boldsymbol{m}$

的方向与磁场方向相同，线圈所受到的磁力矩为零，这是线圈稳定平衡的位置；当$\varphi=\pi$时，线圈平面虽然也与磁场方向垂直，但线圈磁矩 $\boldsymbol{m}$ 的方向与磁场方向正好相反，此时线圈所受的磁力矩虽然也为零，但这一位置的能量最大，平衡是不稳定的，线圈稍微受到扰动，它就会在磁力矩的作用下离开这一位置，而转到 $\varphi=0$ 的稳定位置上去。由此可知，外磁场对载流线圈所施加的磁力矩，总是力图使线圈转到其磁矩的方向与外磁场方向相同的稳定平衡的位置上去。

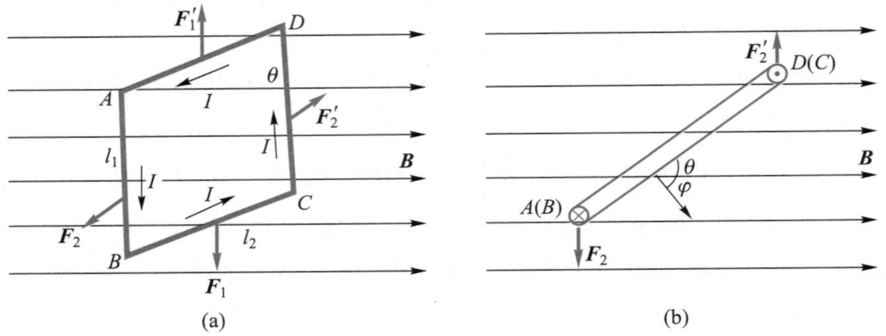

图 7-25　平面载流线圈在匀强磁场中所受的力矩

（a）立体图　（b）俯视图

实际上，我们还可以讨论足够小的圆电流与外磁场的相互作用能，利用磁力矩作用及功能原理反过来可得磁矩与外磁场的相互作用能为

$$E_p=-mB\cos\varphi=-\boldsymbol{m}\cdot\boldsymbol{B} \tag{7-58}$$

在均匀磁场中，在磁力矩作用下，磁矩 $\boldsymbol{m}$ 将转动，趋向于与外磁场 $\boldsymbol{B}$ 平行，由式(7-58)可知，当 $\boldsymbol{m}$ 与外磁场 $\boldsymbol{B}$ 平行时，相互作用能最小，系统处于平衡状态，这就是用自由小磁针测定磁场方向的原理。

在不均匀的外磁场中，磁矩与外磁场的相互作用能还将是空间线坐标的函数，对线坐标的导数不为零，即 $\boldsymbol{F}=-\nabla E_p\neq 0$，磁矩在不均匀外磁场中将做变速运动。

式(7-57)和式(7-58)不仅对长方形线圈成立，对处在均匀磁场中磁矩为 $\boldsymbol{m}$ 的任意线圈也同样成立，当线圈有 N 匝时，则线圈的总磁矩等于单个载流回路磁矩 $\boldsymbol{m}$ 的 N 倍。

载流闭合线圈在均匀磁场中所受的合力总为零，仅受到力矩的作用，因此在均匀磁场中的载流闭合线圈只发生转动，不会发生整个线圈的平动。磁场对载流线圈作用力矩的规律是制造各种电动机、动圈式电表和电流计等的基本原理。

3. 两无限长平行载流直导线间的相互作用力

两无限长载流导线间的相互作用力，实质上是一载流导线在其周围空间激发的磁场对另一载流导线的作用力。设两段平行的载流直导线 AB 和 CD，两者间的垂直距离为 d，电流分别为 I_1 和 I_2，方向相同，如图 7-26 所示。

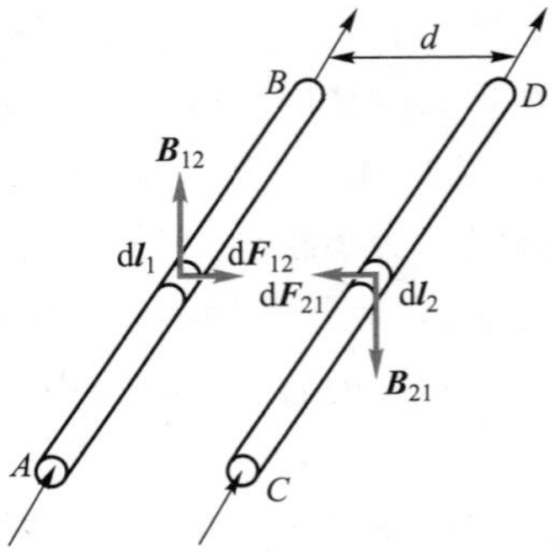

图 7-26　平行载流直导线间的相互作用力

首先计算载流导线 CD 所受的力。根据载流直导线的磁场公式可得导线 AB 在导线 CD 处产生的磁场大小为 $B_{21}=\dfrac{\mu_0 I_1}{2\pi d}$，$\boldsymbol{B}_{21}$ 的

方向垂直于导线 CD,即图 7-26 中所示的方向。在 CD 上任取一电流元 $I_2 d\boldsymbol{l}_2$,由安培定律可得该电流元所受的力为

$$d\boldsymbol{F}_{21}=I_2 d\boldsymbol{l}_2\times\boldsymbol{B}_{21}$$

其大小为 $dF_{21}=B_{21}I_2 dl_2=\dfrac{\mu_0 I_1 I_2 dl_2}{2\pi d}$,$d\boldsymbol{F}_{21}$的方向在两平行载流直导线所决定的平面内并垂直指向导线 AB。

同理,导线 CD 产生的磁场作用在导线 AB 的电流元 $I_1 d\boldsymbol{l}_1$ 上的磁场力 $d\boldsymbol{F}_{12}$的大小为

$$dF_{12}=\frac{\mu_0 I_1 I_2}{2\pi d}dl_1$$

方向与 $d\boldsymbol{F}_{21}$的方向相反。

因此,两载流导线 AB 和 CD 单位长度所受的力大小相等,即

$$\frac{dF_{21}}{dl_2}=\frac{dF_{12}}{dl_1}=\frac{\mu_0 I_1 I_2}{2\pi d} \tag{7-59}$$

上述讨论表明,当两平行载流长直导线中的电流为同向时,通过磁场的作用,将相互吸引。不难看出,两者通有反向电流时将相互排斥,而导线单位长度所受斥力的大小与其电流同方向时所受引力的大小相等。

在国际单位制中,安培的旧定义如下:真空中相距 1 m 的两根无限长而圆截面极小的平行直导线中载有相等的电流时,若每米长度导线上的相互作用力等于 2×10^{-7} N,则导线中的电流定义为 1 安培(A)。在国际单位制中,真空的磁导率 μ_0 是导出量。根据安培的定义,在式(7-59)中取 $d=1$ m,$I_1=I_2=1$ A,$dF_{21}/dl_2=2\times10^{-7}$ N/m,从而可得 $\mu_0=4\pi\times10^{-7}$ N/A^2。

4. 安培力做的功

我们知道,洛伦兹力是不做功的,无论导线中的载流子如何运动,它受到的洛伦兹力总是不做功的。但前面我们已指出,只要载流导线有运动,则导线上的安培力并非全部的洛伦兹力,而仅仅是它的一部分,是可以做功的。如图 7-27 所示,可滑动直导体棒 ab 在均匀磁场的安培力作用下运动,取如图 7-27 所示的坐标系,则 dt 时间内安培力做的功为

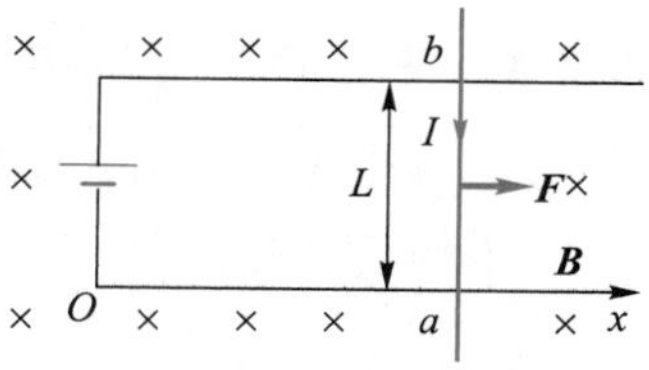

图 7-27

$$dW=\boldsymbol{F}\cdot d\boldsymbol{x}=Fdx=IBLdx=IBdS=I\boldsymbol{B}\cdot d\boldsymbol{S}=Id\Phi \tag{7-60}$$

正是闭合回路在 dt 时间内增加的磁通量与电流的乘积,也就是其中可滑动直导体棒 ab 在 dt 时间内切割的磁感应线的数目与电流的乘积。

类似地,在图 7-25 中,载流闭合回路在均匀磁场中受磁力矩 $M=BIS\sin\varphi$ 的作用下,dt 时间内回路法向转过 $d\varphi$,注意到磁力矩做正功时 $d\varphi<0$,故磁力矩做功为

$$dW=-Md\varphi=-BIS\sin\varphi d\varphi=Id(BS\cos\varphi)=Id\Phi$$

它同样是闭合回路在 dt 时间内增加的磁通量,是闭合回路在 dt 时间内切割的磁感应线的数目。这是一个很有意思的结果:在任意闭合载流回路运动时,安培力对整个回路中的载流子做的功总等于回路中的电流与回路所围磁通量增量的乘积,即 $dW=Id\Phi$。可总的洛伦兹力一定是不做功的,上述结果意味着什么?这问题的答案正是下章将要介绍的回路动生电动势的来源。

习题

选择题

7-1　下面说法正确的是(　　)。

A. 电流是个标量,其值恒大于零

B. 电流密度是个矢量,其方向为电荷的流动方向

C. 电流密度是个矢量,其方向为导线的切线方向

D. 电流是个标量,可正可负,其赋值在导线任意曲面上

7-2　在电流元 $I\mathrm{d}\boldsymbol{l}$ 激发的磁场中, 若在距离电流元为 $\boldsymbol{r}$ 处的磁感应强度为 $\mathrm{d}\boldsymbol{B}$。则下列叙述中正确的是(　　)。

A. $\mathrm{d}\boldsymbol{B}$ 的方向一定与 $\boldsymbol{r}$ 方向相同

B. $\mathrm{d}\boldsymbol{B}$ 的方向一定与 $I\mathrm{d}\boldsymbol{l}$ 方向相同

C. $\mathrm{d}\boldsymbol{B}$ 的方向一定垂直于 $I\mathrm{d}\boldsymbol{l}$ 与 $\boldsymbol{r}$ 组成的平面

D. $\mathrm{d}\boldsymbol{B}$ 的方向可以与 $\boldsymbol{r}$ 方向成任一角度

7-3　磁场的高斯定理 $\oint_S \boldsymbol{B}\cdot\mathrm{d}\boldsymbol{S}=0$,说明(　　)。

A. 穿入闭合曲面 S 的磁感应线的条数必然等于穿出的磁感应线的条数

B. 穿入闭合曲面 S 的磁感应线的条数可以不等于穿出的磁感应线的条数

C. 从闭合曲面外进入 S 内的一条磁感应线可以不再穿出闭合曲面

D. 一条磁感应线不可能完全处于闭合曲面 S 内

7-4　安培环路定律 $\oint_L \boldsymbol{B}\cdot\mathrm{d}\boldsymbol{l}=\mu_0 I(S_L)$ 说明了磁场的性质是(　　)。

A. 磁感应线应是闭合曲线　　B. 磁场力是保守力

C. 磁场是无源场　　D. 磁场是涡旋场

7-5　磁场中的高斯定理 $\oint_S \boldsymbol{B}\cdot\mathrm{d}\boldsymbol{S}=0$ 说明了磁场的性质是(　　)。

A. 磁场力是保守力　　B. 磁感应线一定自闭合

C. 磁场是无源场　　D. 磁场是涡旋场

7-6　若某空间存在两无限长直载流导线, 空间的磁场就不存在简单的对称性。此时该磁场的分布(　　)。

A. 可以直接用安培环路定理来计算

B. 只能用安培环路定理来计算

C. 只能用毕奥-萨伐尔定律来计算

D. 可以用安培环路定理和磁场的叠加原理求出

7-7　关于磁场中的安培环路定理,下列说法正确的是(　　)。

A. 闭合回路上各点磁感应强度都为零时,回路内一定没有电流穿过

B. 闭合回路上各点磁感应强度都为零时,回路内穿过电流的代数和必定为零

C. 磁感应强度沿闭合回路的积分为零时,回路上各点的磁感应强度必定为零

D. 磁感应强度沿闭合回路的积分不为零时，回路上任意一点的磁感应强度都不可能为零

7-8 对于安培环路定理$\oint_L \boldsymbol{B}\cdot \mathrm{d}\boldsymbol{l}=\mu_0 I(S_L)$，在下面说法中正确的是（　　）。

A. 式中的 $\boldsymbol{B}$ 只是穿过闭合环路 L 内的电流 $I(S_L)$ 所激发的，与环路外的电流无关

B. 只要被闭合环路 L 包围的电流 $I(S_L)$ 是连续的，安培环路定理就一定成立

C. 安培环路定理只在具有高度对称的磁场中才成立

D. 只有激发磁场的所有电流都满足连续性方程时，安培环路定理才能成立

7-9 在一个圆形电流的平面内取一同心圆形环路 L，则下列说法不正确的是（　　）。

A. 圆形环路 L 包围的平面 S_L 上没有电流通过，故 $\oint_L \boldsymbol{B}\cdot \mathrm{d}\boldsymbol{l}=\mu_0 I(S_L)=0$

B. 圆形环路上各点的磁感应强度 $\boldsymbol{B}$ 的方向处处垂直于环路矢量线元 $\mathrm{d}\boldsymbol{l}$，故 $\oint_L \boldsymbol{B}\cdot \mathrm{d}\boldsymbol{l}=0$

C. 对任意高斯面 S，圆形电流都满足 $\oint_S \boldsymbol{j}\cdot \mathrm{d}\boldsymbol{S}=0$，故安培环路定理成立

D. 圆形环路上各点的磁感应强度为零，故 $\oint_L \boldsymbol{B}\cdot \mathrm{d}\boldsymbol{l}=\mu_0 I(S_L)=0$

7-10 取一闭合积分回路 L，使三根无限长载流导线穿过 L 所围成的面，如图所示。现改变它们之间的相互间隔，但不越出积分回路，则（　　）。

A. 回路 L 内的 $I(S_L)$ 不变，故 L 上各点的 $\boldsymbol{B}$ 不变

B. 回路 L 内的 $I(S_L)$ 不变，但 L 上各点的 $\boldsymbol{B}$ 改变

C. 回路 L 内的 $I(S_L)$ 改变，L 上各点的 $\boldsymbol{B}$ 不变

D. 回路 L 内的 $I(S_L)$ 改变，L 上各点的 $\boldsymbol{B}$ 改变

7-11 空间电流分布如图所示，其中电流 I_1、I_2、I_3 均为无限长载流导线上的电流，I_4 为一段有限长载流导线 AB 上的电流，如图所示取一闭合积分回路 L，则 $\oint_L \boldsymbol{B}\cdot \mathrm{d}\boldsymbol{l}$（　　）。

A. 等于 $\mu_0(I_3-I_2)$

B. 等于 $\mu_0(I_2-I_3)$

C. 没有定值，安培环路定理不再成立。

D. 为一个定值，但不等于 $\mu_0(I_3-I_2)$，安培环路定理不再成立

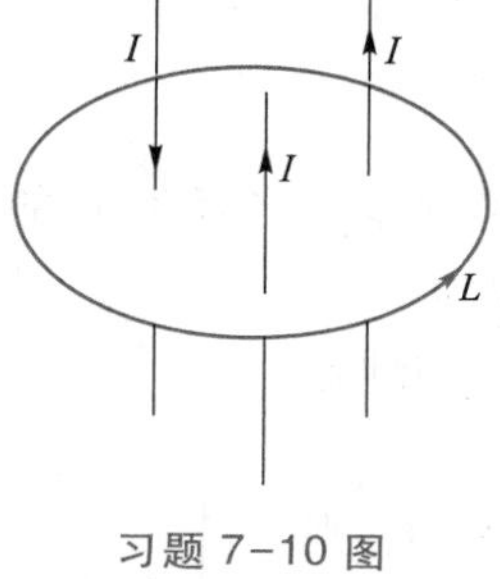

习题 7-10 图

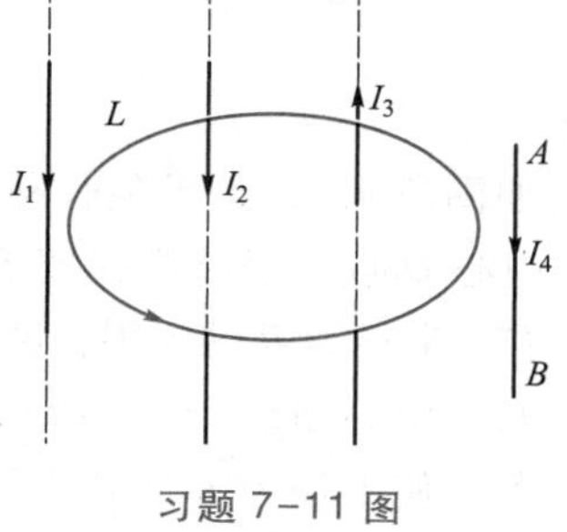

习题 7-11 图

7-12 一个电流为 I，半径为 R 的半圆形导线，其在圆心处激发的磁感应强度大小为（　　）。

A. $\dfrac{\mu_0 I}{4\pi R}$　　B. $\dfrac{\mu_0 I}{4R}$　　C. $\dfrac{\mu_0 I}{2R}$　　D. $\dfrac{\mu_0 I}{2\pi R}$

7-13　运动电荷垂直进入均匀磁场后,其下列各量中不守恒的是(　　)。

A. 动量　　B. 对圆心的角动量

C. 动能　　D. 电荷量与质量的比值

7-14　一电子在垂直于一均匀磁场 B 方向做半径为 R 的圆周运动,电子的速率为 v,忽略电子激发的磁场,则其圆形轨道所包围面积的磁通量为(　　)。

A. $\dfrac{\pi mv}{eR^2}$　　B. $\dfrac{\pi v}{emR}$

C. $\dfrac{\pi mv}{eR}$　　D. $\dfrac{\pi mvR}{e}$

7-15　在某均匀磁场中放置有两个平面圆形线圈,其半径 $R_1=2R_2$,通有电流 $I_1=2I_2$,它们所受的最大磁力矩之比 M_1/M_2 为(　　)。

A. 1　　B. 2　　C. 4　　D. 8

7-16　在均匀磁场中放置三个面积相等且通有相同电流的线圈：一个为矩形，一个为正方形，另一个为三角形，如图所示。下列叙述中正确的是(　　)。

A. 三角形线圈受到的最大磁力矩为最小

B. 三线圈所受的合磁力和最大磁力矩均为零

C. 三个线圈所受的最大磁力矩均相等

D. 正方形线圈受到的合磁力为零,矩形线圈受到的合磁力最大

7-17　由氢原子的玻尔理论可知,电子在以质子为中心、半径为 r 的圆形轨道上运动。若将氢原子放在均匀的外磁场中，并使电子轨道平面与磁场垂直,如图所示,则在保持运动半径 r 不变的情况下，电子轨道运动的角速度与未放入磁场前相比较，将（　　)。

A. 不变　　B. 减小　　C. 增大　　D. 只改变方向

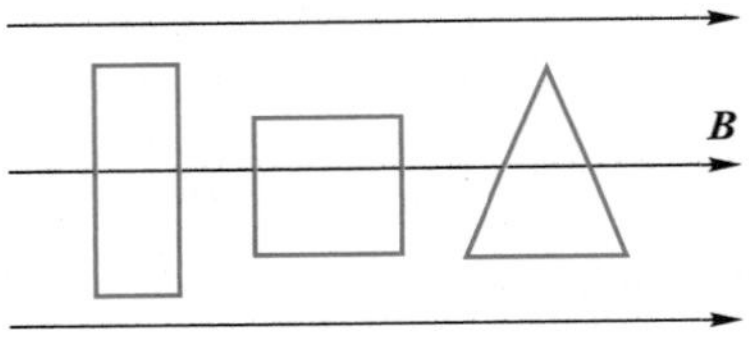

习题 7-16 图

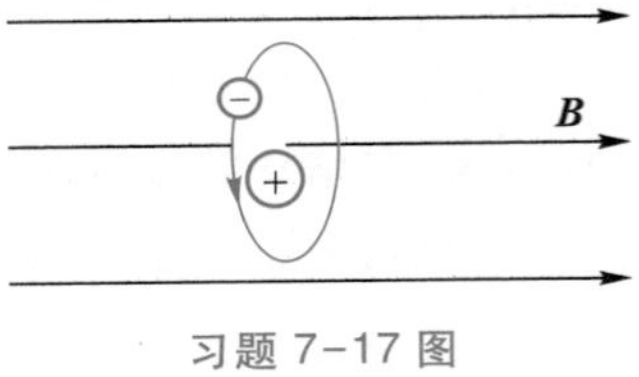

习题 7-17 图

填空题

7-18　如图所示,一条无限长载流直导线载有电流 I,在某处弯成半径为 R 的 1/4 圆弧。这 1/4 圆弧中心 O 点的磁感应强度 $\boldsymbol{B}$ 的大小为________,方向为________。

7-19　有一半径为 R 的无限长圆柱形导体,沿其轴线方向均匀地通有恒定电流 I,距中心轴线为 r($r>R$)处的磁感应强度大小为________。

7-20　若要使半径为 R 的长直裸铜线表面的磁感应强度为 B_0,则铜线中需要通过的电流为________。

7-21　按照经典模型,基态原子中的电子绕原子核运动的圆周轨道半径为 a,频率为 ν。由此可知,电子轨道运动的磁矩为________.

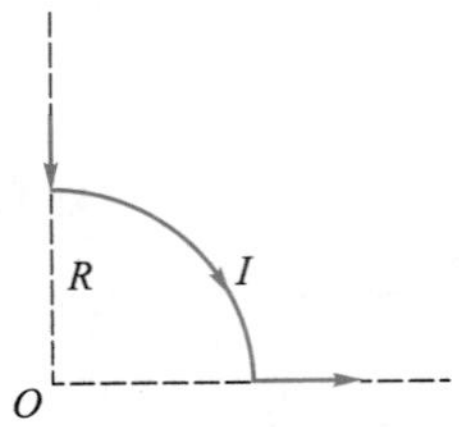

习题 7-18 图

7-22　两根长直导线通有电流 I，如图所示有三种环路。则有 $\oint_L \boldsymbol{B}\cdot \mathrm{d}\boldsymbol{l}=$________（对于环路 a）；________（对于环路 b）；________（对于环路 c）。

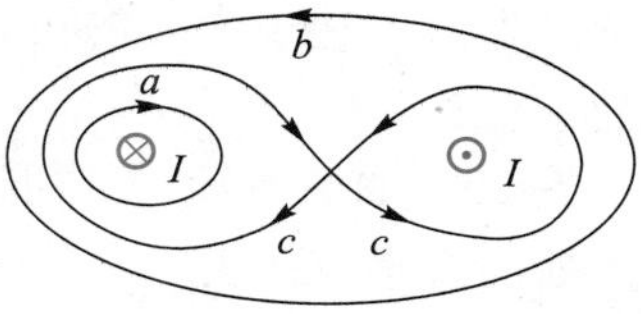

习题 7-22 图

7-23　如图所示，在真空中有一段弯曲导线 ABC，其中通以恒定电流 I，导线置于均匀外磁场 $\boldsymbol{B}=B\boldsymbol{e}_k$ 中，如图所示建立坐标系，则两端点都在 Oxy 平面内，A 端为坐标原点，C 端坐标为(x_C, y_C)，则该载流导线段所受的安培力为________。

7-24　在一根通有电流为 I 的长直导线旁，与之共面地放着一个长、宽各为 a 和 b 的矩形线框，线框的长边与载流长直导线平行，且二者相距为 b，如图所示，在此情况下，线框内的磁通量为________。

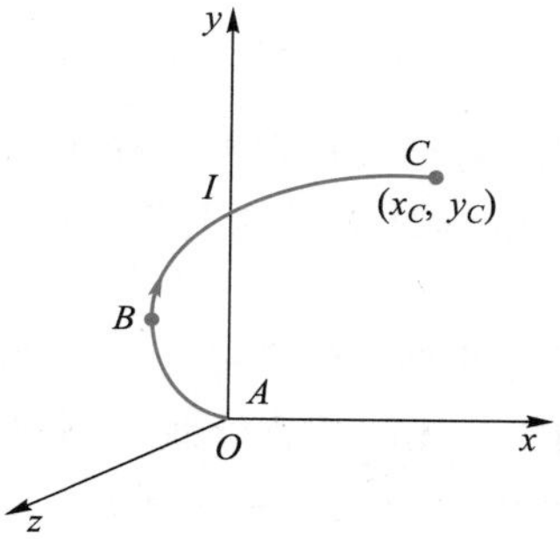

习题 7-23 图

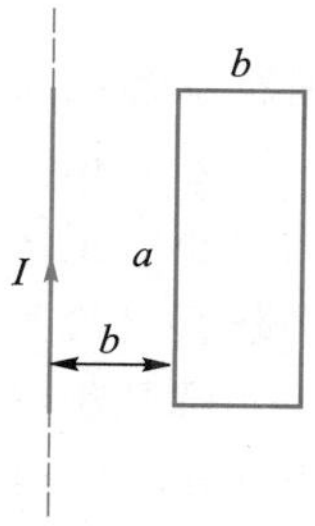

习题 7-24 图

7-25　三根无限长直导线等距地并排放置，导线Ⅰ、Ⅱ、Ⅲ分别载有 1 A、2 A、4 A 同方向的电流，如图所示。由于磁场相互作用的结果，导线Ⅰ、Ⅱ、Ⅲ单位长度上所受的力分别为 F_1、F_2 和 F_3，则 $F_1 : F_2 : F_3$ 为________。

7-26　如图所示，两个闭合曲线 L_1 和 L_2 环绕正方形回路导线，导线中流过恒定电流 I，求磁场沿闭合曲线 L_1 和 L_2 的环流。

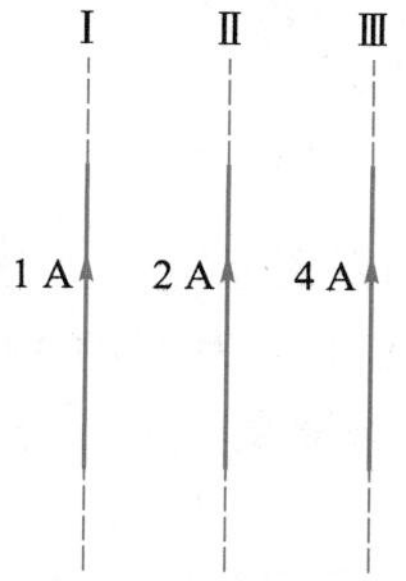

习题 7-25 图

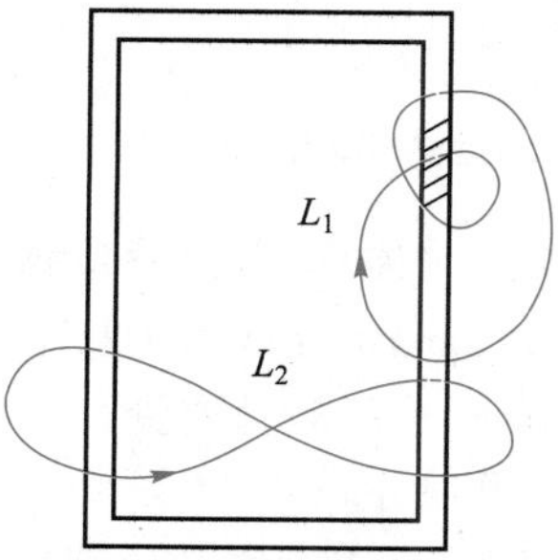

习题 7-26 图

计算题

7-27　有一个正方形回路，其边长为 a，通有电流 I，试求正方形中心的磁感应强度。

7-28　四条平行的载流无限长直导线，载流分别是 I、I、$2I$ 和 $3I$，方向如图所示，它们分别垂直地通过一边长为 a 的正方形 $ABCD$ 的四个顶点，试求正方形中心 O 点和 CD 边中点 P 的磁感应强度。

7-29　如图所示，无限长载流 I 的导线弯成(a)、(b)、(c)所示的三种形状，分别求图中各 P 点处的磁感应强度。

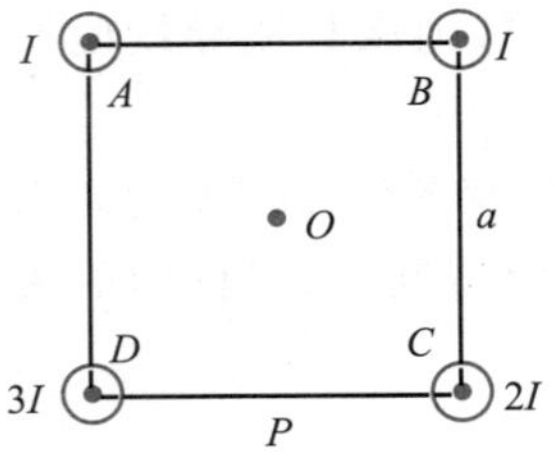

习题 7-28 图

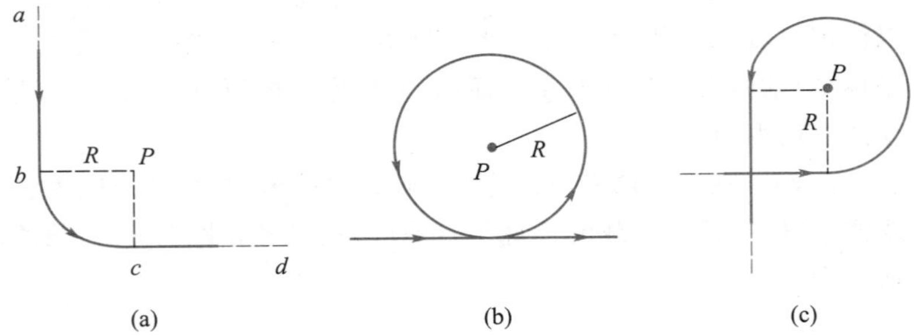

习题 7-29 图

7-30　如图所示为两条穿过 y 轴且垂直 Oxy 平面的无限长直平行导线的俯视图，两条导线均通有电流 I，但方向相反，它们到 x 轴的距离皆为 a。试求 x 轴上任一点处的磁感应强度以及在何处 $\boldsymbol{B}$ 的大小有最大值。

7-31　一根载有电流为 I 的导线由两根半无限长的直导线和一个半径为 R、以坐标系原点 O 为中心的 3/4 圆弧组成，圆弧在 yOz 平面内，两根半无限长直导线分别在 xOy 平面和 xOz 平面内，且与 x 轴平行，导线中电流流向如图所示，试求 O 点的磁感应强度。

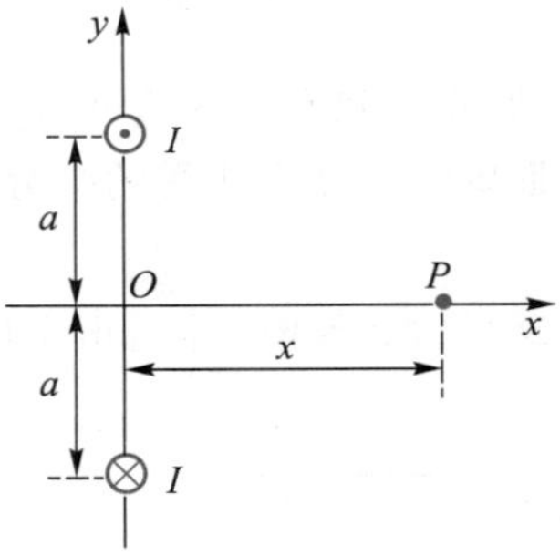

习题 7-30 图

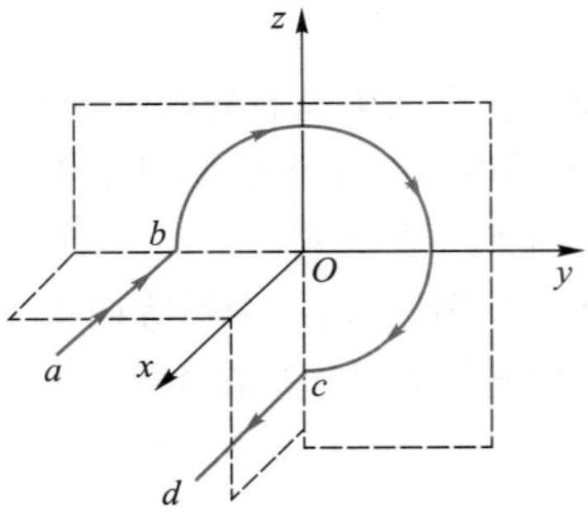

习题 7-31 图

7-32　已知均匀磁场，其磁感应强度 $\boldsymbol{B}=2.0\boldsymbol{i}$ Wb · m^{-2}，如图所示 a、b、c 分别为三个坐标轴上的三个点，ab、bc、ca 分别为 xOz 平面、xOy 平面、yOz 平面上半径为 R 的 1/4 圆周。试求：(1) 通过图中 $aOca$ 平面的磁通量；(2) 通过图中 $\triangle abc$ 平面的磁通量；(3) 磁感应强度沿圆弧 bc 从 b 至 c 的曲线积分。

7-33　如图所示，表面绝缘的细导线密绕成半径为 R 的平面圆盘，导线的一端在盘心，另一端在盘边缘，沿半径方向单位长度上的匝数为 n。当导线中通有电流 I 时，求其中心对称 x 轴上离圆盘中心 O 距离 x 处 P 点的磁感应强度。

7-34　一无限长圆薄筒，内半径为 R_1，外半径为 R_2，沿轴向通有恒定电流，电流密度矢量为 $\boldsymbol{j}$，求空间磁感应强度分布。

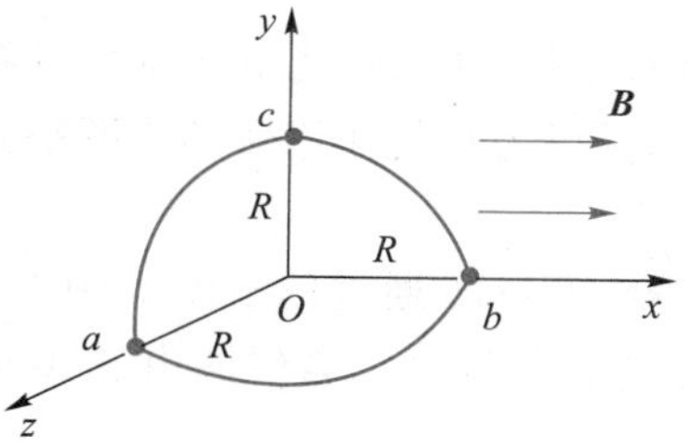

习题 7-32 图

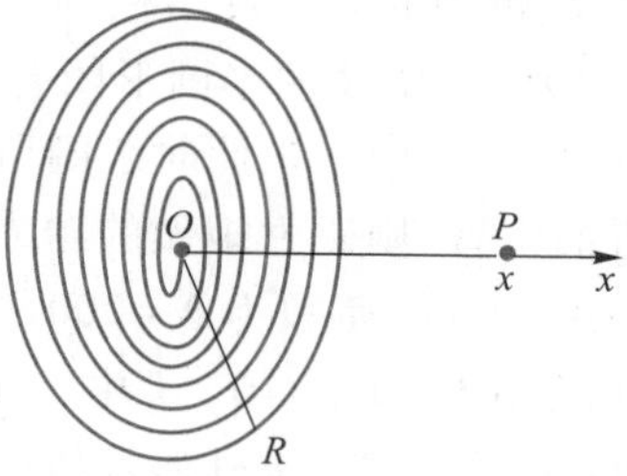

习题 7-33 图

7-35　一根很长的同轴电缆，由半径为 R_1 的长圆柱形导线和套在它外面的内半径为 R_2、外半径为 R_3 的同轴导体圆筒组成，如图所示。电流 I 从内部圆柱导体流进，从外部导体圆筒流出。设电流均匀分布在导体的横截面上，求同轴电缆内外各处的磁感应强度。

7-36　两平行长直导线相距 $4a$，每根导线载有电流 I，如图所示建立坐标系。求：(1) x 轴上任一点处的磁感应强度；(2) 通过图中矩形方框的磁通量。

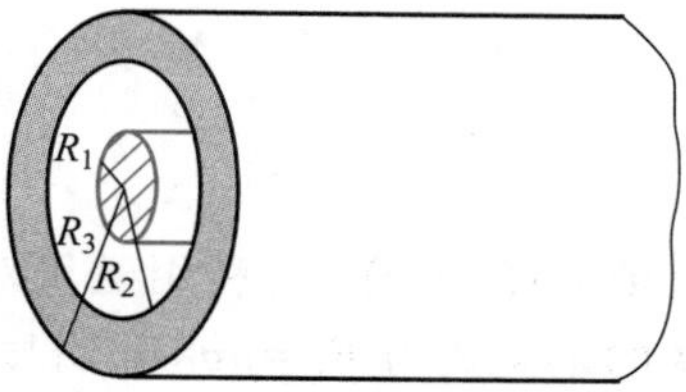

习题 7-35 图

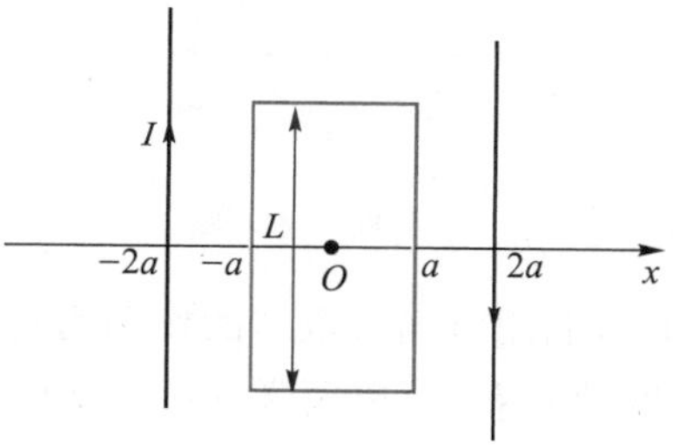

习题 7-36 图

7-37　如图所示，一均匀密绕的环形螺线管，匝数为 N，通有电流 I，横截面为矩形，圆环内、外半径分别为 R_1 和 R_2。求：(1) 环形螺线管内外的磁场分布；(2) 环形螺线管横截面的磁通量。

7-38　一根很长的铜导线，半径为 R，载有电流 I，在导线内部通过中心线作一平面 S，如图所示。试计算通过导线 1 m 长的 S 平面内的磁通量（铜材料本身对磁场分布无影响）。

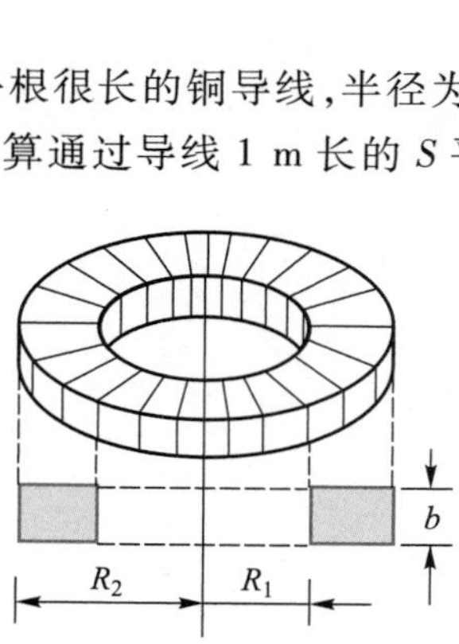

习题 7-37 图

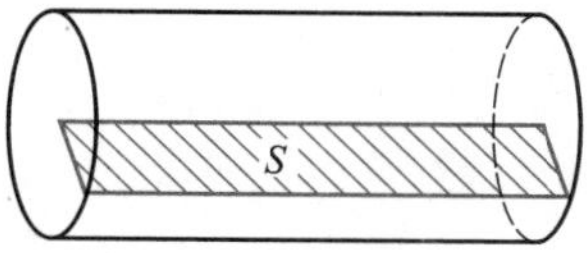

习题 7-38 图

7-39　把能量为 2.0×10^3 eV 的一个正电子，射入磁感应强度 $B=0.1$ T 的匀强磁场中，其速度矢量与 $\boldsymbol{B}$ 方向的夹角为 89.5°，运动轨道为螺旋线，其轴在 $\boldsymbol{B}$ 的方向。试求这螺旋线运动

的周期 T、螺距 h 和回旋半径 R。

7-40　半径 R 的半圆形闭合线圈，载有电流 I，放在均匀磁场 $\boldsymbol{B}$ 中，磁场方向与线圈面平行，如图所示。(1) 求此时线圈所受的磁力矩；(2) 若线圈受磁力矩的作用转到线圈平面与磁场垂直的位置，则磁力矩做的功为多少？

7-41　一个匝数为 $N=200$ 的圆线圈，其平均半径为 $r=10$ cm，通过的电流 $I=0.2$ A，线圈在外磁场 $B=0.5\times10^{-2}$ T 中，且线圈的磁矩与外磁场方向的夹角为 θ，若线圈由 $\theta=0$ 的位置转到 $\theta=30°$的位置，求外磁场所做的功。

7-42　一无限长直细导线载有电流 I_1，旁边共面放置一长为 L，载流为 I_2 的直导线段 ab，如图所示，试求导线段 ab 上的安培力。

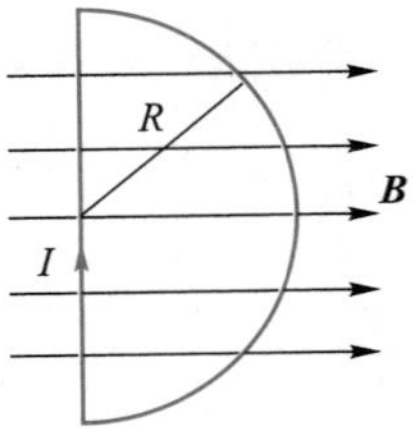

习题 7-40 图

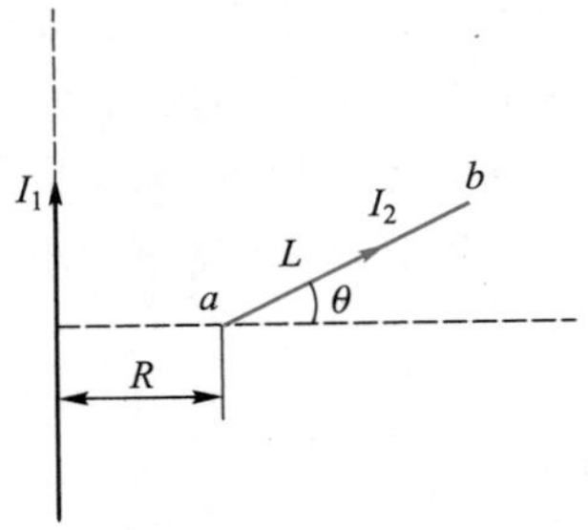

习题 7-42 图

7-43　利用电场对电荷的作用力可以定义和度量电场强度，同样地，利用磁场对运动电荷 $q\boldsymbol{v}$ 的磁场力 $\boldsymbol{F}_m$ 可以定义和度量磁感应强度 $\boldsymbol{B}$，其中 $\boldsymbol{B}$ 的定义式为 $\boldsymbol{F}_m=q\boldsymbol{v}\times\boldsymbol{B}$，明显地，它与电场强度的定义式 $\boldsymbol{E}=\boldsymbol{F}/q_0$ 不同，式中 $\boldsymbol{B}$ 的定义并非直接的，如何通过测出 $\boldsymbol{F}_m$ 和 $q\boldsymbol{v}$ 测定磁感应强度 $\boldsymbol{B}$，试写出测量过程。

第 8 章

电磁感应与电磁场的统一理论

自从 1820 年丹麦物理学家奥斯特发现电流的磁效应以后,人们很自然地思考:既然电流能够产生磁场,反过来,磁场是不是也能产生电流呢?不少科学家都开始探索这个问题。其中,英国物理学家法拉第经过十年坚持不懈的努力,以精湛的实验和敏锐的观察力终于取得了重大突破,在 1831 年发现了由磁场产生电流的电磁感应现象。这是电磁学的重大发现之一,它进一步揭示了电和磁之间的密切联系,根据这一发现,人们后来发明了发电机、变压器等电器设备,使电能在生产和生活中得到了广泛应用,开辟了电气化时代。

麦克斯韦在全面系统地总结前人电磁学研究成就的基础上,根据电场和磁场的内在联系,提出了变化磁场感生涡旋电场和变化电场激发磁场的重要概念,进而建立了完整的电磁场理论体系——麦克斯韦方程组,并据此从理论上预言了电磁波的存在。赫兹通过实验证实了电磁波的存在,打开了人类进入电信时代的大门。

进一步的研究表明,电磁场具有能量和动量,是物质存在的一种形态;电场和磁场具有相对性,它们不是两个独立的实体,而是一个统一的整体。

8.1 电磁感应的基本定律

一、法拉第电磁感应定律

法拉第经过大量的实验证实:当通过一个闭合导体回路的磁通量发生变化时,不管这种变化是由于什么原因所引起的,回路中都会产生电流,这种现象称为电磁感应现象,回路中出现的电流称为感应电流,引起感应电流的电动势,称为感应电动势,记为 $\mathscr{E}_i$,回路中的磁通量变化越快,感应电动势越大。在国际单位制中,上述结论可表示为

视频:电磁感应现象

$$\mathscr{E}_i=-\frac{\mathrm{d}\Phi}{\mathrm{d}t} \tag{8-1}$$

这就是法拉第电磁感应定律,它是一个时间定律、微分定律。它清楚地表明,某时刻闭合导体回路中产生的感应电动势等于通过回路所包围的磁通量在该时刻的时间变化率的负值,与组成导体回路的材料无关。需要注意的是,磁通量 Φ 和电动势 $\mathscr{E}_i$ 都是可正可负的代数量,则此处出现的负值意味着什么?明显地,上述定义是不清晰的,我们没有定义磁通量 Φ 和电动势 $\mathscr{E}_i$ 在何种情况下为正。注意到 $\mathscr{E}_i=\oint_L \boldsymbol{E}_k\cdot\mathrm{d}\boldsymbol{l}$ 及 $\Phi=\int_S \boldsymbol{B}\cdot\mathrm{d}\boldsymbol{S}$,式(8-1)可写为如下清晰的形式:

$$\mathscr{E}_i=\oint_L \boldsymbol{E}_k\cdot\mathrm{d}\boldsymbol{l}=-\frac{\mathrm{d}}{\mathrm{d}t}\left(\int_{S_L}\boldsymbol{B}\cdot\mathrm{d}\boldsymbol{S}\right)=-\frac{\mathrm{d}\Phi(S_L)}{\mathrm{d}t} \tag{8-2}$$

式中面元的积分区域 S_L 表示以回路 L 为边界的任意一个曲面。磁感应线是处处连续的,所有以回路 L 为边界的曲面,其上穿过的磁感应线的条数都是相同的,即回路一定,它所包围的某个曲面上的磁通量也一定,故磁通量 $\Phi(S_L)$ 常简称为回路包围的磁通量。若 L 是一个平面回路,则其围成的最简单的面为一平面。由式(8-2)可见,电动势 $\mathscr{E}_i$ 和磁通量 Φ 的正负号完全

由回路 L 的方向（即矢量线元 $\mathrm{d}\boldsymbol{l}$ 的方向）及曲面 S 上的矢量面元 $\mathrm{d}\boldsymbol{S}$ 的方向分别决定。回路电动势的出现必然意味着在导体回路中存在着非静电场 $\boldsymbol{E}_{\mathrm{k}}$，它总是真实的、确定的，而回路的方向（即回路上矢量线元 $\mathrm{d}\boldsymbol{l}$ 的方向）是可以随意规定的。当 $\boldsymbol{E}_{\mathrm{k}}$ 沿回路 L 的路径积分结果即回路电动势 $\mathscr{E}_{\mathrm{i}}$ 为正时，称回路电动势 $\mathscr{E}_{\mathrm{i}}$ 的方向与我们所取的回路方向相同；反之，若积分结果为负，则称回路电动势 $\mathscr{E}_{\mathrm{i}}$ 的方向与我们所取的回路方向相反。同理，磁通量 Φ 的正负由曲面 S 上的矢量面元 $\mathrm{d}\boldsymbol{S}$ 的方向决定。需要注意的是，在回路的方向（即矢量线元 $\mathrm{d}\boldsymbol{l}$ 的方向）确定的情况下，矢量面元 $\mathrm{d}\boldsymbol{S}$ 的方向不能再任意选取，它是确定的，它与回路 L 的方向构成右手螺旋关系，如图 8-1 所示。实际上，式(8-2)与恒定磁场的安培环路定理的数学内涵完全相同。这就是说，当应用式(8-2)时首先就应指定回路的正方向，标定回路上矢量线元的方向，并由此定出回路包围的平面或曲面面元的法向，计算出任意时刻回路包围的磁通量 $\Phi(t)$，对 $\Phi(t)$ 求导，加上负号，即得回路的电动势。

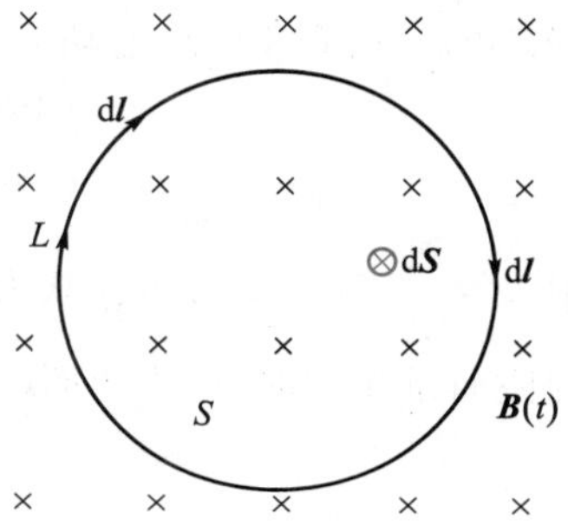

图 8-1

式(8-2)表明，决定感应电动势大小的不是磁通量本身而是磁通量随时间的变化率。法拉第电磁感应定律使我们能够根据磁通量的变化率直接确定感应电动势。至于感应电流，则还要知道闭合电路的电阻才能求得。如果电路并不闭合（或说电阻为无限大），则虽有感应电动势却没有感应电流。可见，在理解电磁感应现象时，感应电动势是比感应电流更为本质的东西。

例 8-1 如图 8-2(a)所示，在无限长直载流导线的近旁，放置一个矩形导体线框，该线框在垂直于导线方向上以匀速率 v 向右移动，求在图 8-2(a)所示位置处，线框中感应电动势的大小和方向。

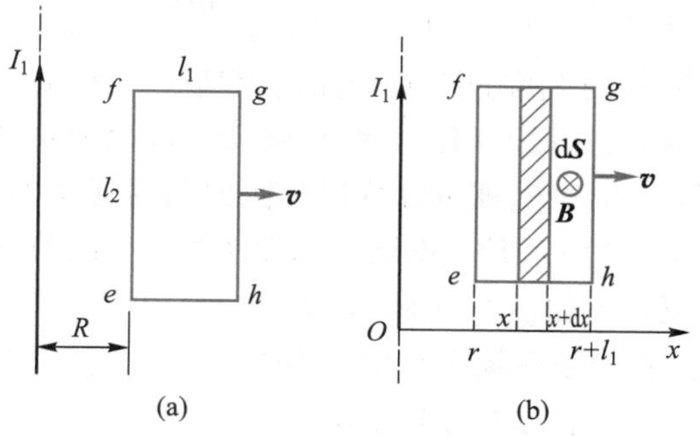

图 8-2

解：取如图 8-2(b)所示的坐标系，设在任意 t 时刻［注意到法拉第电磁感应定律是一个微分定律，故我们必须先求出任意时刻的 $\Phi(t)$ 才能完成求导］，ef 边到长直载流导线的距离为 $r(t)$，取顺时针方向为线框回路的正方向，则线框所围成的矩形平面上的面元 $\mathrm{d}\boldsymbol{S}$ 的方向垂直纸面向里，与磁感应强度方向相同。注意到磁感应强度仅仅是坐标 x 的函数，故面元可取图中所示的细直条，则此时矩形平面上的磁通量为

$$\Phi(t)=\int_S \boldsymbol{B}\cdot\mathrm{d}\boldsymbol{S}=\int_S B(x)\,\mathrm{d}S(x)=\int_r^{l_1+r}\frac{\mu_0 I l_2}{2\pi x}\mathrm{d}x=\frac{\mu_0 I l_2}{2\pi}\ln\frac{r+l_1}{r}$$

故任意时刻的电动势为

$$\mathscr{E}_{\mathrm{i}}(r)=-\frac{\mathrm{d}\Phi}{\mathrm{d}t}=-\frac{\mathrm{d}\Phi}{\mathrm{d}r}\frac{\mathrm{d}r}{\mathrm{d}t}=\frac{\mu_0 Ivl_1l_2}{2\pi r(r+l_1)}$$

令 $r=R$,可得线框在图 8-2(a)所示位置处的电动势为

$$\mathscr{E}_{\mathrm{i}}=\frac{\mu_0 Ivl_1l_2}{2\pi R(R+l_1)}$$

由 $\mathscr{E}_{\mathrm{i}}>0$ 可知,线框中总的电动势方向与我们选取的回路方向相同,即顺时针方向。

实际上在工程中用到的导体回路常常是由许多匝线圈串联而成的,在此情况下,整个线圈中产生的感应电动势应是每匝线圈中产生的感应电动势之和,当穿过各匝线圈的磁通量分别为 Φ_1、Φ_2、…、Φ_n 时,总电动势应为

$$\mathscr{E}_{\mathrm{i}}=-\left(\frac{\mathrm{d}\Phi_1}{\mathrm{d}t}+\frac{\mathrm{d}\Phi_2}{\mathrm{d}t}+\cdots+\frac{\mathrm{d}\Phi_n}{\mathrm{d}t}\right)=-\frac{\mathrm{d}}{\mathrm{d}t}\left(\sum_{i=1}^{n}\Phi_i\right)=-\frac{\mathrm{d}\Psi}{\mathrm{d}t} \tag{8-3}$$

其中 $\Psi=\sum_{i=1}^{n}\Phi_i$ 是穿过各匝线圈的磁通量的总和,称为穿过整个线圈的全磁通。当穿过各匝线圈的磁通量相同时,N 匝线圈的全磁通为 $\Psi=N\Phi$,也称为磁链。这时

$$\mathscr{E}_{\mathrm{i}}=-\frac{\mathrm{d}\Psi}{\mathrm{d}t}=-N\frac{\mathrm{d}\Phi}{\mathrm{d}t} \tag{8-4}$$

若闭合回路的电阻为 R,则回路中的感应电流由欧姆定律可得

$$I_{\mathrm{i}}=\frac{\mathscr{E}_{\mathrm{i}}}{R}=-\frac{\mathrm{d}\Psi}{R\mathrm{d}t}=-N\frac{\mathrm{d}\Phi}{R\mathrm{d}t} \tag{8-5}$$

在 $t_1\sim t_2$ 间隔内通过导线中任一截面的感应电荷量为

$$q=\int_{t_1}^{t_2}I_{\mathrm{i}}\mathrm{d}t=\int_{\Psi_1}^{\Psi_2}-\frac{\mathrm{d}\Psi}{R}=-\frac{N}{R}\int_{\Phi_1}^{\Phi_2}\mathrm{d}\Phi=\frac{N(\Phi_1-\Phi_2)}{R} \tag{8-6}$$

式中,Φ_1 和 Φ_2 分别为 t_1 和 t_2 时刻穿过单匝回路的磁通量。式(8-6)表明,一段时间内通过导线任一截面的感应电荷量,与这段时间内导线回路所包围磁通量的变化量成正比。如果测出感应电荷量,回路中电阻又为已知,就可计算出单匝回路磁通量的变化量,进而有可能测定磁场,常用的磁通计(又称高斯计)就是根据这一原理来测量空间的磁感应强度的。

例 8-2　交流发电机原理。如图 8-3 所示,面积为 S 的线圈共有 N 匝,使其在匀强磁场中绕定轴 OO' 以角速度 ω 做匀速转动,求线圈中的感应电动势。

解:取逆时针方向为回路正方向,不妨令 $t=0$ 时,线圈平面的法向矢量 $\boldsymbol{e}_{\mathrm{n}}$ 与磁感应强度 $\boldsymbol{B}$ 的方向平行,则在任意 t 时刻,$\boldsymbol{e}_{\mathrm{n}}$ 与 $\boldsymbol{B}$ 之间的夹角为 $\theta=\omega t$,从而该时刻穿过 N 匝线圈的磁链为

$$\Psi=N\Phi=N\boldsymbol{B}\cdot\boldsymbol{S}=NBS\cos\theta=NBS\cos\omega t$$

由电磁感应定律可得线圈中的感应电动势为

$$\mathscr{E}_{\mathrm{i}}=-\frac{\mathrm{d}\Psi}{\mathrm{d}t}=NBS\omega\sin\omega t$$

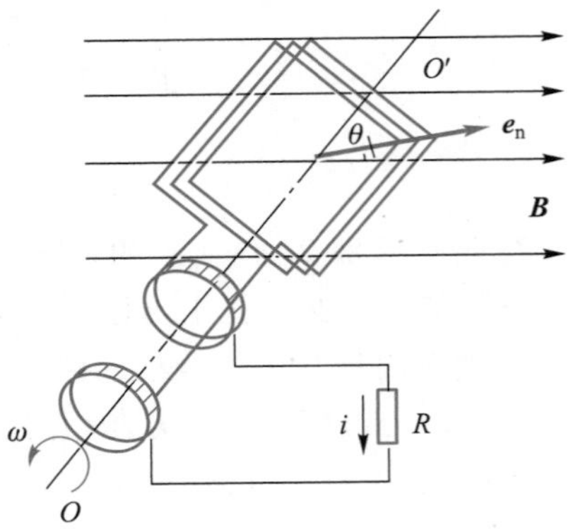

图 8-3

它是一个交变的电动势，以上正是交流发电机的最主要的工作原理。

二、楞次定律

关于电动势的方向问题，1833 年物理学家楞次(H. F. E. Lenz)在法拉第的实验资料基础上通过实验总结出如下规律，称之为楞次定律：回路中感应电流产生的磁通量总是力图阻碍引起感应电流的磁通量变化。

这里，所谓阻碍磁通量的变化是指：当磁通量增加时，感应电流产生的磁通量与原来的磁通量方向相反(阻碍它的增加)；当磁通量减小时，感应电流产生的磁通量与原来的磁通量方向相同(阻碍它减少)，因此常被简单地总结为“增反减同”。明显地，楞次定律表明任何回路的磁通量都有保持不变的惯性，也就是说，任何引起磁通量变化的运动，它将利用感应电流来反抗。这就有了楞次定律的另一种表述方式：感应电流的方向，总是使感应电流产生反抗引起感应电流的效果。在需判明感应电流引起的效果的问题上，使用楞次定律的第二种表述可能更为方便。式(8-2)中的负号正是楞次定律的体现。简单的分析可以看出，楞次定律是能量守恒定律在电磁现象上的反映，能量守恒定律要求感应电动势的方向必须服从楞次定律。

有了楞次定律，在讨论感应电动势时，可以不再考虑回路及面元的方向，先求出其大小(绝对值)，再由楞次定律确定其方向，如此更为方便简捷。

8.2 动生电动势和感生电动势 涡旋电场

法拉第电磁感应定律说明，只要闭合导体回路的磁通量发生了变化，就会产生感应电动势。由磁通量的定义可知，穿过回路所围某曲面 S 上的磁通量由曲面 S 上的磁感应强度与曲面的法向及面积大小共同决定。不管是磁场变化还是回路(大小或方向)发生变化，磁通量均会产生变化，都将在回路中产生感应电动势。为便于分析感应电动势产生的根本原因，我们把在恒定磁场中因导体线圈面积的方向或大小发生变化而引起的电动势称为动生电动势，而把单纯由磁场随时间变化而引起的电动势称为感生电动势。下面分别展开讨论这两种不同性质的电动势。

一、动生电动势

1. 动生电动势

在恒定磁场情况下，磁感应线在空间是不动的，而回路所包围的磁通量完全由回路 L 唯一决定，故回路包围的磁通量发生变化，一定意味着有磁感应线切割回路导线进入或走出回路，也就是所谓的导线切割磁感应线，由法拉第电磁感应定律可知，导线回路中将出现感应电动势。回路中出现电动势，一定意味着回路中出现了非静电场力，那么动生电动势的非静电场力是什么？它就是回路导线相对于惯性参考系运动时，其中的载流子因随导线一起运动而受到的洛伦兹力。法拉第电磁感应定律是一个实验总结定律，下面我们来简单验证在动生电动势中的非静电场力就是 $\boldsymbol{F}_{\mathrm{m}}=q\boldsymbol{v}_c\times\boldsymbol{B}$。

视频：动生电动势

如图 8-4 所示，在某惯性参考系中，空间存在着恒定的匀强磁场和静止不动且弯成折线的线框 $McdN$，当导体棒 ab 以速度 v_c 在磁场中沿框向右运动时，导体棒 ab 中所有的自由电子也将随之向右运动，则在外磁场中，这些向右运动的电子就要受到一个洛伦兹力

$$\boldsymbol{F}_{\mathrm{m}}=q\boldsymbol{v}_c\times\boldsymbol{B} \tag{8-7}$$

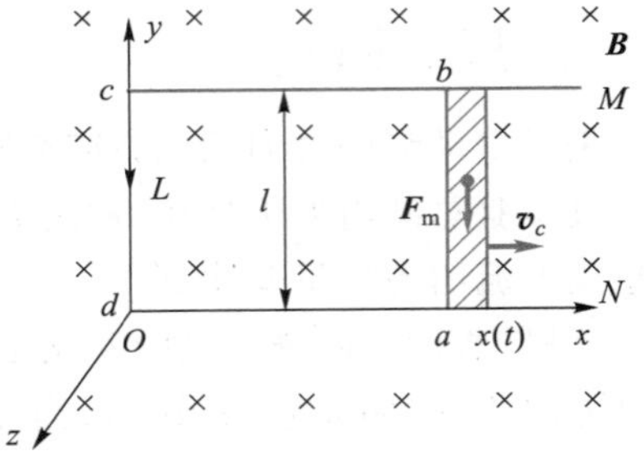

图 8-4

注意到 $q<0$，此力驱使自由电子在导体内向下运动，可见运动着的 ab 段导体相当于一个电源，a 端为负极，b 端为正极。根据电动势的定义，可得导体 ab 段上的电动势为

$$\mathscr{E}_{ab}=\int_{a(l)}^{b}\boldsymbol{E}_{\mathrm{k}}\cdot\mathrm{d}\boldsymbol{l}=\int_{a(l)}^{b}\boldsymbol{F}_{\mathrm{m}}\cdot\mathrm{d}\boldsymbol{l}/q=\int_{a(l)}^{b}(\boldsymbol{v}_c\times\boldsymbol{B})\cdot\mathrm{d}\boldsymbol{l}=(\boldsymbol{v}_c\times\boldsymbol{B})\cdot\overrightarrow{ab}=v_cBl$$

这就是整个回路的电动势 $\mathscr{E}_{\mathrm{i}}$，注意此时取的回路的方向为 a 到 b，即逆时针方向。回路所围平面的法向垂直纸面向外，故而法拉第电磁感应定律等号的右边为

$$-\frac{\mathrm{d}\Phi(t)}{\mathrm{d}t}=-\frac{\mathrm{d}}{\mathrm{d}t}\left(\int_S\boldsymbol{B}\cdot\mathrm{d}\boldsymbol{S}\right)=\frac{\mathrm{d}}{\mathrm{d}t}\int_S B\mathrm{d}S=\frac{\mathrm{d}}{\mathrm{d}t}Blx(t)=Blv_c$$

以上两式相等，可以认定动生电动势中的非静电场力就是 $\boldsymbol{F}_{\mathrm{m}}=q\boldsymbol{v}_c\times\boldsymbol{B}$，从而在恒定磁场 $\boldsymbol{B}$ 中的一段以速度 $\boldsymbol{v}_c$ 运动的导体棒 ab 上的动生电动势为

$$\mathscr{E}_{ab}=\int_{a(l)}^{b}\boldsymbol{E}_{\mathrm{k}}\cdot\mathrm{d}\boldsymbol{l}=\int_{a(l)}^{b}\boldsymbol{F}_{\mathrm{m}}\cdot\mathrm{d}\boldsymbol{l}/q=\int_{a(l)}^{b}(\boldsymbol{v}_c\times\boldsymbol{B})\cdot\mathrm{d}\boldsymbol{l} \tag{8-8}$$

如果导轨是导体，在导线回路 $abcda$ 中就会形成逆时针流动的感应电流，感应电流可由欧姆定律给出；如果导轨不是导体，则电子在 a 端累积，使 a 端带负电，而 b 端带正电，在 ab 棒上产生自上而下的静电场 $\boldsymbol{E}_0$，并产生相应的电势差，平衡时 $\boldsymbol{E}_0+\boldsymbol{v}_c\times\boldsymbol{B}=\boldsymbol{0}$，即得 ab 两端的电势差：

$$V_b-V_a=\boldsymbol{E}_0\cdot\overrightarrow{ba}=\boldsymbol{v}_c\times\boldsymbol{B}\cdot\overrightarrow{ab}=\mathscr{E}_{ab}>0 \tag{8-9}$$

它等于该开路电源的电动势，b 端为正极，电势高，a 端为负极，电势低。

若整个导体回路 L 的每一部分都在运动，则整个回路的动生电动势为

$$\mathscr{E}_{\mathrm{i}}=\oint_L(\boldsymbol{v}_c\times\boldsymbol{B})\cdot\mathrm{d}\boldsymbol{l} \tag{8-10}$$

式中 $\boldsymbol{v}_c$、$\boldsymbol{B}$ 是导体线元 $\mathrm{d}\boldsymbol{l}$ 的运动速度及所在处的磁感应强度。当然，由法拉第电磁感应定律可知，它也等于通过回路所包围的磁通量在该时刻的时间变化率的负值，即

$$\oint_L(\boldsymbol{v}_c\times\boldsymbol{B})\cdot\mathrm{d}\boldsymbol{l}=\mathscr{E}_{\mathrm{i}}=-\frac{\mathrm{d}\Phi}{\mathrm{d}t} \tag{8-11}$$

实际上，在惯性参考系中，（总）洛伦兹力是不做功的，电荷在惯性系中的速度 $\boldsymbol{v}=\boldsymbol{v}_c+\boldsymbol{v}_e$，其中 $\boldsymbol{v}_c$ 为导线相对于惯性系的运动速度，$\boldsymbol{v}_e$ 为电荷相对于导线的运动速度。此时洛伦兹力也将分为两部分，一个是 $\boldsymbol{F}_{\mathrm{m}}=q\boldsymbol{v}_c\times\boldsymbol{B}$，另一个是 $\boldsymbol{F}'_{\mathrm{m}}=q\boldsymbol{v}_e\times\boldsymbol{B}$，注意到 v_e 会在导线中形成传导电流，故 $\boldsymbol{F}'_{\mathrm{m}}$ 在单位时间内在回路中做的功就是回路中的安培力做的功，由上章末的内容可知它总等于 $I\mathrm{d}\Phi/\mathrm{d}t$。因（总）洛伦兹力不做功，故 $\boldsymbol{F}_{\mathrm{m}}=q\boldsymbol{v}_c\times\boldsymbol{B}$ 在单位时间内在回路中对电荷做的功（即功率）为 $-I\mathrm{d}\Phi/\mathrm{d}t$，对比电源的功率表达式（7-23），可得等效的电动势 $\mathscr{E}_{\mathrm{i}}=-\dfrac{\mathrm{d}\Phi}{\mathrm{d}t}$，即式（8-11），动

生电动势中的非静电场力就是 $\boldsymbol{F}_{\mathrm{m}}=q\boldsymbol{v}_c\times\boldsymbol{B}$。

2. 动生电动势的计算举例

显而易见,式(8-8)和式(8-11)给出了动生电动势的两种计算方法。

(1)对整个闭合导体回路而言,式(8-11)明显地给出了计算整个回路动生电动势的两种方法。一者是第二个等号后的公式,即用法拉第电磁感应定律求;二者是用第一个等号前的公式,即用电动势的定义求,曲线积分时只需对那些真正切割磁感应线的导线进行就行了,积分前需要对回路选定正方向,即标定 $\mathrm{d}\boldsymbol{l}$ 的方向。

例如我们可以用动生电动势的原始定义式(8-10)来重新求解例 8-1,依然取顺时针方向为线框回路的正向,则有

$$\mathscr{E}_{\mathrm{i}}=\oint_L(\boldsymbol{v}_c\times\boldsymbol{B})\cdot\mathrm{d}\boldsymbol{l}=\int_e^f(\boldsymbol{v}_c\times\boldsymbol{B})\cdot\mathrm{d}\boldsymbol{l}+\int_f^g(\boldsymbol{v}_c\times\boldsymbol{B})\cdot\mathrm{d}\boldsymbol{l}+\int_g^h(\boldsymbol{v}_c\times\boldsymbol{B})\cdot\mathrm{d}\boldsymbol{l}+\int_h^e(\boldsymbol{v}_c\times\boldsymbol{B})\cdot\mathrm{d}\boldsymbol{l}$$

$$=(\boldsymbol{v}_c\times\boldsymbol{B}_e)\cdot\int_e^f\mathrm{d}\boldsymbol{l}+(\boldsymbol{v}_c\times\boldsymbol{B}_g)\cdot\int_g^h\mathrm{d}\boldsymbol{l}=(\boldsymbol{v}_c\times\boldsymbol{B}_e)\cdot\overrightarrow{ef}+(\boldsymbol{v}_c\times\boldsymbol{B}_g)\cdot\overrightarrow{gh}$$

$$=\frac{\mu_0Ivl_2}{2\pi R}-\frac{\mu_0Ivl_2}{2\pi(R+l_1)}=\frac{\mu_0Ivl_1l_2}{2\pi R(R+l_1)}$$

这种方法更加方便快捷,结果自然是相同的。

(2)对一段不闭合的运动导线而言,原则上我们只能用式(8-8)来计算其上的动生电动势,此时,全部的工作就是用合适方便的坐标系来定量表示相关物理量,如矢量线元 $\mathrm{d}\boldsymbol{l}$、线元运动速度 $\boldsymbol{v}_c$ 及线元所在处的磁场 $\boldsymbol{B}$,然后就是代入式(8-8)进行计算。

但若我们补充一部分导线 cda,并和所考察导线 abc 组成闭合回路,则整个回路的电动势 $\mathscr{E}_{\mathrm{i}}$ 就可以由法拉第电磁感应定律方便求得,若补充部分的导线上的动生电动势等于零,或可以方便求得 $\mathscr{E}_{\mathrm{i},cda}$,则 $\mathscr{E}_{\mathrm{i},abc}=\mathscr{E}_{\mathrm{i}}-\mathscr{E}_{\mathrm{i},cda}$,可以用较为简单的方式求出。

例 8-3 设在均匀恒定磁场 $\boldsymbol{B}$ 中有一段弯曲导线 abc 在做平动,速度为 $\boldsymbol{v}_c$,求其上的动生电动势及两端之间的电势差。

解:如图 8-5 所示,由动生电动势的定义并注意到恒矢量可从积分号中提出,可得弯曲导线 abc 段上的电动势为

$$\mathscr{E}_{abc}=\int_{a(l)}^c(\boldsymbol{v}_c\times\boldsymbol{B})\cdot\mathrm{d}\boldsymbol{l}=(\boldsymbol{v}_c\times\boldsymbol{B})\cdot\int_{a(l)}^c\mathrm{d}\boldsymbol{l}$$

$$=(\boldsymbol{v}_c\times\boldsymbol{B})\cdot\overrightarrow{ac}=\mathscr{E}_{adc}\qquad(8-12)$$

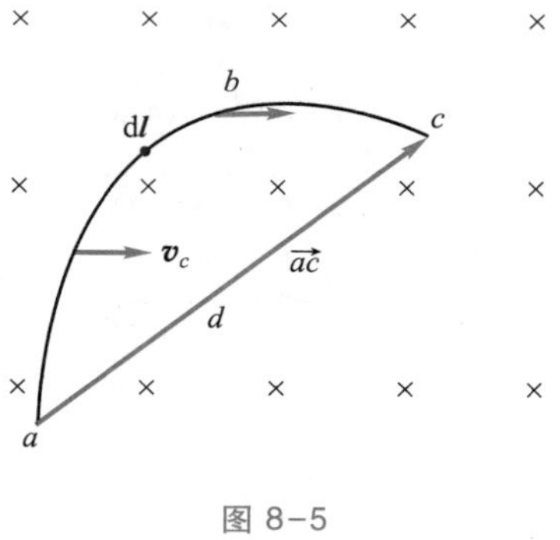

图 8-5

即等于连接两端点的直导线上的动生电动势。它相当于一个开路电源,其两端的电势差就等于其上的电动势,即 $V_c-V_a=\mathscr{E}_{abc}$。

实际上,用直线连接两端点,形成闭合回路 $abcda$,则由法拉第电磁感应定律即得回路电动势等于零,即 $\mathscr{E}_{\mathrm{i}}=\mathscr{E}_{abcda}=\mathscr{E}_{abc}+\mathscr{E}_{cda}=0$,即 $\mathscr{E}_{abc}=-\mathscr{E}_{cda}=\mathscr{E}_{adc}$。

例 8-4 如图 8-6(a)所示,在均匀恒定磁场 $\boldsymbol{B}$ 中有一段弯曲导线 Oab,绕过端点 O 的水平 z 轴转动,角速度为 ω,求其上的动生电动势及两端之间的电势差。

解法 1:(由动生电动势的定义直接求,但此处的速度不恒定)取如图 8-6(a)所示的以端

点 O 为坐标原点的柱坐标系，其中 z 轴正方向垂直纸面向外，于弯曲导线上任一 P 点处取一段 $\mathrm{d}\boldsymbol{l}$，如图中所示，P 点坐标为$(\rho,\varphi,0)$，则 $\mathrm{d}\boldsymbol{l}=\mathrm{d}\boldsymbol{r}=\mathrm{d}\rho\boldsymbol{e}_\rho+\rho\mathrm{d}\varphi\boldsymbol{e}_\varphi$，其运动速度为 $\boldsymbol{v}_c=\rho\omega\boldsymbol{e}_\varphi$，其所在处的磁感应强度为 $\boldsymbol{B}=-B\boldsymbol{e}_z$，代入式(8-8)可得导体 Oab 段上的电动势为

$$\mathscr{E}_{Oab}=\int_{O(l)}^{b}(\boldsymbol{v}_c\times\boldsymbol{B})\cdot\mathrm{d}\boldsymbol{l}=\int_{O(l)}^{b}-(\rho\omega\boldsymbol{e}_\varphi\times B\boldsymbol{e}_z)\cdot(\mathrm{d}\rho\boldsymbol{e}_\rho+\rho\mathrm{d}\varphi\boldsymbol{e}_\varphi)$$

$$=\int_{O(l)}^{b}-(\rho\omega B\boldsymbol{e}_\rho)\cdot(\mathrm{d}\rho\boldsymbol{e}_\rho+\rho\mathrm{d}\varphi\boldsymbol{e}_\varphi)=\int_0^{\rho_b}-\rho\omega B\mathrm{d}\rho=-\omega B\rho_b^2/2=-\omega BL^2/2$$

从积分过程来看，它与曲线的形状无关，只与两端点的坐标有关，这意味着它等效于连接两端点的直导线。$\mathscr{E}_{Oab}=-\omega BL^2/2<0$，表明电动势的方向与我们的取向相反，即从 b 到 O。导线两端的电势差等于其上的电动势，即 $V_b-V_O=\mathscr{E}_{Oab}=-\omega BL^2/2$，小于零，说明 O 端电势高。

解法 2：作连接两端点的直导线棒 Oab，则所有导线组成一个闭合回路 $OabdO$，如图 8-6(b)所示，明显地，在整个回路转动过程中，回路所围磁通量不变，故整个回路的电动势为零，则 $\mathscr{E}_{Oab}=\mathscr{E}_{Odb}$。对直导线棒 Odb 而言，在解法一所取的柱坐标系中，$\mathrm{d}\boldsymbol{l}=\mathrm{d}\boldsymbol{r}=\mathrm{d}\rho\boldsymbol{e}_\rho$，另两个矢量 $\boldsymbol{v}_c$，$\boldsymbol{B}$ 与解法一中相同，代入式(8-8)完成积分，可得 $\mathscr{E}_{Oab}=\mathscr{E}_{Odb}=-\omega BL^2/2$。

解法 3：由解法二可知，弯曲导体 Oab 段上的电动势等于连接两端点的直导线棒 Odb 上的电动势，而直导线棒 Odb 上的电动势还可以用法拉第电磁感应定律来求。补上一个半径 $R=Ob$ 的圆弧形金属导轨 bb' 以及不动的直导线棒 $Od'b'$，如图 8-6(c)所示，则对回路 $Od'b'bO$ 可应用法拉第电磁感应定律。取回路顺时针方向为正，设 t 时刻直导线棒 Ob 与直导线棒 Ob' 之间的夹角为 $\varphi(t)$，则回路所围平面上的磁通量为

$$\Phi=\boldsymbol{B}\cdot\boldsymbol{S}=BL^2\varphi/2$$

故由法拉第电磁感应定律得

$$\mathscr{E}_{\mathrm{i}}=\mathscr{E}_{\mathrm{i},Ob}+\mathscr{E}_{\mathrm{i},bb'}+\mathscr{E}_{\mathrm{i},b'O}=-\frac{\mathrm{d}\Phi}{\mathrm{d}t}=-\frac{BL^2}{2}\frac{\mathrm{d}\varphi}{\mathrm{d}t}=-\frac{B\omega L^2}{2}$$

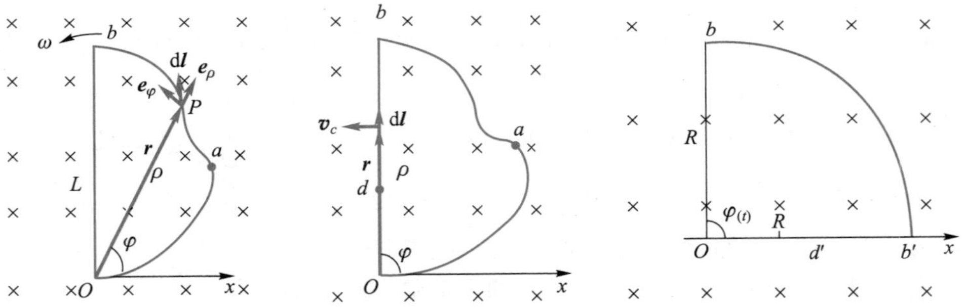

(a)　　(b)　　(c)

图 8-6

负号表示回路电动势的方向与回路取定的正方向相反。注意到，$\mathscr{E}_{\mathrm{i},bb'}=\mathscr{E}_{\mathrm{i},b'O}=0$，上式即直导线棒 Ob 上的电动势 $\mathscr{E}_{\mathrm{i},Ob}$。导线两端的电势差计算同前。

例 8-5　如图 8-7 所示，在载流为 I 的无限长直导线旁有与之共面的直导线 ab，以速度 $\boldsymbol{v}$ 向上平动，求其上的动生电动势。

解:由动生电动势的定义直接求,注意此处的磁场是不均匀的。取如图 8-7 所示的直角坐标系,于直导线上任取一段 $\mathrm{d}\boldsymbol{l}$,其位置坐标为$(x,y,0)$,则 $\mathrm{d}\boldsymbol{l}=\mathrm{d}\boldsymbol{r}=\mathrm{d}x\boldsymbol{e}_x+\mathrm{d}y\boldsymbol{e}_y$,其运动速度为 $\boldsymbol{v}=v\boldsymbol{e}_y$,其所在处的磁感应强度为 $\boldsymbol{B}=-B(x)\boldsymbol{e}_z=\dfrac{-\mu_0 I\boldsymbol{e}_z}{2\pi x}$,代入式(8-8)可得导线 ab 上的电动势为

$$\mathscr{E}_{ab}=\int_{a(l)}^{b}(\boldsymbol{v}\times\boldsymbol{B})\cdot\mathrm{d}\boldsymbol{l}=\int_{a(l)}^{b}-\left(v\boldsymbol{e}_y\times\frac{\mu_0 I}{2\pi x}\boldsymbol{e}_z\right)\cdot(\mathrm{d}x\boldsymbol{e}_x+\mathrm{d}y\boldsymbol{e}_y)$$

$$=\int_{a(l)}^{b}-\left(\frac{\mu_0 vI}{2\pi x}\boldsymbol{e}_x\right)\cdot(\mathrm{d}x\boldsymbol{e}_x+\mathrm{d}y\boldsymbol{e}_y)=-\int_{x_a}^{x_b}\frac{\mu_0 vI}{2\pi x}\mathrm{d}x=\frac{\mu_0 vI}{2\pi}\ln\frac{x_a}{x_b}=\frac{\mu_0 vI}{2\pi}\ln\frac{x_a}{x_a+L\cos\theta}$$

从积分过程来看,我们没有用到直导线的直线方程 $y=f(x)$,即此结果与导线的形状无关,只与两端点的 x 轴坐标有关。它等效于同样连接两端点的折线 acb 或半圆加直线的 $adcb$ 等,而直导线 cb 上的动生电动势为零,故直导线 ab 上的电动势 $\mathscr{E}_{ab}=\mathscr{E}_{ac}=\mathscr{E}_{adc}$。实际上,注意到回路 $acba$ 在向上平动时,其包围的磁通量不变,整个回路的电动势等于零,也可得到此结论。注意到坐标 $x_a<x_b$,故 $\mathscr{E}_{ab}<0$,表明电动势的方向与我们所取正方向相反,即 a 端电势高。

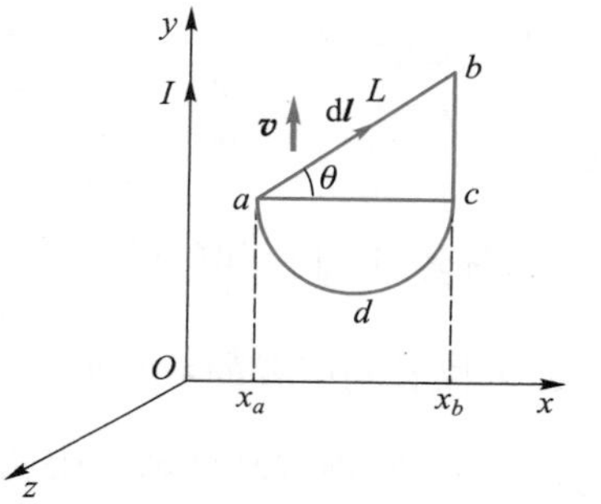

图 8-7

类似于例 8-4,此例题也可以加上一些不动的金属导轨等,构成闭合导线回路,再由法拉第电磁感应定律来求,也很方便。

在本题中,若直导线 ab 以速度 $\boldsymbol{v}$ 向右平动,注意到 $\boldsymbol{v}=v\boldsymbol{e}_x$、$\mathrm{d}\boldsymbol{l}=\mathrm{d}\boldsymbol{r}=\mathrm{d}x\boldsymbol{e}_x+\mathrm{d}y\boldsymbol{e}_y$ 中的$\mathrm{d}y/\mathrm{d}x=\tan\theta$,则几乎完全相同的步骤可求得当直导线运动到图 8-7 所示位置时,其上的动生电动势为

$$\mathscr{E}_{ab}=\int_{a(l)}^{b}(\boldsymbol{v}\times\boldsymbol{B})\cdot\mathrm{d}\boldsymbol{l}=\frac{\mu_0 vI\tan\theta}{2\pi}\ln\frac{x_a+L\cos\theta}{x_a}$$

有兴趣的同学不妨试做一下。但需要注意的是,当图 8-7 中回路 $abca$ 向右运动时,回路电动势 $\mathscr{E}_{abca}\neq0$,则虽有 $\mathscr{E}_{ca}=0$,但 $\mathscr{E}_{ab}\neq\mathscr{E}_{cb}$。

二、感生电动势与涡旋电场

1. 感生电动势及麦克斯韦的涡旋电场假说

如果回路不动而空间的磁场随时间发生变化,则回路中也会产生感应电动势,我们把这种由于空间磁场发生变化而产生的感应电动势称为感生电动势。我们知道回路电动势的产生,意味着在回路中的某些地方存在着非静电场力 $\boldsymbol{F}_\mathrm{k}$ 或非静电场 $\boldsymbol{E}_\mathrm{k}$,动生电动势的非静电场力是(部分)洛伦兹力,但感生电动势的非静电场力显然不是洛伦兹力(因为回路不动),那么,与感生电动势相应的非静电场力是什么呢?

视频:感生电动势

我们首先来考察法拉第电磁感应定律在此情形下的形式。我们考虑一个固定的回路 L,S_L 是以回路 L 为边界的某一个曲面,两者之间的方向构成右手螺旋关系。当通过曲面 S_L 上的磁场发生变化时,在回路 L 中将产生感生电动势,即

$$\mathscr{E}_{\mathrm{i}}=\oint_L \boldsymbol{E}_{\mathrm{k}}\cdot \mathrm{d}\boldsymbol{l}=-\frac{\mathrm{d}\Phi}{\mathrm{d}t}=-\frac{\mathrm{d}}{\mathrm{d}t}\left(\int_{S_L}\boldsymbol{B}(\boldsymbol{r},t)\cdot \mathrm{d}\boldsymbol{S}\right)=-\int_{S_L}\frac{\partial \boldsymbol{B}}{\partial t}\cdot \mathrm{d}\boldsymbol{S} \tag{8-13}$$

注意到第三个等号后的式子中积分微元 d$\boldsymbol{S}$ 及积分区域 S_L 都不随时间变化，即积分仅对磁场 $\boldsymbol{B}$ 的空间位置坐标 $\boldsymbol{r}$ 积分，而求导仅对磁场 $\boldsymbol{B}$ 的时间坐标 t 进行，两种操作相互独立互不影响，故可以交换次序，而仅对磁场 $\boldsymbol{B}$ 的时间坐标求导当换成偏导数，结果即为第四个等号后的式子。则我们有

$$\oint_L \boldsymbol{E}_{\mathrm{k}}\cdot \mathrm{d}\boldsymbol{l}=-\int_{S_L}\frac{\partial \boldsymbol{B}}{\partial t}\cdot \mathrm{d}\boldsymbol{S} \tag{8-14}$$

实际上，我们还注意到对任意闭合固定曲面 S，磁场的高斯定理为 $\oint_S \boldsymbol{B}\cdot \mathrm{d}\boldsymbol{S}=0$，两边都对时间求导数，即有

$$\oint_S \frac{\partial \boldsymbol{B}}{\partial t}\cdot \mathrm{d}\boldsymbol{S}=0 \tag{8-15}$$

联合式(8-14)和式(8-15)，并与第 7 章的安培环路定理式(7-37)及其条件 $\oint_S \boldsymbol{j}\cdot \mathrm{d}\boldsymbol{S}=0$ 比较，可以看到两者的数学形式完全相同，其中磁场 $\boldsymbol{B}$ 与非静电场 $\boldsymbol{E}_{\mathrm{k}}$ 相对应；$\mu_0\boldsymbol{j}$ 与 $-\dfrac{\partial \boldsymbol{B}}{\partial t}$ 相对应。安培环路定理清晰地表明，涡旋（即无源有旋）的电流激发涡旋的磁场，与之相对应的式(8－14) 和 式(8－15) 则表明，涡旋的变化磁场激发涡旋(无源有旋) 的非静电场 $\boldsymbol{E}_{\mathrm{k}}$；即 $\boldsymbol{E}_{\mathrm{k}}$ 对任意回路满足式(8－14)，对任意高斯面满足

$$\oint_S \boldsymbol{E}_{\mathrm{k}}\cdot \mathrm{d}\boldsymbol{S}=0 \tag{8-16}$$

它表示有旋无源的意思，此非静电场在导线回路中产生电动势 $\mathscr{E}_{\mathrm{i}}$。麦克斯韦分析了一些电磁感应现象后，敏锐地感觉到感生电动势现象预示着有关电磁场的新效应。他相信方程式(8-14)的正确性，相信非静电场 $\boldsymbol{E}_{\mathrm{k}}$ 既可以在导体回路中存在，也可以在导体回路外存在，也可以在任一条非导体的回路中存在，即 $\boldsymbol{E}_{\mathrm{k}}$ 存在于变化磁场的周围空间中。它是与静电场不同的另一种电场，称为感生电场，它是无源有旋的，故也称为涡旋电场。这就是麦克斯韦的假说：变化的磁场都将在其周围空间产生涡旋电场。大量的实验证实了式(8-14)的正确性。

至此我们知道，在自然界中有两种电场：由静止电荷产生的有源无旋(保守)的静电场和由变化磁场激发的无源有旋(非保守)的涡旋电场。涡旋电场和静电场的相同之处是都能对场中的电荷(无论静止与否)施加电场力。不同之处显然是，起源不同，性质不同。

2. 感生电场

式(8-14)和式(8-16)表述了涡旋(感生)电场的性质，同时也表明了涡旋电场的空间分布是由变化磁场的空间分布所决定的，与磁场的安培环路定理一样，只有在变化磁场的空间分布(原因)具有极高的对称性情况下我们才有可能由(积分形式)式(8-14)求出涡旋电场的空间分布(结果)。

例 8-6　如图 8-8 所示，半径为 R 的无限长直载流密绕螺线管，管内磁场可视为均匀磁场，管外磁场可近似看成零。若通电电流随时间线性增大，即磁感应强度大小 B 随时间的变化率 $\dfrac{\mathrm{d}B}{\mathrm{d}t}$ 为常量，且为正值，试求管内外由磁场变化而激发的感生电场的分布。

解:无限长直螺线管内的空间磁场分布具有对其中心轴的柱对称性,其横截面的磁场分布如图所示,由其激发的感生电场也一定有相同的线对称性,即当取中心轴向外方向为 z 轴正方向的柱坐标系时,涡旋电场的表达式必为 $\boldsymbol{E}_k(\boldsymbol{r})=E_k(\rho)\boldsymbol{e}_\varphi$,其中 $E_k(\rho)$ 为 $\boldsymbol{E}_k$ 在 $\boldsymbol{e}_\varphi$ 方向上的分量,可正可负。任取一半径为 ρ 的圆周 L,其线元方向与 $\boldsymbol{e}_\varphi$ 相同,则对应的式(8-13)中的面元 $\mathrm{d}\boldsymbol{S}=\mathrm{d}S\boldsymbol{e}_z$,则 $\boldsymbol{E}_k$ 在圆周 L 上的环流为

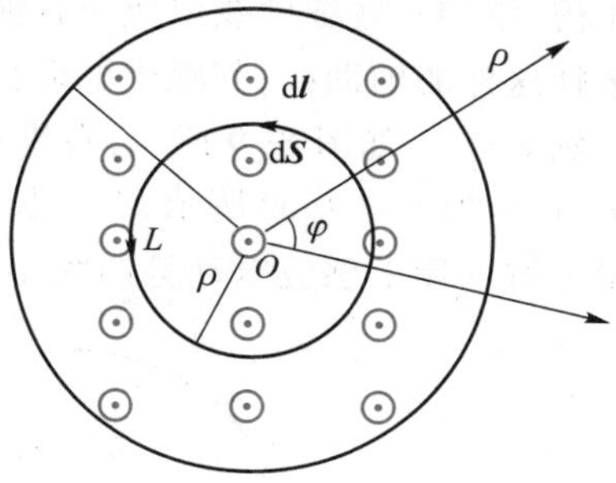

图 8-8

$$\oint_L \boldsymbol{E}_k\cdot\mathrm{d}\boldsymbol{l}=\oint_L E_k(\rho)\boldsymbol{e}_\varphi\cdot\mathrm{d}l\boldsymbol{e}_\varphi=\oint_L E_k(\rho)\,\mathrm{d}l$$
$$=E_k(\rho)\oint_L\mathrm{d}l=E_k\cdot 2\pi\rho \qquad ①$$

由式(8-13)可知,此环流也等于 $-\int_{S_L}\frac{\partial\boldsymbol{B}}{\partial t}\cdot\mathrm{d}\boldsymbol{S}$,则当 $\rho<R$ 时有

$$-\int_{S_L}\frac{\partial\boldsymbol{B}}{\partial t}\cdot\mathrm{d}\boldsymbol{S}=-\int_{S_L}\frac{\mathrm{d}B}{\mathrm{d}t}(\boldsymbol{e}_z)\cdot\mathrm{d}S\boldsymbol{e}_z=-\frac{\mathrm{d}B}{\mathrm{d}t}\cdot\int_{S_L}\mathrm{d}S=-\pi\rho^2\frac{\mathrm{d}B}{\mathrm{d}t} \qquad ②$$

当 $\rho>R$ 时,有

$$-\int_{S_L}\frac{\partial\boldsymbol{B}}{\partial t}\cdot\mathrm{d}\boldsymbol{S}=-\int_{S_0}\frac{\mathrm{d}B}{\mathrm{d}t}(\boldsymbol{e}_z)\cdot\mathrm{d}S\boldsymbol{e}_z=-\int_{S_0}\frac{\mathrm{d}B}{\mathrm{d}t}\cdot\mathrm{d}S=-\pi R^2\frac{\mathrm{d}B}{\mathrm{d}t} \qquad ③$$

其中 S_0 为螺线管包围的面积,由式①等于式②,即得

$$\boldsymbol{E}_k=-\frac{\rho}{2}\frac{\mathrm{d}B}{\mathrm{d}t}\boldsymbol{e}_\varphi,\quad \rho<R \qquad (8-17)$$

由式①等于式③,即得

$$\boldsymbol{E}_k=-\frac{R^2}{2\rho}\frac{\mathrm{d}B}{\mathrm{d}t}\boldsymbol{e}_\varphi,\quad \rho>R \qquad (8-18)$$

$\boldsymbol{E}_k$ 的实际方向由磁感应强度大小 B 随时间的变化率 $\frac{\mathrm{d}B}{\mathrm{d}t}$ 的正负来决定。

3. 感生电动势的计算

对任意一条闭合曲线 L 而言,不管它是否是导线,只要知道了回路上各点处的 $\boldsymbol{E}_k$,其上的感生电动势总可以由定义

$$\mathscr{E}_i(L)=\oint_L\boldsymbol{E}_k\cdot\mathrm{d}\boldsymbol{l} \qquad (8-19)$$

求出,但既然是回路,则回路的电动势也可以用法拉第电磁感应定律求解,此时并不需要知道闭合回路上的 $\boldsymbol{E}_k$ 分布。注意,若回路由导线构成,则在回路中会出现感应电流;若部分回路由非导线构成,则在回路中不会出现感应电流,但感生电动势依然存在,即不管回路是否为导线回路,在仅有磁场变化的情况下,法拉第电磁感应定律依然成立。

对一段独立不闭合曲线而言,不管它是否是导线,其上的感生电动势由定义总为

$$\mathscr{E}_i(L)=\int_L\boldsymbol{E}_k\cdot\mathrm{d}\boldsymbol{l} \qquad (8-20)$$

若线路由导线构成,则在导线中自由电荷会出现不均匀分布而产生静电场,导线两端出现

电势差;若线路由非导线构成,则在回路中不会出现电势差,但感生电动势依然存在。当已知曲线上各点的 $\boldsymbol{E}_k$ 后,按式(8-20)的积分可求得感生电动势 $\mathscr{E}_i(L)$;当然也可以与求动生电动势相仿,添加一些辅助线组成闭合曲线,因为最后还要减去辅助线产生的感生电动势,所以应该选择这样的辅助线,其感生电动势为零或者容易求出,请看下面例题。

例 8-7　如图 8-9 所示,在半径为 R 的圆柱空间中存在均匀磁场,$\boldsymbol{B}$ 的方向与圆柱的轴线平行。如图 8-9(a)所示,有一长为 l 的金属棒放在磁场中,设 B 随时间的变化率 $\mathrm{d}B/\mathrm{d}t$ 为常量。试求棒上感应电动势的大小。

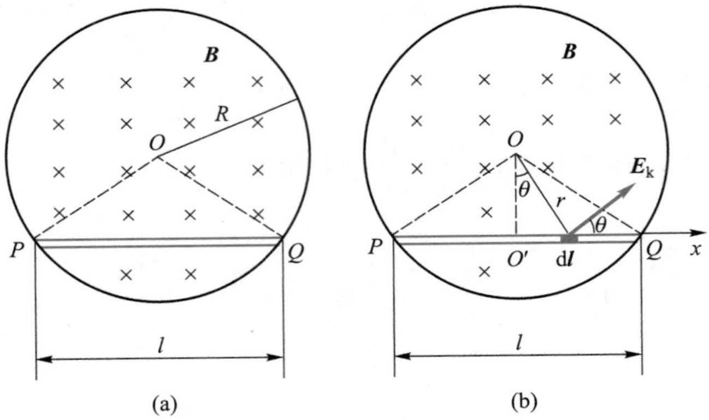

图 8-9

解法 1:连接 OP、OQ,则 $PQOP$ 构成一个闭合回路,并围成一个三角形,其面积为 $S_\triangle$,如图 8-9(a)所示,则可用法拉第电磁感应定律讨论,由例题 8-6 可知,由于 OP、OQ 沿半径方向,其上的感生电场 $\boldsymbol{E}_k$ 与矢量线元 $\mathrm{d}\boldsymbol{l}$ 处处垂直,故 $\boldsymbol{E}_k \cdot \mathrm{d}\boldsymbol{l}=0$,即 OP、OQ 两段半径上均无电动势,故闭合回路的总电动势,就是导体棒 PQ 上的电动势,由法拉第电磁感应定律得

$$|\mathscr{E}_{PQ}|=|\mathscr{E}_i|=\left|-\frac{\mathrm{d}\Phi}{\mathrm{d}t}\right|=S_\triangle\frac{\mathrm{d}B}{\mathrm{d}t}=\frac{\mathrm{d}B}{\mathrm{d}t}\frac{l}{2}\sqrt{R^2-\left(\frac{l}{2}\right)^2}$$

解法 2:由例 8-6 可得,在 $r<R$ 区域,感生电场 $\boldsymbol{E}_k=-\dfrac{\rho}{2}\dfrac{\mathrm{d}(-B)}{\mathrm{d}t}\boldsymbol{e}_\varphi=\dfrac{\rho}{2}\dfrac{\mathrm{d}B}{\mathrm{d}t}\boldsymbol{e}_\varphi$,于 PQ 上取线元 $\mathrm{d}\boldsymbol{l}$,如图 8-9(b)所示,则金属杆 PQ 上的电动势为

$$\mathscr{E}_{PQ}=\int_P^Q\boldsymbol{E}_k\cdot\mathrm{d}\boldsymbol{l}=\int_P^Q\frac{\rho}{2}\frac{\mathrm{d}B}{\mathrm{d}t}\boldsymbol{e}_\varphi\cdot\mathrm{d}\boldsymbol{l}=\int_0^l\frac{\rho}{2}\frac{\mathrm{d}B}{\mathrm{d}t}\cos\theta\,\mathrm{d}x$$

$$=\int_0^l\frac{\rho}{2}\frac{\mathrm{d}B}{\mathrm{d}t}\frac{\sqrt{R^2-(l/2)^2}}{\rho}\mathrm{d}x=\frac{\mathrm{d}B}{\mathrm{d}t}\frac{l}{2}\sqrt{R^2-\left(\frac{l}{2}\right)^2}$$

当 $\mathrm{d}B/\mathrm{d}t$ 大于零时,金属杆 PQ 上的电动势 $\mathscr{E}_{PQ}$ 也大于零,这表明电动势方向从 P 到 Q,点 Q 处为高电势。类似地,我们也可以求出从 P 经劣圆弧到 Q 的电动势,它等于 $\mathrm{d}B/\mathrm{d}t$ 乘以相对应的扇形面积 S',即

$$\mathscr{E}_{PQ}=\frac{\mathrm{d}B}{\mathrm{d}t}S'=\frac{\mathrm{d}B}{\mathrm{d}t}\frac{Rl_{PQ}}{2}$$

式中 l_{PQ} 为 P 经劣圆弧到 Q 的弧长，明显地，此电动势的绝对值大于 $\mathscr{E}_{PQ}$，电动势与路径有关！

实际上，半径为 R 的圆柱空间中存在的均匀磁场正是长直载流螺线管中的磁场，其中磁场的变化主要正比于导线中的电流的时间变化率，而我们假设 $\mathrm{d}B/\mathrm{d}t$ 为常量是为了不考虑下文出现的变化电场反过来激发变化磁场的问题。但实际情况是导线中的电流常以一定的频率作交流变化，从而电流的时间变化率不再是常量，故真实电动势的计算比较复杂，但一般地，感应电动势正比于电流的交变频率及电流的大小，在高频情况下，感应电动势将很大。

4. 涡电流

在许多电磁设备中常常有大块金属存在，当这些金属处于变化磁场中时，会在其内部产生感应电流，这些电流的流线闭合形成涡旋状，故称为涡电流或涡流。在闭合涡流线上的电动势一定时，涡流线上的焦耳热与涡流线上的电动势的平方成正比、与回路的电阻成反比。金属的电阻很小，故在频率较高的情况下，会出现强大的涡流，产生很大的焦耳热，能把金属加热到很高的温度。涡流的这种热效应常被用于金属和半导体材料的真空提纯以及冶炼易氧化的金属等。但有时焦耳热是有害的，它不仅造成能量的损耗，还可能烧坏设备。在电机和变压器等通有交流电的电器设备中，为减少涡流，一般铁芯都不采用大块导体，而用互相绝缘的薄片或细条叠合而成，并且所用硅钢片的平面和磁感应线平行，甚至采用粉末状（粉末之间相互绝缘）的铁芯。

当金属块相对于一个局域磁场（即空间不均匀磁场）运动时，也会在金属块中形成涡流，根据楞次定律，感应的涡电流的效果总是反抗引起感应涡电流的原因的，故涡电流的效果就是反抗金属块相对于不均匀磁场的运动，即涡流产生一种阻尼作用来阻碍导体和磁场间的相对运动，这种作用称为电磁阻尼。磁电式仪表就是利用电磁阻尼原理，使仪表中的线圈和固定在它上面的指针迅速停止摆动的。利用涡旋电场加速电子的加速器称为电子感应加速器，它是涡旋电场存在的最有力的例证之一，有兴趣的读者可参阅相关资料。

8.3 自感和互感 磁场的能量

一、自感

电流流过线圈时，其磁感应线将穿过线圈本身，因而给线圈提供磁通量。如果线圈中的电流随时间而变化，穿过线圈本身的磁通量也将随之发生变化，线圈中便产生感生电动势。这种因线圈中的电流发生变化而在自身线圈中引起感生电动势的现象称为自感现象，所产生的电动势称为自感电动势。

自感现象可用图 8-10 的实验来演示。图 8-10(a)中的 L_1 和 L_2 是两个相同的小灯泡，L 是带铁芯的多匝线圈，R 是变阻器。首先调节 R 的值使其与线圈 L 的电阻值相等，然后合上开关 S，可以看到，L_1 立刻达到正常亮度，而 L_2 则是逐渐变亮，最后才与 L_1 亮度相同。这种现象可简单解释如下：当 S 合上后，在线圈 L 的支路中，电流从无到有并不断增大的变化导致线圈中产生了自感电动势，按照楞次定律，自感电动势反抗电流的增加，因此含有 L 的支路中电流只能逐渐增加，待电流达到稳定值后，自感电动势才消失，L_2 的亮度才不再变化。

图 8-10(b)是演示断电时的自感现象的。设开关原来是接通的，灯泡 L 以一定的亮度发

光。当切断开关时,可以看到灯泡 L 先是猛然一亮,然后才熄灭。这个现象同样可用自感现象来解释:当开关切断时,线圈 L 与灯泡构成回路,因无电源,电流从有减小到无,按照楞次定律,线圈 L 产生的自感电动势阻碍电流的减小,因此回路中的电流不会立刻减小为零,灯泡 L 不会立即熄灭。如果线圈的电阻远小于灯泡的电阻(图 8-10(b)中的电路即按这一要求制作),在开关接通时线圈的电流远大于灯泡的电流,在切断开关的瞬间,线圈的这一电流流过灯泡,就使灯泡比原来还亮,当然这只能维持很短的时间。

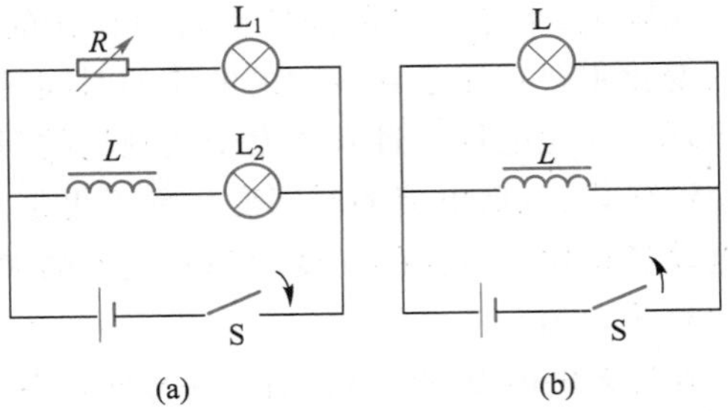

图 8-10

不同线圈产生自感现象的能力不同。设线圈中有电流 I,如果周围没有铁磁质等非线性材料,根据毕奥-萨伐尔定律,电流 I 产生的磁感应强度 $\boldsymbol{B}$ 的大小与电流 I 成正比,所以穿过线圈的磁通链数也必与电流 I 成正比,即

$$\Psi = LI \tag{8-21}$$

比例系数 L 称为线圈的自感系数,简称自感或电感。自感系数的国际单位制单位是亨利,符号为 H,实际上在工程技术中,这个单位太大,故常用毫亨(mH)和微亨(μH)这两个辅助单位。如果回路周围不存在铁磁质,那么自感系数 L 是一个与电流 I 无关,仅由回路的匝数,几何形状和大小,以及周围磁介质的磁导率而决定的物理量。当决定 L 的上述因素都保持不变时,它是一个常量。若回路的自感 L 保持不变,则当电流发生变化时,根据电磁感应定律,线圈中的自感电动势为

$$\mathscr{E}_{\mathrm{i}} = -\frac{\mathrm{d}\Psi}{\mathrm{d}t} = -L\frac{\mathrm{d}I}{\mathrm{d}t} \tag{8-22}$$

式中“-”号表明自感电动势 $\mathscr{E}_{\mathrm{i}}$ 产生的感应电流的方向总是反抗回路中的电流 I 的变化的。当线圈中的电流减小,即 $\mathrm{d}I/\mathrm{d}t<0$ 时,根据楞次定律,自感电动势反抗这种变化,其方向与电流同方向,它产生的电流用于补偿变小的电流;反之,当电流增大时,自感电动势与电流反方向,它产生的电流用于抵消增大的电流。回路中的电流有保持不变的惯性,自感系数越大,这种惯性越大。当 L 是常量时,式(8-21)和式(8-22)是一致的,都可用来计算回路的自感,在理论上常通过前者来计算,在实验上常通过后者来测量。

对于不同的回路,在电流变化率 $\mathrm{d}I/\mathrm{d}t$ 相同的条件下,回路的自感系数 L 越大,产生的自感电动势越大,由于其总反抗电流的变化,故回路中的电流越不容易变化,换句话说,自感系数越大的回路,其保持回路中电流不变的能力越强,自感系数的这一特性与力学中的惯性质量 m 相似,因此常说自感系数是回路的“电磁惯性”的量度。

具有较大自感系数的线圈(简称自感线圈)是一种相当重要的电器元件,被广泛应用于电工及无线电技术中。在电子电路中利用其较大的“电磁惯性”来起到一定的稳流作用。又比如用它与电容器组成谐振电路等各种电路来完成特定的任务。自感现象有时也会带来危害,当回路中存在大型线圈时,则在电流变化率 $\mathrm{d}I/\mathrm{d}t$ 很大时,特别是在电路接通和断开时,回路中将产生很大的自感电动势,它是一个强大的脉冲电压,它对回路中的电子元件的冲击可能会

引起破坏,例如大型电动机、发电机、电磁铁等,它们的绕组都具有很大的自感,在电路接通和断开时,开关处可出现强烈的电弧,甚至烧毁开关、造成火灾并危及人身安全。故为了避免损失或事故,在电路接通和断开时,应利用可变电阻减小电流的时间变化率,必要时必须使用带有灭弧结构的特殊开关(负荷开关或油开关等)来操作。

例 8-8 设一密绕长直螺线管,长为 l,半径为 R,且 $R \ll l$,单位长度的匝数为 n,管内为空气。求螺线管的自感 L。

解:设螺线管中通有电流 I,对于长直螺线管,管内各处的磁场可近似地看作是均匀的,且磁感应强度的大小为 $B=\mu_0 nI$,故每匝线圈的磁通量为

$$\Phi = BS = \mu_0 nIS = \mu_0 n\pi R^2 I$$

螺线管的磁链为 $\Psi = N\Phi = \mu_0 n^2 \pi R^2 lI$,则其自感系数 L 为

$$L = \Psi / I = \mu_0 n^2 \pi R^2 l = \mu_0 n^2 V \qquad (8-23)$$

式中 $\pi R^2 l = V$ 正是螺线管的体积。可见螺线管的 L 与 I 无关,仅由其单位长度的匝数、体积及其内所充磁介质决定。采用较细的导线绕制螺线管,可增大单位长度的匝数,使自感 L 变大,当然这会增加回路的电阻,运行时会产生更多的焦耳热。

二、互感

如图 8-11 所示,设有两个相邻的回路 1 和回路 2,当回路 1 中通有电流 I_1 时,它激发的磁场对回路 1 和回路 2 都将产生磁通量(依次记为 Φ_{11} 及 Φ_{21})。如果 I_1 随时间变化,则 Φ_{11} 及 Φ_{21} 也随时间变化,两个回路中都将产生感生电动势和感应电流,Φ_{11} 的变化在回路 1 中感生的电动势就是自感电动势,Φ_{21} 的变化在回路 2 中感生的电动势则称为回路 1 对回路 2 的互感电动势。反过来,当回路 2 中有变化电流 I_2 时,它也会在回路 1 和回路 2 中产生磁通量(依次记为 Φ_{12} 及 Φ_{22}),在回路 1 中激发的电动势,称为回路 2 对回路 1 的互感电动势。这种一个回路中的电流发生变化时,在另一个回路中激发感应电动势的现象称为互感现象。

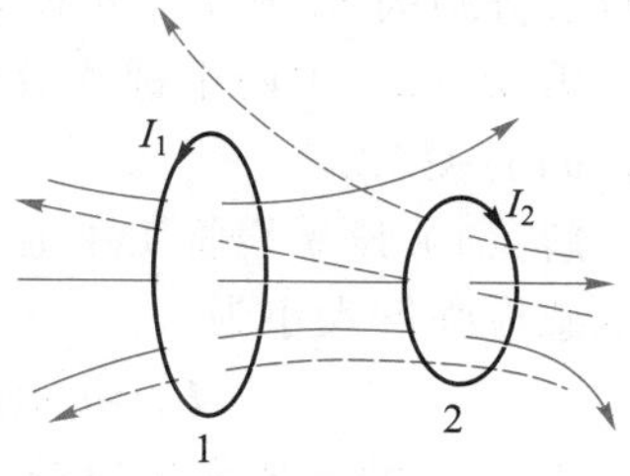

图 8-11

很显然,若回路的形状和相对位置均保持不变,周围又无铁磁质,则 Φ_{21} 必正比于 I_1,可记为

$$\Phi_{21} = M_{21} I_1 \qquad (8-24)$$

由电磁感应定律得,当 I_1 发生变化时,在回路 2 中产生的互感电动势为

$$\mathscr{E}_{21} = -\frac{\mathrm{d}\Phi_{21}}{\mathrm{d}t} = -M_{21}\frac{\mathrm{d}I_1}{\mathrm{d}t} \qquad (8-25)$$

式中 M_{21} 称为回路 1 对回路 2 的互感系数。

同理,我们有

$$\Phi_{12} = M_{12} I_2 \qquad (8-26)$$

当 I_2 发生变化时,在回路 1 中产生的互感电动势为

$$\mathscr{E}_{12} = -\frac{\mathrm{d}\Phi_{12}}{\mathrm{d}t} = -M_{12}\frac{\mathrm{d}I_2}{\mathrm{d}t} \qquad (8-27)$$

M_{12}是回路 2 对回路 1 的互感系数，实验和理论都可证明

$$M_{12}=M_{21}=M \tag{8-28}$$

M 称为两个回路间的互感系数，简称互感。其值由两个回路的几何形状、尺寸、匝数、周围磁介质的磁导率以及两个回路的相对位置决定，与回路中的电流无关。如果回路中有铁磁质存在，因为铁磁质的磁导率与电流有关，所以互感系数就与回路中的电流有关了。

在国际单位制中，互感的单位也是亨利(H)。互感系数一般用式(8-25)或式(8-27)通过实验测得，对一些比较简单的情况也可以用式(8-24)或式(8-26)计算求得。

利用互感我们可以将一个回路中的电能转换到另一个回路，变压器和互感器都是以此为工作原理的。变压器中有两个匝数不同的线圈，由于互感，当一个线圈两端加上交流电压时，另一个线圈两端将感应出数值不同的电压。明显地，互感系数 M 表示了两个线圈相互感应的强弱，或者说是两个线圈相互耦合的强度。在某些情况下互感也会带来不好的影响，在电子仪器中，元件之间并不希望存在互感，互感耦合会使仪器工作质量下降甚至无法工作。在这种情况下我们就要设法减少互感耦合，例如把容易产生不利影响的互感耦合元件远离或调整方向以及采用“磁场屏蔽”的措施等。

例 8-9　图 8-12 所示为两个同轴螺线管 1 和螺线管 2，同绕在一根半径为 R 的长棒上，它们的绕向相同，截面积都近似等于棒的截面积，螺线管 1 和螺线管 2 的长分别为 l_1 和 l_2，单位长度上的匝数分别为 n_1 和 n_2，且有 $R\ll l_1, R\ll l_2$。(1) 试求互感 M；(2) 求两个螺线管的自感 L_1和 L_2与互感 M 之间的关系。

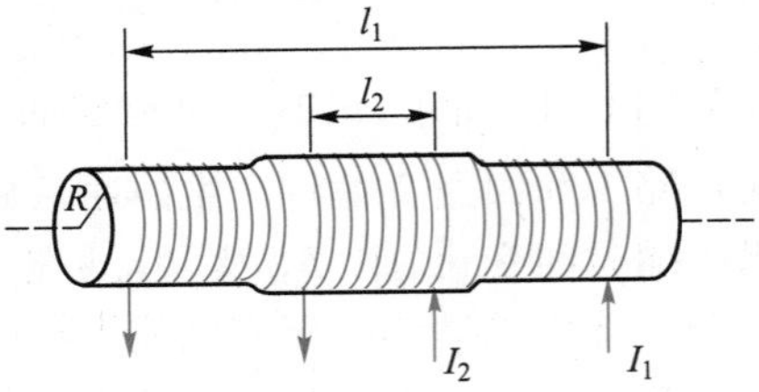

图 8-12

解：(1) 设螺线管 1 中通有电流，它产生的磁场的磁感应强度大小为

$$B_1=\mu_0 n_1 I_1$$

电流 I_1 产生的磁场穿过螺线管 2 每一匝的磁通量为

$$\Phi_{21}=B_1 S=\mu_0 \pi R^2 n_1 I_1$$

因此螺线管 2 上的磁链为 $\Psi_{21}=N_2\Phi_{21}=n_2 l_2 \mu_0 \pi R^2 n_1 I_1$，由此可得互感系数

$$M=M_{21}=\Psi_{21}/I_1=\mu_0 n_2 n_1 \pi R^2 l_2$$

(2) 由式(8-23)可得两长螺线管的自感分别为

$$L_1=\mu_0 n_1^2 \pi R^2 l_1,\quad L_2=\mu_0 n_2^2 \pi R^2 l_2$$

由此可得

$$M=(l_2/l_1)^{1/2}(L_1 L_2)^{1/2}$$

更普遍的形式为

$$M=k\,(L_1 L_2)^{1/2} \tag{8-29}$$

式中 k 称为耦合系数，由两个螺线管的相对位置决定，它的取值小于 1，当它远小于 1 时称为松耦合。

例 8-10　一矩形线圈 $ABCD$，长为 l，宽为 a，匝数为 N，放在一长直导线旁边与之共面，如图 8-13 所示，长直导线可以看作一闭合回路的一部分，其他部分离线圈很远，未在图中画出，忽略它们对矩形线圈的影响，当矩形线圈中通有电流 $I(t)=I_0\cos\omega t$ 时，求长直导线中的互感电动势。

解:欲求长直导线中的互感电动势,需先求矩形线圈对长直导线的互感 M,此值不好计算,但由于 $M_{12}=M_{21}=M$,故可计算长直导线回路对矩形线圈的互感。

假设在长直导线中通有一电流 I,此电流的磁场在矩形线圈中产生的磁链为

$$\Psi = N\int_S \boldsymbol{B}\cdot \mathrm{d}\boldsymbol{S} = N\int_S B\mathrm{d}S = N\int_d^{d+a}\frac{\mu_0 I}{2\pi r}l\mathrm{d}r = \frac{\mu_0 INl}{2\pi}\ln\frac{d+a}{d}$$

长直导线与矩形线圈之间的互感为

$$M=\frac{\Psi}{I}=\frac{\mu_0 Nl}{2\pi}\ln\frac{d+a}{d}$$

故矩形线圈中的电流在长直导线中产生的互感电动势为

$$\mathscr{E}=-M\frac{\mathrm{d}I(t)}{\mathrm{d}t}=-\frac{\mu_0 Nl}{2\pi}\ln\frac{d+a}{d}\frac{\mathrm{d}I(t)}{\mathrm{d}t}=\frac{\mu_0\omega NlI_0}{2\pi}\ln\frac{d+a}{d}\sin\omega t$$

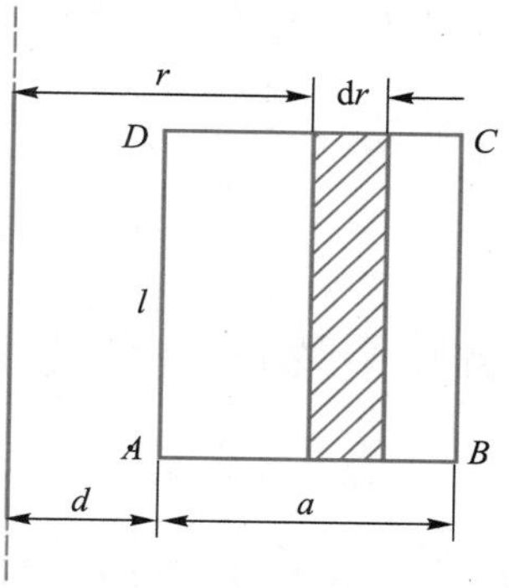

图 8-13

三、磁场的能量

1. 自感线圈的磁能

楞次定律表明,线圈中的磁通量有保持不变的惯性,线圈中的电流有保持不变的惯性,若一自感为 L 的线圈与电源接通,线圈中的电流 I 将从零逐渐增大至某个极限值 I_m,这一电流的变化在线圈中将产生自感电动势 $\mathscr{E}_i=-\mathrm{d}\Psi/\mathrm{d}t=-L\mathrm{d}I/\mathrm{d}t$,它起着阻碍电流增大的作用,因此自感电动势做负功。在电流达到 I_m 的整个过程中,外电源不仅要供给电路中产生焦耳热的能量,还要反抗自感电动势对线圈做功,整个过程电源对线圈做的功为

$$W=\int \mathrm{d}W=\int_0^\infty -\mathscr{E}_i I\mathrm{d}t=\int_0^\infty L\frac{\mathrm{d}I}{\mathrm{d}t}I\mathrm{d}t=\int_0^{I_m}LI\mathrm{d}I=\frac{1}{2}LI_m^2 \tag{8-30}$$

由功能原理可知,线圈的能量从零增加至上述值,即当线圈中流有电流 I_m 时,线圈具有能量 $LI_m^2/2$,它储存于线圈中,称为线圈的自感磁能。当撤去电源后,这部分能量又全部被释放出来,转化成其他形式的能量。在如图 8-10(b)所示的实验中,当开关 S 断开时,灯泡要猛然一亮,然后再逐渐熄灭,这就是储存的自感磁能通过自感电动势做功全部释放出来,变成了灯泡在很短时间内所发出的光能与热能。

2. 磁场能量

通电的线圈激发磁场,也储存有能量,然而究竟谁是这个能量的拥有者,是通电线圈还是磁场?在恒定情况下,两者难以区分,而在交变情况时我们可清楚地知道此能量为磁场拥有,即它以场的形式储存于有磁场的空间中,故此能量称为磁场能,简称磁能。对载流为 I 的无限长密绕螺线管而言,其自感 $L=\mu_0 n^2 V$,管内均匀的磁感应强度 $B=\mu_0 nI$,则其磁能为

$$W_m=\frac{1}{2}LI^2=\frac{B^2}{2\mu_0}V \tag{8-31}$$

磁能定域在磁场空间中,上式两边除以磁场体积 V,便可得真空中单位体积内的磁能,称之为磁能密度,用 w_m 表示,为

$$w_m=\frac{W}{V}=\frac{B^2}{2\mu_0} \tag{8-32}$$

上式虽然是由长直螺线管的特例推导出来的，但可以证明它对各种磁场普遍有效。由此可求出某一空间 V 中磁场所拥有的磁能：

$$W_{\mathrm{m}}=\int_V w_m \mathrm{d}V=\int_V \frac{B^2}{2\mu_0}\mathrm{d}V \tag{8-33}$$

8.4　位移电流　麦克斯韦基本方程

一、电流及全电流环路定理

麦克斯韦对电磁场理论的重大贡献的核心是位移电流假说。位移电流是将安培环路定理运用于含有电容器的交变电路中出现矛盾而引出的。

我们知道，恒定电流激发的恒定磁场满足安培环路定理，其规范形式为

$$\oint_L \boldsymbol{B}\cdot \mathrm{d}\boldsymbol{l}=\mu_0\int_{S_L}\boldsymbol{j}\cdot \mathrm{d}\boldsymbol{S}=\mu_0 I(S_L) \tag{8-34}$$

式中 S_L 为闭合曲线（回路）L 围成的任意一个曲面。为确保上式右边的结果对以该回路为边界的所有曲面都相同，等号右边的 $\boldsymbol{j}$ 必须满足恒定条件，即 $\oint_S \boldsymbol{j}\cdot \mathrm{d}\boldsymbol{S}=0$。

如图 8-14 所示是一个含有电容器的电路的一部分，在电容器充电或放电的过程中，电路中有随时间变化的电流 $I(t)$。若在电容器的附近取一闭合回路 L，对于以 L 为边界的曲面（平面）S_1 来说，有

$$\int_{S_{1L}}\boldsymbol{j}\cdot \mathrm{d}\boldsymbol{S}=I$$

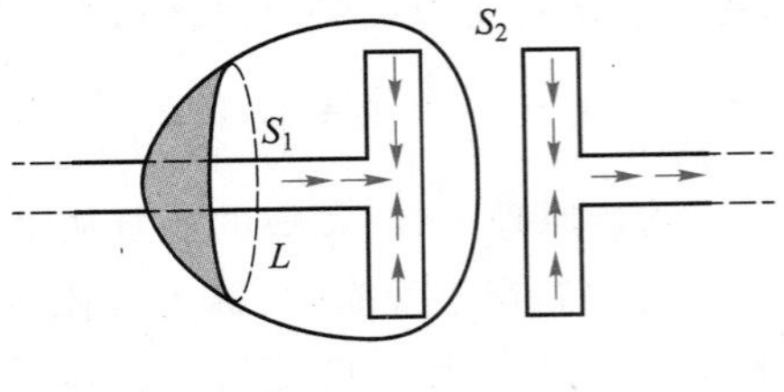

图 8-14

对于仍然以 L 为边界的曲面 S_2，它伸展到了电容器两极板之间但不与导线相交，由于不论是充电还是放电，穿过该曲面的传导电流都为零，所以有

$$\int_{S_{2L}}\boldsymbol{j}\cdot \mathrm{d}\boldsymbol{S}=0$$

式(8-34)的右边不再唯一，等号一定不成立，即当空间的电流密度矢量函数 $\boldsymbol{j}$ 不再满足恒定条件，即 $\oint_S \boldsymbol{j}\cdot \mathrm{d}\boldsymbol{S}\neq 0$ 时，式(8-34)右边对不同的 S_L 有不同的值。这就是说，对于一个非恒定电流产生的磁场，安培环路定理一定不再适用，必须加以修正。

令 $\oint_L \boldsymbol{B}\cdot \mathrm{d}\boldsymbol{l}=\mu_0\int_{S_L}\boldsymbol{j}_{\mathrm{a}}\cdot \mathrm{d}\boldsymbol{S}$，为使方程对以回路 L 为边界的所有曲面都成立，则必须对任意高斯面均有 $\oint_S \boldsymbol{j}_{\mathrm{a}}\cdot \mathrm{d}\boldsymbol{S}=0$，且在恒定情况时，$\boldsymbol{j}_{\mathrm{a}}$ 应退化为导线中的传导电流 $\boldsymbol{j}$。

在任何情况下电荷守恒定律的数学表达式为

$$-\frac{\mathrm{d}q(V)}{\mathrm{d}t}=\oint_S \boldsymbol{j}\cdot \mathrm{d}\boldsymbol{S} \tag{8-35}$$

由电场的高斯定理可得 $q(V)=\oint_S \varepsilon_0 \boldsymbol{E}\cdot \mathrm{d}\boldsymbol{S}$,从而式(8－35)的最左边变为

$$-\frac{\mathrm{d}q(V)}{\mathrm{d}t}=-\frac{\mathrm{d}}{\mathrm{d}t}\left(\oint_S \varepsilon_0 \boldsymbol{E}\cdot \mathrm{d}\boldsymbol{S}\right)=-\oint_S \varepsilon_0 \frac{\partial \boldsymbol{E}}{\partial t}\cdot \mathrm{d}\boldsymbol{S}$$

即

$$\oint_S \boldsymbol{j}\cdot \mathrm{d}\boldsymbol{S}+\oint_S \varepsilon_0 \frac{\partial \boldsymbol{E}}{\partial t}\cdot \mathrm{d}\boldsymbol{S}=\oint_S\left(\boldsymbol{j}+\varepsilon_0 \frac{\partial \boldsymbol{E}}{\partial t}\right)\cdot \mathrm{d}\boldsymbol{S}=0 \tag{8-36}$$

麦克斯韦经过认真分析,认为

$$\boldsymbol{j}_{\mathrm{a}}=\boldsymbol{j}+\varepsilon_0 \frac{\partial \boldsymbol{E}}{\partial t} \tag{8-37}$$

即磁场的环路定理应改写为

$$\oint_L \boldsymbol{B}\cdot \mathrm{d}\boldsymbol{l}=\mu_0\int_{S_L}\left(\boldsymbol{j}+\varepsilon_0 \frac{\partial \boldsymbol{E}}{\partial t}\right)\cdot \mathrm{d}\boldsymbol{S}=\mu_0 I_{\mathrm{a}}(S_L) \tag{8-38}$$

如是,则上式等号右边的不确定性可消除,恒定时也可退化到安培环路定理。麦克斯韦将式(8-37)的右边称为全电流的电流密度矢量,而将等号右边的第二项称为位移电流密度矢量,它在面 S 上的积分称为流过 S 面上的位移电流。式(8-36)表明,全电流是连续的,或者说,全电流的电流密度矢量线($\boldsymbol{j}_{\mathrm{a}}$ 线)在空间有限处必处处连续,全电流的电流场是无源的。式(8-38)称为全电流的安培环路定理。

明显地,位移电流本质上就是变化的电场,式(8-38)表明,在激发磁场方面,变化的电场与传导电流等效,即它们都按同一规律在周围空间激发磁场,这也是将变化的电场称为位移电流的唯一原因。全电流安培环路定理表明,变化电场与传导电流一样可激发涡旋磁场。

自然地,位移电流与传导电流在其他方面是完全不同的,传导电流是电荷的定向运动,位移电流是电场的变化;传导电流要产生焦耳热,位移电流则没有焦耳热。

麦克斯韦的变化电场激发磁场以及变化磁场激发感生电场的概念具有十分重要的意义,它们表明变化电场和变化磁场彼此不是孤立的,它们永远密切地联系在一起,相互激发,组成一个统一的电磁场的整体。这就是麦克斯韦电磁场理论的基本概念,它为建立统一的电磁场理论奠定了基础,还预示了电磁波的存在。

二、麦克斯韦方程组

在前面三章中我们讨论了静电场和恒定磁场的规律,它们分别满足如下的一些基本方程。

(1) 静电场的高斯定理

$$\oint_S \boldsymbol{E}_0\cdot \mathrm{d}\boldsymbol{S}=\frac{q(V_S)}{\varepsilon_0}=\frac{\int_{V_S}\rho \mathrm{d}V}{\varepsilon_0} \tag{8-39}$$

它表明静电场 $\boldsymbol{E}_0$ 是有源场,电荷是产生静电场 $\boldsymbol{E}_0$ 的源。

(2) 静电场的环路定理

$$\oint_L \boldsymbol{E}_0\cdot \mathrm{d}\boldsymbol{l}=0 \tag{8-40}$$

它表明静电场 $\boldsymbol{E}_0$ 是保守(无旋、有势)场。

(3) 恒定磁场的高斯定理

$$\oint_S \boldsymbol{B}_0 \cdot \mathrm{d}\boldsymbol{S} = 0 \tag{8-41}$$

它表明恒定磁场 $\boldsymbol{B}_0$ 是无源场。

(4) 恒定磁场的安培环路定理

$$\oint_L \boldsymbol{B}_0 \cdot \mathrm{d}\boldsymbol{l} = \mu_0 I(S_L) = \mu_0 \int_{S_L} \boldsymbol{j}_V \cdot \mathrm{d}\boldsymbol{S} \tag{8-42}$$

它表明恒定磁场 $\boldsymbol{B}_0$ 是非保守(涡旋)场,涡旋的电流产生涡旋的磁场。

在本章中我们还介绍了麦克斯韦提出的涡旋电场 $\boldsymbol{E}_\mathrm{k}$ 的概念和变化电场与传导电流一样可激发涡旋磁场。应注意的是,涡旋电场 $\boldsymbol{E}_\mathrm{k}$ 满足的方程为

$$\oint_S \boldsymbol{E}_\mathrm{k} \cdot \mathrm{d}\boldsymbol{S} = 0 \tag{8-43}$$

$$\oint_L \boldsymbol{E}_k \cdot \mathrm{d}\boldsymbol{l} = -\int_{S_L} \frac{\partial \boldsymbol{B}}{\partial t} \cdot \mathrm{d}\boldsymbol{S} \tag{8-44}$$

将涡旋电场 $\boldsymbol{E}_\mathrm{k}$ 与静电场 $\boldsymbol{E}_0$ 的叠加称为(总)电场 $\boldsymbol{E}$,如是可将电场推广到普遍的变化电场,磁场概念也因变化电场激发涡旋磁场而扩展为变化磁场。式(8-39)和式(8-43)相加可得

$$\oint_S \boldsymbol{E} \cdot \mathrm{d}\boldsymbol{S} = \frac{q(V_S)}{\varepsilon_0} = \frac{\int_{V_S} \rho \mathrm{d}V}{\varepsilon_0} \tag{8-45a}$$

它表明由电荷产生的电场是有源的。由式(8-40)和式(8-44)相加即得

$$\oint_L \boldsymbol{E} \cdot \mathrm{d}\boldsymbol{l} = -\int_{S_L} \frac{\partial \boldsymbol{B}}{\partial t} \cdot \mathrm{d}\boldsymbol{S} \tag{8-45b}$$

它表明由变化磁场激发的电场是涡旋的,非保守的。式(8-38)总是成立的,

$$\oint_L \boldsymbol{B} \cdot \mathrm{d}\boldsymbol{l} = \mu_0 \int_{S_L} \left(\boldsymbol{j} + \varepsilon_0 \frac{\partial \boldsymbol{E}}{\partial t} \right) \cdot \mathrm{d}\boldsymbol{S} \tag{8-45c}$$

它表明传导电流和变化的电场一起激发涡旋的磁场。注意到全电流无源的特征,则由因果律可得它所激发的磁场一定也是无源的,即

$$\oint_S \boldsymbol{B} \cdot \mathrm{d}\boldsymbol{S} = 0 \tag{8-45d}$$

于是我们得到了一般电磁场的基本方程,即式(8-45)给出的四个方程,称为(积分形式的)麦克斯韦方程组。由麦克斯韦方程组可以推演出随时间变化的电场和磁场会互相激发,互相依存,构成统一的电磁场,并以波的形式传播,而且可以证明,电磁波在真空中传播的速度总为光速 c,且与参考系无关,也与光源的运动速度无关。1888 年,赫兹用实验证实了电磁波的存在。

为了完整地描述电磁场的特性,除了麦克斯韦方程组外,还需要一些附加方程,比如欧姆定律 $\boldsymbol{j}=\gamma\boldsymbol{E}$ 及 $\boldsymbol{F}=q(\boldsymbol{E}+\boldsymbol{v}\times\boldsymbol{B})$,当然还有电荷守恒定律,这些方程之间并不完全独立,但每个方程都有清晰的物理内涵,共同构成经典电磁理论的基本框架,成为研究电磁场、物质及其相互作用的理论基础。麦克斯韦电磁理论的建立是物理学发展史上一个重要的里程碑,并在许多技术领域得到了广泛的应用。

习题

选择题

8-1 两根相同的条形磁铁分别用相同的速度同时插进两个几何尺寸完全相同的木环和铜环内,在同一时刻,通过两环包围面积的磁通量(　　)。

A. 相同

B. 不相同,铜环的磁通量大于木环的磁通量

C. 不相同,木环的磁通量大于铜环的磁通量

D. 因为木环内无磁通量,所以不好进行比较

8-2 关于法拉第电磁感应定律 $\mathscr{E}_i=-\mathrm{d}\Phi/\mathrm{d}t$,下列说法正确的是(　　)。

A. 只适用于导体回路

B. 适用于所有回路的所有情况,即不管回路是否为导体,也不管是回路变化还是磁场随时间变化,都可以用法拉第电磁感应定律求回路电动势

C. 当回路为导体时,适用于任何情况;当回路为非导体时,只适用于磁场随时间变化的情况

D. 只适用于导体回路及磁场随时间变化的情况

8-3 在有磁场变化着的空间内,取任意闭合路径 L,如果路径上并无任何实体存在,则关于空间中的电场和路径上的电动势及电流,下列说法正确的是(　　)。

A. 既无感应电场又无感应电流

B. 既无感应电场又无感应电动势

C. 既有感应电场也有感应电动势

D. 有感应电场但无感应电动势

8-4 关于变化电磁场,下列说法中正确的是(　　)。

A. 变化着的电场所产生的磁场一定随时间而变化

B. 变化着的磁场所产生的电场一定随时间而变化

C. 有电流就有磁场,没有电流就一定没有磁场

D. 变化着的电场和电流一样可以激发磁场

8-5 一个半径为 r 的圆线圈置于均匀磁场中,线圈可绕一直径以角速度 ω 转动,线圈电阻为 R。初始时刻线圈平面与磁场方向垂直,当线圈转过 $\pi/3$ 时,以下各量中,与线圈转动快慢无关的量是(　　)。

A. 线圈中的感应电动势

B. 线圈中的感应电流

C. 通过线圈某截面的感应电荷总量

D. 线圈导线回路上总的焦耳热

8-6 在自感为 0.25 H 的线圈中,当电流在 0.1 s 内由 2 A 线性地减少到零时,线圈中的感应电动势的大小为(　　)。

A. 1 V　　B. 2 V　　C. 4 V　　D. 5 V

8-7　一块磁铁顺着一根无限长的竖直放置的铜管自由下落,忽略空气阻力,则在铜管内(　　)。

A. 磁铁下落的速度越来越大

B. 磁铁所受的阻力越来越大

C. 磁铁下落的加速度越来越大

D. 磁铁下落的速度最后趋向一恒定值

8-8　一块铜板放在磁感应强度正在增大的磁场中,铜板中出现涡电流,则涡电流将(　　)。

A. 加速铜板中磁场的增加

B. 减缓铜板中磁场的增加

C. 对磁场不起作用

D. 使铜板中磁场反向

8-9　关于一个螺线管自感系数 L 的值,下列说法中错误的是(　　)。

A. 通过的电流 I 的值越大,L 越大

B. 单位长度的线圈匝数越多,L 越大

C. 螺线管的半径越大,L 越大

D. 电流变化越快,自感电动势的绝对值越大

8-10　长为 l、截面积为 S 的密绕长直空心螺线管单位长度上绕有 n 匝线圈,当通有电流 I 时,线圈的自感系数为 L。欲使其自感系数增大一倍,必须使(　　)。

A. 电流 I 增大一倍

B. 电流的变化速度增加一倍

C. 线圈截面积减小一半

D. 线圈单位长度的匝数增加一倍

8-11　下列说法中错误的是(　　)。

A. 涡旋电场是无源场

B. 涡旋电场的电场线是闭合线

C. 涡旋电场可在导体中形成持续电流

D. 涡旋电场的场强依赖于导体的存在

8-12　麦克斯韦关于电磁场统一理论的两个基本假设是(　　)。

A. 相对于观察者静止的电荷只产生静电场,变化的磁场激发涡旋电场

B. 恒定电流产生恒定磁场、变化电场激发涡旋磁场

C. 变化的磁场激发感生电场,变化的电场激发涡旋磁场

D. 变化的磁场激发涡旋电场,变化的电场与传导电流一样会激发磁场

8-13　麦克斯韦位移电流假说的中心思想是(　　)。

A. 变化磁场将激发涡旋电场

B. 变化电场将激发涡旋磁场

C. 位移电流不产生焦耳热

D. 全电流是连续的

8-14　在圆柱形空间内有一磁感应强度为 $\boldsymbol{B}$ 的均匀磁场,如图所示。$\boldsymbol{B}$ 的大小以匀速率

变化。在磁场中有 A、B 两点，其中可放置直导线 AB 和弯曲的导线 ACB，则(　　)。

A. 电动势只在 AB 导线中产生

B. 电动势只在 ACB 导线中产生

C. 电动势在 AB 和 ACB 中都产生，且两者大小相等

D. AB 导线中的电动势的绝对值小于 ACB 导线中的电动势的绝对值

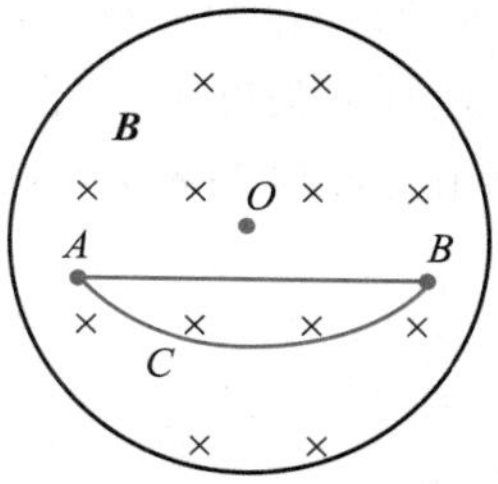

习题 8-14 图

填空题

8-15　在将条形磁铁从远处插入与冲击电流计串联的金属环的过程中，有 $q=1.0\times10^{-5}$ C 的电荷通过电流计，若连接电流计的回路电路的总电阻 $R=20\ \Omega$，则穿过属环的磁通量的变化 $\Delta\Phi=$________。

8-16　长度一定的导线，绕成 N 匝圆线圈，其电阻为 R，位于均匀磁场中，磁场方向垂直于圆环平面，如图所示。当磁场随时间线性增长时，线圈中的电流为 I。若线圈的半径缩小到原来的 1/2，则线圈中的电流为原来的________。

8-17　一探测线圈由 50 匝导线回路组成，每匝导线回路围成的面积为 S，整个线圈回路的电阻为 R，现把此探测线圈放在磁场中迅速翻转 180°，测得此过程通过其导线的电荷总量为 q，则磁场 $\boldsymbol{B}$ 的大小为__________。

8-18　一飞机以 $v=300\ \text{m}\cdot\text{s}^{-1}$ 的速度水平飞行，飞机的机翼两端相距 30 m，两端之间可当作连续导体。已知飞机所在处的地磁场的磁感应强度 $\boldsymbol{B}$ 在竖直方向上的分量为 0.15 Gs，则机翼两端的电势差为_________。

8-19　一段导线被弯成圆心在 O 点、半径为 R 的三段圆弧 ab、bc、ca，它们构成了一个非平面闭合回路 $abca$，圆弧 ab、bc、ca 分别位于 Oxy、Oyz 和 Oxz 平面内，如图所示，均匀磁场 $\boldsymbol{B}=Kt\boldsymbol{i}(K>0)$。则闭合回路 $abca$ 中的感应电动势的数值为____；圆弧 bc 中的感应电流的方向是______。

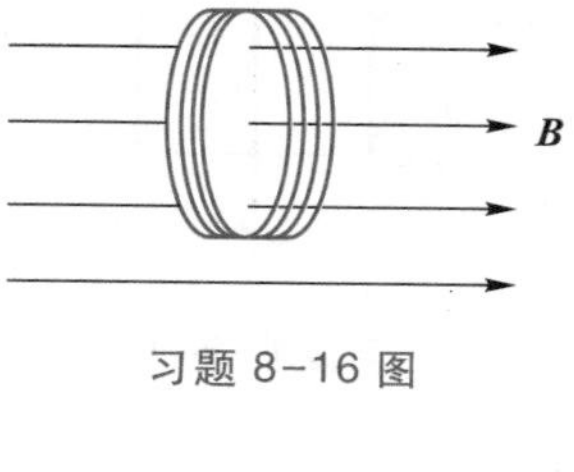

习题 8-16 图

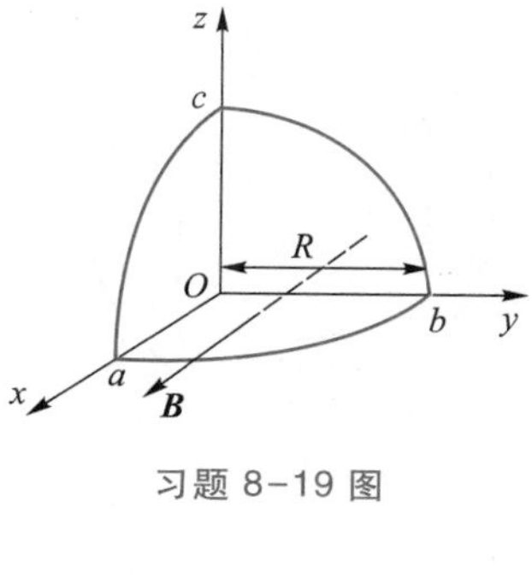

习题 8-19 图

8-20　如图所示，金属杆 AOC 以恒定速度 $\boldsymbol{v}$ 在均匀磁场 $\boldsymbol{B}$ 中沿垂直于磁场的水平方向平动，已知 $AO=OC=L$，则杆中的动生电动势大小为____，其方向由____指向____，____端为高电势。

8-21　如图所示，直角形刚性金属杆 AOC 以角速度 ω 绕点 C 在垂直均匀磁场 $\boldsymbol{B}$ 的平面内(即纸平面内)转动，已知 $AO=OC=L$，则杆中的动生电动势大小为____，其方向由____指向____，____端为高电势。

8-22　在圆柱形空间内有一磁感应强度为 $\boldsymbol{B}$ 的均匀磁场，$\boldsymbol{B}$ 的大小以速率 $\mathrm{d}B/\mathrm{d}t$ 恒定变化。现有一长度为 l_0 的金属棒先后放在磁场的两个不同位置，如图所示，则金属棒在这两个位置 1(ab)和 2($a'b'$)时感应电动势的大小关系为________________。

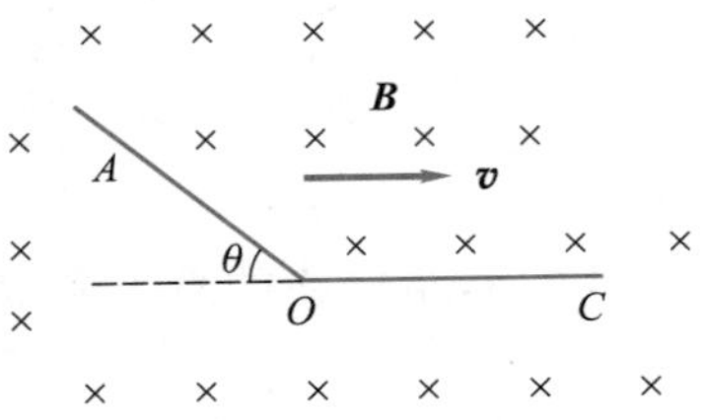

习题 8-20 图

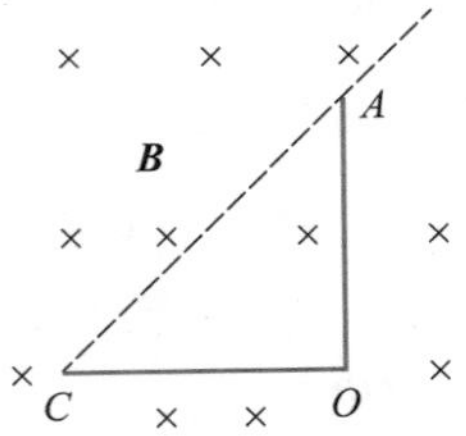

习题 8-21 图

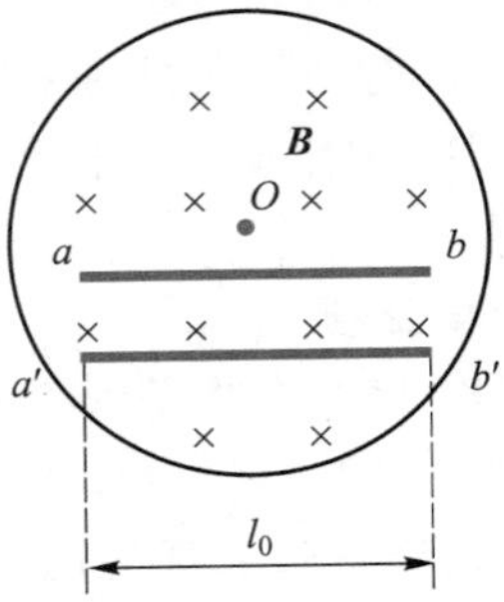

习题 8-22 图

8-23　在圆柱形空间内有一磁感应强度为 $\boldsymbol{B}$ 的均匀磁场，$\boldsymbol{B}$ 的大小以速率 $\mathrm{d}B/\mathrm{d}t$ 恒定变化。有一圆心在中心轴上，半径为 r 的金属环垂直磁场放置，在环上取四个点 a、b、c、d，其中点 a、c 相距 1/4 圆周，如图所示，则关于电动势有 $\mathscr{E}_{abc}/\mathscr{E}_{cda}$ = ______，而电势差 U_{abc} = ______，U_{cda} = ______。若在点 a 处将金属环剪断，左右端点分别为 a 和 a'，则关于电动势有 $\mathscr{E}_{abc}/\mathscr{E}_{cda}$ = ______，而电势差 U_{abc} 与电势差 U_{cda} 之间的比值关系为______。

8-24　一根无限长直导线可以看作一个从无穷远处迂回的回路。如图所示，一根无限长直导线绝缘地紧贴在矩形线圈 $ABCD$ 的中心轴 OO' 上，则该直导线与矩形线圈间的互感系数为________。

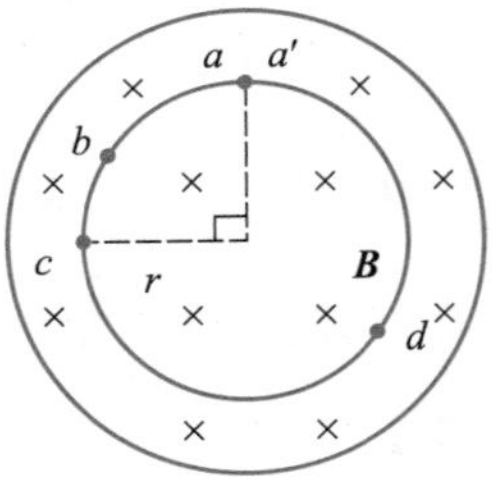

习题 8-23 图

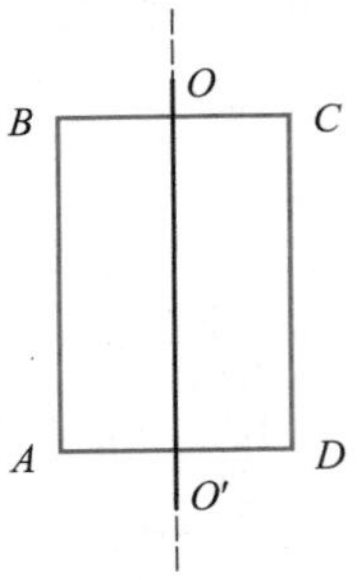

习题 8-24 图

8-25　一内部中空的长直可伸缩螺线管，在保持其半径和总匝数不变的情况下，若把螺线管拉长一倍，则它的自感系数将____________。

8-26　将一长为 L 的导线弯成一个圆环，当其中通有电流 I 时，其圆心处的磁场能量密度为______。

计算题

8-27　如图所示，一导体细棒 AOB 折成 L 形，并以角速度 ω 绕点 O 在垂直均匀磁场 $\boldsymbol{B}$ 的平面内转动，已知 $2AO=OB=L$，试求导体棒中的动生电动势，并问哪端电势高？

8-28　如图所示，在均匀磁场 $\boldsymbol{B}$ 中，有一根导体细棒弯折成直角三角形回路 $ABCA$，与磁场方向垂直的一个边长度为 a，另一直角边 AB 平行于磁场方向，长度为 b。当此导线框以 AB 边为轴，每秒转 n 圈时，求三角形回路中产生的感应电动势。

8-29　载有恒定电流 I 的长直导线旁有一半圆环导线 CD，半圆环半径为 b，环面与直导线共面，几何关系如图所示。当半圆环以速度 $\boldsymbol{v}$ 沿平行于直导线的方向平移时，求半圆环上的感应电动势。

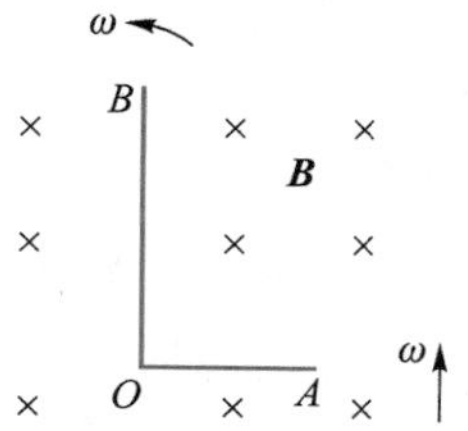

习题 8-27 图

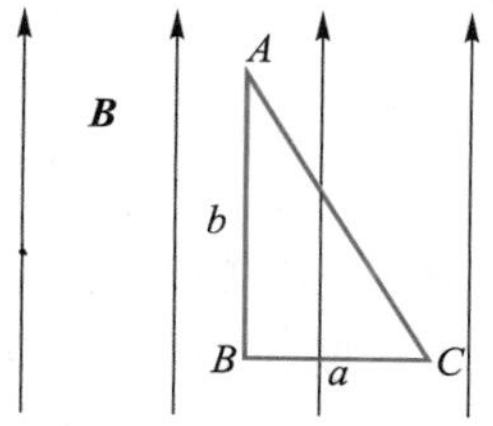

习题 8-28 图

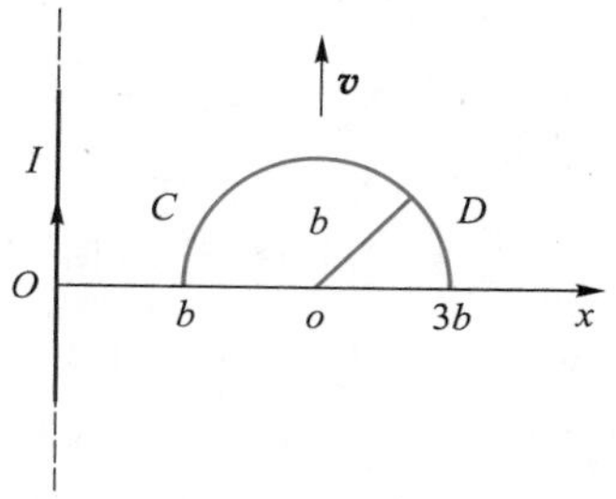

习题 8-29 图

8-30　载有恒定电流 I 的长直导线旁有一直导线 AB 与之共面，AB 长为 L，当导体以速度 $\boldsymbol{v}$ 沿垂直于直导线的方向平移时，当导线运动到如图所示位置时，求此时 AB 上的感应电动势。

8-31　无限长直导线通以电流 I，有一与之共面的直角三角形线圈 ABC，已知 AC 边长为 b，且与长直导线平行，BC 边长为 a，若线圈以垂直导线方向的速度 $\boldsymbol{v}$ 向右平移，当运动到如图所示位置时，B 点与长直导线的距离为 d，求此时线圈 $ABCA$ 中的感应电动势。

8-32　一无限长直导线通以电流 $I(t)=I_0\sin\omega t$，有一矩形线框 $ABCD$ 和直导线在同一平面内，且线框以垂直导线方向的速度 $\boldsymbol{v}$ 向右平移，当运动到如图所示位置时，AB 边与长直导线的距离为 d，求此时线框 $ABCDA$ 中的感应电动势。

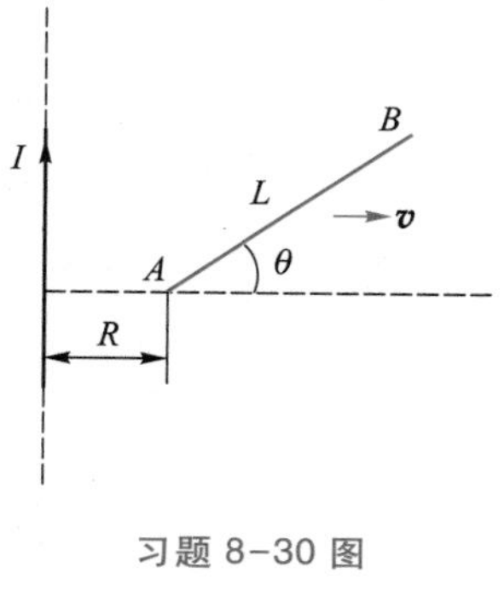

习题 8-30 图

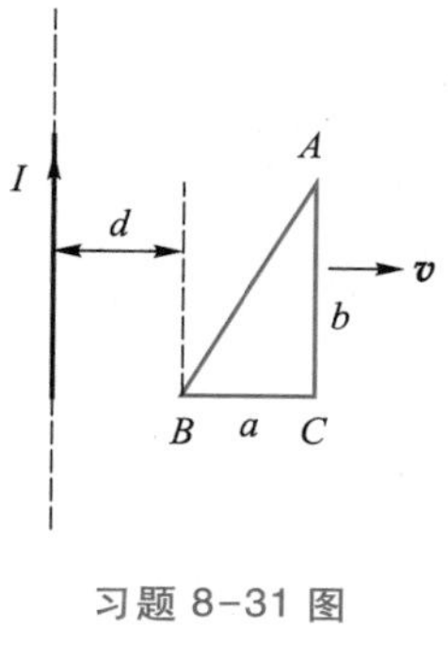

习题 8-31 图

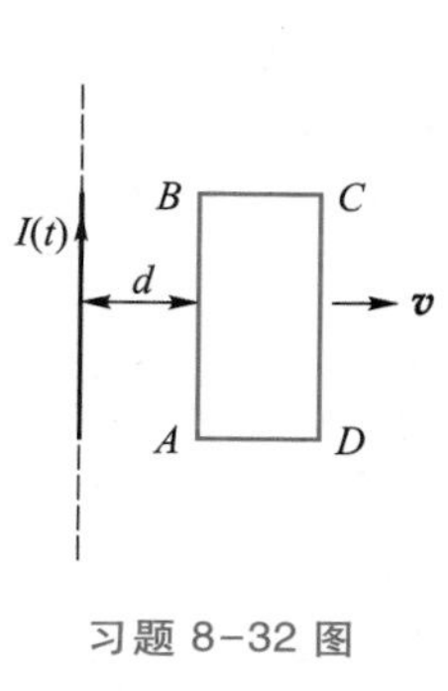

习题 8-32 图

8-33　如图所示，一长圆柱状磁场，磁场方向沿轴线并垂直纸面向里，磁场大小与到中心轴线的距离 ρ 成正比，且随时间 t 作线性变化，即 $B=k\rho t$，k 为正常量。若在磁场内放一半径为 a 的金属圆环，环心在圆柱状磁场的中轴线上，求金属环中的感生电动势。

8-34　如图所示，一半径为 r 的很小的金属圆环，在初始时刻与一半径为 $a(a\gg r)$ 的大金属圆环共面且同心。在大圆环中通以恒定的电流 I，方向如图所示。当小圆环以角速度 ω 绕其某一直径转动时，试求任意 t 时刻通过小圆环的磁通量 Φ 及小圆环中的感应电动势。

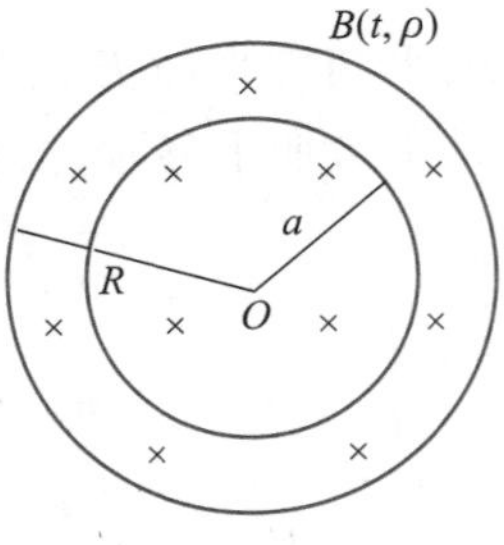

习题 8-33 图

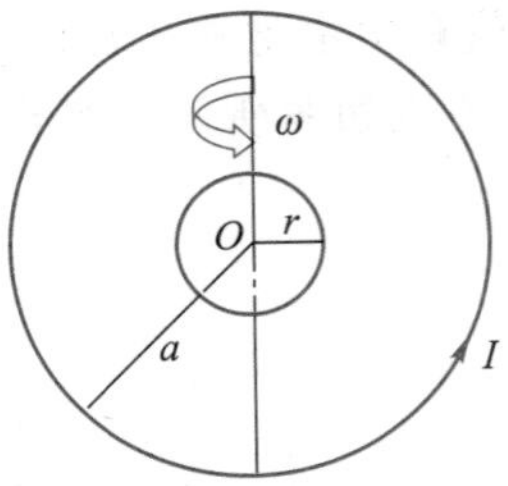

习题 8-34 图

8-35　一根无限长同轴电缆由半径为 R_1 和 R_2 的两个薄圆筒导体组成，电缆内层导体通以电流 I，外层导体作为电流的返回路径。求长度为 l 的一段电缆内的磁场储存的能量。

8-36　实验结果表明，在北纬 40°的某处，地面的电场强度大小为 300 $\mathrm{V\cdot m^{-1}}$，磁感应强度大小为 5.50×10^{-5} T。试分别计算该处的电场能量密度和磁场能量密度以及两者的比值。

8-37　设电子的静电能 $E=mc^2$，其中 m 为电子质量，c 为真空中的光速。试由此估算电子的经典半径。

第 9 章

机械振动

在本章及随后的两章中，我们将讨论一种特殊的运动——振动及其在空间的传播——波动。振动看似特殊，实则却是自然界中最为普遍、最为本质的一种运动形式，如心脏的跳动、钟摆的摆动等，这个世界几乎所有的运动，无一不与各种振动及波动相联系。振动和波动被认为是横跨整个自然科学和社会科学的运动，其重要性是不言而喻的。尽管振动和波动在各学科分支中的具体内容不同，但其数学形式却是相似的。最简单直观的振动是物体的往复运动——机械振动，因此，我们将从机械振动和机械波入手来学习振动和波动的一些基本性质和运动规律，其数理意义并不只限于力学，学好本篇内容，将为整个物理学乃至其他课程的学习打好坚实的数理基础。

首先我们讨论力学系统的振动。物体在其平衡位置附近所做的往复运动称为机械振动，简称振动。例如，树叶在空气中的抖动、活塞在气缸中的往复运动、心脏的跳动、声带的颤动等都是机械振动。有时振动是有害的，如飓风、强烈地震等会给人类生命财产造成极大的损失，减振、防振则成为工程技术和科学研究的一项重要任务。振动分为线性振动和非线性振动，自然界中的振动绝大部分属于非线性的。非线性振动比线性振动复杂得多，但在振动不太剧烈的情况下，力学系统的运动都可以用线性振动来近似，限于篇幅，我们仅讨论线性振动。

广义地说，任何一个物理量在某一数值附近作周期性的变化，都可以称为振动或振荡。例如，交流电路中的电流、电压在某一值附近作周期性变化；电磁波在空中传播时，空中某点的电场强度和磁感应强度都随时间作周期性变化，这些都可以称为振动。这些振动不是机械振动，但它们所遵循的基本规律与机械振动的规律在形式上是相似的。因此，掌握机械振动的基本规律也是学习电磁学、光学、原子物理以及交流电、无线电技术有关知识的必备基础。

9.1　线性系统的自由振动——简谐振动

通常情况下，振动是相当复杂的，其形式也是多种多样的。最基本、最简单的振动称为简谐振动：振动物体的位移可用一个变量来描述，而且该变量是时间的最简单的周期函数，即随时间以余弦（或正弦）的三角函数变化。从数理概念上讲，任何一个复杂的周期运动都可以看作若干个或无限多个简谐振动的合成，因此简谐振动是复杂周期性运动的基础。下面以弹簧振子为例进行讨论。

一、简谐振动的理想模型——弹簧振子

如图 9-1 所示，一质量可忽略不计的弹簧，一端固定，另一端系一质量为 m 的物体，该系统常称为弹簧振子，它是一个可以振动的系统，若弹簧的弹性力与其形变量（伸长量）成线性关系，则称该振动系统为线性振动系统，简称线性系统。它与我们先前讨论的力学系统如质点及刚体不同，振动系统是一个可形变的物体，故振动系统是真实物体更进一步的精确描述。在处理问题时，物体在其形状、大小可以忽略时，可视为质点；当需要考虑其形状、大小但形状变化十分缓慢时，或不影响问题讨论时，可视为刚体；当需要考虑物体形状及其变化时，它就是一个可形变物体。任何一个可形变的弹性物体（形变后能还原的物体），就是一个具有一定质量和弹性的

视频：简谐振动

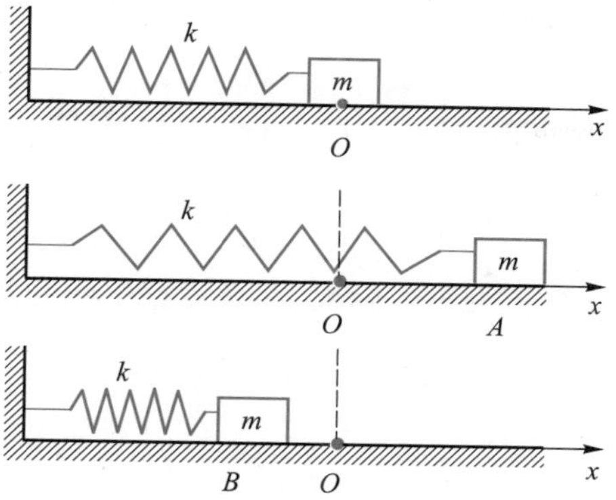

图 9-1

变形物体。其最简单的近似就是一个弹簧振子,其质量可全部集中于质心上,其形状、大小和弹性可由一根一定长度的轻弹簧表示,下面我们对这样的系统进行讨论分析。

将弹簧振子水平放置于光滑平面上,使其仅能在某直线上运动,如图 9-1 所示。取该直线为 x 轴,平衡位置为坐标原点,为简单起见,取弹簧伸长方向为 x 轴的正方向。弹簧处于原长时物体所受合力为零,该位置称为弹簧振子的平衡位置。用外力使物体向右偏离平衡位置 O 点,如图 9-1 所示,移到位置 A 点,然后无初速地释放。由简单的动力学分析可知,在弹性力(方向总是指向平衡位置,试图使弹簧恢复原长,也称为回复力)的作用下,物体将在平衡位置附近做往复运动,即做机械振动。这种仅在自身弹性回复力作用下的振动称为系统的自由振动。

需要注意的是,弹簧振子系统有两个组成部分:一个为轻弹簧,因其质量不计,则描述弹簧动力学状态的物理量就只有一个,弹簧的长度;另一个为质点,由牛顿第一定律可知,它的运动状态可使用速度唯一表示。因而描述整个弹簧振子的运动状态的物理量为轻弹簧的长度和质点的速度这两个矢量。由于弹簧的长度与质点位置一一对应,故系统的状态也可以由质点的位移和质点的速度这两个矢量物理量决定。当选定参考系和坐标系后,系统的振动状态(动力学状态)就可由两个代数量 (x,v) 来完备地定量描述。

对任何振动系统而言,系统必存在一个稳定的平衡状态,当系统处于该状态时能保持此状态不变。明显地,对弹簧振子而言,当质点静止于平衡位置时,系统将一直处于该状态,取平衡位置为坐标原点时,则弹簧振子的平衡状态为 $(0,0)$。只要系统开始时的状态偏离平衡态,则系统在弹性回复力的作用下就会产生振动。譬如把质点拉离平衡位置后松开或当质点在平衡位置时给其一定的初始速度,系统都会振动起来。上述弹簧振子是一个理想模型,实际振动系统则是很复杂的,弹性回复力也可能不是弹性力,而是重力、拉力、浮力、分子之间的结合力或它们的合力等。例如一长为 l 的不可伸缩的轻绳,上端固定在天花板上的 O 点,下端系一质量为 m 的小球,组成单摆。单摆受重力和绳子的拉力作用,二者合力为单摆振动的弹性回复力,在原点为点 O,参考轴为竖直向下的极坐标系[因在振动过程中运动方向(切向)不断变化故不能选用自然坐标系来讨论]中,系统的状态由 (φ,ω) 完备描述,其平衡态为 $(0,0)$。

二、简谐振动的动力学方程和运动学方程

如图 9-1 所示,在取平衡位置为 x 轴坐标原点后,由胡克定律可得,质点所受的弹性力

$\boldsymbol{F}=-kx\boldsymbol{i}$，两边同时点乘方向矢量后得

$$F_x=-kx \tag{9-1}$$

由牛顿第二定律 $F_x=ma_x$，可得

$$\frac{\mathrm{d}^2x}{\mathrm{d}t^2}=-\frac{k}{m}x \tag{9-2}$$

式(9-2)就是简谐振动的动力学方程。实际上，因弹簧振子所受外力均不做功，故系统的机械能守恒，$\frac{1}{2}mv^2+\frac{1}{2}kx^2=C$，两边同时再求一次时间导数，也可得式(9-2)。令

$$\omega=\sqrt{\frac{k}{m}} \tag{9-3}$$

则式(9-2)变为

$$a=\frac{\mathrm{d}^2x}{\mathrm{d}t^2}=-\omega^2x \tag{9-4}$$

上式表明，质点运动的加速度 a 与其位移 x 的大小成正比，而方向相反。我们把具有这种动力学特征的运动称为简谐振动。ω 称为角频率，它完全由系统的惯性和弹性决定。对弹簧振子而言，它是由质点的质量 m 和弹簧的弹性系数 k 唯一决定的，而系数 k 是由弹簧本身的性质（材料、形状、粗细、长短等）唯一决定的，因此，角频率 ω 完全由振动系统本身的力学性质所决定，故常称它为振动系统的固有圆频率。有时为区别于其他圆频率，系统振动的固有圆频率记为 ω_0。

式(9-4)移项后可变为

$$\frac{\mathrm{d}^2x}{\mathrm{d}t^2}+\omega^2x=0 \tag{9-5}$$

从数学上讲，上式就是简谐振动的微分方程，这是一个二阶常系数线性齐次方程。一般地，式(9-5)的通解常写为

$$x=A\cos(\omega t+\varphi) \tag{9-6}$$

这就是简谐振动的运动学方程，其中参量 A 及 φ 为积分常量，由定值条件给出。式(9-5)的通解也可写成 $x=A\sin(\omega t+\varphi)$ 或 $x=A\sin\,\omega t+B\cos\,\omega t$ 等，它们本质上是等价的，在物理学中，我们常统一用式(9-6)表示简谐振动的振动方程。若某一物理量随时间的变化满足微分（或动力学）方程式(9-5)，或满足积分（或运动学）方程式(9-6)，我们就说它在做简谐振动。易于证明，单摆或复摆在小角度情况下的运动也都是简谐振动。

对式(9-6)求一阶和二阶导数可分别得到质点振动的速度和加速度，即

$$v=\mathrm{d}x/\mathrm{d}t=-A\omega\sin(\omega t+\varphi)=A\omega\cos(\omega t+\varphi+\pi/2) \tag{9-7}$$

$$a=\mathrm{d}^2x/\mathrm{d}t^2=-\omega^2A\cos(\omega t+\varphi)=\omega^2A\cos(\omega t+\varphi+\pi) \tag{9-8}$$

质点运动的速度和加速度这两个物理量也都在做频率相同的简谐振动。

三、简谐振动的要素及特征

下面讨论描述简谐振动的运动学方程，即式(9-6)中的三个特征量 A、ω 和 φ 的物理意义及其相关概念。

1. 振幅

简谐振动的物体离开平衡位置最大位移的绝对值称为振幅，用 A 表示，即 $A \equiv |x(t)|_{\max}$，注意此定义要求平衡位置选为坐标原点。振幅表示振动的范围，它由初始条件决定。

2. 周期与频率

物体做一次完全振动所经历的时间称为振动的周期，用 T 表示，单位为 s（秒）。物体振动每隔一个周期 T，就重复回到原来的振动状态，即

$$x = A\cos(\omega t+\varphi) = A\cos[\omega(t+T)+\varphi]$$

注意到余弦函数的周期为 2π，则可得 $\omega T = 2\pi$，即

$$T = 2\pi/\omega \tag{9-9}$$

物体在 1 s 内所做完全振动的次数称为频率，用 ν 表示。显然有

$$\nu = \frac{1}{T} = \frac{\omega}{2\pi}$$

或

$$\omega = 2\pi\nu \tag{9-10}$$

ω 称为角频率（或圆频率），单位为弧度每秒（$\mathrm{rad \cdot s^{-1}}$），表示物体在 2π s 内振动的次数。频率的单位为赫兹，符号是 Hz。ω、T 或 ν 都表示了简谐振动的周期性。对弹簧振子而言，其自由振动时，振动周期和频率分别为

$$T = 2\pi\sqrt{\frac{m}{k}}, \quad \nu = \frac{1}{2\pi}\sqrt{\frac{k}{m}} \tag{9-11}$$

因它们完全由系统的固有属性决定，故分别叫作系统振动的固有周期和固有频率，也就是说，在自由振动情况下，系统以自身的固有频率振动着。有周期和频率后，简谐振动的运动方程也常写成下面的形式：

$$x = A\cos\phi(t) = A\cos(\omega t+\varphi) = A\cos(2\pi t/T+\varphi) = A\cos(2\pi\nu t+\varphi) \tag{9-12}$$

3. 相位

相是状态，位是位置的意思，相位为系统在相（状态）空间中的位置的意思，故相位能清晰地表示简谐振动系统的振动状态。一对代数量 (x,v)（包含大小和正负号）能完备地描述弹簧振子的振动状态。由位移和速度的表达式（9-6）和式（9-7）可知，一对代数量 (x,v) 的数值完全由 $\phi(t)=\omega t+\varphi$ 的值确定。实际上，在振动过程中，真正随时间变化的量是 $\phi(t)=\omega t+\varphi$，它的值一定，弹簧的长度、质点的位移、速度和加速度的数值都将被确定，即任意 t 时刻角量 $\phi(t)=\omega t+\varphi$ 能完全地、唯一地确定该时刻系统的振动状态，故该角量称为振动系统于 t 时刻的相位，而 $\phi(0)=\varphi$ 自然地称为振动系统的初（始）相位，简称初相，它决定了系统初始时刻的振动状态，反过来也就是说它由 (x_0, v_0) 唯一决定。因此，我们规定，余弦函数中的角量称为相位。

物体在一次全振动过程中，每一时刻的振动状态都不同，相位在 $0\sim2\pi$ 范围内连续变化。从式（9-6）和式（9-7）可以看出，当相位 $(\omega t+\varphi)=\pi/2$ 时，有 $x=0, v=-\omega A$，即振动物体于该时刻处在平衡位置并以 ωA 的速度向 x 轴负方向运动；当相位 $(\omega t+\varphi)=3\pi/2$ 时，有 $x=0, v=\omega A$，即此时物体处于平衡位置，以 ωA 的速度运动，但却是向 x 轴正方向运动，两时刻系统的振动状态不同，相位也不同。

需要注意的是，相位 $(\omega t+\varphi)$ 是时间 t 的线性增函数，而 (x,v) 是时间 t 的周期函数，经过一

个时间周期后，系统的状态又变为原来的状态，但相位一直随时间 t 增加，一个周期后，相位增加 $\Delta\phi=\Delta(\omega t+\varphi)=\omega\Delta t=\omega T=2\pi$，故当两时刻的相位差 $\Delta\phi=2k\pi$，k 为整数时，两时刻系统的振动状态完全相同，称为同相。也易证明，当两时刻的相位差 $\Delta\phi=(2k+1)\pi$ 时，两时刻的位移和速度大小相等，方向相反，两时刻系统的相位相反，简称为反相。因此，系统的状态与相位的关系并非一对一的，而是一（状态）对应多（相位）的，故由系统的状态决定相位时具有 $2k\pi$ 的随意性，注意到相位 $(\omega t+\varphi)$ 是时间 t 的单值函数，故一旦某时刻的系统的相位确定（定好 k），则任何时刻的相位也就被严格确定，不再具有 $2k\pi$ 的随意性了。

用相位 $(\omega t+\varphi)$ 替代一对代数值 (x, v) 来表示系统的振动状态可以简化问题的处理。首先，减少了一个变量；其次，位移和速度都是时间的周期函数，而相位是时间的线性增函数，相位的增量简单地正比于历经的时间，$\Delta\phi=\omega\Delta t$，线性函数远比周期函数容易处理。相位及相空间概念极大地方便了系统状态及其变化的讨论。

4. 平衡位置和振动方向

描述一个简谐振动，除了振幅、周期之外，还应该考虑其平衡位置和振动方向。平衡位置是一个特殊位置，是质点所受合力为零处，只有在取平衡位置为坐标原点后，振动方程才可写成式(9-6)。当平衡位置为坐标 x_0 时，简谐振动的运动方程应写为

$$x(t)=x_0+A\cos(\omega t+\varphi) \tag{9-13}$$

它描述了物理量 x 在值 x_0 附近做振幅为 A、圆频率为 ω 的简谐振动（荡）。实际上，不管将振动方程 $x(t)$ 写为何种式子，很明显地，平衡位置的坐标 x_b 总等于一个振动周期里位移的平均值，即

$$x_b=\bar{x}=\int_0^T x(t)\,\mathrm{d}t/T=x_0 \tag{9-14}$$

除了平衡位置外，振动物体需要考虑的另一个要素就是物体在哪条直（或曲）线上振动，或说在哪一个方向上来回振荡，该方向简称为振动方向。振动方向也是一个非常重要的参量，它在随后的振动叠加、波的干涉、光的干涉和偏振等现象中都有着非常重要的意义。

四、振幅 A 和初相 φ 的确定

由式(9-6)可知，简谐振动方程完全由三个参量 ω、A、φ 决定。对于给定的振动系统，角频率 ω 由振动系统自身的力学性质决定，而振幅 A 和初相 φ 是微分方程式(9-5)通解中的积分常量，由定值条件确定。一般地，常见的定值条件是初始条件，即给定初始时刻的振动状态，即给出具体的初始位移 x_0 和初始速度 v_0 的值。下面我们讨论如何由初始条件求出 A、φ。

将 $t=0$ 代入式(9-6)和式(9-7)可得

$$x_0=A\cos\varphi \tag{9-15}$$

$$v_0=-\omega A\sin\varphi \tag{9-16}$$

利用恒等式 $\sin^2\varphi+\cos^2\varphi=1$，由以上两式可得

$$A=\sqrt{x_0^2+\frac{v_0^2}{\omega^2}} \tag{9-17}$$

给定振幅 A 后，则由式(9-15)和式(9-16)可给出具体的 φ 值。首先注意到，相角 φ 的初次确定具有 $2k\pi$ 的随意性，初始时刻，常取 $k=0$。其次还需要注意的是，在一个周期里，三角

函数的自变量与应变量一般是二对一的，故只用一个三角函数一般是不足以确定 φ 的具体值的，至少需要两个三角函数的值才能确定 φ。比如，在 $-\pi\sim\pi$ 的一个周期内，已知 $\cos\varphi=1/2$，我们只能确定 $\varphi=\pm\pi/3$，要想知道 φ 到底取哪一个值，还必须有别的条件，譬如说 $\sin\varphi<0$，则有 $\varphi=-\pi/3$。如果用 $|\cos\varphi|$ 确定大小，$\sin\varphi$ 确定正负，因为 $\cos\varphi$ 为偶函数，则一般地，一个周期的取值范围为 $(-\pi,\pi)$。但是当 $\cos\varphi=\pm1$ 时，相角 φ 的取值是唯一的，分别为 $\varphi=0$ 和 $\varphi=\pi$，不再需要其他三角函数了，故在讨论相位时应尽可能利用这些特殊点。

五、振动曲线

$x-t$ 曲线常称为振动曲线，如图 9-2 所示。给定振动曲线，就给出了任意 t 时刻的位移，而曲线的斜率则给出了 t 时刻的速度。也就是说，给定了振动曲线，也就给出了任意 t 时刻的振动状态，给定了任意时刻的相位。应注意的是，相位随时间线性增大，且在最高点和最低点处，由式(9-12)可知，相位值分别为 π 的偶数倍和奇数倍，图 9-2 中小括号内给出的就是各点处的相位。

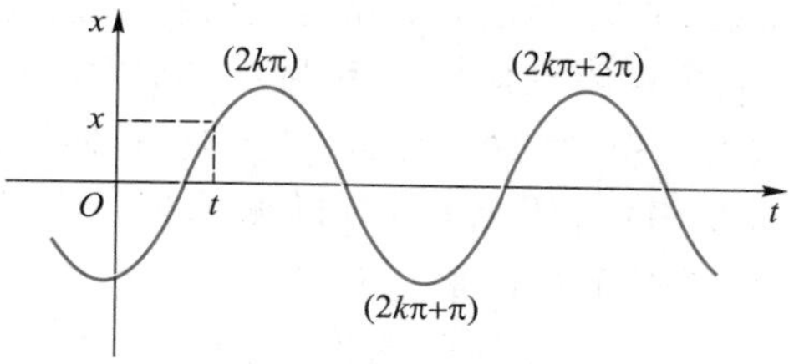

图 9-2

如何快捷地绘制振动方程 $x(t)$ 对应的振动曲线呢？例如简谐振动方程为

$$x=4.0\cos(4\pi t-\pi/3)\ (\text{SI 单位})$$

振动曲线的绘制方法如下：首先画出一条直线作为时间 t 轴，在其上随意画出一条振动余弦曲线，如图 9-3(a)所示，令某个最高点 a 对应时刻的振动相位为零，由于相位随时间线性增加，则其相邻左侧最高点 b 的相位为 -2π，最低点 c 的相位为 $-\pi$，将 $-\pi\sim0$ 时间段三等分，零相位点左侧的三等分点即 $-\pi/3$，此处即初相位置，对应的时刻即计时起点 $t=0$，于此画出 x 轴，可验证此时刻的位移应为 $x_0=(4.0\ \text{m})\cos(-\pi/3)=2\ \text{m}$，由此完成对纵轴的定标，如图 9-3(b)所示。随意找一个特殊点，如零相位 a 点，对应的时刻由零相位 $4\pi(t_a/\text{s})-\pi/3=0$，求得 $t_a=(1/12)\ \text{s}$，标识之，即完成了对横轴的定标，从而完成了振动曲线的绘制。相反的过程可以由振动曲线轻松求出振动方程。

六、简谐振动的旋转矢量表示法

圆周运动是一种常见的运动，它与我们的简谐振动有关联吗？若质点 m 绕坐标原点做半径为 A 的角速度为 ω 的逆时针匀速圆周运动，如图 9-4 所示，并进一步地设 $t=0$ 时，矢量 $\boldsymbol{A}$ 的位置与 Ox 方向的夹角等于 φ，则质点位移在 x 方向的分量为

$$x=\boldsymbol{r}\cdot\boldsymbol{i}=\boldsymbol{A}\cdot\boldsymbol{i}=A\cos(\omega t+\varphi) \tag{9-18}$$

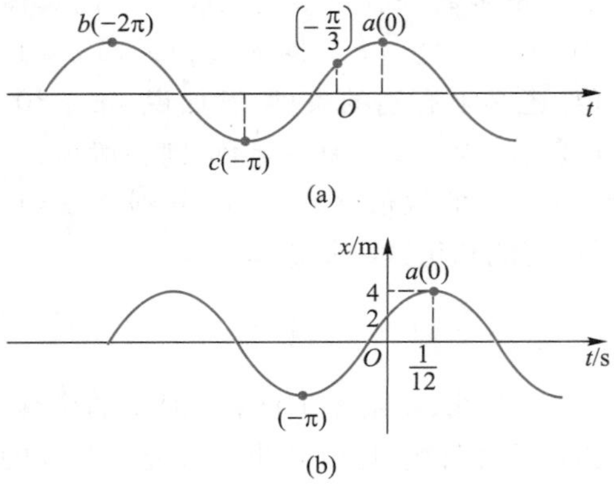

图 9-3

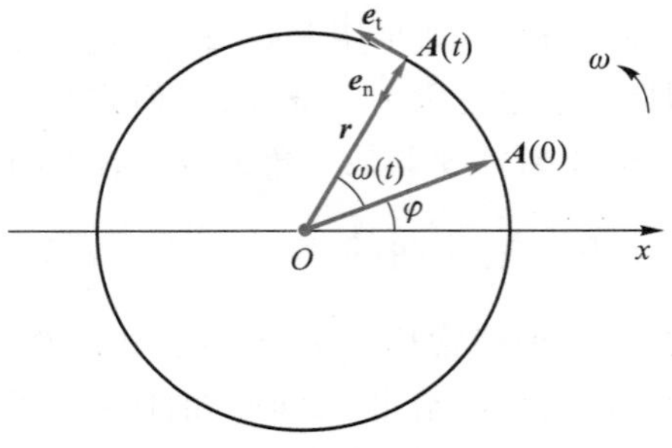

图 9-4

视频：旋转矢量

当 A 为简谐振动的振幅，角速度 ω 为简谐振动的角频率时，则上式就是简谐振动的振动方程。也就是说，圆周运动在 x 方向上的投影就是质点在 x 轴方向上的简谐振动，其中位置矢量 $\boldsymbol{A}$ 因在旋转故称为旋转矢量，又因其大小为振幅，也称为振幅矢量。反之，简谐振动的振幅由旋转矢量 $\boldsymbol{A}$ 的大小决定，简谐振动的角频率由 $\boldsymbol{A}$ 的角速度大小表示，任意 t 时刻的振动相位由 $\boldsymbol{A}$ 与 Ox 方向的夹角决定，即简谐振动所有要素可全部由该矢量 $\boldsymbol{A}$ 决定，一个简谐振动可用一个旋转矢量唯一表示，这种表示方法称为简谐振动的旋转矢量法，得到的圆称为参考圆。旋转矢量法一方面有助于我们对角频率、相位及相位差等概念的直观理解，另一方面可以简化简谐振动研究中的数学处理。

旋转矢量不仅可以表示振动物体的位置的变化，而且可以描述振动的速度和加速度。如图 9-4 所示，旋转矢量的末端的线速度为 $\omega A\boldsymbol{e}_t$，它在 Ox 方向的投影为 $v=-\omega A\sin(\omega t+\varphi)$，这就是简谐振动的速度表示式；旋转矢量末端的向心加速度为 $\omega^2 A\boldsymbol{e}_n=-\omega^2\boldsymbol{A}$，它在 Ox 方向的投影为 $a=-\omega^2 A\cos(\omega t+\varphi)$，这就是简谐振动的加速度。用旋转矢量法来确定振动的初相位或两个同频率简谐振动的相位差非常方便快捷。

例 9-1　某质点的振动曲线如图 9-5(a)所示，试求：(1) 振动方程；(2) 质点从计时开始到到达点 P 相应位置所需的时间。

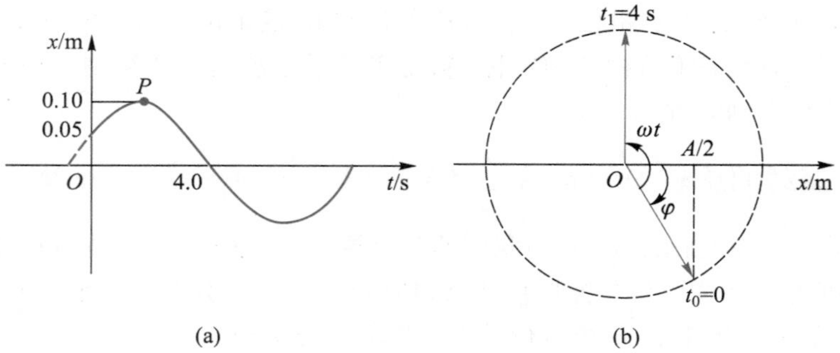

图 9-5

解法 1：(1) 令振动方程为 $x=0.10\cos\phi(t)=0.10\cos(\omega t+\varphi)$(SI 单位)，$P$ 点是最高点，$\cos\phi(t)=1$，其对应的相位应为 $2k\pi$，令 $k=0$，即 P 点对应的相位为零，则 P 点的左侧振动曲线与时间轴相交点对应的相位为 $-\pi/2$，则初相位应在 $(-\pi/2,0)$ 之间。由初始时刻，$x_0=0.05\ \text{m}=0.10\cos\varphi$ 得 $\varphi=\pm\pi/3$，注意到 $\varphi\in(-\pi/2,0)$，故取 $\varphi=-\pi/3$。$t_1=4\ \text{s}$ 时的相位应是 $\pi/2$，即 $\omega t_1+\varphi=4\omega-\pi/3=\pi/2$，求得 $\omega=\dfrac{5\pi}{24}\ \text{rad}\cdot\text{s}^{-1}$，故振动方程为

$$x=0.10\cos\left(\frac{5\pi}{24}t-\frac{\pi}{3}\right)\quad(\text{SI 单位})$$

(2) P 点相位等于零，即

$$\omega t_P-\pi/3=0$$

得 $t_P=1.6\ \text{s}$，这正是质点从计时开始到到达 P 点相应位置所需的时间。注意到初始时刻曲线的斜率大于零，初相也可由 $(x_0=0.05\ \text{m}, v_0>0)$ 求出。

解法 2：令振动方程为 $x=0.10\cos(\omega t+\varphi)$，其中质点振动的振幅 $A=0.10\ \text{m}$，注意到曲线的斜率表示了振动的速度，故由振动曲线可画出 $t_0=0$ 和 $t_1=4\ \text{s}$ 时的旋转矢量，如图 9-5(b) 所示，可得初相 $\varphi=-\pi/3$，$\phi(t=4\ \text{s})=\pi/2$，故 $\omega=\Delta\phi/\Delta t=(5/24)\ \text{rad}\cdot\text{s}^{-1}$，代入方程即得所求。$P$ 点相应的相位为 0，代入相位表达式反求可得该时刻为 1.6 s。

例 9-2　一物体沿 x 轴做简谐振动，振幅为 0.10 m，周期为 2 s。设 $t=0$ 时，位移为 0.05 m，且向 x 轴正方向运动。试求：(1) 物体的振动方程；(2) 物体从初始时刻运动到平衡位置所用的最短时间。

解：(1) 由题意 $\omega=2\pi/T=\pi\ \text{rad}\cdot\text{s}^{-1}$，令简谐振动方程为 $x=0.10\cos(\pi t+\varphi)$(SI 单位)。已知 $x_0=0.05\ \text{m}$，$v_0>0$，则由 $x_0=0.10\cos\varphi$ 得 $\varphi=\pm\pi/3$，又由 $v_0=-0.10\pi\sin\varphi>0$ 得 $\varphi<0$，应取 $\varphi=-\pi/3$，物体的振动方程为

$$x=0.10\cos(\pi t-\pi/3)\quad(\text{SI 单位})$$

(2) 用旋转矢量法求时间间隔 Δt。

初始时刻 $\varphi=-\pi/3$，其对应的振幅矢量应在第四象限，由此可得第一次经过平衡位置 t_1 时的旋转矢量为 $\boldsymbol{A}(t_1)$，如图 9-6 所示。其间旋转矢量转过的角度为

$$\Delta\phi=\pi/3+\pi/2=5\pi/6$$

这是最小角度，故相应的最短时间为

$$\Delta t=\Delta\phi/\omega=(5\pi/6)\ \text{s}/\pi=(5/6)\ \text{s}$$

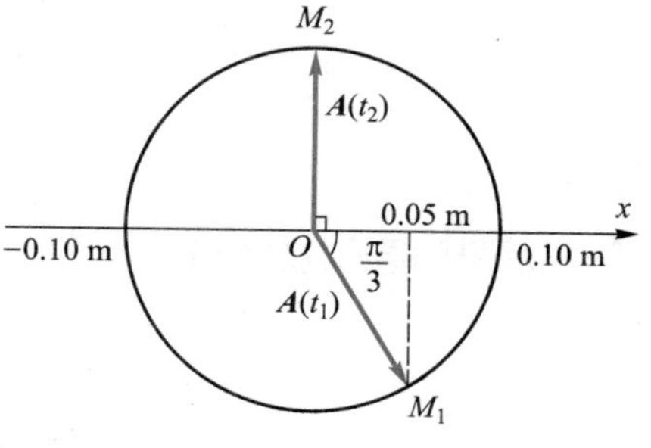

图 9-6

9.2 简谐振动的能量

以弹簧振子在水平方向的简谐振动为例，我们来讨论振动系统的能量。设振子的质量为 m，弹簧的弹性系数为 k，振子某时刻的位移为 x，速度为 v。以平衡位置为弹性势能零点，则任意 t 时刻弹簧振子的动能和势能分别为

$$E_k=\frac{1}{2}mv^2=\frac{1}{2}m\omega^2A^2\sin^2(\omega t+\varphi)$$
$$=\frac{1}{4}m\omega^2A^2+\frac{1}{4}m\omega^2A^2\cos(2\omega t+2\varphi+\pi) \quad (9-19)$$

视频：简谐振动的能量

$$E_p=\frac{1}{2}kx^2=\frac{1}{4}m\omega^2A^2+\frac{1}{4}m\omega^2A^2\cos(2\omega t+2\varphi) \quad (9-20)$$

式(9-19)表明，弹簧振子在振动过程中其动能在平衡点 $m\omega^2A^2/4$ 附近做振幅为 $m\omega^2A^2/4$，圆频率为 2ω，初相为 $(2\varphi+\pi)$ 的简谐振动；同理式(9-20)表明，弹簧振子的势能也在平衡点 $m\omega^2A^2/4$ 附近做振幅为 $m\omega^2A^2/4$，圆频率为 2ω，但初相为 2φ 的简谐振动。动能和势能都在作周期性变化，变化的频率均为振动频率的 2 倍，但两者相位相差 π，如图 9-7 所示，图中的振动初相等于零，弹簧振子的总机械能为一常量，为

$$E=E_k+E_p=\frac{1}{2}kA^2=\frac{1}{2}m\omega^2A^2 \quad (9-21)$$

即在振动过程中弹簧振子的机械能守恒。这是必然的，因为系统外力不做功，内力为保守力。系统的机械能正比于振幅平方和振动(角)频率的平方。振幅不但给出了简谐振动的运动范围，同时也反映了振动系统总能量的大小，或者说反映了振动的强度。

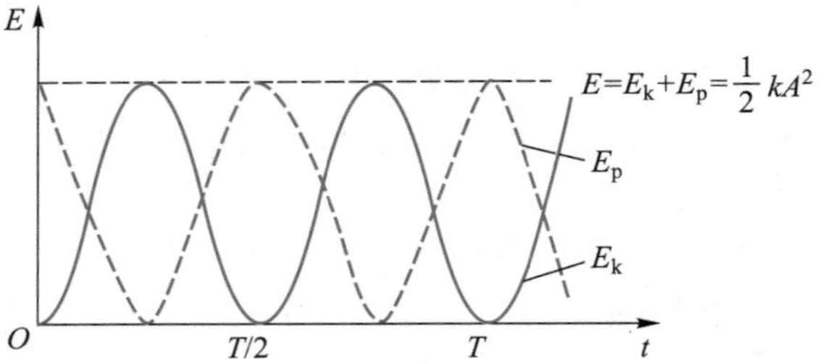

图 9-7 弹簧振子的能量和时间关系曲线

9.3 简谐振动的合成

一、两个振动之间的相位差

设有两个同方向、同频率的简谐振动：

$$x_1=A_1\cos(\omega t+\varphi_1),\quad x_2=A_2\cos(\omega t+\varphi_2)$$

它们同一时刻的相位之差称为它们之间的相位差，用 $\Delta\phi$ 表示，为

$$\Delta\phi=\phi_2(t)-\phi_1(t)=(\omega t+\varphi_2)-(\omega t+\varphi_1)=\varphi_2-\varphi_1=\Delta\varphi \quad (9-22)$$

视频：简谐振动的合成

即任意时刻两个同频率简谐振动的相位差等于它们的初相差，即相位差恒定。相位差表示两个简谐振动的步调关系：当 $\Delta\varphi=\varphi_2-\varphi_1>0$ 时，表示 x_2 振动超前 x_1 振

动 $\Delta\varphi$，反之，则称 x_2 振动滞后 x_1 振动 $|\Delta\varphi|$；当 $\Delta\varphi=2k\pi$（k 为整数）时，称两个简谐振动是同相的，即两个振动的步调是完全相同的，如图 9-8(a) 所示；当 $\Delta\varphi=(2k+1)\pi$（k 为整数）时，称两个简谐振动是反相的，即两个振动的步调是完全相反的，如图 9-8(b) 所示。

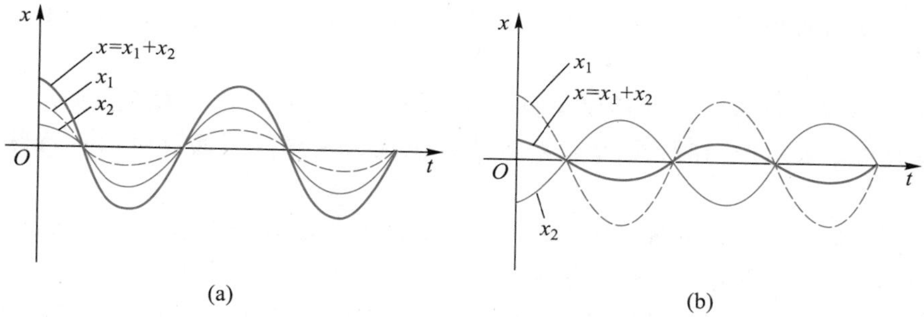

图 9-8 两个简谐振动的相位差

二、两个同方向、同频率简谐振动的合成

一个质点同时参与几个简谐振动的情况是经常遇到的，例如当两个声波传到某一点相遇时，该点处的质点就同时参与这两个振动，此时质点的运动就是这两个简谐振动的叠加，即简谐振动的合成。振动合成的基本知识在波动、光学、声学、交流电路和电子技术等方面有着非常广泛的应用。

设质点在 x 方向同时参与两个同频率的简谐振动，在任意时刻两个简谐振动的位移分别为

$$x_1=A_1\cos(\omega t+\varphi_1),\quad x_2=A_2\cos(\omega t+\varphi_2)$$

则任意时刻合振动的位移为

$$\begin{aligned}x(t)&=x_1(t)+x_2(t)=\boldsymbol{A}_1(t)\cdot\boldsymbol{i}+\boldsymbol{A}_2(t)\cdot\boldsymbol{i}\\&=(\boldsymbol{A}_1+\boldsymbol{A}_2)\cdot\boldsymbol{i}=\boldsymbol{A}(t)\cdot i=A\cos(\omega t+\varphi)\end{aligned}\tag{9-23}$$

简谐振动实际上是旋转矢量 $\boldsymbol{A}$ 在 x 轴方向上的投影，叠加时我们先作矢量叠加再投影而不是先投影再作代数和。对于频率相同、相位差恒定（任意时刻的相位差等于初相差）的两个简谐振动而言，它们相应的旋转矢量的夹角不变，合成后的平行四边形的形状也不变，整个平行四边形也以角速度 ω 转动，平行四边形的对角线即合矢量 $\boldsymbol{A}$，其大小不变且也以角速度 ω 转动。合矢量 $\boldsymbol{A}$ 初始时刻与 x 轴方向的夹角为式(9-23)中最后项的初相位 φ。这就是说，我们只需设法将初始的合矢量 $\boldsymbol{A}$ 求出即可。初始时刻合矢量 $\boldsymbol{A}$ 与两分矢量的关系如图 9-9 所示，故合矢量 $\boldsymbol{A}$ 的大小即合振动的振幅为

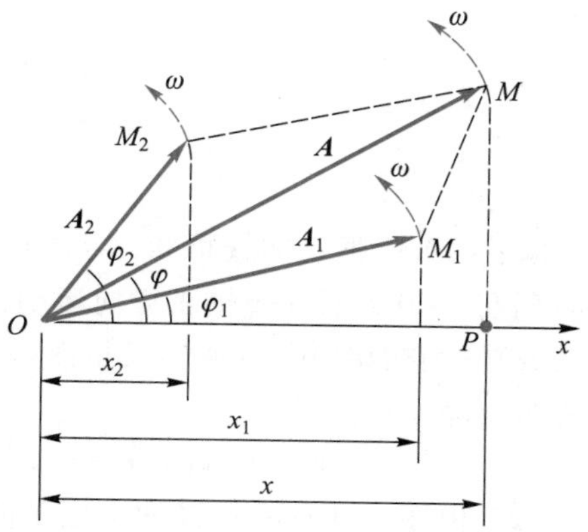

图 9-9 两个同方向、同频率简谐振动的合成

$$
\begin{aligned}
A &= |\boldsymbol{A}| = |\boldsymbol{A}_1+\boldsymbol{A}_2| = \sqrt{(\boldsymbol{A}_1+\boldsymbol{A}_2)\cdot(\boldsymbol{A}_1+\boldsymbol{A}_2)} \\
&= \sqrt{A_1^2+A_2^2+2\boldsymbol{A}_1\cdot\boldsymbol{A}_2} = \sqrt{A_1^2+A_2^2+2A_1A_2\cos(\Delta\varphi)}
\end{aligned} \tag{9-24}
$$

注意到 $\boldsymbol{A}=\boldsymbol{A}_1+\boldsymbol{A}_2$，三个矢量构成一个三角形，利用正弦定理可以求出它们之间的夹角，从而可求出合振动的初相位 φ。特别地，当 $A_1=A_2$ 时，平行四边形为菱形，对角线平分两矢量的夹角，从而有 $\varphi=(\varphi_1+\varphi_2)/2$。

式(9-24)表明合振动的振幅不仅与两个分振动的振幅有关，也与两个分振动的相位差有关。当用旋转矢量表示振动时，式(9-24)的物理意义最清晰。下面仅就两种特殊情况进行讨论。

(1) 若两分振动的振幅矢量同向，即当 $\Delta\varphi=2k\pi$(k 为整数)时，合振幅最大，为两分振动的振幅的和，$A=A_1+A_2$，称为振动相互加强，如图 9-8(a)所示。

(2) 若两分振动的振幅矢量反向，即当 $\Delta\varphi=(2k+1)\pi$(k 为整数)时，合振幅最小，为两分振动的振幅的差，$A=|A_1-A_2|$，称为振动相互减弱，此时合振动的初相位 φ 与两个分振动中振幅大的那个振动的初相位相等，如图 9-8(b)所示。

(3) 一般地，当两分振动的振幅矢量既非平行也非反平行的情况下，合振幅介于最大振幅和最小振幅之间。

为方便与干涉知识的衔接，我们把振动方向相同、频率相同、相位差恒定的几个简谐振动的合成称为它们的相干叠加。

例 9-3　x 轴上的两个同频率的简谐振动 1 和 2 的振动曲线如图 9-10(a)所示。(1) 求两个简谐振动的振动方程 x_1 和 x_2；(2) 在同一图中画出两个简谐振动的旋转矢量，并比较两个振动的相位关系；(3) 若两个简谐振动叠加，求合振动的振动方程。

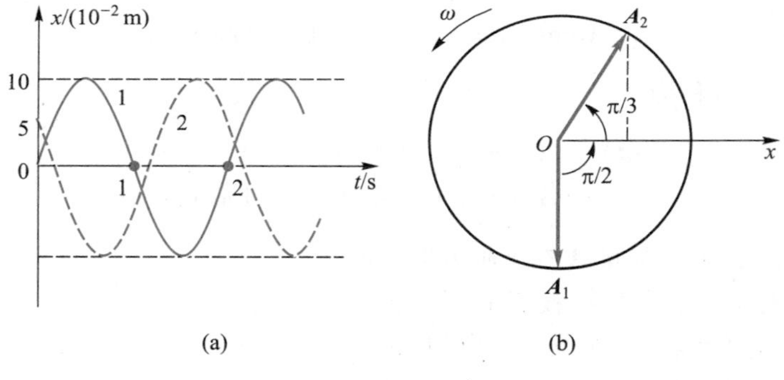

图 9-10

解：(1) 由振动曲线可知，$A=0.1\ \mathrm{m}$，$T=2\ \mathrm{s}$，则 $\omega=2\pi/T=\pi\ \mathrm{rad\cdot s^{-1}}$。曲线 1 表示质点初始时刻在 $x=0$ 处且向 x 轴正方向运动，曲线 2 表示质点初始时刻在 $x=A/2$ 处且向 x 轴负方向运动，故它们初始时刻的旋转矢量图如图 9-10(b)所示，$\varphi_1=-\pi/2$、$\varphi_2=\pi/3$，两个振动的振动方程分别为

$$x_1=0.1\cos(\pi t-\pi/2),\quad x_2=0.1\cos(\pi t+\pi/3)\quad (\text{SI 单位})$$

(2) 由图 9-10(b)可知两个振动的相位差为 $\Delta\varphi=\varphi_2-\varphi_1=\pi/2+\pi/3=5\pi/6$。

(3) 合振动的振动方程为

$$x=x_1+x_2=A\cos(\omega t+\varphi)$$

其中 $A=\sqrt{A_1^2+A_2^2+2A_1A_2\cos\Delta\varphi}\approx 0.052\ \text{m}$。

注意到两个分振动的振幅相同，用旋转矢量表示时，合成的平行四边形为菱形，对角线平分两个矢量的夹角，即

$$\varphi=(\varphi_1+\varphi_2)/2=(\pi/3-\pi/2)/2=-\pi/12$$

故合振动的振动方程为

$$x=0.052\cos(\pi t-\pi/12)\quad \text{(SI 单位)}$$

三、多个同方向、同频率、等相位差的简谐振动的合成

为方便后面多光束干涉的应用，我们讨论 N 个简谐振动的叠加。设有 N 个简谐振动，它们的振幅都为 A_0，角频率同为 ω，相邻振动的相位差恒定且同为 $\Delta\varphi$，假如第一个振动的初相位为零，则 N 个简谐振动方程分别为

$$x_1=A_0\cos(\omega t)$$
$$x_2=A_0\cos(\omega t+\Delta\varphi)$$
$$x_3=A_0\cos(\omega t+2\Delta\varphi)$$
$$\cdots\cdots\cdots\cdots$$
$$x_N=A_0\cos[\omega t+(N-1)\Delta\varphi]$$

由前面讨论可知，这些简谐振动的相干叠加仍为简谐振动，设其表达式为

$$x=A\cos(\omega t+\varphi) \tag{9-25}$$

如图 9-11 所示，N 个振幅矢量依次头尾相连，由第一个矢量始端 O 点指向最后一个矢量末端 Q 点的矢量就是合振幅矢量。此矢量的大小就是合振动的振幅 A，它与 x 轴的夹角就是合振动的相位。首先我们来考察合振动的初相位 φ，即初始时刻合矢量与 x 轴的夹角。显然，合矢量的方向一定与中间那个矢量方向相同，或是在头尾两矢量的角平分线方向上，即

$$\varphi=[0+(N-1)\Delta\varphi]/2=(N-1)\Delta\varphi/2 \tag{9-26}$$

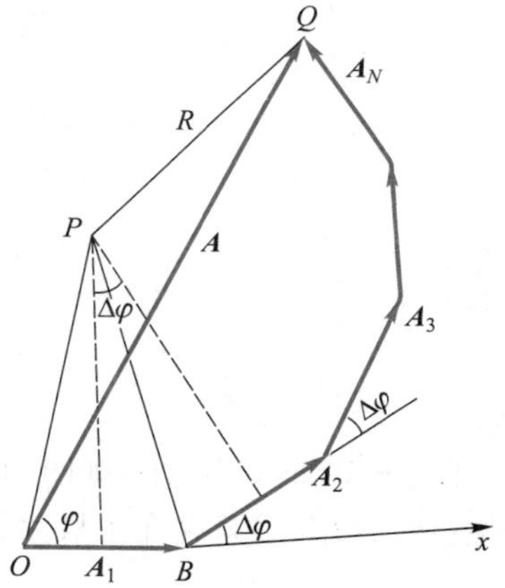

图 9-11

至于合振动的振幅，除了与每个分矢量的大小有关外，还与两相邻振动的相位差 $\Delta\varphi$ 有关。于此我们只讨论两种极限情况。

（1）当各分振动矢量 $\boldsymbol{A}_i$ 方向相同时，即

$$\Delta\varphi=2k\pi\quad (k\ 为整数) \tag{9-27}$$

时，合矢量最大，为一条长直线，其大小即合振动的振幅为 $A=NA_0$，称为主极大，k 为主极大的级次。

（2）当两相邻振动的相位差 $\Delta\varphi$ 从零慢慢增大时，合矢量的模将从 0 级主极大值慢慢变小，当 $\Delta\varphi=2\pi/N$ 时，全体矢量第一次构成一个闭合多边形，合矢量为零。很容易证明，当 $\Delta\varphi=k\cdot 2\pi/N(k=1,2,\cdots,N-1)$ 时，这些矢量的合矢量总为零。当 $\Delta\varphi$ 继续增大，即 k 值从 $N-1$ 再次增大成为整数 N 时，两相邻振动的相位差 $\Delta\varphi=2\pi$，各分矢量方向又都相同，合矢量再次达

到最大值 NA_0，到达第一级主极大，即合矢量在两个主极大之间等间距地分布了 $N-1$ 个（零值的）极小，自然地，在两个极小中间一定有一个次极大，共计有 $N-2$ 个次极大。譬如对 $N=3$ 而言，当两相邻振动的相位差从零变为 $\Delta\varphi=k\cdot 2\pi/3(k=1,2)$，即 $\Delta\varphi=2\pi/3$，$4\pi/3$ 时，合振动的振幅为零，如图 9-12 中的（b）、（d）所示；在它们的中间，即当 $\Delta\varphi=\pi$ 时，相邻两矢量相消，只剩一个矢量，合矢量大小为 $A=A_0$，这是一个次极大，振幅为最大值的 $1/N$，如图 9-12 中的（c）所示。对三矢量而言，$\Delta\phi$ 从 $0\sim 2\pi$ 的过程中，合矢量从 $\Delta\varphi=0$ 时的最大 $A=3A_0$ 到 $\Delta\varphi=2\pi/3$ 时的最小 $A=0$，然后又开始变大到 $\Delta\varphi=\pi$ 时的次极大 $A=A_0$，然后再变小到 $\Delta\varphi=4\pi/3$ 时的最小 $A=0$，过后又开始增大直到 $\Delta\varphi=2\pi$ 时的极大 $A=3A_0$，如图 9-12 所示。当 $\Delta\varphi$ 越过 2π 继续增大时，将重复上述过程。则对 N 个矢量而言，在两个极大之间有 $N-1$ 个极小（零点），有 $N-2$ 个次极大值，这些特殊点等间隔地分布在两个极大值之间，N 越大，极大值的宽度越窄。

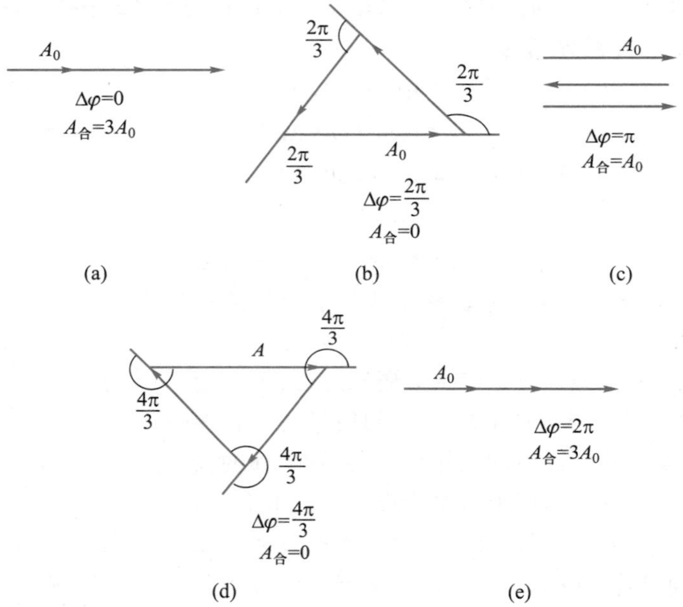

图 9-12

图 9-13（a）、（b）分别画出了 $N=3$ 和 $N=6$ 时的合振动结果。当 N 较大时，次极大远远小于主极大，故几乎只存在主极大，且主极大又高又细。

四、两个同方向、不同频率简谐振动的合成　拍现象

设质点同时参与两个方向相同，但频率分别为 ω_1 和 ω_2 的简谐振动。假设两个分振动具有相同的振幅和初相位，即

$$x_1=A\cos(\omega_1 t+\varphi),\quad x_2=A\cos(\omega_2 t+\varphi)$$

则合振动为

$$x=A\cos(\omega_1 t+\varphi)+A\cos(\omega_2 t+\varphi)=2A\cos\left(\frac{\omega_2-\omega_1}{2}t\right)\cos\left(\frac{\omega_2+\omega_1}{2}t+\varphi\right)\tag{9-28}$$

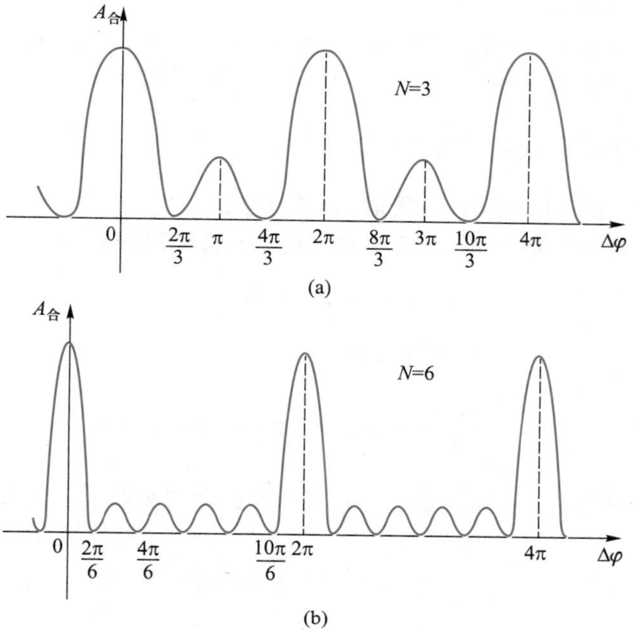

图 9-13

显然,合振动不再是简谐振动。下面讨论一种简单情况,ω_1 和 ω_2 都比较大,但 ω_1 和 ω_2 的差很小,即$(\omega_1+\omega_2)\gg|\omega_2-\omega_1|$。在此情况下,第一个余弦函数的振动比第二个余弦函数的振动来得缓慢得多,也就是说,我们把第一个余弦函数的模看作第二个余弦函数的振幅,振幅从 $2A$ 到 0 周期性地缓慢变化,这种现象称为拍,如图 9-14 所示。用信息技术语言讲,一个高频率振动的振幅受到了一个低频率振动的调制。

合振幅每变化一周称为一拍,单位时间内拍的次数称为拍频。拍频为

$$\nu'=\frac{\omega'}{2\pi}=\left|\frac{\omega_2}{2\pi}-\frac{\omega_1}{2\pi}\right|=|\nu_2-\nu_1| \tag{9-29}$$

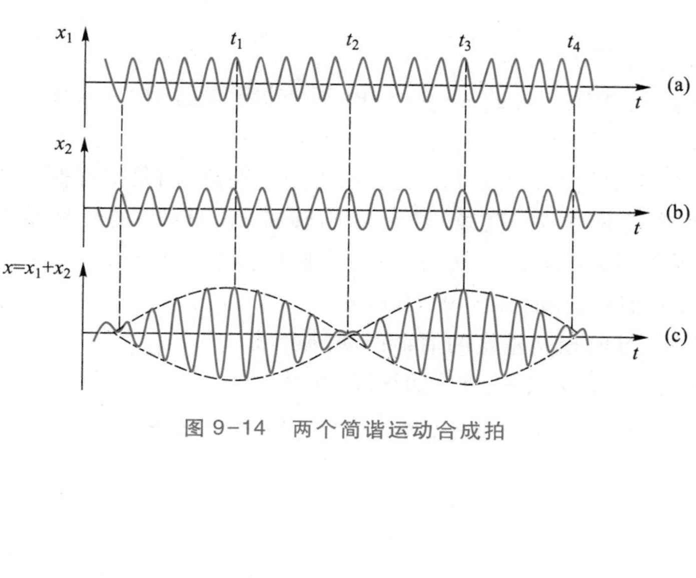

图 9-14 两个简谐运动合成拍

拍频等于两个分振动频率之差。

拍现象有很广泛的应用，利用拍频可以测定振动频率，校正乐器；在无线电技术中，利用拍现象可以测量无线电波的频率等。

五、两个方向相互垂直的简谐振动的合成

1. 两个频率相同、方向相互垂直的简谐振动的合成

设质点同时参与两个频率相同，但振动方向相互垂直的简谐振动

$$x=A\cos(\omega t+\varphi_1),\quad y=B\cos(\omega t+\varphi_2)$$

从以上两式中消去时间 t，得到合振动的轨迹方程为

$$\frac{x^2}{A^2}+\frac{y^2}{B^2}-\frac{2xy}{AB}\cos(\varphi_2-\varphi_1)=\sin^2(\varphi_2-\varphi_1) \qquad (9-30)$$

这是一个椭圆轨迹方程，它的轨迹取决于两个分振动的相位差。下面就几种特殊情况进行简单讨论。

（1）当 $\varphi_2-\varphi_1=k\pi(k=0,\pm1,\pm2,\cdots)$ 时，合振动的轨迹方程为

$$y=\pm\frac{B}{A}x \qquad (9-31)$$

这是一条通过坐标原点的直线。例如当 $\varphi_2-\varphi_1=2k\pi(k=0,\pm1,\pm2,\cdots)$ 时，合振动为

$$\boldsymbol{r}=x\boldsymbol{i}+y\boldsymbol{j}=(A\boldsymbol{i}+B\boldsymbol{j})\cos(\omega t+\varphi)=C\cos(\omega t+\varphi)\boldsymbol{e}_C \qquad (9-32)$$

其中 $C=|\boldsymbol{C}|=|A\boldsymbol{i}+B\boldsymbol{j}|=\sqrt{A^2+B^2}$，$\boldsymbol{e}_C=\boldsymbol{C}/C$，如图 9-15 所示。即合振动是在 $\boldsymbol{e}_C$ 方向上的振幅为 C 的简谐振动。反之，一个 $\boldsymbol{e}_C$ 方向上的振幅为 C 的简谐振动，总可以分解成为方向相互垂直的两个简谐振动，它们的振幅分别为 $C_x=A=C\boldsymbol{e}_C\cdot\boldsymbol{i}$，$C_y=B=C\boldsymbol{e}_C\cdot\boldsymbol{j}$。

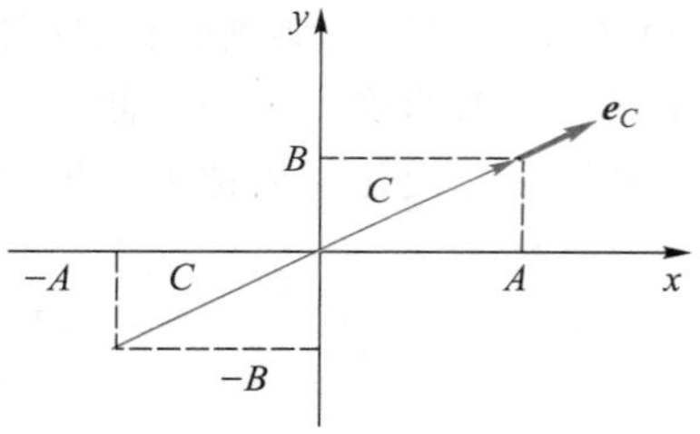

图 9-15

（2）当 $\varphi_2-\varphi_1=\pm\pi/2$ 时，合振动的轨迹方程为

$$\frac{x^2}{A^2}+\frac{y^2}{B^2}=1 \qquad (9-33)$$

合振动的轨迹为一正椭圆。当 $\varphi_2-\varphi_1=\pi/2$ 时，质点沿着轨迹顺时针运动；当 $\varphi_2-\varphi_1=-\pi/2$ 时，质点沿着轨迹逆时针运动；当 $A=B$ 时，质点的运动轨迹为圆。

（3）当 $\varphi_2-\varphi_1$ 为任意值时，合振动的轨迹不再是正椭圆，而是斜椭圆。当 $\varphi_2-\varphi_1$ 取值从 0 到 2π 变化时，运动轨迹依次为：直线、顺时针旋转椭圆、直线、逆时针旋转椭圆、直线。当 $0<\varphi_2-\varphi_1<\pi$ 时，椭圆按顺时针方向旋转，称为右旋椭圆运动；当 $\pi<\varphi_2-\varphi_1<2\pi$ 时，椭圆按逆时针方向旋转，称为左旋椭圆运动，如图 9-16 所示。

2. 两个频率不同、方向相互垂直的简谐振动的合成

设两个频率不同、方向相互垂直的简谐振动方程为

$$x=A_1\cos(\omega_1 t+\varphi_1),\quad y=A_2\cos(\omega_2 t+\varphi_2)$$

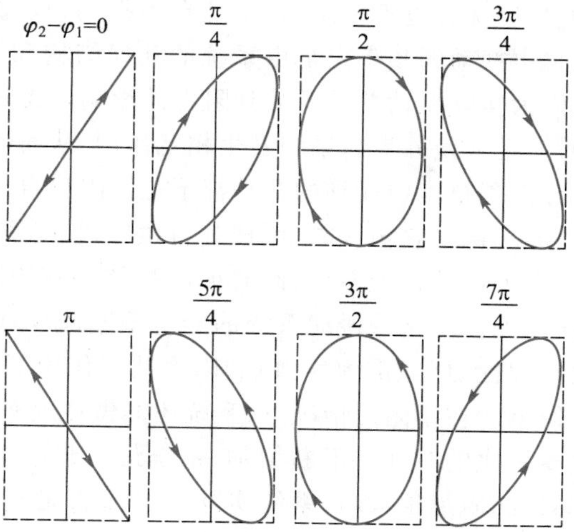

图 9-16

  一般来说,合振动的轨迹与两个分振动的频率之比和它们的相位差都有关系,合成的图形很复杂。当两个分振动的频率为简单整数比时,合成振动的轨迹是闭合曲线,运动呈周期性。这种图形称为李萨如图,如图 9-17 所示。由于闭合的李萨如图中两个振动的频率是严格成整数比的,在示波器上能够精确地比较或测量振动的频率。

$\dfrac{T_x}{T_y}=\dfrac{1}{2}$			
	$\varphi_1=\pi$ $\varphi_2=0$	$\varphi_1=\dfrac{\pi}{2}$ $\varphi_2=0$	$\varphi_1=0$ $\varphi_2=0$
$\dfrac{T_x}{T_y}=\dfrac{1}{3}$			
	$\varphi_1=0$ $\varphi_2=0$	$\varphi_1=\dfrac{\pi}{2}$ $\varphi_2=0$	$\varphi_1=\pi$ $\varphi_2=0$

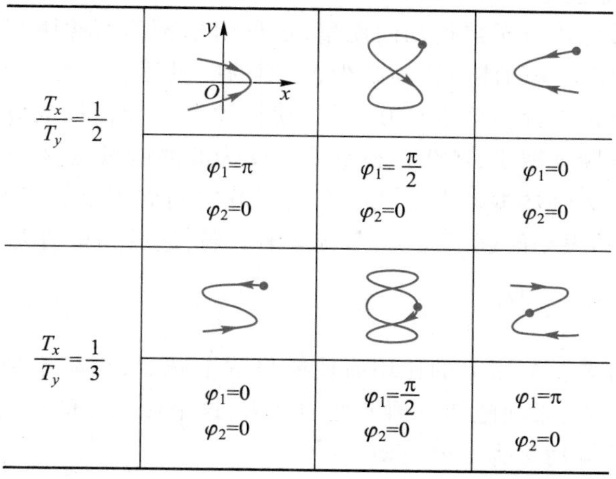

图 9-17

9.4 阻尼振动与受迫振动

一、阻尼振动

前面讨论的简谐振动,振动物体所受的力只有弹性力或准弹性力(称为回复力),没有考虑物体所受的阻力，振动发生后外力也不再做功，系统自由振动，故前面讨论的这种振动称为无阻尼自由振动。无阻尼自由振动的频率完全由系统的几何结构和力学性质决定，这是一种理想振动，几乎无法实现，因为实际振动总是要受到阻力的影响。无阻尼自由振动即便是实现了也无法测量，因为测量时一定会使外界与系统发生相互作用，从而改变系统的几何结构或与外界交换能量。我们在实际工程技术中碰到的几乎都不是无阻尼自由振动。

若振动系统起振后，外界不再给它输入能量，任其自由振动，这种振动称为系统的自由振动。如果存在阻尼，就称为有阻尼的自由振动，此时振动物体要克服阻力做功，振动系统的机械能将不断地减少，直至振动停止。这种振动系统的能量不断减少或振幅不断减小的振动称为阻尼振动。阻尼振动是在弹性力（或准弹性力）和阻力共同作用下的振动，下面我们简要讨论一下阻尼大小对振动的影响。在小阻尼情况下，系统还能做往返运动，但随着机械能量的减少，振幅不断减小，同时往返一次的时间将不断增加，系统最后趋向于平衡状态，阻尼越小，系统到达平衡状态的时间越长；当阻尼很大时，系统实际上已无法完成往返运动，系统只能慢慢地趋向于平衡状态，阻尼越大，系统到达平衡状态的时间越长。由此可得结论，阻尼太大或太小，系统趋于平衡的时间都会很长。显然，在某个阻尼值时，系统能最快地趋于平衡，这个阻尼值，称为临界阻尼。相比于临界阻尼，阻尼较小时称为欠阻尼，阻尼较大时称为过阻尼。在生产和技术上，阻尼振动常被用来控制系统的振动。例如，各种大型机器设备安装有阻尼装置来减少机器的振动，各种电表（例如电压表、电流表、万用表等）为了使指针很快回到读数的位置而不产生振动，以便于很快读出数据来，都设计有阻尼装置。

在阻尼振动中，机械能减少的方式有两种，一种是振动系统受到摩擦阻力作用，使振动系统的机械能通过摩擦转化为分子热运动的能量，这种阻尼称为摩擦阻尼。例如在空气中摆动的单摆，空气的阻力会使单摆的能量逐渐减少，单摆的能量逐步转化为空气分子的热运动能。另一种是振动物体与周围的介质产生相互作用，使振动向外传播形成波，随着波的传播，振动系统的振动能量也在不断地减少，减少的机械能转化为波的能量，这种阻尼称为辐射阻尼。例如，一个被敲响的大钟，大钟的振动在空气中产生声波向四周传播，大钟振动的机械能逐渐转化为声波的能量，大钟的振动能逐渐减少，声音逐渐减弱，最后完全消失。

二、受迫振动　共振

实际物体的振动都要受到阻力的作用而使能量逐渐减少，振幅不断地衰减。要想使物体持续不断的等幅振动下去，必须施加一周期性的外力，这个周期性的外力称为策动力。系统在周期性的外力作用下的振动称为受迫振动。

受迫振动的例子在日常生活中是经常见到的。例如，大人推动小孩荡秋千、扬声器中电力线圈带动纸盆的振动、火车通过大桥时大桥的振动等都是受迫振动。在受迫振动中，周期性的外力向系统提供能量，又由于系统受到阻力而损耗能量。开始时可能外力大于阻力，系统的振动速度在增加，阻力随速度的增加而增大，当外力所做的功与阻力消耗的能量相等时，振动系统的总的机械能保持不变，振动处于稳定的振动状态，称为等幅振动。当周期性外力是时间的余弦函数时，稳定状态的受迫振动在形式上像是简谐振动，但它的频率等于周期性外力的频率，它的振幅 A 由系统的固有频率 ω_0、阻尼系数 β 和周期性外力的幅值共同决定。

实际上，可振动系统在周期性外力的作用下一般不会产生振动，当周期性外力的频率远大于或远小于系统的固有频率时，系统根本无法响应外界的作用，即受迫振动的振幅为零；只有当周期性外力的频率与系统的固有频率相近时，受迫振动的振幅才会有明显的不为零的值。

当周期性外力的频率等于系统的固有频率时，受迫振动（也称为响应信号）的相位与周期性外力（也称为激励信号）振荡的相位相差 $\pi/2$，如将它们分别输入示波器的 x 端和 y 端，则合振动为一个正椭圆，由此特征可以测定系统的固有频率。但需要注意的是，原系统因与测量设备接触而使系统发生改变，测定的固有频率实际上已不是原振动系统的固有频率，因此，一个系统的固有特性和固有频率并不容易测定。

当周期性外力的频率达到（与系统的固有频率接近的）某个值时，受迫振动的振幅达到最大值，此现象称为共振。共振时振幅最大，振动剧烈，这样常常会给振动系统带来不利的影响，有时甚至会造成严重的破坏。例如，火车通过大桥时，火车车轮对铁轨的作用力就是周期性的外力，如果这个周期性外力的频率与大桥的固有频率接近，就会引起大桥的共振而使大桥发生断裂的危险。高速旋转的动力机械如果处于共振状态会使叶片折断，使叶轮粉碎。因此，在工程设计时，如桥梁、高层建筑、烟囱、精密仪器的各种动力设备等的设计，都必须避开可能发生的共振。但是共振也有有利的一面，例如，一些乐器利用共振原理使乐器发出响亮的、悦耳动听的声音，电视机、收音机通过共振，从许多电视台、电台所发出的信号中选出需要的信号，使我们看到或听到需要的节目，又比如核磁共振技术被用来探测物质内部结构和医学诊断。

习题

选择题

9-1　已知四个质点在 x 轴上运动，某时刻质点的位移 x 与其所受合外力 F 的关系分别由下列四式表示（式中 a、b 为正常量），其中不能使质点做简谐振动的力是（　　）。

A. $F=ax$　　B. $F=-ax$　　C. $F=-ax+b$　　D. $F=-abx$

9-2　一弹簧振子周期为 T，现将其中的弹簧截去 3/4，仍挂上原来的物体，则新弹簧振子的周期为（　　）。

A. $2T$　　B. T　　C. $0.5T$　　D. $0.25T$

9-3　垂直升降的电梯顶上悬挂有一个做简谐振动的弹簧振子，当电梯静止时，其振动周期为 2 s，当电梯以加速度 a 加速上升时，电梯中的观察者观察到弹簧振子的振动周期与原来的振动周期相比，将（　　）。

A. 增大　　B. 不变　　C. 减小　　D. 不能确定

9-4　垂直升降的电梯顶上悬挂有一个做简谐振动的单摆，当电梯静止时，摆球振动周期为 2 s，当电梯以加速度 $g/4$ 上升时，电梯中的观察者观察到单摆的振动周期与原来的振动周期相比，将（　　）。

A. 增大　　B. 不变　　C. 减小　　D. 不能确定

9-5　两质点在同一轴线上做同振幅、同频率的简谐振动。在振动过程中，每当它们经过振幅一半的地方时，其运动方向都相反，则这两个振动的相位差为（　　）。

A. 0　　B. $\pi/2$　　C. $2\pi/3$　　D. π

9-6　一物体做简谐振动，其振动方程为 $x=A\cos(\omega t+\pi/4)$，则在 $t=T/2$（T 为周期）时，质点的速度为（　　）。

A. $-\sqrt{2}A\omega/2$　　B. $\sqrt{2}A\omega/2$

C. $-\sqrt{3}A\omega/2$　　D. $\sqrt{3}A\omega/2$

9-7　质点以周期 T 做简谐振动，则其从最大位置处运动到最大位置一半处的最短时间为（　　）。

A. $T/6$　　B. $T/4$

C. $T/12$　　D. $T/8$

9-8　在 x 轴上振动的质点的振动方程为 $x=5\times10^{-2}\cos(3\pi t-1)$（SI 单位），则（　　）。

A. 初相位为 1　　B. 振动周期为 $T=3$ s

C. 振幅 $A=5$ m　　D. 振动频率 $\nu=3/2$ Hz

9-9　当一质点做简谐振动时，它的动能和势能也在随时间作周期变化。如果 ν 是质点振动的频率，则其动能变化的频率为（　　）。

A. 4ν　　B. 2ν

C. ν　　D. $\nu/2$

9-10　已知一简谐振动系统的振幅为 A，则该简谐振动动能为其最大值一半的位置是（　　）。

A. $A/2$　　B. $-\sqrt{2}A/2$

C. $-A/2$　　D. A

9-11　一弹簧振子做简谐振动，当其偏离平衡位置的位移为振幅的一半时，其动能为振动总能量的（　　）。

A. 1/2　　B. 1/4　　C. 3/8　　D. 3/4

9-12　弹簧振子悬挂在天花板下，平衡时弹簧伸长量为 l_0，则该弹簧振子的振动频率 ν 为（　　）。

A. 条件不足，无法确定　　B. $\sqrt{g/l_0}/2\pi$

C. $\sqrt{g/l_0}$　　D. $2\pi\sqrt{g/l_0}$

9-13　两个同方向、同频率、等振幅的简谐振动合成，如果其合振动的振幅仍不变，则两分振动的相位差应等于（　　）。

A. $\pi/2$　　B. $2\pi/3$　　C. $\pi/4$　　D. π

填空题

9-14　一质点沿 x 轴做简谐振动，平衡位置为 x 轴原点，周期为 T，振幅为 A。

（1）若 $t=0$ 时质点在 $x=0$ 处且向 x 轴正方向运动，则振动方程为 $x=$ ______________。

（2）若 $t=0$ 时质点在 $x=A/2$ 处且向 x 轴负方向运动，则振动方程为 $x=$ ______________。

9-15　一质点沿 x 轴做简谐振动，其振动方程为 $x=2\cos(3\pi t-\pi/3)$（x 的单位为 cm）。从初始时刻运动到 $x=-2$ cm 所用的最短时间为__________。

9-16　一简谐振动系统周期为 0.6 s，振子质量为 200 g。若振子经过平衡位置时速度_____，则再经 0.2 s 后该振子的动能为____________________。

9-17 弹性系数为 10 000 $N\cdot m^{-1}$的轻弹簧和质量为 1.0 kg 的小球组成一弹簧振子。第一次将小球拉离平衡位置 3 cm,由静止释放任其振动;第二次将小球拉离平衡位置 2 cm 并给以 1 $m\cdot s^{-1}$的初速度使其振动。这两次振动的能量之比为________。

9-18 质量为 m 的质点做简谐振动,振幅为 A,最大动能为 E_{km}。如果开始时质点处于负的最大位移处,则质点的振动方程为________。

计算题

9-19 一质量为 10 g 的物体在 x 轴上做简谐振动,振幅为 20 cm,周期为 4 s。取平衡位置处为坐标原点,当 $t=0$ 时该物体位于 x = 10 cm 处且向 x 轴正向运动。求:(1) 质点的振动方程;(2) 当 $t=0.5$ s 时物体的位置及作用在物体上力的大小;(3) 物体从初始位置运动到位移最小处所需的最短时间,以及此时物体的速度。

9-20 一弹簧振子竖直吊挂,平衡时弹簧伸长量为 l_0,将质点从平衡位置处下拉 l_0 后自然释放,取竖直向上为 y 轴正方向,平衡位置处为坐标原点,试求质点的运动方程。

9-21 在 x 轴上做简谐振动的小球,速度的最大值为 $v_{max}=3\ cm\cdot s^{-1}$,振幅为 $A=2\ cm$。若取速度具有正的最大值的时刻为计时起点,平衡位置处为坐标原点,求该小球运动的运动方程和最大加速度。

9-22 如图所示,将一个质量为 m 的盘子挂在一弹簧下端,平衡时弹簧伸长量为 l_0。设法使盘子处于平衡状态,现有一块质量同为 m 的黏土从离盘高为 h 处自由下落至盘中后不再脱离盘子,由此盘子和物体一起开始运动,计时开始,求盘子和物体一起运动时的运动方程。

9-23 如图所示,有一水平弹簧振子,弹簧的弹性系数为 k,木块的质量为 m。最初木块处在平衡位置处,现有一个质量为 $m/5$ 的子弹以速度 $\boldsymbol{v}_0$ 自右向左射入木块并最终留在木块中,以木块开始运动为计时起点,求木块与子弹一起运动的运动方程。

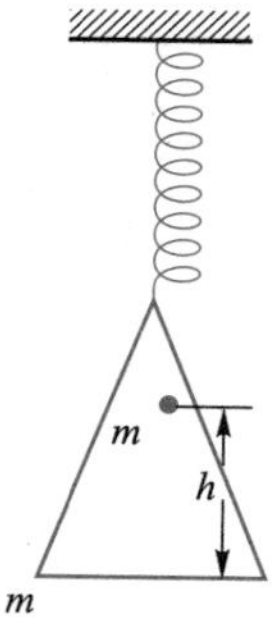

习题 9-22 图

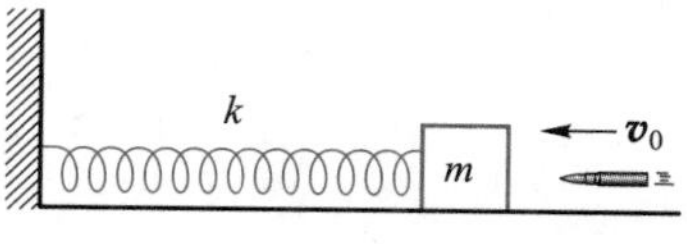

习题 9-23 图

9-24 某单摆的摆绳很长,为求摆绳长度,有人先测量了单摆摆动的周期 T_1,当他将摆锤上移了 l_0 后,测出此时单摆摆动的周期为 T_2,求单摆摆长。

9-25 已知一简谐振子的振动曲线如图所示,求其振动方程。

9-26 如图所示,一质点在 x 轴上做简谐振动,从左至右相继通过距离为 10 cm 的两点 A、B,历时 4 s,并且在 A、B 两点处具有相同的速度;再经过 4 s 后,质点又从另一方向通过 B 点。试求质点振动的振动方程。

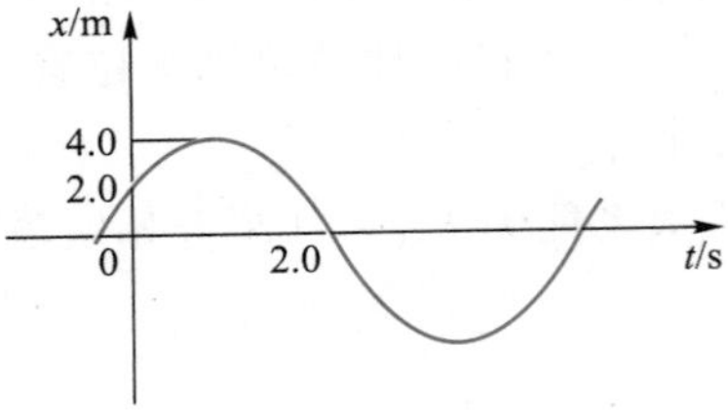

习题 9-25 图

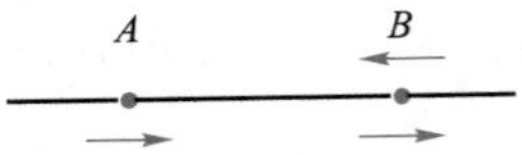

习题 9-26 图

9-27　有两个振动方向相同的简谐振动，其振动方程分别为

$$x_1=4\cos(2\pi t+\pi),\quad x_2=3\cos(2\pi t-\pi/2)\text{（}x\text{ 的单位为 cm）}$$

（1）求它们合振动的振动方程；（2）另有一同方向的简谐振动 $x_3=2\cos(2\pi t+\varphi_3)$，问当 φ_3 为何值时，x_1+x_3 的振幅为最大值？当 φ_3 为何值时，x_2+x_3 的振幅为最小值？

9-28　如果两个同方向、同频率的简谐振动的振动方程分别为 $x_1=2\cos(5\pi t+\pi/4)$ 和 $x_2=2\cos(5\pi t+2\pi/3)$，x 的单位为 cm，试求它们合振动的振动方程。

9-29　已知由两个同方向、同频率的简谐振动合成的合振动，其振幅为 20 cm，它与第一个简谐振动的相位差为 $\pi/3$，第一个简谐振动的振幅为 10 cm，试求第二个简谐振动的振动方程。

第 10 章

机械波

振动状态和振动能量在空间的传播称为波动，简称波。机械振动在弹性介质中的传播称为机械波。投石于平静的水面，水波荡漾，拨动琴弦，琴声悠扬，水面上的水波和空气中的声波都属于机械波。变化的电磁场在空间传播会形成电磁波，如无线电波、可见光波等。近代物理学研究表明，波动是一切微观粒子的基本属性之一。与微观粒子对应的波，称为物质波。虽然各种波的本质不同，也各有其特殊的性质，但所有的波动都具有一些共同的特征和相似的规律，如都具有一定的传播速度，都伴随着能量传播，在分界面上都能产生反射、折射现象，相干波相遇时都会发生干涉和衍射等现象。本章主要讨论机械波的基本规律，但许多结论对其他波也同样适用。

10.1　机械波的产生和传播

一、机械波的产生

视频：机械波的几个概念

介质内部各相邻的质元间存在弹性作用力，这样的介质称为弹性介质。当弹性介质中的一个质元在外力驱动下偏离平衡位置，由于形变，它将受到邻近质元施予的弹性回复力，在周期性外力及弹性力的作用下它会在自己的平衡位置附近产生振动，同时这个质元也给邻近质元一个反作用力，迫使邻近质元也在各自的平衡位置附近振动起来，于是振动就由近及远地传播出去。可见，产生机械波需具备两个条件：一是要有产生机械振动的物体，称之为振源或波源；二是要有能够传播机械振动的介质。介质中的所有质元都在做外力驱动下的受迫振动，即介质中的所有质元都在做与波源频率相同的振动。换言之，在波动过程中，各点处质元的振动频率相同。

二、机械波的传播

1. 横波和纵波

按质元振动的方向与波的传播方向的关系可将波分成纵波和横波两大类。振动方向和传播方向相互平行的波动称为纵波，相互垂直的波动称为横波。图 10-1 为一纵波演示实验，水平放置且一端固定的一根弹性系数较小的轻质弹簧，用手轻拍另一端，轻质弹簧将沿弹簧长度方向产生一压缩和拉长交替进行的机械波。这种波是一种疏密波，波动过程将引起介质中密度的变化，气体、液体和固体里的机械振动都能形成纵波。用手上下抖动一根一端固定的绳子可以产生横波（见图 10-2），产生横波需要切向应力，故只有固体和液体的表面才能形成横波。电磁波是横波。纵波和横波是波动传播的两种最基本的形态，对于复杂的波，如水面波，可以分解成纵波和横波分别加以研究。不管是纵波还是横波，都具有以下共同的波动特征：① 介质中的质元均仅在各自的平衡位置附近做受迫振动，质元本身并不随波逐流；② 波动是振动的传播，是振动状态的传播，是相位的传播，是振动能量的传播；③ 波动也是波形的传播，特别是对横波而言，波形非常直观，波动过程中也可清晰地见到波形的传播。

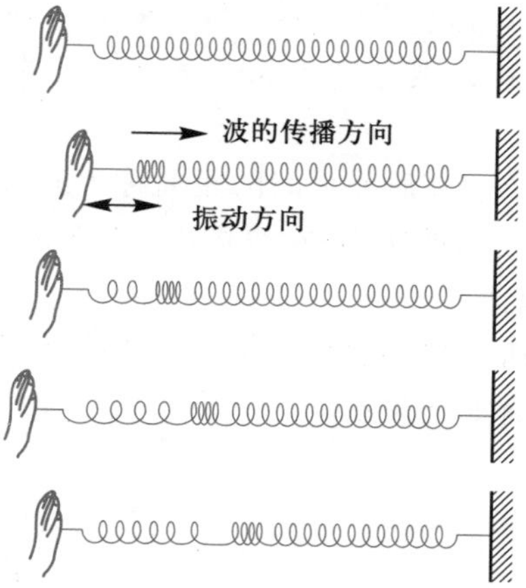

图 10-1 纵波

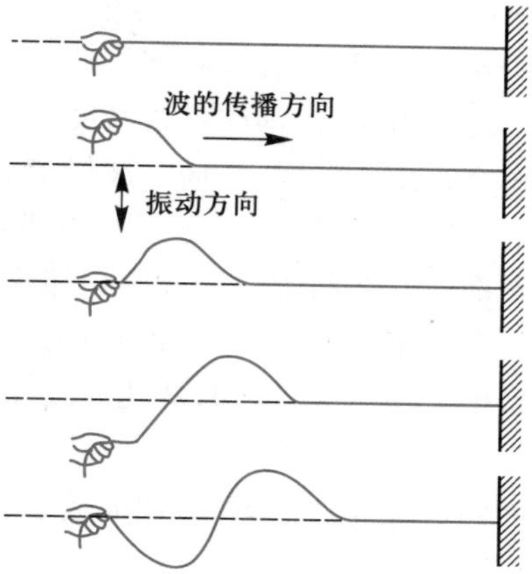

图 10-2 横波

2. 波线、波面和波阵面

波线、波面和波阵面都是为了形象地描述波在空间的传播而引入的几何概念。从波源沿各传播方向所画的带箭头的线称为波线,它表示了波的传播路径和方向。波在传播过程中,所有振动相位相同的点连成的曲面称为波面。波在传播过程中有许多波面,其中最前面的波面称为波阵面或波前。在各向同性的均匀介质中,波线与波面相互垂直。

我们可以按照波阵面的形状对波进行另一种分类。波阵面为球面的波称为球面波。点波源在各向同性的均匀介质中所形成的波是球面波,球面波的波线是相交于点波源的射线,如图 10-3(a)所示。波阵面为平面的波称为平面波,它的波线是相互平行的直线,如图 10-3(b)所示。理想的平面波是不存在的,在远离波源的地方,球面波的部分波阵面可近似看作平面波。

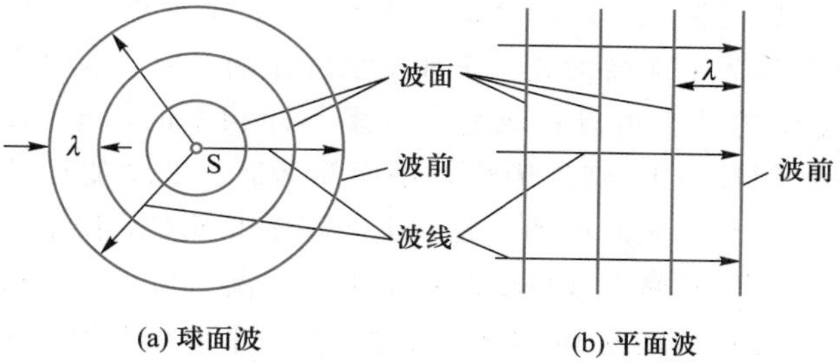

图 10-3 波阵面和波线

在二维空间中,波面退化为线,球面波的波面退化为一系列的同心圆,平面波的波面退化为一系列直线。

3. 波速、波长以及波的周期和频率

波速 u、波长 λ、波的周期 T 和频率 ν 是描述波的四个重要的代数物理量。单位时间内波传播的距离称为波速。波速是波面向前推进的速率,它完全由弹性介质的力学性质决定。固体中横波的传播速度为 $u=\sqrt{G/\rho}$,式中 G 为固体材料的切变模量,ρ 为固体材料的密度;纵波

的传播速度为 $u=\sqrt{E/\rho}$，式中 E 为固体材料的杨氏模量。在流体中，只能传播纵波，其波速为 $u=\sqrt{K/\rho}$，式中 K 为流体的体积模量。在细绳中传播的横波，其波速为 $u=\sqrt{F_{\mathrm{T}}/\rho_l}$，式中 F_{T} 为细绳中的张力，ρ_l 为其质量线密度。

在波的传播过程中，同一波线上运动状态相同的两个相邻质元之间的距离称为波长，用 λ 表示。在横波中，波长 λ 等于两相邻波峰或两相邻波谷之间的距离；在纵波中，波长 λ 等于两相邻密部中心之间的距离或两相邻疏部中心之间的距离。

一个完整的波（即一个波长的波）通过波线上某点所需要的时间，称为波的周期，用 T 表示。根据上述定义，可知，波速 u、波长 λ 和周期 T 之间有如下关系

$$\lambda=uT \tag{10-1}$$

周期的倒数称为波的频率，用 ν 表示，则有

$$\nu=1/T \tag{10-2}$$

波的频率是波动在单位时间内推进的距离中所包含完整波长的数目，或在单位时间内通过波线上某点的完整波的数目。波速 u、波长 λ 和频率 ν 之间的关系为

$$u=\nu\lambda \tag{10-3}$$

波速完全由介质决定，频率完全由波源决定，波长由两者共同决定。当波从一种介质传播到另一种介质时，频率不变，波长因波速不同而不同。在同一种介质中，波速是恒定的，所以波长完全由波的频率决定，频率越高，波长越短。

10.2　平面简谐波

视频：平面简谐波的波函数

一般机械扰动所形成的波是比较复杂的。和振动一样，波动也存在一种最简单最基本的波——平面简谐波。波源做简谐振动，介质中各质元也相继做简谐振动而形成的平面波称为平面简谐波。正如复杂的振动可以看成是由许多简谐振动的合成一样，复杂的波也可以看成是由许多不同频率的简谐波的合成。如果波阵面上各点的振幅都相等，则称为均匀平面简谐波。波动的运动学问题就是定量地描述介质中各个质元的运动。若一个波阵面上各点的振动状态完全相同，可以用一个点来代表，则整个波场中各点的振动状况就可以用一根波线上各点的振动情况来完备表示。如图 10-4 所示，设一均匀平面简谐波沿 x 轴方向无吸收地传播（振幅不变），传播速度为 u，则 x 轴就是一条波线，整个空间的波动情况可用 x 轴上各个点的振动情况来表示。令质元在 y 轴方向上振动，则质元偏离其平衡位置的位移是时刻 t 和位置 x 的（二元）函数，即 $y=y(x,t)$，它表示了 t 时刻 x 点处的质元偏离平衡位置的位移。对平面简谐波而言，波线上的每个点都在做振幅相同、频率相同的简谐振动，不同的仅仅是相位，更确切地讲是初相位不同，不同 x 处的初相位不同，即

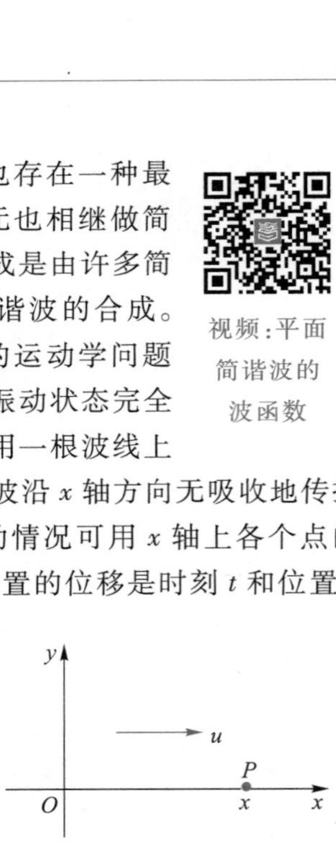

图 10-4

$$y(x,t)=A\cos\phi(x,t)=A\cos[\omega t+\varphi(x)]$$

上式称为波动方程。

波是振动状态的传播,而振动状态由振动位移和振动速度共同决定,可由振动相位唯一表示,故振动状态的传播,意味着振动相位的传播,意味着振动位移的传播。何为传播?比如某个相位 c 以速度 u 沿 x 轴正方向向前传播,于 t_1 时刻到达 x_1 处,于 t_2 时刻来到 x_2 处,则有

$$\phi(x_1,t_1)=\phi(x_2,t_2)=c$$

且有

$$u=\frac{x_2-x_1}{t_2-t_1}$$

这意味着相位关于时刻 t 和位置 x 的函数形式不是随意的,需要满足上述两个条件。满足传播条件的函数常称为传播函数。下面我们寻找满足传播条件的波动方程。

令坐标原点 O 处质元的振动方程为

$$y_O(t)=y(0,t)=A\cos(\omega t+\varphi)$$

其中 A 为振幅,ω 为圆频率,φ 为原点处质元的振动初相。首先由传播概念可得

$$y(x,t+x/u)=y(0,t)=y_O(t)$$

它表示原点 t 时刻的振动状态将于$(t+x/u)$时刻传播到 x 处。反过来,x 处 t 时刻的振动一定是原点在$(t-x/u)$时刻的振动传播过来的,即

$$y(x,t)=y(0,t-x/u)=y_O(t-x/u)=A\cos\left[\omega\left(t-\frac{x}{u}\right)+\varphi\right] \tag{10-4}$$

若 x,t 都可以改变,则上式给出了任意质元于任意时刻的位移,称为波函数,很容易验证

$$y(x,t)=y(x+u\Delta t,t+\Delta t)$$

其物理意义为:有一个振动状态(位移),t 时刻位于 x 处,在 $t+\Delta t$ 时刻来到了 $x+u\Delta t$,波函数满足传播条件。该振动的确是以速度 u 沿波线传播,实际上,所有的振动都以速度 u 沿波线传播,整个波形以速度 u 沿波线传播,这就是行波。

式(10-4)为沿 x 轴正方向传播的平面简谐波的波函数,也称为(积分形式的)波动方程。由于 $\omega=2\pi/T=2\pi\nu$ 和 $u=\lambda\nu=\lambda/T$,波函数还可以表示为以下几种形式

$$\begin{aligned}y(x,t)&=A\cos\left[2\pi\left(\frac{t}{T}-\frac{x}{\lambda}\right)+\varphi\right]\\ y(x,t)&=A\cos\left[2\pi\left(\nu t-\frac{x}{\lambda}\right)+\varphi\right]\\ y(x,t)&=A\cos\left(\omega t+\varphi-\frac{2\pi x}{\lambda}\right)\end{aligned} \tag{10-5}$$

在平面简谐波函数中,含有两个自变量 x 和 t。当 x 一定时,即对于波线上一个确定点 x_0,位移 y 是 t 的余弦函数,为 x_0 处质元的振动方程,相应画出的 $y-t$ 图像称为振动图像。当 t 一定时,即对于某一确定的时刻,位移 y 是 x 的函数,式(10-4)表示在该时刻介质中各质元的位移分布,画出的 $y-x$ 图像称为该时刻的波形图像。

我们将式(10-4)改写为

$$y(x,t)=A\cos\left(\omega t+\varphi-\frac{\omega x}{u}\right)=A\cos\left(\omega t+\varphi-\frac{2\pi x}{\lambda}\right)=A\cos\ \phi(x,t) \tag{10-6}$$

由此可知,对平面简谐波而言,波线上的任意点都在做振动方向相同、振幅相同、频率相同

的简谐振动，不同的仅仅是相位，相位是位置和时间的双线性函数，即

$$\phi(x,t)=\omega t+\varphi-\frac{\omega x}{u}=\omega t+\varphi-\frac{2\pi x}{\lambda} \tag{10-7}$$

式中的负号说明，沿着波射线方向距离波源（波源定在坐标原点处）越远的点，质元振动的相位越落后，因而表明波是沿 x 轴正方向传播的，而 φ 为坐标原点的初相。注意到波动方程式中真正随时间和位置变化的量正是相位，即

$$\phi(x,t)=\phi(x+u\Delta t,t+\Delta t) \tag{10-8}$$

真正传播的是相位。对一个特定值的相位，就是一个特定的振动状态。例如某个波动方程的相位函数 $\phi(x,t)=10\pi t-2\pi x+\pi/2$，取特定值 4π，即 $\phi(x,t)=10\pi t-2\pi x+\pi/2=4\pi$，这是某个波峰的相位方程，不同的 t 时刻它处在不同的位置 $x(t)=5t-7/4$，表明该波峰在前进，在传播。对 $\phi(x,t)=4\pi$ 两边同时微分，即得 $10\pi\mathrm{d}t-2\pi\mathrm{d}x=0$，从而有 $\mathrm{d}x/\mathrm{d}t=u_x=u=5\ \mathrm{m\cdot s^{-1}}$，表明此相位（波峰）以速度 $\boldsymbol{u}=u_x\boldsymbol{i}=5\boldsymbol{i}\ \mathrm{m\cdot s^{-1}}$ 运动，这实际上表明式（10-6）中的速度 u 严格地讲应该称为相速。

对式（10-6）求时间偏导，可得 t 时刻位于 x 处质元的振动速度

$$v(x,t)=\frac{\partial y(x,t)}{\partial t}=-\omega A\sin(\omega t+\varphi-2\pi x/\lambda)=-\omega A\sin\phi(x,t) \tag{10-9}$$

与位移一样，速度函数也仅仅是相位的函数。若一个物理量仅仅是相位的函数，则一定意味着它在传播。又由于相位处于正弦函数中，即速度在振荡。速度与位移一样，既在振动又在传播。

当波沿 x 轴负方向传播时，将式（10-4）中的 u 改为 $-u$，则相应的负号应改为正号，即

$$y(x,t)=A\cos[\omega(t+x/u)+\varphi] \tag{10-10}$$

它同样地表示沿着波线方向（x 轴的负方向），质元振动的相位依次落后，每前进一个波长 λ，相位滞后 2π。

如图 10-5 所示，一横波沿一维弦线向右传播，该弦线是唯一的一根波线。若 P 点处的振动 $y_P(t)=A\cos(\omega t+\varphi)$，则 Q 点处的振动为 $y_Q(t)=A\cos(\omega t+\varphi-2\pi r/\lambda)$。$r>0$，$Q$ 点的相位总比 P 点处的相位滞后 $2\pi r/\lambda$，其中 r 是波从 P 点运动到 Q 点处所走过的路程，即波程。用波程及相位滞后概念来讨论也十分便捷。

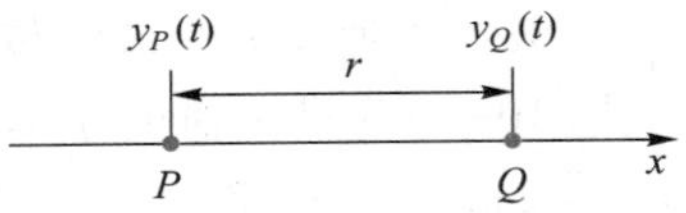

图 10-5

例 10-1 已知一平面简谐波的表达式为

$$y(x,t)=4\cos(3\pi t-0.1\pi x+\pi/2) \quad (\text{SI 单位})$$

试求：(1) 振幅、波长、周期和波速；(2) $x=10$ m 处质元的振动方程、最大速度并画出振动曲线；(3) $t=1$ s 时的位移分布函数并画出波形图；(4) $t=1$ s 时的各波峰的位置及这些波峰传播到坐标原点所需的时间。

解：(1) **解法 1** 将已知方程化成标准形式可得

$$y(x,t)=4\cos[3\pi(t-x/30)+\pi/2]$$

与标准方程式 $y(x,t)=A\cos[\omega(t-x/u)+\varphi]$ 相比较，得

$$A=4\ \mathrm{m},\quad \omega=3\pi\ \mathrm{rad/s},\quad u=30\ \mathrm{m/s},\quad T=2\pi/\omega=\frac{2}{3}\ \mathrm{s},\quad \lambda=uT=20\ \mathrm{m}$$

解法 2 （用定义求波长和波速）由原方程可知相位函数为 $\phi(x,t)=3\pi t-0.1\pi x+\pi/2$，对一特定相位有 $\phi(x,t)=3\pi t-0.1\pi x+\pi/2=c$，两边求微分即得 $3\pi\mathrm{d}t-0.1\pi\mathrm{d}x=0$，故波速为

$u=\mathrm{d}x/\mathrm{d}t=30\ \mathrm{m/s}$；若 $\phi(x_1,t)-\phi(x_2,t)=0.1\pi(x_2-x_1)=2\pi$，则 $\lambda=(x_2-x_1)=20\ \mathrm{m}$；类似地得 $T=\dfrac{2}{3}\ \mathrm{s}$。

解法 3　余弦函数以 2π 为周期，故由相位函数 $\phi(x,t)=3\pi t-0.1\pi x+\pi/2$，得

$$3\pi\Delta t=3\pi T=2\pi,\ T=\frac{2}{3}\ \mathrm{s};\quad 0.1\pi\Delta x=0.1\pi\lambda=2\pi,\ \lambda=20\ \mathrm{m}$$

由此可进一步求波速。

（2）将 $x=10$ m 代入波动方程即得该处质元的振动方程为

$$y(10,t)=4\cos(3\pi t-\pi/2)$$

对上式求导得 $v(10,t)=\mathrm{d}y(10,t)/\mathrm{d}t=-12\pi\sin(3\pi t-\pi/2)$，故最大速度为 $v_m=12\pi\ \mathrm{m/s}$。

画振动曲线：首先画出一条直线作为时间轴，在其上随意画出一条余弦曲线，如图 10-6 所示，定好某最高点 a 对应的相位为零，则其左侧与 t 轴的交点 O 点的相位为 $-\pi/2$，此是初相位置，对应起点 $t=0$，于此画出 y 轴，标好波峰对应的 y 值为 4，由此完成对纵轴的定标。随便找一个特殊点，如零相位 a 点，对应的时刻由 $3\pi t_a-\pi/2=0$ 求得 $t_a=1/6$，标识之，从而完成了对横轴的定标，即可完成该振动曲线的绘制。

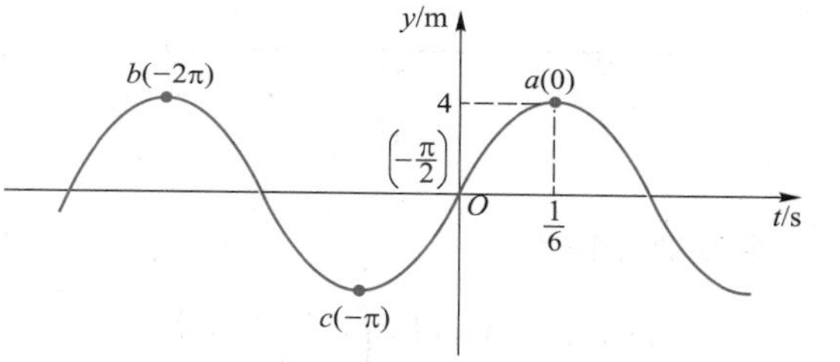

图 10-6

（3）将 $t=1$ s 代入波动方程得该时刻的位移分布函数为

$$y(x,1)=4\cos\phi(x,1)=4\cos(3\pi-0.1\pi x+\pi/2)=4\cos(4\pi-0.1\pi x-\pi/2)$$

绘制波形图：首先画出一条直线作为 x 轴，在其上随意画出一条余弦曲线，如图 10-7 所示，定好某最高点 a 对应的相位为 4π，注意到相位函数为 $\phi(x,1)=4\pi-0.1\pi x-\pi/2$ 随 x 增大而变小，则最高点 a 的右侧与 x 轴的交点相位为 $4\pi-\pi/2$，对应起点 $x=0$，于此画出 y 轴，标好波峰对应的值为 4，由此完成对纵轴的定标。找一个特殊点，如原点右侧的波峰 b 点的相位为 2π，对应的位置由 $4\pi-0.1\pi x_b-\pi/2=2\pi$ 求得为 $x_b=15$ m，标识之，从而完成了对横轴的定标，即可完成了 $t=1$ s 波形图的绘制。

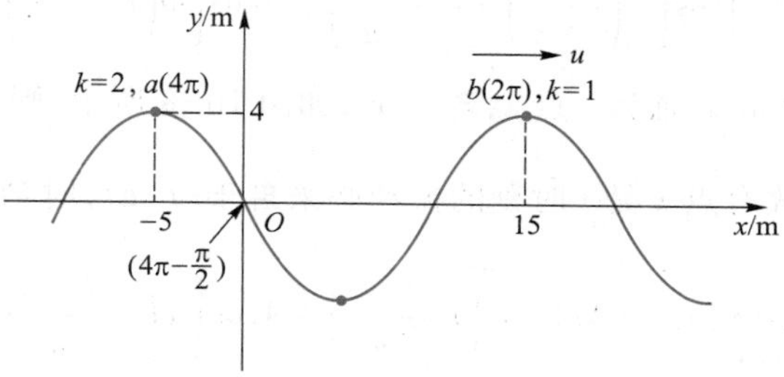

图 10-7

(4) **解法 1**　令 $t=1$ s 时的第 k 号波峰(相位值为 $2k\pi$)的位置为 x_k,则由相位函数得 x_k 满足方程 $\phi(x_k,1)=3\pi-0.1\pi x_k+\pi/2=2k\pi$,即 $x_k=35-20k$,k 为整数。令这些波峰传播到坐标原点所需的时间为 Δt_k,则它们到达坐标原点的时刻为$(1+\Delta t_k)$,即

$$\phi(0,1+\Delta t_k)=3\pi(1+\Delta t_k)+\frac{\pi}{2}=2k\pi$$

可得

$$\Delta t_k=\frac{2k}{3}-\frac{7}{6},\quad k>1$$

解法 2　由图 10-7 可知,y 轴左侧最近的波峰为 $k=2$ 的波峰,位于 $x_2=-5$ m 处,两波峰相距 20 m,故 k 号波峰的位置 $x_k=-5+(2-k)\times20=35-20k$,它们到达坐标原点所需的时间为

$$\Delta t_k=\frac{0-x_k}{u}=\frac{2k}{3}-\frac{7}{6},\quad k=2,3,\cdots$$

例 10-2　有一平面简谐波向 x 轴正方向传播,波速为 u,已知在波线 x 轴上某点 x_b 处质元的振动方程为 $y_b(t)=A\cos(\omega t+\varphi_b)$,如图 10-8 所示,试求波动方程。

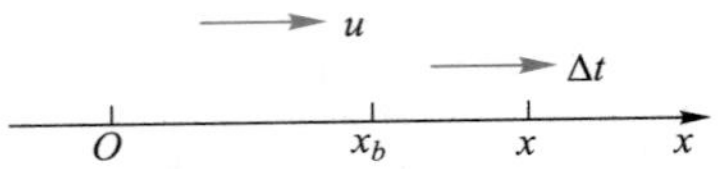

图 10-8

解:解法 1(比较法)　令波动方程为

$$y(x,t)=A\cos\left[\omega\left(t-\frac{x}{u}\right)+\varphi\right]$$

则 x_b 处质元的振动方程应为

$$y_b(t)=A\cos\left(\omega t+\varphi-\frac{\omega x_b}{u}\right)$$

与题中已知的方程比较,得 $\varphi_b=\varphi-\dfrac{\omega x_b}{u}$,即

$$\varphi=\varphi_b+\frac{\omega x_b}{u}=\varphi_b+\frac{2\pi x_b}{\lambda}$$

代入即得波动方程为

$$y(x,t)=A\cos\left[\omega\left(t-\frac{x}{u}\right)+\varphi_b+\frac{\omega x_b}{u}\right]=A\cos\left[\omega\left(t-\frac{x-x_b}{u}\right)+\varphi_b\right]$$

解法 2(传播法)　任取 x 轴上一点 x,若 $x>x_b$,如图 10-8 所示,则任意振动从点 x_b 传到点 x 所用时间为 $\Delta t=\dfrac{x-x_b}{u}$,故有点 x 处 t 时刻的振动必来自于$(t-\Delta t)$时刻点 x_b 处的振动,即

$$y(x,t)=y(x_b,t-\Delta t)=y_b\left(t-\frac{x-x_b}{u}\right)=A\cos\left[\omega\left(t-\frac{x-x_b}{u}\right)+\varphi_b\right]$$

若 $x<x_b$,则依旧可得上述波动方程,有兴趣的同学可以试做一下。

解法 3（相位滞后法） 任取 x 轴上一点 x，并设 $x>x_b$，如图 10-8 所示，则点 x 的振动相位比点 x_b 的相位滞后$\dfrac{2\pi(x-x_b)}{\lambda}=\dfrac{\omega(x-x_b)}{u}$，即

$$y(x,t)=A\cos\phi(x,t)=A\cos\left[\phi(x_b,t)-\frac{2\pi(x-x_b)}{\lambda}\right]$$

$$=A\cos\left[\omega t+\varphi_b-\frac{2\pi(x-x_b)}{\lambda}\right]=A\cos\left[\omega\left(t-\frac{x-x_b}{u}\right)+\varphi_b\right]$$

因点 x 为任意坐标，上式即波动方程。同样地，若 $x<x_b$，则依旧可得上述波动方程。

例 10-3 如图 10-9(a)所示为平面简谐波在 $t=0$ s 时的波形图，设此简谐波的频率 ν 为 50 Hz，此时图中质元 P 的运动方向向上，试求该波的波动方程。

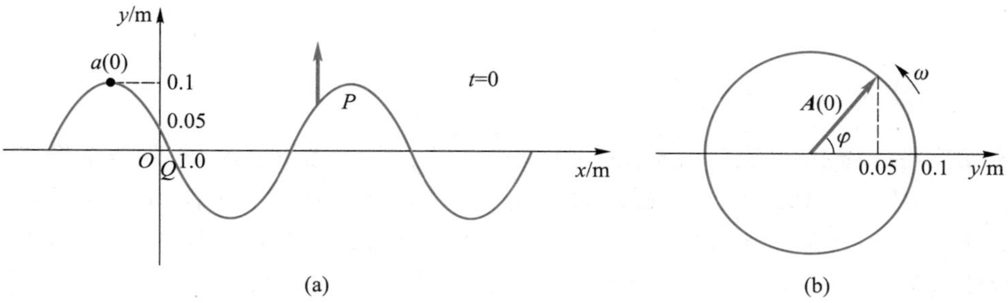

图 10-9

解：图中 P 点向上运动，因此，P 点的位移在增大，而较大的位移只能从右侧传播过来，故可知波沿 x 轴负方向传播，令波动方程为

$$y=A\cos[2\pi\nu(t+x/u)+\varphi]=0.10\cos[100\pi(t+x/u)+\varphi] \quad \text{(SI 单位)}$$

其中 φ_0 为坐标原点处的质元的振动初相。由波向左传播可判定初始时刻位于坐标原点处的质元将沿 y 轴负方向运动，即速度小于零。波的振幅 $A=0.10$ m，由旋转矢量法可得坐标原点处质元振动的参考圆，如图 10-9(b)所示，初相 $\varphi=\dfrac{\pi}{3}$。故波动方程为

$$y=0.10\cos\left[100\pi\left(t+\frac{x}{u}\right)+\frac{\pi}{3}\right] \quad \text{(SI 单位)} \qquad ①$$

由初相 $\varphi=\dfrac{\pi}{3}$，且波向左传播，相位随 x 值线性增加，故 y 轴左侧的波峰相位为 $2k\pi$，且比初相小，应为零，而点 Q 处的相位应为 $\phi=\dfrac{\pi}{2}$，即

$$\phi(1,0)=100\pi\left(0+\frac{1}{u}\right)+\frac{\pi}{3}=\frac{\pi}{2}$$

得 $u=600$ m/s，或由原点 O 和点 Q 之间的相位差可得

$$\Delta\varphi=2\pi\frac{x_Q-0}{\lambda},\quad \frac{\pi}{2}-\frac{\pi}{3}=2\pi\frac{1-0}{\lambda}$$

得 $\lambda=12\ \text{m}$，故波速 $u=\lambda\nu=12\times50\ \text{m/s}=600\ \text{m/s}$，波动方程为

$$y=0.10\cos\left[100\pi\left(t+\frac{x}{600}\right)+\frac{\pi}{3}\right]\quad(\text{SI 单位})$$

实际上，由假设的波动方程式①可知，相位随 x 线性增大，令 y 轴左侧的波峰相位为零，则 $x=1\ \text{m}$ 的点 Q 的相位为 $\frac{\pi}{2}$，而初相 φ 应满足条件 $\frac{\pi}{2}>\varphi>0$，又因为 $y(0,0)=0.10\cos\varphi=0.05$ 得 $\varphi=\frac{\pi}{3}$。如此判定初相更加方便快捷。

10.3　波的能量　能流和能流密度

一、波的能量

在波动传播过程中，波源的扰动通过弹性介质由近到远地传播出去，凡是扰动传到的地方，原先不动的质元开始振动起来，振动的各质元由于运动而具有动能，同时因介质产生形变还具有势能。所以，波动传播过程又是一种能量传播过程，这是波动过程的一个重要特征。

波源能量随波动的传播，可以用平面简谐纵波在棒中的传播为例来说明。需要注意的是，在讨论振动状态时，质元的状态用一个点的状态来表示，但在讨论质量、能量时，我们的研究对象就不能是一个点了，而是一个质元，且是能发生形变的质元。在棒中任取一段质元，如图 10-10 所示。

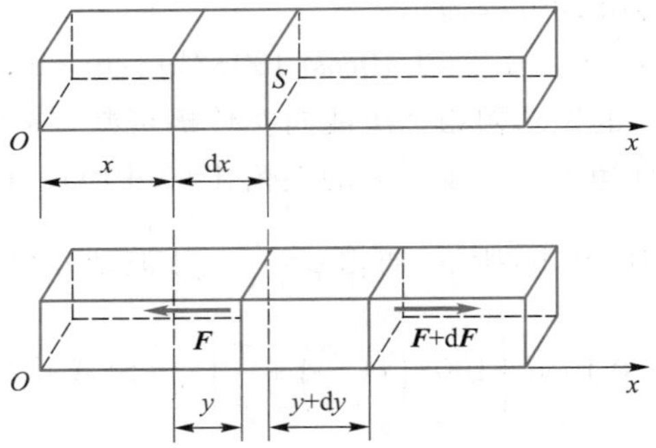

图 10-10　纵波在固体细长棒中的传播

质元体积为 $\mathrm{d}V=S\mathrm{d}x$（S 为棒的横截面积），质量为 $\mathrm{d}m=\rho\mathrm{d}V=\rho S\mathrm{d}x$（$\rho$ 为棒的体密度）。当波传到该质元时，其振动动能为

$$\mathrm{d}W_k=\frac{1}{2}(\mathrm{d}m)v^2$$

其中 v 为该质元的振动速度。设棒中传播的平面简谐波为

$$y=A\cos\omega\left(t-\frac{x}{u}\right)$$

则质元的振动速度为

$$v=\frac{\partial y}{\partial t}=-A\omega\sin\ \omega\left(t-\frac{x}{u}\right)$$

则质元的动能为

$$\mathrm{d}W_{\mathrm{k}}=\frac{1}{2}(\rho\mathrm{d}V)\left(\frac{\partial y}{\partial t}\right)^{2}=\frac{1}{2}(\rho\mathrm{d}V)A^{2}\omega^{2}\sin^{2}\omega\left(t-\frac{x}{u}\right) \tag{10-11}$$

当波传到该质元时，该质元左侧面的位置为 $x+y(x)$，右侧面的位置为

$$x+\mathrm{d}x+y(x+\mathrm{d}x)=x+\mathrm{d}x+y(x)+\frac{\partial y}{\partial x}\mathrm{d}x$$

现质元长度为 $\mathrm{d}x+\frac{\partial y}{\partial x}\mathrm{d}x$，原长度为 $\mathrm{d}x$，形变为$\frac{\partial y}{\partial x}\mathrm{d}x$，相对形变为$\frac{\partial y}{\partial x}$，则由弹性力学知识求得此质元的形变势能为

$$\mathrm{d}W_{\mathrm{p}}=\frac{1}{2}\mathrm{d}V\rho u^{2}\left(\frac{\partial y}{\partial x}\right)^{2}=\frac{1}{2}(\rho\mathrm{d}V)A^{2}\omega^{2}\sin^{2}\omega\left(t-\frac{x}{u}\right) \tag{10-12}$$

与动能表达式完全相同，即在平面简谐波中，每一质元的动能和弹性势能是同步、同量地随时间变化的。

实际上，上述结论用弦线上的横波更容易理解，如图 10-11 所示，在无波通过时，弦线上一段线元的自然长度就是水平方向上的一段 $\mathrm{d}x$，当有横波传播时，它的长度就变成了一段斜线 $\mathrm{d}s=\sqrt{(\mathrm{d}x)^{2}+(\mathrm{d}y)^{2}}=\mathrm{d}x\sqrt{1+\left(\frac{\partial y}{\partial x}\right)^{2}}$。由此可见在平衡位置处，线元形变最大，速率最大，故弹性势能最大，动能最大；而在峰谷处，线元没有形变，速率也为零，故此时弹性势能最小，动能也最小。

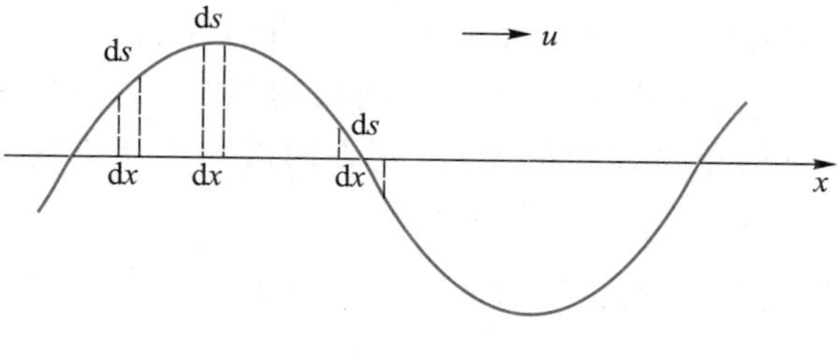

图 10-11

动能和弹性势能的确同步（相位）变化，而质元的总机械能为

$$\mathrm{d}W=\mathrm{d}W_{\mathrm{p}}+\mathrm{d}W_{\mathrm{k}}=(\rho\mathrm{d}V)A^{2}\omega^{2}\sin^{2}\omega\left(t-\frac{x}{u}\right) \tag{10-13}$$

可见，在波传播过程中，介质中质元的总能量不是常量，而是随时间作周期性变化的变量。这表明，介质中所有参与波动的质元都在不断地从波源获得能量，又不断地把能量传播出去。

在波传播过程中，介质中单位体积的波动能量称为能量密度，用 w 表示。由式（10-13）可得，在介质中 x 处 t 时刻的能量密度为

$$w=\frac{\mathrm{d}W}{\mathrm{d}V}=\rho A^{2}\omega^{2}\ \sin^{2}\ \omega\left(t-\frac{x}{u}\right)=\rho A^{2}\omega^{2}\sin^{2}\phi(x,t) \tag{10-14}$$

显然，对平面简谐波而言，介质中的能量密度随时间作周期性振荡，并随相位一同传播。其在一个周期内的平均值称为平均能量密度，用 $\bar{w}$ 表示，易得

$$\bar{w}=\int_0^T w\mathrm{d}t/T=\frac{1}{2}\rho A^2\omega^2 \tag{10-15}$$

平均能量密度与介质的密度、振幅的平方以及频率的平方成正比。这个公式虽然是从平面简谐纵波在弹性棒中传播的特例导出的，但对于所有简谐波均适用。

二、能流和能流密度

如上所述，波动传播过程是一种能量传播过程。能量在空间的传播，形成了能流场。为了描述波动过程中能量在空间传播的强弱和方向，引入能流和能流密度的概念。

单位时间内垂直通过介质中某一截面的能量称为该截面的能流，用 P 表示。如图 10-12 所示，设想在介质中取垂直于波速 u 的截面，其面积为 S，则在 $\mathrm{d}t$ 时间内通过该截面的能量应等于通过体积 $\mathrm{d}V=Su\mathrm{d}t$ 的能量，于是有

$$P(S)=\frac{w\mathrm{d}V}{\mathrm{d}t}=\frac{wSu\mathrm{d}t}{\mathrm{d}t}=wuS$$

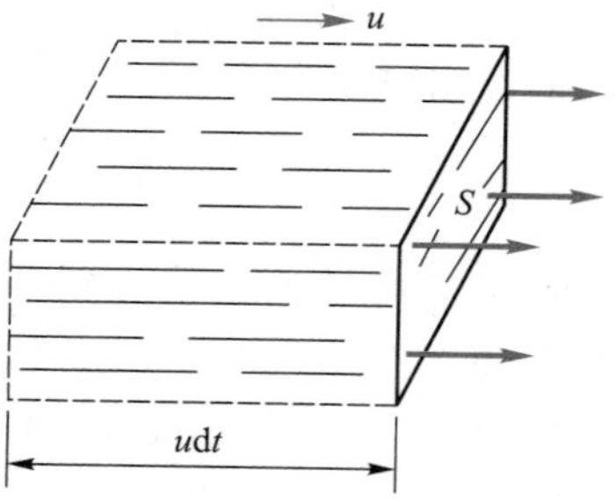

图 10-12　平面波的能流

显然 P 和 w 一样，是随时间作周期性变化的，通常取其在一个周期内的平均值，称为平均能流，用 $\bar{P}$ 表示。于是有

$$\bar{P}(S)=\bar{w}uS \tag{10-16}$$

式中 $\bar{w}$ 是平均能量密度。能流的单位为瓦特(W)，波的能流也称为波的功率。

能流表示单位时间内垂直通过介质中某一截面的能量，它取决于截面面积的大小。因此，能流不能确切反映出波动过程中能量在空间传播的强弱，同时也不能反映能量在空间传播的方向。为此，引入能流密度的概念。能流密度为一矢量，其大小等于单位时间内通过与波传播方向垂直的单位面积的能量，其方向沿波传播方向，用 $\boldsymbol{I}$ 表示。于是有

$$\boldsymbol{I}=w\boldsymbol{u}$$

通常取其在一个周期内的平均值，称为平均能流密度，称为波的强度，用 $\bar{\boldsymbol{I}}$ 表示。于是有

$$\bar{\boldsymbol{I}}=\bar{w}\boldsymbol{u}=\frac{1}{2}\rho A^2\omega^2\boldsymbol{u} \tag{10-17}$$

由此可知，平均能流密度与频率的平方以及振幅的平方成正比，单位为瓦每平方米($\mathrm{W\cdot m^{-2}}$)。

反之，有了(平均)能流密度，则任意曲面 S 上的能流为

$$P(S)=\int_S\bar{\boldsymbol{I}}\cdot\mathrm{d}\boldsymbol{S}=\int_S\bar{w}\boldsymbol{u}\cdot\mathrm{d}\boldsymbol{S}=\int_S\frac{1}{2}\rho A^2\omega^2\boldsymbol{u}\cdot\mathrm{d}\boldsymbol{S} \tag{10-18}$$

例 10-4　电视台发射电视信号的功率为 P_0，求距离电视塔 r 处的平均能流密度以及面积为 S_0 的接收天线的接收功率，设电磁波传播时无能量损失。

解：取电视塔为坐标原点的球坐标系，令半径 r 处的平均能流密度为 $\boldsymbol{I}$，因电磁波传播时无能量损失，则电视台单位时间内发射的能量(即功率 P_0)，在单位时间内一定全部通过 $S=4\pi r^2$ 的球面，而球面正好是波阵面，其上 $\boldsymbol{I}$ 的大小相等、方向与面元法向平行，即

$$P_0 = P(S) = \int_S \overline{\boldsymbol{I}} \cdot \mathrm{d}\boldsymbol{S} = \int_S \overline{I}\mathrm{d}S = \overline{I}\int_S \mathrm{d}S = \overline{I}S = \overline{I}4\pi r^2$$

则当接收天线的曲面方向与其所在处的能流密度方向相同时，则其上单位时间内流过的能量，即接收功率为

$$P(S_0) = \int_{S_0} \overline{\boldsymbol{I}} \cdot \mathrm{d}\boldsymbol{S} = \overline{I}S_0 = \frac{P_0 S_0}{4\pi r^2}$$

在均匀介质中，ρ 不变，若介质对波动能量无吸收，则平面波的波线上任意两点的平均能流密度 $\boldsymbol{I}$ 不变，注意到 ω 及 $\boldsymbol{u}$ 不变，故振幅不变。若介质对波动能量有吸收，则振幅沿着传播方向越来越小。

平均能流密度公式对球面波也适用。在均匀介质中，若介质对波动能量无吸收，取球面波波源 O 为球心的球坐标系，则半径分别为 r_1 和 r_2 的两个球面均为波阵面，能流密度矢量垂直球面，球面面积分别为 $S_1 = 4\pi r_1^2$ 和 $S_2 = 4\pi r_2^2$，设单位时间内通过这两个球面单位面积的平均能量分别为 $\overline{I}_1$ 和 $\overline{I}_2$，由于没有能量的损耗，故在单位时间内通过这两个球面的平均能量相同，即

$$\overline{I}_1 4\pi r_1^2 = \overline{I}_2 4\pi r_2^2$$

将式(10-17)代入上式后，可得

$$A_1/A_2 = r_2/r_1$$

即球面波的振幅与波源的距离成反比，故球面简谐波的波函数可表示为

$$y = \frac{A}{r}\cos\omega\left(t - \frac{r}{u}\right)$$

式中 A 为一常量，可根据某一波面上的振幅和该球面的半径来确定。由此可见，对球面波而言，随着波的传播，波的强度在变小，波的振幅在变小，信号越来越弱，但相位的形式不变，相位在真实地传播着，信号中的各种信息随着相位传播，并不会随距离的增大而消亡，若要再现各种信息则需要敏感的接收装置并将信号不失真地放大。

10.4 惠更斯原理 波的反射、折射和衍射

一、惠更斯原理

在波动中，波源的扰动是通过介质中的质元依次传播出去的，因此波动中的每个质元都可以看作新的波源。如图 10-13 所示，在演示波动现象的水波盘中放一个中间开有小孔的隔板，从左方传来的水面波不论是平面波［图 10-13(a)］，还是圆形波［图 10-13(b)］，穿过小孔 O 后，在隔板右方都出现以 O 为中心的圆形波，O 处扰动等效于波源作用。

荷兰物理学家惠更斯在总结这类现象的基础上，于 1679 年提出：介质中任一波阵面上的各点，都可以看作是发射子波的波源，其后任一时刻，这些子波的包络面就是该时刻的波阵面。这一结论被人们称为惠更斯原理。

文档：惠更斯

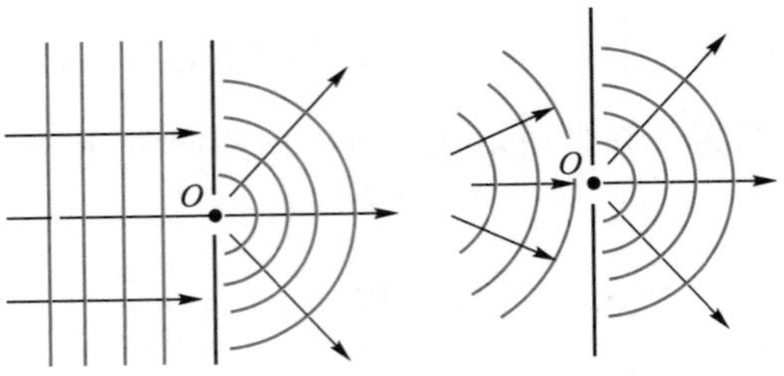

图 10-13　隔板的小孔成为新的波源

对任何波动过程，不论是机械波还是电磁波，不论其传播波动的介质是均匀的还是非均匀的，惠更斯原理都具有普适性。根据惠更斯原理，只要知道某一时刻的波阵面，就可以用几何作图法确定下一时刻的波阵面，它在相当大的程度上解决了波的传播方向问题。

如图 10-14(a)所示，以 O 为中心的球面波以速度 u 在各向同性的介质中传播，在 t 时刻的波阵面是半径为 R_1 的球面 S_1，根据惠更斯原理，S_1 上的各点都可以看成是发射子波的波源。以 S_1 上各点为中心，以 $r=u\Delta t$ 为半径画出许多半球形的子波，这些子波的包络面 S_2，就是 $t+\Delta t$ 时刻新的波阵面。显然，S_2 是以 O 为中心，以 $R_2=R_1+u\Delta t$ 为半径的球面。

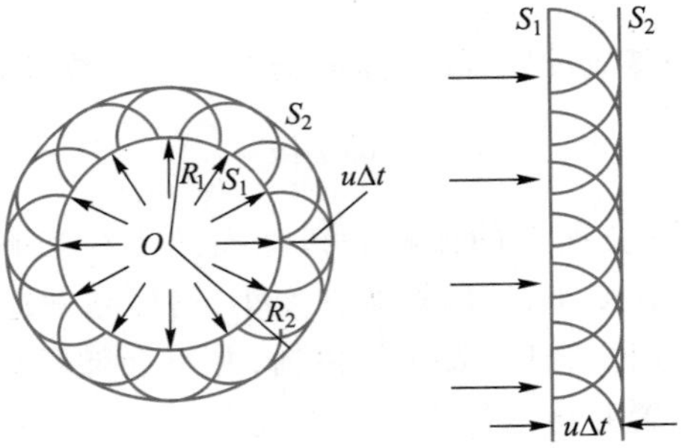

图 10-14　用惠更斯原理作图法求波阵面

同理，若已知平面波在 t 时刻的波阵面 S_1，根据惠更斯原理，应用同样的方法，也可以画出 $t+\Delta t$ 时刻新的波阵面 S_2，如图 10-14(b)所示。

需要注意的是，只有当波动在均匀的各向同性的介质中传播时，应用惠更斯原理作图法求出的波阵面的几何形状才是保持不变的。当波在不均匀介质或各向异性的介质中传播时，同样可以应用惠更斯原理作图法求出波阵面，不过波阵面的几何形状和波的传播方向都可能发生变化。

二、波的反射、折射和衍射

波动从一种介质传播到另一种介质时，在两种介质的分界面上，传播方向要发生变化，会产生反射和折射现象，利用惠更斯原理可以导出如下的反射定律和折射定律。

反射定律：在各向同性的介质中，反射波线和入射波线与入射点处的法线在同一平面中，且它们与反射点处的法线之间的夹角相等，即反射角 α 等于入射角 i，如图 10-15 所示。

折射定律：在各向同性的介质中，折射波线和入射波线与入射点处的法线在同一平面中，它们与折射点处的法线之间的夹角分别称为折射角 γ 和入射角 i，它们满足公式 $\dfrac{\sin i}{u_1}=\dfrac{\sin\gamma}{u_2}$，如图 10-15 所示。

波的折射定律和反射定律给出了波在不同介质界面上传播方向之间的关系，反映了波传播的普遍性质。实际上，波在界面上反射和折射时，入射波与反射波在反射点还会有不同的相位。对机械波而言，介质的密度 ρ 和波速 u 的乘积称为波阻，波阻较大的介质称为波密介质，波阻较小的介质称为波疏介质，实验和理论都证明，当机械波从波疏介质垂直入射到两种介质的界面而发生反射时，反射波在入射点的相位与入射波在该点的相位有一个相位差 π，相当于半个波长的波程差，通常称为半波损失。当机械波从波密介质入射到两种介质的界面而发生反射时，反射波在入射点的相位与入射波在该点的相位相同，无半波损失。对于折射波，无论从哪种介质入射，折射波在入射点的相位都与入射波相同。

波在传播过程中遇到障碍物时，能够绕过障碍物的边缘继续传播的现象，称为波的衍射。

利用惠更斯原理能够定性地说明衍射现象。如图 10-16 所示，当一平面波到达一宽度与波长相近的缝时，缝上各点都可看作发射子波的波源，作出这些子波的包络面，就得出新的波阵面。很明显，此时的波阵面已不再是平面，在靠近边缘处，波阵面弯曲，这说明波能绕过缝的边缘继续传播。

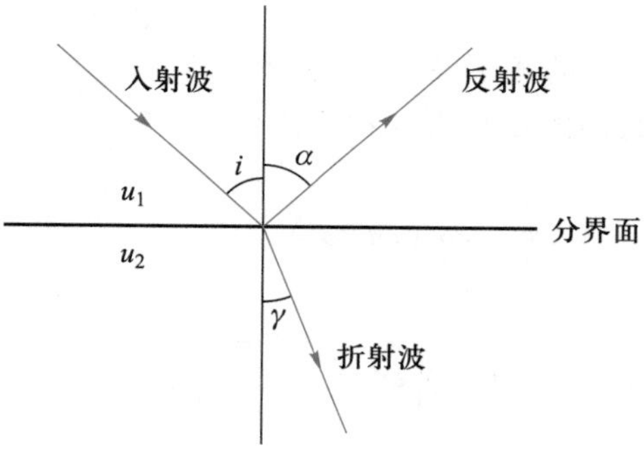

图 10-15

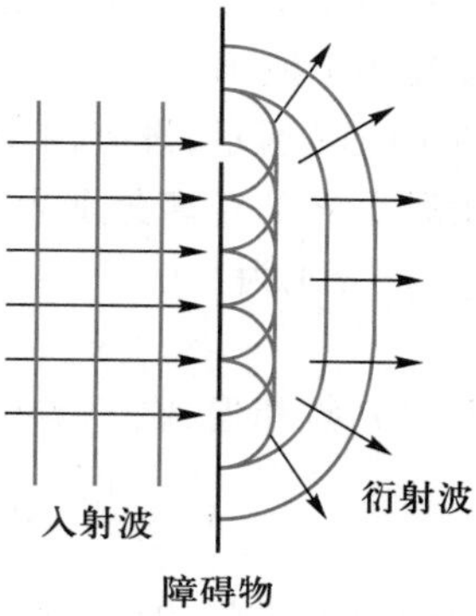

图 10-16 波的衍射

衍射现象是否显著，实际上取决于缝的宽度与波长之比。若缝的宽度远大于波长，则波动经过缝后，波阵面的宽度几乎与缝的宽度相等，波阵面的两端几乎没有边缘弯曲部分，衍射现象不明显；若缝的宽度小于波长，则波动经过缝后，波阵面几乎是圆形的，衍射现象很明显。但惠更斯原理并不能很好地说明上述现象，1818 年，法国物理学家菲涅耳用“子波相干叠加”思想发展了惠更斯原理，很好地说明了上述现象，为衍射理论奠定了理论基础。

视频：波的衍射与干涉

10.5　波的干涉　驻波

一、波的干涉

1. 波的叠加原理

大量实验事实表明，若有几列波同时在介质中传播，不管它们是否相遇，它们都能各自以原有的振幅、波长、频率和振动方向独立传播，彼此互不影响，这一结论称为波的独立传播原理。例如，在平静的水面上，观察两处投石激起的两列波纹，它们在水面上相遇交叉穿过后，各自仍以原波源为中心继续传播；管弦乐队合奏或几个人同时讲话时，空气中同时传播着许多声波，但我们仍能辨别出各种乐器的音调或各个人的声音。根据波传播的独立性原理可以得出：在几列波相遇的区域内，任一质元的位移，为各个波在该点产生位移的矢量和，这一结论称为波的叠加原理。

2. 波的干涉

两列波在介质中传播且相遇时，相遇处质元的位移等于两列波引起的位移的矢量和。由两列振动方向、频率、相位不相同的波在相遇处引起的合振动往往是很复杂的，但是如果这两列波满足一定的条件，则在相遇处各点的合振动能保持恒定的振幅，而不同位置处各点以大小不同的合振幅振动，这种现象称为波的干涉。

能够形成波的干涉的两列波必须满足下面的条件：第一，两列波具有相同的振动方向，第二，两列波具有相同的频率，第三，两列波在空间任一点引起的分振动都具有固定的相位差。这些条件称为相干条件，能形成干涉的两列波称为相干波，产生相干波的波源称为相干波源。

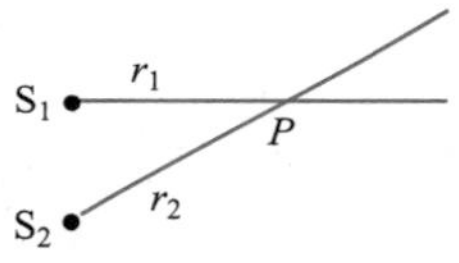

图 10-17

如图 10-17 所示，设有两个以相同频率振动的相干波源 S_1 和 S_2，它们到相遇点 P 的距离分别为 r_1 和 r_2，由于它们的振动方向都垂直纸面，振动方程分别为

$$y_{10}=A_{10}\cos(\omega t+\varphi_1),\quad y_{20}=A_{20}\cos(\omega t+\varphi_2)$$

它们在 P 点相遇，在 P 点引起的振动分别为

$$y_{1P}=A_1\cos\left(\omega t+\varphi_1-\frac{2\pi r_1}{\lambda}\right),\quad y_{2P}=A_2\cos\left(\omega t+\varphi_2-\frac{2\pi r_2}{\lambda}\right)$$

两列波在 P 点的相位差为

$$\Delta\phi=\varphi_2-\varphi_1-\left(2\pi\frac{r_2-r_1}{\lambda}\right) \tag{10-19}$$

随 P 点的位置而变化。由振动的旋转矢量法可求出 P 点处质元的合振动为

$$y=y_1+y_2=\boldsymbol{A}_1\cdot\boldsymbol{j}+\boldsymbol{A}_2\cdot\boldsymbol{j}=(\boldsymbol{A}_1+\boldsymbol{A}_2)\cdot\boldsymbol{j}=\boldsymbol{A}\cdot\boldsymbol{j}=A\cos(\omega t+\varphi) \tag{10-20}$$

式中

$$A=|\boldsymbol{A}|=|\boldsymbol{A}_1+\boldsymbol{A}_2|=\sqrt{A_1^2+A_2^2+2A_1A_2\cos\Delta\phi} \tag{10-21}$$

上式表明，合振动的振幅由两列波传播到 P 点的振幅 A_1 和 A_2 以及相位差 $\Delta\phi$ 决定，通常把式中的 $2A_1A_2\cos\Delta\phi$ 称为干涉项，它决定了各处合振幅的大小，并反映干涉的结果。

现在讨论在波干涉区域内，各点的合振幅的大小分布情况。干涉项的大小、正负决定了合振动的振幅分布，在满足

$$\Delta\phi=\pm 2k\pi,\quad k=0,1,2,\cdots \tag{10-22}$$

的空间各点，合振幅最大，其值为 $A=A_1+A_2$，称为相长干涉或干涉相长；而在满足

$$\Delta\phi=\pm(2k+1)\pi,\quad k=0,1,2,\cdots \tag{10-23}$$

的空间各点，合振幅最小，其值为 $A=|A_1-A_2|$，称为相消干涉或干涉相消。干涉的结果使空间的某些点振动始终加强，而另一些点的振动始终减弱。

由式(10-19)可知，$\Delta\phi$ 取决于两个因素，一者是波源初相差$(\varphi_2-\varphi_1)$，另一个是波从两波源到 P 点的传播路程差，称为波程差，用 $\Delta r=r_1-r_2$ 表示。则若 $\varphi_1=\varphi_2$，有

$$\Delta\phi=\frac{2\pi}{\lambda}(r_1-r_2)=\frac{2\pi}{\lambda}\Delta r \tag{10-24}$$

即由波程差引起的相位差等于波程差乘以$\frac{2\pi}{\lambda}$。因此式(10-22)和式(10-23)又可表示为，当

$$\Delta r=r_1-r_2=\pm k\lambda,\quad k=0,1,2,\cdots \tag{10-25}$$

即波程差等于零或波长的整数倍处，干涉相长；而当

$$\Delta r=r_1-r_2=\pm(2k+1)\frac{\lambda}{2},\quad k=0,1,2,\cdots \tag{10-26}$$

即波程差等于半波长的整数倍处，干涉相消。

如图 10-18 所示为两初相相同的相干波源 S_1、S_2 在水面上产生的干涉图样。从图中可以看到水面上各处的振动情况不同，有的地方合振动较强，有的地方合振动较弱。用上面的理论很容易说明图中现象。因为 S_1、S_2 为同相波源，所以水面上任一点 P 的合振幅完全由波程差 Δr 决定，凡是波程差为波长整数倍的地方，就是合振幅最大的地方；凡是波程差为半波长整数倍的地方，就是合振幅最小的地方。干涉现象是波动的重要特征现象。

图 10-18　水面波的干涉现象

二、驻波

当两列振幅相同的相干波，在同一直线上沿相反方向传播时，叠加后的波是一种波形不随时间传播的波，这种波称为驻波，它是一种特殊的干涉现象。设有两列简谐波，分别沿 x 轴正方向和负方向传播，它们的表达式为

$$y_1=A\cos\left[\left(\omega t-\frac{2\pi x}{\lambda}\right)+\varphi_1\right],\quad y_2=A\cos\left[\left(\omega t+\frac{2\pi x}{\lambda}\right)+\varphi_2\right]$$

两列波相遇后合位移为

$$y(x,t)=y_1+y_2=2A\cos\left(\frac{2\pi}{\lambda}x+\frac{\varphi_2-\varphi_1}{2}\right)\cos\left(\omega t+\frac{\varphi_2+\varphi_1}{2}\right) \tag{10-27}$$

此式即为驻波的表达式。将它分离为两个一元函数的乘积 $y(x,t)=g(x)f(t)$，不再是 $t-x/u$ 的函数，波形不具有传播的能力。$f(t)=\cos[\omega t+(\varphi_2+\varphi_1)/2]$ 表明各质元在随时间做简谐振动，而 $g(x)=2A\cos[2\pi x/\lambda+(\varphi_2-\varphi_1)/2]$ 的绝对值可看成是 x 处质元做简谐振动的振幅，它表明各点的振幅与 x 有关，且随 x 作周期性变化，当

$$\frac{2\pi}{\lambda}x_k+\frac{\varphi_2-\varphi_1}{2}=k\pi,\quad k=0,\pm1,\pm2,\cdots \tag{10-28}$$

时，各 x_k 点的振幅是 $2A$，即振幅最大。从干涉的角度讲，它们就是两列波的干涉相长点，称为驻波的波腹；而当

$$\frac{2\pi}{\lambda}x_k+\frac{\varphi_2-\varphi_1}{2}=(2k+1)\frac{\pi}{2},\quad k=0,\pm1,\pm2,\cdots \tag{10-29}$$

时，这些 x_k 点的振幅为零，从干涉的角度讲，它们为两列波的干涉相消点，称为驻波的波节。由式(10-26)和式(10-27)两边差分可得 $\Delta x=\Delta k\lambda/2$，即相邻($\Delta k=1$)的两波腹(节)之间的距离均为半个波长。该结论为我们提供了一种测定波长的方法。

驻波也可以用实验来演示。如图 10-19 所示，水平细绳 AP 的一端挂一砝码，使绳中有一定的张力，调节刀口 B 的位置，当音叉振动时就会在细绳上出现驻波。这一驻波是由音叉在绳中激发的自左向右传播的入射波和在 B 点反射后出现的自右向左传播的反射波叠加而成的。但由于视觉暂留的作用，我们只能看到驻波的轮廓。反射点 B 处的细绳是固定不动的，常称为固定端，只能为波节，也就是说，入射波和反射波在 B 点的相位差为 π，对由入射波和反射波构成的折线状的波线而言，相位在反射点 B 处(反折点)前后不再连续变化，而是有一个 π 的突变，按波程来说，突然之间有一个半波长的波程损失，称为半波损失。当波在自由端反射时，反射点没有半波损失，入射波和反射波在反射点的相位差为 0，两者干涉相长，即自由端一定为波腹。

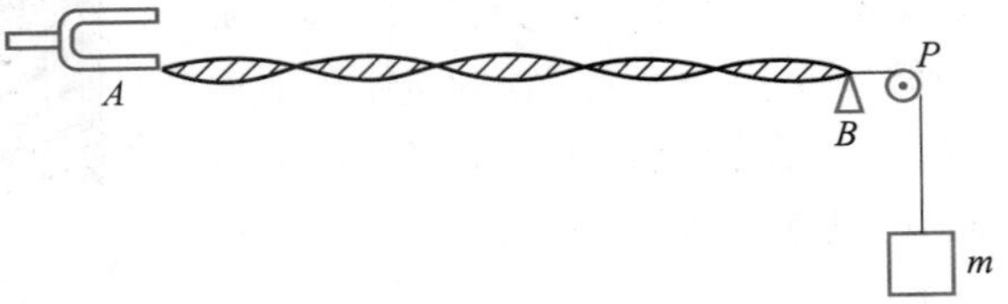

图 10-19　驻波实验

由驻波的表达式(10-25)可以看出，驻波中各质元的确在振动，由于振幅为 $|g(x)|$，故振动相位并非均为 $\omega t+\dfrac{\varphi_2+\varphi_1}{2}$，当 $g(x)$ 为负时需将负号转移到相位中，此时 x 点的相位是 $\omega t+\dfrac{\varphi_2+\varphi_1}{2}+\pi$。故相邻两个波节之间的各点组成一段，同一段上各质元的振动同相，而相邻两段中各质元的振动反相。驻波实际上就是分段振动现象。在驻波中，没有振动状态或相位的传播，也没有能量的传播，因此称这种特殊的干涉叠加而形成的振动状态为驻波。

例 10-5　长为 L 的弦线，拉紧后将两端固定，拨动弦线使其振动，形成的波沿弦线传播且

在固定端反射，最终形成驻波。已知波速为 u，证明弦线只能做频率为 $\nu_n=nu/2L$ 的振动。

证：弦线形成驻波，两固定端为波节，又因相邻两波节之间的距离总为 $\lambda/2$，故绳长只能是半波长的整数倍，即 $L=n\lambda_n/2$，即波长是离散的，只能为 $\lambda_n=2L/n$，则频率也只能为

$$\nu_n=u/\lambda_n=nu/2L$$

当 $n=1$ 时，称为基频，当 $n=2,3,\cdots$时，称为倍频，各次谐频。

例 10-6 一沿 x 轴正方向传播的入射波，其波函数为 $y_1=A\cos2\pi(\nu t-x/\lambda)$，在 $x=D$ 处反射，反射点为自由端，如图 10-20 所示，求：(1) 反射波的波函数；(2) 合成驻波的波函数；(3) 各波节的位置。

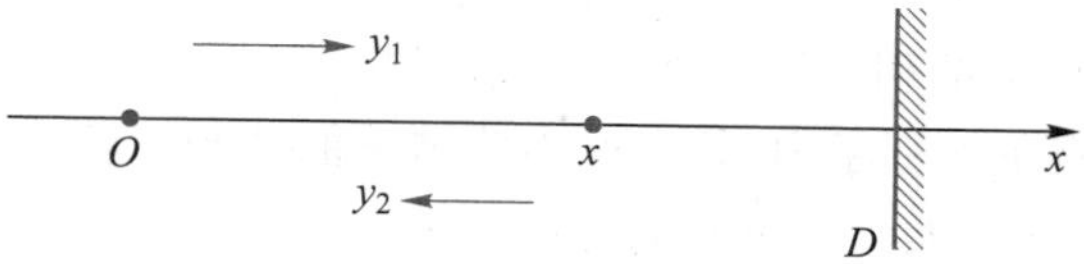

图 10-20

解：(1) **解法 1** (反射点相位比较法)因反射波沿 x 轴负方向传播，令其波函数为

$$y_2=A\cos[2\pi(\nu t+x/\lambda)+\varphi]$$

在反射点，入射波和反射波的相位差为 0，分别将两个相位函数代入即得

$$0=2\pi(\nu t-D/\lambda)-[2\pi(\nu t+D/\lambda)+\varphi]$$

求得 $\varphi=-4\pi D/\lambda$，代入即得反射波方程为

$$y_2=A\cos\left[2\pi\left(\nu t+\frac{x}{\lambda}\right)-4\pi\frac{D}{\lambda}\right]$$

解法 2 (相位滞后法)因反射波沿 x 轴负方向传播，令其波函数为

$$y_2=A\cos\left[2\pi\left(\nu t+\frac{x}{\lambda}\right)+\varphi\right]$$

其中 φ 为反射波在坐标原点的初相，，振动从入射波的坐标原点传播到反射波在坐标原点的波程为 $2D$，故反射波在坐标原点的初相比入射波在原点的初相滞后

$$\varphi-0=-2\pi\cdot2\frac{D}{\lambda}$$

代入即得结果。

解法 3 (传播法)反射波来自入射波的反射和传播，令反射波的波函数为 $y_2(x,t)$，振动从坐标原点经反射后到达坐标 x 处所用时间为 $\Delta t=(2D-x)/u$，故有

$$y_2(x,t)=y_1(0,t-\Delta t)=A\cos 2\pi[\nu(t-\Delta t)-0/\lambda]=A\cos[2\pi(\nu t+x/\lambda)-4\pi D/\lambda]$$

(2) 将入射波和反射波的波函数相加，即得合成驻波的波函数为

$$\begin{aligned}y(x,t)&=y_2+y_1=A\cos 2\pi(\nu t-x/\lambda)+A\cos[2\pi(\nu t+x/\lambda)-4\pi D/\lambda]\\&=2A\cos[2\pi(x/\lambda-D/\lambda)]\cos 2\pi(\nu t-D/\lambda)\end{aligned}$$

(3) 由上式可得波节处：$2\pi(x_k/\lambda-D/\lambda)=(2k+1)\pi/2$，干涉区域在反射点的左侧，则得

$$x_k=D+(2k+1)\lambda/4,\quad k<0$$

实际上，反射点为波腹，波节与波腹相差 $\lambda/4$，各波节间相差 $\lambda/2$，可得上述结果。

习题

选择题

10-1　在三维空间直角坐标系中，若一平面简谐波的波动方程为 $\boldsymbol{r}=A\cos(at+bz+c)\boldsymbol{j}$，式中 A、a、b、c 为正值常量。则下列推论不正确的是(　　)。

A. 质元振动方向在 y 轴上

B. 振动沿 z 轴正方向传播

C. 振动沿 z 轴负方向传播

D. 任意时刻各质元振动的相位随 z 值的增大而增大

10-2　在三维空间直角坐标系中，若一平面简谐波的波动方程为 $\boldsymbol{r}=A\cos(at+bz+c)\boldsymbol{j}$，式中 A、a、b、c 为正值常量。则下列推论不正确的是(　　)。

A. 波长为 $2\pi/b$　　B. 角频率为 a

C. 波速绝对值为 a/b　　D. 周期为 $1/a$

10-3　一横波以速度 u 沿 x 轴负方向传播，t 时刻波形曲线如图所示，则该时刻(　　)。

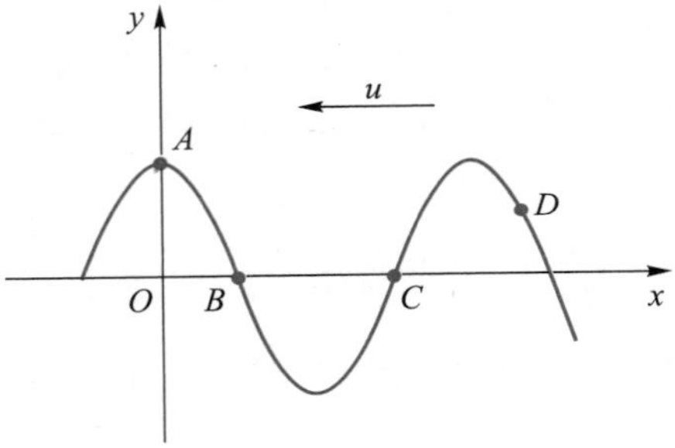

习题 10-3 图

A. A 点相位为 π　　B. B 点静止不动

C. C 点相位为 $3\pi/2$　　D. D 点向上运动

10-4　一平面简谐波的波动方程为 $y=-0.5\sin\pi(t-2x)$（SI 单位），则此波动的频率、波速及 $x=0.5$ m 处质元的振动初相依次为(　　)。

A. $\dfrac{1}{2},\dfrac{1}{2},-\dfrac{\pi}{2}$　　B. $\dfrac{1}{2},2,-\dfrac{\pi}{2}$

C. $\dfrac{1}{2},\dfrac{1}{2},\dfrac{\pi}{2}$　　D. $\dfrac{1}{2},\dfrac{1}{2},-\dfrac{3\pi}{2}$

10-5　已知一平面简谐波的波动方程为 $y=2\cos[\pi(0.5t-0.02x+0.5)]$，式中 x、y 均以 cm 计。则在波线 x 轴上，离点 $x=10$ cm 质元最近，且与其振动相位相反的点的坐标为(　　)。

A. 110 cm　　B. 60 cm

C. −90 cm　　D. 40 cm

10-6　平面简谐机械波在弹性介质中传播时,在传播方向上某介质质元在负的最大位移处,则它的能量是(　　)。

A. 动能为零,势能最大　　B. 动能为零,势能为零

C. 动能最大,势能最大　　D. 动能最大,势能为零

10-7　一平面简谐波在介质中传播,在介质质元从平衡位置运动到最大位移处的过程中(　　)。

A. 它的势能转化为动能

B. 它的动能转化为势能

C. 它从相邻的一段介质质元中获得能量,其能量逐渐增大

D. 它把自己的能量传给相邻的一介质质元,其能量逐渐减小

10-8　在驻波中,两个相邻波节间各质元的振动(　　)。

A. 振幅相同,相位相同　　B. 振幅不同,相位相同

C. 振幅相同,相位不同　　D. 振幅不同,相位不同

10-9　两端固定的一根弦线,长为 L,受外力作用后开始振动,并最终形成了一个有两个波腹的波,若该振动的频率为 ν,则此振动传播的速度是(　　)。

A. $3L\nu/2$　　B. $2L\nu/3$

C. $2L\nu$　　D. $L\nu/2$

10-10　已知在某一介质中两列相干的平面简谐波的强度之比是 $I_1/I_2=9$,则这两列波的振幅之比 A_1/A_2 是(　　)。

A. 3　　B. 9

C. 81　　D. 1/3

10-11　假定汽笛发出的声音频率由 400 Hz 增加到 800 Hz,而波的振幅保持不变,则后者对前者的声波强度比为(　　)。

A. 1 : 2　　B. 2 : 1

C. 1 : 4　　D. 4 : 1

10-12　人耳能分辨同时传来的不同声音,这是由于(　　)。

A. 波的反射和折射　　B. 波的干涉

C. 波的独立传播特性　　D. 波的强度不同

10-13　两列波在空间 P 点相遇,若观察到 P 点合振动的振幅始终等于两列波的振幅之和,则这两列波(　　)。

A. 一定是相干波　　B. 不一定是相干波

C. 一定不是相干波　　D. 相干后能形成驻波

10-14　有两列波在空间某点 P 相遇,若某时刻观察到 P 点合振动的振幅等于两列波的振幅之和,由此可以判定这两列波(　　)。

A. 一定是相干波　　B. 相干后能形成驻波

C. 一定不是相干波　　D. 不一定是相干波

填空题

10-15　在三维空间直角坐标系中,若一平面简谐波的波动方程为 $y=A\cos(at+bz)$,式中

A、a、b 均为正值常量。则由此可知质点振动在________上,振动状态沿________方向传播,波长为________,频率为________,波速大小为______。

10-16　已知一平面简谐波的方程为 $y=A\cos[2\pi(\nu t-x/\lambda)+\pi/3]$,则在 $t=1/\nu$ 时刻,$x_1=\lambda/4$ 处介质质元振动的速度为________。

10-17　如图所示,一平面简谐波沿 Ox 轴正方向传播,波长为 λ,若 P_1 处质元的振动方程为 $y_1=A\cos(2\pi\nu t+\varphi)$,则 P_2 处质元的振动方程为________,与 P_1 处质元振动状态始终相反的那些点的位置是__________。

10-18　如图所示,S_1 和 S_2 为两振动源,它们的振动分别沿 r_1 和 r_2 传播,并在点 P 处相遇,若两波能在 P 点相干叠加,则两振动源质点的振动方向必须______________。

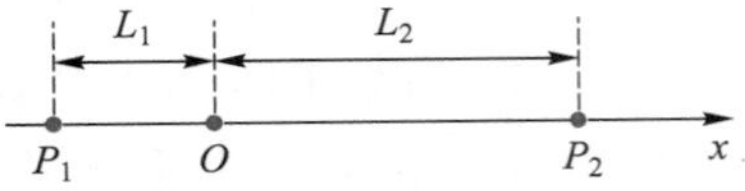

习题 10-17 图

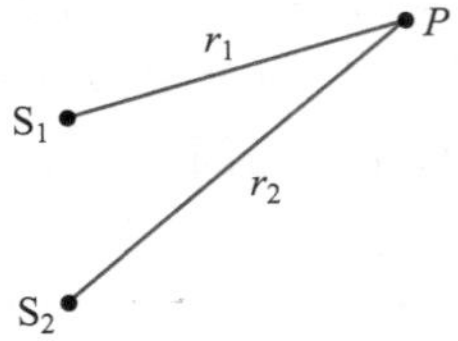

习题 10-18 图

10-19　在上题中,若波源 S_1 的振动方程为 $y_1=A_1\cos 4\pi t$,S_2 的振动方程为 $y_2=A_2\cos(4\pi t+\pi)$(SI 单位),$r_1=0.40\ \mathrm{m}$,$r_2=0.50\ \mathrm{m}$,波速均为 $u=0.20\ \mathrm{m\cdot s^{-1}}$。则两波在 P 点的相位差为__________.

10-20　已知波线上的两点 A、B 相距 2 m,B 点的振动比 A 点的振动滞后 0.1 s、相位落后 45°,则此波的波速为______。

10-21　已知一平面简谐波沿 x 轴正方向传播,振动周期 $T=0.2$ s,波长 $\lambda=20$ m,振幅 $A=0.15$ m,当 $t=0$ 时波源振动的位移恰好为负的最大值。若波源处为原点,则沿波传播方向距离波源为 $\lambda/2$ 处的振动方程为______。当 $t=T/2$ 时,$x=\lambda/4$ 处质元的振动速度为______。

10-22　已知一入射波的波动方程为 $y=5\cos(2\pi t+\pi x)$(SI 单位),在坐标原点 $x=0$ 处发生反射,反射端为一自由端。则对于 $x=0$ 和 $x=1$ m 的两振动点来说,它们的相位差为________。

10-23　有一哨子,其空气柱两端是打开的,基频为 3 000 Hz,由此可知,此哨子的长度约为________。

10-24　一个点波源位于 O 点,以 O 为圆心作两个同心球面,它们的半径分别为 R_1 和 R_2。在两个球面上分别取相等的面积 ΔS_1 和 ΔS_2,则通过它们的平均能流之比 $\overline{P}_1/\overline{P}_2=$________。

计算题

10-25　已知一平面简谐波的方程为 $y=A\cos[\pi(4t+2x+1/3)]$(SI 单位)。(1) 求该波的波长 λ,频率 ν 和波(相)速度方向和大小;(2) 求出 $t=2.5$ s 时刻各波峰的位置坐标表达式,以及它们各自通过坐标原点的时间。

10-26　一简谐波沿 Ox 轴正方向传播,振动周期 $T=4$ s,波长 $\lambda=12$ m,振幅 $A=0.1$ m,当 $t=0$ 时,坐标原点处的质元振动位移恰好为负方向的最大值,求:(1) 此波的波函数;(2) $t_1=1$ s 时介质中各质元的位移分布情况并画出此时刻的波形图像;(3) $x_1=2$ m 处质元的振动方程并画出振动曲线图。

10-27 一列平面简谐波在介质中以波速 $u=4\ \mathrm{m\cdot s^{-1}}$ 沿 x 轴正方向传播，原点 O 处质元的振动曲线如图所示。求：(1) $x=20$ m 处质元的振动方程及振动曲线；(2) $t=1$ s 时的波形方程及波形图。

10-28 如图所示为一平面简谐波在 $t=0$ 时刻的波形图，设此简谐波的频率为 200 Hz，且此时质点 P 的运动方向向下，求：(1) 该波的波动方程；(2) $x=100$ m 处质元的振动方程与振动速度表达式。

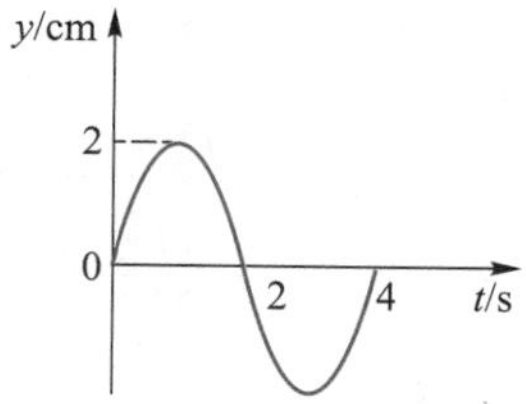

习题 10-27 图

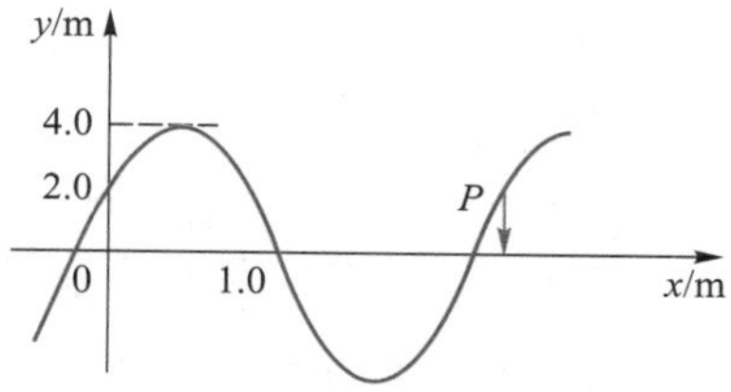

习题 10-28 图

10-29 已知一平面简谐波沿 x 轴正方向传播，传播速度为 u，在 x_0 处的振动方程为 $y(x_0,t)=A\cos[\pi(4t+0.25)]$ (SI 单位)，试求 $3x_0$ 处的振动方程及简谐波的波动方程。

10-30 有一平面简谐波沿 x 轴负方向传播，$t=1$ s 时的波形如图所示，已知波速为 $u=2\ \mathrm{m\cdot s^{-1}}$，求该波的波函数。

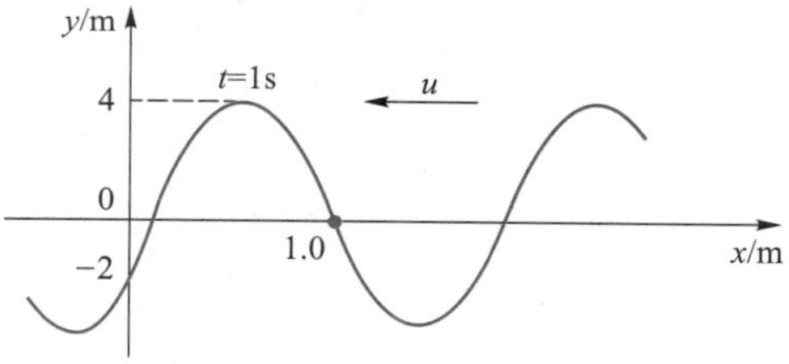

习题 10-30 图

10-31 已知一平面简谐波在介质中以速度 $u=10\ \mathrm{m\cdot s^{-1}}$ 沿 x 轴负方向（即向左）传播，已知波线上点 A 的振动方程为 $y_A(t)=2\cos(0.2\pi t+0.5\pi)$ (SI 单位)，而点 B 与点 A 相距 50 m，且在其左侧，试分别以点 A 和 B 为坐标原点列出波函数。

10-32 S_1 和 S_2 是波长均为 λ 的两个相干波的波源，相距 $\dfrac{3\lambda}{4}$，S_1 的相位比 S_2 超前 $\dfrac{\pi}{2}$。若两波单独传播时，在过 S_1 和 S_2 的直线上各点的强度相同，不随距离变化，且两波的强度都是 I_0，试求该直线各区域合成波的强度。

10-33 如图所示，S 为点波源，振动方向垂直于纸面，波长为 λ，S_1 和 S_2 是屏上的两个小孔，$S_1S_2=a$，$SS_1=a$，$S_2O=b$。求 y 轴上各干涉加强点的坐标。

10-34 一弦上的驻波方程式为

$$y=4.00\times10^{-2}\cos(2.5\pi x+0.2\pi)\cos(500\pi t)\quad(\text{SI 单位})$$

(1) 若将此驻波看作由传播方向相反的两列波叠加而成，试求这两列波的波函数；(2) 求各波节的位置;(3) 求位于 $x=1.0$ m 处质元振动速度的表达式。

10-35　如图所示,一圆频率为 ω,波长为 λ,振幅为 A 的平面简谐波沿 x 轴正方向传播,设在 $t=0$ 时刻该波在原点 O 处引起的振动使质元由平衡位置向 y 轴的正方向运动。M 是垂直于 x 轴的波密介质反射面,O'为其与 x 轴的交点。已知 $OO'=5\lambda/4$,$PO'=\lambda/8$,设反射波波强不衰减,求:(1) 入射波与反射的波动方程;(2) P 点的振动方程。

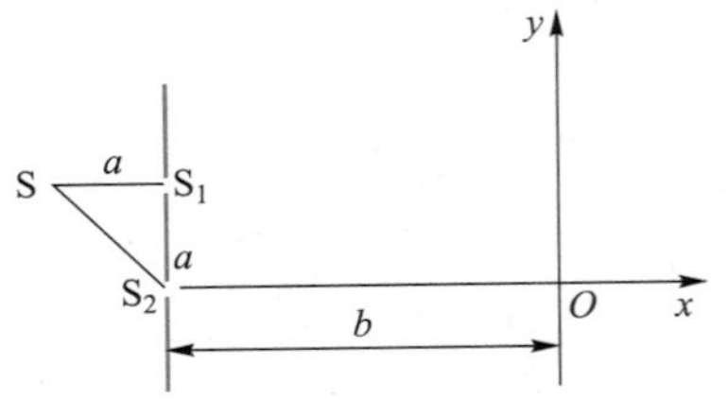

习题 10-33 图

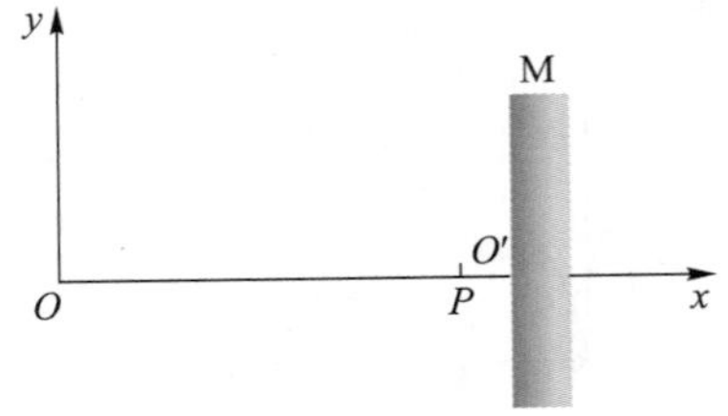

习题 10-35 图

10-36　一沿弹性绳传播的简谐波的波动方程为 $y=A\cos 2\pi(10t+x/2)$(SI 单位),波在 $x_0=-11$ m 的固定端反射。设传播中无能量损失,反射是完全的。试求:(1) 反射波的波动方程;(2) 驻波方程,并确定波节的位置。

10-37　在 x 轴上有一简谐波 $y_1=2.0\times10^{-2}\cos[2\pi(50t+0.1x)+\pi/3]$(SI 单位)。为了在此弦线上形成驻波,并且在 $x=1.0$ m 处为一波节,求此弦线上还应有的另一列简谐波的波函数及合成的驻波方程。

第 11 章

波动光学

光学是物理学的一个重要组成部分，古老而又充满生机，它的突破和发展常常带动整个物理学及其相关学科的不断进步，今天的许多高新技术均源自对光的研究和应用。然而，对光本性的认识依然有许多疑惑。17～18 世纪，人们才真正开始讨论光的本性问题。牛顿认为，假如将光看成是从光源发出的一颗颗微粒的话，则可以很好地解释光的直线传播、反射和折射等现象，但为了理解颜色及牛顿自己发现的牛顿环现象，牛顿还赋予了这些粒子具有抖动的特性；同时代的惠更斯坚持认为光是一种波动，是光介质“以太”的振动和传播，为此提出了惠更斯原理来解释光的直线传播、反射和折射等现象。牛顿崇高的个人威望，使得微粒说在长达一个世纪的时间内占据着主导地位。19 世纪以来，相继发现的光的干涉、衍射和偏振现象，表明光是一种横波，法国物理学家菲涅耳完成了光的机械波理论，成功地解释了光的各种波动现象，光的波动学说才被人们普遍接受。19 世纪后半叶，麦克斯韦完成了电磁场理论，预言了电磁波的存在，并为后来的赫兹所证实，至此人们终于认识到可见光不是机械波，而是一定频段的电磁波。在赫兹证实电磁波存在的同时，实际上还发现了光电效应现象，这又为光的本性问题埋下了新的伏笔。本章是以光的电磁波理论为基础的波动光学，它包括光的干涉、衍射和偏振。在现代科学技术中，尤其在精密测量、晶体结构研究、光谱分析等方面，波动光学有着广泛的应用。

视频：光学简介

11.1　光的电磁理论　光源

一、光的电磁理论

按照英国物理学家麦克斯韦的研究，光就是电磁波，它在真空中传播的速率为

$$c=2.997\ 924\ 58\times10^{8}\ \mathrm{m/s}$$

此速率与光源及观测者的状态无关。在介质中，引入介质的折射率 $n=\sqrt{\varepsilon_{\mathrm{r}}\mu_{\mathrm{r}}}$，式中 ε_{r} 和 μ_{r} 分别为介质的相对电容率和相对磁导率，则介质中的光速为 $u=c/n$，而波长为

视频：光学的几个概念

$$\lambda_{n}=u/\nu=\lambda/n \tag{11-1}$$

式中 $\lambda=c/\nu$ 为该光波在真空中的波长。

光波是电场和磁场的振动与传播，也称为电磁波，它是横波。对于许多检测光的元件，例如光电池、光电倍增管、感光片等，它们对光的响应主要由电磁波中的电场引起。同样地，光化学作用、光合作用以及眼的视觉效应也主要是由电场所致，因此在光学中，我们用电矢量 $\boldsymbol{E}$ 表示光场，并把电矢量叫作光矢量。光波的平均能流密度，常称为光强，符号为 I，由于通常我们所关心的是同一种介质中不同位置光强的相对大小，故可将（相对）光强简写成

$$I=E_{0}^{2} \tag{11-2}$$

式中 E_0 为光矢量的振幅。能被人眼感受到的那部分电磁波称为可见光，它在电磁波谱中只占很小的一部分，频率为 3.9×10^{14} Hz～7.5×10^{14} Hz，在真空中对应的波长为 400 nm～760 nm，其颜色与光的频率（和波长）有关。常见的无线电波、红外线和紫外线、X 射线和 γ 射线等都是电磁波，但对人眼都不可见。

二、光源

能发光的物体称为光源,不同波段的光波,相应的光源也不相同。对红外线、可见光和紫外线而言,相应的光源发光机理大致相同,它们主要是原子和分子在不同能级跃迁时所发出的一列有限长的电磁波。各原子每次发光的完全独立性,使得两个相同频率的单色光源或同一光源的两部分发出的光波列,并不满足相干条件。因此尽管光是波动,但一般很难见到光的干涉现象,两束非相干光相遇时,相遇处光强自然就是两束光光强的算术和,不会出现光强明暗变化的干涉图样。

11.2 光的干涉

一、相干光的获得

要想让普通光源的光波实现干涉,原则上是设法使同一点所发出的光分成两部分,然后使这两部分光经过不同的路径后再相遇叠加。由于这两部分光中的各相应波列都来自同一发光原子的同一波列,自然满足相干条件而成为相干光。由上述方法实现的干涉可为两大类:分波阵面干涉(如杨氏双缝干涉)和分振幅干涉(如薄膜干涉)。

二、光程和光程差

与机械波的干涉一样,讨论光的干涉规律,主要就是分析两束相干光在相遇处的相位差。在研究光的干涉问题时,常常会遇到其中一列光波通过不同的介质,或两列相遇光波经过不同介质的情况,此时为方便讨论相位滞后或相位差,需引入光程概念。

设一列光波沿波线 l 从点 O 出发穿过折射率分别为 n_1 和 n_2 的两种介质传播到 P 点,设 O 点的光矢量振动方程为

$$E_O(t)=E_0\cos\ (\omega t+\varphi_0) \tag{11-3}$$

则由相位滞后法可得 P 点处的振动方程为

$$E_P(t)=E_0(P)\cos\left(\omega t+\varphi_0-\frac{2\pi r_1}{\lambda_1}-\frac{2\pi r_2}{\lambda_2}\right)=E_0(P)\cos\left[\omega t+\varphi_0-\frac{2\pi}{\lambda}L(l,OP)\right] \tag{11-4}$$

式中 λ 为光在真空中的波长,r_1 和 r_2 分别是光波在 n_1 和 n_2 两种介质中走过的几何路程,而

$$L(l,OP)=n_1r_1+n_2r_2=\frac{cr_1}{u_1}+\frac{cr_2}{u_2}=c(t_1+t_2) \tag{11-5}$$

称为光在波线 l 上从 O 点到 P 点的光程。我们知道 t_1+t_2 是光波从 O 点运动到 P 点所用的时间,故光程实际上表示了光在相同时间内在真空中通过的路程。显而易见上述光程概念可以推广到多种介质的情况。有了光程,则波线 l 上任意 P、O 两点的相位差可以写为

$$\varphi_P-\varphi_O=-2\pi L(l,OP)/\lambda \tag{11-6}$$

设光波从 O 点出发,沿两条不同的波线 1 和 2 穿过各种不同介质传播并最终在 P 点相遇,若 O 点的光矢量振动方程为式(11-3),则 P 点处的振动方程为

$$E_P(t)=E_{P,1}(t)+E_{P,2}(t)=E_{P,1}\cos\left[\omega t+\varphi-\frac{2\pi}{\lambda}L(1,OP)\right]+E_{P,2}\cos\left[\omega t+\varphi-\frac{2\pi}{\lambda}L(2,OP)\right]$$
$$=E_P\cos(\omega t+\varphi_P)$$

P 点合振动的振幅满足 $E_P^2=E_{P,1}^2+E_{P,2}^2+2E_{P,1}E_{P,2}\cos\Delta\phi$，相应的光强有

$$I(P)=I_1+I_2+2\sqrt{I_1I_2}\cos\Delta\phi \tag{11-7}$$

式中 I_1 和 I_2 分别为两束光单独在 P 点处的光强，上式右边的第三项常称为干涉项，$\Delta\phi$ 为 P 点处两分振动的相位差

$$\Delta\phi(P)=\frac{2\pi}{\lambda}[L(2,OP)-L(1,OP)]=\frac{2\pi}{\lambda}(L_2-L_1)=\frac{2\pi}{\lambda}\Delta \tag{11-8}$$

相位差完全由它们的光程差决定，光程差为

$$\Delta=[L(2,OP)-L(1,OP)]=(L_2-L_1) \tag{11-9}$$

故决定干涉极大处和极小处的条件由式(11-22)及式(11-23)简化为

$$\Delta=\pm k\lambda,\quad k=0,1,2,\cdots\quad \text{干涉加强} \tag{11-10}$$

$$\Delta=\pm(2k+1)\lambda/2,\quad k=0,1,2,\cdots\quad \text{干涉减弱} \tag{11-11}$$

可以说光程和光程差是波动光学中的特征物理量，它们简化了描述，方便了讨论。

三、薄透镜等光程性

在干涉和衍射实验中，为了使平行光会聚或使光改变方向，常常需用薄透镜，薄透镜不会产生附加的光程差。

图 11-1 中的图(a)和图(b)，为平行光通过透镜后，会聚于焦平面上，形成一亮点。这表明 AF、BF、CF 三条光线等光程，AP、BP、CP 三条光线等光程。图 11-1 中的图(c)，物点 S 发出的光经透镜成像于 S′点，说明物点和像点之间各条光线也都是等光程的。透镜可以改变各光线的传播方向，但不产生附加光程差。

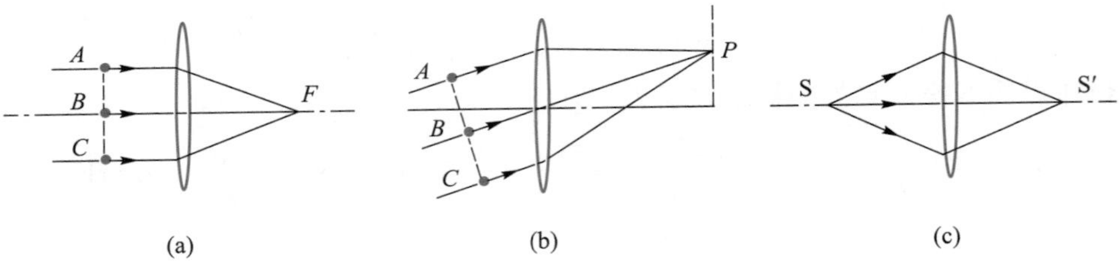

图 11-1

四、杨氏双缝干涉

托马斯·杨在 1801 年做的杨氏双缝干涉实验，为光的波动说奠定了基础，并在历史上第一次测定了光的波长。实验装置如图 11-2(a)所示，在实际的单色线光源 L 前面放一个小缝 S，S 即为一个很好的发射柱面波的线光源。S_1 和 S_2 为对称放置的两个相距为 d 的小缝，它们将小缝 S 发射的柱面波分成两个柱面波，故杨氏双缝实验为一个典型的分波阵面干涉实验。因为 S_1 和 S_2 对称放置，故从光

文档：托马斯·杨

源 S 发出的光的波面将同时到达 S_1 和 S_2，S_1 和 S_2 是由 S 发出的同一波面的两部分，所以它们是相干光源。在右方叠加区放置一白屏 E，在白屏上有等间距的明暗相间的条纹出现，如图 11-2(b) 所示。

视频：双缝干涉

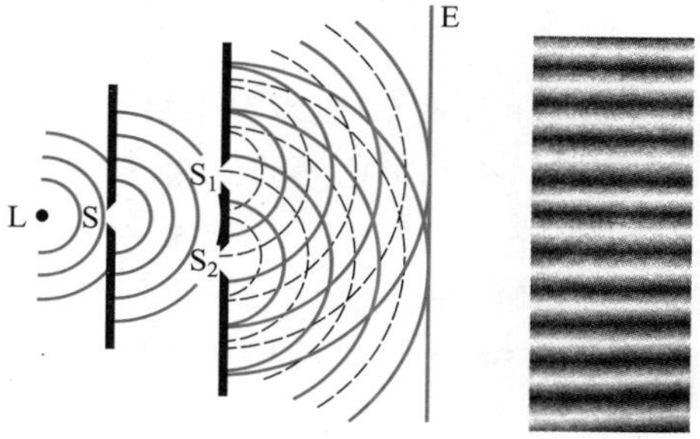

(a) 双缝干涉　(b) 双缝干涉条纹

图 11-2

这是一个两列光波的干涉实验，两列光波的光强均为 I_1，则由式(11-7)可得屏幕上任一点 P 的光强为

$$I(P)=4I_1\cos^2\frac{\Delta\phi(P)}{2}=4I_1\cos^2\frac{\pi\Delta(P)}{\lambda}$$

若 S 在 S_1 和 S_2 连线的中垂线上，则 P 点处两束光的光程差 $\Delta(P)=r_2-r_1$，完全由 P 点的位置决定。为定量表示 P 点的位置，需要建立坐标系，在如图 11-3 所示坐标系中，在 $D\gg d, D\gg x$ 情况下，有

$$\Delta=r_2-r_1\approx d\sin\theta\approx d\tan\theta=d\frac{x}{D} \tag{11-12}$$

则由式(11-10)可得各亮条纹中心处的位置为

$$x_k=\pm k\frac{D}{d}\lambda,\quad k=0,1,2,\cdots \tag{11-13}$$

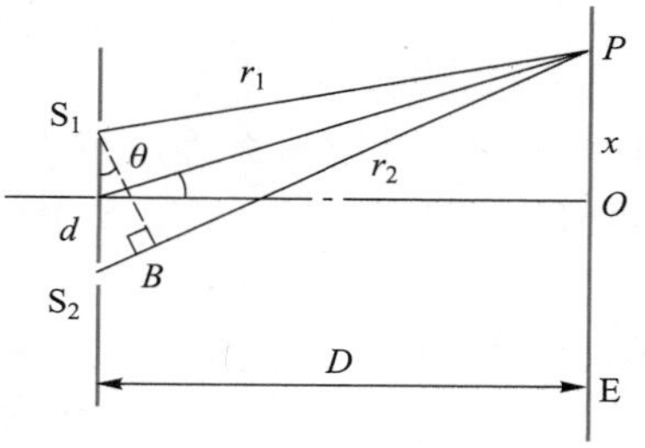

图 11-3

$k=0$ 称为零级明纹，其中心正好位于 $x_k=0$，也称为中央明纹。

由式(11-11)可得干涉极小处，也称暗纹中心的位置为

$$x_k=\pm(2k+1)\frac{D\lambda}{2d},\quad k=0,1,2,\cdots \tag{11-14}$$

对式(11-13)或式(11-14)差分可得相邻两明纹中心间的距离(等效于明纹间距)或相邻两干涉极小处之间的距离(等效于明纹宽度)均为

$$\Delta x=x_{k+1}-x_k=D\lambda/d \tag{11-15}$$

Δx 与级次无关，因而条纹是等间隔排列的。实验上常根据测得的 Δx 值和 D、d 的值求出 λ。

由式(11-13)可知，$k\neq0$ 时，明纹位置与波长有关，故用白光照射时，除中央明纹外，其他各级明纹将排列为彩色光带。

我们必须明白，干涉装置决定干涉条纹，当干涉装置发生变化时，干涉条纹也将随之

发生变化。我们需要注意的是,一个特定的条纹对应一个特定的相位差(光程差)。对特定的明纹中心而言,它对应特定的级次 k,例如中央明条纹对应的光程差始终等于零。当缓慢增大双缝间距时,除中央明纹外,各级条纹将向中心慢慢移动,条纹间距将变小。在图 11-2(a). 中,将细缝 S 缓慢上移,易证条纹间距不变,但中央明纹及整个干涉条纹都将向下移动。

例 11-1　用单色光照射相距 0.2 mm 的双缝,双缝与屏幕的垂直距离为 1 m,(1) 从第一明纹到同侧第三明纹的间距为 7.5 mm,求此单色光的波长;(2) 若入射光波长为 500 nm,求相邻明纹的间距。

解:(1) 由干涉明纹条件 $x_k = kD\lambda/d$,得

$$\Delta x_{31} = x_3 - x_1 = (3-1)D\lambda/d$$

则

$$\lambda = d\frac{\Delta x_{31}}{2D} = 7.5\times10^{-7}\,\text{m} = 750\ \text{nm}$$

(2) 相邻两明纹的间距为

$$\Delta x = D\lambda/d = 2.5\times10^{-3}\ \text{m}$$

五、劳埃德镜实验

另一个比较著名的分波阵面实验为劳埃德镜实验。如图 11-4 所示,劳埃德镜 AB 是一个平面镜,S 为狭缝光源,它与平面镜平行且与纸面垂直,由它发出的一部分光直接照射到观察屏 E 上,另一部分光以掠射角(即入射角接近 90°)照射在平面镜上,经平面镜反射后再射到屏 E 上。这两部分光是相干光,在屏 E 上的重叠区域能产生干涉条纹。如果把反射光看作是由虚光源 S′发出的,则关于杨氏双缝干涉实验的分析也同样适用于劳埃德镜实验,但不同的是,干涉条纹仅出现在屏的上部。然而当屏 E 向平面镜移动到 B 时,本应出现零级明纹的中央 B 处,却出现了暗纹,这说明两相干光在 B 点的光振动相位差为 π,S 和 S′可看作两个反相的相干光源。这是因为光在掠入射到镜面上反射时,反射光振动发生了 π 的相位突变,这一变化导致反射光的波程在反射过程中附加了半个波长,故又叫半波损失。劳埃德镜实验中观察到 B 处的干涉暗纹,是光从光疏介质掠入射到光密介质时,反射光产生半波损失的明证。当光从光密介质掠入射到光疏介质时,反射光并不产生半波损失。

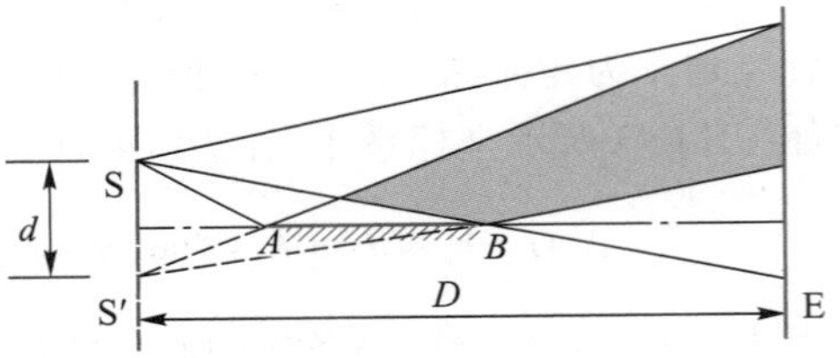

图 11-4

例 11-2　在杨氏双缝干涉实验中,入射光波长为 λ,现在 S_1 缝后放置一片厚度为 l 的透明介质块,如图 11-5 所示。试问原来的零级明纹将如何移动?如果观测到零级明纹移到了原来的第 k 级明纹处,求该透明介质的折射率。

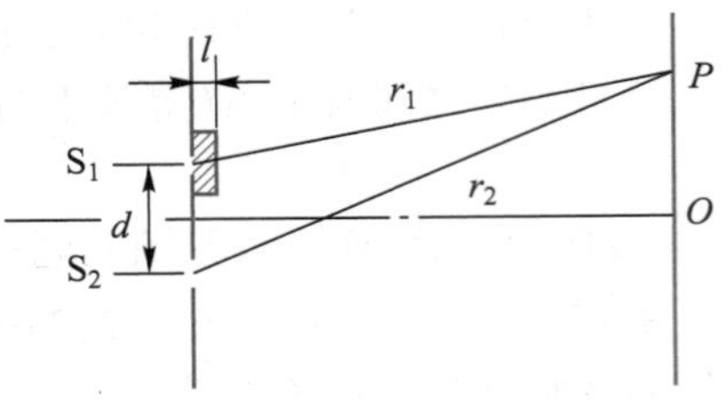

图 11-5

解:零级明纹处的光程差恒有 $\Delta=0$,由于 r_1 光路的光程增加,所以原来的零级明纹将往上方移动。设 P 点

现为零级明纹处，两束相干光的光程差为零

$$r_2-(r_1-l+nl)=0$$

未加透明介质时，P 处为第 k 级明纹处，两束光的光程差满足 $r_2-r_1=k\lambda$，代入上式即得

$$n=1+k\lambda/l$$

实际上，在上述实验中，当透明介质块遮盖住上缝时，干涉图样瞬间发生变化，我们根本无从知晓条纹是如何移动的，更不知道移动了多少。为了能清楚地观察条纹的移动，可将介质薄块磨成一个尖角很小的劈尖，沿双缝屏慢慢下移遮住上缝，此时可观察到整个干涉图样慢慢上移，可清晰地看到中央明纹从中央处移至原来的第 k 级明纹处。此外，若我们观察的条纹靠近中心 O 点，则光线可看成是垂直穿过介质块的。

六、薄膜干涉

太阳光照射下肥皂膜的彩色花纹、照相机镜头上看到的紫红色现象是我们日常生活中不多见的光的干涉现象，它们都属于薄膜干涉，是典型的分振幅干涉现象。对薄膜干涉现象的详细分析比较复杂，但实际应用较多的是简单的平行平面薄膜产生的等倾干涉条纹和厚度不均匀薄膜产生的等厚干涉条纹。

视频：薄膜干涉

1. 薄膜干涉公式

一束入射光在透明薄膜的上、下两表面反射和折射，如图 11-6 所示，反射光 1,2,3,…或透射光 1′,2′,3′,…，它们都来自同一条入射光线，故它们都是相干的，各光束光强占入射光光强的比例见图中所附数据。由于反射光和透射光的能量来自入射光的能量，而光波的能量和振幅有关，所以这种产生相干光的方法叫作分振幅法。对于一般的透明介质，反射光束中只有前两束的振幅相近，其余各束反射光的振幅都小到可以忽略不计，故此时的干涉仍可按双光束干涉来处理。

如图 11-7 所示，折射率为 n_2、厚度为 e 的均匀薄膜，其上、下方介质的折射率分别为 n_1 和 n_3。入射光线 a 以入射角 i 射到薄膜上，在薄膜的上表面 A 处产生反射光 1，而另一部分折射入膜内，折射角为 γ，在薄膜的下表面 C 处反射至 B 后，折回到薄膜上方成为光线 2。光线 1、光线 2 通过透镜会聚于透镜的焦平面上 P 点，在 P 点处相干叠加，这一点究竟是亮是暗，由这两个相干光束的光程差来决定。

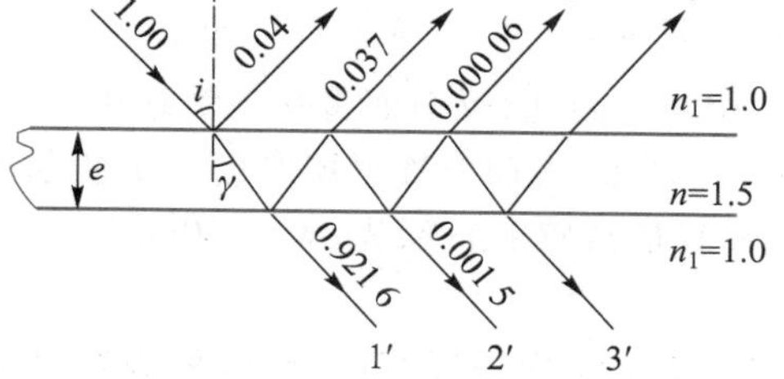

图 11-6

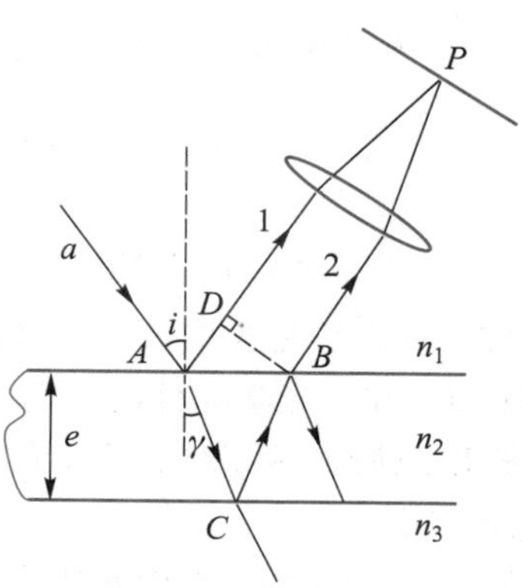

图 11-7

现在来计算薄膜上、下表面的反射光线 1 和 2 的光程差。如图 11-7 所示，作辅助线 DB 垂直于反射光线 1、2，由于透镜不引起附加的光程差，故这两光线之间的光程差为

$$\Delta = n_2(AC+CB)-n_1AD$$

$AC=BC=e/\cos\gamma$，$AD=AB\sin i=2e\tan\gamma\sin i$，代入上式，注意到折射定律 $n_1\sin i=n_2\sin\gamma$，化简得

$$\Delta = 2n_2e\cos\gamma$$

此外，实验和理论都表明，光在薄膜上、下表面近垂直反射时还会产生附加光程差。当光从光疏介质入射到光密介质反射时，在反射点出现相位 π 的突变，等效于存在附加的光程 $\lambda/2$；而当光从光密介质入射到光疏介质反射时，入射光和反射光在反射点相位相同，没有额外的光程存在。故两反射光之间的光程差为

$$\Delta = 2n_2e\cos\gamma+\Delta' \tag{11-16}$$

Δ'为附加的光程差。当 $n_1>n_2>n_3$ 或 $n_1<n_2<n_3$ 时，上、下两表面反射情况相同，$\Delta'=0$；当 $n_1<n_2$，$n_2>n_3$ 或 $n_1>n_2$，$n_2<n_3$ 时，上、下两表面反射情况不相同，$\Delta'=\pm\lambda/2$。Δ'取正、负的差别仅仅在于条纹的干涉级数相差 1 级，对条纹的其他特征（形状、间距等）并无影响，因此我们均取正号。于是干涉条件为

$$\Delta = 2n_2e\cos\gamma+\Delta' = \begin{cases} k\lambda, & \text{干涉加强} \\ (2k+1)\lambda/2, & \text{干涉减弱} \end{cases} \tag{11-17}$$

干涉级数 $k=1,2,3,\cdots$，k 能否取零，取决于光程差是否等于零。

同理，在透射光中也有干涉现象，式（11-17）对透射光仍然适用。但应注意，透射光之间的附加光程差与反射光之间的附加光程差 Δ'的结果恰恰相反。当反射光之间有 $\lambda/2$ 的附加光程差时，透射光之间没有。因此对同样的入射光来说，当反射光相干加强时，透射光相干减弱，反之亦然。从能量守恒角度很容易理解此结论。

例 11-3　空气中水平放置的肥皂膜（$n_2=1.33$）厚 300 nm，如果白光垂直入射，问肥皂膜的反射面将呈现什么颜色？

解：光线垂直入射，折射角 $\gamma=0$，由题意知，肥皂膜上、下表面的反射情况不同，即上表面是由光疏介质到光密介质反射，而下表面是由光密介质向光疏介质反射，所以 $\Delta'=\lambda/2$。反射光干涉加强时，有

$$2n_2e+\lambda/2=k\lambda,\quad k=1,2,3,\cdots$$

则在反射光中因干涉加强的波长满足

$$\lambda=\frac{4n_2e}{2k-1}=4\times1.33\times\frac{300}{2k-1}\text{nm}$$

得

$$k=1,\lambda=1\ 596\ \text{nm};\quad k=2,\lambda=532\ \text{nm};\quad k=3,\lambda\approx319\ \text{nm}$$

只有 $\lambda=532\text{nm}$ 在可见光的波长范围内，与题意相符。因此，反射面将呈现黄绿色。

例 11-4　在一光学元件的玻璃（折射率为 $n_3=1.5$）表面上镀一层厚度为 e、折射率为 $n_2=1.38$ 的氟化镁薄膜，为了使正入射的白光中对人眼最敏感的黄绿光（$\lambda=550\text{nm}$）反射最小，试求薄膜的厚度。

解：如图 11-8 所示，由于氟化镁薄膜的上、下表面反射情况相同，所以附加光程差 $\Delta'=0$。要使黄绿光反射最小，需满足

$$2n_2e=(2k+1)\lambda/2,\quad k=0,1,2,\cdots$$

控制镀膜厚度，使

$$e=(2k+1)\frac{\lambda}{4n_2}$$

当 $k=0$ 时，得最小厚度

$$e_{\min}=\frac{\lambda}{4n_2}=9.96\times10^{-8}\ \text{m}=99.6\ \text{nm}$$

根据能量守恒定律，反射光减少，透射的黄绿光就增强了。

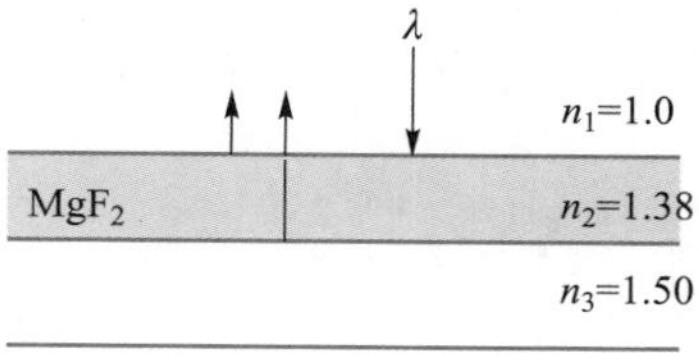

图 11-8

对等厚薄膜而言，若入射光的角度不变，对特定波长的光而言，相位差是特定的、不变的，并不会出现明暗相间的干涉条纹。若欲出现明暗相间的干涉条纹，入射光的入射角度必须有变化。当光线以不同入射角照射到平行薄膜时，上、下两表面反射光的光程差仅随薄膜内的折射角 γ 唯一决定，也可以说，光程差由入射倾角 i 唯一决定。凡是以相同倾角入射的光，经薄膜上、下表面反射后产生的相干光束都有相同的光程差，从而出现在干涉图样中的同一级条纹上，即同一级条纹对应于相同入射倾角的入射光，故这种干涉条纹称为等倾干涉。观察等倾干涉的装置相对于下面我们介绍的等厚干涉要复杂些，于此我们不再展开讨论。

2. 等厚干涉

（1）劈尖干涉

当薄膜厚度不等时，从上、下表面依次反射的两束光不再平行，当平行光垂直照射时，从上、下表面依次反射的光束在薄膜的上表面附近相交后分离，在上、下表面间的夹角 θ 很少（$\theta\leqslant10^{-4}$ rad）时，可以说两束光就在薄膜的上表面处相交，如果用显微镜观察干涉图样，需将显微镜聚焦在薄膜的上表面，这种干涉区域确定的干涉称为定域干涉。而在杨氏双缝实验中，观察屏可以放在双缝后的任意地方，称为不定域干涉。此时在薄膜的上表面相遇的两束光的光程差为

视频：劈尖干涉

$$\Delta=2n_2e+\Delta' \tag{11-18}$$

式中的各量与式（11-17）中的意义相同。由上式可知，光程差完全由薄膜的厚度决定，即同一级条纹下薄膜的厚度必定相同，因此称为等厚干涉。常见的装置有劈尖干涉和牛顿环干涉。

将两块光学平面玻璃叠放在一起，一端彼此接触，另一端垫入一薄纸片或一细丝，则在两玻璃片间就形成一个劈尖状的空气薄膜，叫作空气劈尖。两玻璃板相接触的一端称为劈尖的棱边。在平行于棱边的直线上的各点，空气膜的厚度是相同的。当平行的单色光垂直照射玻璃片时，就可在劈尖表面附近观察到与棱边平行的明暗相间的干涉条纹。这是由于空气膜的上、下表面的反射光相干叠加形成的。

在实验室观察劈尖干涉的装置如图 11-9 所示，L 为透镜，M 为半反半透玻璃片，T 为显微镜。由于空气膜的 θ 角极小，式（11-18）可近似成立。空气的折射率为 1，在膜内的折射角 $\gamma\approx0$，可得劈尖上、下表面反射的两相干光的光程差为

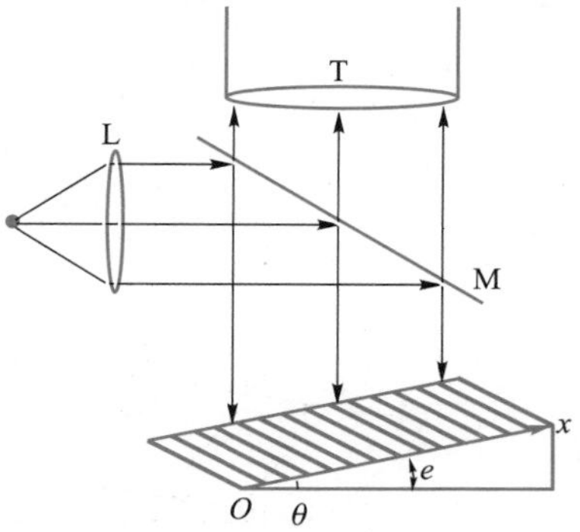

图 11-9

$$\Delta=2e+\lambda/2 \tag{11-19}$$

其中,附加光程差 $\lambda/2$ 来自下表面的反射。

由于各处膜的厚度 e 不同,所以光程差也不同,因而会产生明暗条纹,明纹满足

$$\Delta=2e+\lambda/2=k\lambda,\quad k=1,2,3,\cdots \tag{11-20}$$

暗纹满足

$$\Delta=2e+\lambda/2=(2k+1)\lambda/2,\quad k=0,1,2,3,\cdots \tag{11-21}$$

式(11-20)和式(11-21)表明,空气膜厚度相同的地方,对应于同一级明条纹或暗条纹,所以等厚条纹是一些与棱边平行的明暗相间的直条纹。在棱边处 $e=0$,其光程差满足暗纹条件,$k=0$,故棱边处为零级暗纹。式(11-20)或式(11-21)两边差分可得相邻两明(或暗)纹的厚度差为

$$\Delta e=\Delta k\lambda/2=\lambda/2 \tag{11-22}$$

空气膜的厚度 e 不易测量,但可转化为薄膜上表面位置到棱边的距离 x,注意到 θ 极小,则可有 $e=x\theta$,则第 k 级暗纹在上表面的位置 x_k 满足方程

$$2x_k\theta=k\lambda \tag{11-23}$$

式(11-23)两边差分可得相邻两暗纹间的距离 l 为

$$l=\Delta x_k=\frac{\Delta k\lambda}{2\theta}=\frac{\lambda}{2\theta} \tag{11-24}$$

实际上,易得相邻两明纹中心的距离 l 也是上述结果,由图 11-10 可知,它与相邻明纹或暗纹的厚度差 Δe 满足关系

$$l=\Delta e/\theta$$

上式表明,空气膜上的等厚条纹是等间距的,θ 越大,条纹越密,当 θ 大到一定程度时,条纹就密不可分了,因此干涉条纹只能在劈尖角度很小时才能观察到。

如果构成劈尖的介质膜不是空气,而是其他的透明介质(液体、二氧化硅等),其上、下表面反射光的附加光程差应具体问题具体分析。

在工程上,常利用等厚干涉测定细丝或薄片的厚度,还可利用它来检验工件表面的平整度,这种检验方法能检查出超过 $\lambda/4$ 的凹凸缺陷。

(2) 牛顿环

牛顿环是牛顿首先观察到并加以描述的等厚干涉现象,装置如图 11-11 所示,将一曲率半径很大的平凸透镜放在一平面玻璃上,透镜和玻璃之间形成一厚度不均匀的空气层,L 为透

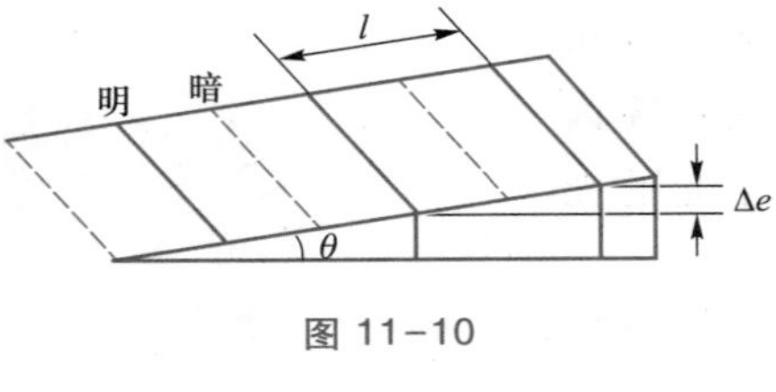

图 11-10

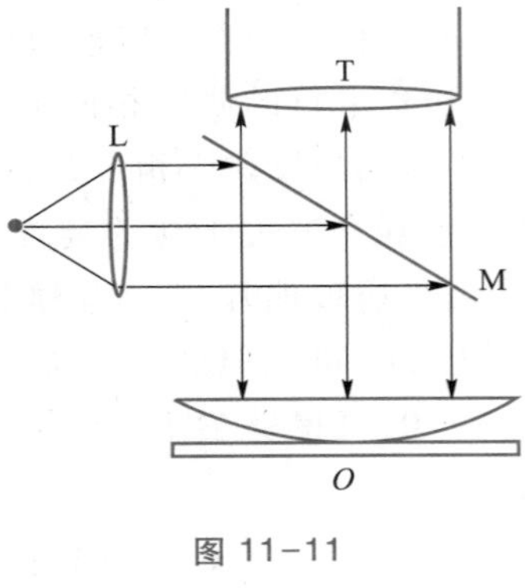

图 11-11

镜，M 为半反半透的玻璃片，T 为显微镜。设接触点为 O，平行单色光垂直入射，在反射方向观察，等厚干涉条纹是以接触点 O 为圆心的一组明暗相间的同心圆环，离中心越远，圆环越细越密。若用白光照射，则条纹呈彩色。这些圆环状的干涉条纹称为牛顿环，它是等厚条纹的又一特例。

与空气劈尖类似，反射光的明环满足

$$\Delta = 2e+\lambda/2 = k\lambda, \quad k=1,2,3,\cdots \tag{11-25}$$

暗环满足

$$\Delta = 2e+\lambda/2 = (2k+1)\lambda/2, \quad k=0,1,2,3,\cdots \tag{11-26}$$

其中 e 为透镜和玻璃之间形成的厚度不均匀的空气薄膜的厚度，由式(11-26)可知，空气牛顿环接触点 O 为一暗点。因是等厚干涉，而厚度相同处为一圆周，故干涉条纹为圆环。薄膜厚度 e 不易测量，可转化为牛顿环的半径 r。如图 11-12 所示，在 R 和 r 为两边的直角三角形中

$$r^2 = R^2-(R-e)^2 = 2eR-e^2$$

由于 $R \gg e$，所以可略去 e^2，得

$$r^2 = 2eR$$

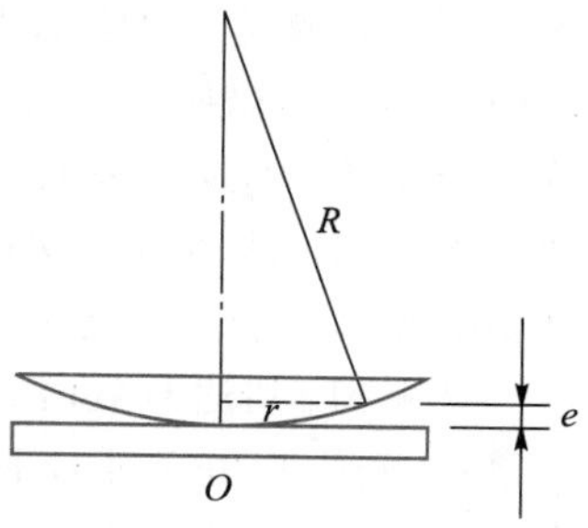

图 11-12

代入式(11-25)和式(11-26)，可得明环半径为

$$r_k = \sqrt{(2k-1)R\lambda/2}, \quad k=1,2,3,\cdots \tag{11-27}$$

暗环半径为

$$r_k = \sqrt{kR\lambda}, \quad k=0,1,2,3,\cdots \tag{11-28}$$

第 k 级暗环半径 r_k 满足方程 $r_k^2 = kR\lambda$，两边同时差分，可得 $2r_k\Delta r_k \approx \Delta kR\lambda = R\lambda$，即相邻圆环的间距为

$$\Delta r_k \approx \frac{R\lambda}{2r_k}$$

透镜的曲率半径越大，相邻暗环的间距越大。对曲率半径 R 一定的透镜而言，牛顿环半径 r_k 越小，相邻圆环的间距 Δr_k 越大，即离中心越远，圆环越细越密。事实上，由劈尖干涉可知，劈尖的夹角(斜率)越大，条纹间距越小，对牛顿环而言，自然有离中心越远，透镜的斜率越大，条纹越密。

例 11-5 在牛顿环实验中，用波长为 589.3 nm 的单色光，测得从中心向外数第 k 个暗环的直径为 8.12 mm，第 $(k+10)$ 个暗环的直径为 13.10 mm，求平凸透镜的曲率半径。

解：由牛顿环暗环公式(11-28)知

$$D_k^2 = 4kR\lambda$$

$$D_{k+10}^2 = 4(k+10)R\lambda$$

可得

$$R = \frac{D_{k+10}^2 - D_k^2}{40\lambda} = \frac{(13.10^2-8.12^2)\times10^{-6}}{40\times589.3\times10^{-9}}\,\text{m} \approx 4.49\ \text{m}$$

在知道凸透镜的曲率半径的情况下也可以测定光的波长。

七、迈克耳孙干涉仪

迈克耳孙干涉仪是美国科学家迈克耳孙(A. A. Michelson)于 1881 年设计的一种典型的干涉仪。它是利用分振幅法产生相干光束以实现干涉的一种精密光学仪器，可精密地测量长度及其微小变化，其测量结果的精确度可与光的波长相比拟，在现代科技中有着广泛的应用。例如，可以用它测定薄膜厚度和气体折射率，检验棱镜和透镜质量，研究温度、压力对光传播的影响等。

1. 迈克耳孙干涉仪的光路

如图 11-13 所示，图中 M_1和 M_2是两个精密磨光的平面镜，置于相互垂直的两臂上。在两臂轴相交处，是与两臂成 45°且两面严格平行的平面玻璃板 G_1，其背面镀有一层半透半反膜，称为分束板。G_2与 G_1平行放置，其厚度和折射率与 G_1完全相同，但表面没有镀层，G_2称为补偿板。从图中看出，光源 S 发出的光在 G_1后表面被分为光强近乎相等的反射光束(1)和透射光束(2)，两束光分别经反射镜 M_1、M_2反射后，共同向 E 处传播并发生干涉。反射镜 M_2是固定的，M_1可沿臂轴方向移动，M_2被 G_1反射所成的镜像 M_2'位于 M_1附近，光束(2)也可以看作是从 M_2的虚像 M_2'反射来的，用 M_2'代替 M_2讨论问题，两束光光程不受影响。这样，可直观地看出两束光在到达观察屏 E 处时的光程差与 M_1和 M_2'间的空气薄膜的厚度 d 有关，即 M_1所处位置是影响光程差的因素之一，这种干涉相当于薄膜干涉。

光束(1)到达 E 处时，共通过 G_1三次，而光束(2)只在未分出前与光束(1)同时通过 G_1一次，另外两次则由穿过 G_2两次来得到补偿。这样，两束光在玻璃中的光程相等，因此计算两束光的光程差时，只需考虑它们在空气中的几何路程的差别。此外，用白光照射时，若只有 G_1，则因为玻璃的色散，不同波长的光因折射率不同而产生的光程差无法用空气中的路程弥补，而 G_2板的加入能补偿各色光的光程差以获得白光的零级干涉条纹。白光的干涉条纹在迈克耳孙干涉仪中极为有用，能够用于准确地确定零光程差的位置，进行长度的精确测量。在迈克耳孙干涉仪中，两束相干光分得较开，这便于在任一支光路里放进被研究的对象，通过白光零级条纹位置的改变来研究所放入物质的某些物理特性，如气体或其他透明物质的折射率、透明薄板的厚度等。

2. 点光源的非定域干涉条纹

当用凸透镜对激光光束会聚，得到的是一个线度小、强度足够大的点光源，它向空间传播的是球面波。如图 11-14 所示，点光源 S 发出的球面波在经 M_1和 M_2'反射后，射向观察屏 E 的观察点 O 处附近，可等效于由两个虚光源 S_1、S_2发出的射向观察点 O 处的两列满足干涉条件的球面光波。S_1为 S 经 G_1及 M_1反射后成的像，S_2为 S 经 M_2及 G_1反射后成的像(等效于 S 经 G_1及 M'_2反射后成的像)。若令点光源 S 以 45°入射至分束玻璃板 G_1的入射点 C，则两虚光源 S_1、S_2分别距点 O 的光程为 $SC+2L(C,M_1)+CO$、$SC+2L(C,M_2)+CO$，两列球面波在它们相遇的空间处处相干，即在两束光相遇的全部空间内均能用观察屏接收到干涉图样，因此是非定域干涉。

如图 11-14 所示，当 M_1和 M'_2大体平行时，观察屏 E 垂直于 S_1和 S_2连线。S_1和 S_2之间的距离应为 $2L(C,M_1)-2L(C,M_2)=2d$，其中 d 为两反射镜 M_1、M_2距分光束板的距离差，它远远小于两虚光源 S_1、S_2到点 O 的光程，令两光程都近似为 L。则两虚光源 S_1、S_2发出的光在屏上任一点 A 相遇时的光程差 Δ 为

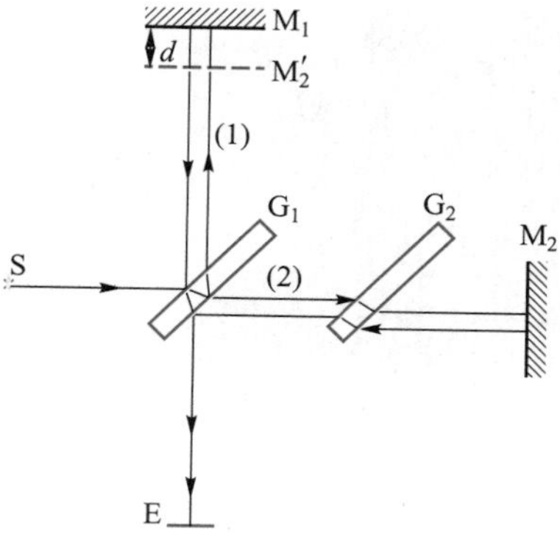

图 11-13 迈克耳孙干涉仪的简单光路

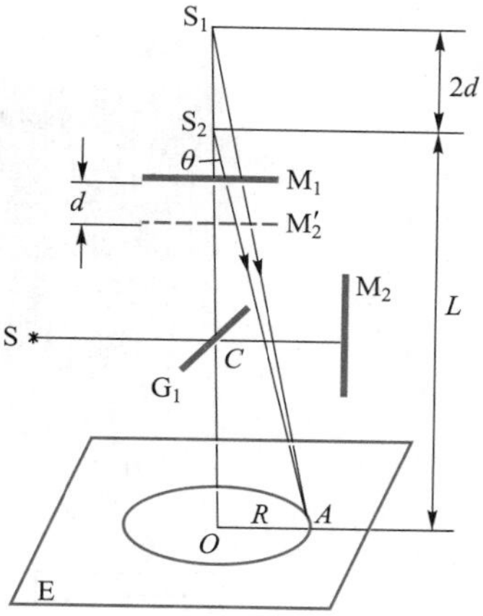

图 11-14

$$\Delta = S_1A - S_2A = \sqrt{(L+2d)^2+R^2} - \sqrt{L^2+R^2}$$

在 $L \gg d$ 条件下，上式可近似为

$$\Delta = \sqrt{(L+2d)^2+R^2} - \sqrt{L^2+R^2} \approx \frac{2dL}{\sqrt{L^2+R^2}} \approx 2d\cos\theta \tag{11-29}$$

下面讨论这种非定域干涉条纹的一些特性，所有特性都来自式(11-29)。

首先由式(11-29)可知，θ 角相同时，光程差 Δ 相同，处于同一级条纹上，θ 相同的点构成一个圆环，故条纹是以 O 点为中心的一个个同心圆环，与牛顿环类似，如图 11-15 所示。当

$$\Delta = 2d\cos\theta_k = k\lambda \qquad (k=0,1,2,\cdots) \tag{11-30}$$

时，形成明条纹；当

$$\Delta = 2d\cos\theta_k = (2k+1)\frac{\lambda}{2} \qquad (k=0,1,2,\cdots) \tag{11-31}$$

时，形成暗条纹，k 为干涉级次。

对明条纹而言，由式(11-30)可知，θ_k 越小，对应的级次 k 越大，也就是说，越靠近中心 O 点，明圆环的级次越大。这是显然的，当 $\theta=0$ 时，光程差最大，级次最高。这个特性与牛顿环的性质相反。

当 d 一定时，第 k 级明条纹对应的倾角 θ_k 满足方程 $2d\cos\theta_k=k\lambda$，等号两边同时差分，近似有 $-2d\sin\theta_k\Delta\theta \approx \Delta k\lambda$，即两相邻圆条纹所对应的张角差值为

$$\Delta\theta \approx -\frac{\Delta k\lambda}{2d\sin\theta_k} = -\frac{\lambda}{2d\sin\theta_k} \tag{11-32}$$

即 θ_k 越大(条纹越靠外)，$\sin\theta_k$ 越大，张角差 $\Delta\theta$ 越小，条纹间距越小，条纹越细密，干涉图案的样子与牛顿环相同，如图 11-15 所示。

对不同的 d 而言，由式(11-32)可知，d 越小，张角差 $\Delta\theta$ 越大，条纹粗而密，条纹清晰，参见图 11-15。因此要得到粗而疏的圆条纹，应减小 d。

下面我们考察移动反射镜 M_1 减小 d 时，干涉条纹将如何变化。对一个特定的条纹而言，满足方程

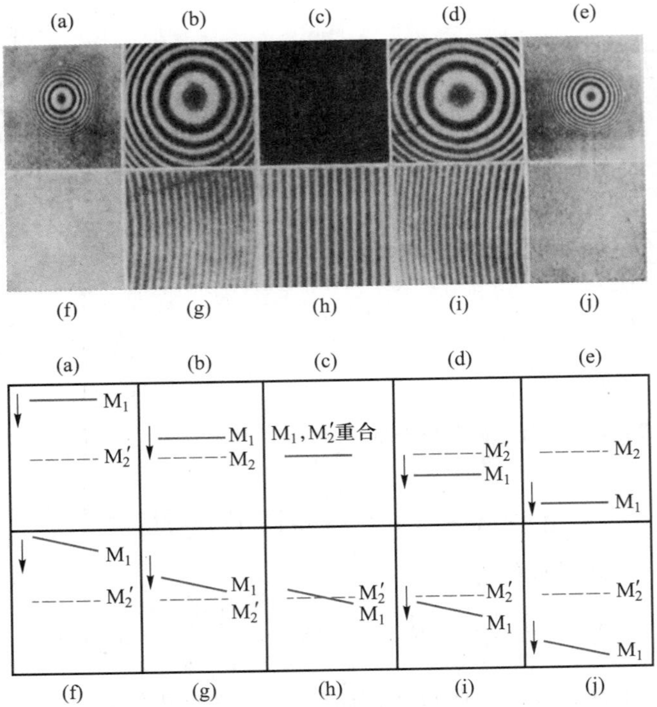

图 11-15　迈克耳孙干涉仪两反射镜相对位置不同时产生的各种干涉图样

$$2d\cos\ \theta_k = k\lambda$$

其中 k 恒定。当 d 变小时，$\cos\ \theta_k$ 必须增大，即相应的 θ_k 必须变小，条纹向中心缩进，直至被"淹没"。即条纹于中心处不断地被"淹没"时，意味着 d 在减小，随着 d 的不断减小，视野内的条纹会越来越粗疏。

在中心处，$\cos\ \theta = 1$，光程差为 $\Delta = 2d$，而每"淹没"一个明（或暗）环，相当于光程改变了一个波长 λ。设 M_1 移动了 Δd 距离，在中心相应地"涌出"或"淹没"的暗（或明）圆环数为 N，则光程差变化为 $2\Delta d = \Delta k\lambda = N\lambda$，则

$$\lambda = 2\Delta d / N \tag{11-33}$$

从仪器上读出 Δd，并数出相应的 N，即可测出光波的波长。

11.3　光的衍射

一、光的衍射现象

光具有波动性，自然也能发生衍射现象。但由于可见光的波长较短，在日常生活中，很难看到光的衍射现象，只有当障碍物的尺寸很小时才能观察到光的衍射现象。历史上，正是通过

对光的干涉和衍射现象的研究才认识到光具有波动性。

衍射系统由光源 S、障碍物 P 和接收屏 E 组成。通常根据三者相对位置的远近，把光的衍射现象分成两类，一类是光源和接收屏（或两者之一）距障碍物为有限远的衍射，称为菲涅耳衍射，或近场衍射，如图 11-16(a)所示；另一类是光源和接收屏距障碍物为无限远的衍射，称为夫琅禾费衍射，或为平行光衍射（远场衍射），如图 11-13(b)所示。在实验室中，常用透镜来实现夫琅禾费衍射，如图 11-13(c)所示。从数学角度来看，衍射问题的定量分析非常困难，于此只讨论夫琅禾费衍射。

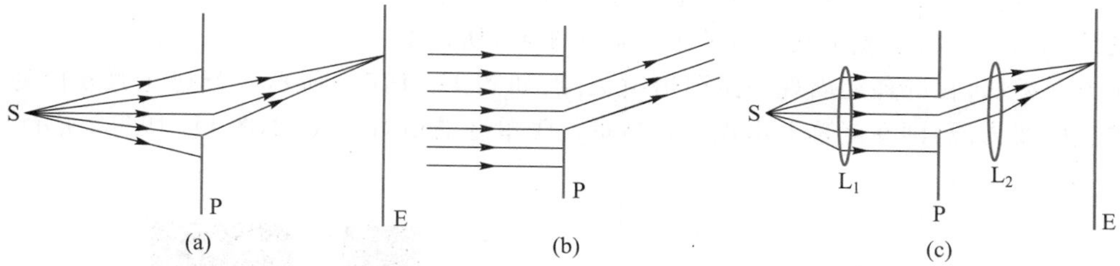

图 11-16

二、惠更斯-菲涅耳原理

在上一章中，惠更斯原理指出：波在介质中传播时，波前上每一点都可看作发射球面子波的波源，这些子波的包络面就是下一时刻的波前。根据这一原理，可以解释波的直线传播，分界面上的反射和折射等现象，但它只能定性地说明衍射现象，而不能定量讨论衍射现象。1818 年，法国物理学家菲涅耳用“子波相干叠加”思想发展了惠更斯原理，形成了惠更斯-菲涅耳原理：波在介质中传播时，波前上每一点都可看作发射球面子波的波源，波前前方空间任一点的振动是所有这些子波在该点的相干叠加。它为衍射理论的定量分析提供了一个很好的方法。

文档：菲涅耳

如图 11-17 所示，波前 S 上各点相位相同，设其初相位为零。菲涅耳假定，波前 S 上 Q 点处的面元 $\mathrm{d}S$ 所发出的子波，传播到 P 点的振幅 $\mathrm{d}E$ 正比于 Q 面元的振幅 $A(Q)$，正比于面元面积 $\mathrm{d}S$，反比于面元 Q 到 P 点的距离 r（子波是球面波），还与面元法向 $\boldsymbol{e}_n$ 和 $\boldsymbol{r}$ 的夹角 θ 有关，即

$$\mathrm{d}E = C\frac{A(Q)\,\mathrm{d}SK(\theta)}{r}\cos\left(\omega t - \frac{2\pi}{\lambda}r\right)$$

其中 $K(\theta)$ 为随 θ 增大而缓慢减小的函数，叫作倾斜因子，C 为比例系数。于是，按照叠加原理，有

$$E(P) = \int_S C\frac{A(Q)K(\theta)}{r}\cos\left(\omega t - \frac{2\pi}{\lambda}\right)\mathrm{d}S \qquad (11\text{-}34)$$

积分表示波前 S 上各点所发子波在 P 点产生的合振动。这是惠更斯-菲涅耳原理的数学表达式。因此，只要知道了波前 S 上的振幅分布，就可求出传播到任意一点 P 的振幅，从而求出接收屏上的衍射光强分布。

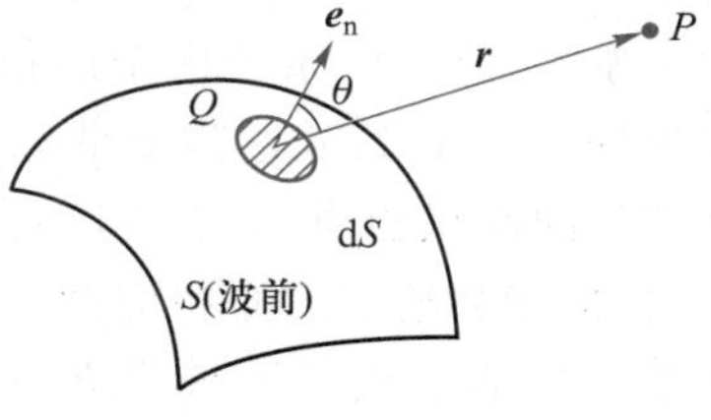

图 11-17

用惠更斯-菲涅耳原理的数学表达式求解衍射场的分布依旧是相当复杂的，采用菲涅耳提出的半波带法或振幅矢量法来讨论夫琅禾费衍射现象则较为简单。

三、夫琅禾费单缝衍射

文档：夫琅禾费

视频：单缝衍射

夫琅禾费衍射是平行光的衍射，在实验中借助两个透镜来实现，这样光源和接收屏相对于单缝都可以认为无限远。如图 11-18 所示，位于透镜 L_1 焦平面上的点光源 S 所发出的光，经透镜 L_1 后，变成平行光入射单缝，单缝处波面上每一点都是发射子波的波源，向各个方向衍射，同一方向的衍射光会聚于透镜 L_2 焦平面处的屏幕的同一点上。由于光束在 x 方向上受到了限制，所以衍射图样沿 x 方向扩展，在屏幕上出现一系列衍射斑点，如图 11-19(a) 所示。若把光源 S 换为一平行于单缝的线光源，则在屏幕上出现一系列平行于单缝的衍射条纹，如图 11-19(b) 所示。

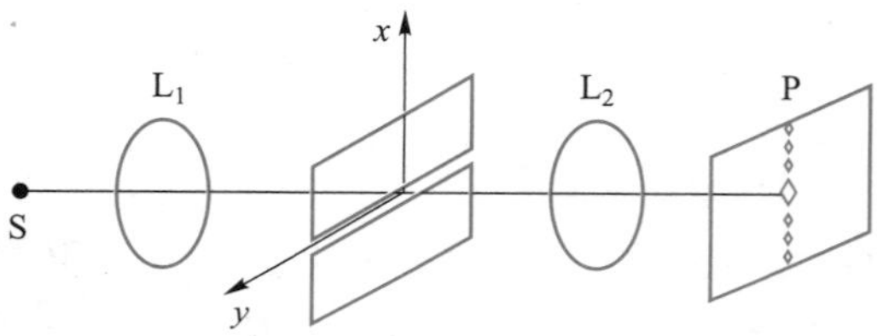

图 11-18

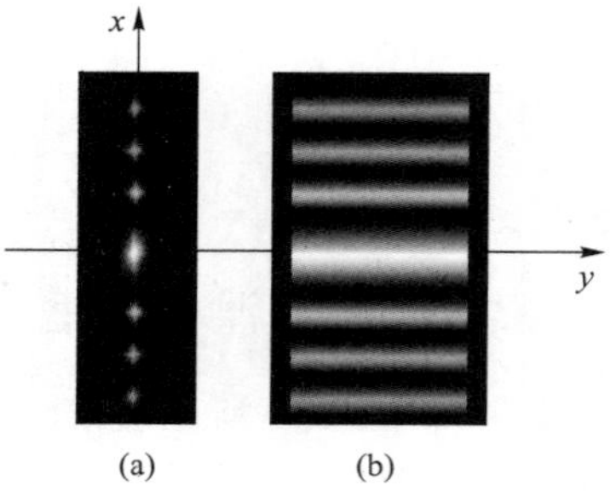

图 11-19

下面用菲涅耳半波片法来讨论屏幕上衍射条纹的特性。

设单色平行光垂直于缝宽为 b 的单缝平面入射，如图 11-20 所示。那么单缝处波面上的各点，都是同相位的发射子波的波源，向各个方向发射子波。首先考虑衍射角 $\theta=0$ 的情况。这些子波从 AB 面发出时是同相位的，经过透镜不引起附加的光程差，因而在 O 点会聚时它们的振动相位还是相同的，各子波在 O 点处的振动相互加强，O 点出现明条纹，这是中央明纹的中心位置。

其次，考虑衍射角为 θ 的衍射光在屏幕上 P 点的相干叠加情况。如图 11-21 所示。过 A 作 AC 面垂直于衍射光线，那么，沿 θ 方向各衍射光线之间的最大光程差为 $BC=b\sin\theta$。假想用一系列平行于 AC 面且间距为 $\lambda/2$ 的平面分割 BC，相应地也把单缝处的波面分成许多等宽的条带。在图 11-21 中，单缝处的波面恰好被分为两个条带，从这些条带出来的衍射光，头尾两光线的光程差为 $\lambda/2$，故这些条带称为半波带。由于这些波带的面积相同，所以波带上子波源的数目也相等，任何相邻波带上的相应两点（如 A 点和 B_1 点、波带 AB_1 的中点和波带 B_1B 的中点等）所发出的子波到达 P 点的光程差都是 $\lambda/2$，即相位差为 π，

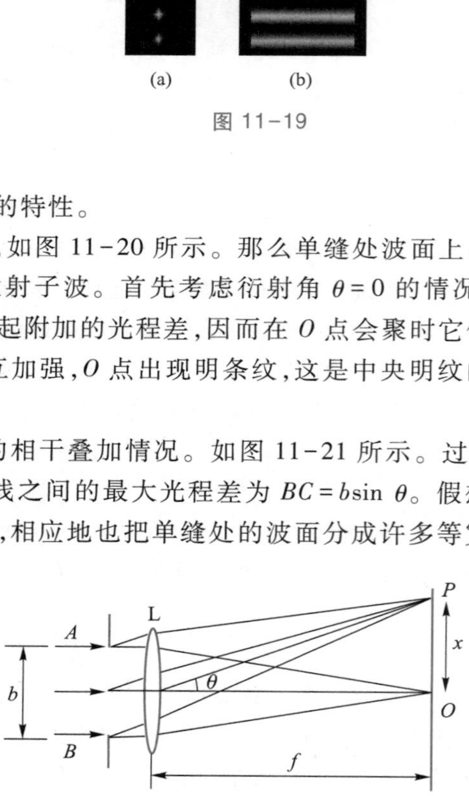

图 11-20

相互抵消。因此任何相邻的两个半波带所发出的光波在 P 处将完全相互抵消。

如果 BC 是半波长的偶数倍($2k$),即在该衍射角 θ 下将单缝处的波面分成偶数个半波带,相邻波带发出的子波皆成对抵消,从而在 P 处出现暗条纹;如果 BC 是半波长的奇数倍($2k+1$),则单缝处的波面也被分成奇数个半波带,于是除了其中相邻波带发出的子波两两抵消外,必然剩下一个波带发出的子波未被抵消,故在 P 处出现明条纹,其光强是奇数个波带中剩下来的一个半波带上所发出的子波在 P 处的合成。这一个半波带的面积是单缝面积的 $1/(2k+1)$,其中的子波数是单缝处的波面上总子波数的 $1/(2k+1)$,即便这些子波到达观察屏时的相位全部相同(实际上是不可能的),它们叠加后合振动的振幅也只是中央明纹中心位置光振动振幅的 $1/(2k+1)$,相应的光强是后者光强的 $1/(2k+1)^2$,它随着 k 的增大而迅速减小,如图 11-22 所示。综上所述,当平行单色光垂直入射时,单缝衍射明、暗条纹中心的条件为

$$\Delta_{fl}=BC=b\sin\theta=\begin{cases}0, & \text{中央明纹中心}\\ \pm k\lambda, & \text{暗条纹中心}\\ \pm(2k+1)\lambda/2, & \text{明条纹中心}\end{cases} \tag{11-35}$$

$k=1,2,3,\cdots$,Δ_{fl}表示第一束光线与最后一束光线的光程差。对于其他衍射角 θ,BC 一般不是半波长的整数倍,相应地,单缝处的波面不能分成整数个半波带,此时,P 处于明暗之间的区域。单缝衍射光强分布如图 11-22 所示。

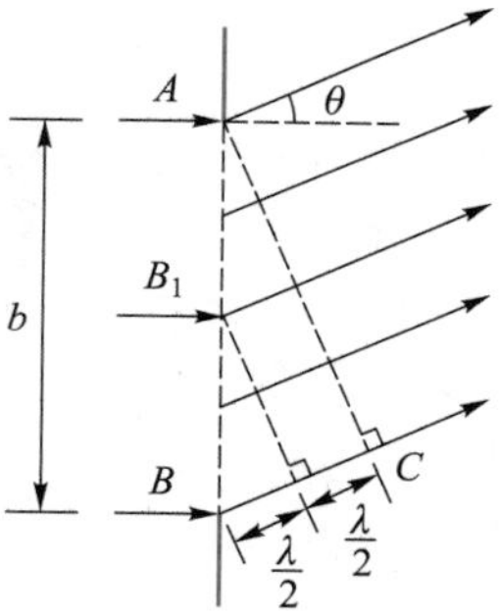

图 11-21

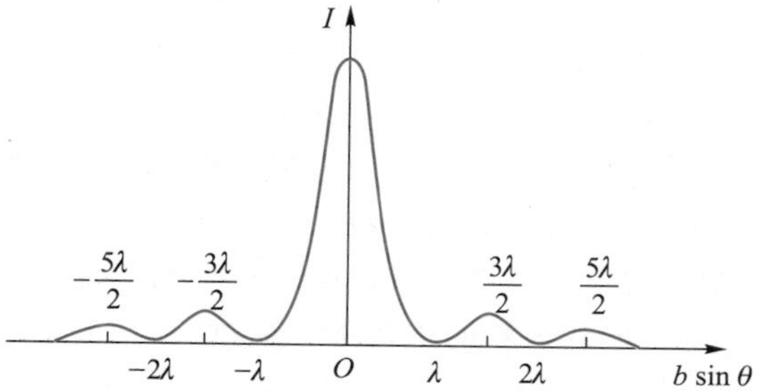

图 11-22

如果考察衍射处合振动的相位问题,由振动相干叠加的旋转矢量合成法易知,两分振动的振幅相等时,合振动的相位总等于两分振动相位的平均值,故对单缝而言,中心位置两侧同等距离的两子波叠加的结果总等效于中心位置发出的一束光,故全部子波叠加的结果等效为中心位置发出的一束光,但其光强由单缝首尾两束光的光程差 Δ_{fl}决定,只要 $\Delta_{fl}\neq k\lambda\ (k\neq 0)$,这一束光就存在。

由±1 级暗纹所夹区域为中央明纹宽度,由 $b\sin\theta=\lambda$ 得中央明纹的半角宽度为

$$\Delta\theta_0=\arcsin(\lambda/b)$$

当第一级暗纹的衍射角很小时,即 $\lambda\ll b$ 时,有

$$\Delta\theta_0=\lambda/b \tag{11-36}$$

这一关系称为衍射反比定律,它表明缝越窄,衍射越显著;缝越宽,衍射越不明显。当缝宽 $b\gg\lambda$ 时,各级衍射条纹向中央靠拢,密集得无法分辨,只显示出单一的明条纹。实际上这明条

纹就是光源通过透镜所成的几何光学的像。由此可见，光的直线传播现象，是光的波长比障碍物小很多时，衍射现象不显著的情形。因此几何光学是波动光学在 $\lambda/b\to 0$ 时的极限情况。

例 11-6 在单缝夫琅禾费衍射中，缝宽为 b，缝后的透镜焦距为 f，一波长为 λ 的平行光垂直入射，求中央明纹宽度及其他明纹的宽度。

解：中央明纹宽度为两个一级暗纹中心间的距离，对第一级暗纹中心有

$$b\sin\theta_1=\lambda$$

由 $x=f\tan\theta\approx f\sin\theta$，得中央明纹宽度为

$$\Delta x_0=2f\sin\theta_1=2f\lambda/b$$

第 k 级明纹的宽度为第 $(k+1)$ 级和第 k 级暗纹中心间的距离

$$b\sin\theta_{k+1}=(k+1)\lambda$$

$$b\sin\theta_k=k\lambda$$

则第 k 级明纹宽度为

$$\Delta x_k=f(\sin\theta_{k+1}-\sin\theta_k)\approx f\left(\frac{k+1}{b}\lambda-\frac{k}{b}\lambda\right)=f\frac{\lambda}{b}$$

即其他明纹的宽度为中央明纹宽度的一半。

四、光栅衍射

对于夫琅禾费单缝衍射而言，单缝宽，条纹亮，但条纹太密，并不易分辨；若单缝变窄，虽条纹间距增大，但条纹变暗，也不易分辨。我们要想得到亮度大、亮条窄、间距大的明纹来进行精确测量，常利用光栅来实现。

视频：光栅衍射

光栅是现代科技中常用的重要光学元件。它具有空间周期性，能够等宽、等间隔地分割入射波面。在一块透明平板上均匀刻画出一系列等宽、等间隔的平行刻线，入射光只能从未刻的透明部分通过，在刻痕上因漫反射而不能通过，这就形成了一个相当于由一系列等宽、等间隔的平行狭缝构成的平面透射光栅。在光洁度很高的金属平面上刻画一系列等间隔的平行槽纹，就构成了反射光栅。图 11-23(a) 为透射光栅，图 11-23(b) 为反射光栅。此外，晶体内部周期性排列的原子或分子，可构成天然的三维光栅。

下面以透射光栅为例，来讨论光栅的衍射规律。设透射光栅的总缝数为 N，缝宽为 b，不透光部分的宽度为 a，如图 11-24 所示，则 $d=a+b$ 称为光栅常量，它是光栅空间周期性的表示。现代用的衍射光栅，在 1 cm 内，可刻上 $10^3\sim10^4$ 条缝，因此一般的光栅常量为 $10^{-6}\sim10^{-5}$ m。

夫琅禾费光栅单缝衍射与单缝衍射一样，凡是衍射角 θ 相同的平行光，经过透镜都将会聚于屏幕上同一点，如图 11-25 所示，故光栅衍射实际上是由每个单缝的衍射以及缝缝之间的干涉叠加而成的。每个单缝衍射的结果等效于从缝中心发出的一束光，光强由单缝的第一束与最后一束光的光程差决定，只要 $\Delta_{fl}=b\sin\theta\neq k'\lambda$，这一束光就存在，故 N 个狭缝衍射光的相干叠加就完全等效于我们在第 9 章的 9.3 节所讨论的 N 个同方向、同频率、等相位差的的简谐振动的合成，N 很大，故只存在又细又亮的主极大。即只要在 θ_k 方向单缝衍射的光强不为零，

$$\Delta_{fl}=b\sin\theta_k\neq\pm k'\lambda,\quad k'=\pm1,\pm2,\cdots,k-1 \tag{11-37}$$

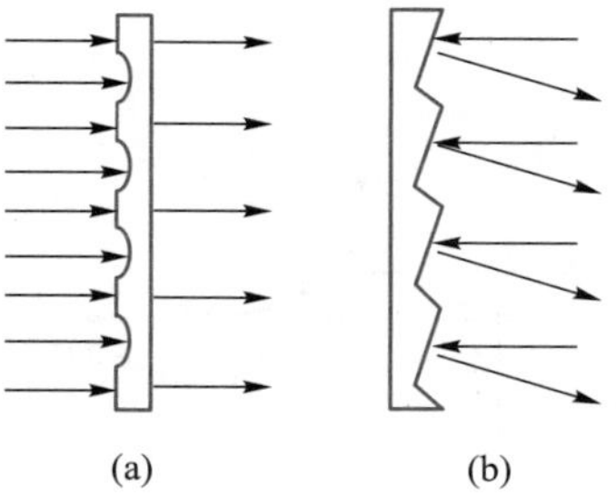

图 11-23

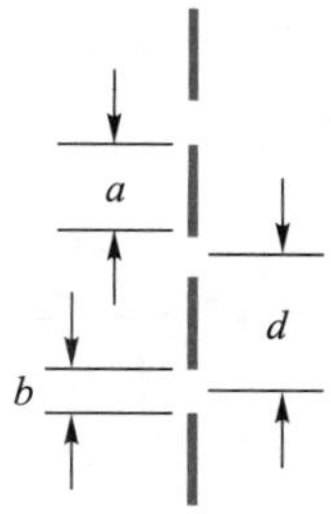

图 11-24

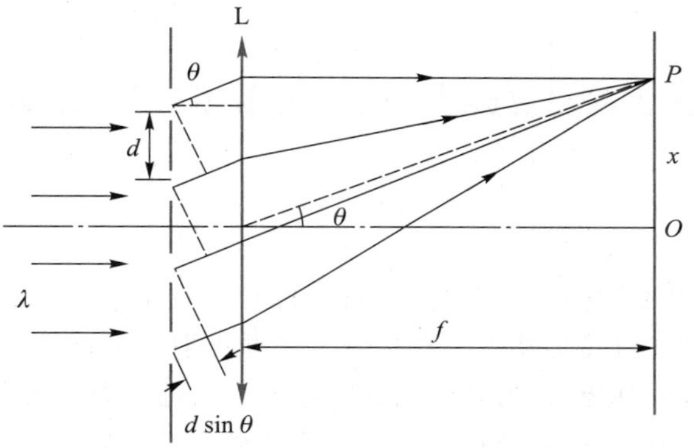

图 11-25

（k'取值小于 k，是因为 Δ_{fl} 总小于光程差 Δ）则当相邻缝中心两束光的相位差等于 $2k\pi$，或者说当相邻缝中心两束光的光程差

$$\Delta = d\sin\,\theta_k = k\lambda\,,\quad k=0,\pm1,\pm2,\cdots \tag{11-38}$$

时，全体同向光束叠加结果为 θ_k 方向形成第 k 级主极大。上式称为光栅方程，决定了主极大的方向（位置），此时在主极大方向上会聚在 P 点的合振幅应是来自一条缝在 P 点振幅的 N 倍，总光强是来自一条缝光强的 N^2 倍。因此光栅衍射明纹的光强要比一条缝衍射的明纹的光强大得多，光栅缝数越多，则明条纹越亮。

式（11-37）及式（11-38）为第 k 级主极大存在的充要条件。若有某 θ_k 满足式（11-38）但不满足式（11-37），则该方向上的第 k 级主极大不会出现，这一现象称为缺级，易证光栅明纹所缺级次 k 为

$$k=\pm\frac{d}{a}k'\,,\quad k'=1,2,3,\cdots$$

图 11-26 画出的是 $N=4$ 的光栅衍射图样，其中图 11-26(a) 画出的是单缝衍射光强图，图 11-26(b) 画出的是经单缝衍射调制的 4 缝干涉的光强分布图（该图的主极大光强应为图 11-26(a) 中对应光强的 4^2 倍），两个明纹之间有 3 个暗纹和 2 个次极大，但当 $d/b=4$ 时，光栅缺极，则光栅明纹缺 $k=\pm4,\pm8,\cdots$ 各级。

由光栅公式知，当光栅常量 d 一定时，同一级明纹对应的衍射角 θ 随波长 λ 的增大而增大。如果入射光源中包含几种不同波长的光，则除零级明纹外其他级次的各色明纹的位置不

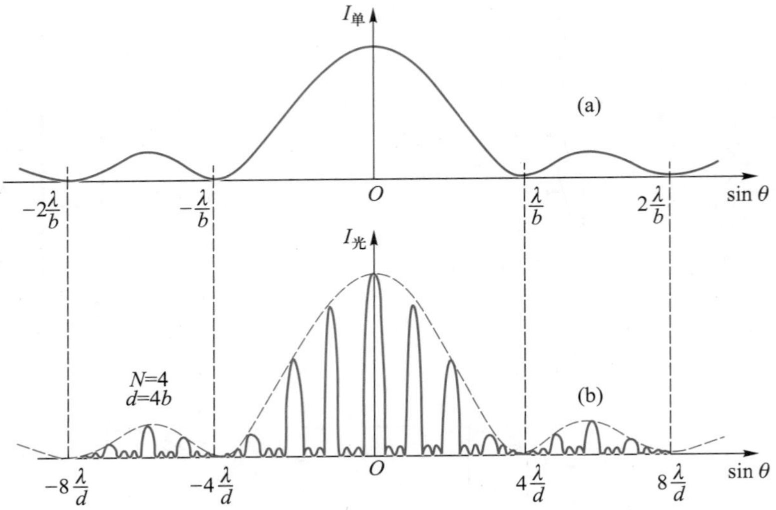

图 11-26

同，在衍射图样中有几组不同颜色的亮线，它们各自对应一个波长，这些亮线就是谱线。各种波长的同级谱线集合起来构成光源的一套光谱。光栅衍射产生的这种按波长排列的谱线，称为光栅光谱。如果光源是白光源，则光栅光谱中除零级仍近似为一条白色亮线外，其他级各色亮线排列成连续的光谱带，对称地分布在白色亮线两侧，靠近白色亮线的是紫色的谱线，远离白色亮线的为红色谱线。级数越高，各谱线分得越开，但相邻级次光谱发生重叠的现象越严重。

光栅除零级以外，可将光源中不同色的光分开的现象称为光栅的色散现象。利用光栅的色散本领，可用它来作光谱分析，分析物质的成分和分子原子的结构。光谱分析是现代物理学研究的重要手段，在工程技术中，也广泛应用于分析、鉴定等方面。

例 11-7　用波长为 589 nm 的单色光垂直照射到每毫米有 500 条刻痕的光栅上，在光栅后放置一焦距为 30 cm 的会聚透镜，(1) 求第一级及第三级明纹的衍射角；(2) 求第一级及第三级明纹间的距离；(3) 若缝宽与缝间距相等，用此光栅最多能看到几条明纹？

解：(1) 光栅常量为

$$d=\frac{1\times10^{-3}}{500}\text{m}=2\times10^{-6}\text{m}$$

对于第一级明纹，$k=1$，由光栅公式 $d\sin\theta_k=\pm k\lambda$ 得

$$\sin\theta_1=\pm\frac{\lambda}{d}=\pm\frac{589\times10^{-9}}{2\times10^{-6}}\approx\pm0.295$$

第一级衍射角 θ_1 为

$$\theta_1=\pm\arcsin0.295\approx\pm17°7'$$

对于第三级明纹，$k=3$，同理可得

$$\sin\theta_3=\pm\frac{3\lambda}{d}=\pm\frac{3\times589\times10^{-9}}{2\times10^{-6}}\approx\pm0.884$$

第三级衍射角 θ_3 为

$$\theta_3=\pm\arcsin 0.884\approx\pm 62^\circ 3'$$

（2）由 $x=f\tan\theta$ 得第一级及第三级明纹间的距离为

$$\Delta x=x_3-x_1=f(\tan\theta_3-\tan\theta_1)=30\times10^{-2}\times(\tan 62^\circ 3'-\tan 17^\circ 7')\ \mathrm{m}=0.47\ \mathrm{m}$$

（3）理论上能看到的最高级谱线的极限，对应衍射角 $\theta=\pi/2$，则

$$k_{\max}=\frac{d\sin\dfrac{\pi}{2}}{\lambda}=\frac{d}{\lambda}=\frac{2\times10^{-6}}{589\times10^{-9}}\approx 3.4$$

即最多能看到第三级明纹。考虑缺级，因为 $d/b=2$，$k=\pm2,\pm4,\cdots$ 不会出现，所以，实际上能看到 $k=0,\pm1,\pm3$ 五条主极大。

五、夫琅禾费圆孔衍射

1. 夫琅禾费圆孔衍射

在图 11-18 的夫琅禾费单缝衍射实验装置中，可以看到光在某一个方向上受到限制，衍射图样沿该方向扩展。若用一个小圆孔代替单缝，则入射光在圆孔平面上的各个方向上都受到限制，因此，在衍射屏上会看到中央为一明亮的圆斑，外围为一些明暗相间的同心亮环组成的衍射图样，如图 11-27 所示。中央圆斑称为艾里斑，它的强度约占整个入射光强的 84%。夫琅禾费圆孔衍射的强度分布可根据惠更斯-菲涅耳原理进行计算，不过运算比较复杂，结果用一阶贝塞耳函数表示，其强度分布曲线如图 11-28 所示。

视频：圆孔衍射

第一个强度极小的位置出现在

$$\sin\theta=1.22\frac{\lambda}{D}$$

式中，D 为圆孔的直径。也就是说，中央亮斑的半角宽度为

$$\theta_1\approx\sin\theta_1=1.22\frac{\lambda}{D}\qquad(11-39)$$

由上式可以看出，圆孔直径越小，则艾里斑越大，衍射越显著；反之，圆孔直径越大，则艾里斑越小，衍射越弱。当圆孔直径比波长大得多时，圆孔衍射图样向中心缩小为一个点，这正是几何光学的结果。

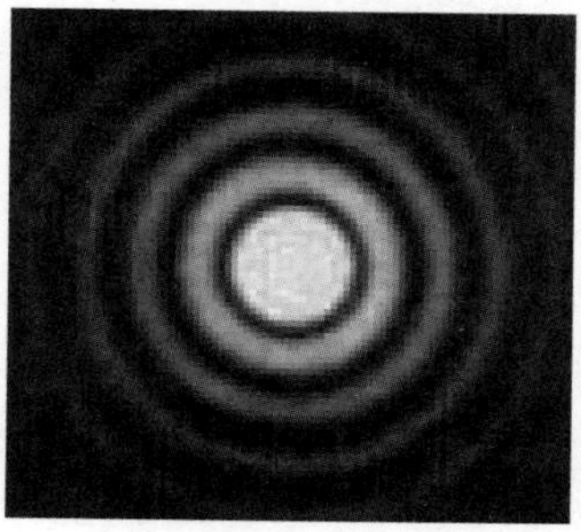

图 11-27

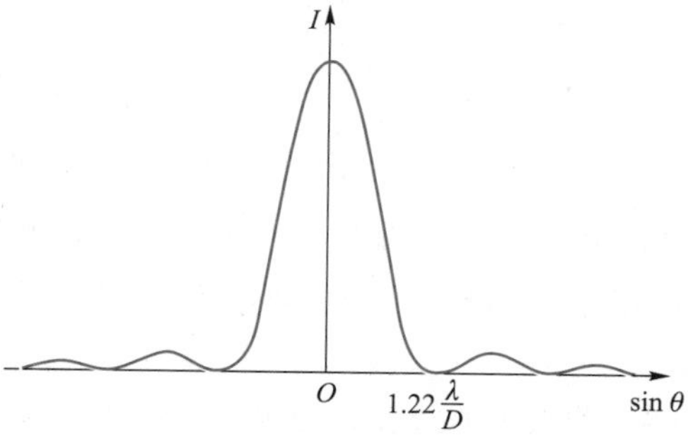

图 11-28

2. 光学仪器的分辨本领

光学成像仪器的物镜都有圆形边框，都会产生圆孔夫琅禾费衍射，这就使它们所成的像不再是理想的几何像点的集合，而是由一系列艾里斑组成，这必然会影响像的清晰度。两个点物体或同一物体上的两点由于衍射作用，在成像时会形成两个艾里斑，如果两物点的像相距很近，其对应的艾里斑可能发生重叠以至于被看成一个像点，也就无法分辨这是两个物体或同一物体上的两点，衍射限制了光学成像仪器的分辨能力。

怎样才算能分辨？通常采用瑞利(Rayleigh)判据确定光学仪器的分辨本领。这个判据规定，当一个艾里斑的中心正好落在另一个艾里斑的边缘(即第一级暗环)处，就认为这两个艾里斑恰好能被分辨。计算表明，当满足瑞利判据时，两个非相干艾里斑重叠中心的光强，约为每个艾里斑中心最亮处光强的 80%，对于大多数人来说恰能分辨这种差别。图 11-29 中，从左向右依次为两个物点的像能分辨，刚能分辨，不能分辨三种衍射图样。

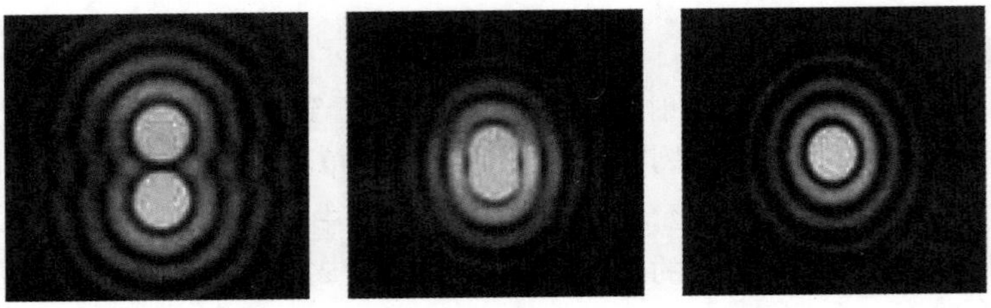

图 11-29

以透镜为例，恰能分辨时，两物点在透镜处的张角称为最小分辨角，用 $\delta\theta$ 表示，如图 11-30 所示，它恰好等于艾里斑的半角宽度

$$\delta\theta=\theta_1=1.22\frac{\lambda}{D} \tag{11-40}$$

最小分辨角的倒数称为分辨本领。

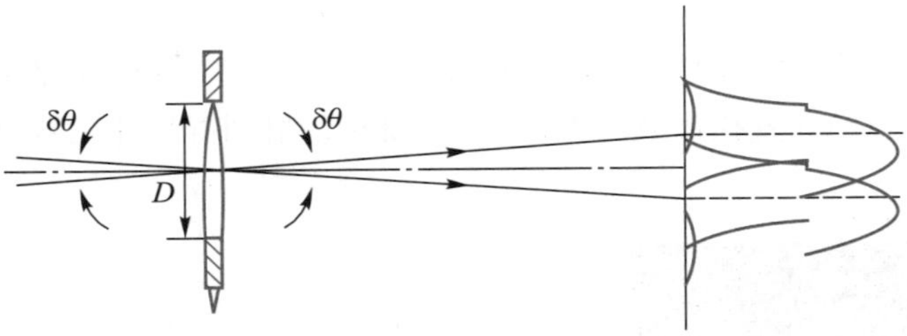

图 11-30

由式(11-40)可知，提高分辨本领的途径有两个，一是增大物镜的直径，二是用短波长观察物体。采用大口径物镜的天文望远镜，利用短波长的紫外线显微镜、电子显微镜，正是利用了这一原理。

例 11-8　若人眼的瞳孔直径为 2 mm，求：(1) 人眼对可见光最敏感的黄绿光($\lambda=550\text{nm}$)的最小分辨角；(2) 在明视距离(离眼约 25 cm)处可分辨的两物点的最小距离。

解：(1)由式(11-40)知，人眼的最小分辨角为

$$\delta\theta = 1.22\frac{\lambda}{D} = 1.22\times\frac{550\times10^{-9}}{2\times10^{-3}}\ \text{rad} \approx 3.36\times10^{-4}\ \text{rad}$$

(2)最小分辨距离 Δx 为

$$\Delta x \approx l\delta\theta = 25\times10^{-2}\times3.36\times10^{-4}\ \text{m} = 8.4\times10^{-5}\ \text{m}$$

11.4　光的偏振

一、线偏振光和自然光

1. 线偏振光

视频：光的偏振

光的干涉和衍射现象揭示了光的波动性，但还不能由此确定光是横波还是纵波，光的偏振现象证实了光是横波，这些都是对光是电磁波的有力证明。

光矢量只限于单一方向振动的光称为线偏振光。若光波沿 z 轴正方向传播，z 轴上任意点的光矢量都被限制在 x 方向上振动，则这是一列线偏振光。由于所有光矢量都被限制在 xz 平面内，故线偏振光又称为平面偏振光，平面 xz 称为平面偏振光的振动面或偏振面。若 xz 平面为纸平面，则这种线偏振光常用一条直线上的一组等间隔垂直直线的短线段简洁表示，简称为振动方向平行于纸面的线偏振光，如图 11-31(a)所示，图 11-31(b)表示了一列振动方向垂直纸面的线偏振光。

由第 9 章的式(10-32)可知，振动方向限制在 xy 平面内任意 $\boldsymbol{e}_C$ 方向上的振幅为 A_0 的简谐振动，总可以分解为方向相互垂直的两个简谐振动，它们的振幅分别为 $A_x = A_0\boldsymbol{e}_C\cdot\boldsymbol{i}$，$A_y = A_0\boldsymbol{e}_C\cdot\boldsymbol{j}$，即任意一列线偏振光总可以分解为两列振动方向相互垂直的线偏振光，且这两列线偏振光的相位是同步变化的。

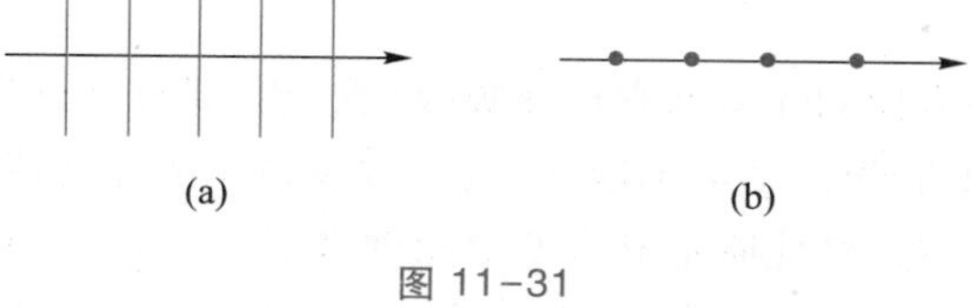

图 11-31

2. 自然光

从一般光源的发光特点可知，光波是由大量的光波列组成。由于光源内的不同原子或同一原子在不同时刻发出的光波列是彼此独立的，则这些光波振动的相位、振动的方向、振幅的大小都是随机分布的。故在垂直光传播方向的平面上看，几乎各个方向上都有大小不等、前后参差不齐的光矢量，但按统计平均来讲，无论哪一个方向的光矢量都不比其他方向的光矢量有优势，即在所有可能方向上的光矢量的振幅都相等，这种光称为自然光，又称为非偏振光，如太阳光、白炽灯光等，如图 11-32(a)所示。

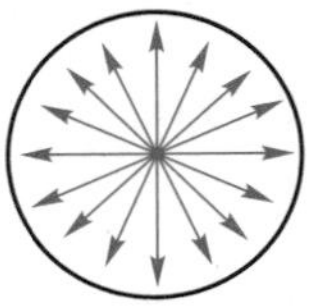

(a) 自然光

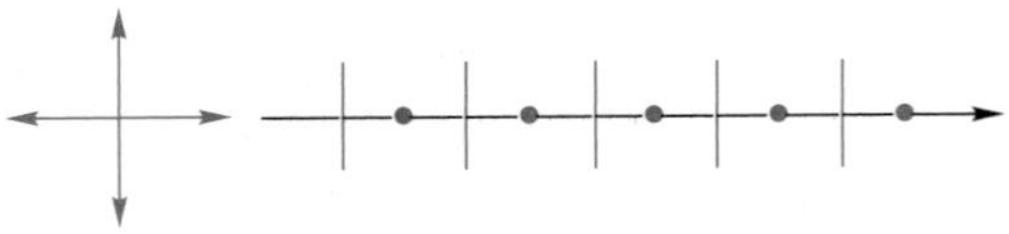

(b) 偏振光

图 11-32

在垂直传播方向的平面内，建立任意直角坐标系 Oxy，将自然光中的每一列线偏振光分解为振动方向分别在 x 轴和 y 轴上（即两列振动方向相互垂直）的线偏振光，然后再分别将振动方向在 x 轴和 y 轴上的所有光波叠加，注意到这些光波之间没有确定的相位关系，故最后形成两列相互独立、相位没有固定关系、振幅相等、振动方向相互垂直的线偏振光，每列线偏振光的光强等于自然光光强的一半。如图 11-32(b)所示，将自然光分解为振动方向平行纸面和垂直纸面的两列线偏振光，绘制时点和短线比例为 1 ∶ 1。

如果一束光中虽然包含有各个方向的振动，但在某一振动方向的光振动比与之垂直方向的光振动有优势，则此光称为部分偏振光。同样地，部分偏振光也可以分解为两列振动方向相互垂直的线偏振光，若将部分偏振光分解为这两个特殊方向的线偏振光，则这两列线偏振光的光强相差最大。图 11-33 所示为一列部分偏振光，其平行纸面方向的光振动比垂直纸面的光振动占有优势，在按比例严格绘制情况下，图 11-33 所示的总光强为 $5I_0$ 的部分偏振光，它可以看成为光强为 $4I_0$ 的振动方向平行于纸面的线偏振光与光强为 I_0 的振动方向垂直纸面的线偏振光的叠加。当然，部分偏振光还可以看成是自然光和线偏振光的混合，图 11-33 所示的部分偏振光也可以看成为光强为 $3I_0$ 的振动方向平行于纸面的线偏振光与光强为 $2I_0$ 的自然光的叠加。自然界中，天空中的散射光和湖面及玻璃等面上的反射光都是部分偏振光。

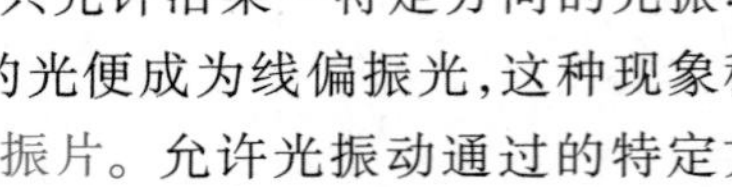

图 11-33

二、起偏和检偏 马吕斯定律

某些晶体物质对不同方向的光振动有选择吸收的性能，即只允许沿某一特定方向的光振动通过，而与该方向垂直的所有光振动都不能通过，透过该物质的光便成为线偏振光，这种现象称为光的偏振现象。利用晶体这种性质制成的光学元件，称为偏振片。允许光振动通过的特定方向称为偏振片的偏振化方向或透振方向，常用符号“↕”表示。用偏振片获得线偏振光的过程，称为起偏。检验光波偏振态的过程，称为检偏。用于起偏或检偏的装置分别称为起偏器和检偏器。

偏振片可以作为起偏器，即无论入射光是自然光还是部分偏振光，透过偏振片的光均为线偏振光，如图 11-34 所示。图中 P_1 为起偏器，将自然光分解成平行偏振化方向和垂直偏振化方向的两列线偏振光，平行偏振化方向的线偏振光全部通过偏振片，而垂直偏振化方向的线偏振光全被吸收，透射光变成了振动方向平行于偏振片偏振化方向的线偏振光。由于自然光中两个相互垂直方向上的振动振幅相等，因此自然光通过 P_1 后强度变为原来的一半，即 $I_1=I_0/2$。转动偏振片，出射的线偏振光的振动面随之转动，但光强不变。

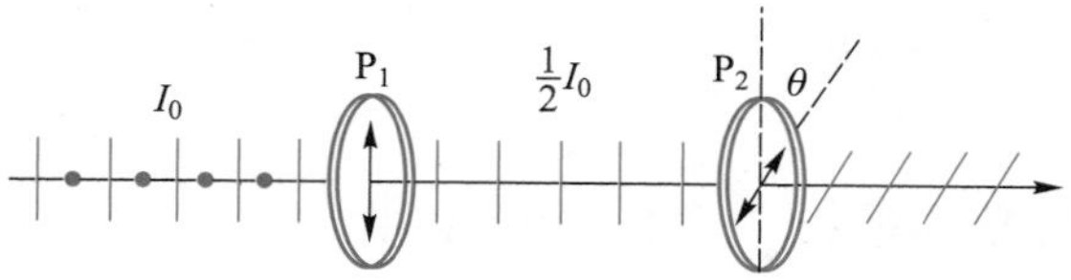

图 11-34

若线偏振光通过偏振片，情况又如何？同样地，任一线偏振光也可以分解为两列振动方向相互垂直的两列线偏振光，设 $\boldsymbol{E}_0$ 方向为入射线偏振光的光矢量方向，E_0 为其振幅，$\boldsymbol{e}_P$ 为偏振片的偏振化方向，两者夹角为 θ，则平行于偏振化方向的振幅分量为

$$E_P=\boldsymbol{E}_0\cdot\boldsymbol{e}_P=E_0\cos\theta$$

设入射到偏振片上的线偏振光光强为 I_0，透射光光强为 I，注意到光强正比于光振动振幅的平方，因而有

$$I=E_0^2\cos^2\theta=I_0\cos^2\theta \tag{11-41}$$

当 $\theta=0$ 或180°时，$I=I_0$，透射光强最大；当 $\theta=90°$或270°时，$I=0$，透射光强为零；当 θ 为其他值时，透射光强在最大值和零之间。这就是 1808 年法国科学家马吕斯(E. L. Malus)在实验中发现的规律，称为马吕斯定律。由偏振片的特征可知，在图 11-34 中，当 P_2 和 P_1 之间的偏振化方向成 θ 角时，则从 P_2 透射出来的线偏振光的光强为 $I=\dfrac{I_0}{2}\cos^2\theta$。

由马吕斯定律可知，对线偏振光而言，转动偏振片，出射的线偏振光不仅振动面随之改变，同时光强也发生变化，在转动一周的过程中，光强出现两次明暗变化，最暗时光强为零。由此可见，自然光和线偏振光投射到偏振片后，透射光的变化规律并不相同，故偏振片可以用作检偏器。

若用偏振片作为检偏器检测某列光波的偏振状况，发现当转动偏振片一周时，透射光出现两明两暗现象，但最暗时光强并不为零，最亮光强为最暗光强的 4 倍，问这是什么光？明显地，出射光强的变化规律既不同于自然光的情况，也不同于线偏振光的情形，故入射光应该为部分偏振光，光强最大时与光强最小时的振动方向必然相互垂直，故可将入射光分解为这两种线偏振光，如图 11-33 所示。

偏振片的应用很广，可用于照相机的偏光镜和太阳镜，可制成观看立体电影的偏光眼镜，也可作为许多光学仪器中的起偏和检偏装置。

例 11-9 三块偏振片 P_1、P_2、P_3 平行放置，P_1 的偏振化方向和 P_3 的偏振化方向垂直。一束光强为 I_0 的自然光垂直照射到偏振片 P_1 上，忽略偏振片对光的吸收，以入射光为轴旋转偏振片 P_2，求通过偏振片 P_3 的最大光强。

解：设某时刻，偏振片 P_2 的偏振化方向与 P_1 偏振化方向之间的夹角为 α，自然光通过 P_1 后，变为振动方向平行于 P_1 偏振化方向的线偏振光，设其强度为 I_1，则 $I_1=I_0/2$，根据马吕斯定律，线偏振光通过 P_2 后，其强度为

$$I_2=I_1\cos^2\alpha=I_0\cos^2\alpha/2$$

同理，光通过 P_3 后，其强度为

$$I_3=I_2\cos^2(\pi/2-\alpha)=I_0\cos^2\alpha\sin^2\alpha/2=I_0\sin^2 2\alpha/8$$

则当 $\alpha=\pi/4$ 时，透射光强最大，$I_{max}=I_0/8$。

三、反射和折射时光的偏振　布儒斯特定律

利用光在两种各向同性介质的分界面上发生的反射和折射，也可以使入射的自然光变成部分偏振光或线偏振光。

实验表明，当自然光从折射率为 n_1 的介质以入射角 i 入射到折射率为 n_2 的介质表面上时，一般情况下，反射光和折射光都是部分偏振光，如图 11-35(a) 所示。反射光中垂直入射面的光振动多于平行入射面的光振动，而折射光中平行入射面的光振动多于垂直入射面的光振动。1811 年，布儒斯特(D. Brewster)指出，反射光的偏振程度随入射角的改变而改变，当入射角 i 等于某一特定值 i_0，且满足

$$\tan i_0=n_2/n_1 \tag{11-42}$$

时，反射光变成线偏振光，其振动方向垂直入射平面，如图 11-35(b) 所示，式(11-42)称为布儒斯特定律，i_0 称为布儒斯特角或起偏振角。由图 11-35(b) 可知，在入射角等于布儒斯特角时，平行于入射面的光振动将全部折射进入第二种介质中，这便是布儒斯特定律最根本的物理内涵。

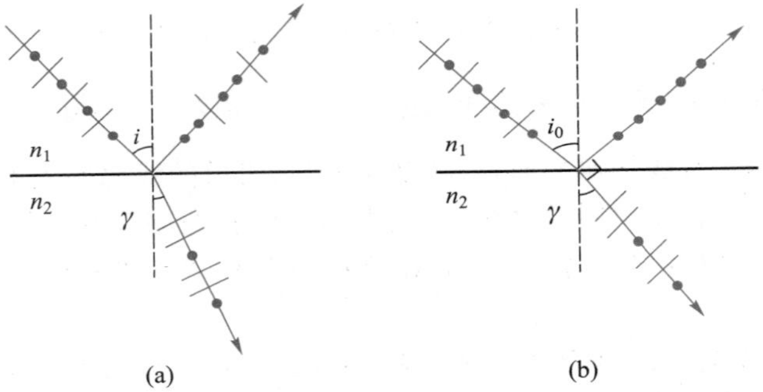

图 11-35

当光以布儒斯特角入射时，将折射定律

$$n_1\sin i_0=n_2\sin\gamma$$

与式(11-42)联立可得

$$i_0+\gamma=\pi/2 \tag{11-43}$$

即当光以布儒斯特角入射时，反射光与折射光垂直。显然这一结论与布儒斯特公式是一致的，可以作为布儒斯特定律的另一种表述。此时反射光为线偏振光，而折射光仍为部分偏振光。外腔式气体激光器在两端有布儒斯特窗，其输出的激光就是线偏振光。

例 11-10　一束自然光自空气射向一块平板玻璃，如图 11-36 所示。设入射角为布儒斯特角 i_0，证明在玻璃的下表面的反射光也是线偏振光。

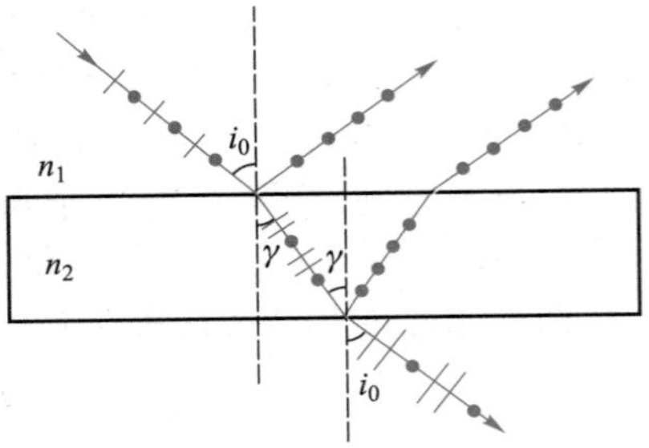

图 11-36

证:由布儒斯特定律知,当光以布儒斯特角入射时,在玻璃上表面的反射光为线偏振光,折射光为部分偏振光,此时反射光和折射光相互垂直,即有

$$i_0+\gamma=\pi/2$$

在平板玻璃的下表面也会出现反射光和折射光,此时的入射角为 γ,而折射角为 i_0,显然上式仍然成立,即在玻璃下表面的反射光也是线偏振光。

此结论亦可通过布儒斯特公式证明。由式(11-42)可得

$$\tan i_0=\tan\left(\frac{\pi}{2}-\gamma\right)=\frac{1}{\tan\gamma}=\frac{n_2}{n_1}$$

即

$$\tan\gamma=n_1/n_2$$

可见仍然满足布儒斯特定律,由此证明在平板玻璃下表面的反射光仍是线偏振光。

实际上,上述例题最本质的内涵是:所有平行于入射面的光振动不会反射,只会百分之百地透射,由此我们可利用平行玻璃片堆获得线偏振光。如图 11-37 所示,当自然光以布儒斯特角 i_0 入射到平行玻璃片堆时,每经过分界面,所有平行于入射面的光振动均会百分之百地透射,而垂直于入射面的光每经过一个分界面总会因有一定量的反射而有所损失,经过多个分界面后,因多次反射,最后垂直于入射面的光振动几乎为零,故最后透射光的主要成分就只有平行于入射面的光振动了,此时的玻璃片堆可等效于一个偏振片。

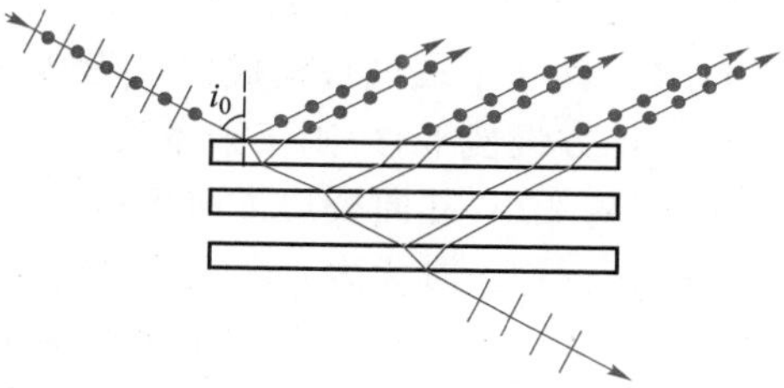

图 11-37

视频:光学
总结

习题

选择题

11-1　在相同的时间内,不同波长的单色光在空气中和在水中走过的(　　)。

A. 路程相等,光程相等　　B. 路程相等,光程不相等

C. 路程不相等,光程相等　　D. 路程不相等,光程不相等

11-2　频率为 ν 的单色光在折射率为 n 的介质中的波速为 u,则在此介质中传播的几何距离为 l 后,其光振动的相位滞后了(　　)。

A. $2\pi l\nu/u$　　B. $2\pi u\nu/nl$　　C. $2\pi nl\nu/u$　　D. $ul\nu/2\pi$

11-3　真空中波长为 λ 的单色光在折射率为 n 的介质中由 a 点传到 b 点,相位改变了 5π,则光从 a 点到 b 点的几何路程为(　　)。

A. $5\lambda/2n$　　B. $2\lambda n/5$　　C. $5\lambda/2$　　D. $5n\lambda$

11-4　如图所示，双缝干涉实验中屏幕 E 上的 P 点处是明条纹。若将缝 S_2 盖住，并在 S_1S_2 连线的中垂面上放一反射镜 M，则此时(　　)。

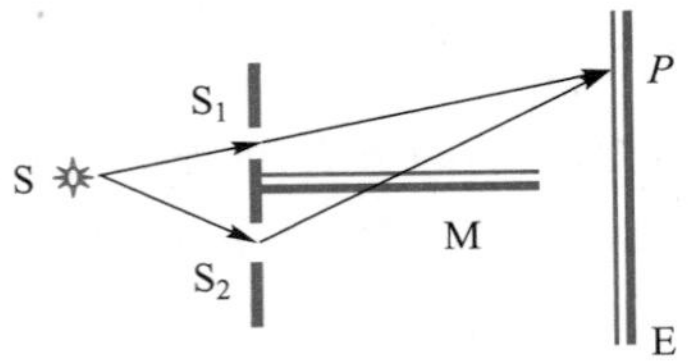

习题 11-4 图

A. P 点处仍为明条纹

B. P 点处变为暗条纹

C. 无法确定 P 点处是什么条纹

D. 无干涉条纹

11-5　当单色光垂直照射杨氏双缝时，屏上可观察到明暗交替的干涉条纹。若减小(　　)。

A. 缝屏间距离，则条纹间距不变

B. 双缝间距离，则条纹间距变小

C. 入射光强度，则条纹间距不变

D. 入射光波长，则条纹间距不变

11-6　两块平玻璃板构成空气劈尖，左边为棱边，用单色平行光垂直入射。若将上面的平玻璃向上方慢慢平移，则干涉条纹的(　　)。

A. 间隔变小，并向棱边方向平移　　B. 间隔变大，并向远离棱边方向平移

C. 间隔不变，向棱边方向平移　　D. 间隔不变，并向远离棱边方向平移

11-7　设牛顿环干涉装置的平凸透镜可以在垂直于平玻璃的方向上下移动，当透镜向上平移(即离开玻璃板)时，从入射光方向可观察到干涉条纹的变化情况是(　　)。

A. 环纹向边缘扩散，环纹数目不变　　B. 环纹向边缘扩散，环纹数目增加

C. 环纹向中心靠拢，环纹数目不变　　D. 环纹向中心靠拢，环纹数目减少

11-8　劈尖薄膜干涉条纹是等间距的，而牛顿环干涉条纹的间距是不相等的，这是因为(　　)。

A. 牛顿环的条纹是环形的　　B. 劈尖条纹是直线形的

C. 平凸透镜曲面上各点的斜率不等　　D. 各级条纹对应膜的厚度不等

11-9　光波的衍射现象没有声波显著，这是由于(　　)。

A. 光波是电磁波，声波是机械波　　B. 光波传播速度比声波大

C. 光是直线传播的　　D. 光的波长比声波小得多

11-10　在单缝衍射实验中，用真空中波长为 λ 的单色光垂直照射在单缝上，若屏上的 P 点满足 $b\sin\theta=7\lambda/2$，则该点为(　　)。

A. 第三级极小处　　B. 第四级极小处

C. 第二级极大处　　D. 第三级极大处

11-11　在单缝夫琅禾费衍射实验中，若增大缝宽，其他条件不变，则中央明纹(　　)。

A. 宽度变小，中心强度不变　　B. 宽度变小，中心强度增大

C. 宽度不变，中心强度也不变　　D. 宽度不变，中心强度增大

11-12　为测量一单色光的波长，下列方法中相对最准确的实验是(　　)。

A. 双缝干涉　　B. 牛顿环干涉　　C. 单缝衍射　　D. 光栅衍射

11-13　一束光垂直入射到一偏振片上，当偏振片以入射光方向为轴转动时，发现透射光的光强有变化，但无全暗情形，由此可知，其入射光是(　　)。

A. 自然光　　B. 部分偏振光

C. 全偏振光　　D. 不能确定其偏振状态的光

11-14　光强为 I_0 的自然光垂直通过两个偏振片，两偏振片的偏振化方向之间的夹角 $\alpha=60°$。设偏振片没有吸收光，则出射光强 I 与入射光强 I_0 之比为(　　)。

A. 1/4　　B. 3/4　　C. 1/8　　D. 3/8

填空题

11-15　真空中波长 $\lambda=500$ nm 的黄光在折射率为 $n=1.4$ 的介质中从 A 点传到 B 点，光振动的相位改变了 3π，该光从 A 到 B 所走的光程为__________。

11-16　将一块很薄的云母片($n=1.58$)覆盖在杨氏双缝实验中的上缝上，这时屏幕上的中央明纹中心被原来的第五级明纹中心占据。若入射光的波长 $\lambda=550$ nm，则该云母片的厚度为________。

11-17　用波长为 λ 的单色光垂直照射到空气劈尖上，从反射光中观察干涉条纹，距顶点为 L 处是明条纹。使劈尖角度 θ 连续变大，直到该点处再次出现明条纹为止，则 θ 的增量 $\Delta\theta=$____。

11-18　波长 $\lambda=500$ nm 的单色光垂直照射到牛顿环装置上，第三级明条纹与第六级明条纹所对应的空气薄膜厚度之差为____________nm。

11-19　如果单缝夫琅禾费衍射的第一级暗纹发生在衍射角为 $\theta=30°$ 的方位上，所用的单色光波长为 $\lambda=632$ nm，则单缝宽度为_______。

11-20　单色光垂直入射在单缝上，观察夫琅禾费衍射。若屏上 P 点处为第五级暗纹，则单缝处波面相应地可划分为____个半波带。若将单缝宽度缩小一半，P 点处将是____级____纹。

11-21　用 $\lambda=500$ nm 的光垂直射在每厘米有 2 000 条刻痕的平面衍射光栅上，第五级谱线的衍射角应为____。

11-22　波长 $\lambda=550\text{nm}$ 的单色光垂直入射在光栅常量 $d=2\times10^{-4}\text{cm}$ 的平面衍射光栅上，能观察到光谱线的最大级次为____。对第二级主极大而言，第 1 条缝与第 5 条缝对应点发出的两束光的光程差 $\Delta=$____。

11-23　一束自然光入射到空气和玻璃的分界面上，当入射角为 60°时，反射光为完全偏振光，则此玻璃的折射率为__________。

11-24　一束由自然光和线偏振光组成的混合光，垂直通过一偏振片。若以此入射光束轴旋转偏振片，测得透射光强度的最大值是最小值的 7 倍，那么入射光束中自然光和线偏振光的光强比为__________。

计算题

11-25　薄钢片上有两条紧靠的平行细缝，用波长为 $\lambda=558$ nm 的平面光波正入射到钢片上，屏幕距双缝的距离为 $d=2.00$ m。现测得中央明条纹两侧的第六级明条纹中心之间的距离为 $\Delta x=15.0$ mm，(1) 求两缝间的距离；(2) 从任一明条纹(计作 0)向一边数到第 15 条明条纹，共经过多少距离？(3) 如果使光波斜入射到钢片上，条纹间距将如何改变？

11-26　波长为 $\lambda=632$ nm 的单色光垂直入射到置于空气中的平行薄膜上，已知膜的折射

率 $n=1.50$，求：(1) 反射光最强时膜的最小厚度；(2) 透射光最强时膜的最小厚度。

11-27　波长 $\lambda=632$ nm 的单色光垂直照射到劈形液膜上，膜的折射率 $n=1.33$，液面两侧是同一种介质，观察反射光的干涉条纹。(1) 离开劈形膜棱边的第五级明条纹中心所对应的膜厚度是多少？(2) 若第五级明条纹中心距离棱边的间距 $l=8$ mm，则劈形液膜的夹角等于多少？

11-28　两块折射率为 1.50 的平板玻璃之间形成一个空气劈尖。真空中波长 $\lambda=550$ nm 的单色光垂直入射，产生等厚干涉条纹。若将劈尖装置放入充满 $n=1.40$ 的液体，此时发现相邻明条纹间距比劈尖内为空气时的间距缩小 $\Delta l=0.4$ mm，问劈尖角 θ 应是多少？

11-29　将牛顿环装置从空气中放入水中，设玻璃折射率 $n_1=1.50$，空气折射率 $n_2=1.00$，水的折射率 $n_2'=1.33$，试求第 k 个暗环半径的相对改变量 $(r_k-r_k')/r_k$。

11-30　波长为 589 nm 的单色光垂直入射到宽度为 $b=0.10$ mm 的单缝上，观察夫琅禾费衍射图样，透镜焦距 $f=1.00$ m，屏在透镜的焦平面处。求：(1) 中央衍射明条纹的宽度；(2) 第二级暗纹距离透镜焦点的距离。

11-31　钠黄光中包含两个相近的波长 $\lambda_1=589.0$ nm 和 $\lambda_2=589.6$ nm 的光波。用平行的钠黄光垂直入射在每毫米有 100 条缝的光栅上，会聚透镜的焦距 $f=1.00$ m。求在屏幕上形成的第三级光谱中上述两波长 λ_1 和 λ_2 的光谱之间的间隔 Δl。

11-32　以波长 400 nm～760 nm 的白光垂直照射在光栅上，在它的衍射光谱中，第二级和第三级发生重叠，求第三级光谱被重叠的波长范围。

11-33　含有已知 $\lambda_1=400$ nm 和未知 λ_2 两种单色光的复色光垂直射入某光栅，观察衍射谱线时发现，两种波长的谱线在 30°方向上重合，重合处 λ_1 的光为第三级主极大，而 λ_2 的光为第二级主极大，求光栅的光栅常量及 λ_2。

11-34　一衍射光栅，每厘米有 200 条透光缝，每条透光缝宽为 $b=0.02$ mm，在光栅后方放一焦距 $f=1.00$ m 的凸透镜。现以 $\lambda=500$ nm 的单色平行光垂直照射光栅，求：(1) 透光缝的单缝衍射中央明区条纹宽度；(2) 在透光缝的单缝衍射中央明纹区内主极大条数。

11-35　波长 $\lambda=600$ nm 的单色光垂直入射到一光栅上，测得第二级主级大的衍射角为 30°，且第三级是缺级。(1) 光栅常量 $(a+b)$ 等于多少？(2) 透光缝可能的最小宽度 a 等于多少？(3) 在选定了上述 $(a+b)$ 和 a 之后，求在屏幕上可能呈现的全部主极大的级次。

11-36　一光束由强度相同的自然光和线偏振光混合而成，总光强为 I_0，此光束垂直入射到两个叠在一起的偏振片 P_1、P_2 上，P_1 与 P_2 的偏振化方向的夹角为 $\alpha=60°$。若最后出射光的光强为 $I_0/8$，求入射光中线偏振光的振动方向与偏振片 P_1 的偏振化方向的夹角 θ。

11-37　一束光强为 I_0 的自然光相继通过三块偏振片 P_1、P_2、P_3后，其出射光的强度为 $I=3I_0/32$。已知 P_1和 P_3的偏振化方向相互垂直。若以入射光线为轴转动 P_2，问至少要转过多少角度才能使出射光的光强度为零？

第 12 章
热力学

宏观物体是由大量微观粒子(分子、原子或其他粒子)所构成,这些微观粒子处在永不停息的杂乱无章的运动中,这种运动称为多粒子系统的热运动,简称热运动,此时宏观物体会出现少粒子系统不会出现的热现象。热运动包含了机械运动,它是一种比机械运动更复杂的运动形式,有着不同于力学定律的新规律。对热现象的研究通常采用两种不同的方法。一种是以观察和实验为基础,从能量的观点出发研究热运动的宏观规律,这部分理论称为热力学,它具有很高的可靠性和普适性,但无法了解各种宏观现象的微观本质,对一些如涨落现象也不能做出很好的解释;一种是从物质的微观结构出发,应用(量子)力学规律和统计方法,研究多粒子体系的热运动规律,从而对宏观热现象有本质上的理解,这部分理论称为统计物理学,对气体而言,称为气体分子动理论。总之,热力学是宏观理论,统计物理学是微观理论,热力学研究的是物质宏观热力学性质,基于统计物理学的分析才能了解其本质。统计物理学的理论,经热力学的研究而得到验证,两者相辅相成,形成了完整的热学理论,使我们对热现象及相关的各种涨落现象有一个更全面、更深刻的理解。限于篇幅,本章主要从热力学层面研究热现象。

视频:热力学简介

由大量微观粒子(分子、原子或其他粒子)组成的宏观物体,通常称为热力学系统(简称系统),而把与热力学系统存在密切联系的系统以外的部分称为系统的外界,简称外界。按系统与外界相互作用的类别可将系统分为三类。第一类称为孤立系统,它与外界既无能量也无物质交换;第二类称为封闭系统,它与外界仅有能量的交换;第三类系统最为复杂,称为开放系统,它与外界有能量和物质的交换。一般地,热力学系统非常复杂,我们研讨的对象将主要限于理想气体。本章首先利用孤立系统的性质,阐述热力学平衡态的概念,并由此引入描述气体平衡性质的三个状态参量,给出理想气体的物态方程,讨论热力学过程所遵循的热力学第一定律和第二定律,以及它们在理想气体各种等值过程中的应用。

12.1　平衡态　理想气体物态方程及其热力学能

一、孤立系统的平衡态

按研究规律来说,总是先易后难,故先介绍孤立系统。人们在长期的实践中发现一个事实,对于孤立系统,不管刚开始处在什么状态,在经过足够长的时间后它将处于一个所有可观察的宏观性质不再随时间变化的状态,这种状态称为系统的平衡状态,简称平衡态。此处的平衡,是指宏观层面上的平衡,它有两个意思,一是系统内各宏观部分之间的平衡,二是系统与外界的平衡。从微观的角度来说,系统处于平衡态时,组成系统的大量微观粒子仍在不停地运动着,所谓的平衡实际上只是大量粒子无规则热运动的平均效果,因此在微观层面上,这种平衡又称为热动平衡,即热力学动态平衡。孤立系统和平衡态都是一种理想情况,实际中并不存在真正的孤立系统,也不存在所谓的平衡态。当系统受到的外界影响可以略去,系统的宏观性质变化非常缓慢时,就可以将系统近似地看作平衡态。需要注意的是,对非孤立系统而言,在外界的影响下,系统的宏观性质也能处于不随

视频:热学基础知识

视频:微观宏观关系

时间变化的状态，但这种状态不叫平衡态，而叫作稳定态。实验表明，当系统处于平衡态时，可以用少许的几个宏观物理量就能在宏观层面上完备地描述系统的宏观性质。

二、平衡态时的状态参量及物态方程

1. 状态参量

怎样描述热力学系统的平衡态呢？如位矢与速度这种仅能描述单个粒子运动状态的物理量，显然不能用来描述大量粒子体系的宏观状量态。为此我们必须用一些能表述多粒子体系整体特征和状态的物理量来描述热力学系统。这些用来描述热力学系统宏观整体特征和状态的物理量称为宏观参量，它们可以用宏观仪器直接测量。孤立系统在平衡态时，其宏观性质不随时间而变，我们就可以选择与热现象有关的、表征系统宏观性质的、易于测量的宏观参量来描述系统的平衡态。由于这些参量之间可能存在一定的关系，我们总可以选择若干个独立的参量来描述系统的平衡态，我们把描述系统平衡态的一组相互独立的宏观参量称为系统的状态参量。

由于热运动及其变化能够改变宏观物体的几何形状、力学特性和电磁特性等诸多物理特征，按学科属性可将系统状态参量分为几何参量（体积、表面积等）、力学参量（压强、表面张力、弹性系数等）、热学参量（温度、熵）及电磁参量、化学参量等。用这几类参量的若干个或全体同时描述一个系统的状态是热力学特有的方法，它反映了热力学系统的复杂性和热力学研究对象的广泛性。

气体是一种最简单的热力学系统，也是我们最主要的研究对象。实验表明，当气体处于平衡态时，在不考虑气体的电磁特性情况下，用三个宏观物理量就能在宏观层面上完备地描述气体的宏观性质，它们是气体的体积（几何参量）、压强（力学参量）和温度（热学参量），这三个物理量常称为气体的热力学状态参量，简称状态参量。

（1）几何参量——体积 V，用来描述整个气体系统占据的空间大小，它的单位为 m^3（立方米）或 L（升）。应当注意，气体没有固有形态，由于热运动，它总是试图占据最大的空间区域，故当用容器容纳一定量的气体时，容器的容积就是气体的体积，切不可将其与气体中全部气体分子的体积和相混淆。

（2）力学参量——压强 p，用来描述系统与外界相互作用强度的物理量。一定体积的系统，必有一个封闭的边界，即闭合面，系统与外界间的相互作用必通过该闭合面。所谓的压强定义为垂直单位表面积上的压力，其单位为 Pa（帕），$1\ \mathrm{Pa}=1\ \mathrm{N/m^2}$。另一个常用单位为大气压 atm，$1\mathrm{atm}=1.013\ 25\times10^5\ \mathrm{Pa}$。

（3）热学参量——温度 T，其概念比较复杂，它是热力学中特有的物理量。温度在本质上与物体内部大量微观粒子热运动的剧烈程度有关，但在宏观上可以简单地看作物体冷热程度的度量，并规定相对较热的物体具有较高的温度。经验告诉我们，冷热程度不同的两物体相互接触后，最后总趋于冷热程度一致的平衡状态。这种接触称为热接触，两封闭系统之间的这种平衡称为热平衡。温度的数值表示法称为温标，常用的有我们熟知的摄氏温标，符号为 t，单位为摄氏度，用°C 表示；最基本的温标是国际单位制中的热力学温标，其符号为 T，单位为开尔文，简称开，用 K 表示。最低温度为 0 K，水的三相点（固、液、气三态共存态）温度定义为 273.16 K。

某热力学系统处于平衡态时，上述三个物理量具有确定的值，并且不随时间变化，平衡态不同，上述三个量就会有所不同。

2. 物态方程

实验表明，对于一定质量的气体、液体和固体系统，上述三个量并不相互独立，而是满足一个方程

$$f(p,V,T)=0 \tag{12-1}$$

式(12-1)称为物态方程，具体形式由实验来测定。例如，质量为 m，摩尔质量为 M 的理想气体的物态方程为

$$pV=\frac{m}{M}RT=\nu RT \tag{12-2}$$

式中 ν 为物质的量，R 为摩尔气体常量，在国际单位制中为 $8.31\ \mathrm{J\cdot mol^{-1}\cdot K^{-1}}$。明显地，式(12-2)反过来也可以作为理想气体的定义。上式表明，对一定量的理想气体而言，真正独立变量的个数只有两个(三个变量减去一个限制性方程)，当这两个量一定时，系统的状态也就完全确定了。独立变量的选择具有一定的随意性，不同的选择有不同的优缺点。为方便系统做功的计算，一般地选择 p、V 为独立变量，此时温度 T 是它们的函数，所有其他的物理量如系统的热力学能、熵等也是这两个独立变量的函数。以两个独立变量为基坐标所作的空间称为热力学相空间或状态空间，系统的任一个平衡态可以用该相空间中相应的一个点表示，对理想气体而言，第三个变量 $T=\frac{pV}{\nu R}$ 也就成为这两个变量的函数。

由系统的物态方程可知，系统的温度将会影响系统的几何性质和力学性质，由此我们可以借助系统的几何量或力学量，并利用热平衡条件来进行温度的标定和测量。有了这三个状态参量，我们还可以讨论系统的平衡问题。气体系统处于平衡态时，系统内各部分(宏观子系统)之间都处于热力学平衡中。两个子系统的压强相等，则称它们处于力平衡中；两个子系统的温度相等，则称它们处于热平衡中；两个子系统的压强和温度都相等，则称它们处于热力学平衡中。故系统处于平衡态时，系统内各处的温度、压强和体积都相同，整个气体系统可用三个物理量统一描述。系统处于平衡态时，实际上也表明系统与外界处于热力学平衡，但当系统的边界为理想绝热材料时，系统无需与外界处于热平衡，只需处于力平衡就可以了。

三、理想气体的热力学能

研究表明，当气体足够稀薄时，不管是什么种类的气体，平衡态时都能满足物态方程式(12-2)，都可以称为理想气体。大量实验事实表明，在室温条件下，一般简单气体都可近似地看作理想气体。

自然界中物质的各种运动形式都具有相应的能量，且能量为相应运动状态量的函数。如对应于物体的机械运动就有相应的机械能，它是描述物体机械运动状态量(运动速度和物体间相对位置)的函数。那么，热运动相应的能量如何表述？由于热运动的无规则性，我们只能寻找热运动能量的统计表述。我们在日常生活中知道水蒸气能顶开锅盖、气缸中的气体膨胀

时能推动活塞对外做功,可见一定量的气体具有对外做功的本领,即具有一定的能量。在气体对外做功的同时,气体的热力学状态参量发生了变化,也就是说,此能量是气体热力学状态参量的函数。讨论能量时,一般取 T、V 为独立变量,则能量是 T、V 的函数,即 $E=E(T,V)$,因它只是热力学量的函数,故称其为气体的热力学能,也常称为系统的内能。气体的热力学量一定,其内能也一定,即系统内能是系统热力学参量的单值函数,至于具体的函数形式,不同种类的气体,其形式也不同。

对最简单的理想气体而言,其内能仅仅是温度 T 的函数,即 $E=E(T)$。至于具体的函数形式,可以通过实验测定;也可以从微观分子运动观点出发,应用数理统计方法从理论上推出。从气体分子动理论可推得理想气体的内能为

$$E=E(T)=\frac{i}{2}\nu RT \tag{12-3}$$

其中 i 为气体分子的自由度。

一个力学系统的自由度就是确定该系统在空间具体位置所需的独立变量的个数。一个原子可视为一个质点,确定其在三维空间中的位置需要三个独立坐标,故一个原子有 3 个自由度。气体分子按其结构可分为单原子分子(如 He、Ne 等)、双原子分子(如 H_2、O_2等)和多原子分子(三个或三个以上原子组成的分子,如 H_2O,NH_3等)。如果分子内原子间的距离保持不变,这种分子称为刚性分子,否则称为非刚性分子。现在只讨论刚性分子的自由度。单原子分子的自由度就是一个原子的自由度,等于 3。刚性双原子分子可视为两个质点构成的系统,确定该系统在三维空间中的位置就相当于确定这两个原子在三维空间中的位置,这需要 $3\times2=6$ 个坐标,又由于两个质点间的距离保持不变,即这 6 个坐标满足一个限制方程,故独立变量的个数实际上只有 $6-1=5$ 个,即刚性双原子分子的自由度为 5。对刚性三原子分子而言,两两分子间的距离保持不变,故刚性三原子分子的自由度为 $3\times3-3=6$。在刚性三原子分子基础上再加上一个分子,由于它需同时保持与原三个分子间的距离不变,故实际上它已无任何自由,故刚性三原子及以上的多原子分子的自由度均为 6。对非刚性分子,情况稍复杂些,在此不展开讨论。

实际上,系统的内能是一个更加广泛的能量概念,它除了热力学能外,还包含系统中全部分子内的化学能(原子能)、核能等。在本章中,在不涉及各种化学反应的情况下,系统内能的变化就等于其热力学能的变化,故有时我们也将热力学能称为内能。

例 12-1 在温度为 T 的平衡态,1 mol 理想气体的水蒸气分解为同温的氧气和氢气,系统的热力学能增加了多少?

解:由化学方程式 $H_2O=\!=\frac{1}{2}O_2+H_2$ 可知分解后气体的热力学能增加为

$$\Delta E=\frac{1}{2}\times\frac{5}{2}RT+\frac{5}{2}RT-\frac{6}{2}RT=\frac{3}{4}RT$$

系统的热力学能增加了 $3RT/4$,这里涉及了化学反应,此时系统内能的增加量并不等于热力学能的增加量。

12.2 平衡过程 功和热量

一、平衡过程

现在开始讨论封闭系统。当封闭系统与外界失去热力学平衡状态时,系统将与外界产生能量交换,系统的状态也因此而发生变化。系统从一个状态到另一个状态的变化过程称为热力学过程,简称过程。根据中间状态的不同,可分为准静态过程和非静态过程。通常,一个系统从失去平衡态到新平衡态建立所需的时间,称为系统的弛豫时间 γ。如果系统的状态发生一微小变化所经历的时间比弛豫时间 γ 长得多,我们可以认为这一过程的每一状态都是平衡态。如果任一时刻的中间态都无限接近一个平衡态,则称此过程为平衡过程,明显地,相对于系统的弛豫时间,此热力学过程相当长久,也可以说此过程进行得十分缓慢,故平衡过程也称为准静态过程,不符合此条件的均为非静态过程。例如,内燃机中压缩气体过程的时间约为 10^{-2} s,而该系统的弛豫时间只有 10^{-3} s,所以如此快速的压缩过程可作为准静态过程来处理。

系统的一个平衡态可以用状态空间(如 $p-V$ 相图)中的一个点表示,对平衡过程而言,过程中间的任一状态都是平衡态,故可用一条光滑的连续曲线(相轨迹)来代表一个准静态过程。图 12-1 中的曲线表示由初态 Ⅰ(p_1,V_1,T_1) 到末态Ⅱ(p_2,V_2,T_2) 的准静态过程,其中箭头方向为过程进行的方向,系统的体积在不断增大,即气体膨胀过程。这条曲线的方程 $p=f(V)$ 称为过程方程。对不同的过程,方程表达式不同。对某过程 k,方程写为 $p=f_k(V)=p_k(V)$。对一个特定方程的过程而言,系统真正独立的变量只有一个了,此量一定,系统的状态就完全确定了,方程 $p=f_k(V)=p_k(V)$ 意味着体积 V 为独立变量,压强 p 和温度 T 都是 V 的函数。实际上,独立变量可以是任意一个热力学量。

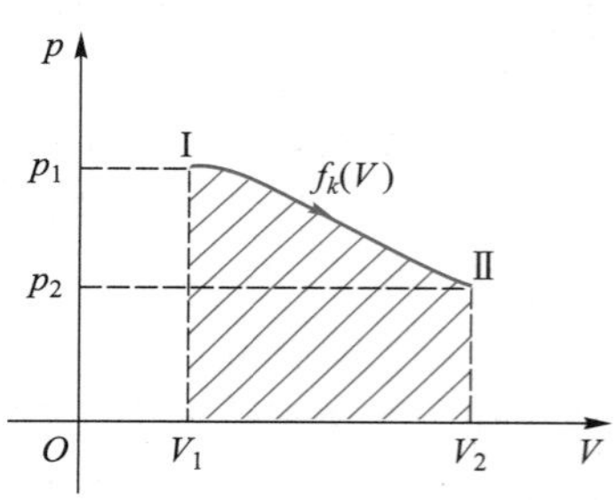

图 12-1

二、功和热量

1. 功和热量

一个热力学过程,通常伴随着热力学系统与外界的能量交换。当系统的压强与外界对系统表面的压强不等时,系统与外界将失去力平衡,系统的表面将产生宏观移动,使得系统对外界做功,系统的内能将发生变化,同时系统的体积也将发生变化;当系统的温度与外界的温度不一致时,系统与外界的热平衡将失衡,系统与外界将不断交换能量,交换的那部分内能常称为热量,用符号 Q 表示,直至系统与外界的温度重新相同为止。容易理解,系统与外界传递热量是通过系统表面附近的分子与外界的微观粒子的碰撞来实现的,碰撞过程也是做功交换能量的过程,分子间的碰撞是微观过程,宏观层面上不可见。传递热量和做功在本质上是相同的,都是系统与外界做功交换能量的过程,两者只是形式上存在差异,一个是通过边界宏观上可见的移动来完成的,可称为宏观功;另一个是通过边界上不可见的微观碰撞过程来实现的,可称为微观功,尽管形式不同,但效果相同,系统的内能都将发生变化,系统的温度也将发生变化。在国际单位制中,内能、功和热量三者的单位相同,均是焦耳,用符号 J 表示。

2. 准静态过程的功

下面定量研究系统在平衡过程中所做的功，我们以气体膨胀为例，如图 12-2 所示，设有一气缸，其中气体的压强为 p，活塞面积为 S。取气体为系统，气缸与活塞及缸外大气均为外界。当活塞向外移动 $\mathrm{d}x$ 时，系统对外界所做的元功为

$$\mathrm{d}W = F\mathrm{d}x = pS\mathrm{d}x = p\mathrm{d}V \tag{12-4}$$

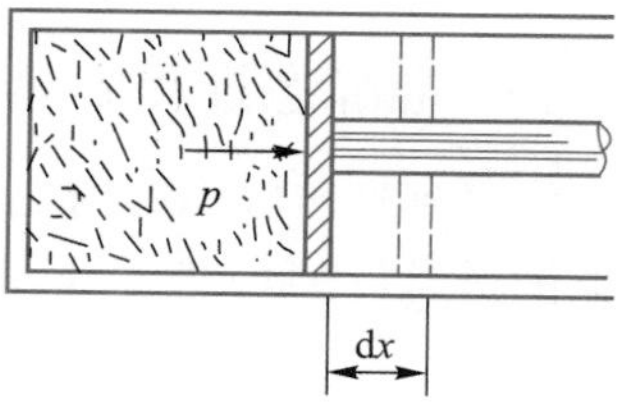

图 12-2

$\mathrm{d}V$ 表示系统体积的改变量。当取独立变量为体积 V 时，则平衡过程方程可写为 $p=p_k(V)$，不同的平衡过程，方程将不同，系统从初态Ⅰ经过一个准静态 k 过程变化到终态Ⅱ，对外做的总功为

$$W_k = \int_{V_1}^{V_2} p_k(V)\mathrm{d}V \tag{12-5}$$

式中的 V_1 和 V_2 分别表示系统在初态和末态的体积，上式即为准静态过程中系统对外做功的积分表达式。顺便指出，上式也表明式(12-4)中的 $\mathrm{d}W$ 中的符号 d 并非微分符号，仅表示它是一阶微小量。由式(12-5)可知，如果系统膨胀，$\mathrm{d}V>0$，则 $\mathrm{d}W>0$，系统对外做正功；如果系统被压缩，$\mathrm{d}V<0$，则 $\mathrm{d}W<0$，系统对外做负功，或称外界对系统做正功；系统体积不变时，$\mathrm{d}V=0$，系统不做功。

在 $p-V$ 图上，系统在一个准静态过程中对外做的功正是过程曲线与横坐标 V_1 到 V_2 之间的面积，如图 12-1 中所示的阴影部分。不同的过程，曲线的形状不同，做功也不同，曲线沿正向运动时，其下面所围的面积(功)为正，反之则为负。功是一个与热力学过程有关的量，称为过程量。

3. 准静态过程传递的热量

当系统与外界的热平衡被打破，即两者存在温度差时，则系统与外界会通过微观的碰撞过程来交换热力学能量，这种因温差而产生的能量传递称为热传导。

系统从外界吸收热量，系统的温度将升高，为此定义系统的热容：系统每升高单位温度所吸收的热量，即热容

$$C = \frac{\mathrm{d}Q}{\mathrm{d}T}$$

同样的物质，系统越大，其容纳热量的本领(即其热容)也越大。不同的物质，热容一般也不相同。为表征不同物质容纳热量的本领，我们定义系统单位物质的量的热容为系统的摩尔热容，即

$$C_{k,\mathrm{m}} = C_k/\nu = \frac{\mathrm{d}Q_k}{\nu\mathrm{d}T} \tag{12-6}$$

实际上对不同的过程 k，每 1 mol 的物质升温 $\mathrm{d}T$ 过程中所吸收的热量也会有所不同，热量与功一样，是个过程量，故上式中的 $\mathrm{d}Q_k$ 是对某过程 k 而言的，摩尔热容也是个过程量，其单位是 $\mathrm{J \cdot mol^{-1} \cdot K^{-1}}$。由式(12-6)可得，准静态过程中系统从温度 T_1 变到温度 T_2 的 k 过程中吸收的热量为

$$Q_k = \int \mathrm{d}Q_k = \int_{T_1}^{T_2} \nu C_{k,\mathrm{m}}\mathrm{d}T = \nu C_{k,\mathrm{m}}(T_2 - T_1) \tag{12-7}$$

最后一个等号成立要求系统的摩尔热容为常量。显见，用摩尔热容计算热量时，独立变量当取系统的温度 T。

12.3　热力学第一定律及其应用

一、准静态过程中热力学能的增量

注意到理想气体的内能仅仅是温度的函数，故系统从温度 T_1 变到温度 T_2 的 k 过程中，其内能的增量（变量）为

$$\Delta E=\frac{i}{2}\nu R\Delta T=\frac{i}{2}\nu R(T_2-T_1)=\frac{i}{2}(p_2V_2-p_1V_1) \tag{12-8}$$

它仅与过程的初末两平衡态的温度有关，与中间过程无关，这是因为热力学能是个态函数，仅仅是温度的单值函数。

二、热力学第一定律

在力学中，我们学过功能原理和能量守恒定律，现在我们把机械能扩展到内能，注意到系统并无什么机械运动，故其机械能不变，也不涉及什么化学反应等，系统能量的变化就是内能的变化。由功能原理可知，系统对外做的功将使其能量减小，通过微观功的形式从外界吸收的热量将使系统能量增加，则由能量守恒定律可知，在任何热力学 k 过程中，系统内能的增加量就等于系统从外界吸收的热量减去系统对外做的功，即

视频：热力学第一定律

$$\Delta E = Q_k - W_k = \int_{T_1}^{T_2}\nu C_k \mathrm{d}T - \int_{V_1}^{V_2} p_k \mathrm{d}V \tag{12-9}$$

第一个等式对任何热力学过程都成立，第二个等式仅对准静态过程才能成立。上式就是热力学第一定律以及它在准静态过程中的应用，它实际上是功能原理和能量守恒定律在热力学过程中的应用。一般地，上式常改写为

$$Q_k=\Delta E+W_k \tag{12-10}$$

它表示系统从外界吸收的热量，一部分用于系统内能的增加，另一部分用于系统对外所做的功。历史上，人们对能量概念及其守恒特征并不清楚，曾经妄想制造不需要吸收热量而能不断对外做功的（第一类）永动机，热力学第一定律实际上是在第一类永动机研制失败后的总结。

需要注意的是，功 W、热量 Q 和内能的增量 ΔE 三个量都是代数量，它们可正可负，在热力学第一定律中，我们已经定义了它们的正负号，系统对外做功时，W 为正，外界对系统做功时，W 为负；系统从外界吸收热量时，Q 为正，系统向外界放出热量时，Q 为负，而 ΔT 的正负完全决定了 ΔE 的正负。

如果系统经历了一个极其微小的状态变化过程，则热力学第一定律可以表示为

$$\mathrm{d}Q_k=\mathrm{d}E+\mathrm{d}W_k \tag{12-11}$$

上式中，只有 $\mathrm{d}E$ 中的 d 才是微分符号，其他两个符号 d，仅仅表示微小量的意思，它们均与过程有关。

例 12-2　理想的单原子气体经历过程 $pV^2=c$，从状态 Ⅰ(p_1,V_1) 膨胀到状态Ⅱ，体积为 V_2，求此过程中系统对外做的功、系统内能的增加量、系统从外界吸收的热量以及此过程的摩尔热容。

解：由 $p_1V_1^2=c=p_2V_2^2$，可求得 $p_2=p_1V_1^2/V_2^2$。根据系统对外做功及内能增量的表达式可得

(单原子气体分子的自由度 $i=3$)

$$W_k=\int_{V_1}^{V_2}p\mathrm{d}V=\int_{V_1}^{V_2}\frac{c}{V^2}\mathrm{d}V=\frac{c}{V_1}-\frac{c}{V_2}=p_1V_1-p_2V_2$$

$$\Delta E=\frac{i}{2}\nu R(T_2-T_1)=\frac{3}{2}(\nu RT_2-\nu RT_1)=\frac{3}{2}(p_2V_2-p_1V_1)$$

则由热力学第一定律可得此过程中吸收的热量为

$$Q_k=\Delta E+W_k=(p_2V_2-p_1V_1)/2=\nu R(T_2-T_1)/2$$

注意到吸收热量与温度之间的线性关系,故此过程的摩尔热容是一个常量,则摩尔热容为

$$C_{k,\mathrm{m}}=\frac{Q_k}{\nu(T_2-T_1)}=\frac{1}{2}R$$

实际上严格地讲,由式(12-6)可知,欲求摩尔热容,需将 $\mathrm{d}Q_k$ 用温度表示,即需用温度 T 作为自变量来表示功和内能变化,而这又需要先求出此过程中的 $p_k=p_k(T)$ 和 $V_k=V_k(T)$。由过程方程 $pV^2=c$ 及物态方程 $pV=\nu RT$,可得此过程中,

$$p=\frac{\nu^2R^2T^2}{c},\quad V=\frac{c}{\nu RT}$$

则此过程的元功为

$$\mathrm{d}W_k=p\mathrm{d}V=\frac{\nu^2R^2T^2}{c}\mathrm{d}\left(\frac{c}{\nu RT}\right)=-\nu R\mathrm{d}T$$

内能的微小变化为

$$\mathrm{d}E=\frac{i}{2}\nu R\mathrm{d}T=\frac{3}{2}\nu R\mathrm{d}T$$

故由热力学第一定律可得此微小过程中吸收的热量为

$$\mathrm{d}Q_k=\mathrm{d}W_k+\mathrm{d}E=-\nu R\mathrm{d}T+\frac{3}{2}\nu R\mathrm{d}T=\frac{1}{2}\nu R\mathrm{d}T$$

故此过程中的摩尔热容为

$$C_{k,\mathrm{m}}=\frac{\mathrm{d}Q_k}{\nu\mathrm{d}T}=\frac{1}{2}R$$

这是一个标准的由过程方程求解摩尔热容的过程。相反的过程为已知某 k 过程的摩尔热容反求此 k 过程的过程方程。例如已知单原子分子气体某过程的摩尔热容为 $C_{k,\mathrm{m}}=2R$,通过与上述相反的过程可求得此过程的积分方程为 $pV^{-1}=c$,有兴趣的同学不妨自己证明此结果。

三、热力学第一定律对理想气体平衡过程的应用

1. 等容过程

系统的体积保持不变的过程称为等容过程。等容过程的特征是 $V=$常量,即 $\mathrm{d}V=0$。图 12-3 所示为一等容升温过程,由于 $\mathrm{d}V=0$,故由式(12-5)可得系统对外做功 $W_V=0$,根据热力学第一定律及内能表述可得

$$Q_V\equiv\nu C_{V,\mathrm{m}}\Delta T=\Delta E=\frac{i\nu R\Delta T}{2}=\frac{i}{2}\nu R(T_2-T_1)=\frac{i}{2}V(p_2-p_1)\qquad(12-12)$$

视频:四个热力学过程

由此可见

$$C_{V,m}=iR/2,\quad \Delta E=\nu C_{V,m}\Delta T \tag{12-13}$$

式(12-12)表明,等容过程中系统吸收的热量全部用于增加内能,升高温度。

2. 等压过程

系统的压强保持不变的过程称为等压过程。等压过程的特征是 p 为常量,$\mathrm{d}p=0$。图 12-4 所示为一等压膨胀过程。

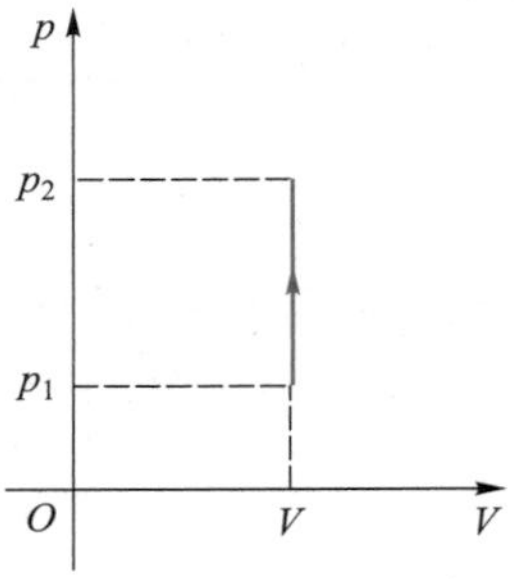

图 12-3

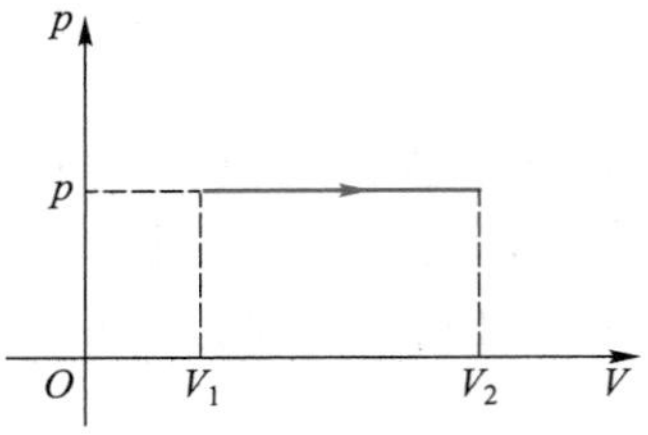

图 12-4

根据功、内能和热量的表达式及热力学第一定律可得

$$W_p=\int_{V_1}^{V_2}p\mathrm{d}V=p\int_{V_1}^{V_2}\mathrm{d}V=p(V_2-V_1)=\nu R(T_2-T_1) \tag{12-14}$$

$$\Delta E=\frac{i}{2}\nu R(T_2-T_1)=\nu C_{V,m}(T_2-T_1)=\frac{C_{V,m}}{R}(pV_2-pV_1) \tag{12-15}$$

$$Q_p\equiv\nu C_{p,m}(T_2-T_1)=\Delta E+W_p=\nu C_{V,m}(T_2-T_1)+\nu R(T_2-T_1)=\nu(C_{V,m}+R)(T_2-T_1) \tag{12-16}$$

上式表明,等压过程中系统吸收的热量一部分用来增加系统的内能,一部分用来对外做功。由此还可得

$$C_{p,m}=C_{V,m}+R=\left(\frac{iR}{2}+R\right)=\frac{i+2}{2}R \tag{12-17}$$

上式叫作迈耶(Mayer)公式,它说明理想气体的摩尔定压热容比摩尔定容热容大一常量 R,也就是说,在等压过程中,温度每升高 1 ℃时,1 mol 理想气体比等容过程多吸取 8.31 J 的热量,这些热量转化为膨胀时对外做的功。摩尔定压热容 $C_{p,m}$与摩尔定容热容 $C_{V,m}$的比值,称为比热容比,工程上称为绝热系数,以 γ 表示,即

$$\gamma=\frac{C_{p,m}}{C_{V,m}}=\frac{i+2}{i} \tag{12-18}$$

显而易见,γ 恒大于 1。

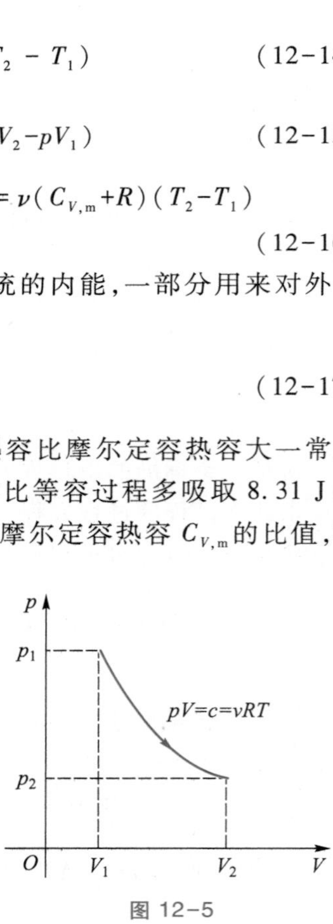

图 12-5

3. 等温过程

系统温度保持不变的热力学过程称为等温过程。等温过程的特征是 $\Delta T=0$,即 $pV=c=\nu RT$。图 12-5 所示为一等温膨胀过程,由于 $\Delta T=0$,故等温过程中系统的热力学能的增量 $\Delta E=0$,在系统由体积 V_1 等温膨胀到体积 V_2 的过程中,系统

对外做的功为

$$W_T=\int_{V_1}^{V_2}p\mathrm{d}V=\int_{V_1}^{V_2}\frac{\nu RT}{V}\mathrm{d}V=\nu RT(\ln V_2/V_1) \tag{12-19}$$

根据热力学第一定律，注意到内能的增量 $\Delta E=0$，可得

$$Q_T=W_T=\nu RT\ln(V_2/V_1)=p_1V_1\ln(p_1/p_2) \tag{12-20}$$

上式表明，在等温过程中，理想气体所吸收的热量全部转化为对外界做的功，系统内能保持不变。

4. 绝热过程

不管状态如何变化，系统始终不与外界交换热量的过程称为绝热过程，其特征是 $\mathrm{d}Q=0$。一个被绝热材料所包围的系统进行的过程，或由于过程进行得很快，系统来不及和外界交换热量的过程，如内燃机中的爆炸过程等，都可近似地看作准静态绝热过程。由于绝热过程 $\mathrm{d}Q=0$，根据热力学第一定律，可得此过程中系统对外做功为

$$W_{\mathrm{a}}=\int_{V_1}^{V_2}p(V)\mathrm{d}V=-\Delta E=-\nu C_{V,\mathrm{m}}\Delta T=-\nu C_{V,\mathrm{m}}(T_2-T_1) \tag{12-21}$$

由此可见，绝热过程中系统对外做功是以内能减少为代价的。从式(12-21)可看出，当系统绝热膨胀对外做功($W_{\mathrm{a}}>0$)时，系统内能要减少，温度要降低($T_2<T_1$)，而压强也在减小；反之，当系统被绝热压缩，外界对气体做功($W_{\mathrm{a}}<0$)时，气体的温度要上升。因此，绝热过程中，系统的温度、压强、体积三个参量都在改变。气体在绝热压缩时温度升高，膨胀时温度降低的现象，在日常生活或在工程技术中常会见到。譬如用气筒给轮胎打气时，筒壁会发热，制冷剂从喷嘴中急速喷出时，温度下降，气体甚至会被液化。

下面我们来寻找理想气体准静态绝热过程的过程方程。在准静态过程中的任意时刻均有 $pV=\nu RT$，两边微分，即得

$$p\mathrm{d}V+V\mathrm{d}p=\nu R\mathrm{d}T$$

任意微小过程中三个状态量的变化均需满足上述方程。由热力学第一定律可得绝热过程有

$$\mathrm{d}Q=\mathrm{d}E+\mathrm{d}W=\nu C_{V,\mathrm{m}}\mathrm{d}T+p\mathrm{d}V=0$$

联合求解上面两式，消去 $\mathrm{d}T$，可得独立变量为 p、V 时准静态绝热过程的微分方程为

$$(C_{V,\mathrm{m}}+R)p\mathrm{d}V+C_{V,\mathrm{m}}V\mathrm{d}p=0$$

分离变量后积分可得

$$pV^{\gamma}=c \tag{12-22}$$

由物态方程还可得

$$TV^{\gamma-1}=c \tag{12-23}$$

$$p^{\gamma-1}T^{-\gamma}=c \tag{12-24}$$

这些方程都称为准静态绝热过程方程，简称绝热方程，式中指数 γ 为气体的比热容比。三个方程中的各常量 c 自然均不相同，使用时可根据问题的要求任意选取一个比较方便的来应用。式(12-22)常称为绝热过程的泊松(Poisson)方程。在 $p-V$ 图上的绝热曲线可根据泊松方程作出。图 12-6 中的实线表示绝热线，虚线表示同一气体的等温线，点 $A(p,V)$ 是

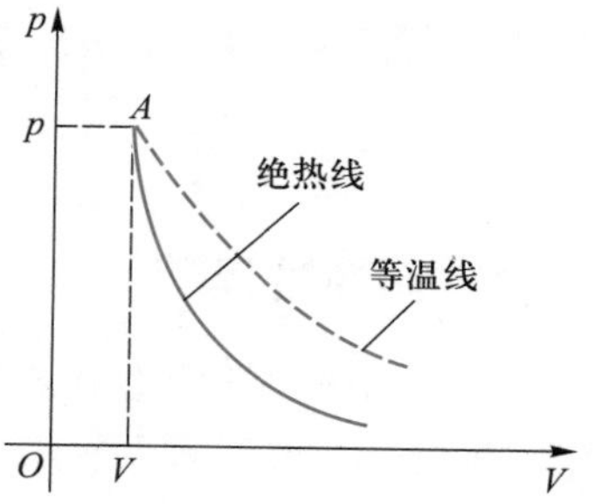

图 12-6

两线的交点。由等温过程和绝热过程的过程方程可以求得等温线与绝热线在 A 点的斜率分别为

$$\left(\frac{\mathrm{d}p}{\mathrm{d}V}\right)_T=-\frac{p}{V},\quad \left(\frac{\mathrm{d}p}{\mathrm{d}V}\right)_a=-\gamma\frac{p}{V}$$

由于 $\gamma>1$，比较两式可知绝热线比等温线陡一些。

例 12-3　1 mol 单原子分子理想气体，由状态 $a(p_1, V_1)$ 先等压加热至体积增大一倍，再等容加热至压强增大一倍，最后再经绝热膨胀，使其温度降至初始温度，过程如图 12-7 所示，试求：(1) 状态 d 的体积 V_d；(2) 整个过程对外所做的功；(3) 整个过程吸收的热量。

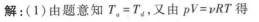

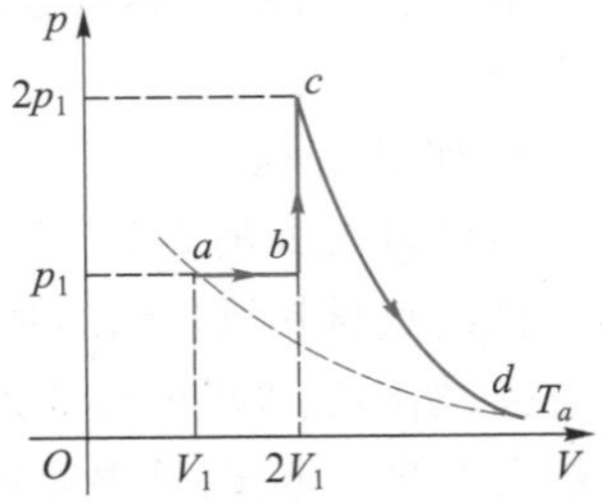

图 12-7

解：(1) 由题意知 $T_a=T_d$，又由 $pV=\nu RT$ 得

$$T_d=T_a=p_1V_1/R,\quad T_c=p_cV_c/R=4p_1V_1/R=4T_a$$

单原子分子气体 $i=3$，故比热容比为

$$\gamma=\frac{i+2}{i}=\frac{5}{3},\quad \gamma-1=\frac{2}{3}$$

根据绝热方程可得

$$T_cV_c^{\gamma-1}=T_dV_d^{\gamma-1}$$

得

$$V_d=\left(\frac{T_c}{T_d}\right)^{\frac{1}{\gamma-1}}V_c=4^{\frac{3}{2}}\cdot 2V_1=16V_1$$

(2) 各分过程的功分别为

$$W_{ab}=p_1(2V_1-V_1)=p_1V_1,\quad W_{bc}=0$$

$$W_{cd}=-\Delta E_{cd}=C_{V,\mathrm{m}}(T_c-T_d)=\frac{3}{2}R(4T_a-T_a)=\frac{9}{2}RT_a=\frac{9}{2}p_1V_1$$

所以整个过程的总功为

$$W_{abcd}=W_{ab}+W_{bc}+W_{cd}=\frac{11p_1V_1}{2}$$

(3) 对 $abcd$ 整个过程应用热力学第一定律，可快速计算出整个过程吸收的总热量为

$$Q_{abcd}=W_{abcd}+\Delta E_{ad}=W_{abcd}=\frac{11p_1V_1}{2}$$

当然也可以先分别计算各分过程中吸收的热量再求和来完成。

12.4　循环过程及卡诺循环

一、循环过程

历史上，热力学理论最初是在研究热机工作过程的基础上发展起来的。在热机工作过程中，被用来吸收热量并对外做功的物质，往往都在经历着热力学循环过程。物质系统经过一系列状态变化过程以后，又回到原来状态的过程叫作循环

视频：循环过程

过程，简称循环。循环工作的物质系统称为工作物质，简称工质。由于工质的热力学能是状态的单值函数，工质经历一个循环过程回到原始状态时，内能没有改变，所以循环过程的重要特征是 $\Delta E=0$，则由热力学第一定律可得对整个循环过程有

$$W=Q \tag{12-25}$$

明显地，在 $p-V$ 图上，工质循环过程中做的总功正是循环曲线所围住的面积。

我们常常能见到各种摩擦生热现象，这是一种典型的机械能（或者说功）自发转化成热力学能的过程，但相反的过程我们从未见过。这就是说，功可以自发地转化成热（力学能），而热（力学能）不会自发地转化成功。要想把热（力学能）转化成功，必须有相应的设备利用工质的状态变化来实现。譬如将一定量的理想气体与热源接触，气体的等温膨胀过程就是一个将热源热量（全部）转化成功的过程，明显地，工质的体积发生了变化。注意到工质不可能无限制地膨胀下去，这就是说，要想源源不断地将热源的热能转化为功，利用工质的单一过程是不可能实现的，必须利用工质不断的循环过程来完成。我们把通过工质的循环过程使热量源源不断地转化为功的机器叫作热机。例如，蒸汽机、内燃机、汽轮机等都是常用的热机。如图 12-8 所示，在 $p-V$ 图上，热机的循环是沿顺时针方向进行的，这种循环称为正循环，此时循环曲线所围住的面积大于零，它就是热机循环过程中得到的功 W。

同样地，热量只能自发地从高温物体传递到低温物体，欲使热量源源不断地从低温物体传到高温物体，必须有相应的机器设备，它能利用工作物质的循环过程源源不断地把热量从低温物体传到高温物体，当机器设备使高温物体不断吸收热量时，称其为热泵，当机器设备使低温物体不断放出热量时，称其为制冷机。如图 12-9 所示，与热机中工作物质的循环过程相反，在 $p-V$ 图上，制冷机（或热泵）的循环沿逆时针方向进行，称为逆循环，此时循环曲线所围住的面积 W 小于零，它就是这套设备运行一个循环过程所需要消耗的功 $|W|$。

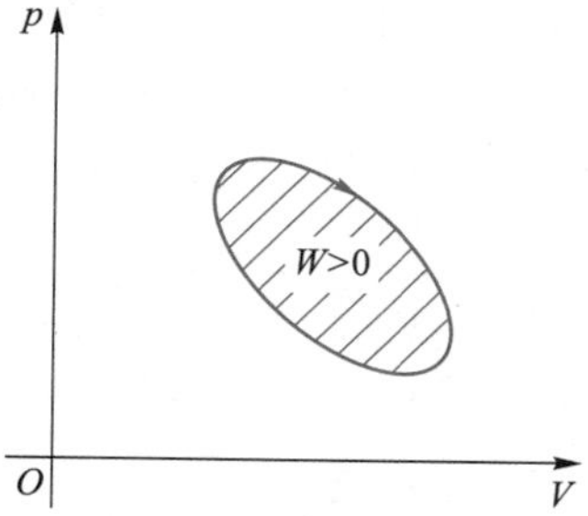

图 12-8

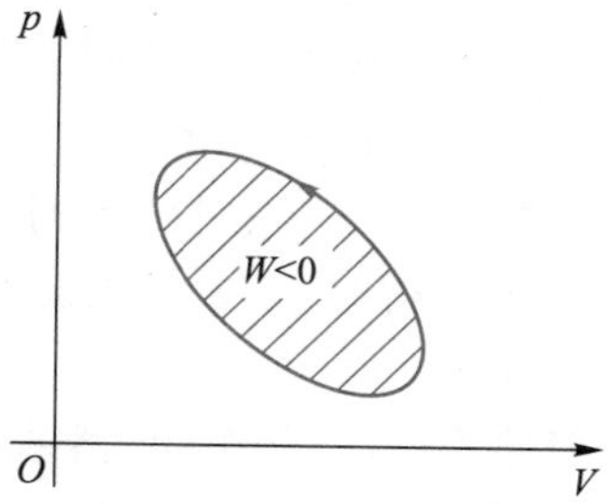

图 12-9

二、热机和制冷机的效率

1. 热机的效率

在每一个循环过程中，热机从高温热源处吸收的热量 Q_1，只能部分地用来做功 W，还有一部分热量 Q_2 只好被放至低温环境中去。实际上，在循环过程中，系统并非总对外做正功，有时候也会做负功，因做功对象为同一物体，故正功和负功可以累加，可得总功概念。对热量而言，放热对象和吸热对象不同，故两者严格上不能相加。为了得到功 W，需要从高温热源吸收热量 Q_1，故热机的效率应定义为

$$\eta=\frac{W}{Q_1}=\frac{Q}{Q_1}=\frac{Q_1+Q_2}{Q_1}=1-\frac{|Q_2|}{Q_1} \tag{12-26}$$

第一个实用的热机是蒸汽机，创制于 17 世纪末。现今各式各样的热机层出不穷，虽然它们在工作方式、热效率上各不相同，但工作原理基本相同，都是不断地将无规律的热运动能量转化为可直接使用的机械能或方便好用的电能等，随着现代工艺和技术的不断改进，热机的效率得到了很大的提高，现今常见的柴油机的效率约为 0.37，汽油机的效率约为 0.25，热电偶的效率约为 0.07，等等。

2. 制冷机及热泵的效率

夏天使用空调时，室内房间为低温处，室外为高温环境。在每一个循环过程中，空调对工质做功 W，使其从低温室内吸收热量 Q_2，并将热量 Q_1 放至高温环境中去，明显地，此时的空调和冰箱一样起到制冷的效果，可统称为制冷机，它的制冷效率应定义为

$$e=\frac{Q_2}{|W|}=\frac{Q_2}{|Q|}=\frac{Q_2}{|Q_1+Q_2|}=\frac{Q_2}{|Q_1|-Q_2} \tag{12-27}$$

此效率也称为制冷机的制冷系数。

冬天使用空调时，室内房间为高温处，室外为低温环境。在每一个循环过程中，空调对工质做功 W，使其从室外低温吸收热量 Q_2，并将热量 Q_1 送至高温室内去，明显地，此时的空调起到热泵的作用，其效率应定义为

$$e'=\frac{|Q_1|}{|W|}=\frac{|Q_1|}{|Q|}=\frac{|Q_1|}{|Q_1+Q_2|}=\frac{|Q_1|}{|Q_1|-Q_2} \tag{12-28}$$

此效率又称为热泵的工作效率。一般地，制冷机的制冷系数和热泵的工作效率都远远大于 1。也就是说，冬天取暖时，单从能量角度讲，空调的效率远远高于电（火）炉的效率。

例 12-4　研究动力循环是热力学的重要应用之一。以内燃机为例，它以气缸内燃烧的气体为工质。对于四冲程火花塞点燃式汽油发动机来说，它的理想循环是定容加热循环，称为奥托（Otto）循环。如图 12-10 所示，往复式内燃机的奥托循环，经历了以下四个冲程：

（1）吸气冲程（0→1）：进气阀打开，活塞由上止点 T 向下止点 B 运行时，在大气压强下吸入汽油蒸气和空气的混合气体。

（2）压缩冲程：进气阀关闭，活塞向左运行，混合气体被绝热压缩（1→2）；当活塞移到 T 点时，混合气体被电火花点燃后迅速燃烧，可认为是等容加热过程（2→3），吸收热量 Q_1。

（3）动力冲程：燃烧气体绝热膨胀，推动活塞对外做功（3→4），然后，气体在等容条件下降压（4→1），放出热量 Q_2。

（4）排气冲程：活塞向左运行，残余气体从排气阀排出。

试求上述奥托循环 1→2→3→4→1 的效率 η。

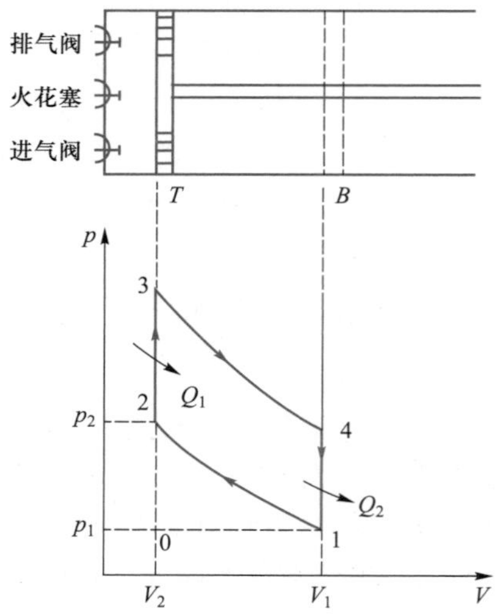

图 12-10　奥托循环

解：在奥托循环中，吸热和放热只在两个等容过

程中进行，即

$$Q_1=\nu C_{V,\mathrm{m}}(T_3-T_2),\qquad |Q_2|=\nu C_{V,\mathrm{m}}(T_4-T_1)$$

于是，奥托循环的效率为

$$\eta=1-\frac{|Q_2|}{Q_1}=1-\frac{T_4-T_1}{T_3-T_2}$$

又因为 1→2 和 3→4 都是绝热过程，所以有

$$T_2V_2^{\gamma-1}=T_1V_1^{\gamma-1},\qquad T_3V_2^{\gamma-1}=T_4V_1^{\gamma-1}$$

两式相减得 $(T_3-T_2)V_2^{\gamma-1}=(T_4-T_1)V_1^{\gamma-1}$，即

$$\frac{T_3-T_2}{T_4-T_1}=\frac{V_1^{\gamma-1}}{V_2^{\gamma-1}}=\left(\frac{V_1}{V_2}\right)^{\gamma-1}$$

因此有效率

$$\eta=1-\frac{T_4-T_1}{T_3-T_2}=1-\left(\frac{V_2}{V_1}\right)^{\gamma-1}=1-\frac{1}{(V_1/V_2)^{\gamma-1}}=1-\frac{1}{\varepsilon^{\gamma-1}}$$

式中 $\varepsilon=V_1/V_2$ 称为压缩比，一般为 6~8，混合气体的比热容比约为 1.4。因此，奥托循环的效率随着压缩比的增大而提高。这是理想情况下的效率，由于各种损耗的存在，实际效率远比上述结果低。

三、卡诺循环

热机的效率是人们普遍关心的问题，在 19 世纪初，热机的效率普遍不到 5%，大部分的能量都白白地浪费掉了，而且严重地污染了环境。因此，人们非常关心怎样才能提高热机的效率，热机的效率是否有一定的限度？1824 年，法国青年工程师卡诺（Carnot）在系统地分析研究各种热机的工作过程及特点之后，提出了一种理想热机，并从理论上证明任何热机的效率不可能大于这种热机的效率。我们称这种热机为卡诺热机，卡诺热机中工质进行的循环称为卡诺循环。

文档：卡诺

准静态的卡诺循环是由两个等温过程和两个绝热过程组成的，在 $p-V$ 图上，为温度分别为 T_1 和 T_2 的两条等温线和两条绝热线构成的封闭曲线，如图 12-11(a)所示。我们以理想气体为例来讨论卡诺循环的效率。在 $p-V$ 图上按正循环闭合曲线 $a\to b\to c\to d\to a$ 进行的卡诺循环，在整个循环过程中，气体的热力学能不变，但气体与外界通过传递热量和做功而有能量交换，如图 12-11(b)所示。气体只在两个等温过程中与热源有热量交换，即在等温膨胀过程 $a\to b$ 中，从高温热源吸取的热量为

$$Q_1=\nu RT_1\ln(V_2/V_1)$$

在等温压缩过程 $c\to d$ 中，系统向低温热源放出热量的绝对值为

$$|Q_2|=\nu RT_2\ln(V_3/V_4)$$

应用绝热方程可知

$$T_1V_2^{\gamma-1}=T_2V_3^{\gamma-1},\qquad T_1V_1^{\gamma-1}=T_2V_4^{\gamma-1}$$

于是有 $V_2/V_1=V_3/V_4$，卡诺热机效率为

$$\eta=1-|Q_2|/Q_1=1-T_2/T_1 \tag{12-29}$$

由此可见，要完成一次卡诺循环必须有高温和低温两个热源，理想气体卡诺循环的效率只

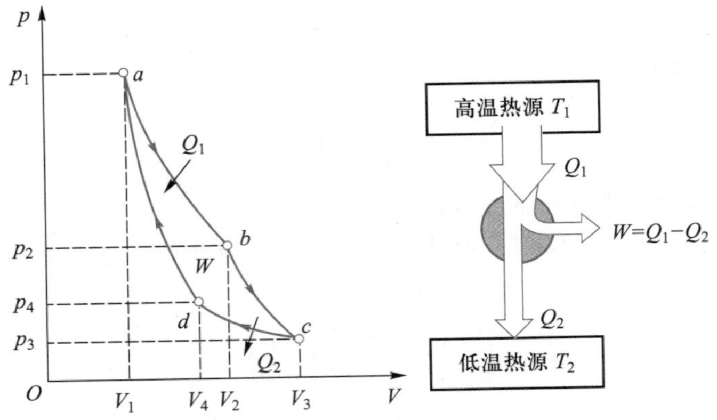

(a) $p-V$图　　(b) 工作示意图

图 12-11

与两个热源的温度有关，且卡诺循环的效率总是小于 1。

若气体按逆循环沿 $a \to d \to c \to b \to a$ 进行，其净结果是系统经一循环热力学能不变，外界对气体做功为 $|W|$，气体从低温热源吸取热量 Q_2，向高温热源放出热量 $|Q_1|$，故卡诺制冷机的制冷系数为

$$e=\frac{Q_2}{|W|}=\frac{Q_2}{|Q_1|-Q_2}=\frac{T_2}{T_1-T_2} \tag{12-30}$$

从上式可以看出，在高温环境温度一定的情况下，T_2 越小，制冷系数 e 也越小，这说明要从温度较低的低温热源中吸取热量，就必须消耗较多的外功。在夏日里，若室外温度为 310 K，室内温度保持在 300 K，则卡诺循环制冷用的空调的理想效率为

$$e=T_2/(T_1-T_2)=300/10=30$$

实际效率要远比上述值小。

12.5　热力学第二定律　卡诺定理

一、热力学第二定律

热力学第一定律指出各种形式的能量在相互转化的过程中必须满足能量守恒关系，那么反过来问，满足能量守恒定律的过程是否都能发生？回答此问题前，我们先来观察和分析一些经典事例。

视频：热力学第二定律

单摆在摆动过程中，由于空气阻力及悬点处摩擦力的作用，振幅会逐渐减小，机械能最后将全部转化为热力学能，但相反的过程却从未发生。这就是我们在上小节中所说的功可以自发地转化成热（力学能），而热（力学能）不会自发地转化为功的又一个事例。但热力学能自发地转化为功（机械能）实际上并不违背热力学第一定律。

有了热机后，热能可以转化为功，但热机的效率总小于 1。热机效率能达到百分之百的称为理想热机，也称为第二类永动机，从理论上讲它能存在吗？

视频：热力学第二定律的微观描述

当两物体接触时，热量总是会自动地从高温物体传向低温物体，相反的过程却不自动发生，而热量自发地从低温物体传递到高温物体去实际上也并不违反能量守恒定律。有了制冷机后，热量的确可以从低温物体传递到高温物体，但制冷机需要消耗电能。随着工艺及技术的改进，制冷机的效率越来越高，耗电越来越少，不需要外界对其做功的制冷机称为理想制冷机，它能存在吗？

两种不同的气体能自发地混合为一种混合气体，相反地，混合气体绝不会自发地分离为两种气体。盐放入水中会自行溶解，而再从水中提炼出盐来，得付出一定的代价。

文档：克劳修斯

经过不懈的努力，人们终于弄清楚，自然界中发生的与热现象有关的过程，除了受到热力学第一定律的限制外，还受到另一个定律的制约，这个定律称为热力学第二定律：克劳修斯于 1850 年首先提出了热力学第二定律的表述，第二年开尔文又提出了另一种表述。热力学第二定律的克劳修斯表述：不可能把热量从低温物体传递到高温物体而不引起其他变化；开尔文表述：不可能从单一热源吸收热量使之完全变为有用的功而不引起其他变化。这两种表述都强调了“不引起其他变化”。这就是说，在存在其他变化的情形下，从单一热源吸收热量并将之全部转化为机械功或者将热量从低温物体传递到高温物体都是可以实现的。例如，理想气体的等温膨胀就是从单一热源吸收热量并将之全部转化为机械能的例子，这一过程的其他变化是理想气体的体积膨胀了。制冷机就是把热量从低温物体传递到高温物体的例子，这一过程的其他变化就是外界对制冷机所做的功。实际上很容易理解克劳修斯的表述否定了理想制冷机的存在，而开尔文的表述则否定了第二类永动机的存在。

文档：开尔文

热力学第二定律的两种表述，表面上看似独立，但实际上可以证明它们是等价的。我们可以采用反证法来证明，即如果两种表述之一不成立，则另一表述亦不成立。先假定违反开尔文表述，即热机可以从高温热源吸收热量 Q 全部转化为功 W，即 $Q=W$。如图 12-12(a)所示，我们设想利用这个功来推动一台制冷机，如图 12-12(b)所示，使其从低温热源吸收热量 Q_2，并向高温热源传递热量 $|Q_1|$，注意到热力学第一定律，则有 $Q_1=Q_2+|W|$。现在把这两个机器组合成一台复合机，如图 12-12(c)所示，其最终效果就是热量 Q_2 从低温热源(自动)转移到高温热源处，且没有产生其他变化，这违背了克劳修斯表述。

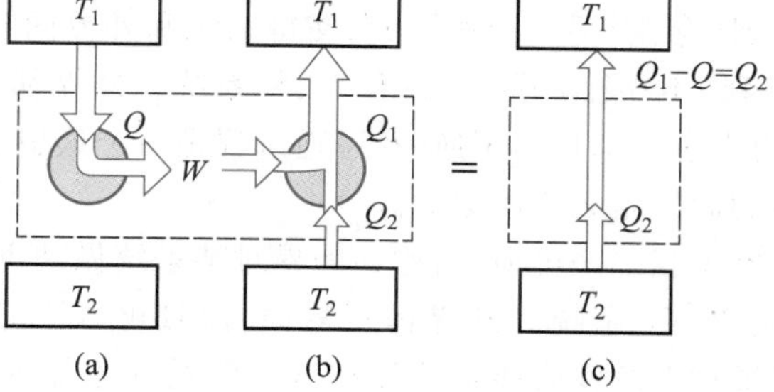

图 12-12

反之，如果违反克劳修斯表述，即存在一种理想制冷机，则类似地用理想制冷机和普遍热机的组合，可以证明结果也必然违反开尔文表述。有兴趣的学生可以自己证明这个结论，至此，我们就证明了热力学第二定律的两种表述是等价的。

例 12-5　对所有气体而言，证明其绝热线与等温线绝不会相交两次。

证：用反证法证明一条绝热线与一条等温线绝不会相交两次。如图 12-13 所示，在 $p-V$ 图中，若一条绝热线与一条等温线能相交两次，则两者构成循环过程，取正循环过程 $abca$，则 $Q=Q_{ab}=Q_1$，即整个过程中系统吸收的热量等于等温过程 ab 所吸收的热量 Q_1，也就是从单一热源吸收的热量。又由热力学第一定律可知，循环过程中 $Q=W$，从而

$$Q=Q_1=W$$

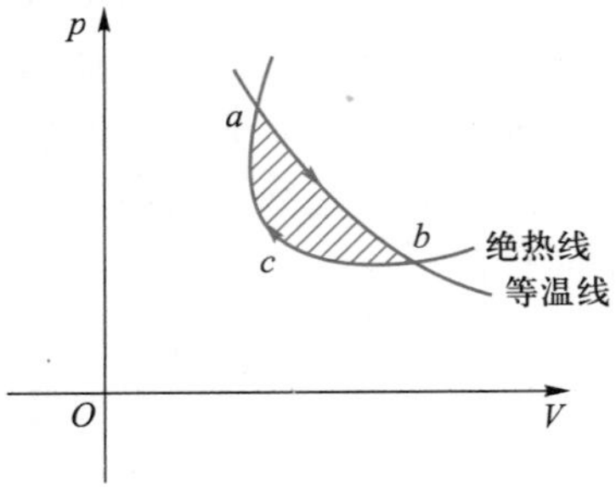

图 12-13

$Q_1=W$ 意味着，从单一热源吸收的热量全部转化为了有用的功，且没有其他变化，这个结论与热力学第二定律相背，不可能正确，从而前提条件不可能成立，即一条绝热线与一条等温线能不会相交两次。

二、可逆过程与不可逆过程

热力学第二定律的存在，意味着在满足能量守恒的前提下，不同形式的能量的转化和热力学能的传递是有方向的。功可以自发地转化为热能，而热能不能自发地转化为功，功热转化是有方向的；热量只能从高温物体自发地传递到低温物体，而不能自发地从低温物体传递到高温物体，热量的传递是有方向的。实际上，在本章的开头我们就叙述了这样的经验事实，孤立系统不管刚开始处于什么状态，最后总是趋向于一个特定的状态——平衡态，这就是说，孤立系统状态的演化是有方向的，总是从非平衡态自发地向平衡态演化。譬如某人将单摆在摆动过程中，因各种摩擦力的作用振幅逐渐减小的过程拍摄下来，如果不小心影像倒放了，我们能马上意识到影像倒放了，因为时间反向演化的过程绝不可能在真实世界中存在。而在纯力学中，若某人将两个弹性小球做完全弹性碰撞的过程拍摄下来，当图像倒放时，我们根本不可能意识到过程倒放了，这是因为时间反演的过程在纯力学世界中是可以存在的，即过程反向进行是可以的，纯力学过程是可逆的。但在热力学世界中，热力学系统的演化过程是有方向的，热力学过程是不可逆的。

下面我们严格地定义可逆过程和不可逆过程。对某个热力学过程 k 而言，系统和外界可能都发生了变化，若能找到（存在）另一个过程 k'，使得系统和外界同时复原，则称热力学过程 k 是可逆的；反之，若找不到（不存在）另一个过程 k'，使系统和外界都复原，则称热力学过程 k 是不可逆的。真实的热力学过程都是不可逆的，可逆过程是一个理想过程，它的后果是可以消除的，而不可逆过程产生的后果是无法消除的。

在纯力学世界中，各种过程都是可逆的，譬如外界对某系统做功 W 的过程是可逆的，因为当系统对外界反过来做功 W 后，系统和外界都将复原，而且可以不必管做功的过程和细节。由此我们可以推知，各种准静态的没有能量消耗和散发的过程才是可逆过程。不可逆过程产生的原因是：① 系统内部出现了非平衡源，破坏了平衡态，如力学源——有限压强差；又如，热

学源——有限温差或热源存在;② 耗散效应,如摩擦、黏性、非弹性、能量随波动传播出去等。

进一步的研究表明,自然界的一切宏观上的不可逆过程均存在着内在联系。热力学第二定律的开尔文表述实际上就指明了功热转化是一个不可逆过程;克劳修斯说法表明了热传导是一个不可逆过程,我们在前面证明了两者实际上是等价的。事实上,我们可以从任何一个过程的不可逆性推断出其他过程的不可逆性。譬如用绝热材料围成的容器,用隔板将它们分成容积相等的 A、B 两室,给 A 室充以某种气体,B 室为真空,将中间的隔板突然抽出,A 室中的气体将向 B 室自由膨胀(扩散),气体的这种自由膨胀过程是不可逆的。

不可逆过程是有方向的,其能独自前进的方向称为正方向,如功转化成热的过程,热量从高温物体传递至低温物体的过程,气体的(自由)膨胀过程(在没有限制情况下气体会一直自发地膨胀下去),孤立系统从非平衡态向平衡态演化的过程,等等。与正方向相反的方向称为负方向,一个系统的不可逆过程的负方向是不可能独自进行的,它只能在其他系统正方向进行的不可逆过程的伴随下进行。例如热机将热能(部分地)转化为功是一个负方向过程,它是在余热从高温物体传递至低温物体这个正方向过程的伴随下才实现的。又如理想气体做等温膨胀的过程,它将从热源吸收的热能全部转化为功,这是个负方向过程,伴随它的是气体的不可逆的正方向膨胀过程。又譬如制冷机将热量从低温物体传递至高温物体(负过程),伴随它的是电能(功)转化成为热能这个正方向进行的不可逆过程。所有的不可逆过程都是相互关联的,等价的,如利用反证法很容易证明,气体的自由膨胀过程的不可逆性与功热转化的不可逆性完全等价。因此,任何一个不可逆的自发过程都可作为热力学第二定律的表述。但不论采用何种表述,热力学第二定律的实质就是宏观上揭示了自然界一切自发过程的不可逆性。这是人们从大量宏观现象中总结出来的一条基本宏观规律。

三、卡诺定理

由热力学第二定律或不可逆过程产生的后果的无法消除性出发,卡诺证明了工作在高温热源 T_1 和低温热源 T_2 之间的所有热机,必遵循以下两个结论。

(1)不管工质为何,所有工作在高温热源 T_1 和低温热源 T_2 之间的可逆热机的效率,都等于理想气体可逆卡诺热机的效率

$$\eta=1-T_2/T_1 \tag{12-31}$$

(2)不管工质为何,所有不可逆热机的效率都小于可逆热机的效率。

上述结论为卡诺定理,它可以由热力学第二定律推出。明显地,卡诺定理给出了热机效率的理论最高值,也指明了提高热机效率的方向。明显地,热机的效率总小于 1,要想提高热机的效率,当设法降低低温热源的温度 T_2,但它最低也就是环境温度,或提高高温热源的温度 T_1,采用高温高压气体是很自然的结论。

四、能量品质

在力学篇的能量守恒定律中,我们知道,能量有许多种形式,一种形式的能量可以从一个物体传递到另一个物体,各种形式的能量还可以相互转化。机械能守恒定律告诉我们,势能可以转化为动能,动能也可以转化为动能,它们之间的转化是可逆的。然而热力学第二定律表明功热转化是不可逆的,机械能(即功)可以自发地转化为热能,而热能则不能自发地转化为功,

在热机（工质）的帮助下，它也只能部分地转化为机械能。这就意味着热（力学）能和机械能两者有着某种品质上的不同，从转化的方向可知，机械能的品质要高于热能。至此，在考察能量时，除了需要考察能量的形式以外，我们还需考察它的品质，品质高的能量可以高效、随意地转化成想要使用形式的能量（当然有时转化时需要有相应的设备），而品质低的能量转化为其他形式的能量时，必须有相应的机器和设备，而且如何提高转化效率将成为一个重大课题。

12.6 熵及熵增加原理

热力学第二定律指出，一切与热现象有关的自发过程都是不可逆过程，系统可以自发地从初态过渡到终态，但不能自发地从终态回到初态，这说明系统的初、终两种状态本质上存在着某种物理量上的差别，这个量我们称之为熵，用符号 S 表示。在平衡态时，熵是系统状态参量的函数，即与系统的热力学能一样，是系统的态函数，用熵 S 的大小来区别系统的初态与终态的差别，用它们的差值即熵变 ΔS 来描述不可逆过程的方向性。

视频：熵

熵是系统的态函数，对一定量的理想气体而言，在平衡态时，当取独立变量为 T、V 时，其熵为

$$S=\nu C_{V,\mathrm{m}}\ln T+\nu R\ln V+S_0 \qquad (12-32)$$

文档：玻耳兹曼

由此可推知在气体自由膨胀过程中，温度不变，体积增大，其熵增加。熵是一个广延量，对系统满足可加性，故在两物体因温度不同而产生的热传导过程，同样地将使两物体组成的孤立系统的熵增大。孤立系统内进行的任何过程都不会使系统的熵减少，即

$$\Delta S\geqslant 0 \qquad (12-33)$$

对于实际过程，$\Delta S>0$，对于理想可逆过程，$\Delta S=0$，这一结论称为熵增加原理。实际过程总是不可逆过程，因此，对孤立系统而言，一切实际过程只能朝着熵增加的方向进行，直到系统的熵到达最大值为止，此时系统处于平衡状态。由于熵增加原理与热力学第二定律都是表述自然过程进行的方向和条件，因此式（12-33）的熵增加原理就是热力学第二定律的数学表达式。它为我们提供了判定过程进行方向的依据。可以严格证明，对任何封闭系统的任意热力学过程，其熵变 ΔS 满足下式：

$$\Delta S=S_2-S_1\geqslant\int_1^2\frac{\mathrm{d}Q}{T} \qquad (12-34)$$

其中等号对应可逆过程，大于号对应不可逆过程。对于孤立系统，因 $\mathrm{d}Q=0$，则其熵变自然满足式（12-33）。明显地，系统经过可逆的准静态绝热过程，系统的熵不变，准静态的绝热过程是一个等熵过程；非静态的绝热过程因是不可逆过程而成为一个熵增加过程。此结论也可通过理想气体的熵公式与准静态过程的方程来验证，有兴趣的同学不妨试着验证一下。实际上，由式（12-34）可知，封闭系统的熵变可分为两部分，一部分为 $\mathrm{d}Q/T$，可看成是系统因与外界传递热量而产生的熵变，它表明系统向外散热，系统的熵减小！这是人体不断向外散热的根本原因；另一部分为系统历经不可逆过程而产生的熵变，只不过这部分熵总大于零。

熵到底表征了系统的什么性质？由理想气体的熵公式可知，对一定量的理想气体而言，温度越高，系统的熵越大，而温度越高，意味着无规律（无序）热运动越剧烈，或者说，热运动的无序程度越大；气体占有的体积越大，系统的熵越大，而体积越大，意味着气体分子在空间的位置越混乱。可以严格地证明，熵就是系统无序程度的量度，熵的增加意味着无序度的增加，平衡态时，熵最大（最无序状态）。由此可知，孤立系统总是向着越来越无序的状态演化。今天，熵的概念得到了极大的扩展，相关的熵概念及其理论已在物理、化学、气象、生物学、工程技术乃至社会科学领域中获得了广泛的应用。

应当指出，热力学第二定律只是一个宏观定律、统计定律，它只适用于宏观（含有大量微观粒子）物体，不适用于微观世界，也不适用于只含极少量微粒的系统。而热力学第一定律与之不一样，它对任何系统任何过程都成立，它实际上就是能量守恒定律在热现象中的具体应用而已。

习题

选择题

12-1　一理想气体，总质量为 m，体积为 V，压强为 p，热力学温度为 T，密度为 ρ，k 为玻耳兹曼常量，R 为摩尔气体常量，则其摩尔质量可表示为（　　）。

A. $\dfrac{pV}{mRT}$　　B. $\dfrac{mkT}{pV}$　　C. $\dfrac{\rho kT}{p}$　　D. $\dfrac{\rho RT}{p}$

12-2　一个由绝热材料包裹着的瓶子装有空气，但有小孔与外界大气相通，瓶内温度为 360 K。现将瓶内的气体加热到 400 K，此时瓶内气体的质量为原来质量的（　　）倍。

A. 10/9　　B. 27/127

C. 9/10　　D. 条件不足，无法确定

12-3　相等质量的氢气和氦气被密封在一粗细均匀的细玻璃管内，并由一水银滴隔开，水银导热很好，将玻璃管平放，热平衡后，则氢气柱和氦气柱的长度之比为（　　）。

A. 2∶1　　B. 4∶1　　C. 1∶2　　D. 1∶4

12-4　对于物体的热力学过程，下列说法中正确的是（　　）。

A. 热力学能的改变只决定于初、末两个状态，与所经历的过程无关

B. 摩尔热容的大小与所经历的过程无关

C. 若单位体积物体所含热量越多，则其温度越高

D. 热力学过程中做的功只取决于初、末两个状态，与所经历的过程无关

12-5　$V\mathrm{d}p=\nu R\mathrm{d}T$ 表示了理想气体经历的过程是（　　）。

A. 等温过程　　B. 等压过程　　C. 等容过程　　D. 绝热过程

12-6　热力学第一定律表明（　　）。

A. 系统对外做的功不可能大于系统从外界吸收的热量

B. 系统热力学能的增量等于系统从外界吸收的热量

C. 不可能存在这样的循环过程，外界对系统所做的功不等于系统传给外界的热量

D. 热机的效率不可能等于 1

12-7　对于微小变化的过程，热力学第一定律为 $dQ_k=dE+dW_k$。在以下过程中，这三者同时为正的过程是(　　)。

A. 等温膨胀　　B. 等容升温　　C. 等压膨胀　　D. 绝热膨胀

12-8　理想气体热力学能增量的表示式 $\Delta E=\nu C_{V,m}\Delta T$ 适用于初、末态都是平衡态的(　　)。

A. 等容过程　　B. 等压过程　　C. 绝热过程　　D. 任何过程

12-9　物质的量相同的理想气体 H_2 和 He，从同一初态开始经等压膨胀到体积增大一倍时(　　)。

A. H_2 对外做的功大于 He 对外做的功

B. H_2 的吸热大于 He 的吸热

C. H_2 对外做的功小于 He 对外做的功

D. H_2 的吸热小于 He 的吸热

12-10　一定量的理想气体分别经历了等压、等容和绝热过程后，其热力学能均由 E_1 变化到 E_2。在上述三过程中，气体的(　　)。

A. 温度变化相同，吸热相同　　B. 温度变化相同，吸热不同

C. 温度变化不同，吸热相同　　D. 温度变化不同，吸热也不同

12-11　根据热力学第二定律判断，下列说法正确的是(　　)。

A. 热量能从高温物体传到低温物体，但不能从低温物体传到高温物体

B. 功可以全部变为热，但热不能全部变为功

C. 热传递的不可逆性不同于热功转化的不可逆性

D. 气体能够自由膨胀，但不能自由压缩

12-12　使高温热源的温度 T_1 升高 ΔT 或使低温热源的温度 T_2 降低同样的 ΔT 值，可分别使卡诺循环的热机效率升高 $\Delta\eta_1$ 和 $\Delta\eta_2$，则(　　)。

A. $\Delta\eta_1>\Delta\eta_2$　　B. $\Delta\eta_2>\Delta\eta_1$

C. $\Delta\eta_1=\Delta\eta_2$　　D. 无法确定哪个大

12-13　如图所示，c 为理想气体绝热过程，a 和 b 是任意过程。此两任意过程中气体做功与吸收热量的情况是(　　)。

A. a 过程放热，做负功；b 过程放热，做负功

B. a 过程吸热，做负功；b 过程放热，做负功

C. a 过程吸热，做正功；b 过程吸热，做负功

D. a 过程放热，做正功；b 过程吸热，做正功

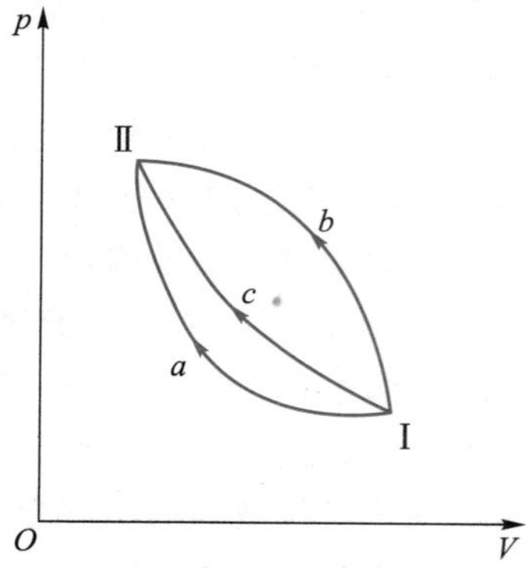

习题 12-13 图

12-14　根据卡诺定理，提高热机的效率，下面几种设想中不可行的是(　　)。

A. 提高高温热源的温度

B. 采用摩尔热容较大的气体做工作物质

C. 使循环尽量接近卡诺循环

D. 力求减少热损失、摩擦等不可逆因素

12-15　对于准静态过程和可逆过程有以下说法，其中正确的是(　　)。

A. 准静态过程一定是可逆过程

B. 可逆过程一定是准静态过程

C. 二者实质上是热力学中的同一个概念

D. 以上说法都不对

12-16 甲说："由热力学第一定律可证明任何热机的效率不可能等于1。"乙说："热力学第二定律可表述为效率等于100%的热机不可能制造成功。"丙说："由热力学第一定律可证明任何卡诺循环的效率都等于$(T_1-T_2)/T_1$。"丁说："由热力学第一定律可证明理想气体卡诺热机(可逆的)循环的效率等于$(T_1-T_2)/T_1$。"对以上说法，正确的是(　　)。

A. 甲、乙、丙、丁全对　　B. 甲、乙、丙、丁全错

C. 甲、乙、丁对，丙错　　D. 乙、丁对，甲、丙错

填空题

12-17 物质的量相同的氢气和氦气从完全相同的初态做等压膨胀，体积均变为原来的两倍。在这个过程中，氢气和氦气对外做的功之比为________，吸收热量之比为________。

12-18 1 mol 的双原子分子理想气体，在1 atm的恒定压强下从273 K加热到373 K，气体的热力学能改变了____________，气体做的功为____________。

12-19 两个相同的容器，一个装氧气，一个装氦气(均视为刚性分子理想气体)，开始时它们的压强和温度都相等。现将10 J热量传递给氦气，使之温度升高。若使氧气也升高同样的温度，则应向氧气传递的热量为____________。

12-20 质量为m、温度为T_0的氦气装在绝热的容积为V的封闭容器中，容器以速率v做匀速直线运动。当容器突然被停止后，定向运动的动能全部转化为分子热运动的动能，则平衡后氦气的温度增加量为________。

12-21 一定量的理想气体，在$p-V$图上从A状态$(2p_1, V_1)$经直线过程变到B状态$(p_1, 2V_1)$，则此过程中系统做功________，热力学能改变$\Delta E=$________。

12-22 将热量Q传给一定量的理想气体，(1) 若气体的体积不变，则其热量转化为________；(2) 若气体的温度不变，则其热量转化为________；(3) 若气体的压强不变，则其热量转化为________。

12-23 一定量的理想气体，在某过程中，其热力学能随体积线性增大，则此过程是________过程。

12-24 一可逆卡诺机，低温热源的温度为27 ℃，热机效率为30%，其高温热源温度为________K。今欲将该热机效率提高到40%，并维持低温热源的温度不变，则高温热源的温度应增加________K。

计算题

12-25 1 mol 刚性单原子分子的理想气体，在$p-V$图上从A状态$(2p_1, V_1)$经直线过程变到B状态$(p_1, 2V_1)$。(1) 求此过程中气体的最高温度；(2) 求此过程中系统对外做的功和吸收的热量；(3) 求此过程中的摩尔热容$C_{k,m}(T)$，并讨论系统何阶段吸热，何阶段放热。

12-26 1 mol 刚性双原子分子的理想气体，开始时处于$p_1=2.0$ atm、$V_1=10^{-3}\,m^3$的状态Ⅰ，后经过程$p^2V=C$(C为常量)体积增大至$V_2=2\times10^{-3}\,m^3$的状态Ⅱ。(1) 求此过程中系统对外做的功及吸收的热量；(2) 求此过程中的摩尔热容$C_{k,m}(T)$。

12-27　1 mol 刚性双原子分子的理想气体，开始时处于 $p_1=2.0\ \text{atm}$、$V_1=10^{-3}\text{m}^3$ 的状态 Ⅰ，后经摩尔热容 $C_{k,\text{m}}(T)=3R/2$ 的过程体积增大至 $V_2=2\times10^{-3}\text{m}^3$ 的状态 Ⅱ。(1) 试写出此过程的方程 $p=p_k(V)$；(2) 求此过程中系统对外做的功及吸收的热量。

12-28　1mol 单原子分子的理想气体，完成了由两个等容过程和两个等压过程构成的循环过程，如图所示，已知状态 1 的温度为 T_1，状态 3 的温度为 T_3，且状态 2 和 4 在同一等温线上，并有 $V_4=2V_1$，试求气体在这一循环过程中做的功及热机循环的效率。

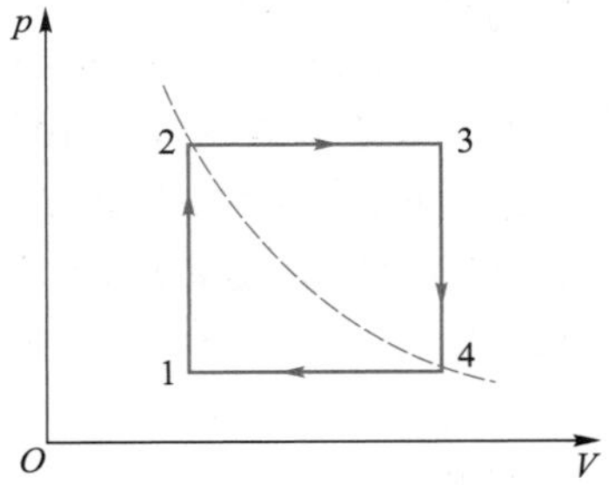

习题 12-28 图

12-29　1mol 双原子理想气体历经如图所示的循环过程，其中 $C\to A$ 为绝热过程，A 点状态参量 (T_1, V_1) 和 B 点的状态参量 (T_1, V_2) 已知。试求出 C 点的状态参量及热机循环的效率。

12-30　如图所示，器壁与活塞均绝热的容器中间被一隔板等分为两部分，其中右边贮有 1 mol 处于标准状态的氦气（可视为理想气体），左边为真空。现先把隔板拉开，待气体平衡后，再缓慢向右推动活塞，把气体压缩到原来的体积。求氦气的温度改变量。

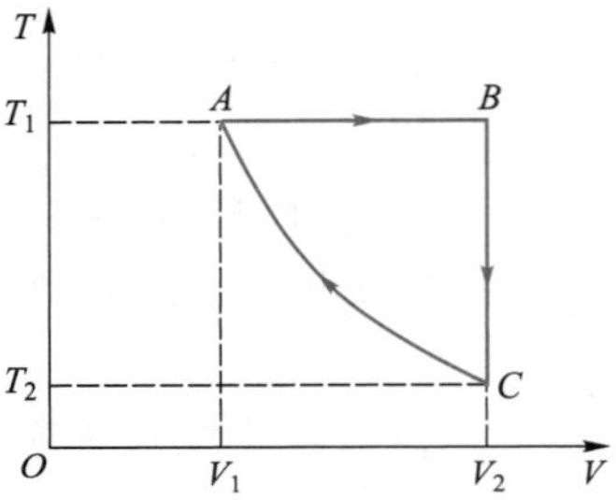

习题 12-29 图

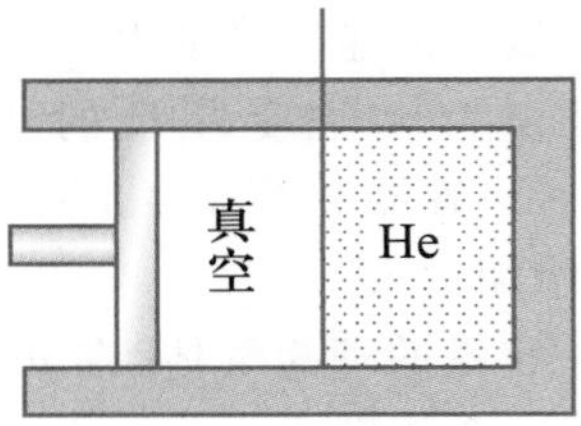

习题 12-30 图

12-31　绝热容器中贮有一定量的气体，平衡时压强和体积分别为 p_0 和 V_0。现用一根通有电流的电阻丝对它缓慢加热，在加热的电流和时间都相同的条件下，第一次保持体积 V_0 不变，压强变为 p_1；第二次保持压强 p_0 不变，而体积变为 V_1。不计电阻丝的热容量，求该气体的比热容比。

12-32　某种单原子分子的理想气体做由两个等温过程（ab 和 cd）和两个等容过程（bc 和 da）组成所示的正循环 $abcda$，已知 $V_b=2V_a$、$T_a=600\ \text{K}$、$T_c=600\ \text{K}$，试求循环效率。

12-33　某种单原子分子的理想气体做卡诺循环，已知循环效率 $\eta=25\%$，试问气体在绝热膨胀时，气体体积增大到原来的几倍？

12-34　一台冰箱工作时，其冷冻室中的温度为 $-18℃$，室温为 $25℃$。若按理想卡诺制冷循环计算，则此制冷机每消耗 10^2J 的功，可以从冷冻室中吸出多少热量？

第 13 章
狭义相对论基础

相对论是一门关于时间、空间、物质及其运动规律的物理学理论，它的创立并不是爱因斯坦的突发奇想，而是有其历史的必然性。它源自人们对经典力学和电磁理论的综合与提升。相对论问题的提出主要发端于经典力学和电磁理论在时空概念上的矛盾以及 19 世纪末期科学实验的新发现同经典物理理论的激烈冲突，相对论的建立完全体现了爱因斯坦对物理规律统一性和客观性的追求，也正是这种质朴的认识理念，才使得相对论能够自然地完成对伽利略相对性原理的扩充，以及由特殊到一般的颠覆性跨越。可以说，相对论的建立不仅带来了人类时空观念上的深刻变革，同时也对近代物理学的发展，尤其是对核物理学、高能物理学和宇宙物理学的发展产生了极其深远的影响。

视频：狭义相对论的引入

文档：爱因斯坦

13.1　时空测量与伽利略变换

一、惯性系中的时空测量

众所周知，物理学是一门实验科学，很多物理理论都需要由相关实验来验证，以佐证物理理论，而实验离不开测量。力学是研究物体机械运动的学科，机械运动就是物体空间位置随时间的变化，故在力学中，最根本的测量是空间和时间的测量。为了探究时空的根本问题，我们从最基本的时空测量开始，此时，测量的对象为物理事件，如某个闹钟的报时、两个小球的碰撞、某架飞机的起飞、导弹击中目标等，利用钟和尺子，记录它的位置和时间。如对一个粒子而言，即记录它某时刻所在的位置。三维位矢 $\boldsymbol{r}$ 和一维时间 t 构成四维时空图，也称为世界，则一个物理事件可用四维时空图中的一个点表示，称为世界点。对一个粒子而言，连续的世界点构成一条世界线，曲线的方程 $\boldsymbol{r}(t)$ 就是粒子的运动方程（此处的时间 t 不是三维空间曲线的参量，而是四维时空的一个坐标）。若粒子仅在 x 轴上运动，即在空间一维情况下，所谓的世界就是二维的 $x-t$ 时空图，该粒子的世界线就是一条曲线，曲线的斜率就是其速度，如果粒子做匀速运动，世界线就是一条直线，如果粒子在 x 轴上做简谐运动，其世界线就是第 9 章的振动曲线。一个参考系就有一套四维时空图，就有一个世界；不同的参考系，就有不同的世界。认真思考，我们会发现，在各个世界中，即使是最简单的时空测量也不是一件容易的事情。例如，如何利用钟和尺子记录事件在不同参考系中的位置和时间，并进行比较，都是值得深思的问题。

在牛顿力学中，我们把参考系划分为两大类，一类为特殊的惯性参考系，另一类为非惯性参考系。对非惯性系而言，我们并无理由保证时空的均匀性及空间的各向同性。于此，我们仅讨论惯性系中的时空测量。对惯性系而言，空间是各向同性的，时间和空间都是均匀的。也就是说，在每一个惯性系中，完全相同的钟，在任何空间任何时间走的快慢始终是相同的，这样就保证了静止在各地的钟，一旦同步就永远同步。完全相同的尺子，在任何空间任何时刻的长度都是一样的。对每一个惯性系，我们可以按如下操作和测量。

（1）为方便标记不同地方，利用尺子，在空间建立直角坐标系，用于标记事情发生的空间位置。

（2）在惯性系各位置处都安放完全相同的静止钟，由它记录当地各个物理事件发生的时刻,用静止钟测得的时间应称为当地时间或地方时间。

(3) 这些地方钟必须在使用前都校对好。异地的两只钟如何校对?我们可利用信号,特别是光信号,对两只异地的钟可用它们中间位置的一个光源及各自一套光电开关系统来实现校对。能否先校对好了再安置呢?原则上是不行的,我们并不清楚因安置而产生的运动是否会影响钟的快慢。

有了空间坐标系及各地方的静止钟,就有了时空图,有了所谓的世界,我们就可以记录各事件发生的位置和时刻了。

(4) 如果在某惯性系中,两事件的时刻相同,则称两事件是同时发生的(但不同地)。要测量某静止物体的长度,只需在与长度方向平行的 x 坐标轴上记录该物体两端的坐标然后相减即可,测得的长度称为该物体的原长。但当测量一个运动物体的长度时,必须要求同时记录物体两端的坐标值,即 $L=x_2(t)-x_1(t)$。长度测量需由同时性概念定义,时间、空间的测量并不完全独立。

(5) 设有两参考系 S、S′,参考系 S′相对于 S 以速度 $\boldsymbol{u}$ 运动,在 $\boldsymbol{u}$ 方向取 x、x'轴,如图 13-1 所示,当两坐标原点 O、O'重合时,使两参考系坐标原点处的钟同步并作为计时零点,即 $t=t'=0$。一个物理事件是客观存在的,它独立于时空测量之外,在参考系 S、S′系中的两观察者对此事件进行各自的时空测量,分别记为(x,y,z,t)和(x',y',z',t'),时空变换是指这两组数据之间的普遍关系。惯性定律告诉我们,任一个自由粒子在所有世界中的世界线都是直线,这就是说,一个世界中的一条直线经时空变换后在另一个世界中也是直线,这意味着这种时空变换一定是线性变换,而且只能是某种转动及平移。

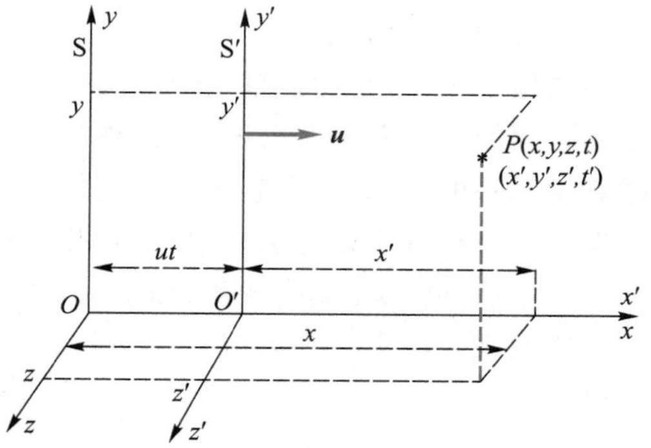

图 13-1　时空坐标变换

二、伽利略变换和力学相对性原理

对每一个惯性系而言,经典力学认为,空间是各向同性的,时间和空间都是均匀的,时间和空间是相互独立的,它们与物质的运动无关,时间是一维的,而空间就是我们熟知的三维欧氏几何。两个惯性系之间的变换为第二章学过的伽利略坐标变换:$\boldsymbol{r}'=\boldsymbol{r}-\boldsymbol{u}t$ 及 $t'=t$。在如图 13-1 所示情况下,为

$$\begin{cases} x'=x-ut \\ y'=y \\ z'=z \\ t'=t \end{cases} \tag{13-1}$$

1. 时间间隔及同时性的绝对性

在伽利略变换中,时间的特性与参考系的选取无关,即时间对所有惯性系而言都只有一个,时间与时间间隔具有绝对意义。这里所谓绝对意义是指,不管运动状态如何,一切用于刻画时间的时钟都是同步的,而一切物理过程或两个事件的时间间隔在所有惯性参考系中也都

是相同的，即

$$t_2'-t_1'=t_2-t_1 \tag{13-2}$$

也就是说：时间间隔是绝对的。此式表明，在 S 系中的 $t_2=t_1$ 将直接导致在 S′系中 $t_2'=t_1'$的后果。这意味着，对于某个观察者来说，如果两个物理事件是同时发生的，那么，对所有其他处于不同运动状态的观察者来说，这两个事件也必然是同时发生的，同时性概念是绝对的。

2. 尺度的绝对性

与两事件的时间间隔的定义相对应，两事件的空间间隔则被定义为

$$|\boldsymbol{r}_2'-\boldsymbol{r}_1'|=|\boldsymbol{r}_2-\boldsymbol{r}_1-\boldsymbol{u}(t_2-t_1)| \tag{13-3}$$

由此可见，两物理事件的空间间隔不仅依赖于参考系的选择（体现不同的相对运动速度 $\boldsymbol{u}$），而且还有赖于两事件的时间间隔（t_2-t_1），它是一种相对量，仅对具体的特定的参考系才有意义。当然，若要讨论物体的长度，则必须强调测量的同时性，并进而得出

$$|\boldsymbol{r}_2'-\boldsymbol{r}_1'|=|\boldsymbol{r}_2-\boldsymbol{r}_1| \tag{13-4}$$

它表明物体的长度与参考系的选取无关，是一种绝对量。进一步地，我们可以知道物体的形状和大小都是绝对的，与参考系的选择无关。

3. 力学相对性原理

在物理学中，有些物理量是绝对的，与惯性参考系无关，而有些物理量与惯性参考系有关，它们在不同的参考系中会有所不同，称为相对量，譬如质点的速度、动量、动能等。它们之所以会随着参考系的不同而不同，是因为它们是时空的函数。相对量会随着时空坐标的变换而发生变换。一个物理定律总会涉及一些相对量。现在我们考察力学定律在伽利略变换下的情况。在此之前，先推导速度变换公式。由伽利略坐标变换式（13-1）两边分别对 t'和 t 求导即得伽利略速度变换 $\boldsymbol{v}'=\boldsymbol{v}-\boldsymbol{u}$，即

$$\begin{cases} v_x'=v_x-u \\ v_y'=v_y \\ v_z'=v_z \end{cases} \tag{13-5}$$

在惯性系 S 中，质点满足动量定理

$$\boldsymbol{F}=\frac{\mathrm{d}\boldsymbol{p}}{\mathrm{d}t}=m\frac{\mathrm{d}v}{\mathrm{d}t}$$

将上式各量都变换到惯性系 S′中，注意到，在经典力学中，力和质量都是绝对的，故

$$\boldsymbol{F}'=m'\frac{\mathrm{d}\boldsymbol{v}}{\mathrm{d}t}=m'\frac{\mathrm{d}(\boldsymbol{v}'+\boldsymbol{u})}{\mathrm{d}t'}=m'\frac{\mathrm{d}\boldsymbol{v}'}{\mathrm{d}t'}=\frac{\mathrm{d}\boldsymbol{p}'}{\mathrm{d}t'}$$

即质点的动量定理经过伽利略变换后形式保持不变。实际上，经典力学中关于质点运动的牛顿运动定律，关于质点系的功能原理、动量定理、角动量定律等所有的物理定律经伽利略变换后形式都能保持不变，即力学定律对（伽利略）时空变换具有不变性，或者说，力学定律在各惯性系中具有完全相同的形式。这意味着在不同参考系中，物理量的演化会遵循完全相同的规律，由此可见，这些惯性系都是等价的，没有优劣之分。也就是说，在各个惯性系对应的世界中，力学定律的形式完全相同。反过来就是说，在力学定律面前，所有惯性系中的观察者都是平等的。这个结论称为力学相对性原理，也叫作伽利略变换不变性。这个思想首先由伽利略

完整表述，早在1632年他就提出：在封闭的船舱中，不管观察任何力学现象，都无法判断出平稳航行的大船相对于岸的运动状态。但实际上，关于这种相对性原理的思想，在我国古籍中早有记载，成书于东汉时代的《尚书纬·考灵曜》中有这样的记述："地恒动不止而人不知，譬如人在大舟中，闭牖而坐，舟行而人不觉也。"

三、伽利略变换与麦克斯韦电磁方程的矛盾

力学相对性原理表明，在真空中，于封闭的船舱中，不管做任何力学实验，都无法判断出大船相对于岸的运动状态。但若做电磁学实验、光学实验，结果会怎样？实际上，光就是电磁波，电磁现象和电磁波的运动都遵循麦克斯韦方程组，故需要考察电磁定律（即麦克斯韦方程组）在时空变换下的情形，结果发现，麦克斯韦方程组在伽利略时空变换下不能保持形式不变。也就是说，按照经典时空观，存在着一个绝对惯性系，麦克斯韦方程组于其中才能成立，而在其他惯性系中，麦克斯韦方程组的形式将因相对于绝对惯性系的运动速度而有所不同。这就是说，在真空中，于封闭的船舱中，通过电磁学实验或光学实验，我们能发现大船相对于岸的运动状态。实际上，这里还有一些问题，在前面力学和声学实验中，实物粒子活动的背景和机械振动传播的介质都为空气，封闭船舱很容易将其中的空气完全拖曳，也正因为如此，才使得实物粒子和机械振动的运动背景不变，从而才有了力学相对性原理。对于带电粒子活动的背景或电磁波传播的介质，封闭的船舱能完全拖曳着它们一起运动吗？在光的电磁理论发展初期，人们自然地想到光和电磁波的传播与机械波一样也需要介质，19世纪的物理学家们称这种介质为以太。他们认为，以太充满于整个空间，即使是真空也不例外，而且可以渗透到一切物质的内部中去。在相对以太静止的参考系中，光速才各向同性，麦克斯韦方程组才能成立，此参考系称为以太参考系，正是经典力学中寻找的绝对参考系。这时又产生了另一个问题，既然物体中也存在着以太，如果物体运动，其中的以太如何运动？是完全被拖曳着一起运动，还是部分被拖曳着运动，或者以太完全不被拖曳？为了解答此问题，人们投入了巨大的热情并设计了很多实验，结果好像表明物体中的以太或部分被拖曳或完全不被拖曳，不管是何种说法，对折射率为1的透明物体如空气，其运动时应该完全不能拖曳以太。这就是说，地球运动时，空气不会拖曳以太一起运动，如此，我们应该能测量出地球相对于以太的运动速度，著名的迈克耳孙—莫雷实验就是为此目的而被巧妙设计的，然而最终的结果表明这个速度为零，由此以太假设陷入了深刻的危机中。

实际上，包括迈克耳孙-莫雷实验在内的许多实验以及对光速的历次测量都明显指向一个结论，那就是光在真空中的传播速度与参考系的选取及光源的运动状态无关。换句话说，在真空中无论观察者是站在什么参考系中观察，无论光源是否运动，光速都始终保持不变。这个结论实际上是麦克斯韦电磁理论的一个推论，因为实验发现，在任何惯性系中，麦克斯韦方程组都能成立，由此方程组可推得在任何惯性系中电磁波的传播速度都是光速 c。这就是说，在真空中，于封闭的船舱中，不管做任何电磁学或光学实验，依然无法判断出大船相对于岸的运动状态。这也意味着真正的电磁定律经过时空变换后形式应该保持不变。然而现有的麦克斯韦方程经过伽利略时空变换后形式会发生改变，这表明麦克斯韦方程或伽利略时空变换至少有一个是有问题的。事实上光速的不变性使经典力学中的伽利略速度变换公式面临巨大的挑战。即便如此，当时的大多数人依旧无法摆脱绝对时空观的束缚，总是试图在牛顿力学的框架内求得对上述矛盾的协调。可是，所有苦心经营的补救方案无一不遭致失败，由此形成了19

世纪末期经典物理的巨大危机。

爱因斯坦的相对论就是在上述物理大变革的背景下建立起来的。相对论的建立，不仅彻底打破了伽利略的速度变换原则，而且也彻底超越了经典力学中绝对的时空观念。

13.2　相对论的基本假设与洛伦兹变换

一、狭义相对论的基本假设

面对实验与理论的冲突，以及所有试图改良旧理论的失败，爱因斯坦的选择是，坚信麦克斯韦方程组对所有惯性参考系的普适性，彻底抛弃以太假说，放弃经典力学中的绝对时空观。1905 年，爱因斯坦在《论动体的电动力学》的论文中，作出了两个基本假设，并创立了狭义相对论。如今这两个基本假设常称为狭义相对论的两个基本原理。

视频：狭义相对论的基本原理和洛伦兹变换

（1）相对性原理：物理规律在所有惯性参考系中都将具有同样的数学形式，即所有惯性参考系都是等价的。

（2）光速不变原理：在一切惯性系中，真空中的光速沿任何方向都表现为恒定的常量 c，并且与光源的运动状态无关。

两个原理简洁明了，思想深刻，意义深远。显而易见，相对性原理是对伽利略力学相对性原理的推广，它将物理定律提高到了客观实在的角度。从数学角度上讲，它表明了物理定律对惯性系之间的时空变换必须具有不变性，即物理定律经过惯性参考系间的时空变换后形式必须保持不变。从物理角度上讲，它表明了物理定律与惯性系的无关性，即物理定律是客观的、绝对的。或者说，在物理定律（自然法则）面前，所有惯性系中的观察者（人人）都是平等的。如果用一个惯性系等效于一个世界的说法，对物理定律而言，各个世界都是平等的。相对性原理反过来表明，一个真正意义上的物理定律，必然要满足相对性原理，体现所有惯性系平等的原则。明显地，它体现了对物理定律的制约作用，也就是说，相对性原理实际上是一个关于物理定律的定律。相对性原理表明，无论通过力学现象，还是光学现象，或者是其他物理现象，人们都无法觉察出所谓的绝对运动，也无法觉察出两个惯性系之间的相对运动。相对性原理是被大量实验事实所精确检验过的，是完全可以信赖的物理原理。

一个真正的物理定律必须满足相对性原理。牛顿定律是一个真正的物理定律吗？不是！爱因斯坦确信，麦克斯韦方程组是一个真正意义上的物理定律，它经历过低速情况和高速（光速）情况的考验，它应该满足相对性原理，应该在经过惯性参考系间的时空变换后形式保持不变。由麦克斯韦方程组推导出来的光速不变性也必然是正确的，对所有惯性系具有普适性，认可光速不变性等于承认麦克斯韦电磁理论的正确性和普适性。至此我们可以寻找惯性系之间的时空变换了，明显地，伽利略时空变换与光速不变原理矛盾，真正的惯性系之间的时空变换必须满足麦克斯韦方程组的不变性，满足光速不变原理。事实上，在爱因斯坦之前，人们就已经找到了满足麦克斯韦方程组不变性的时空变换——洛伦兹变换，只是洛伦兹本人并不非常清楚它的物理内涵。

二、洛伦兹变换

能够满足爱因斯坦上述两个基本原理的变换是洛伦兹变换。洛伦兹变换是一种线性变换。在图 13-1 所示情况下，两个惯性参考系的时空坐标(x,y,z,t)和(x',y',z',t')之间的变换为

文档:洛伦兹

$$\begin{cases} x'=\gamma(x-ut) \\ y'=y \\ z'=z \\ ct'=\gamma(ct-\beta x) \end{cases} \tag{13-6}$$

其中

$$\gamma=1/\sqrt{1-\beta^2},\quad \beta=u/c$$

由式(13-6)可得相应的逆变换为

$$\begin{cases} x=\gamma(x'+ut') \\ y=y' \\ z=z' \\ ct=\gamma(ct'+\beta x') \end{cases} \tag{13-7}$$

式(13-6)和式(13-7)都称为洛伦兹变换，它们本质上是一种时空转动。该变换不仅确立了同一事件在两个不同惯性参考系中的时空坐标的对应关系，更重要的是，它还反映出一种与牛顿力学迥然不同的时空观，时空不再相互独立。容易看出，当两个惯性系之间的相对运动速度 $\boldsymbol{u}$ 远小于光速，即当 $\beta=u/c\ll1$ 时，洛伦兹变换将自动地过渡到伽利略变换。这意味着，伽利略变换所代表的仅仅是洛伦兹变换的一种极限情况，在低速运动条件下，二者将完全具有等效的变换功能。然而在高速运动条件下探讨物体运动规律时，则必须要借助洛伦兹变换。

由洛伦兹时空变换可得两事件的时空间隔在两个惯性系之间的变换。对式(13-6)和式(13-7)两边同时差分，即得正变换

$$\begin{cases} \Delta x'=\gamma(\Delta x-u\Delta t) \\ \Delta y'=\Delta y \\ \Delta z'=\Delta z \\ \Delta t'=\gamma(\Delta t-\beta\Delta x/c) \end{cases} \tag{13-8}$$

逆变换为

$$\begin{cases} \Delta x=\gamma(\Delta x'+u\Delta t') \\ \Delta y=\Delta y' \\ \Delta z=\Delta z' \\ \Delta t=\gamma(\Delta t'+\beta\Delta x'/c) \end{cases} \tag{13-9}$$

由上式还可以进一步推出洛伦兹速度变换公式。

例 13-1 一节以速度 u 沿 x 轴正方向行驶的车厢，车厢的原长为 l_0，在车厢尾部向头部发射一束激光并击中目标，试由洛伦兹坐标变换证明地面上测得该激光束的速度也为 c。

解：在车厢 S′系中，激光束以光速 c 前进，其中的观察者测得激光束发射和击中目标两事件的空间间隔为 $\Delta x'=l_0$，时间间隔为 $\Delta t'=l_0/c$。则由式(13-9)可得地面系 S 中

$$\Delta x=\gamma(\Delta x'+u\Delta t')=\gamma l_0(1+\beta),\quad \Delta t=\gamma(\Delta t'+\beta\Delta x'/c)=\gamma l_0(1+\beta)/c$$

故激光束飞行速度为 $v=\Delta x/\Delta t=c$，即地面上的观察者测得其速度也为光速 c。

例 13-2　离太阳系最近的恒星为半人马座 α 星的 C 星，也称为比邻星，距离地球约为 4. 22 l. y. ，设想一火箭以速度 $0.999c$ 离开地球飞往比邻星，问：(1) 地面上的观察者测得飞船从起飞到降落历经多少时间；(2) 飞船中的宇航员历经多少时间能到达比邻星。

解：(1) 令火箭离开地球和降落比邻星为两个事件，在地球 S 系看来，该两事件的时空间隔为

$$\Delta x=4.22\ \text{l. y.},\quad \Delta t=\frac{\Delta x}{u}=\frac{4.22\ \text{l. y.}}{0.999c}\approx 4.22\ \text{a}$$

即地面上的观察者测得飞船从起飞到降落历经 4.22 年。

(2) 对火箭 S′系而言，两事件的时空间隔由洛伦兹时空间隔变换可得

$$\Delta x'=\gamma(\Delta x-u\Delta t)=0$$

$$\Delta t'=\gamma(\Delta t-\beta\Delta x/c)$$

上述两事件在火箭系中是同地的，即 $\Delta x'=0$，这个结论是显然的，因为在火箭系中，火箭不动，开始时地球以速度 u 离开火箭飞向火箭的后方，过了一段时间，比邻星飞来了，起飞和降落时，都在火箭的下方，同一地点。至于时间间隔，我们用洛伦兹时空间隔逆变换公式 $\Delta x=\gamma(\Delta x'+u\Delta t')=\gamma u\Delta t'$可得

$$\Delta t'=\frac{\Delta x}{\gamma u}=\sqrt{1-\beta^2}\frac{\Delta x}{u}=\sqrt{1-0.999^2}\times\frac{4.22\ \text{l. y.}}{0.999c}\approx 0.044\,7\times 4.22\ \text{a}\approx 68.9\ \text{d}$$

即火箭系中宇航员测得的时间间隔为 68.9 天。

现在我们知道，惯性系之间的坐标变换为洛伦兹变换，任何真正意义上的物理定律必须对洛伦兹变换具有不变性。洛伦兹变换最终成为评判一条物理定律是否具有普适意义的有效的标准。这就是说，凡在洛伦兹变换下数学形式能够保持不变的物理定律，即被认为是符合相对论性原理的普遍规律；否则，就必须对其加以改造，以使之满足洛伦兹变换。那么显而易见，不符合洛伦兹变换的牛顿运动定律，就是一个有待改造的力学理论。

13.3　狭义相对论的时空观

相对论不仅深刻揭示了时空与运动的联系，还由此引申出许多令人惊奇的结论，如时间延缓、长度收缩等相对论效应。这些效应虽然貌似与我们的生活常识相背，但却早已被许多物理实验所证实，它切实地反映了物体在高速运动下的本质规律，是近代高能技术开发的物理基础。

一、同时的相对性与因果关系的绝对性

尽管相对论的理论框架确立于两个基本原理之上，但爱因斯坦对相对论问题的论述却是从剖析同时性概念开始的。因为在爱因斯坦看来，光速不变原理的一个直接推论就是，在经典力学中具有绝对意义的同时性在相对论中仅仅具有相对意义。这意味着，不同惯性系中的观

测者应该拥有各自不同的同时概念，或者说，在一个惯性系中认为是同时发生的事，在另一个惯性系中就未必同时发生。为了揭示同时的相对性，爱因斯坦构想出一个火车理想实验。假定正中间处有一盏电灯的火车车厢，正以速度 $\boldsymbol{u}$ 沿 Ox' 轴做匀速运动，如图 13-2 所示。若突然将电灯打开，则灯光将同时向车厢两端 A 和 B 传播。现在要问，在地面上静止的观测者和随车厢一起运动的观测者看来，光波到达 A 和 B 的先后顺序将是如何呢？显然，对随车厢一起运动的观测者来说，由光速不变原理可知，光应当以相同的速度同时到达 A、B 两端，并且分别构成两个物理事件 $A(x_1',t_1')$ 和 $B(x_2',t_2')$。显而易见，这是两个发生于不同地点的同时事件，即

视频：同时的相对性

$$\Delta t'=t_2'-t_1'=0,\quad \Delta x'=x_2'-x_1'<0$$

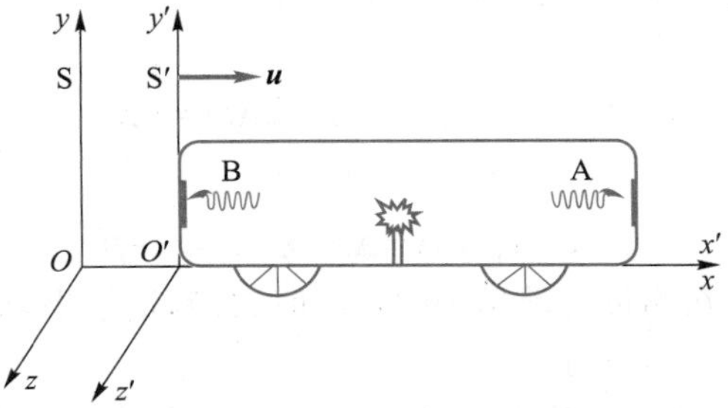

图 13-2　同时的相对性

由式(13-9)可得

$$\Delta t=t_2-t_1=\frac{u\Delta x'/c^2}{\sqrt{1-u^2/c^2}}<0$$

该式表明，在地面参考系的观察者看来，这两个事件并不同时发生，灯光先到达 B 端，后到达 A 端。由此可见，在相对论中同时性的定义仅有相对意义。上述结论由光速不变原理也很好理解，在地面参考系中的观测者看来，速度恒为 c 的光波分别与以速度 u 运动的 A、B 两端同向和相向而行，因此光到达相向运动的 B 端的时间应该比到达 A 端的时间要早一些。

在强调时间的相对意义的同时，相对论还重点突出了因果关系的绝对性。这就是，如果甲事件是导致乙事件发生的原因，或者说两者之间存在因果联系，那么，这两个事件一定可以通过小于或等于真空光速的信号联系起来，并且事件甲先于事件乙发生的时间顺序是绝对的。例如，在 S′系中猎人打猎，开枪为原因事件 $A(x_1',t_1')$，猎物被子弹击中为结果事件 $B(x_2',t_2')$，子弹速度 $v_x'=(x_2'-x_1')/(t_2'-t_1')=\Delta x'/\Delta t'\leqslant c$，即 $\Delta x'=v_x'\Delta t'\leqslant c\Delta t'$，其中 $\Delta t'\geqslant 0$，则由式(13-9)可得在 S 系中两事件的时间间隔为 $\Delta t=\gamma(\Delta t'-u\Delta x'/c^2)\geqslant\gamma(\Delta t'-u\Delta t'/c)\geqslant 0$，即在任何惯性系中，原因事件总是先于结果事件发生，因果在时间上的先后顺序绝不会颠倒，因果关系的时序是绝对的。

二、长度收缩

在牛顿力学中，物体的长度是一个绝对量，它不随物体与观察者之间的相对运动状态而变。然而相对论的出现，则彻底打破了这种绝对性，并给长度概念注入了新的物理内容：空间与运动有关，运动将导致长度收缩。

通俗地讲,长度就是指物体的空间跨度。如图 13-3 所示,设想有一直尺沿 Ox'方向相对 S′系静止放置,分别对两端点 A、B 的位置进行测量,两测量事件的时空坐标分别为 $A(x_1',t_1')$ 和 $B(x_2',t_2')$,于是,该直尺的长度则可表示为 $L_0=x_2'-x_1'=\Delta x'$,L_0 称为直尺的固有长度,又称为原长。由于直尺静止在 S′系中,因而并不要求这两个测量事件的同时性。然而对地面参考系而言,直尺在以速度 u 相对 S 系沿 Ox 轴运动,对 S 系中的观察者来说,有两种方式可测得直尺的长度,一种方法是对两端点同时进行时空测量,两测量事件的时空坐标分别为 $A(x_1,t_1)$ 和 $B(x_2,t_2)$,且 $\Delta t=t_2-t_1=0$,于是该直尺的长度可表示为 $L=x_2-x_1=\Delta x$,由式(13-8)的第一个等式可得

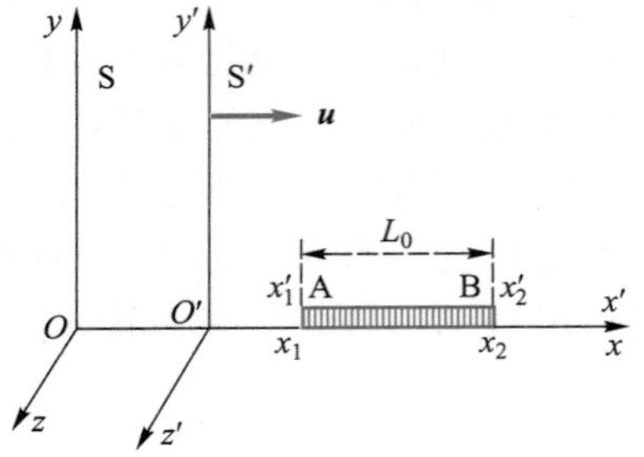

图 13-3　长度收缩

$$\Delta x'=x_2'-x_1'=\gamma(\Delta x-u\Delta t)=\gamma\Delta x$$

即

$$L=x_2-x_1=\Delta x=\Delta x'/\gamma=L_0\sqrt{1-\beta^2} \tag{13-10}$$

此式表明,S 系中的观察者在测量运动尺子的长度时,其测量结果要比静止的尺子长度有所缩短,即物体的长度沿运动方向缩短了。

另一种测量直尺长度的方法是利用固定于地面系 S 中某处的光电门,测量直尺通过该光电门的时间,当直尺前端 B 通过光电门时计时开始,当直尺末端 A 通过光电门时计时结束,计时器结束和开始两事件的时空坐标为 $A(x_1,t_1)$ 和 $B(x_2,t_2)$,且 $\Delta x=x_2-x_1=0$,该直尺的长度可表示为 $L=u(t_1-t_2)=-u\Delta t$,由式(13-8)的第一个等式可得 $\Delta x'=\gamma(\Delta x-u\Delta t)=-\gamma u\Delta t$,即得直尺长度为 $L=-u\Delta t=\Delta x'/\gamma=L_0\sqrt{1-\beta^2}$,两种测量结果完全相同。

物体所表现出的这种沿运动方向上的长度收缩被称为洛伦兹长度收缩或动尺变短,它与同时的相对性一样,是一种相对论效应,是四维时空变换的结果,在三维欧氏空间中是很难想象的。动尺变短效应是绝对的,只要被观测物体相对于观测者运动,那么,物体的观测长度就要小于其固有长度。当然,这种收缩效应仅仅发生在运动方向上,在垂直于运动的横向方向上则不会有任何的收缩发生。也就是说,当我们考察静止于地面 S 系中的一根直尺时,相对于直尺运动的 S′系中的观察者测到的直尺长度也一样比其原长要短。

例 13-3　惯性系 S′相对于地面系 S 以速度 $u=0.8c$ 沿 x、x'轴正方向运动,一长为 1 m 的直棒静止地放置于 $O'x'y'$平面内,S′系中的观察者测得棒与 x'轴的夹角为 45°。试问 S 系中的观察者测得棒与 x 轴的夹角为何值?棒长又等于多少?

解:在 S′系中,棒在 x'和 y'轴上的长度分别为

$$l_x'=l_0\cos\theta',\quad l_y'=l_0\sin\theta'$$

在 S 系中,棒长为 l,与 x 轴的夹角为 θ,则棒在 x 轴和 y 轴上的长度分别为

$$l_x=l\cos\theta,\quad l_y=l\sin\theta$$

注意棒仅在 x 方向有动尺变短效应,即

$$l_x=\sqrt{1-\beta^2}\,l_x',\quad l_y=l_y'$$

可得棒长为

$$l=\sqrt{l_x^2+l_y^2}=\sqrt{1-\beta^2\cos^2\theta'}$$

设棒与 x 轴的夹角为 θ，有

$$\tan\theta=l_y/l_x=\gamma\tan\theta'$$

由题意知，$\theta'=45°$，$\beta=0.8$，可得

$$l\approx0.825\ \text{m},\quad \tan\theta=\gamma\tan45°=\gamma=8/5,\quad \theta=59°02'$$

可见，对 S 系中的观察者来讲，运动着的棒不仅长度会变短，而且方向也会改变。

三、时间延缓

视频：长度收缩和时间延缓

在狭义相对论中，如同长度不是绝对量一样，时间间隔也同样有赖于惯性系的变化，即时间间隔具有相对性。设惯性系（火车）S′相对于地面 S 系以速度 u 沿 x、x'轴正方向运动，在 S′系中有一静止于坐标原点的 K 钟，当其时针指示 0 点时，正好与 S 系中坐标原点处的钟相遇，S 系中坐标原点处的钟时针指示也为零，当 S′系中静止于坐标原点的 K 钟指示为 τ_0 时，我们考察与它相遇的 S 系中的钟的指示值。两次相遇事件在 S′系中，$\Delta x'=0$，$\Delta t'=\tau_0$，则由式(13-9)可得在 S 系中，有

$$\Delta x=x_2-x_1=x_2=\gamma(\Delta x'+u\Delta t')=\gamma u\tau_0,\quad \Delta t=t_2-t_1=t_2=\gamma(\Delta t'+\beta\Delta x'/c)=\gamma\tau_0$$

这就是说，当 K 钟与地面上 x_2 处的钟相遇时，K 钟的时钟指示为 τ_0，而地面 x_2 处的钟指示值为 $t_2=\gamma\tau_0>\tau_0$，即在地面 S 系中的观测者看来（用地面系的很多钟去考察 K 钟），运动的时钟走慢了，这一效应称为时间延缓效应，也常称为动钟变慢效应。这一效应也可以用光钟及光速不变原理来说明。设想在一列以匀速 u 驶过站台的火车 S′系中放置一架光钟，该钟由两块间距为 L 的平行反射镜 M 和 N 构成，具体结构如图 13-4 所示。当有光信号在 M 和 N 之间来回反射，并由此构成严格的周期时标尺度时，这架光钟便可以进行记录时间的工作了。显而易见，由于在火车 S′系中光信号所经历的路径是 M—N—M，即由 M 出发再反射回 M，因而 M 发出和接收到光信号的事件为同地事件，如图 13-4(a) 所示。注意到光信号总是以光速 c 传播的事实，我们不难得到这两个同地事件所经历的时间间隔为

$$\tau_0=\Delta t'=t_2'-t_1'=2L/c$$

在站台 S 系的角度看来，由于火车在以 u 速度驶过站台，因而光信号的路径必将转变为 M—N′—M′，如图 13-4(b) 所示，即原来的同地事件转变为了异地事件。由光速不变原理可得在 S 系中两事件的时间间隔满足关系

$$(c\Delta t/2)^2=L^2+(u\Delta t/2)^2$$

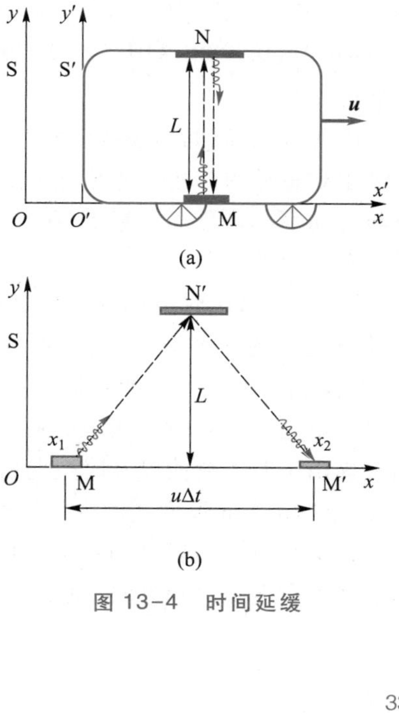

图 13-4 时间延缓

则有

$$\Delta t=\gamma\Delta t'=\gamma\tau_0 \tag{13-11}$$

注意到 $\gamma>1$，因而 $\Delta t>\tau_0$，即相对于 S 系中的时钟而言，运动的时钟走得慢了，运动时钟的单位时间膨胀了。动钟变慢效应与动尺变短效应一样是绝对的，即从 S′系去观察静止于 S 系内的某个钟时，也会得出完全相同的结论。

某 S′系中的某个物理过程所经历的时间，等于该过程始末两事件的时间间隔，用相对于 S′系静止的钟（或系统自带的钟）记录的（同地发生的）始末两事件的时间间隔称为固有时间或原时 τ_0，用相对于 S′系运动的惯性系中的一系列钟去测量这个物理过程，其历经的时间 $\Delta t=\gamma\tau_0$，一定大于原时。

时间延缓效应与长度缩短效应是相关的，这一点可通过 μ 子平均寿命的测量得到体现。从宇宙深处来到地球的高能宇宙射线进入大气层时，与距地面 10 km 以上的大气层中的气体分子发生剧烈碰撞而产生大量的 μ 子。μ 子为不稳定的微观粒子，在实验室中，其平均寿命为 2.15×10^{-6} s。因此，按经典理论计算，即便是假定 μ 子以光速运动，μ 子也只能飞行 645 m 左右，根本无法在其自身平均寿命内到达地面。然而，事实是，地面上确实能够探测到由高空而来，且速度约为 $0.998c$ 的大量 μ 子。这一结果只有用狭义相对论的有关公式进行计算才能得到合理的解释。在地面 S 系看来，μ 子的平均寿命延长为

$$\Delta\tau=\gamma\Delta\tau'=\frac{2.15\times10^{-6}}{\sqrt{1-0.998^2}}\text{ s}\approx3.40\times10^{-5}\text{ s}$$

μ 子在该平均寿命时间内所能穿过的距离为

$$h=0.998c\Delta\tau=2.994\times10^8\times3.40\times10^{-5}\text{ m}\approx1.02\times10^4\text{ m}>10\text{ km}$$

观测者完全可以在地面上探测到大量的 μ 子。

对 μ 子（S′系）而言，地表处的某 10 km 的高山相对它在运动，运动速度为 $0.998c$，故在其看来，此山的高度为 $h'=h_0/\gamma=\sqrt{1-0.998^2}\times10^4\text{ m}\approx632\text{ m}$，它完整飞过 μ 子所用的时间为 $\Delta t'=h'/u=632/(0.998\times3\times10^8)\text{ s}\approx2.11\times10^{-6}\text{ s}$，小于其平均寿命，即平均来说，飞驰的地面来临时，μ 子还“活着”。

由此可见，时间延缓效应和长度缩短效应是相关的，它保证了理论的自洽性，它们并不是一种主观感觉的产物。非超光速运动的 μ 子能够在较短的寿命内穿越大气层的事实表明，时空与运动不再是分离和毫不相干的，而是表现出了显著的依赖关系。这种依赖关系体现在不同参考系中考察同一物理过程，尽管时空间隔不同，但最后的物理结论却是相同的。

因此，相对论时空观进一步表明，时空是运动物质的存在形式，是人们从物质运动中分析和抽象出来的一种概念，它原本就拥有着极为丰富的运动内容，而不是牛顿力学所论述的那样，先验地存在一个空间的框框和一个时间之流，然后再把物质运动纳入其中。可以说，相对论时空观是人们对时空认识的一个飞跃，但它绝不是最终的理论。比如，在广义相对论中，人们又提出了时空弯曲以及时空与引力场的关系等概念。在微观领域，现有的实验证明了相对论在大约10^{-18} m 尺度范围内依然有效。

狭义相对论强调，时间和空间的量度不仅与参考系的选择有关，还与物质密不可分。在世界上既不存在孤立的时间，也不存在孤立的空间。时间、空间与运动三者之间的密切关联，深

刻地反映了时空的性质，并由此带来了物理学的伟大变革。

13.4　相对论动力学

一、狭义相对论力学的基本方程

经典力学中的物理定律在洛伦兹变换下不能保持形式不变，这意味着这些定律需要修改，修改后的相对论力学定律需要对洛伦兹变换具有不变性，并且在 $v \ll c$ 条件下能够自动地恢复到经典力学的形式，因为经典力学在 $v \ll c$ 条件下是经得起实验验证的，应该是正确的。

视频：狭义相对论的动力学基础

在牛顿力学中，质点的动量定义为 $\boldsymbol{p}=m\boldsymbol{v}$，其中质量 m 为不依赖于惯性系的常量，质点系的动量定义为系统内全部质点动量的矢量和。对孤立系统而言，在任何惯性系中，系统的动量守恒，这就是牛顿力学中的动量守恒定律，它是一个非常重要的物理定律，它对伽利略变换具有不变性。在相对论力学中，伽利略变换应该让位于洛伦兹变换。很容易证明，在某惯性系 S 中，一个静止粒子分裂成两个等量的部分，若系统的动量在 S 系中分裂前后能保持不变，则经过洛伦兹变换后在别的惯性系中一定不能保持不变，即孤立系统的动量守恒定律对洛伦兹变换不具有不变性。若欲使孤立系统的动量守恒定律对任何惯性系都成立，或者说欲使动量守恒定律对洛伦兹变换具有不变性，则质点的动量表达式必须修改。

可以证明若将在惯性系中质点的动量表达式改写为如下形式

$$\boldsymbol{p}=m\boldsymbol{v}=\gamma m_0\boldsymbol{v}=\frac{m_0\boldsymbol{v}}{\sqrt{1-v^2/c^2}} \tag{13-12}$$

式中 $\boldsymbol{v}$ 为质点在惯性系中的运动速度，m_0 为质点处于静止时的质量，则孤立系统的动量守恒定律对洛伦兹变换具有不变性。即动量守恒定律在所有惯性系中都成立，动量守恒定律成为一个真正意义上的物理定律。式(13-12)的动量定义实际上意味着，在狭义相对论中，质量 m 不再是一个与参考系无关的绝对量，而是一个与参考系有关的相对量，称作质点的相对论质量，它在某参考系中的值定义为

$$m=\gamma m_0=\frac{m_0}{\sqrt{1-v^2/c^2}} \tag{13-13}$$

式中 v 为质点在此参考系中的运动速率。由此可知，在不同的参考系中，质量 m 一般是不同的，且当质点运动速度无限逼近光速时，其相对论质量将趋于无限大，即此时质点将具有无限大的惯性。这意味着，对任何有限质量的物体施以有限大小的力，都无法使其加速到光速。当然，也就更不可能运用力学手段去实现质点的超光速运动。由此，相对论也从动力学的角度说明了光速是宇宙中一切物质运动速度的极限。目前，一些大型粒子加速器甚至可以将电子加速到 $0.999\ 999\ 999c$，但却始终无法超过运动速度的极限 c。这些实验结果有力地证明了上述有关质量随速度变化关系的正确性。

当质点的速度远小于光速，即 $v \ll c$ 时，有 $m\approx m_0$ 和 $\boldsymbol{p}\approx m_0\boldsymbol{v}$。此时，相对论动量表达式恢

复到牛顿力学的形式。这表明，在低速条件下，牛顿力学仍然是适用的。

当我们将质点的动量表达式修正为式(13-12)，则质点的动量定理为

$$\boldsymbol{F}=\frac{\mathrm{d}\boldsymbol{p}}{\mathrm{d}t}=\frac{\mathrm{d}(m\boldsymbol{v})}{\mathrm{d}t}=\frac{\mathrm{d}m}{\mathrm{d}t}\boldsymbol{v}+m\frac{\mathrm{d}\boldsymbol{v}}{\mathrm{d}t} \tag{13-14}$$

对洛伦兹变换具有不变性，即质点的动量定理在任何惯性系中的形式都相同，质点的动量定理是一个真正意义上的物理定律，式(13-14)称为狭义相对论力学的基本方程。需要注意的是，力 $\boldsymbol{F}$ 不再是一个与参考系无关的绝对量，而是与参考系有关的一个相对量，它在不同惯性系之间的变换公式有点复杂，于此不多作介绍。

若牛顿第三定律对所有惯性系依然都成立，则我们依旧能很方便地导出质点系的动量定理

$$\boldsymbol{F}_{\text{ext}}=\frac{\mathrm{d}\boldsymbol{p}}{\mathrm{d}t} \tag{13-15}$$

若作用在质点系上的合外力 $\boldsymbol{F}_{\text{ext}}$ 为零，则系统的总动量 $\boldsymbol{p}=\sum_i m(v_i)\boldsymbol{v}_i$ 会保持不变，即孤立系统的动量守恒。当 $v \ll c$ 时，式(13-14)又将回归到经典力学的质点系动量定理，当系统为质点时回到牛顿第二定律，即

$$\boldsymbol{F}=\frac{\mathrm{d}\boldsymbol{p}}{\mathrm{d}t}=\frac{\mathrm{d}(m_0\boldsymbol{v})}{\mathrm{d}t}=m_0\frac{\mathrm{d}\boldsymbol{v}}{\mathrm{d}t}=m_0\boldsymbol{a}$$

这一结果表明，相对论的动量概念、质量概念，以及相对论的力学方程式具有普遍的意义，而牛顿力学则只是相对论力学在物体低速运动条件下的近似。

二、质量与能量的关系

由相对论力学的基本方程式出发，可以得到狭义相对论中重要的质能关系式。为简单起见，设一质点在变力的作用下，由静止开始沿 x 轴做一维运动。当质点的速率为 v 时，它所具有的动能应等于外力所做的功，即

$$E_{\mathrm{k}}-0=\int F\mathrm{d}x=\int\frac{\mathrm{d}p}{\mathrm{d}t}\mathrm{d}x=\int v\mathrm{d}p$$

利用相对论动量表达式，注意到 $\mathrm{d}(pv)=p\mathrm{d}v+v\mathrm{d}p$，对上式积分后可得

$$E_{\mathrm{k}}=pv-\int p\mathrm{d}v=\frac{m_0v^2}{\sqrt{1-v^2/c^2}}+m_0c^2\sqrt{1-v^2/c^2}-m_0c^2=mc^2-m_0c^2 \tag{13-16}$$

这就是质点的相对论动能的表达式。由此动能表达式，可得质点的动能定理

$$\mathrm{d}E_{\mathrm{k}}=F\mathrm{d}x\equiv\mathrm{d}W \tag{13-17}$$

依然对所有惯性系都成立。很容易证明，在物体的运动速度远小于光速，即 $\beta \ll 1$ 的情形下，$E_{\mathrm{k}}=mc^2-m_0c^2\approx m_0v^2/2$，就是经典力学的动能表达式。

由式(13-16)可以得到粒子的速率与动能的关系式

$$v^2=c^2\left[1-\left(1+\frac{E_{\mathrm{k}}}{m_0c^2}\right)^{-2}\right]$$

由此可见，粒子的速率有极限值 c，上式公式由贝托齐的实验直接证实(1962)。爱因斯坦在对式(13-16)作了仔细考察后认为，式中的 $m(v)c^2$ 可以理解为质点因具有运动速度 v 时所

具有的(总)能量,而 m_0c^2 则表示了质点在静止时所具有的能量,这样因运动而具有的能量(即动能)自然就是它们两者的差值。这就是说,在相对论力学中,质点的(总)能量有两种形式,一种为静能,一种为动能(动能可直接用来做功),即

$$E=mc^2=\frac{m_0c^2}{\sqrt{1-v^2/c^2}}=E_k+m_0c^2 \tag{13-18}$$

上式中的第一个等式 $E=mc^2$ 就是著名的爱因斯坦质能关系,它反映了质量和能量这两个重要的物理量之间有着密切的简单联系,质点的相对论能量与它的相对论质量成简单的正比关系,比例系数为 c^2。对 $E=mc^2$ 两边同时差分可得 $\Delta E=\Delta mc^2$,质点能量的增加一定意味着其相应质量的增加。

对质点而言,静止能量 m_0c^2 是不变的,故 $\Delta E=\Delta mc^2=\Delta E_k$,则质点的动能定理就变成了 $\Delta E=\Delta mc^2=\Delta E_k=W$,外力做功用来增加质点的动能,即增加质点的总能量,等效于增加质点的质量。

由质点的能量公式可以推出孤立系统的能量守恒定律为

$$E=\sum_i m_ic^2=\sum_i E_{k,i}+\sum_i m_{0i}c^2=C \tag{13-19}$$

由能量守恒定律可得两个重要推论:

(1) $E=\sum_i m_ic^2=c^2\sum_i m_i=C\Rightarrow\sum_i m_i=c'$,孤立系统的质量也守恒。

(2) 对式(13-19)两边差分可得

$$\Delta\sum_i E_{k,i}+\Delta\sum_i m_{0i}c^2=\Delta E_k+c^2\Delta\sum_i m_{0i}=\Delta E_k+c^2\Delta m_0=0\Rightarrow\Delta E_k=-c^2\Delta m_0 \tag{13-20}$$

它表明孤立系统的总能量不变,但两种形式的能量可以相互转化,系统动能的增加量等于系统静止能量的减少量,而静止能量的减少一定意味着静止质量的亏损。质能关系是狭义相对论的一个重要结论,该结论的正确性已经被无数有关核反应的实验事实所证明。

例 13-4 在下列热核反应 $^2_1H+^3_1H\rightarrow^4_2H+^1_0n$ 中,各种粒子的静止质量分别为氘核(^2_1H):$m_D=3.343\ 7\times10^{-27}$ kg;氚核(^3_1H):$m_T=5.004\ 9\times10^{-27}$ kg;氦核(^4_2H):$m_{He}=6.642\ 5\times10^{-27}$ kg;中子(^1_0n):$m_n=1.675\ 0\times10^{-27}$ kg。求此热核反应释放的能量。

视频:质能方程的应用

解:在热核反应过程中,系统的总能量守恒。反应前后静止质量的变化为

$$\Delta m_0=(m_{He}+m_n)-(m_D+m_T)=-0.031\ 1\times10^{-27}\ \text{kg}$$

静止质量发生了亏损,相应释放的动能为

$$\Delta E_k=-c^2\Delta m_0=2.799\times10^{-12}\ \text{J}$$

如果利用动量和能量表达式(13-12)、式(13-18)消去速度 v 后,可进一步整理得到相对论的动量能量关系式

$$E^2=p^2c^2+m_0^2c^4 \tag{13-21}$$

显然,总能量 E、pc 和静止能量 m_0c^2 三者构成斜边为 E 的直角三角形。对于光子,$m_0=0$,则上式变为 $E=pc$,这恰好就是爱因斯坦光量子理论给出的结果。对动能为 E_k 的粒子,用 $E=E_k+m_0c^2$ 代入上式可得 $E_k^2+2E_km_0c^2=p^2c^2$,当 $v\ll c$ 时,动能远小于静止能量,等号左边的第一项远小于第二项,则有 $E_k=p^2/(2m_0)$,又回到牛顿力学的表达式。

狭义相对论的建立是物理学发展史上的一个里程碑,具有深远的意义。它揭露了空间和时间之间,时空和运动物质之间的深刻联系。

习题

选择题

13-1　狭义相对论的相对性原理告诉我们(　　)。

A. 仅对描述各种力学现象的力学规律而言, 所有惯性系都是等价的

B. 仅对描述各种力学现象的力学规律而言, 所有参考系都是等价的

C. 对描述一切现象的物理规律而言, 所有惯性系都是等价的

D. 对描述一切现象的物理规律而言, 所有参考系都是等价的

13-2　在经典力学中,下列物理量在伽利略变换不具有不变性的是(　　)。

A. 物体之间的相互作用力　　B. 加速度

C. 动量　　D. 时间间隔

13-3　对洛伦兹变换而言, 相对论力学的不变量为(　　)。

A. 加速度　　B. 相互作用力

C. 质点的静止质量　　D. 时间间隔

13-4　在惯性系 S 中同时但不同地发生的事件 A、B,在相对 S 系运动的其他惯性系 S′中(　　)。

A. A、B 一定既不同时又不同地发生　　B. A、B 一定依然同时而不同地发生

C. A、B 一定不同时但同地发生　　D. A、B 一定不同时但可能同地发生

13-5　在地面上测量,以子弹飞出枪口为事件 A, 子弹打在靶上为事件 B, 则在任何相对于地面运动着的惯性系 S′中测得(　　)。

A. 子弹飞行的距离总是小于地面观察者测出的距离

B. 子弹飞行的距离可能大于地面观察者测出的距离

C. 事件 A 可能晚于事件 B

D. 以上说法都不对

13-6　太空舱以 $0.8c$ 速度相对地面飞行,舱中某人从舱尾向舱头发射一束激光,测得光束的速度为 c,则于地面上的观察者而言,测到的这束光的速度大小为(　　)。

A. 大于 c　　B. 等于 c　　C. 小于 c　　D. 无法确定

13-7　若在惯性系 S 中,事件 A 超前事件 B 的时间是 Δt, 则在另一个惯性系 S′中观察到(　　)。

A. 事件 A 仍超前事件 B, 但 $\Delta t'<\Delta t$　　B. 事件 A 始终超前事件 B, 但 $\Delta t'\geqslant\Delta t$

C. 事件 B 一定超前事件 A, $|\Delta t'|<\Delta t$　　D. 以上答案均不对

13-8　在地面惯性系中,一光子以速度 c 运动, 一人以 $0.99c$ 的速度去追, 则此人观察到光子的速度大小为(　　)。

A. $0.1c$　　B. $0.01c$　　C. c　　D. $0.9c$

13-9　两个相同的米尺，分别静止于两个相对运动的惯性参考系 S 和 S′中。若米尺都沿运动方向放置，则(　　)。

A. S 系的人认为 S′系的尺要短些，S′系的人认为 S 系的尺要长些

B. S′系的人认为 S 系的尺要短些，S 系的人认为 S′系的尺要长些

C. 两系的人认为两系的尺一样长

D. 两系的人都认为对方系中的尺变短了

13-10　两相同的钟，分别静止地放置于两个相对运动的惯性参考系 S 和 S′中，则(　　)。

A. S 系的人认为 S′系的钟走得慢些，S′系的人认为 S 系的钟走得快些

B. S′系的人认为 S 系的钟走得慢些，S 系的人认为 S′系的钟走得快些

C. 两系的人都认为两系的钟走得一样快

D. 两系的人都认为对方系中的钟走慢了

13-11　在静止参考系中，某微观粒子的(固有)寿命为 2.50×10^{-8} s，则当它相对于观察者以速度 $0.8c$ 运动时测得的寿命是(　　)。

A. 2.00×10^{-8} s　　B. 4.17×10^{-8} s　　C. 3.13×10^{-8} s　　D. 1.50×10^{-8} s

13-12　已知电子的静止能量为 0.51 MeV，一个电子由静电场加速到动能为 0.51 MeV，此时它的速度为(　　)。

A. $0.5c$　　B. $c\sqrt{2}/2$　　C. $0.75c$　　D. $c\sqrt{3}/2$

13-13　将静质量为 m_0 的静止粒子加速到 $0.8c$ 所需做的功为(　　)。

A. $m_0c^2/2$　　B. $m_0c^2/4$　　C. $m_0c^2/3$　　D. $2m_0c^2/3$

填空题

13-14　时空中发生的两事件，在 S′系中观察，它们的时空间隔为 $\Delta x'=60$ m，$\Delta t'=8\times10^{-8}$ s。S′系相对于 S 系以速度 $0.8c$ 沿 x 轴运动，则两事件在 S 系中的时空间隔分别为________，________。

13-15　在惯性参考系 S 中，某地先后发生两事件，S 系中的观察者甲测得时间间隔为 4 s，若相对于 S 系做匀速运动的乙测得时间间隔为 5 s，则乙相对于甲的运动速度为________。

13-16　μ 子是一种基本粒子，在静止参考系中，其寿命只有 2×10^{-6} s。μ 子相对于地球以速度 $0.998c$ 运动，地球上的人测得该 μ 子的寿命约为________。

13-17　某种介子(其静止能量 $m_0c^2=140$ MeV)在相对其静止参考系中的寿命是 2.5×10^{-8} s。若在实验室参考系中测得其动能为 60 MeV，则介子在该参考系中的寿命为________。

13-18　在惯性系 S 中，测得两事件发生在同一地点，时间间隔为 5 s，在另一惯性系 S′中，测得这两事件的时间间隔为 10 s，它们的空间间隔是________。

13-19　牛郎星距离地球约 16 光年，宇宙飞船若以________的匀速飞行，将用 4 年的时间(宇宙飞船上的钟指示的时间)抵达牛郎星。

计算题

13-20　一火箭的固有长度为 l_0，相对于地面做匀速直线运动的速度为 v_1，火箭上有一个人从火箭的后端向火箭前端上的一个靶子发射一颗相对于火箭的速度为 v_2 的子弹，将发射子

弹和子弹击中靶子分别看成两个事件，试求地面系中的观察者测得这两个事件的空间间隔和时间间隔，由此证明地球上的观察者测得此子弹的速度不满足伽利略速度变换公式。

13-21 某火箭相对于地面的速度为 $v=0.8c$，火箭的飞行方向平行于地面，在火箭上的观察者测得火箭的长度为 50 m，若地面上平行于火箭的飞行方向有两棵树，两树的地面间距也是 50 m，求：(1) 地面上的观察者测得的此火箭的长度，以及火箭完整飞过两棵树所需的时间；(2) 火箭上的观察者测得的这两棵树之间的距离，以及两棵树完整穿过火箭所需的时间。

13-22 一位旅客在星际旅行中打了 10.0 分钟的瞌睡，如果他乘坐的宇宙飞船是以 0.999 9c 的速度相对于太阳系运动的，那么太阳系中的观测者会认为他睡了多长时间？

13-23 地面系的 x 轴上两相距 $2L_0$ 的信号接收站 E 和 W 连线中点处有一信号发射台，在向两侧发射某讯号。现有一飞机以匀速度 u 沿 x 轴飞行，试问在飞机上测得两接收站接收到该讯号的时间间隔是多少？

13-24 一宇航员要到离地球 10 光年的星球去航行，如果宇航员希望把这路程缩短为 5 光年，则他所乘的火箭相对于地球的速度应为多少？

13-25 一长度为 l_0 的棒静止在 S 系中，且棒与 Ox 轴的夹角为 30°。现有 S′系以 $u=0.8c$ 相对于 S 系沿 Ox 轴运动，则 S′系中的观察者测得此棒与 $O'x'$轴的夹角约为多少？

13-26 静止质量为 m_0、边长为 a 的正方形薄板静止于惯性系 S 的 xOy 平面内，且两边分别与 x、y 轴平行。今有惯性系 S′以 0.8c(c 为光速)的速度相对于 S 系沿 x 轴做匀速直线运动，试问在 S′系中测得薄板的面积和质量面密度为多少？

13-27 设某微观粒子的总能量是它的静止能量的 k 倍，试用真空中的光速 c 表示其运动速度的大小。

13-28 在某惯性参考系 S 中有两个静止质量都是 m_0 的粒子 A 和 B，分别以速度 v 沿同一直线相向运动，相碰后聚合成为一个粒子。试求其合成粒子的静止质量。

13-29 设太阳质量为 2.0×10^{30} kg，其向外辐射能量的功率为 3.8×10^{26} W，这些能量是氢转变为氦的热核反应产生的，并且在此反应中所放出的能量为静止能量的 0.7%，试由此估算太阳可能存在的时间。

13-30 在地面系中，测得某快速运动介子的能量约为 $E=400$ MeV，而这种介子在静止时的能量为 $E_0=1.0$ MeV。若这种介子的固有寿命是 $\tau_0=3\times10^{-6}$ s，求在地面系中它运动的距离。

13-31 若将一个粒子的动能写成 $m_0v^2/2$，与真实值的误差不大于 1%，则该粒子的最大速率不得大于多少？对电子而言，以此最大速率运动时，其动能等于多少？

13-32 已知电子的静止能量为 0.51 MeV，(1) 若将一个电子从静止状态加速至 0.6c，试求外力做的功；(2) 当再将其加速到 0.8c 时，试求外力再次做的功以及此速度下它的动能和动量的大小。

第 14 章

量子物理基础

19 世纪末期，电子、X 射线和放射性现象的发现，开阔了人们的眼界。原来在人眼看得见的宏观世界之内，还存在着一个人眼看不见的微观世界，微观世界远比我们想象的更加丰富多彩和出人意料。在微观世界里，以牛顿力学和麦克斯韦电磁理论为主的经典物理学遭遇到前所未有的困难，大量的物理现象和实验结论无法用经典物理学解释，微观世界中的微观粒子有着与宏观物体不同的属性和规律。经过普朗克、爱因斯坦、玻尔、德布罗意、薛定谔和狄拉克等人的艰辛工作和大胆假设，人们终于建立了反映微观粒子属性和规律的量子力学，并迅速发展成为现代物理学中最为重要和最为根本的理论体系。和相对论相比，它更彻底地改变了人们的物质观和世界观。今天的量子力学已成功地向自然科学的其他领域迅猛扩展，现代化学、现代生物学以及现代高新技术无一能离开量子力学，限于篇幅，本章仅将介绍量子物理学的起源以及量子力学中最基本的概念及规律。

14.1　黑体辐射　普朗克能量子假设

一、黑体辐射

实验观察表明，在一定温度下任何宏观物体都在不断地向周围空间发射电磁波，利用光栅或棱镜等分光元件可以发现，这些电磁波的波谱是连续的。对于给定的物体而言，在单位时间内辐射能量的多少以及辐射能量按波长（频率）的分布，显著地取决于物体的温度，故这种辐射称为热辐射。室温下，一般的物体在单位时间内辐射的能量都很少，而且辐射的电磁波绝大部分为波长较长的红外线，但随着温度的升高，短波部分的比例逐渐增大，如对辐射本领很好的金属和碳而言，温度升至 800 K 以上时，辐射的可见光成分逐渐增多，物体的颜色也由暗红色逐步变为赤红、黄、白、蓝等。我们将单位时间内从物体的单位面积发出的波长在 λ 附近单位波长间隔内所辐射的能量称为物体的单色辐出度 $M(\lambda,T)$，简称物体的辐射本领。

视频：
黑体辐射
能量子假设

物体通过表面发射电磁波的同时，也吸收照射在其表面的部分电磁波，物体正是通过发射和吸收电磁波，与辐射场交换能量。当然，照射在物体表面上的电磁波，除一部分能量被吸收外，另一部分能量被反射或透射。不透明物体的颜色主要取决于它反射的各种电磁波。在太阳光照射下，红色的物体反射红色的光，即它吸收日光中除红光以外的其他色光；若物体能吸收一切色光，它便显示黑色，可见黑色物体的吸收本领大（吸收比率大）；若物体把一切色光都反射回去，它便显示白色，即白色物体几乎不吸收一切色光，白色物体的吸收本领小。物体的吸收比率 $\alpha(\lambda,T)$ 与电磁波的波长有关，也与物体的温度有关。

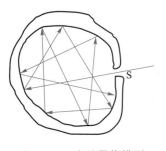

图 14-1　空腔黑体模型

实验证明，物体的辐射本领越大，其吸收本领也越大，反之亦然。或者说，物体的辐射本领 $M(\lambda,T)$ 与吸收本领 $\alpha(\lambda,T)$ 的比值是一个普适函数 $f(\lambda,T)$，与辐射材料的具体性质无关。譬如室温下白底黑花的瓷片，在高温烧烤时显示的是黑底白花，这是因为黑花部分的吸收本领大，日光下为黑色，但在高温时因其辐射本领大，反而比白底部分更加明亮。

如果一个物体能全部吸收投射在其表面的辐射而无反射，这种物体称为绝对黑体，简称黑体。即便是黑色物体，也很难将照射其上的电磁辐射全部吸收，显而易见黑体是一个理想化的模型。人们巧妙地利用空腔来构造黑体，如图 14-1 所示。光线从空腔物体的小窗口 S 进入腔内，只要空腔内表面的吸收本领不是非常小，则经过很多次的吸收和反射后光的强度将趋近于零。也就是说，电磁波照射到空腔的小窗口 S 上将被其全部吸收，即空腔小窗口 S 可认为是黑体。空腔物体小窗口的黑体性质实际上很容易理解。在室外，远远地一眼望去，什么地方最黑？窗口，特别是开了窗户的窗口，黑洞洞地望不到边界，这完全符合绝对黑体的特征，在日光下绝对黑体因没有反射光而没有视界。在白天，窗口的吸收本领最大，而到了晚上，在没有任何室外灯光的条件下，此时一眼望去，什么地方最亮？还是窗户，那个室内开了电灯的窗口的辐射本领最大。

由于黑体的吸收本领 $\alpha(\lambda,T)=1$，则黑体辐射的 $M(\lambda,T)$ 就是普适函数 $f(\lambda,T)$，与辐射材料的具体性质无关。因此黑体的辐射规律反映了所有物体辐射规律的共性，我们首先研究黑体的辐射规律。

文档：维恩

对空腔物体加热至一定温度，平衡后从空腔小孔出射的电磁波就是在一定温度下的黑体辐射，利用分光元件及热电偶，人们测量出了黑体的辐射本领 $M_B(\lambda,T)$，并绘制出了 $M_B(\lambda,T)-\lambda$ 图像，如图 14-2 中的实线所示。然而与之相应的数学表达式并不好找，德国年轻的物理学家维恩采用类比的方法找到一个公式，称为维恩公式，它的图像如图 14-2 中的实线下面的一条虚线所示，它在波长较短时与实验结果符合得很好，但在长波情形下存在着越来越大的偏差。英国物理学家瑞利和金斯两人根据电磁理论和统计物理学知识得到的黑体辐射规律，称为瑞利-金斯公式，如图 14-2 中的实线上面的点划线所示，它在长波波段与实验曲线符合得很好，但在短波部分，却出现巨大的分歧。从图中可以看出，对于温度给定的黑体，由瑞利-金斯公式给出的黑体的单色辐射本领将随频率的增高而趋于无限大，这显然与能量守恒定律相背，这就是物理学史上著名的“紫外灾难”。“紫外灾难”给经典物理学带来了巨大的冲击，使许多物理学家感到困惑不解。

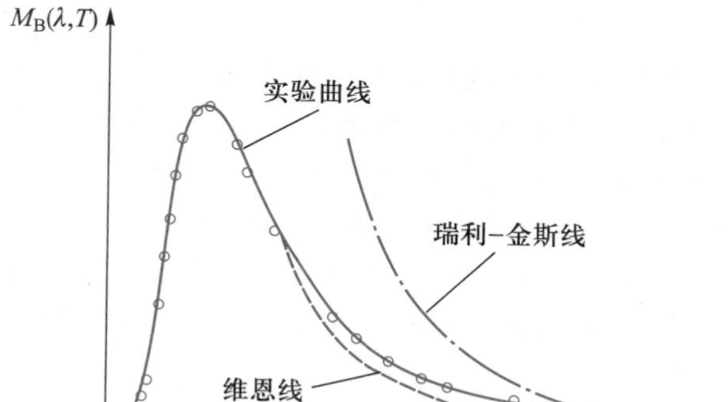

图 14-2　热辐射的理论公式

二、普朗克能量子假设

1900 年，德国物理学家普朗克利用内插法将适用于短波的维恩公式和适用于长波的瑞利-金斯公式衔接起来，得到了一个新的公式：

$$M_{\lambda}(T)=\frac{2\pi hc^{2}\lambda^{-5}}{e^{\frac{hc}{k\lambda T}}-1} \tag{14-1}$$

结果发现，它与实验数据符合得很好，如图 14-2 中的实线所示。式中 c 为光速，k 是玻耳兹曼常量，$h=6.626\ 070\times10^{-34}$ J · s，称为普朗克常量，上式称为普朗克公式。

文档：普朗克

从经典角度讲，热辐射是电子在做无规则热运动时发射的电磁波。为了理解并从理论上得到上述公式，普朗克不得不提出如下的能量子假设：空腔壁中热运动的电子可看作一个个谐振子，它们在不断地与空腔中的电磁辐射场交换能量，但吸收或发射的电磁能量不能连续变化，只能取一些分立的值。对以频率为 ν 振动的谐振子而言，这些分立值是最小能量 $\varepsilon=h\nu$ 的整数倍，即 ε，2ε，3ε，…，$n\varepsilon$，…，n 为正整数，最小能量 $\varepsilon=h\nu$ 称为能量子。

经典理论认为能量是连续的，物体辐射或吸收的能量可以是任意值，并且与频率的平方成正比关系。普朗克的能量子假设与经典物理学理论有着本质上的区别。能量子假说冲破了传统的观念，提出了微观世界中能量量子化这一重要特征，为物理学带来了新的思想和活力。

14.2　光的波粒二象性

普朗克的能量量子化概念最初并没有被人们所接受，甚至于连普朗克本人也认为能量量子化只是为了理解黑体辐射的实验规律而提出的一种只有数学意义的概念，他一直试图用经典物理学的方法对其解释，但总是无法实现。直到爱因斯坦和康普顿用光的量子性分别解释了光电效应和康普顿效应以后，关于电磁波能量量子化的思想才得以被普遍认同。

一、光电效应

1887 年，赫兹在实验中发现，当光线照射在金属表面上时能使金属释放出电子，这种现象称为光电效应，所发射的电子称为光电子。光电效应实验装置如图 14-3 所示。由实验可归纳得出光电效有如下规律。

视频：光子假设解释光电效应

（1）对某种金属来说，只有当入射光的频率大于某一频率 ν_0 时，才有光电子从金属中逸出从而形成光电流。这个频率 ν_0 叫作截止频率（也称红限）。如果入射光的频率 ν 小于截止频率，那么，无论光的强度有多大，照射时间有多长，都没有光电子从金属表面逸出。

（2）入射光的频率大于截止频率时，无论光的强度有多小，光照射到金属表面几乎立即就有光电子逸出，即光电效应具有瞬时性。

（3）用大于截止频率的不同频率的光照射金属表面时，遏止电压 U_0（使光电流为零的反向电势差）与入射光频率具有线性关系。

（4）入射光强一定时，光电流有一饱和值。入射光强不同时，光强越大，其饱和光电流也越大。

上述实验规律用经典的电磁理论很难解释。按照经典的电磁场理论，作为电磁波的光照射到金属上时，金属中的电子在周期性的电磁场作用下做受迫振动并因此发射电磁波，因而只要受到足够长时间的照射，任何频率的光照射到金属上都会产生光电效应，遏止电压的大小也应是一个与时间有关，与频率无关的量，而且光电效应的产生需要时间的积累。

为了解决光电效应的实验规律与经典物理学的矛盾，1905 年爱因斯坦创造性地引用和发展了普朗克关于电磁辐射的能量量子化的思想，对光的本性提出了新的见解。他认为光束可以看成是由微小粒子构成的粒子流，并把这些粒子叫作光量子（后来简称为光子）。对于频率为 ν 的光束，光子的能量为 $\varepsilon=h\nu$，其中 h 为普朗克常量。按照爱因斯坦的光子假设，频率 ν 越高的光束，其光子的能量越大，对给定频率的光束来说，光子的数目越多，光的强度越大。

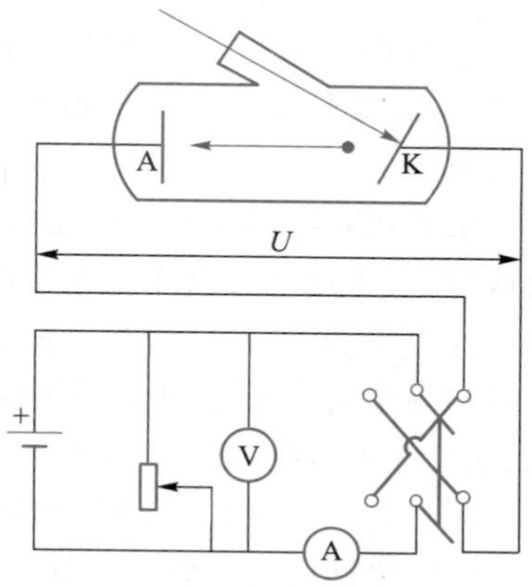

图 14-3　光电效应实验图

按照光子的概念，可以把光电效应理解为光子和金属内电子的一种碰撞过程，当光子照射到金属表面时，金属物体一次性地吸收光子的能量并一次性地全部传递给金属中的电子，电子把这能量的一部分用来摆脱金属对它的束缚而必须消耗的逸出功 A，余下的部分转化为电子离开金属表面后的动能，按照能量守恒定律应有

$$h\nu=\frac{1}{2}mv^2+A \tag{14-2}$$

上式称为爱因斯坦光电效应方程。其中 $mv^2/2$ 为光电子的最大初动能，数值上应该等于电子电荷量的绝对值 e 与遏止电压 U_0 的乘积，即

$$eU_0=\frac{1}{2}mv^2=h\nu-A \tag{14-3}$$

光电子离开金属表面所做的逸出功 A，是与金属种类有关的量，不同的金属 A 不同。

爱因斯坦光量子的概念很好地解决了经典物理学的困难。由爱因斯坦方程可知红限频率 $\nu_0=A/h$；遏止电压与入射光的频率成线性关系；由于入射光子整个地、瞬时地把全部能量传递给电子，无需能量的积累时间，因而光电效应是瞬时发生的；对确定频率的入射光而言，由于光强一定时，单位时间内到达金属板上的光子数是一定的，因此光电流有饱和值。

美国物理学家密立根（Millikan，1868—1953）经过十年艰辛的工作，在消除了系统误差的基础上对一些金属进行了精密的测量，得到了光电子的最大初动能和入射光频率之间严格的线性关系，并由直线的斜率测定了普朗克常量 h，从实验上证明了爱因斯坦光电效应方程的正确性，也进一步证实了光能量的量子性。

例 14-1　钾的光电效应红限波长是 550 nm，求：（1）钾电子的逸出功；（2）当用波长 $\lambda=300$ nm 的紫外线照射时，钾的遏止电压 U_0。

解：用爱因斯坦光电效应方程 $h\nu=mv^2/2+A$ 来求解。

（1）当 $mv^2/2=0$ 时，$\lambda_0=550\ \text{nm}$，则

$$A=h\nu_0=hc/\lambda_0\approx 3.616\times10^{-19}\ \text{J}=2.26\ \text{eV}$$

（2）$\lambda=300\ \text{nm}$ 时，

$$eU_0=mv^2/2=hc/\lambda-A=3.014\times10^{-19}\ \text{J}=1.88\ \text{eV}$$

因此遏止电压 $U_0=1.88\ \text{V}$。

二、康普顿效应

1920 年，美国物理学家康普顿在观察 X 射线通过物质发生散射时发现，在散射 X 射线中除有与入射光波长 λ_0 相同的射线外，还有波长比入射光波长更长的射线，且其波长 λ 的值与散射角 θ 有关，而与散射物质无关。这种现象叫作康普顿效应。

文档：康普顿

康普顿效应的实验规律很难用经典电磁理论作出合理的解释。经典电磁理论认为，当单色电磁波作用在带电粒子上时，带电粒子将受到变化的电磁场的作用而产生振动，振动频率与入射电磁场相同，振动时也向各个方向辐射出与入射波相同频率的电磁辐射。即按经典理论，散射光中应只有和入射光一样波长的光，这与康普顿的实验结果不符。

视频：康普顿效应

康普顿认为，按照光量子学说，X 射线可看成由光子组成，康普顿效应可看作光子与电子间的完全弹性碰撞。当入射光子与散射物质中某些受原子核束缚较弱的电子或自由电子发生弹性碰撞时，电子会获得一部分能量，因此，碰撞后散射光子的能量比入射光子的能量要小，散射光的频率比入射光的频率要小，散射光的波长比入射光的波长要大一些。这就定性地说明了散射光中出现波长大于入射光波长的原因。散射光中还有与入射光相同的谱线，康普顿认为，当光子与原子中受原子核束缚较紧的内层电子相互作用时，相当于和整个原子相碰，光子几乎不损失能量，因而波长不变。下面对波长的变化量进行定量计算，从而看出波长的变化量与哪些因素有关。

图 14-4 为一个光子和一个束缚较弱的电子做弹性碰撞的情形。由于电子的速度远小于光子的速度，所以可认为电子在碰撞前是静止的，即速率 $u_0=0$，设频率为 ν_0 的光子沿 x 轴方向入射。碰撞后，频率为 ν 的散射光沿着与 x 轴成 θ 角的方向散射，电子则获得了速度 $\boldsymbol{u}$，方向与 x 轴成 φ 角，这个电子称为反冲电子。

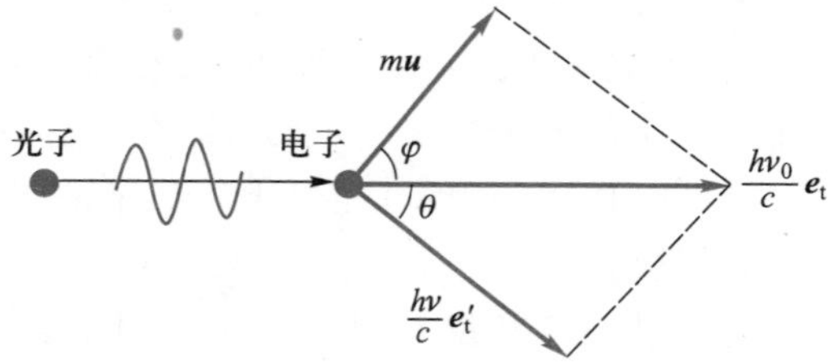

图 14-4　康普顿效应中光子电子的碰撞

因为碰撞是弹性的，所以由光子和电子组成的系统将同时满足能量守恒定律和动量守恒定律。因涉及光子，故必须考虑相对论效应。设电子碰撞前后的静质量和相对论质量分别为

m_0和 m,由狭义相对论的质能关系可知,其相应的能量为 m_0c^2 和 mc^2。因此,在碰撞过程中,根据能量守恒定律有

$$h\nu_0+m_0c^2=h\nu+mc^2 \tag{14-4}$$

注意到在相对论中光子的动量与波长的关系为 $p=h/\lambda$,系统动量守恒定律为

$$\frac{h\nu_0}{c}\boldsymbol{e}_{\mathrm{t}}=\frac{h\nu}{c}\boldsymbol{e}_{\mathrm{t}}'+m\boldsymbol{u} \tag{14-5}$$

注意到电子质量 $m=m_0(1-u^2/c^2)^{-1/2}$,$\lambda=c/\nu$,通过运算简化可得

$$\Delta\lambda=\lambda-\lambda_0=\frac{h}{m_0c}(1-\cos\theta)=\frac{2h}{m_0c}\sin^2\frac{\theta}{2}=2\lambda_{\mathrm{C}}\sin^2\frac{\theta}{2} \tag{14-6}$$

式中 λ_0 为入射光的波长,λ 为散射光的波长,$\frac{h}{m_0c}=\lambda_{\mathrm{C}}=2.43\times10^{-12}$ m,称作康普顿波长。上式给出了散射光波长的改变量与散射角 θ 之间的函数关系,它与实验结果一致。

康普顿散射来源于光子和自由电子的碰撞,它是继黑体辐射与光电效应之后,又一次揭示了电磁辐射的粒子性,同时还表明在微观领域,动量守恒定律和能量守恒定律仍然成立。

例 14-2 波长为 8.00×10^{-12} m 的 X 射线与自由电子碰撞,在与入射线 60°方向上观察散射的 X 射线,求:(1) 散射 X 射线的波长;(2) 反冲电子的动能。

解:(1) 由康普顿公式可知与入射线 60°方向上波长的增加量为

$$\lambda-\lambda_0=\Delta\lambda=2\lambda_{\mathrm{C}}\sin^2\frac{\theta}{2}=2\times0.002\ 43\times\sin^2 30°\ \mathrm{nm}=0.001\ 22\ \mathrm{nm}$$

故散射 X 射线的波长为

$$\lambda=\lambda_0+\Delta\lambda=(0.008\ 00+0.001\ 22)\ \mathrm{nm}=0.009\ 22\ \mathrm{nm}$$

(2) 由能量守恒定律可得,X 射线损失的能量即反冲电子所获得的动能,为

$$E_{\mathrm{k}}=m(u)c^2-m_0c^2=hc/\lambda_0-hc/\lambda=3.28\times10^{-15}\ \mathrm{J}=20.5\ \mathrm{keV}$$

爱因斯坦关于光电效应的解释是普朗克能量量子化概念的第一个实验证明,同时还使人们对光的本性在认识上有了一个飞跃。光电效应显示了光的微粒性。光子与电子一样,也是构成物质的一种微观粒子。光的干涉和衍射现象表明光具有波动性。光既有波动性,又有粒子性,即光具有波粒二象性。

14.3 氢原子的玻尔理论

19 世纪后期,人们在光谱学研究和微观粒子探索方面取得了长足的进步。特别是,巴耳末于 1885 年所总结出的能够反映氢原子光谱规律性的公式,以及汤姆孙关于电子的发现,更是激发了人们对原子结构探索的热情。然而同样地,经典物理学又一次遇到了巨大的困难。最简单的原子为氢原子,下面我们就从氢原子的光谱开始讨论原子的结构问题。

视频:氢原子的玻尔理论

一、氢原子的玻尔理论

牛顿时代的原子是微小、坚硬、不可再分的球体，这种原子模型在气体的动理论中具有一定的帮助，然而在英国物理学家汤姆孙（Thomson，1856—1940）发现电子以后，人们意识到原子是可以再分的，它是由带正电的部分和带负电的电子组成的。至于带正电的部分与带负电的电子在原子中是如何分布的，即原子的结构问题就成了 19 世纪末和 20 世纪初物理学界最为重要的研究课题之一。这个问题彻底地难住了当时的物理学家，他们从经典物理学出发，不管怎样的分布都无法解释原子的稳定性，更无法解释原子光谱的线特征。

文档：卢瑟福

文档：玻尔

文档：巴耳末

1911 年，卢瑟福为了解释 α 粒子散射实验中存在的大角度偏转的 α 粒子现象，提出了原子的有核模型，即原子是由带正电的原子核和带负电的核外电子组成，原子核处于原子的中心且集中了除了电子以外原子的所有质量，而电子在原子核外的轨道上绕原子核旋转，正如行星绕着太阳转动一样，常称之为行星模型。

从经典物理学上讲，卢瑟福的行星模型至少有两个基本困难无法克服。第一，行星模型无法解释原子的稳定问题。按照经典的电磁学理论，围绕原子核做轨道运动的电子具有向心加速度，因而会辐射与绕行频率相同的电磁波，因辐射能量，电子轨道半径逐渐减小，环绕频率逐渐增大，原子将辐射连续的电磁波，因而原子将极不稳定且寿命极短，显然这与实际不符。第二，行星模型无法解释原子的特征光谱现象。实验发现，当孤立的原子或分子受到激发（如一种原子蒸气受到高电压作用）时并不产生连续波谱，只会产生具有特定频率（波长）的辐射，这种辐射谱称为线状光谱，又由于每一种元素都有它自己特有的光谱线，因此又称为特征光谱。例如，由实验得到的氢原子特征光谱的规律可由下式表示：

$$\frac{1}{\lambda}=R\left(\frac{1}{m^2}-\frac{1}{n^2}\right) \qquad (14-7)$$

其中 $R=1.096\ 776\times10^7\ \mathrm{m^{-1}}$，称为里德伯常量；$m=1,2,3,\cdots,n=m+1,m+2,m+3,\cdots$。当 m 取确定的整数值，而 n 分别取相应的更大的一系列整数时，由式（14-7）可得到一系列波长值，称为一谱线系，如 $m=1,2,3,\cdots$时，谱线系分别称为莱曼系、巴耳末系、帕邢系……。

丹麦物理学家玻尔坚信卢瑟福原子有核模型的正确性，为了解决原子的稳定性和原子光谱的不连续性，于 1913 年，在卢瑟福原子有核模型基础上，他把普朗克能量子的概念和爱因斯坦光子的概念应用到原子系统，提出了三条基本假设。

（1）定态假设。原子系统存在着一系列不连续的能量状态，处于这些状态中的原子是稳定的，其中的电子只能在一些特定的轨道上绕核做圆周运动，运动时并不辐射电磁能量。这些状态称为原子的稳定状态，简称定态，对应的能量 $E_1,E_2,E_3,\cdots$是不连续的。

（2）频率假设。原子从较大能量 E_n 的定态向较低能量 E_m 的定态跃迁时，将辐射一个光子，其频率满足方程

$$h\nu=E_n-E_m \qquad (14-8)$$

式中 h 为普朗克常量，上式也称为频率条件。

(3) 轨道角动量量子化假设。原子中电子绕核做圆周运动的轨道角动量 L 必须等于 $\hbar$ 的整数倍($\hbar=h/2\pi$ 称为约化普朗克常量),即

$$L=n\hbar,\quad n=1,2,3,\cdots \tag{14-9}$$

式中 n 只能取不为零的正整数,称为量子数,此式也称为轨道角动量量子化条件。

在三个假设中,第一个假设虽是强制性的,但如此一来,的确解决了原子的稳定性问题。实际上,第一个假设中的定态概念是玻尔对原子结构理论最重要的贡献。第二条假设实际上是能量守恒定律和光的能量子概念的结合,由能量守恒定律可知,当原子处于较低能态 E_m 时,若其能吸收到刚好满足频率条件式(14-8)的一个光子时,则原子也能跃迁至较高能态 E_n。至于第三个角动量量子化假设,则是玻尔根据对应原理(见 § 14.6 第一小节末处)提出来的。

由上述假设可计算出氢原子在稳定态中的轨道半径和能量。设电子受原子核库仑力的作用做半径为 r_n 的圆周运动,电子质量为 m_e,速率为 v_n,则由牛顿第二定律得

$$m_e\frac{v_n^2}{r_n}=\frac{e^2}{4\pi\varepsilon_0 r_n^2} \tag{14-10}$$

又根据第三个假设

$$L=m_e v_n r_n=n\hbar,\quad n=1,2,3,\cdots$$

两式联立,消去 v_n,得

$$r_n=n^2\frac{\varepsilon_0 h^2}{\pi m_e e^2}=n^2 r_1 \tag{14-11}$$

式中 $r_1=\dfrac{\varepsilon_0 h^2}{\pi m_e e^2}=5.29\times10^{-11}$ m,称为第一玻尔轨道半径,简称玻尔半径,是氢原子核外电子最小的轨道半径。由上式可以看出,核外电子只能在一些不连续的特定轨道上做圆周运动,即轨道是自然数 n 的函数,轨道是量子化的。

玻尔还认为原子系统的能量等于电子的动能和电子与核的相互作用势能之和,即

$$E_n=\frac{1}{2}m_e v_n^2-\frac{e^2}{4\pi\varepsilon_0 r_n}$$

由上述各式联立可得

$$E_n=-\frac{e^2}{8\pi\varepsilon_0 r_n}=-\frac{1}{n^2}\frac{m_e e^4}{8\varepsilon_0^2 h^2},\quad n=1,2,3,\cdots \tag{14-12}$$

可见原子的能量是量子化的,这些分立的能量值 $E_1,E_2,E_3,\cdots$ 称为能级。其中

$$E_1=-\frac{m_e e^4}{8\varepsilon_0^2 h^2}=-13.6\ \text{eV} \tag{14-13}$$

则有

$$E_n=E_1/n^2 \tag{14-14}$$

当 $n=1$ 时,E_n 为能量最小值 E_1,即原子处于能量最低的状态,称之为最低能量态或基态;当 $n=2,3,4,\cdots$ 时,对应的能量分别为 $E_2,E_3,E_4,\cdots$,分别称为第一激发态、第二激发态……,当 $n\to\infty$ 时,$E_\infty=0$,这时电子已脱离原子核成为自由电子,原子被电离。基态和各激发态中的电子都没脱离原子,统称束缚态。电子能量在 $E_\infty=0$ 以上时,电子脱离了原子,这种状态对应的原子称为电离态,此时电子的能量可以是连续的,不受量子化条件限制。电子从基态到脱离原子核的束缚所需要的能量称为电离能。可见,氢原子的基态电离能为 13.6 eV。

根据玻尔的频率条件，当氢原子从能量较高的第 n 个能级向能量较低的第 m 个能级跃迁时，将发射出特定波长（频率）的谱线，波长为

$$\frac{1}{\lambda}=\frac{E_n-E_m}{hc}=\frac{m_e e^4}{8\varepsilon_0^2 h^3 c}\left(\frac{1}{m^2}-\frac{1}{n^2}\right)=R_H\left(\frac{1}{m^2}-\frac{1}{n^2}\right) \tag{14-15}$$

式中 $m=1,2,3,\cdots$，分别称为莱曼系、巴耳末系、帕邢系……；$n=m+1,m+2,m+3,\cdots$，R_H 为

$$R_H=\frac{m_e e^4}{8\varepsilon_0^2 h^3 c}=1.097\ 373\times10^7\ \text{m}^{-1} \tag{14-16}$$

可以看出，用理论公式计算出来的氢原子光谱的波长（频率）与实验中发现的氢原子特征光谱规律式（14-7）吻合得很好。[如将上式中电子的质量换成氢原子的约化质量 $m=m_p m_e/(m_p+m_e)$，则 $R_H=me^4/(8\varepsilon_0^2 h^3 c)=1.096\ 776\times10^7\ \text{m}^{-1}=R$，与里德伯常量的实验值达到全部七位有效数字的惊人一致。]

玻尔的能级理论成功地解释了之前困惑物理学界已久的原子或分子发射分立的线状光谱的问题，解开了“巴耳末公式”之谜，并预言了氢原子莱曼系的存在，不久被证实。1914 年，德国物理学家弗兰克和赫兹在研究低能电子和汞原子碰撞实验中，发现了当电子的能量大于 4.9 eV 时，电子与汞原子的碰撞为非弹性碰撞，在碰撞过程中，电子将一次性地损失能量 4.9 eV。玻尔指出，此能量应是汞原子的基态和第一激发态之间的能量差，汞原子在碰撞过程中一次性地吸收 4.9 eV 的能量，并从基态跃迁至第一激发态，但激发态是不稳定的，它会跃迁回基态，此时汞原子将发射一个能量 $h\nu$ 等于 4.9 eV 的紫外线。玻尔的论述很快被实验所证实，弗兰克-赫兹实验证明了（汞）原子能级的存在。可以说，氢原子的玻尔理论获得了极大的成功，它与普朗克的能量量子化假设一起为近代量子理论的建立和发展起到了关键性作用。

例 14-3 动能为 12.5 eV 的电子通过碰撞使基态氢原子激发，最高激发到哪一级？当激发态氢原子回到基态时能产生哪些谱线？分别属于什么线系？

解：设氢原子全部或部分吸收 12.5 eV 的能量后最高能激发到第 n 个能级，注意到

$$E_3-E_1=-13.6\times(-8/9)\ \text{eV}=12.09\ \text{eV},\quad E_4-E_1=-13.6\times(-15/16)\ \text{eV}=12.75\ \text{eV}$$

故基态氢原子只能吸收 12.09 eV 激发到 $n=3$ 的能级，当其不断向下跃迁时将产生三条谱线

当 n 从 $3\to1$：$\frac{1}{\lambda_1}=R_H\left(\frac{1}{1^2}-\frac{1}{3^2}\right)=\frac{8}{9}R_H$，$\lambda_1=\frac{9}{8R_H}=102.6\ \text{nm}$

当 n 从 $2\to1$：$\frac{1}{\lambda_2}=R_H\left(\frac{1}{1^2}-\frac{1}{2^2}\right)=\frac{3}{4}R_H$，$\lambda_2=\frac{4}{3R_H}=121.6\ \text{nm}$

当 n 从 $3\to2$：$\frac{1}{\lambda_3}=R_H\left(\frac{1}{2^2}-\frac{1}{3^2}\right)=\frac{5}{36}R_H$，$\lambda_3=\frac{36}{5R_H}=656.3\ \text{nm}$

λ_1，λ_2 属于莱曼系，λ_3 属于巴耳末系。对于单个氢原子来说，一次跃迁只能发出一个特定波长的光子，实际观测的结果是大量氢原子发光，因此三种波长的光同时存在。

二、氢原子玻尔理论的缺陷

虽然氢原子的玻尔理论取得了很大的成功，但它存在的问题和局限性也逐渐被人们发现。首先，该理论是以经典理论为基础，而原子定态时不发出辐射的假设又与经典理论相抵触，定态概念、跃迁和角动量量子化条件带有人为的性质，并未从根本上解决能量不连续的本质。其

次，理论中引入的量子化条件没有合适的理论解释。第三，通过玻尔理论只能求出谱线频率，而对谱线的强度、宽度和偏振等问题都无法处理。另外，玻尔理论只能对氢原子或类氢离子的光谱给予较好的说明，而对较复杂结构的原子如氦原子的光谱则无能为力。

总体来说，玻尔理论只是经典理论与量子条件的混合物，并没有形成完整的理论体系。后来，在波粒二象性基础上建立起来的量子力学，才圆满地解决了玻尔理论所无法解决的问题，并成为一套完整的描述微观粒子运动规律的理论体系。

14.4　德布罗意波　微观粒子的波粒二象性

在爱因斯坦的光量子概念启发下，年轻的法国物理学家德布罗意仔细考察了光的微粒说和波动说的发展历史，基于自然界规律的对称性，于 1924 年提出了所有微观粒子都具有波粒二象性的假设。既然作为电磁波的光可视为粒子，那么反过来，作为实物的微观粒子如电子也很有可能具有波动性。和光一样，物质粒子也具有波动、粒子两重性，与一定能量 E 和动量 p 的物质粒子相联系的波的频率和波长分别为

$$E=h\nu,\quad p=h/\lambda \tag{14-17}$$

式(14-17)称为德布罗意关系，与光子的相应关系式相同。人们常把这种与物质粒子相联系的波称为德布罗意波或物质波。

德布罗意物质波的假设是否正确，必须由实验验证。1927 年，戴维森(C. J. Davisson，1881—1958)和革末(L. H. Germer，1896—1971)首先做了电子被镍的单晶体表面反射后产生衍射的实验，结果表明电子的表现与 X 射线通过单晶体的衍射图像一样。1927 年，G. P.汤姆孙又用电子穿过金属箔获得了电子的多晶衍射图样，得到与光的圆孔衍射完全相似的衍射图像，这些衍射图样是电子具有波动性的最直观的有力证据。1989 年，日本物理学家又做了一个非常漂亮的(弱)电子双缝干涉实验，清晰地表明了电子具有干涉现象，电子具有波动性。其他许多类似的实验还表明，不仅电子，原子、分子、质子和中子等一切微观粒子都具有波粒二象性，而且其波长和频率与动量和能量均由德布罗意关系式联系起来。

文档：德布罗意

例 14-4　在不考虑相对论效应的情况下，试计算静止电子经过电压 U 加速后的德布罗意波长。

解：受电压为 U 的电场加速后电子的动能为 $mv^2/2=eU$，因而电子的速度为

$$v=\sqrt{2eU/m}$$

式中 m 为电子的静止质量，代入德布罗意公式(14-17)可得电子的德布罗意波长

$$\lambda=\frac{h}{mv}=\frac{h}{\sqrt{2me}}\frac{1}{\sqrt{U}}$$

将常量 h、m、e 的值代入可得

$$\lambda=\frac{1.225}{\sqrt{U}}\ \mathrm{nm}$$

式中 U 的单位是 V。由此可计算经不同电压加速的电子的德布罗意波长，例如当电压 $U=$

150 V 时，$\lambda=0.1$ nm；当 $U=10^4$ V 时，$\lambda=0.0123$ nm，此波长与 X 射线的波长相当。

例 14-5　计算质量 $m=0.01$ kg，速率为 $v=300$ m/s 的子弹的德布罗意波长。

解：由德布罗意关系式(14-17)，并注意到由于 $v\ll c$，应用非相对论近似，有

$$\lambda=\frac{h}{mv}=\frac{6.63\times10^{-34}}{0.01\times300}\ \mathrm{m}=2.21\times10^{-34}\ \mathrm{m}$$

可以看出，由于 h 是一个非常小的量，所以宏观粒子的德布罗意波长非常小，以至于在当今任何实验中都不可能观察到它的波动性，即可以说宏观粒子表现出的只有粒子性。

在经典力学中，所谓粒子，就意味着该客体既具有一定的质量和电荷等属性，即物质的颗粒性或量子性，又具有一定的位置和一条确切的运动轨道，即在每一时刻有一定的位置和速度(或动量)；而所谓的波动，就意味着某种实在的物理量在时空中做周期性变化，并因为相位因子使叠加时呈现出干涉和衍射等反映波动性的现象。显然，在经典概念下，粒子性和波动性是无法统一到一个客体上去的。然而，如前所述，近代物理实验已经表明，不但电磁波，而且像电子这样的物质粒子，都具有粒子性和波动性两方面的部分性质。电子既不是经典的粒子，也不是经典的波，电子所呈现出来的粒子性，只是具有所谓颗粒性或量子性，即总是以具有一定的质量和电荷等属性的客体出现在实验中，但并不与粒子有确切的轨道的概念有什么联系；而电子呈现的波动性，可能仅是波动性中最本质的东西——相位因子的存在和波函数叠加原理的成立。因此，微观粒子的波粒二象性可能仅是把微观粒子的量子性与波的叠加性统一了起来，具体的物理图像并不清晰，也很难构建。我们知道在不同的实验条件下，微观粒子可以呈现出不同的性质。例如，对光而言，在光的干涉和衍射实验中，主要呈现出波动性，而在光电效应和康普顿散射实验中，主要呈现出粒子性。

14.5　波函数　薛定谔方程

一、波函数

既然实物粒子有波动性，就可以用波函数来描述，它是一个随时间和空间周期变化的函数，用 Ψ 表示，在一维空间时波函数可写成 $\Psi(x,t)$，在三维空间中波函数写成 $\Psi(\boldsymbol{r},t)$。先讨论一维自由粒子的波函数的具体形式，不难得出沿 x 方向运动的能量为 E、动量为 p 的自由粒子物质波的波函数为

$$\Psi(x,t)=\Psi_0\mathrm{e}^{-\frac{\mathrm{i}2\pi}{h}(Et-px)}\tag{14-18}$$

式中 Ψ_0 为振幅，对于三维空间，不难得到自由粒子的波函数为

$$\Psi(\boldsymbol{r},t)=\Psi_0\mathrm{e}^{-\frac{\mathrm{i}2\pi}{h}(Et-\boldsymbol{p}\cdot\boldsymbol{r})}\tag{14-19}$$

一般情况下，粒子的波函数不是单色平面波形式，而是时间和空间的复杂函数。根据波动的普遍理论，波的强度与振幅的平方成正比，因此，波函数的强度正比于 Ψ_0^2。利用复数函数的运算法则，可得

$$\Psi_0^2=|\Psi|^2=\Psi\Psi^*$$

式中 Ψ^* 是 Ψ 的共轭函数。

在经典物理学中，波函数本质上是用实数表示的，是可以直接观测的；而描述微观粒子物质波的波函数却只能用复数形式表达。这就是说，在实空间中，波函数是一个不可直接观测的物理量。波函数的物理意义到底是什么？它与我们可观测的什么物理量有关呢？

二、波函数的统计解释

下面通过对光和电子的双缝衍射图样的比较，来说明波函数的物理意义。

光通过狭缝以后，将产生衍射现象，在屏幕上出现明暗相间的条纹。按照光的波动性，亮纹处光的强度大，暗纹处光的强度小。按光的粒子性解释，在亮纹处单位时间内到达的光子数目多，在暗纹处单位时间内到达的光子数目少。从统计的角度讲，光亮处，光子出现的概率大，光暗处，光子出现的概率小，在光强为零的地方，光子出现的概率为零。在波动理论中，波的强度是用能流密度来描述的，因此，波的强度正比于波的振幅的平方。与此类似，光的强度是用电磁波的能流密度来描述的，光强正比于电磁波的振幅平方，亦即正比于光子出现的概率 P。

同样的解释也适用于物质波与电子。在日本物理学家做的电子双缝干涉实验中，入射电子束的强度很弱，以至于电子可以认为是一个一个地通过双缝的，当前一个电子落在屏上后，后一个电子才开始通过双缝，各个电子之间应该不可能发生相互作用。实验发现，各个电子落在屏上的位置看似杂乱无章、飘忽不定，开始时根本看不出有什么规律性，但随着通过的电子数目的增多，可以发现落在某些区域的电子数目多，而落在另一些区域的电子数目少，渐渐地可以看出双缝干涉条纹的模糊图形。当通过的电子数很多很多时，电子在屏上的分布就清晰地显示出大家熟知的双缝干涉图样，如图 14-5 所示。此实验再一次清晰地证实了电子具有波动性，而且这种波动性是单个电子的属性。单个电子经双缝后落到观察屏上的某个位置形成亮点，的确是随机的，但随着时间的增加，这些亮点就形成了明暗相间的双缝干涉图样，干涉条纹的分布规律可以由波函数得到。若某处干涉条纹亮，说明到达该处的电子数目多。对单个电子而言，投向该处的概率密度大，该处的波函数模平方 $|\Psi|^2=\Psi\Psi^*$ 也大，即电子在某处出现的概率密度与该处波函数模的平方 $|\Psi|^2$ 成正比，即

$$P \propto |\Psi|^2=\Psi\Psi^*$$

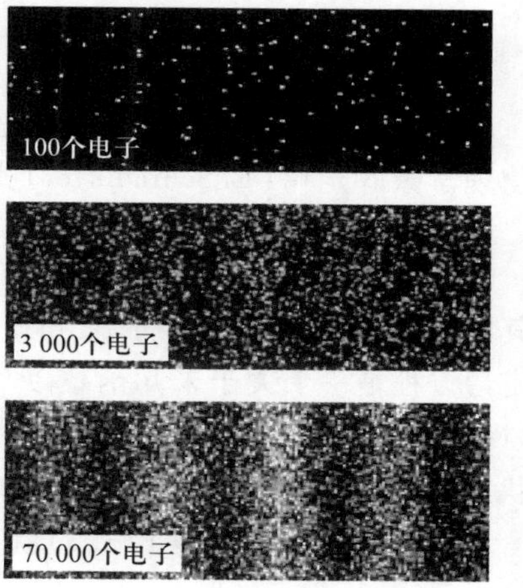

图 14-5 电子双缝干涉

在电子双缝干涉实验中，电子落在屏上各处的概率分布是由电子波函数的模的平方 $|\Psi|^2$ 来决定的。概率分布曲线与光学的衍射强度分布曲线完全一致，但某个电子究竟落在何处则是偶然的。根据上面的分析，实物粒子的波粒二象性的物理图像是，既然产生干涉条纹，就必定可以用某种波的叠加来解释，但微观粒子本身好像是一颗一颗的，具有粒子性，波函数并不绝对给出粒子在什么时刻可到达哪一点，它只给出粒子在可能到达地点的一个统计分布，粒子运动受到波函数的影响，粒子在 $|\Psi|^2$ 大的地方出现的概率大，在 $|\Psi|^2$ 小的地方出现的概率小，粒子不会出现在 $|\Psi|^2=0$ 的地方；而 Ψ 又是按波的方式在时空中变化传播的，因此，粒子的运动又表现出波的特性。总之，微观粒子的运动遵循的是统计规律，而不是经典力学的确定

性规律。电子双缝衍射实验说明，如果在空间一很小区域 $x \sim x+dx, y \sim y+dy, z \sim z+dz$ 内，粒子的波函数 $\Psi(\boldsymbol{r},t)$ 可视为常量，则粒子在该区域内出现的概率 dW 既正比于 $|\Psi|^2$，也正比于体积元 $dV=dxdydz$ 的大小，因而有

$$dW \propto |\Psi(x,y,z,t)|^2 dxdydz$$

若取比例系数为 1，则有

$$dW=|\Psi(x,y,z,t)|^2 dxdydz=|\Psi(\boldsymbol{r},t)|^2 dV=\Psi(\boldsymbol{r},t)\Psi^*(\boldsymbol{r},t)dV \tag{14-20}$$

则单位体积内出现的概率，即概率密度为

$$P=\frac{dW}{dV}=|\Psi(\boldsymbol{r},t)|^2=\Psi(\boldsymbol{r},t)\Psi^*(\boldsymbol{r},t) \tag{14-21}$$

即 $|\Psi|^2$ 表示了粒子于 t 时刻在 $\boldsymbol{r}(x,y,z)$ 处单位体积内出现的概率（即概率密度），这就是波函数的统计意义，概率密度是一个统计意义上的可观测量。由此可见，波函数是描述粒子在空间概率分布的概率波。根据波函数的统计解释，波函数必须满足一定的要求。

首先，粒子于任一时刻在整个空间 V 出现的总概率必为 1，称为归一化条件，即

$$\int_V |\Psi|^2 dV=1 \tag{14-22}$$

其次，由于在一定时刻，在空间给定区域粒子出现的概率应该是唯一的，并且应该是有限的，同时在空间不同区域，概率应该是连续分布的，不能逐点跃变，因此，波函数 $\Psi(x,y,z,t)$ 应是 x，y,z,t 的单值、有限、连续函数，这一条件称为波函数的标准条件。

三、薛定谔方程

微观粒子的状态用波函数描述，我们需要找出波函数满足的波动方程。1926 年，奥地利物理学家薛定谔（E. Schrödinger）找到了该方程，现常称之为薛定谔方程，方程如下：

$$i\hbar\frac{\partial}{\partial t}\Psi(\boldsymbol{r},t)=-\frac{\hbar^2}{2m}\nabla^2\Psi(\boldsymbol{r},t)+V(\boldsymbol{r},t)\Psi(\boldsymbol{r},t) \tag{14-23}$$

其中∇^2 称为拉普拉斯算符，直角坐标系中的表示为$\nabla^2=\partial^2/\partial x^2+\partial^2/\partial y^2+\partial^2/\partial z^2$。薛定谔方程是一个关于未知函数 $\Psi(x,y,z,t)$ 的二阶线性偏微分方程。当势能函数 $V(x,y,z,t)$ 给定时，原则上可通过解方程求得波函数 $\Psi(x,y,z,t)$，从而确定粒子的状态。薛定谔方程是量子力学中的基本方程，其正确性是在实践中检验证实了的。

文档：薛定谔

在一维情形下，式（14-23）就变成了一维薛定谔方程

$$i\hbar\frac{\partial\Psi}{\partial t}=-\frac{\hbar^2}{2m}\frac{\partial^2\Psi}{\partial x^2}+V(x)\Psi \tag{14-24}$$

在许多情况下，势能函数 V 仅仅是位置 $\boldsymbol{r}(x,y,z)$ 的函数，而与时间无关，对于这类问题可用分离变量法求解，令

$$\Psi(x,y,z,t)=\psi(x,y,z)f(t) \tag{14-25}$$

将上式代入式（14-23）并分离变量可得

$$\frac{i\hbar}{f}\frac{df}{dt}=\frac{1}{\psi}\left[-\frac{\hbar^2}{2m}\nabla^2\psi+V\psi\right]$$

上式左边仅是时间 t 的函数，右边仅是空间位置的函数，只有两边都为一个常量时两边才能相等，令这个常量为 E，则得到两个方程

$$\frac{\mathrm{i}\hbar}{f}\frac{\mathrm{d}f}{\mathrm{d}t}=E \tag{14-26}$$

$$-\frac{\hbar^2}{2m}\nabla^2\psi+V\psi=E\psi \tag{14-27}$$

式(14-26)的解为

$$f(t)=c\mathrm{e}^{-\frac{\mathrm{i}}{\hbar}Et}$$

式中 c 为积分常量。代回式(14-25),得

$$\Psi(x,y,z,t)=\psi(x,y,z)\mathrm{e}^{-\frac{\mathrm{i}}{\hbar}Et} \tag{14-28}$$

积分常量 c 吸收到 ψ 中。注意到 $\Psi\Psi^*=\psi\psi^*$,这说明在空间各点测到粒子的概率密度与时间无关,所以叫作定态,方程(14-27)称为定态薛定谔方程,其中的 ψ 只是空间位置的函数。它的解 ψ 通常称为定态波函数。粒子在一维势场中运动,则定态薛定谔方程为

$$\frac{\mathrm{d}^2\psi(x)}{\mathrm{d}x^2}+\frac{2m}{\hbar^2}[E-V(x)]\psi(x)=0 \tag{14-29}$$

四、不确定关系

文档:海森伯

在经典力学中,粒子在某时刻一定在空间的某一个地方,随着时间 t 的连续变化,粒子的运动可在空间形成一条连续的轨迹,由此可知,粒子在任意时间都具有确定的动量。描述经典粒子时,常用确定的坐标和动量来表示其力学状态。但在量子物理学中,由于波粒二象性,微观粒子的状态用波函数表示,由波函数的统计意义可知,假如我们依然将微观粒子看作一个个离散粒子的话,则微观粒子在 t 时刻,并不处在某个确定的地方,而是同时地处在所有概率密度不为零的地方。这是微观粒子最为神奇的地方,也是与经典粒子最大的不同之处。这就是说,微观粒子的位置是不确定的。可以证明,一般地,微观粒子的动量也是不确定的,同样地,我们也只能给出粒子于某时刻动量取某些值的概率。即与位置一样,某时刻的动量并不具有一个确定的值,而是遍取其概率密度不为零的所有可能值。例如自由的微观粒子,其波函数为简谐波,这种波是无定域的,从 $-\infty$ 一直延伸到 $+\infty$,这种波有一确定的波长 λ,它对应的是有确定动量 $p=h/\lambda$ 的自由粒子,其位置 x 是完全不确定的,遍取从 $-\infty$ 到 $+\infty$ 的任意值,而且在任何值处的概率密度都相等。的确,对自由粒子而言,其动量是完全确定的,但在量子力学中,自由粒子是一个理想概念,它要求全空间都没有影响其运动的力场,这是不可能的,是无法实现的。也就是说,一般情况下,微观粒子的位置和动量都是不确定的。

现在我们来定义微观粒子位置和动量的不确定度。由概率论可知,在一维情况下,微观粒子在 x 轴上的平均位置(也称为位置 x 的平均值或期望值)为

$$\overline{x}=\int_{-\infty}^{\infty}xP(x,t)\,\mathrm{d}x=\int_{-\infty}^{\infty}x\,|\Psi(x,t)|^2\mathrm{d}x$$

同样地,位置 x^2 的平均值为

$$\overline{x^2}=\int_{-\infty}^{\infty}x^2P(x,t)\,\mathrm{d}x=\int_{-\infty}^{\infty}x^2\,|\Psi(x,t)|^2\mathrm{d}x$$

则 x 方向位置的不确定度定义为

$$\Delta x \equiv \sqrt{\overline{(\Delta x)^2}} = \sqrt{\overline{(x-\bar{x})^2}} = \sqrt{(\overline{x^2-2x\,\bar{x}+\bar{x}^2})} = \sqrt{\overline{x^2}-\bar{x}^2} \tag{14-30}$$

只要给定概率密度或波函数,由定义可求出不确定度。如果粒子的 x 位置被限制在 $0\sim d$ 内,且粒子出现在 $0\sim d$ 内任一点的概率密度都相同,则由归一化条件可得,概率密度 $P(x)=1/d$,而 $\bar{x}=d/2$, $\overline{x^2}=d^2/3$,得其位置的不确定度为 $\Delta x=d/2\sqrt{3}$,作为量级估算用,常近似为 d。[在量子物理学中,上述的概率密度不符合波函数的标准条件,因在区间 $0\sim d$ 外,概率密度等于零,故按波函数连续条件,应有概率密度 $P(0)=P(a)=0$,与 $P(0)=P(a)=1/d$ 矛盾。]

类似地,我们也可以定义 x 方向动量的不确定度为

$$\Delta p_x = \sqrt{\overline{(\Delta p_x)^2}} = \sqrt{\overline{p_x^2}-\bar{p}_x^2} \tag{14-31}$$

可以证明对任意波函数,均有

$$\Delta p_x \Delta x \geqslant \frac{h}{4\pi} \tag{14-32}$$

上述关系称为海森伯坐标和动量的不确定关系,它是德国物理学家海森伯于 1927 年首先得到的,它直接来源于微观粒子的波粒二象性。

不确定关系适用于一切微观粒子的所有时刻,它表明,如果用描述经典粒子的物理量来描述微观粒子,必然会出现不确定性,在位置和动量的不确定量中,一个量越确定,另一个量就越不确定,这表明微观粒子的运动不再是轨道运动。不确定关系是微观粒子波粒二象性的一种严格的数学表述,它既不是测量仪器的缺陷所致,也不是测量方法的不完善所致。1932 年,海森伯因对量子理论的贡献而获诺贝尔物理学奖。

例 14-6　质量 m 为 10 g 的子弹,出枪口时的速度 v_0 约为 200 m · s^{-1},设枪口直径 d 为 5 mm,设子弹的射程 s 为 2 000 m,试估计子弹射中靶时横向位置的不确定量有多大?

解:令垂直枪口的某个横向方向为 x 轴,则子弹射出枪口时,x 方向的位置不确定量约为 $\Delta x\approx d$,则子弹于 x 方向的动量不确定量由不确定关系可得为 $\Delta p_x\approx\dfrac{h}{4\pi\Delta x}$,故 x 方向的速度的不确定量为 $\Delta v_x=\Delta p_x/m$,子弹飞行 2 000 m,用时 $t=s/v_0$,故子弹击中靶时横向 x 方向位置的不确定量为

$$\Delta s_x = \Delta v_x t = \frac{sh}{4\pi d v_0 m} \approx 1\times10^{-29}\ \text{m}$$

相对于射程而言,横向几乎没有偏差,不确定关系实际上不起作用,即子弹的波粒二象性不会影响枪手射击的精准度,或者说,子弹的运动依然可视为轨道运动。

例 14-7　原子线度的数量级为 0.1 nm,求原子中电子速度的不确定量。

解:任取穿过原子中心位置的 x 轴,则由原子线度 d 的大小知,原子中电子位置在 x 方向上的不确定量约为 $\Delta x\approx d$,电子质量 $m=9.1\times10^{-31}$ kg,则由不确定关系得电子速度的不确定量为

$$\Delta v_x = \frac{\Delta p_x}{m} \geqslant \frac{h}{4\pi m\Delta x} = \frac{6.63\times10^{-34}}{4\pi\times9.1\times10^{-31}\times1.0\times10^{-10}}\ \text{m}\cdot\text{s}^{-1} \approx 5.8\times10^5\ \text{m}\cdot\text{s}^{-1}$$

这个数值比原子中电子在轨道上的速度(约 10^6 m · s^{-1})小一个数量级。这表明在原子中的电子的运动用轨道运动描述是很不恰当的。

14.6 薛定谔方程的应用

本书并不打算对薛定谔方程的应用展开广泛的讨论，只是就一维情形下最简单的无限深势阱中粒子的运动问题应用薛定谔方程进行求解，这有助于我们了解应用薛定谔方程求解问题的基本思路，了解量子力学中最普遍的特征以及它与经典物理学显著的不同之处。

一、一维无限深势阱

金属中有大量的自由电子，它们在金属内部是自由的，但一般无法逸出金属表面而逃离，要逸出金属表面必须有足够的能量做功以克服金属的束缚。这表明这些自由电子在金属内部势能较低，而在金属表面处势能突然增大。故可将自由电子在金属内的运动简化为粒子在无限深势阱中的运动。在一维无限深势阱中，势能函数为

$$V(x)=\begin{cases}0, & 0<x<a\\ \infty, & x\leqslant 0, x\geqslant a\end{cases} \tag{14-33}$$

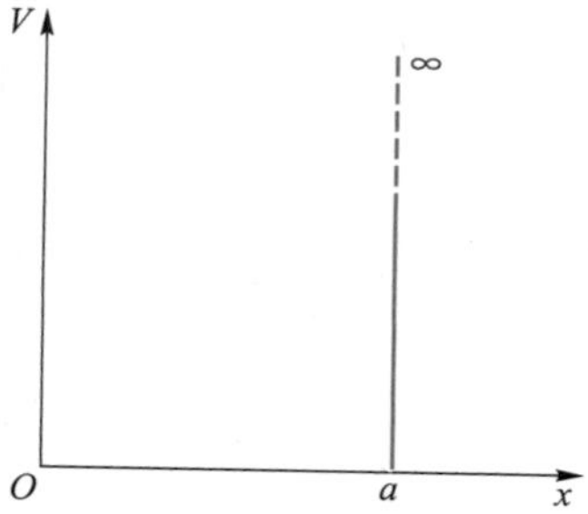

图 14-6 一维无限深势阱

其势能曲线如图 14-6 所示。

因为粒子被限制在势阱内，所以波函数在势阱外为零，即

$$\psi(x)=0,\quad x\leqslant 0, x\geqslant a$$

在势阱内，即当 $0<x<a$ 时，定态薛定谔方程为

$$\frac{\mathrm{d}^2\psi}{\mathrm{d}x^2}+\frac{2mE}{\hbar^2}\psi=0 \tag{14-34}$$

令

$$k=\sqrt{2mE}/\hbar$$

则方程的解可表示为

$$\psi(x)=A\sin(kx+\delta)$$

其中 A 和 δ 为待定常量，由边值条件决定。

因为势阱的壁无限高，从物理上考虑，粒子不可能穿透无限高的势阱壁。注意到势阱外波函数为零，则由波函数的边值条件可得

$$\psi(0)=0,\quad \psi(a)=0$$

按照边界条件 $\psi(0)=0$ 可得

$$A\sin\delta=0$$

由于波函数不能恒为零，即 A 不能为零，所以要求待定常量 $\delta=0$，于是就有

$$\psi(x)=A\sin kx,\quad 0<x<a$$

按照边界条件 $\psi(a)=0$，即要求 $\sin ka=0$，即

$$ka=n\pi,\quad n=1,2,3,\cdots$$

这里舍去了 $n=0$ 的情况，因为 $n=0$ 时必有 $\psi\equiv 0$，没有物理意义。由式 $k=\sqrt{2mE}/\hbar$ 可得

$$E_n=\frac{n^2\pi^2\hbar^2}{2ma^2},\quad n=1,2,3,\cdots \tag{14-35}$$

因此,当粒子被束缚在势阱中时,其能量只能取一系列分立的数值 E_n,即它的能量是量子化的,而对应能量为 E_n 的波函数为

$$\psi(x)=\begin{cases}0, & x\leqslant 0, x\geqslant a\\ A\sin\dfrac{n\pi}{a}x, & 0<x<a\end{cases}\qquad n=1,2,3,\cdots$$

式中的 A 可由归一化条件

$$\int_{-\infty}^{\infty}|\psi|^2\mathrm{d}x=A^2\int_0^a\sin^2\frac{n\pi x}{a}\mathrm{d}x=1$$

求得为 $A=\sqrt{2/a}$,故能量为 E_n 的粒子的归一化波函数为

$$\psi(x)=\begin{cases}0, & x\leqslant 0,\quad x\geqslant a\\ \sqrt{\dfrac{2}{a}}\sin\dfrac{n\pi}{a}x, & 0\leqslant x\leqslant a\end{cases}\qquad n=1,2,3,\cdots \tag{14-36}$$

图 14-7 给出了其中的波函数及对应的概率密度分布。

下面对此结果进行一些讨论。

(1) 势阱中的粒子的能量不是连续的,只能取分立值,即能量是量子化的,这是一切处于束缚态的微观粒子的共同特性,即能量量子化是微观世界特有的现象。例如一电子在宽为 $a=1\ \mathrm{nm}$ 的势阱中运动,则有

$$E_n=0.38n^2\ \mathrm{eV}$$
$$\Delta E_n\approx 0.75n\ \mathrm{eV}$$

此时能量量子化是明显的。但是如果电子在宽度为 $a=1\ \mathrm{cm}$ 这样一个宏观尺度的势阱中运动,则有

$$\Delta E_n\approx 0.75\times 10^{-14}n\ \mathrm{eV}$$

能量间隔如此之小,因而几乎可以认为能量是连续的了。如换成一个宏观物体,能量间隔就更小了。一个经典粒子处在这样的势阱中,它的能量完全可以连续地取任意值。

(2) 根据波函数的统计解释,能量为 E_n 的粒子在 $x\sim x+\mathrm{d}x$ 内被发现的概率为

$$\mathrm{d}W=|\psi(x)|^2\mathrm{d}x=\frac{2}{a}\sin^2\frac{n\pi}{a}x\mathrm{d}x \tag{14-37}$$

图(14-7)给出势阱中粒子的概率密度分布。显而易见 $\psi(x)$ 取驻波形式。在波节处粒子的概率为零,在波腹处粒子的概率最大。边界点为波节,在势阱中还有一些点也是波节。因此,对于量子物理来说,在无限深势阱中的各处找到粒子的概率不一样。这个结论与经典物理的图像完全不同,因为按照经典物理理论,在势阱中各处找到粒子的概率是均等的。由图 14-7 可知,当粒子处于基态($n=1$)时,在势阱中心 $x=a/2$ 的波腹处发现粒子的概率最大,在两壁处为零。当粒子处于激发态($n=2,3,\cdots$)时,在势阱中找到粒子的概率分布有起伏,而且 n 越大,起伏次数越多。两相邻峰值之间的距离随之减小。当量子数 n 趋于无穷时,峰值之间彼此靠得很近,概率分布趋于经典粒子的均匀分布,量子理论过渡到经典理论,这就是所谓的对应原理。

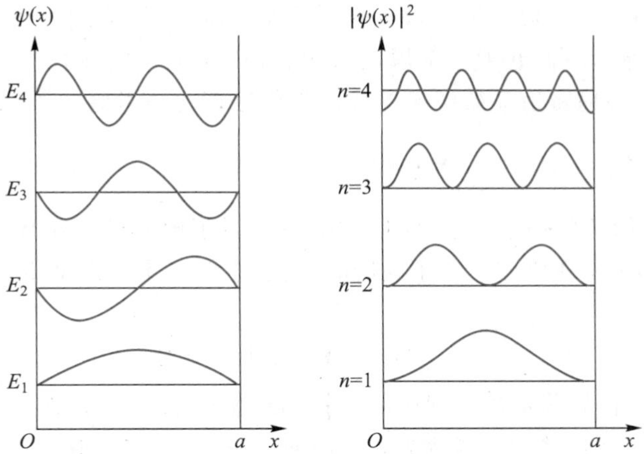

图 14-7 波函数及概率密度

由上述求解过程及结论可得，在一维定态情形下，当微观粒子只能局限在某个有限区域中运动时，粒子的状态称为束缚态，其波函数取驻波形式，并由一个只能取整数的量子数 n 唯一决定，同时粒子的能量也是量子数 n 的函数，即能量只能取一些分立的值，或者说粒子的能级是离散的，能量是量子化的。束缚态时，粒子能量有一个最小值(无限深势阱时为 E_1)，称为零点能，或称为基态能量，此处的零点(动)能 E_1 大于零。零点能的存在在经典物理学中也是不可思议的，但从量子物理的不确定关系出发就很好理解了。由 E_1 的表达式或从不确定关系可知，粒子活动的区域(即近似为位置的不确定度)越小，则零点能或动量的不确定度越大(易证束缚态时$\overline{p}_x=0$，从而零点能正比于动量不确定度的平方)。

二、隧道效应

一维方势垒是指粒子受到势能为

$$V(x)=\begin{cases}V_0, & 0\leqslant x\leqslant a\\ 0, & x<0,x>a\end{cases} \tag{14-38}$$

的力场的作用。势能曲线如图 14-8 所示，称为一维方势垒。若开始时，粒子位于 $x<0$ 的区域，而且其能量 E 小于势垒的高度 V_0，则从经典物理学看来，粒子无法越过(穿过)势垒进入 $x>a$ 的区域。然而应用边值条件求解薛定谔方程可知，在垒中和垒后 $x>a$ 区域中，粒子的波函数都不为零。这表明，粒子有一定的概率处在势垒中，甚至还有一定的概率穿过势垒而进入 $x>a$ 区域中。这在经典物理学看来是不可思议的，好像在势垒中存在着一个隧道，一部分粒子能够穿过隧道而进入 $x>a$ 区域。因此常将此结果形象地称为“隧道效应”。势垒宽度 a 越小，粒子质量越小和势垒与能量高度差 V_0-E

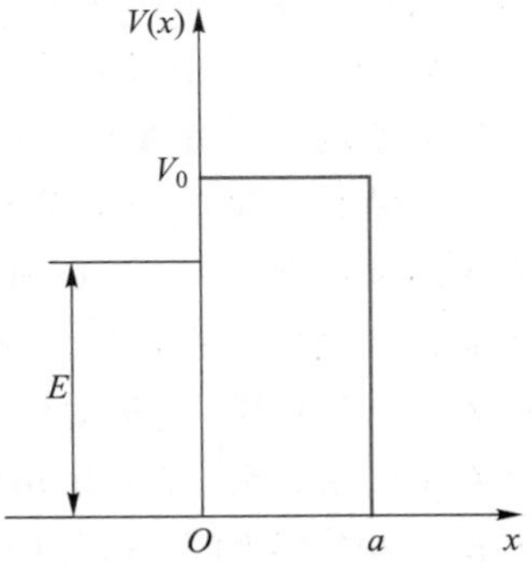

图 14-8 一维方势垒

越小,“隧道效应”越明显。

微观粒子的“隧道效应”现已被大量实验所证实,并已广泛应用于现代科技中。例如电子的场致发射(在强电场作用下电子从金属内逸出,又称作电子的冷发射),半导体的隧道器件(隧道二极管等)以及扫描隧道显微镜等器件的工作原理均是微观粒子的隧道效应。

三、氢原子问题

氢原子是结构最简单的原子,氢原子问题的讨论对了解其他复杂原子的结构有重要的指导意义。应用量子力学原理研究氢原子问题时,需要求解三维定态薛定谔方程,而势能函数

$$V(\boldsymbol{r})=-\frac{1}{4\pi\varepsilon_0}\frac{e^2}{\sqrt{x^2+y^2+z^2}}=-\frac{1}{4\pi\varepsilon_0}\frac{e^2}{r} \tag{14-39}$$

用球坐标表示最为简洁,故薛定谔方程中的位置用球坐标系的三个坐标(r,φ,θ)表示,拉普拉斯算符也用球坐标表示,即定态波函数为$\psi(\boldsymbol{r})=\psi(r,\varphi,\theta)$。定态薛定谔方程的求解是一个复杂的数学过程,这里只把所得到的主要结论作一简要介绍。电子的$\psi(r,\varphi,\theta)$的函数形式由三个量子数(n,l,m_l)决定(三个变量或三维空间就需要三个量子数),即电子的状态由$\psi_{n,l,m_l}(r,\varphi,\theta)$决定,即它在空间的概率密度分布由三个量子数决定,此外还有一些其他结论。

(1) 氢原子能量是量子化的

氢原子能级为

$$E_n=-\frac{me^4}{8\varepsilon_0^2h^2}\frac{1}{n^2},\quad n=1,2,3,\cdots \tag{14-40}$$

式中的量子数 n 称为主量子数。由上式可以看出,氢原子的能量是量子化的,即原子能级的存在是在求解薛定谔方程过程中自然得到的结论,不需要作任何人为的假设,能量量子化是微观客体束缚状态时的客观规律。原子能级主要由主量子数 n 决定,它可以取任意的正整数值,并且 n 越大,能量越大。此外,能量 E_n 为负值,这表明电子是被束缚在原子中的。

(2) 电子的轨道角动量大小是量子化的

电子绕核运动,可定义电子绕核运动的角动量 $\boldsymbol{L}$,通过求解薛定谔方程可得该角动量的大小为

$$L=|\boldsymbol{L}|=\sqrt{l(l+1)}\,\hbar,\quad l=0,1,2,3,\cdots,n-1 \tag{14-41}$$

即角动量的大小是量子化的。式中 l 可称为轨道量子数,也称副量子数。需要注意的是,角动量的值要受到主量子数 n 的限制,当 n 为一定值时,l 共可取 n 个可能值。

(3) 空间方向是量子化的

电子绕核运动的角动量 $\boldsymbol{L}$ 的大小由副量子数 l 决定,但角动量是一个矢量,要完全确定电子绕核运动的角动量,还必须知道它的空间方位,在三维空间中,角动量的方向应由两个方位角才能完全确定。在量子力学中,电子的运动并非轨道运动,在任意时刻都没有完全确定的角动量 $\boldsymbol{L}$。也就是说,当角动量 $\boldsymbol{L}$ 的大小完全确定后,任意时刻决定它方向的两个方位角不可能都有确定的值,当一个方位角确定时,另一个方位角一定是不确定的。或者也可以说,当角动量 $\boldsymbol{L}$ 的大小完全确定后,我们最多还能确定它在某一个方向上的分量。不失一般地,令我们考察的方向为 z 方向,则在任何情况下,角动量 $\boldsymbol{L}$ 的 z 分量(常称为第三分量)的值为

$$L_z = m_l \hbar,\quad m_l = 0, \pm 1, \pm 2, \pm 3, \cdots, \pm l \qquad (14-42)$$

在电磁理论中，一个带电粒子绕某点有角动量 $\boldsymbol{L}$，则意味着它有磁性（相当于形成了闭合电流），可用一个磁偶极子的矢量 $\boldsymbol{m}$ 表示，而 $\boldsymbol{m} \propto \boldsymbol{L}$，它与外磁场 $\boldsymbol{B}$ 能发生相互作用，相互作用能量的大小一般与 $\boldsymbol{L} \cdot \boldsymbol{B} = BL_z$ 成正比，等式是令外磁场 $\boldsymbol{B}$ 的方向仅为 z 方向所致，即 z 方向又常称为外磁场方向，量子数 m_l 常称为磁量子数。注意到 $L_z = \boldsymbol{L} \cdot \boldsymbol{e}_z = L\cos\theta$，其中角度 θ 为角动量方向与 z 方向的夹角，角动量第三分量的量子化意味着角动量的空间取向也是量子化的，这就是所谓的空间量子化，如图 14-9 所示。

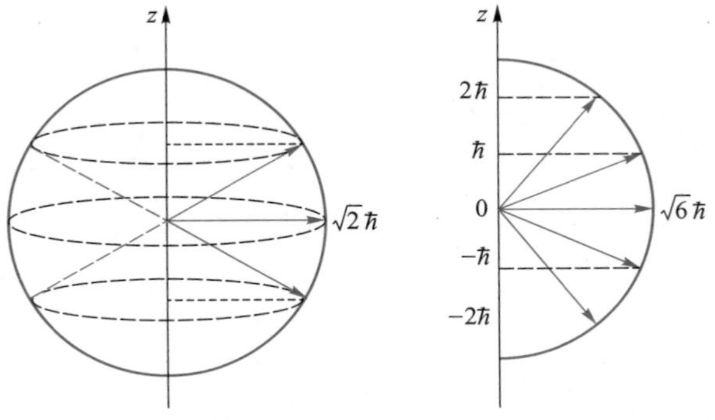

(a) l=1时的角动量　　(b) l=2时的角动量

图 14-9　角动量的空间量子化

应该指出，磁量子数 m_l 的可能值，也要受轨道量子数 l 的限制，并且 l 越大，m_l 的可能值便越多。例如，当 $l=1$ 时，m_l 的取值可以为 0，±1，共三个值，这表明角动量 $\boldsymbol{L}$ 在空间有三种可能取向。当 l 一定时，m_l 共可取 $(2l+1)$ 个可能值。

综上所述，主量子数 n、轨道量子数 l 和磁量子数 m_l 都不是孤立的，而是互相联系的。当主量子数 n 确定后，也就限制了其他两个量子数的可能值。上述三个量子数主要决定着电子绕核空间运动的状态。从薛定谔方程求得的解都需满足上述三个量子化条件，即对应着一组量子数 (n, l, m_l)，每一组量子数 (n, l, m_l) 确定了氢原子中电子空间运动的一个状态，相应地有一个表述该状态的波函数 $\psi_{n,l,m_l}(r, \varphi, \theta)$，并由此可求出电子的空间概率密度（分布）。

（4）电子自旋

为了解释实验中发现的原子光谱的精细结构，1925 年，乌伦贝克（G. E. Uhlenbeck）和古兹密特（S. A. Goudsmit）提出了电子自旋的假设，即电子除了绕核运动以外，还存在着绕自身轴的转动，简称为自旋，这是借用经典物理学来形象描述电子的运动。按照量子力学理论，自旋是电子的一种基本属性，就像它带电一样，更确切的说法，自旋是一种相对论效应，当然，形象的理解极为困难，故一般情况下，我们常用经典图像来理解。电子在自旋过程中，也有自旋角动量。与轨道角动量一样，自旋角动量也是量子化的，仿效轨道角动量 $\boldsymbol{L}$，自旋角动量 $\boldsymbol{S}$ 的大小也是量子化的，可写为 $S = \sqrt{s(s+1)}\,\hbar$。式中 s 为自旋角动量的量子数。由量子力学计算和实验证明，s 只能取值 1/2。故电子自旋角动量大小的量值只有一个，为 $\sqrt{3}\,\hbar/2$。

同样地，电子自旋角动量在外磁场方向（或 z 方向）上的分量 S_z 也是量子化的，为

$$S_z = m_s \hbar \qquad (14-43)$$

式中 m_s 为自旋磁量子数，其可能值为

$$m_s = \pm 1/2$$

这说明，自旋角动量在外磁场方向上的分量只能取两种数值，$S_z>0$ 表示自旋角动量 $\boldsymbol{S}$（基本）与外磁场方向相同，$S_z<0$ 则表示 $\boldsymbol{S}$ 与外磁场方向相反，如图 14-10 所示。当取它的磁场方向为正方向时，电子的自旋方向前者简称向上，后者简称向下。

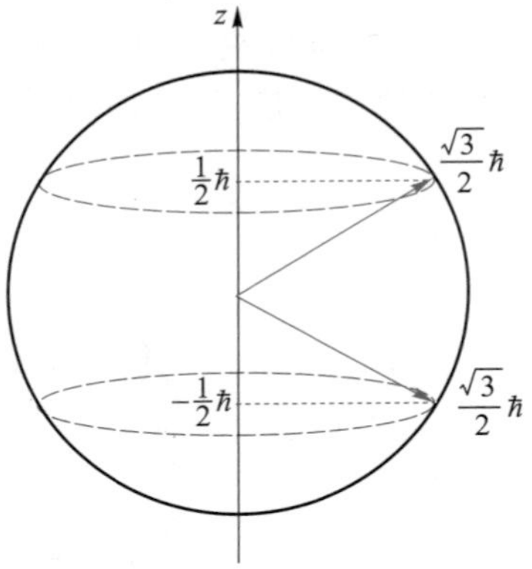

图 14-10　电子自旋角动量

总结前面的讨论，氢原子中电子的运动状态可由下列四个量子数来完全决定。

（1）主量子数 n，$n=1,2,3,\cdots$，决定氢原子中电子的能量；

（2）副量子数 l，$l=0,1,2,3,\cdots,n-1$，决定电子绕核运动轨道角动量的大小；

（3）磁量子数 m_l，$m_l=0,\pm1,\pm2,\pm3,\cdots,\pm l$，决定轨道角动量在 z 方向的分量；

（4）自旋磁量子数 m_s，$m_s=\pm1/2$，决定电子自旋角动量在 z 方向的分量。

氢原子中电子的状态可用这四个量子数（n,l,m_l,m_s）来完备描述。

四、原子结构量子理论简介

对多电子原子而言，原子的状态是非常复杂的，我们只能用近似的方法来处理。通常的近似为，原子中的各电子是近独立的，当然，它们之间还有电磁相互作用，此时原子中各电子的运动状态还可以近似用一组量子数（n,l,m_l,m_s）表示，但由于各电子间的相互作用，能级产生分裂，电子的能级与主量子数 n 及副量子数 l 都有关。在多电子的原子中，电子的分布近似看成是分层次的，这种电子的分布层次叫作电子壳层。由于电子的能量主要取决于主量子数 n，我们把原子中具有相同主量子数 n 的电子划为同一（主）壳层，对应于 $n=1,2,3,4,5,\cdots$ 的各主壳层分别称为 K 壳层、L 壳层、M 壳层、N 壳层、O 壳层……。在每一主壳层上，将对应于 $l=0,1,2,3,\cdots,n-1$，又分成 n 个亚壳层，依次用 s，p，d，f，…来标记。一般说来，壳层的主量子数 n 越小，原子能级越低。电子在原子中的分布由下面两个原理来确定。

（1）泡利（W · Pauli）不相容原理

在一个原子中，不可能有两个或两个以上的电子具有完全相同的运动状态。也就是说，任何两个电子，不可能有完全相同的一组量子数（n,l,m_l,m_s）。这个原理叫作泡利不相容原理。

当 n 给定时，l 的可能值为 $0,1,2,3,\cdots,(n-1)$，共有 n 个值；当 l 给定时，m_l 的可能值为 $0,\pm1,\pm2,\pm3,\cdots,\pm l$，共有（$2l+1$）个值；当 n,l,m_l 都给定时，m_s 取 $+1/2$，$-1/2$，有两个值。因此，在 n 值一定的某一壳层上，共允许容纳的电子数最多为

$$Z = \sum_{l=0}^{n-1} 2(2l+1) = 2n^2 \qquad (14-44)$$

由上式可得，在 $n=1$ 的 K 壳层上，最多能容纳两个电子，处于 $n=1$，$l=0$ 的状态，以 $1s^2$ 表

示；在 $n=2$ 的 L 壳层上，最多能容纳 8 个电子，其中对应于 $l=0$ 的电子有两个，以 $2s^2$ 表示，而对应于 $l=1$ 的电子有六个，以 $2p^6$ 表示，以此类推。

（2）能量最小原理

在原子系统中，每个电子趋向于占有最低的能级，这就是能量最小原理。当原子中电子的能量最小时，整个原子的能量最低，这时原子处于最稳定的状态——基态。根据能量最小原理，原子中的所有电子总是从最内层开始向外排列。由于能级主要决定于主量子数 n，所以，最靠近原子核的壳层，最容易被电子优先占据。例如，氦原子有两个电子，正好排满 K 层，为满壳层结构，这是一种稳定的结构；锂原子有三个电子，两个排在 K 层，第三个排在 L 层。值得指出的是，在多电子原子中，由于电子之间的相互作用，原子能级除了由主量子数 n 决定外，还与其他量子数有关，所以按能量最小原理排列时，电子不完全是按照 K，L，M…等主壳层次序来排列的，而是按下列次序在各个亚壳层上排列：1s、2s、2p、3s、3p、4s、3d、4p、5s、4d、5p、6s、4f、5d、6p、7s、6d、…。

按照上述两个原理，多电子原子中的电子组态为：$1s^2 2s^2 2p^6 3s^2 3p^6 4s^2 3d^{10} 4p^6 5s^2 4d^{10} 5p^6 \cdots$。由此可得化学中的元素周期表。

习题

选择题

14-1 关于普朗克的量子假说，下列表述正确的是（　　）。

A. 空腔振子的能量是非量子化的

B. 振子发射或吸收的能量是量子化的

C. 辐射的能量等于振子的能量

D. 最小能量对所有的光波都是一样的

14-2 在光电效应中，光电子的最大初动能与入射光的（　　）。

A. 强度成线性关系　　B. 强度成反比关系

C. 频率成线性关系　　D. 频率成反比关系

14-3 光电效应实验中，若保持入射光的频率不变（超过红限）而增加光强，则随之增加的是（　　）。

A. 光子的能量　　B. 饱和光电流

C. 光电子的最大初动能　　D. 遏止电压

14-4 用波长为 200 nm 的紫外线照射金属表面，光电子的最大能量为 2.0 eV。如果改用波长为 100 nm 紫外线照射，光电子最大动能约为（　　）。

A. 1.0 eV　　B. 2 eV　　C. 4 eV　　D. 以上均不对

14-5 由于电子的康普顿波长很短，与 X 射线相近，故为了观察康普顿效应，入射光应该用（　　）。

A. 可见光　　B. 红外线　　C. X 射线　　D. 无线电波

14-6 在康普顿散射中，散射光子与原来入射光子方向之间的夹角用 θ 表示，当 θ 等于什么时，散射光子的频率减少最多？(　　)。

A. $\theta=0$　　B. $\theta=\pi/2$　　C. $\theta=\pi$　　D. $\theta=\pi/4$

14-7　在康普顿散射实验中，在与入射方向成 $2\pi/3$ 的方向上散射光子的波长 λ 与入射光子波长之差为(其中 $\lambda_C=\dfrac{h}{m_e c}$)为(　　)。

A. $1.5\lambda_C$　　B. $0.5\lambda_C$　　C. $-1.5\lambda_C$　　D. $2.0\lambda_C$

14-8　根据氢原子的玻尔理论，当大量氢原子处于 $n=3$ 的激发态时，原子跃迁时将发出(　　)。

A. 一种波长的光　　B. 两种波长的光

C. 三种波长的光　　D. 各种波长的光

14-9　在戴维森-革末实验中，用电子射向晶体镍的表面，该实验用来(　　)。

A. 测定电子的荷质比　　B. 观察电子的波动性

C. 确定光电效应的真实性　　D. 观察原子能级的不连续性

14-10　量子力学中对物质世界认识的一次重大突破是什么？(　　)。

A. 场也是物质　　B. 物质是无限可分的

C. 实物的波粒二象性　　D. 构成物质的基元——原子是有结构的

14-11　我们不能用经典力学来描述微观粒子，这是因为(　　)。

A. 微观粒子的速度很小　　B. 微观粒子位置不确定

C. 微观粒子动量不确定　　D. 微观粒子动量和位置不能同时确定

14-12　由量子力学可知，在一维无限深方势阱中的粒子可以有若干能态。如果势阱两边之间的宽度缓慢地减少，则(　　)。

A. 每一能级的能量减小　　B. 能级数将增加

C. 每个能级的能量保持不变　　D. 相邻能级间的能量差增加

14-13　证明电子具有自旋的实验是(　　)。

A. 康普顿散射实验　　B. 施特恩-格拉赫实验

C. 电子衍射实验　　D. 弗兰克-赫兹实验

14-14　证明原子能级存在的实验是(　　)。

A. 康普顿散射实验　　B. 施特恩-格拉赫实验

C. 电子衍射实验　　D. 弗兰克-赫兹实验

14-15　对于氢原子中处于 2p 状态的电子，描述其量子态的四个量子数(n、l、m_l、m_s)可能的取值是(　　)。

A. $(3,2,1,-1/2)$　　B. $(2,0,0,1/2)$

C. $(2,1,-1,-1/2)$　　D. $(1,0,0,1/2)$

填空题

14-16　如果入射电磁波的波长从 300 nm 变为 200 nm，则从金属表面发射的光电子的遏止电压将增大____ V。

14-17　波长为 300 nm 的紫外线照射到一块金属表面，产生的光电子速度为 $5.0\times10^5\ \mathrm{m\cdot s^{-1}}$，光电子的动能为__________，该金属的逸出功为________。

14-18 光子 A 的能量是光子 B 的两倍，那么光子 A 的动量是光子 B 的________ 倍。

14-19 由康普顿效应的散射公式 $\Delta\lambda=0.0024(1-\cos\theta)$ nm 可知，波长为 0.078 nm 的 X 射线射到石墨上，在散射角 60°的方向上观察到的 X 射线波长有________ 和______。

14-20 根据氢原子的玻尔理论，氢原子中电子处于第一轨道上运动的速度与处在第三轨道上运动的速度大小之比为__________。

14-21 欲使氢原子能发射巴耳末系中波长为 656.28 nm 的谱线，最少要给基态氢原子提供______ eV 的能量。（里德伯常量 $R=1.097\times10^{7}\ \mathrm{m}^{-1}$。）

14-22 令 $\lambda_C=\dfrac{h}{m_e c}$（称为电子的康普顿波长，其中 m_e 为电子静止质量，c 为真空中光速，h 为普朗克常量），当电子的动能等于它的静止能量时，它的德布罗意波长 $\lambda=$______λ_C。

14-23 已知中子的质量为 1.67×10^{-27} kg。假定一个中子沿 x 方向以 4 000 $\mathrm{m\cdot s^{-1}}$ 的速度运动，速度的测量误差为 0.01%，则中子位置的不确定量最小为____。（不确定关系按 $\Delta x\Delta p_x\geqslant\hbar/2$ 计算。）

14-24 由德布罗意的驻波条件可得，当电子限制在宽度为 0.1 nm 的一维无限深势阱中时，其量子数 $n=2$ 的能级的能量为__________ 。

14-25 根据量子力学理论，氢原子中电子的动量矩为 $L=\sqrt{l(l+1)}\,\hbar$，当主量子数 $n=2$ 时，电子轨道角动量大小的可能取值为________。

14-26 在主量子数 $n=2$，自旋磁量子数 $m_s=1/2$ 的量子态中，能够填充的最大电子数是________。

14-27 钴（$Z=27$）有两个电子在 4s 态，没有其他 $n\geqslant4$ 的电子，则在 3d 态的电子可有________个。

计算题

14-28 在理想条件下，正常人的眼睛接收到 550 nm 的可见光时，只要每秒光子数达 100 个就会有光的感觉，试求与此相当的光功率。

14-29 频率为 ν 的一束光以入射角 i 照射在平面镜上并完全反射，设光束单位体积中的光子数为 n，求：(1) 每一个光子的能量、动量和质量；(2) 光束对平面镜的光压（压强）。

14-30 已知铝的逸出功是 4.2 eV，今用波长为 200 nm 的光照射铝表面，求：(1) 光电子的最大动能；(2) 遏止电压；(3) 铝的红限波长。

14-31 在一次康普顿散射实验中，若用波长 $\lambda_0=0.100$ nm 的光子作为入射源，试问：(1) 散射角 $\varphi=\pi/2$ 的康普顿散射波长是多少？(2) 反冲电子获得的动能有多大？

14-32 在康普顿散射中，波长为 0.076 nm 的 X 射线射到石墨上，如果反冲电子的速度为光速的 60%，试问：(1) 因散射使电子获得的能量是其静止能量的多少倍？(2) 散射光子的波长是多少？

14-33 用动量守恒定律和能量守恒定律证明：一个自由电子不能一次完全吸收一个光子。

14-34 已知氢原子的巴耳末系中波长最长的一条谱线的波长为 656.28 nm，试由此计算帕邢系（由高能激发态跃迁到 $n=3$ 的定态所发射的谱线构成的线系）中波长最长的一条谱线的波长。

14-35　处于第一激发态的氢原子被外来单色光激发后，在发射的光谱中，仅观察到两条巴耳末系谱线。试求这两条光谱线中波长最长的那条谱线的波长以及外来光的频率。

14-36　一光子的波长与一电子的德布罗意波长皆为 0.5 nm，此光子的动量 p_0 与电子的动量 p_e 之比为多少？光子的动能 E_0 与电子的动能 E_k 之比为多少？

14-37　α 粒子的质量为 m、带电荷量为 q，在磁感应强度为 $\boldsymbol{B}$ 的均匀磁场中做圆形轨道运动，按照量子论要求，圆形轨道的周长必须为 α 粒子的德布罗意波长的整数倍，即满足驻波条件。试求 α 粒子的量子化的轨道半径及动能。

14-38　假定氢原子原是静止的，则当氢原子从 $n=3$ 的激发状态直接通过辐射跃迁到基态时，其反冲速度大约是多少？（氢原子的质量 $m=1.67\times10^{-27}$ kg。）

14-39　在长度为 a 的一维势阱中，粒子的波函数为

$$\varphi(x)=\sqrt{\frac{2}{a}}\sin\frac{n\pi}{a}x$$

试求：(1) 当 $n=2$ 时，粒子在 $x=5a/6$ 处出现的概率密度；(2) 当 $n=1$ 时，从势阱壁 0 到 $a/3$ 区间内粒子出现的概率。

参考文献

郑重声明

读者意见反馈

为收集对教材的意见建议，进一步完善教材编写并做好服务工作，读者可将对本教材的意见建议通过如下渠道反馈至我社。

咨询电话 400-810-0598

反馈邮箱 hepsci@ pub.hep.cn

通信地址 北京市朝阳区惠新东街 4 号富盛大厦 1 座

高等教育出版社理科事业部

邮政编码 100029